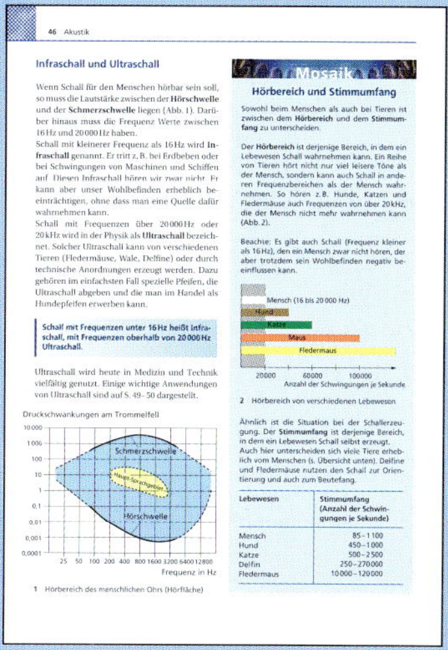

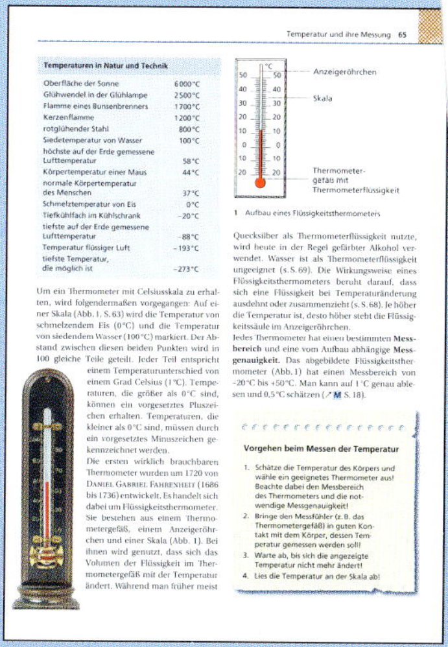

… physikalisches Grundlagenwissen über wichtige Begriffe, Gesetze, Erscheinungen und Zusammenhänge.

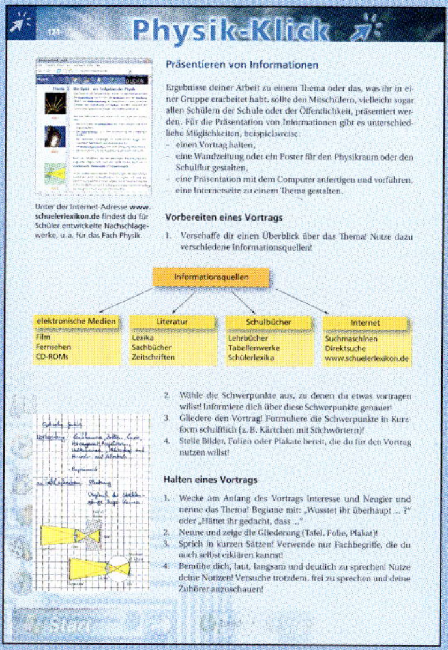

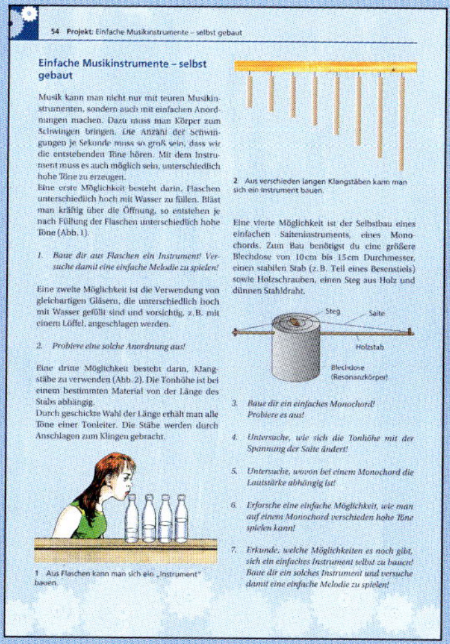

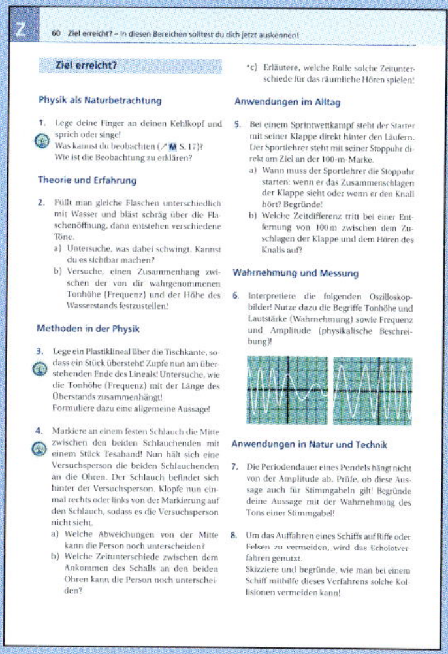

Das Mosaik
enthält zusätzliche Informationen aus Physik, Natur und Technik.

Denk- und Arbeitsweisen
sind durch eine farbige Unterlegung hervorgehoben.
Durch das Icon (↗ **M** S. …) wird auf Methoden verwiesen.

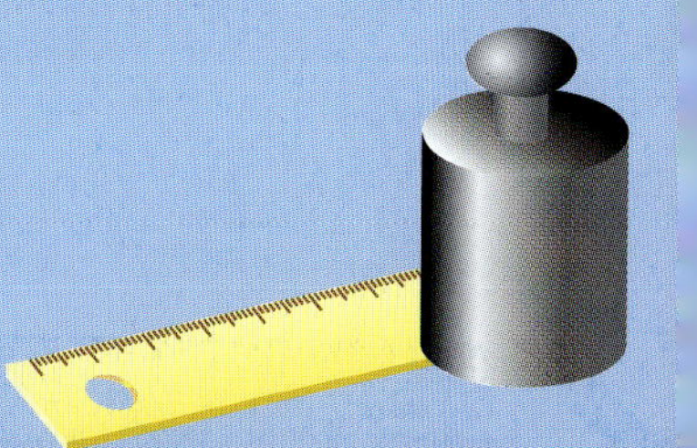

Physik-Klick
Beim Umgang mit neuen Medien, insbesondere mit dem Internet, ist ein planvolles Arbeiten sinnvoll. Auf diesen Seiten werden Hinweise und Anregungen zur zweckmäßigen Arbeit mit neuen Medien gegeben.

Projekte
enthalten neben Sachinformationen interessante Fragen und Experimente, die du in der Gruppe bearbeiten kannst. Sie regen dich außerdem an, eigene Projektideen zu entwickeln.

Ziel erreicht?
Am Ende jedes Kapitels findest du speziell ausgewählte Aufgaben. Wenn du erfolgreich gearbeitet hast, solltest du diese Aufgaben lösen können.

Physik

Lehrbuch für die Sekundarstufe 1, Bd. 1
Baden-Württemberg

Gymnasium

Herausgeber
Prof. Dr. habil. Lothar Meyer
Dr. Gerd-Dietrich Schmidt

DUDEN PAETEC Schulbuchverlag

Berlin · Frankfurt a. M.

Herausgeber
Prof. Dr. habil. Lothar Meyer
Dr. Gerd-Dietrich Schmidt

Autoren
PD Dr. habil. Barbara Gau
Prof. Detlef Hoche
Dr. Josef Küblbeck
Prof. Dr. habil. Lothar Meyer
Dr. Gerd-Dietrich Schmidt

Dieses Buch enthält Vorschläge und Anleitungen für **Untersuchungen** und **Experimente.**
Vor jedem Experiment sind mögliche Gefahrenquellen zu besprechen. Die Gefahrstoffe sind durch die entsprechenden Symbole gekennzeichnet.
Experimente werden nur nach Anweisung des Lehrers durchgeführt. Solche mit Gefahrstoffen dürfen nur unter Aufsicht durchgeführt werden.
Beim Experimentieren sind die Richtlinien zur Sicherheit im naturwissenschaftlichen Unterricht einzuhalten.

1. Auflage *
1 5 4 3 2 1 | 2010 2009 2008 2007 2006
Alle Drucke dieser Auflage können im Unterricht nebeneinander benutzt werden.
Die letzte Zahl bezeichnet das Jahr des Drucks.

Internet www.duden-paetec.de

Redaktion Prof. Dr. habil. Lothar Meyer
Gestaltungskonzept und Umschlag Britta Scharffenberg
Layout Manuela Liesenberg, Susanne Raake
Grafik Heribert Braun, Claudia Kilian, Manuela Liesenberg, Jens Prockat, Susanne Raake
Titelbild Workbookstock.com/mauritius images
Druck und Bindung J. P. Himmer, Augsburg

ISBN 978-3-89818-563-9
ISBN 3-89818-563-X

Inhaltsverzeichnis

1 Die Physik – eine Naturwissenschaft

1.1 Gegenstand und Teilgebiete der Physik

Feuer und Flamme

Das Feuer hat Menschen schon immer in seinen Bann gezogen und tut es auch noch heute. Ein Lagerfeuer verbreitet eine angenehme und beruhigende Stimmung. Das Feuer spendet uns aber vor allem Licht und Wärme.

Woher kommen Licht und Wärme des Feuers? Warum geben unterschiedliche Brennstoffe unterschiedlich viel Licht und Wärme ab?

Blitz und Donner

Ein Gewitter ist eine beeindruckende Naturerscheinung. Viele Menschen fürchten sich davor.

Wie kommt es aber zu einem Blitz? Und wie gefährlich ist ein Blitz? Kann man sich vor einem Blitzschlag schützen? Warum hört man manchmal den Donner viel später, als man den Blitz sieht?

Die Spitze des Eisbergs

Häufig wird davon gesprochen, dass man nur die Spitze des Eisbergs sieht, und meint das in einem übertragenen Sinn. In der Natur entspricht es aber auch den Tatsachen. Etwa 90 % eines Eisbergs befinden sich unter Wasser.

Wie ist das zu erklären?

Warum gehen diese riesigen Eisberge eigentlich nicht unter?

Woraus besteht unsere Welt?

Alle Stoffe bestehen aus Atomen und Molekülen. Diese sind aus noch kleineren Teilchen zusammengesetzt. In der modernen physikalischen Forschung nutzt man riesige Beschleuniger, um die Eigenschaften der kleinsten Teilchen zu erforschen.
Wie sind Atome bzw. Moleküle aufgebaut? Welches sind die kleinsten Teilchen, die den Physikern heute bekannt sind? Wie kann man sie nachweisen?

Überall Halbleiter

Ohne Elektronik funktioniert heute weder ein Auto noch ein CD-Player, weder ein PC noch ein Handy. Sie alle besitzen komplexe elektronische Bauelemente, die Chips.
Was ist ein Chip? Welche Vorgänge gehen im Innern eines solchen Halbleiterbauelements vor sich? Was sind überhaupt Halbleiter? Welche besonderen Eigenschaften haben sie?

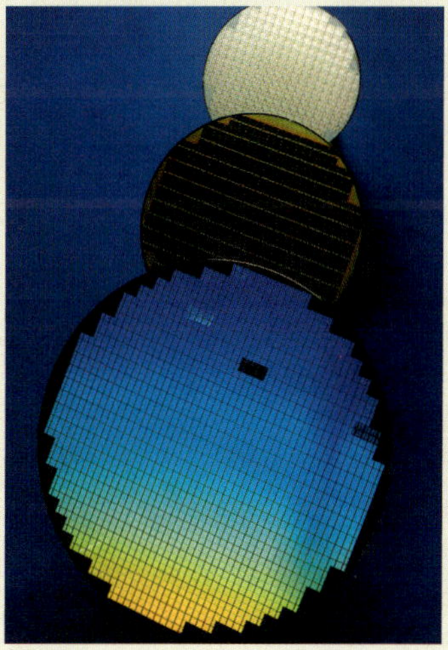

Energie aus der Steckdose

Elektrische Energie und auch Wärme werden meist von großen Kraftwerken zur Verfügung gestellt. Bei der Bereitstellung und der Nutzung von Elektroenergie wird Energie von einem Energieträger auf andere übertragen.
Was ist Energie? Welchen Weg geht die Energie? Wie funktionieren die Transformatoren in einem Umspannwerk? Geht uns irgendwann die Energie aus?

Die Naturwissenschaft Physik

Wenn wir unsere Umwelt aufmerksam betrachten, können wir viele interessante Erscheinungen beobachten. Viele Naturerscheinungen, die wir heute bestaunen (s. S. 8 und 9), sind den Menschen seit Langem bekannt. Diese Erscheinungen gehören zur Natur, auch ohne den Menschen mit seinen Wissenschaften und der Technik. Schon vor Jahrtausenden haben Menschen diese Erscheinungen beobachtet, sie bestaunt, sich vor ihnen gefürchtet und sie sich auch zunutze gemacht. Mithilfe des Feuers, das die Menschen z. T. von Blitzeinschlägen hatten, konnten sie Fleisch braten, Ton brennen oder später Eisen herstellen.

Durch Beobachtungen haben die Menschen Regelmäßigkeiten in der Natur entdeckt, z. B. den Wechsel von Tages- und Jahreszeiten, die Veränderung der Gestalt des Monds sowie das Auftreten von Sonnen- und Mondfinsternissen. Mithilfe dieser Regelmäßigkeiten und der ermittelten Daten konnten die Menschen die Termine für Aussaat und Ernte besser bestimmen.

Sie suchten aber auch nach **Zusammenhängen** zwischen den Erscheinungen, um **Erklärungen** zu finden und ihre **Voraussagen** sicherer zu machen. Und sie fanden Zusammenhänge und Erklärungen, auch wenn sich diese später häufig als nicht richtig erwiesen.

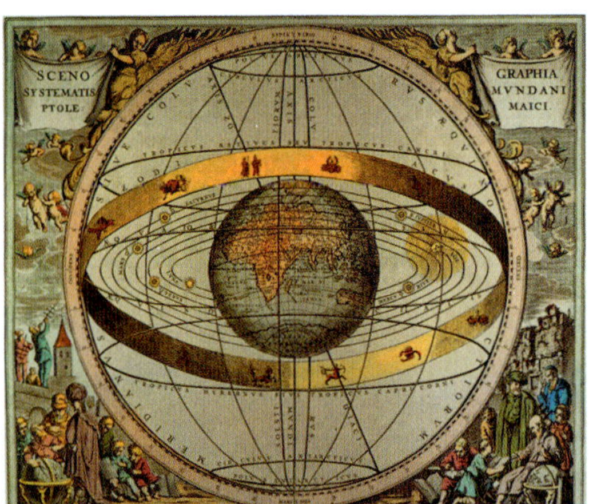

1 Das Weltbild des PTOLEMÄUS in einer historischen Darstellung: Die Erde steht im Zentrum.

2 GALILEO GALILEI (1564 –1642) – Professor in Pisa, Padua und Florenz

Aus den beobachteten Bewegungen der Himmelskörper, vor allem von Sonne, Mond und Sternen, leiteten die Menschen im Altertum die naheliegende Vermutung ab, dass sich die Erde im Zentrum der Welt befindet und sich alle Himmelskörper um die Erde bewegen. Gelehrte aus dem antiken Griechenland entwickelten daraus ein ganzes Weltbild über die Bewegungen im Kosmos und auf der Erde. CLAUDIUS PTOLEMÄUS (um 100 bis um 170) fasste die Erkenntnisse zusammen. Dieses Weltbild (Abb. 1) war eine großartige Leistung der antiken Wissenschaft, denn man konnte die Bewegung von Sonne und Mond vorausberechnen. So blieb dieses Weltbild viele Jahrhunderte lang erhalten.

Ab Beginn der Neuzeit entwickelten solche Gelehrte wie NIKOLAUS KOPERNIKUS (1473-1542), GALILEO GALILEI (1564-1642), JOHANNES KEPLER (1571-1630) und ISAAC NEWTON (1643-1727) auf der Grundlage von Beobachtungen und Überlegungen ein neues Weltbild, in dem die Sonne im Zentrum unseres Planetensystems steht.

GALILEI (Abb. 2) war auch der erste Wissenschaftler, der **neue Denk- und Arbeitsweisen** in die Naturwissenschaften einführte. Er suchte nicht nur nach solchen Erklärungen, die dem Augenschein entsprachen, sondern fragte nach dem Wesentlichen in den Erscheinungen. Vor allem aber zeigte er, dass man nicht allein durch theo-

retische Überlegungen zu neuen Erkenntnissen kommt, sondern seine Überlegungen mit **Experimenten** überprüfen muss. Experimente führen auch zu neuen Ergebnissen.
Ein berühmter Experimentator war auch der Magdeburger Bürgermeister OTTO VON GUERICKE (Abb. 1). Er konnte z. B. bei seinem Experiment mit den Magdeburger Halbkugeln (Abb. 2) die Wirkungen des Luftdrucks nachweisen. Damit widerlegte er eine lange herrschende Auffassung aus der Antike, dass es keinen luftleeren Raum - kein Vakuum - geben könne.
Durch viele Entdeckungen, Beobachtungen und Experimente entwickelte sich in den letzten Jahrhunderten die Physik als eigenständige Naturwissenschaft. Das Wort **„Physik“** kommt vom griechischen Wort „physis“ und heißt so viel wie „Natur“.

Die Physik ist eine Naturwissenschaft. Sie beschäftigt sich mit Erscheinungen und Gesetzen in unserer natürlichen Umwelt und ermöglicht die Erklärung und Voraussage vieler Erscheinungen in der Natur.

1 OTTO VON GUERICKE (1602–1686) – Bürgermeister und Experimentator, u. a. Erfinder der Luftpumpe, des Wasserbarometers und der Elektrisiermaschine

Solche Naturerscheinungen sind z. B. Sonnen- und Mondfinsternisse. Erst nachdem man erkannt hatte, wie sich der Mond um die Erde und beide zusammen um die Sonne bewegen, konnte man das Zustandekommen von Finsternissen erklären. Heute können Wissenschaftler voraussagen, dass die nächste totale Sonnenfinsternis in Deutschland erst am 3. September 2081 zu beobachten sein wird.

2 Der berühmte Versuch mit den Magdeburger Halbkugeln: 16 Pferde waren nicht imstande, den Luftdruck zu überwinden, der die luftleer gepumpten Halbkugeln zusammenhielt.

Die Physik und die anderen Naturwissenschaften

Auch andere Wissenschaften beschäftigen sich mit Erscheinungen und Gesetzen in der Natur. Deshalb gibt es viele Wechselbeziehungen zwischen der Physik und den anderen Naturwissenschaften.

Die **Physik** untersucht grundlegende Erscheinungen und Gesetze, die sowohl in der belebten als auch in der unbelebten Natur auftreten.

Die **Biologie** untersucht Erscheinungen des Lebens von Pflanzen, Tieren und Menschen, wie z.B. die Ernährung, Fortpflanzung, Fortbewegung und Entwicklung (Abb. 2). Auch der Aufbau und die Wirkungsweise von menschlichen und tierischen Organen werden in der Biologie untersucht. Dabei werden ebenfalls physikalische Erkenntnisse angewendet, wenn man z.B. den Aufbau und die Wirkungsweise von Auge und Ohr verstehen will.

Die **Chemie** untersucht Erscheinungen, die mit dem Aufbau, den Eigenschaften und der Umwandlung von Stoffen unserer Umwelt verbunden sind (Abb. 1). Auch dabei werden grundlegende physikalische Erkenntnisse angewendet, da sich die Physik ebenfalls mit den Stoffen und deren Eigenschaften beschäftigt.

2 Wale und Delfine verständigen und orientieren sich mithilfe des Schalls. Um dies zu verstehen, werden physikalische Erkenntnisse aus der Akustik angewendet.

Die **Astronomie** untersucht Erscheinungen im Weltall, u. a. die Bewegung und Entwicklung von Planeten und Sternen. Zu den Sternen zählt auch unsere Sonne (Abb. 3), um die sich alle Planeten unseres Sonnensystems bewegen.
Die Physik selbst berücksichtigt natürlich in ihrer Entwicklung auch die Erkenntnisse, die in der Biologie, in der Chemie und in der Astronomie gewonnen werden.

1 In chemischen Labors werden Stoffe und ihre Eigenschaften untersucht. Außerdem versucht man, neue Stoffe mit bestimmten, gewünschten Eigenschaften herzustellen.

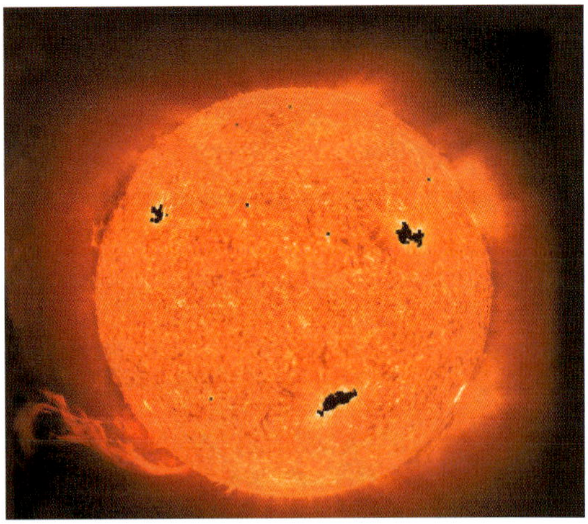

3 In der Sonne werden gewaltige Energiemengen frei, wodurch auch die Erde mit Licht und Wärme versorgt wird. Die Prozesse der Energiefreisetzung kann man mithilfe der Atomphysik verstehen.

Physik, Technik und Alltag

Die Physik ist eine wichtige **Grundlage der Technik.** Dabei werden bewusst physikalische Erkenntnisse genutzt, um Geräte und Anlagen zu bauen, um Energie zweckmäßig zu verwenden, um unser Leben sicherer und angenehmer zu machen.

Wenn du den Lichtschalter betätigst, dann leuchtet die Deckenbeleuchtung im Zimmer auf. Elektronische Geräte wie Fernsehapparate, Computer oder Handys, Verkehrsmittel wie Züge, Flugzeuge oder Autos, medizinische Geräte wie Ultraschallgeräte, Röntgengeräte oder Kernspintomografen - alle diese Geräte hätte man ohne physikalische Kenntnisse nicht bauen können.

Die Physik ist eine wichtige Grundlage der Technik. In der Technik werden physikalische Gesetze vom Menschen genutzt.

Physikalische Erkenntnisse spielen nicht nur in der Technik, sondern auch in unserem täglichen Leben eine wichtige Rolle. Die bewusste Nutzung physikalischer Erkenntnisse erleichtert unser Leben und erhöht unsere Sicherheit. Unkenntnis oder Nichtbeachtung kann zu Unfällen oder Schäden führen.

1 Die elektrische Energie, die wir im Haushalt nutzen, wird vorwiegend in Kraftwerken aus Kohle, Gas, Kernenergie, Wasser oder Wind gewonnen und gelangt über Elektrizitätsleitungen in jeden Haushalt.

2 Beim Start einer Rakete wird Treibstoff verbrannt. Die Verbrennungsgase strömen mit großer Geschwindigkeit aus und treiben die Rakete an.

In einem anfahrenden oder bremsenden Bus musst du dich festhalten, um nicht umzufallen. Das gilt auch bei einer Kurvenfahrt.

Nach dem Baden sollte man die nasse Badebekleidung wechseln, weil man sich sonst leicht erkälten kann.

Ein Autofahrer weiß, dass sein Bremsweg bei eisglatter Fahrbahn wesentlich größer ist als auf trockener Straße, und erhöht den Sicherheitsabstand.

In allen diesen Beispielen nutzen wir - bewusst oder unbewusst - physikalische Erkenntnisse.

Die Physik ist eine wichtige Grundlage unseres täglichen Lebens.
Die bewusste Nutzung physikalischer Gesetze erleichtert unser Leben und erhöht unsere Sicherheit. Unkenntnis oder Nichtbeachtung physikalischer Gesetze kann zu Unfällen oder Schäden führen.

Die Teilgebiete der Physik

Traditionell wird die Physik in verschiedene Teilgebiete eingeteilt. Diese Einteilung hat sich historisch entwickelt und ermöglicht es, das umfangreiche Gebiet der Naturwissenschaft Physik besser zu überblicken.

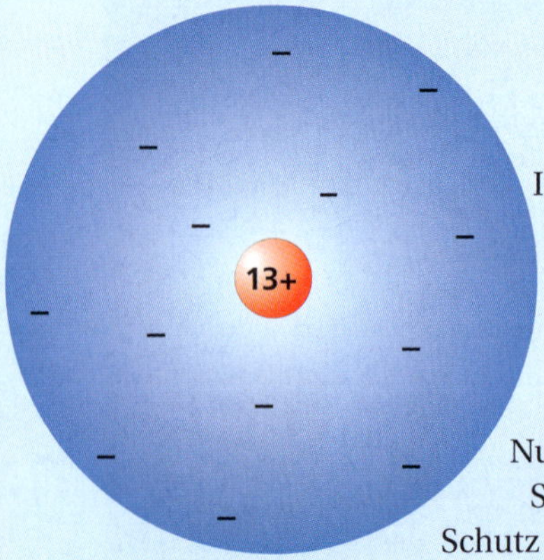

In der **ATOM- UND KERNPHYSIK** wird der Aufbau der Atome, ihre Umwandlung, die Entstehung und Nutzung radioaktiver Strahlung sowie der Schutz vor ihr untersucht. Auch die Bereitstellung von Energie in Kernkraftwerken oder die Vorgänge der Kernverschmelzung im Inneren der Sonne werden in der Atom- und Kernphysik betrachtet.

In der **AKUSTIK,** die manchmal auch als Teilbereich der Mechanik betrachtet wird, geht es um die Entstehung und Ausbreitung von Schall, aber auch um gesundheitsgefährdenden Lärm und den Schutz vor ihm.

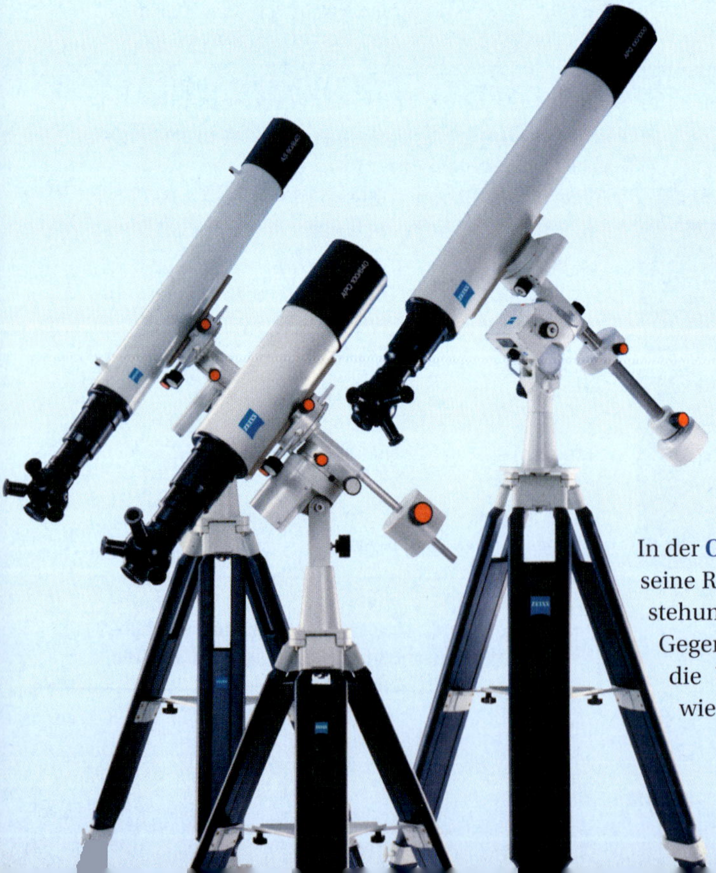

In der **OPTIK** werden die Ausbreitung des Lichts, seine Reflexion und Brechung sowie die Bildentstehung durch Spiegel und Linsen untersucht. Gegenstand der Optik ist auch der Aufbau und die Wirkungsweise von optischen Geräten, wie Lupen, Mikroskopen und Fernrohren.

Die **MECHANIK** beschäftigt sich mit der Bewegung von Körpern, den verschiedenen Kräften und ihren Wirkungen, den kraftumformenden Einrichtungen (Hebel, Rollen, geneigte Ebenen), dem Druck sowie dem Schwimmen, Schweben und Fliegen.

Im Mittelpunkt der **ELEKTRIZITÄTSLEHRE** stehen elektrisch geladene Körper, der elektrische Strom und seine Wirkungen, die elektrische Energie, aber auch Naturerscheinungen wie Blitze und technische Anwendungen wie Generatoren, Transformatoren oder Chips, ohne die moderne elektronische Geräte nicht funktionieren würden.

Die **WÄRMELEHRE** oder **THERMODYNAMIK** beinhaltet alle Fragen, die mit der Temperatur, der Übertragung von Wärme, dem Schmelzen, Erstarren oder Sieden zu tun haben. Auch der Aufbau und die Wirkungsweise von Verbrennungsmotoren sind Teil der Wärmelehre.

1.2 Denk- und Arbeitsweisen in der Physik

Wie sage ich es in der Physik?

Das Hin- und Herwippen funktioniert gut, wenn die schwere Person näher an der Drehachse sitzt als die leichte. In der Umgangssprache bezeichnet man eine solche Anordnung als Wippe oder auch als Schaukel, aus physikalischer Sicht ist sie ein zweiseitiger Hebel.

Warum unterscheiden sich Alltags- und Fachsprache? Was ist ein Fachbegriff? Wer legt ihn fest?

Die Wirklichkeit vereinfacht

An einem Motormodell kann man gut den Aufbau eines Motors erkennen und auch seine Wirkungsweise erklären. Ein solches Modell für einen Motor ist aber viel einfacher als ein tatsächlicher Motor, so wie er in einem Pkw eingebaut ist.

Was ist in der Physik ein Modell? Wozu dienen Modelle? Wo liegen ihre Grenzen?

Das Experiment – eine Frage an die Natur

Das Vorbereiten, Durchführen und Auswerten von Experimenten gehört zu den grundlegenden Arbeitsweisen des Physikers und spielt auch im Physikunterricht eine wichtige Rolle. Mithilfe von Experimenten kann man Zusammenhänge erkennen und genauer erfassen.

Was muss man beim Experimentieren beachten? Wie werden den Messwerte erfasst und ausgewertet? Welche Messfehler können auftreten? Wie beeinflussen sie das Ergebnis?

Beobachten und Beschreiben

Beobachten und **Beschreiben** sind zwei Tätigkeiten, die nicht nur bei der Beschäftigung mit der Physik wichtig sind. Genaues Bobachten ist z. B. auch im Straßenverkehr oder bei der Beschäftigung mit Tieren von Bedeutung.
In der Physik geht es vor allem darum, Erscheinungen der Natur oder Experimente zu beobachten. Das kann mit den Augen geschehen, aber auch mit anderen Sinnesorganen. So kannst du beispielsweise beobachten, wie sich im Laufe eines Tages die Stellung der Sonne am Himmel verändert. Wenn du genau beobachtest, dann stellst du fest: Die Sonne geht im Osten auf, steigt dann immer höher und erreicht mittags ihren höchsten Stand. Sie steht dann genau im Süden. Anschließend sinkt sie immer tiefer und geht schließlich im Westen unter (Abb. 1). Bei einem Gewitter kann man beobachten: Zunächst ist ein Blitz zu sehen, erst später hört man den Donner.

Beim **Beobachten** werden gezielt Erscheinungen in der Natur mit den Sinnesorganen wahrgenommen.
Dabei kann man z. B. feststellen,
- welche Eigenschaften oder Merkmale eine Erscheinung oder ein Vorgang hat,
- welche zeitlichen Abfolgen vor sich gehen,
- welche räumlichen Änderungen zu erkennen sind.

Beim Beobachten können auch Hilfsmittel genutzt werden, z. B. eine Lupe oder ein Fernrohr.

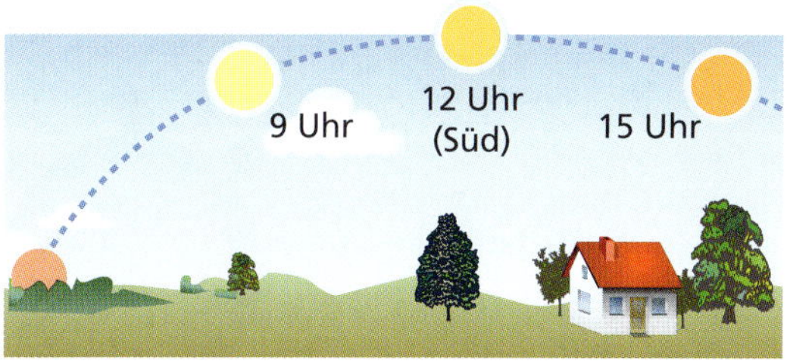

1 Die Stellung der Sonne verändert sich im Laufe eines Tages. Das kann man durch eine Beobachtung feststellen.

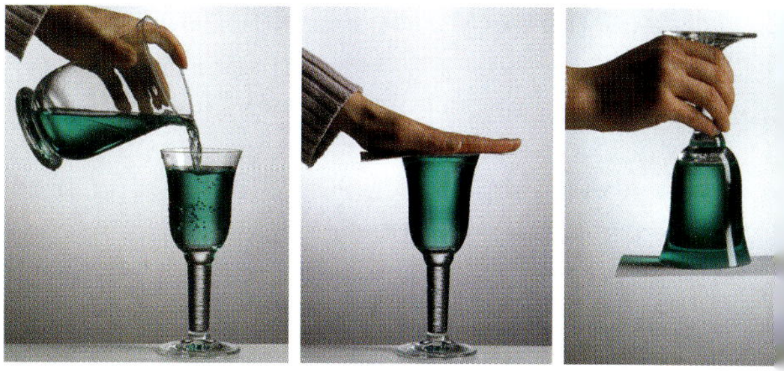

2 Mit einem Glas voll Wasser kann man ein interessantes Experiment machen.

Häufig ist das Beobachten mit dem Beschreiben verbunden, etwa wenn du einem Mitschüler sagen willst, was du beobachtet hast. Beschreiben kann man Naturerscheinungen, Experimente, Geräte oder den Ablauf eines Vorgangs. Das kann mündlich oder schriftlich geschehen.

Ein einfaches Experiment ist in Abb. 2 dargestellt. Du kannst es über dem Waschbecken oder der Badewanne auch selbst ausprobieren.
Beschreibe den Ablauf dieses Experiments!

Ein Glas wird randvoll mit Wasser gefüllt. Anschließend wird eine Karteikarte so aufgelegt, dass keine Luft zwischen Karteikarte und Wasser gelangt. Dann wird die Karteikarte mit einer Hand festgehalten und das Glas vorsichtig umgedreht. Die Karteikarte befindet sich dann unten. Wenn man die Hand wegnimmt, dann fällt die Karteikarte nicht ab und damit fließt auch kein Wasser aus dem Glas (Abb. 2). Die Beantwortung der Frage, warum das Wasser nicht ausfließt, gehört nicht zu der Beschreibung des Experiments.

Beim **Beschreiben** wird zusammenhängend und geordnet dargestellt, wie ein Gegenstand, eine Erscheinung oder ein Vorgang beschaffen ist. Dabei kann man darstellen,
- welche Eigenschaften ein Körper besitzt,
- wie ein Vorgang abläuft,
- welche Erscheinungen auftreten,
- wie ein technisches Gerät aufgebaut ist,
- wie ein Experiment durchgeführt wird.

Messen bedeutet Vergleichen

Die Länge und die Breite eines Zimmers kannst du abschätzen. Wenn man aber neuen Fußbodenbelag kaufen will, muss man Länge und Breite genau kennen – es muss gemessen werden.

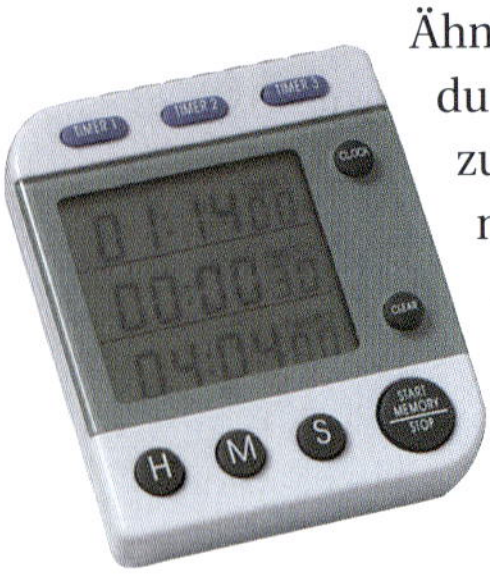

Ähnlich ist das bei der Zeit: Wenn du wissen willst, wie lange du von zu Hause bis zur Schule brauchst, musst du die Zeit messen.

Länge und Zeit sind physikalische Größen. Sie können mit unterschiedlichen Messgeräten gemessen werden. Messgeräte für die Länge sind z. B. ein Bandmaß, ein Lineal oder ein Messschieber (Abb. 1).

Messgeräte für die Zeit sind Uhren unterschiedlicher Bauart (Abb. 2).

> **Messen einer physikalischen Größe bedeutet immer ein Vergleichen mit einer Einheit der physikalischen Größe.**

So wird beispielsweise die physikalische Größe Länge l in der Einheit ein Zentimeter (1 cm) gemessen. Bei der Messung einer Länge vergleichst du die Länge eines Körpers mit dieser Einheit, erhältst also z. B. als Ergebnis der Messung 7 cm. Das bedeutet: Die gemessene Größe ist das Siebenfache der Einheit:

$l = 7 \cdot 1\,\text{cm}$

Zur Vereinfachung lässt man in der Physik die Zahl 1 und das Malzeichen weg und schreibt:

$l = 7\,\text{cm}$

Weitere Einheiten für dic Längc sind cin Kilomc ter (1 km), ein Meter (1 m), ein Dezimeter (1 dm) und ein Millimeter (1 mm). Dabei gilt:

1 km = 1 000 m
1 m = 10 dm = 100 cm = 1 000 mm
1 cm = 10 mm

Jedes Messgerät hat einen bestimmten **Messbereich.** So beträgt z. B. der Messbereich eines Lineals, wie du es verwendest, meist 0 cm bis 30 cm. Der Messbereich eines Zollstocks beträgt 0 m bis 1 m oder 0 m bis 2 m.

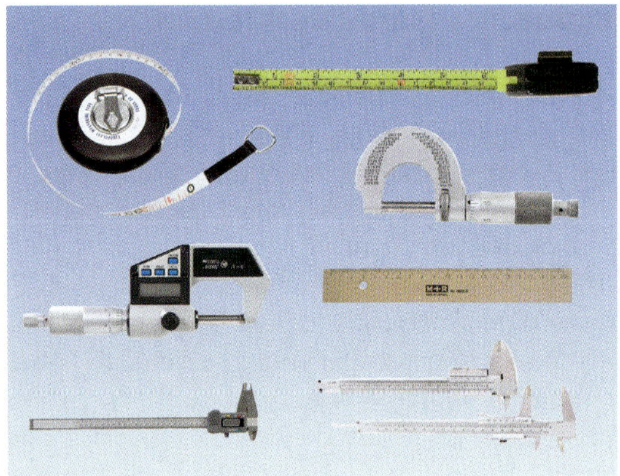

1 Messgeräte für die Länge

Darüber hinaus hat jedes Messgerät eine bestimmte **Messgenauigkeit.** Mit einem Lineal kannst du bis auf 1 mm genau messen und auf einen halben Millimeter genau abschätzen. Willst du genauer messen, so musst du ein anderes Messgerät verwenden, beispielsweise eine Schiebelehre.

Messen der Zeit bedeutet ebenfalls Vergleichen mit den betreffenden Einheiten. Einheiten der Zeit sind eine Sekunde (1 s), eine Minute (1 min), eine Stunde (1 h) oder auch ein Tag (1 d).

Dabei gilt:
1 min = 60 s
1 h = 60 min = 3 600 s
1 d = 24 h = 1 440 min = 86 400 s

Auch für Uhren als Messinstrumente für die Zeit gilt: Jede Uhr hat einen bestimmten Messbereich und eine bestimmte Messgenauigkeit. Mit einer Armbanduhr ohne Sekundenzeiger kann man etwa auf eine Minute genau messen, mit einer Handstoppuhr bis auf 1/10 Sekunde genau.

2 Uhren sind Messgeräte für die Zeit.

Thema

1 Internationaler Kilogrammprototyp

2 Mit einer Atomuhr kann die Zeit sehr genau gemessen werden.

Hinweis: Neben den Basiseinheiten gibt es viele daraus abgeleitete Einheiten. Ein Beispiel dafür ist die Einheit m/s für die Geschwindigkeit.

Internationales Einheitensystem

Im Internationalen Einheitensystem, auch als **SI** bezeichnet (das ist die Abkürzung für das französische **S**ystème **I**nternational d' Unités), sind **Basiseinheiten** (Grundeinheiten) für sieben physikalische Größen festgelegt. Aus diesen sieben Basiseinheiten lassen sich die meisten anderen Einheiten des Internationalen Einheitensystems ableiten.

Basiseinheit **Kilogramm** (Zeichen: kg) als Einheit für die **Masse:**
Das Kilogramm ist gleich der Masse des internationalen Kilogrammprototyps (Bild 1).

Basiseinheit **Meter** (Zeichen: m) als Einheit für die **Länge:**
Der Meter ist die Länge der Strecke, die Licht im Vakuum während der Dauer von 1/299 792 458 Sekunden durchläuft.

Basiseinheit **Sekunde** (Zeichen: s) als Einheit für die **Zeit:**
Die Sekunde ist das 9 192 631 770-fache der Periodendauer der dem Übergang zwischen den beiden Hyperfeinstrukturniveaus des Grundzustandes von Atomen des Nuklids Cs-133 (Caesium) entsprechenden Strahlung (Bild 2).

Basiseinheit **Ampere** (Zeichen: A) als Einheit für die **elektrische Stromstärke:**
Das Ampere ist die Stärke eines konstanten elektrischen Stromes, der, durch zwei parallele, geradlinige, unendlich lange und im Vakuum im Abstand von einem Meter voneinander angeordnete Leiter von vernachlässigbar kleinem, kreisförmigen Querschnitt fließend, zwischen diesen Leitern je einem Meter Leiterlänge die Kraft von $2 \cdot 10^{-7}$ Newton hervorrufen würde.

Basiseinheit **Kelvin** (Zeichen: K) als Einheit für die **Temperatur:**
Das Kelvin ist der 273,16te Teil der thermodynamischen Temperatur des Tripelpunktes des Wassers.

... und mehr

Informiere dich auch unter: *Vorsätze von Einheiten, Naturkonstanten, Erhaltungsgröße, Wechselwirkungsgröße, Zustands- und Prozessgröße, vektorielle Größe*

Das Experiment – eine Frage an die Natur

Das Vorbereiten, Durchführen und Auswerten von Experimenten gehört zu den grundlegenden Arbeitsweisen des Physikers. Mithilfe von Experimenten kann man Zusammenhänge erkennen und genauer erfassen. Es lassen sich Naturerscheinungen exakt untersuchen und Größen bestimmen. So kann man beispielsweise experimentell untersuchen, wie verschiedene Bauelemente (Glühlampen, Halbleiterbauelemente) funktionieren und welche Eigenschaften sie haben (Abb. 1). An einer geneigten Ebene kann man ermitteln, welche Kräfte auf einen Körper wirken, der sich dort befindet (Abb. 2).
Das Ziel eines Experiments besteht darin, eine Frage an die Natur zu beantworten. Dazu wird eine Erscheinung der Natur unter bestimmten Bedingungen beobachtet. Es werden Messungen durchgeführt und ausgewertet.

Beim Experimentieren wird eine Erscheinung der Natur unter ausgewählten, wiederholbaren und veränderbaren Bedingungen beobachtet und ausgewertet.

Dabei vereinfacht man häufig gegenüber der Wirklichkeit und nutzt Modelle. So kann man z. B. eine geneigte Ebene als Modell für eine ansteigende oder abfallende Straße ansehen.

1 Im Experiment kann man untersuchen, unter welchen Bedingungen ein Hebel im Gleichgewicht ist.

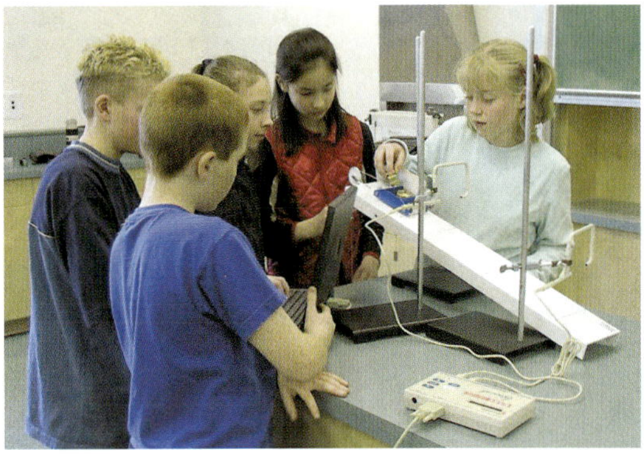

2 Jedes Experiment muss wiederholbar und damit seine Ergebnisse überprüfbar sein. Deshalb müssen die gemessenen und die konstant gehaltenen Größen protokolliert werden.

Ist die Aufgabenstellung klar, dann laufen Experimente im Wesentlichen in drei Etappen ab: Vorbereitung, Durchführung und Auswertung.

Beim **Vorbereiten eines Experiments** ist zu überlegen:
- was zu beobachten ist, welche Größen zu messen sind und wie man sie messen kann,
- welche Messfehler auftreten und wie man sie klein halten kann,
- welche Größen verändert und welche konstant gehalten werden müssen,
- welche Geräte und Hilfsmittel erforderlich sind,
- wie die Experimentieranordnung gestaltet werden muss,
- wie die gewonnenen Beobachtungsergebnisse und Messwerte ausgewertet werden sollen.

Beim **Durchführen eines Experiments** wird die Experimentieranordnung aufgebaut. Es wird beobachtet und gemessen. Bedingungen werden verändert bzw. konstant gehalten. Alle Daten werden protokolliert.

Beim **Auswerten eines Experiments** werden Vergleiche durchgeführt, Diagramme angefertigt und Berechnungen vorgenommen. Es wird ein Ergebnis formuliert. Bestandteil der Auswertung vieler Experimente sind Fehlerbetrachtungen zur Abschätzung der Genauigkeit der Messungen.

Protokoll eines Experiments (Muster)

Name: *Tobias Musterschüler* **Klasse:** *8a* **Datum:** *15. 10. …*

Aufgabe:

Welcher Zusammenhang besteht zwischen der Dehnung *s* einer Feder und der an ihr angreifenden Kraft *F*?

Vorbereitung:

Zu messende Größen:

Größe 1: Kraft *F*

Größe 2: Dehnung *s*

Messgeräte:

Messgerät 1: Federkraftmesser

Messgerät 2: Lineal

Weitere Geräte und Materialien:

- eine Schraubenfeder
- verschiedene Hakenkörper
- Stativmaterial

Experimentieranordnung:

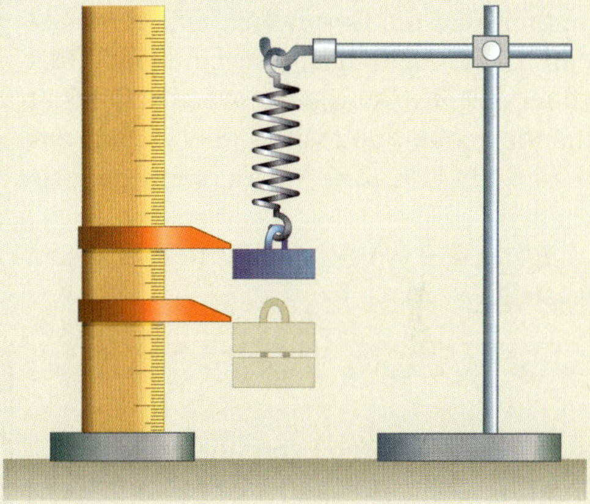

Durchführung und Auswertung:

Messwertetabelle:

F in N	s in cm	$\frac{F}{s}$ in $\frac{\text{N}}{\text{cm}}$
0	0	–
1	0,8	1,25
2	1,7	1,18
3	2,4	1,25
4	3,3	1,21
5	4,1	1,22
6	4,7	1,28

Aus der Messwertereihe und aus dem Diagramm kann man für die Feder erkennen:

$s \sim F$ oder $\frac{F}{s} = \text{konstant}$

Diagramm:

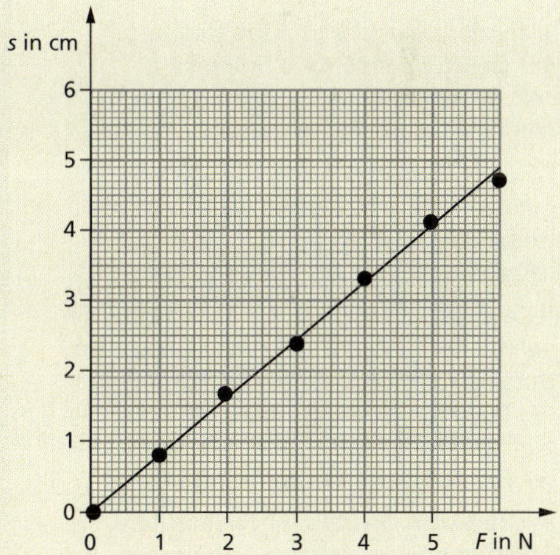

Ergebnis:

Zwischen der Dehnung der Feder *s* und der an ihr angreifenden Kraft *F* besteht ein direkt proportionaler Zusammenhang.

Sicheres Experimentieren

Beim Aufbau von Experimentieranordnungen, bei der Durchführung von Messungen und beim Umgang mit Geräten und Hilfsmitteln sind Regeln und Sicherheitsvorschriften zu beachten und einzuhalten.

Das ist wichtig, um nicht fahrlässig die eigene Gesundheit und die Gesundheit anderer zu gefährden. Die Einhaltung der Regeln dient außerdem dem verantwortungsvollen Umgang mit Experimentiergeräten und ist darüber hinaus eine Voraussetzung, um auswertbare Messergebnisse zu erhalten.
Nachfolgend sind einige wichtige Regeln zusammengestellt.

Regeln zum sicheren Experimentieren

1. Die Geräte sind so anzuordnen, dass der Versuchsaufbau überschaubar bleibt und Messgeräte gut ablesbar sind.
2. Die Experimentieranordnungen sind standsicher aufzubauen.
3. Besondere Vorsicht ist beim Umgang mit elektrischem Strom, Chemikalien, Wärmequellen, Glasgeräten und heißen Flüssigkeiten geboten.
4. Offene Flammen und andere Wärmequellen (z. B. Heizplatten) sind so aufzustellen, dass sie nicht umgestoßen oder versehentlich berührt werden können.
5. Jede elektrische Schaltung ist vor Inbetriebnahme noch einmal zu kontrollieren, um Unfälle, Kurzschlüsse, die Zerstörung von Geräten u. Ä. zu vermeiden. Die Kontrolle von Schaltungen erfolgt in der Regel durch die Fachlehrerin bzw. den Fachlehrer.
6. Bei defekten Geräten, unerklärlichen Effekten oder möglichen Gefahren ist die Fachlehrerin bzw. der Fachlehrer sofort zu informieren.
   Bei elektrischen Schaltungen ist in einem solchen Fall die Spannung sofort abzuschalten bzw. der Netzstecker zu ziehen.

Rechnen mit physikalischen Größen

Diejenigen physikalischen Begriffe, die man größenmäßig erfassen kann, werden als **physikalische Größen** bezeichnet. Solche Größen sind z. B. die Länge, das Volumen oder die Temperatur. Für jede Größe sind ein **Formelzeichen** und eine **Einheit** festgelegt (s. S. 18). Zur vollständigen Kennzeichnung einer physikalischen Größe gehört die Angabe eines **Messgeräts** oder die Beschreibung eines **Messverfahrens.**
Größen werden häufig durch Messungen ermittelt. Da jedes Messgerät nur eine bestimmte Messgenauigkeit hat, müssen Größen mit einer **sinnvollen Genauigkeit** angegeben werden. Das gilt auch, wenn mit Größen gerechnet wird. Subtrahiert man z. B. von der Länge $l_1 = 2{,}823\,\text{m}$ die Länge $l_2 = 1{,}2\,\text{m}$, dann lautet das formale Ergebnis:

$$2{,}823\,\text{m} - 1{,}2\,\text{m} = 1{,}623\,\text{m}$$

Ein Ergebnis kann aber nie genauer sein als die Genauigkeit der Einzelgrößen. 1,2 hat zwei zuverlässige Ziffern, der Wert 2,823 dagegen vier.
Deshalb ist das Ergebnis so zu runden, dass die Anzahl der zuverlässigen Ziffern nur so groß wie beim Ausgangswert mit der geringsten Anzahl ist. Da die Länge 1,2 m nur zwei gültige Ziffern hat, lautet das Ergebnis in sinnvoller Genauigkeit:

$$2{,}823\,\text{m} - 1{,}2\,\text{m} = 1{,}6\,\text{m}$$

Physikalische Größen sind stets mit sinnvoller Genauigkeit anzugeben. Das Ergebnis einer Rechnung mit Größen kann nie genauer als der ungenaueste Ausgangswert sein.

Das gilt auch beim Rechnen mit einem Taschenrechner.
So erhält man z. B. bei einem Rechteck mit den Kantenlängen $l_1 = 1{,}2\,\text{m}$ und $l_2 = 1{,}432\,\text{m}$ eine Fläche von:

$$1{,}2\,\text{m} \cdot 1{,}432\,\text{m} = 1{,}7\,\text{m}^2$$

Der vom Taschenrechner angezeigte Wert 1,7184 wäre nicht sinnvoll, weil der ungenaueste Ausgangswert nur 2 zuverlässige Ziffern hat. Es muss gerundet werden. Beachte dabei: Bei 0, 1, 2, 3 und 4 wird abgerundet, bei 5, 6, 7, 8 und 9 dagegen aufgerundet.

Arbeiten mit Modellen

Du kennst bereits viele unterschiedliche Modelle. So ist ein Spielzeugauto ein Modell für einen richtigen Pkw. Eine Modelleisenbahn sieht ähnlich aus wie eine tatsächliche Eisenbahn. Ein Globus ist ein Modell für unsere Erde. Vergleicht man das jeweilige reale Objekt (Pkw, Eisenbahn, Erde) mit dem entsprechenden Modell, dann zeigt sich:

> **Ein Modell ist eine Vereinfachung der Wirklichkeit.**

So sieht ein Spielzeugauto von der äußeren Form her fast so aus wie ein richtiges Auto. Es unterscheidet sich von einem Pkw aber z. B. dadurch, dass es keinen funktionierenden Motor hat und viele Einzelheiten, die es bei einem Pkw gibt, nicht vorhanden sind.
Ein Globus als Modell für die Erde eignet sich gut dazu, die Lage der Kontinente oder die Verteilung von Land und Meer auf der Erdoberfläche zu verdeutlichen. Es lässt sich auch gut die Drehung der Erde um ihre Achse zeigen. Nicht berücksichtigt sind aber viele Einzelheiten auf der Erdoberfläche, etwa Bäume, Häuser oder Straßen. Unbeachtet bleibt beim Globus auch der innere Aufbau der Erde.

> **Zwischen einem realen Objekt (Pkw, Erde) und seinem Modell gibt es Gemeinsamkeiten, aber auch Unterschiede.**

Es ist möglich, von einem realen Objekt unterschiedliche Modelle zu entwickeln. Solche Modelle können gegenständlich sein (Abb. 1). Ein Modell kann aber auch aus einem System von Aussagen bestehen, so wie das beim Teilchenmodell (s. S. 24) der Fall ist.
Modelle gibt es nicht nur für reale Objekte, sondern auch für die Entstehung von Luftströmungen (Wind), für das Zustandekommen einer Sonnenfinsternis oder für die Form eines Magnetfeldes um einen Stabmagneten (Abb. 2).
In der Physik und damit auch im Physikunterricht werden Modelle in vielfältiger Weise genutzt:

1 Mit dem Modell (Tellurium) kann man die Stellung von Sonne, Erde und Mond zueinander verdeutlichen.

- Modelle dienen zur Veranschaulichung des Aufbaus von realen Objekten.
- Modelle eignen sich gut zum Verdeutlichen der räumlichen Beziehungen zwischen realen Objekten (Abb. 1).
- Mit Modellen kann die Wirkungsweise von technischen Geräten erklärt werden.
- Modelle helfen beim Verstehen von Erscheinungen und Vorgängen in Natur und Technik.
- Mit Modellen lassen sich Erscheinungen und Vorgänge beschreiben und erklären sowie Vorhersagen treffen.

In vielen Fällen kann man in der Physik auf bekannte Modelle zurückgreifen oder sich auch selbst ein Modell schaffen. Dabei gilt immer: Das Modell muss wichtige Merkmale des realen Objekts bzw. der Erscheinung besitzen und wird stets für einen bestimmten Zweck geschaffen.

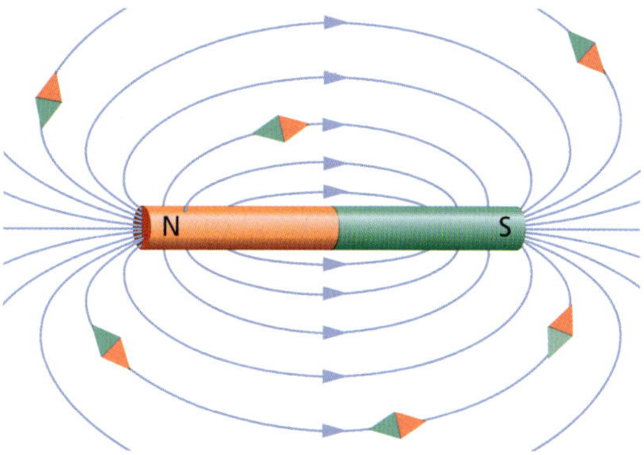

2 Modell Feldlinienbild: Mit einem solchen Modell wird das nicht sichtbare magnetische Feld um einen Stabmagneten beschrieben.

Das Teilchenmodell

Ein sehr anschauliches Modell, das in vielen Bereichen der Physik für Erklärungen und Vorhersagen genutzt wird, ist das **Teilchenmodell.** Dieses Modell beschreibt den Aufbau von Stoffen in Form eines Systems von Aussagen.

> **Das Teilchenmodell:**
>
> 1. **Alle Stoffe bestehen aus Teilchen.**
> 2. **Die Teilchen befinden sich in ständiger Bewegung.**
> 3. **Zwischen den Teilchen wirken Kräfte.**

Wir können diese Teilchen nicht sehen, stellen sie uns aber als kleine Kügelchen vor. In einem festen Körper kann man sich die Kräfte durch kleine Federn, die die Teilchen zusammenhalten, ausgeübt denken. In einer Flüssigkeit stellt man sich diese Kügelchen dicht aneinandersitzend, aber gegeneinander verschiebbar vor. In einem Gas haben die Teilchen einen großen Abstand voneinander und fliegen frei mit großer Geschwindigkeit herum (s. Übersicht unten).

Mit diesem Modell kann man gut **erklären,** warum z. B. eine Flüssigkeit kaum zusammengedrückt werden kann, während das mit einem Gas sehr leicht geht. Man „versteht", warum ein Gas jeden verfügbaren Raum ganz einnimmt, und man kann sich gut vorstellen, wie sich eine Schwingung in einem festen Körper ausbreitet.
Auch **Vorhersagen** sind mit diesem Modell möglich. Wenn die Teilchen anziehende Kräfte aufeinander ausüben, dann benötigt man Energie, um sie voneinander zu entfernen. Daraus ergibt sich, dass Energie erforderlich ist, um eine Flüssigkeit zu verdampfen, weil die Teilchen im Gas wesentlich weiter voneinander entfernt sind.
Wenn ein Modell so tragfähig ist, dann neigt man leicht dazu, das Modell mit der Wirklichkeit zu verwechseln. Wir stellen uns die Körper nicht nur aus Kügelchen zusammengesetzt vor, sondern wir glauben, dass sie tatsächlich aus winzigen Kügelchen bestehen. Das ist aber nicht der Fall. Vielmehr gilt:

> **Vom Menschen geschaffene Modelle sind nicht identisch mit der Wirklichkeit und dürfen mit dieser nicht verwechselt werden.**

Wie jedes Modell hat das Teilchenmodell Grenzen für seine Anwendbarkeit. So lässt sich z. B. die elektrische Leitfähigkeit von Stoffen mit diesem einfachen Teilchenmodell nicht erklären. Dafür müsste es erweitert werden.

	Feste Körper	**Flüssigkeiten**	**Gase**
Aufbau und Eigenschaften	Die Teilchen liegen sehr eng und regelmäßig beieinander. Sie haben einen festen Platz.	Die Teilchen liegen dicht beieinander, haben aber keinen festen Platz. Sie sind gegeneinander verschiebbar. Ihr Abstand bleibt aber gleich.	Der Abstand der Teilchen ist groß. Sie haben keinen festen Platz.
	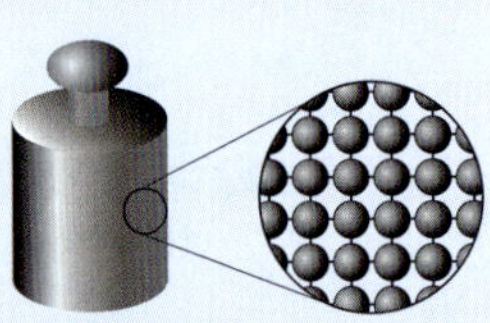	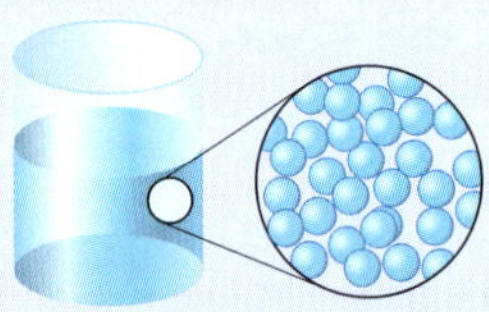	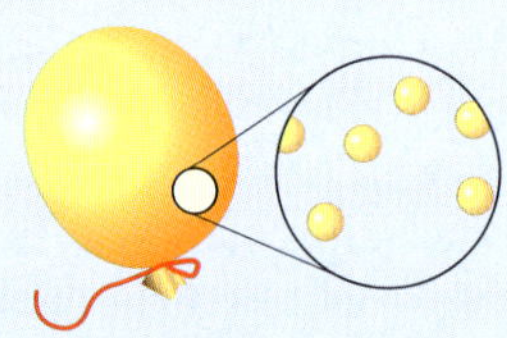
	Die Teilchen schwingen um ihren Platz hin und her. Zwischen ihnen wirken starke anziehende bzw. abstoßende Kräfte.	Die Teilchen bewegen sich an dem Platz hin und her, an dem sie sich gerade befinden. Die Kräfte zwischen ihnen sind kleiner als bei festen Körpern.	Die Teilchen bewegen sich frei im gesamten Raum, den sie zur Verfügung haben. Die Kräfte zwischen ihnen sind sehr klein.

Die galileische Methode

Der italienische Naturforscher GALILEO GALILEI (1564-1642) war nicht nur ein bedeutender Forscher - er formulierte die Gesetze für den freien Fall von Körpern und entdeckte die vier hellsten Monde des Planeten Jupiter. Er gilt auch als Begründer der modernen Naturwissenschaften, weil er theoretische Überlegungen und experimentelle Untersuchungen eng miteinander verband und somit eine Herangehensweise entwickelte, die heute als **experimentelle** oder **galileische Methode** bezeichnet wird.

Diese galileische Methode ist nicht die einzige Methode, wie man zu neuen Erkenntnissen gelangen kann. Sie ist aber eine wichtige und häufig genutzte Methode. Wir wollen sie deshalb an einem Beispiel (s. rechte Spalte) verdeutlichen.

Um zu neuen Erkenntnissen zu gelangen oder um vorhandene Erkenntnisse zu präzisieren, geht man vom jeweiligen Erkenntnistand aus und stellt auf dieser Grundlage eine **begründete Vermutung** auf. Sie wird auch als **Hypothese** bezeichnet.

Eine Hypothese ist eine begründete Vermutung auf der Grundlage des vorhandenen Wissens.

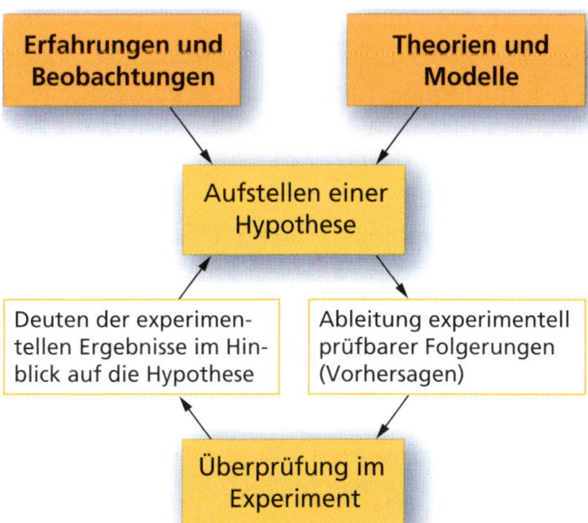

1 Die galileische Methode im Überblick

2 Bei der Erkenntnisgewinnung in der Physik spielen Experimente eine zentrale Rolle.

Beispiel: Ein Schüler könnte vermuten, dass die magnetische Wirkung auf ein Eisenstück mit dessen elektrischer Leitfähigkeit zusammenhängt. Da alle Metalle den elektrischen Strom gut leiten, könnte er folgende Hypothese aufstellen: „Alle Körper aus Metall werden von Magneten angezogen."

Ob eine solche Hypothese wahr oder falsch ist, lässt sich häufig nicht sofort erkennen. Aus einer Hypothese lassen sich aber experimentell prüfbare Folgerungen ableiten, also eine Vorhersage treffen.

Beispiel: Da eine 50-Cent-Münze aus Metall besteht, müsste sie von einem Magneten angezogen werden.
Führt man das Experiment durch, dann zeigt sich: Eine 50-Cent-Münze wird von einem Magneten nicht angezogen. Im Hinblick auf die Hypothese bedeutet das: Die Hypothese ist widerlegt. Sie ist falsch.

Um eine Hypothese zu widerlegen, reicht ein einziges Gegenbeispiel, so wie das oben dargestellt ist. Wenn ein Experiment dagegen eine Vorhersage bestätigt, dann kann man nicht daraus folgern, dass die Hypothese richtig ist. Sie wird damit lediglich sicherer, denn man kann nie ausschließen, dass es bisher nicht untersuchte Fälle gibt, für die sich die Hypothese als nicht zutreffend erweist.

Physikalische Gesetze

In Naturerscheinungen lassen sich durch gezielte Beobachtungen und Experimente Zusammenhänge zwischen einzelnen Eigenschaften von Körpern, Stoffen oder Vorgängen erkennen. So kann man bei der Ausbreitung von Schall feststellen, dass seine Ausbreitungsgeschwindigkeit von der Lufttemperatur abhängt: Je höher die Lufttemperatur ist, desto schneller breitet sich der Schall in Luft aus.

Bei Gewittern kann man feststellen:
- Nach jedem Blitz kommt ein Donner.
- Je näher der Blitz ist, desto weniger Zeit vergeht, bis man den Donner hört.
- Für jeden Kilometer, den ein Blitz entfernt ist, vergehen etwa 3 Sekunden bis zum Donner.

Wenn sich Zusammenhänge unter bestimmten Bedingungen immer wieder einstellen, dann spricht man in der Physik von gesetzmäßigen Zusammenhängen oder **Gesetzen.**

Physikalische Gesetze sind allgemeine und wesentliche Zusammenhänge in der Natur, die unter bestimmten Bedingungen stets gelten.

Diese Bedingungen werden auch **Gültigkeitsbedingungen** genannt. Sie werden bei manchen Gesetzen klar formuliert, manchmal aber auch weggelassen, wenn das zu keinen Missverständnissen führt. Mitunter sind sie auch nicht vollständig bekannt.

Naturvorgänge gehen unabhängig vom Willen und von den Wünschen des Menschen vor sich. Er kann aber Zusammenhänge erkennen und sie bewusst nutzen. Eine Nichtbeachtung oder Unkenntnis physikalischer Gesetze kann zu Schäden und Unfällen führen. Deshalb ist es ein wichtiges Ziel physikalischer Forschung, Gesetze immer genauer zu erkennen und sie zum Wohle des Menschen und seiner Umwelt zu nutzen.
Physikalische Gesetze können unterschiedlich genau erkannt und in verschiedener Weise formuliert bzw. dargestellt werden.

1 Der Taucher hört den Donner eines weit entfernten Blitzes eher als die Person auf dem Schiff.

Beispiele für unterschiedliche Formulierungen sind die drei links genannten Aussagen zu Blitz und Donner. Während die ersten beiden Aussagen **qualitativ** sind, ist die dritte Aussage **quantitativ,** stellt also einen mathematischen Zusammenhang zwischen Größen her.
An dem einfachen Beispiel von Blitz und Donner wird auch deutlich, welche Bedeutung die **Gültigkeitsbedingungen eines Gesetzes** haben können. Betrachten wir dazu das in Abb. 1 dargestellte Beispiel: Für die Person auf dem Schiff gelten alle drei links stehenden Formulierungen. Für den gleich weit vom Blitz entfernten Taucher trifft das nicht zu. Er hört den Donner wesentlich früher als die Person auf dem Schiff. Das hängt damit zusammen, dass sich der Schall in Wasser viel schneller als in Luft ausbreitet. Demzufolge ist die Formulierung „Für jeden Kilometer, den ein Blitz entfernt ist, vergehen etwa 3 Sekunden bis zum Donner" nicht allgemein gültig, sondern gilt nur unter der Bedingung, dass sich der Schall in Luft ausbreitet. Das bedeutet:

Gesetze und ihre Gültigkeitsbedingungen müssen an die Beobachtungen angepasst werden.

Wichtig ist auch: Ein Gesetz kann von Menschen formuliert, aber nicht wie ein mathematischer Satz bewiesen werden. Ob unsere Erkenntnisse richtig sind, zeigt die Anwendung eines Gesetzes beim Erklären, Vorhersagen oder Konstruieren technischer Geräte.

Qualitative Gesetze

Es gibt eine ganze Reihe physikalischer Gesetze, die lediglich beschreiben, unter welchen Bedingungen bestimmte Erscheinungen oder Vorgänge in der Natur auftreten. Solche Gesetze enthalten eine qualitative Gesetzesaussage, die mit Worten beschrieben wird. Qualität ist abgeleitet vom lateinischen „qualitas" und bedeutet „Beschaffenheit", „Eigenschaft". Man bezeichnet solche Gesetze deshalb als **qualitative Gesetze.** Die Übersicht zeigt charakteristische Schritte, wie man zu einem solchen Gesetz gelangt.

Qualitative Gesetze können auch beschreiben, wie sich die eine Größe ändert, wenn man eine oder mehrere andere Größen verändert.

Beispiel:
Je größer der Abstand zwischen einem Magneten und einem Eisenstück ist, umso kleiner ist die anziehende Kraft zwischen ihnen.

1 Ein Gesetz, das jeder kennt: Eine Kompassnadel stellt sich immer in Nord-Süd-Richtung ein.

Qualitative Gesetze gewinnt man durch	Beispiel
1. Beobachten von Vorgängen	Situation: Ein Magnet wird in die Nähe eines Eisenstücks gebracht. Beobachtung: Eisenstück und Magnet bewegen sich aufeinander zu.
2. Vorstellung und Aufstellen einer Vermutung	Das Eisenstück wird vom Magneten angezogen. Da Eisen ein Metall ist, könnte vermuten: Alle Metalle werden von Magneten angezogen.
3. Überprüfen des Zusammenhangs	Es wird experimentell überprüft, ob Körper aus verschiedenen Metallen von Magneten angezogen werden. Ergebnis: Nicht alle metallischen Körper werden von Magneten angezogen, sondern nur solche aus Eisen, Nickel und Cobalt.
4. Formulieren eines Gesetzes	Alle Körper aus Eisen, Nickel und Cobalt werden von Magneten angezogen.
Das ermöglicht:	
5. Vorhersagen mithilfe des Gesetzes für neue Situationen oder für praktische oder technische Anwendungen	Mit einem Magneten kann man eine Eisenkugel bewegen, die auf einer Tischplatte liegt. Dabei bewegen sich zwar Magnet und Eisenkugel nicht aufeinander zu. Trotzdem wird die Eisenkugel durch die Anziehungskraft bewegt. 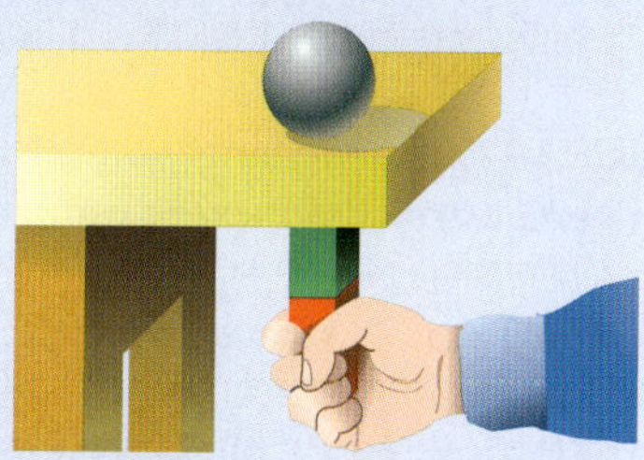
6. Erklärung eines Vorgangs mithilfe des Gesetzes	Magnet und Eisenstück ziehen sich gegenseitig an, weil alle Körper aus Eisen von Magneten angezogen werden.
7. Praktische Anwendungen	Wenn man eine Eisenschraube aus einem Loch herausholen will, dann kann man das mit einem Magneten machen.

Quantitative Gesetze

Neben den qualitativen Gesetzen gibt es Gesetze, die einen Zusammenhang mathematisch beschreiben. Sie enthalten quantitative Gesetzesaussagen, die mit Worten oder mit mathematischen Mitteln (z.B. Proportionalität, Diagramm, Gleichung) beschrieben werden können. Solche Gesetze werden als **quantitative Gesetze** bezeichnet. Sie drücken Zusammenhänge zwischen Größen aus.

> **Begriffe, die zahlenmäßig (quantitativ) erfassbar sind, nennt man physikalische Größen.**

Eine physikalische Größe hat verschiedene Eigenschaften.

1. Sie hat eine festgelegte Bezeichnung.
   Wie lange ein Vorgang dauert, wird durch die physikalische Größe Zeit beschrieben.
2. Sie hat ein festgelegtes Formelzeichen.
   Bei der Zeit ist es ein kleines ***t***.
3. Um den Wert der Größe anzugeben, braucht man eine Einheit.
   Zeiten misst man in **Sekunden.**
   Die Abkürzung ist **s.**
   Der Wert der Größe ist dann das Produkt aus Zahlenwert und Einheit:
   $t = 12 \cdot 1\,s = 12\,s$
4. Außerdem muss es ein Messgerät oder ein Messverfahren für die Größe geben.
   Zeiten misst man mit Uhren. Zu Beginn des Vorgangs, für den die Zeitdauer zu messen ist, wird die Uhr gestartet, bei dessen Ende wird sie angehalten.

Bei der Untersuchung von Zusammenhängen müssen Größen gemessen werden. Dabei gilt:

> **Wird der Zusammenhang zwischen zwei Größen untersucht, so müssen alle anderen Größen und Bedingungen konstant gehalten werden.**

Will man eine solche Untersuchung durchführen, kann man das direkt bei einem Naturvorgang machen. In der Regel wird man aber versuchen, eine solche Untersuchung im Labor durchzuführen, also ein Experiment zu machen. Dabei konzentriert man sich auf den jeweils zu untersuchenden Zusammenhang und versucht, alle anderen Größen und Bedingungen (z. B. Temperatur, Druck) konstant zu halten sowie störende Einflüsse (z. B. Hin- und Herwackeln der Versuchsanordnung) zu verhindern.

1 Untersuchung des Zusammenhangs zwischen Weg und Zeit am Modell

Als Beispiel betrachten wir die Bewegung einer Spielzeuglokomotive auf einem geraden Schienenstück (Abb. 1). Sie soll sich immer gleich schnell bewegen. Untersucht werden soll die Frage, welcher Zusammenhang dann zwischen der verflossenen Zeit und dem zurückgelegten Weg besteht.

Vorbereitung des Experiments:
Es gibt mehrere Möglichkeiten, den Zusammenhang zwischen Zeit und Weg zu untersuchen.
So könnte man verschiedene Strecken markieren und mit der Stoppuhr jeweils die Zeiten messen, die die Lok dafür braucht.
Man kann aber auch die Zeiten mit einem Metronom vorgeben und die zurückgelegten Wege messen. Wir wählen die zweite Variante.

Durchführen des Experiments:
Das Experiment wird aufgebaut und die Messungen durchgeführt. Das machen wir so: Wir lassen die Lok losfahren. Beim ersten Schlag des Metronoms markieren wir den Ort der Lok mit einem Strich ($t = 0$). Das wiederholen wir bei fünf weiteren Schlägen. Dann messen wir vom ersten Strich aus die Abstände zu den anderen Strichen. Die Werte werden in einer Tabelle erfasst.

Zeit in s	0	1,0	2,0	3,0	4,0	5,0
Weg in cm	0	12	23	36	47	62

Um möglichst genaue Messwerte zu erhalten, kann bei den vorgegebenen Zeiten der Weg mehrmals gemessen und der Mittelwert gebildet werden.

Auswertung des Experiments:
Wir sehen, dass die Lok in der doppelten Zeit etwa den 2-fachen Weg zurücklegt. Die kleinen Abweichungen können durch Ungenauigkeiten beim Markieren oder Messen erklärt werden. Diese Abweichungen betragen bei unserer Experimentieranordnung für den Weg maximal etwa 4 cm. Man nennt sie **Messunsicherheiten** oder **Messfehler.** Sie treten bei jeder Messung auf und müssen bei der Auswertung von Experimenten berücksichtigt werden. Unter Berücksichtigung der Messfehler für den Weg können wir die Ergebnisse so schreiben:

Zeit in s	0	1,0	2,0	3,0	4,0	5,0
Weg in cm	0	12±2	23±2	36±2	47±2	62±2

Der Messfehler für die Zeit kann vernachlässigt werden. Die Analyse der Messwerte ergibt: In der 3-fachen Zeit wird etwa der 3-fache Weg zurückgelegt, in der 4-fachen Zeit der 4-fache Weg usw. Man sagt: Vergangene Zeit und zurückgelegter Weg sind **zueinander direkt proportionale** Größen.

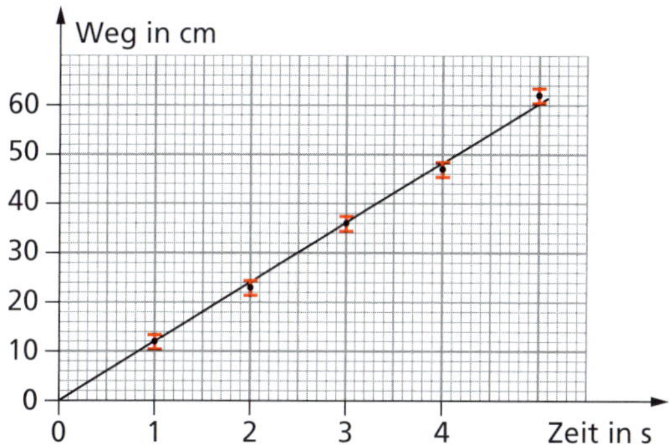

1 Weg-Zeit-Diagramm (*s*-*t*-Diagramm)

Häufig ist aber ein Zusammenhang zwischen zwei Größen besser erkennbar, wenn man die Messwerte grafisch darstellt (Abb. 1). Wir tragen die Wertepaare mit Punkten in ein Koordinatensystem ein. Die Messfehler kann man mit einem **Fehlerbalken** verdeutlichen. Für das Wertepaar (1,0 s/12 cm ± 2 cm) wird ein Punkt gezeichnet. Der durch diesen Punkt verlaufende Fehlerbalken reicht dann von 10 cm bis 14 cm.
Wir können durch die Fehlerbalken eine Gerade zeichnen, die durch den Koordinatenursprung verläuft. Auch eine solche Ursprungsgerade ist ein Kennzeichen für zwei zueinander direkt proportionale Größen. Die Gerade oder Kurve im Diagramm nennt man **Graph.**
Eine weitere Möglichkeit der Auswertung von Messwerten besteht darin, durch Nutzung der Mathematik Zusammenhänge nachzuweisen. So können wir für unsere Messwerte z. B. die Quotienten aus zurückgelegtem Weg und vergangener Zeit bilden. Dann erhält man:

Zeit in s	0	1,0	2,0	3,0	4,0	5,0
Weg in cm	0	12	23	36	47	62
Weg durch Zeit in m/s	–	12	11,5	12	11,8	12,4

Wir sehen, dass die Quotienten gleich sind. Auch das ist ein Kennzeichen von zueinander direkt proportionalen Größen.
Wenn man die Lok schneller fahren lässt, sind die Größen Weg und Zeit ebenfalls direkt proportional zueinander. Die Quotienten aus Weg und Zeit sind wieder konstant, aber sie sind dann größer als in unserem Beispiel, weil die zurückgelegten Wege größer sind. Es gilt: Der Quotient aus Weg und Zeit ist umso größer, je schneller die Lok ist. Es ist somit sinnvoll, den Zusammenhang zwischen Weg s, Zeit t und Geschwindigkeit v so zu formulieren:

Bei einer gleichmäßig schnellen Bewegung ist der zurückgelegte Weg proportional der Zeit. Es gilt:

$\frac{s}{t}$ **= konstant oder** $\frac{s}{t} = v$

Quantitative Vorhersagen

Der auf S. 29 unten genannte Zusammenhang zwischen Weg, Zeit und Geschwindigkeit kann auch folgendermaßen geschrieben werden:

> **Für eine Bewegung mit konstanter Geschwindigkeit gilt:**
> $$s = v \cdot t$$

Solche Größengleichungen werden auch einfach **Formeln** genannt. Kennt man zwei der drei Größen, so kann man mithilfe der Formel eine Vorhersage über die dritte Größe machen.

Beispiel:
Welchen Weg legt die Lok in 2,2 Sekunden zurück, wenn ihre Geschwindigkeit 12 cm/s beträgt?

Analyse:
Die Lok bewegt sich mit konstanter Geschwindigkeit. Es gilt deshalb die Formel $s = v \cdot t$.

Gesucht: Weg s

Gegeben: Zeit $t = 2{,}2\,\text{s}$
Geschwindigkeit $v = 12\,\frac{\text{cm}}{\text{s}}$

Lösung: $s = v \cdot t$

$s = 12\,\frac{\text{cm}}{\text{s}} \cdot 2{,}2\,\text{s}$

$\underline{s = 26{,}4\,\text{cm}}$

Ergebnis:
Bei einer Geschwindigkeit von $12\,\frac{\text{cm}}{\text{s}}$ legt die Lok in 2,2 s einen Weg von etwa 26 cm zurück.

1 Bei bekannter Geschwindigkeit kann man z. B. für ein Auto den Weg vorhersagen, der in einer bestimmten Zeit zurückgelegt wird.

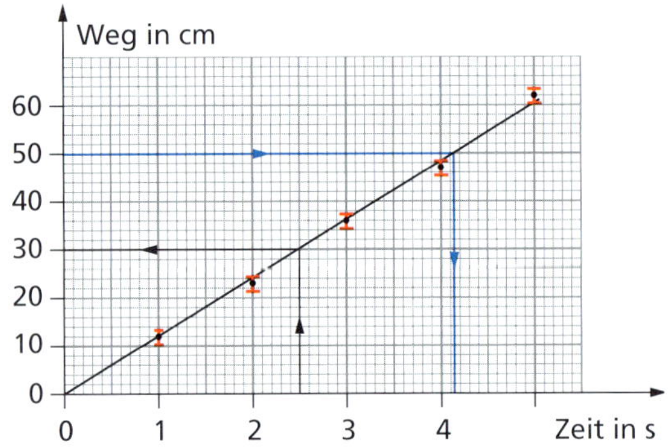

2 Ein Diagramm ermöglicht quantitative Vorhersagen.

Solche Vorhersagen sind auch von praktischer Bedeutung, z. B. wenn ein Autofahrer abschätzen will,

- wie schnell er fahren muss, um eine bestimmte Strecke in einer vorgegebenen Zeit zurückzulegen oder
- welche Zeit er braucht, wenn er mit einer bestimmten Geschwindigkeit eine vorgegebene Strecke fährt.

Quantitative Vorhersagen können ebenfalls mithilfe grafischer Darstellungen gemacht werden (Abb. 2). Das Verfahren ist in Abb. 2 durch farbige Pfeile dargestellt. Ein Weg von 50 cm wird in 4,1 s zurückgelegt. Nach 2,5 s beträgt der Weg 30 cm.

> **Quantitative Vorhersagen bekommt man**
> - **durch Berechnen mithilfe von Formeln oder**
> - **durch Ablesen von Werten aus grafischen Darstellungen.**

Folgende Aussagen zum Zusammenhang zwischen zwei Größen sind gleichwertig:

- Zwei Größen sind zueinander direkt proportional.
- Wenn man den Wert der einen Größe verdoppelt oder verdreifacht, so verdoppelt oder verdreifacht sich auch der Wert der anderen Größe.
- Der Quotient aus zwei Größen ist konstant.
- Der Graph in einem Koordinatensystem mit den beiden Größen ist eine Gerade durch den Koordinatenursprung.

Interpretieren und Anwenden von Formeln

Viele Zusammenhänge, die Physiker untersucht haben, werden in der Physik als Formeln angegeben. Selbst aus uns unbekannten Formeln können wir Zusammenhänge erschließen und sie zur Lösung von physikalischen Problemen anwenden. Betrachten wir dazu zunächst einige Beispiele und nutzen den Zusammenhang zwischen der Geschwindigkeit v, dem Weg s und der Zeit t (s. S. 30).

(1) Formel: $s = v \cdot t$

Wie verändert sich der zurückgelegte Weg, wenn die Zeit verdoppelt wird?
Wenn in der Formel $s = v \cdot t$ die Zeit verdoppelt wird, dann wird die rechte Seite verdoppelt. Folglich wird auch die linke Seite doppelt so groß. Der Weg ist also bei doppelter Zeit doppelt so groß.

(2) Formel: $v = \frac{s}{t}$

a) Wie verändert sich die Geschwindigkeit, wenn in der gleichen Zeit der vierfache Weg zurückgelegt wird?
Die rechte Seite vervierfacht sich, also vervierfacht sich auch die Geschwindigkeit.

b) Wie verändert sich die Geschwindigkeit, wenn der gleiche Weg in der vierfachen Zeit zurückgelegt wird?
Der Nenner der rechten Seite wird viermal so groß. Das bedeutet, dass der Wert des Bruchs ein Viertel so groß ist. Damit ist auch die linke Seite, also die Geschwindigkeit, nur noch ein Viertel so groß.

$$E = m \cdot c^2$$

1 Das ist die wahrscheinlich bekannteste Formel der Physik. Was bedeutet sie?

Interpretieren einer Formel

Beim Interpretieren einer Formel solltest du folgendermaßen vorgehen:

1. Nenne zunächst die physikalischen Größen, zwischen denen Zusammenhänge in der Formel dargestellt sind!
   Gehe auf wichtige Bedingungen ein, unter denen die Formel gilt!
2. Leite aus der mathematischen Struktur der Formel Zusammenhänge zwischen jeweils zwei physikalischen Größen ab!
   Gehe dabei z. B. auf direkte oder indirekte Proportionalität und auf wichtige Bedingungen ein, unter denen Zusammenhänge gelten!
3. Leite Folgerungen aus den jeweiligen Zusammenhängen zwischen den Größen ab!

In gleicher Weise können wir auch uns unbekannte Formeln nutzen, etwa die in Abb. 1 genannte Formel oder die Formel:

$$v^2 = C \cdot \frac{M}{R}$$

Das ist die Formel für die Geschwindigkeit v eines Satelliten, der sich auf einer Kreisbahn unmittelbar über die Oberfläche eines Planeten mit der Masse M und dem Radius R bewegt. C ist eine Konstante, deren Wert wir für unsere Überlegungen nicht brauchen.
Was können wir aus der Formel ablesen?

1. Die Geschwindigkeit hängt nicht von der Masse des Satelliten ab.
2. Je größer die Masse des Planeten bei gleichem Radius ist, desto größer ist die Geschwindigkeit des Satelliten.
3. Je größer der Planetenradius bei gleicher Masse ist, desto kleiner die Geschwindigkeit.

Anhand einer Formel erhält man
- **einen Überblick über die Veränderung einer Größe bei Änderung einer zweiten Größe (übrige Größen sind konstant),**
- **Vorhersagen über Werte durch Einsetzen von Zahlenwerten.**

Erklären in der Physik

In der Physik und auch im Physikunterricht geht es u. a. um solche Fragen wie:

- Warum haftet ein Magnet an einer Kühlschranktür?
  Weshalb ist der Himmel manchmal strahlend blau?
- Woran liegt es, dass eine Sonnenfinsternis an einem Ort nur maximal 7,6 Minuten lang zu beobachten ist?

Gefragt ist in allen Fällen nach der Erklärung eines Sachverhalts oder eines Vorgangs.

> **In der Physik bedeutet einen Sachverhalt oder einen Vorgang erklären, ihn auf physikalische Gesetze oder auf Modelle zurückzuführen.**

Die Erklärung dafür, dass ein Magnet haftet, ist: Die Kühlschranktür besteht aus Eisen. Ein Magnet und ein Körper aus Eisen ziehen sich an (Gesetz). Sorgfältig ist zwischen **Beschreiben** (s. S. 17) und **Erklären** zu unterscheiden.
Während es beim Beschreiben meist um das Darstellen beobachtbarer Sachverhalte geht, erfordert Erklären die Einbeziehung von Gesetzen bzw. Modellen.

Erklären physikalischer Erscheinungen

Beim Erklären wird zusammenhängend und geordnet dargestellt, warum eine Erscheinung in Natur und Technik so und nicht anders auftritt.

Beim Erklären sollte man deshalb in folgenden Schritten vorgehen:

1. Beschreibe die für das Anwenden von Gesetzen oder Modellen wesentlichen Seiten in der Erscheinung! Lasse Unwesentliches unberücksichtigt!
2. Nenne Gesetze oder Modelle, mit denen die Erscheinung erklärt werden kann, weil deren Gültigkeitsbedingungen vorliegen!
3. Führe die Erscheinung auf physikalische Gesetze bzw. auf Modelle zurück!

Strukturen und Analogien

In vielen Bereichen von Natur und Technik gibt es ähnliche Strukturen. Ein Beispiel dafür zeigt Abb. 1: Licht wird von einer Lichtquelle (Sender) abgestrahlt. Als Empfänger dienen die Augen. Ähnlich ist das bei Schall. Der von einem Lautsprecher (Sender) abgegebene Schall wird mit den Ohren (Empfänger) wahrgenommen.

> **Wenn sich bei zwei verschiedenen Sachverhalten Elemente und Zusammenhänge entsprechen, so haben sie eine ähnliche Struktur.**

Im Physikunterricht werden wir eine ganze Reihe von Sachverhalten kennenlernen, bei denen ähnliche Strukturen auftreten, z.B. bei Schall und Licht oder beim Transport von Energie mit verschiedenen Energieträgern.

Eine ähnliche Struktur bedeutet auch, dass bei unterschiedlichen Sachverhalten Übereinstimmung hinsichtlich bestimmter Merkmale oder Eigenschaften besteht. Man spricht dann von einer **Analogie.** So braucht z.B. der Schall eine bestimmte Zeit, um vom Sender bis zum Empfänger zu gelangen. Analog gilt das auch für Licht (Abb. 1).
Analogien haben den Vorteil, dass man Erkenntnisse von bekannten Sachverhalten auf neue, ähnlich strukturierte Sachverhalte übertragen kann. Ob eine solche Übertragung zu richtigen Ergebnissen führt, muss allerdings experimentell geprüft werden.

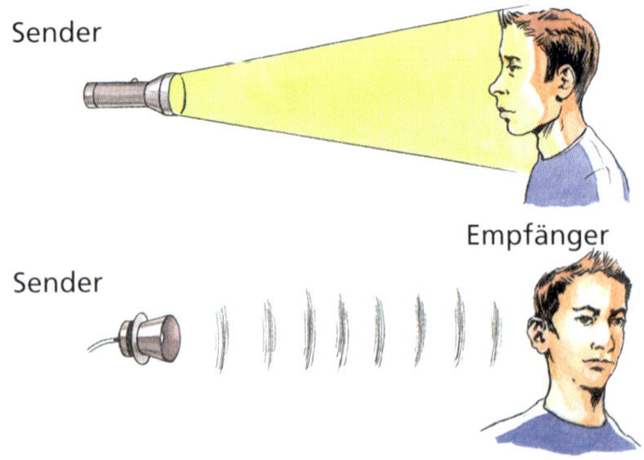

1 Ausbreitung von Licht und Schall im Vergleich

Anwendung von Arbeitsweisen auf ein Beispiel

Wir wollen nachfolgend Arbeitsweisen auf ein gut überschaubares Beispiel anwenden. Dazu nutzen wir eine Anordnung, wie sie in Abb. 1 dargestellt ist. Eine solche Anordnung wird als Fadenpendel bezeichnet. Der Körper wird aus seiner Ruhelage ausgelenkt und dann losgelassen.

Beobachtung und Beschreibung:
Der Körper schwingt hin und her. Eine solche Bewegung nennt man Schwingung. Die Schwingung ist regelmäßig. An den höchsten Punkten der Bahn ist die Geschwindigkeit null, am tiefsten Punkt hat sie den größten Wert.

Erklärung:
Der Körper wird von der Erde angezogen. Er bleibt aber nicht am tiefsten Punkt stehen, sondern bewegt sich aufgrund seines Schwungs auf der anderen Seite nach oben. Dabei wird er von der Erdanziehung gebremst, bis er die Geschwindigkeit null hat. Dann schwingt er genauso zurück.

Experimentelle Untersuchungen:
Wir wollen untersuchen, ob wir Pendelschwingungen nutzen können, um eine einfache Uhr zu bauen. Dazu muss man die Zusammenhänge zwischen den dafür wesentlichen Größen kennen. Um eine Uhr zu bauen, muss man z. B. wissen, wie lange ein solches Pendel für eine vollständige Hin- und Herbewegung braucht. Diese Größe wird Periodendauer genannt. Sie hat das Formelzeichen T.
Von welchen Größen hängt die Periodendauer eines Fadenpendels ab?

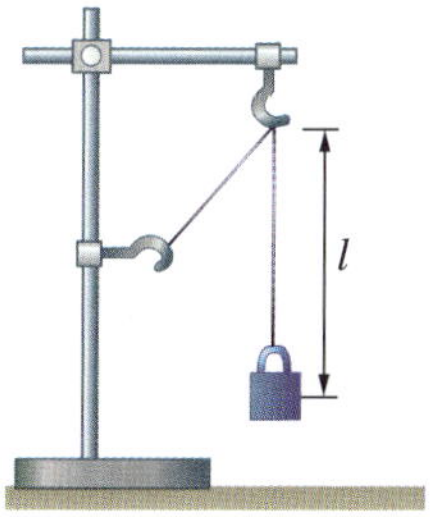

1 Ein Fadenpendel besteht aus einem Körper, der an einem Faden befestigt ist und der frei hin- und herschwingen kann.

Man könnte vermuten, dass die Periodendauer abhängig ist

- von der Masse des angehängten Körpers,
- von der Größe der Auslenkung und
- von der Länge des Fadens.

Untersuchung einzelner Zusammenhänge
Die Periodendauer eines Fadenpendels könnte von mehreren Größen abhängig sein. Für diesen Fall gilt:

> **Wenn man bei einem Experiment die Abhängigkeit einer Größe von mehreren anderen Größen untersuchen will, dann ändert man stets nur eine Größe und lässt die anderen Größen bzw. Bedingungen unverändert.**

Abhängigkeit der Periodendauer von der Masse des schwingenden Körpers
Wenn wir diesen Zusammenhang untersuchen wollen, dann müssen die Auslenkung und die Länge des Fadens für alle Untersuchungen gleich sein.
Eine **begründete Vermutung (Hypothese)** für den Zusammenhang zwischen Periodendauer und Masse ist: Da ein schwerer Körper von der Erde stärker angezogen wird als ein leichter Körper und damit den Weg schneller zurücklegt, ist die **Periodendauer** umso kleiner, je schwerer der Körper ist.

Bei der Durchführung der Messungen ist zu beachten: Die Messung der Zeit für eine vollständige Schwingung mit einer Stoppuhr ist relativ ungenau. Genauere Werte erhält man durch Nutzung eines der beiden Verfahren, die nachfolgend beschrieben sind:

- Die Zeit für eine Schwingung wird elektronisch mit einer Lichtschranke gemessen.
- Es wird mit einer Stoppuhr die Zeit für 10 vollständige Schwingungen gemessen. Der erhaltene Wert wird durch 10 dividiert. Damit erhält man einen Mittelwert für eine Schwingung, wobei auch der Messfehler entsprechend geringer ist. Wir können ihn bei diesem Messverfahren mit ±0,1 s ansetzen.

Die Messungen ergeben folgende Messwerte:

Masse in g	20	50	100	200	500
Perioden-dauer in s	1,35 ± 0,1	1,29 ± 0,1	1,34 ± 0,1	1,31 ± 0,1	1,25 ± 0,1

Da die Masse der Körper mit einer sehr genauen elektronischen Waage ermittelt wurde, kann man bei der Masse den Messfehler vernachlässigen. Die Messwerte einschließlich Messfehler können grafisch dargestellt werden. Dabei erhält man folgendes Diagramm:

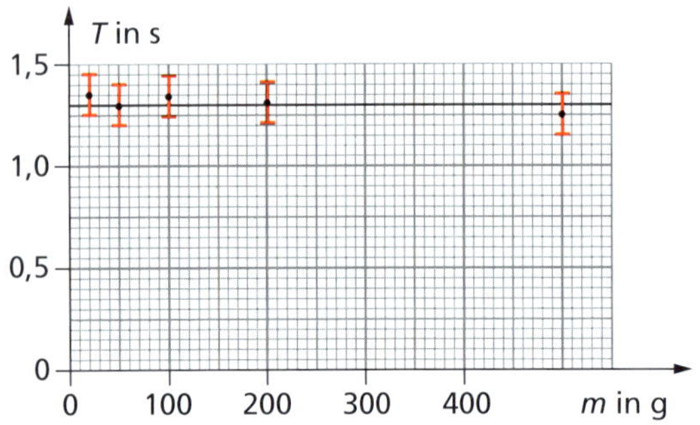

Aus dem Diagramm ist erkennbar:

Die Periodendauer eines Fadenpendels hängt nicht von der Masse des schwingenden Körpers ab.

Zahlreiche weitere Untersuchungen haben das bestätigt. Mit Blick auf unsere Hypothese bedeutet das: Unsere Hypothese war falsch. Wenn wir ein Pendel mit bestimmter Periodendauer als Uhr nutzen wollen, dann spielt die Masse des schwingenden Körpers keine Rolle.

Abhängigkeit der Periodendauer von der Länge des Fadens

Bei dieser Untersuchung müssen die Auslenkung des Körpers und seine Masse stets gleich sein. Wir vermuten: Da der Körper bei längerem Weg mehr Zeit für eine Schwingung braucht als bei kürzerem Weg, ist die Periodendauer umso größer, je länger der Faden ist. Auch dazu führen wir entsprechende Messungen durch.

Die Messungen ergeben folgende Messwerte:

***l* in cm**	10	20	30	40	50
***T* in s**	0,61 ± 0,1	0,92 ± 0,1	1,10 ± 0,1	1,25 ± 0,1	1,43 ± 0,1

Bereits aus der Tabelle können wir erkennen: Die Periodendauer wächst mit der Fadenlänge deutlich an. Unsere Vermutung wird damit bestätigt. Bei doppelter Fadenlänge haben wir allerdings nicht die doppelte Periodendauer. Fadenlänge und Periodendauer sind also nicht direkt proportional zueinander.

Mit den oben angegebenen Messwerten erhält man unter Berücksichtigung der Messfehler für die Zeit das nachfolgende Diagramm:

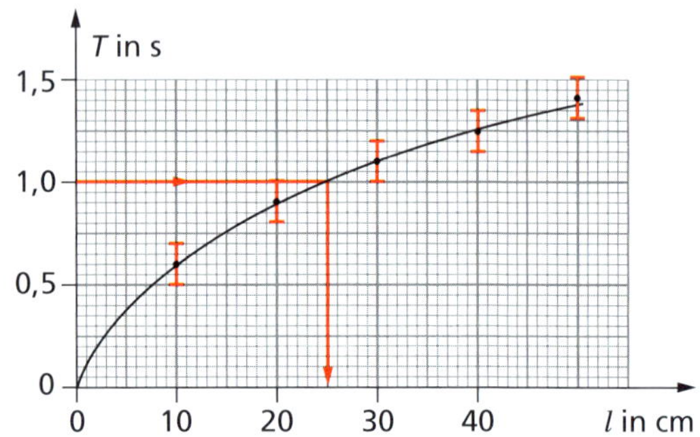

Der Graph ist auch in diesem Fall so zu zeichnen, dass er innerhalb der **Fehlerbalken** verläuft. Eine solche Kurve, die man bei Berücksichtigung der Messpunkte und der **Messfehler** erhält, nennt man **Ausgleichskurve.**

Eine Ausgleichskurve soll
- **möglichst durch alle Fehlerbalken gehen und**
- **etwa gleich viele Messpunkte auf jeder Seite der Kurve haben.**

Fällt einer der Messpunkte deutlich heraus, so sollte eine Kontrollmessung gemacht werden.

Aus der grafischen Darstellung lässt sich erkennen:

- Je länger der Faden ist, umso größer ist die Periodendauer des Pendels.

- Bei doppelter Fadenlänge ist die Periodendauer weniger als doppelt so groß.
- Darüber hinaus kann man ablesen, wie lang z. B. ein Pendel sein muss, damit die Periodendauer 1,0 s beträgt. Das aus dem Diagramm (S. 34, rechts) ablesbare Ergebnis lautet:

$$l = 25\,\text{cm}$$

Aus einer grafischen Darstellung erhält man
- **Informationen darüber, wie sich eine Größe mit Veränderung der anderen Größe ändert und**
- **welchen Wert die eine Größe bei einem bestimmten Wert der anderen Größe annimmt.**

Noch einfacher und genauer werden solche Vorhersagen, wenn man die Zusammenhänge als Formel kennt.
Liegt eine direkte Proportionalität zwischen zwei Größen a und b vor, so kann man einen solchen Zusammenhang relativ einfach mathematisch formulieren. Es gilt dann:

$$a \sim b \qquad \text{oder} \qquad \frac{a}{b} = \text{konstant}$$

Bei nicht proportionalen Zusammenhängen, wie bei dem Zusammenhang zwischen Periodendauer und Länge des Pendels, ist es schwieriger, einen mathematischen Zusammenhang zu finden. So könnte man z. B. vermuten, dass folgender Zusammenhang besteht:

$$T^2 \sim l \qquad \text{oder} \qquad \frac{T^2}{l} = \text{konstant}$$

Um das zu prüfen, quadrieren wir alle Werte für die Periodendauer (s. Messwertetabelle S. 34 oben) und bilden den Quotienten T^2/l.
Damit erhält man:

l in m	0,10	0,20	0,30	0,40	0,50
T^2 in s^2	0,37	0,84	1,21	1,56	2,04
$\frac{T^2}{l}$ in $\frac{s^2}{m}$	3,7	4,2	4,0	3,9	4,1

Stellt man die Werte für l und T^2 in einem Diagramm dar, so erhält man eine Gerade durch den Koordinatenursprung. Das bedeutet: Es gilt also tatsächlich $T^2 \sim l$.

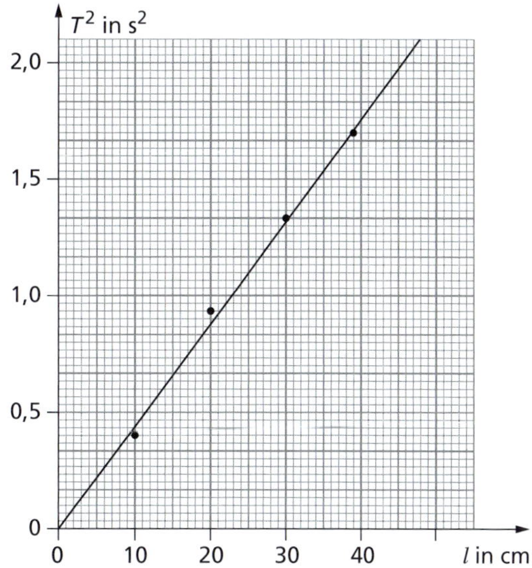

Für den Quotienten $\frac{T^2}{l}$ erhält man einen mittleren Wert von $4{,}0\,\frac{s^2}{m}$. Damit lautet der mathematische Zusammenhang zwischen der Periodendauer und der Länge des Pendels:

$$T^2 = 4{,}0\,\frac{s^2}{m} \cdot l$$

Diese Formel kann man nutzen, um Vorhersagen zu machen, etwa um folgende Frage zu beantworten: Wie lang muss das Pendel sein, damit seine Periodendauer 2,0 s beträgt? Dazu stellt man für Formel nach der gesuchten Größe um:

$$l = \frac{T^2}{4{,}0\,\frac{s^2}{m}}$$

$$l = \frac{(2{,}0\,s)^2}{4{,}0\,\frac{s^2}{m}} = 1{,}0\,m$$

Das Ergebnis lautet also: Damit die Periodendauer eines Fadenpendels 2,0 s beträgt, muss das Pendel 1,0 m lang sein.

Aufgabe

Analog zu den bisherigen Untersuchungen kannst du die Abhängigkeit der Periodendauer von der Auslenkung erforschen:
- Stelle eine Hypothese auf!
- Führe die Untersuchungen durch!
- Formuliere ein Ergebnis!

Die Naturwissenschaft Physik und ihre Arbeitsweisen

Die Naturwissenschaft Physik

- beschäftigt sich mit Erscheinungen und Gesetzen in unserer natürlichen Umwelt.
- ist eine wichtige Grundlage der Technik und unseres täglichen Lebens.

Wichtige Tätigkeiten sind das **Beobachten,** das **Beschreiben,** das **Messen** und das **Experimentieren.** Zur Beschreibung und Erklärung von Vorgängen nutzt man unterschiedliche **Modelle.**

Modelle sind Vorstellungen des Menschen. Sie sind immer eine Vereinfachung der Wirklichkeit und werden für einen bestimmten Zweck geschaffen.

Physikalische Gesetze sind allgemeine und wesentliche Zusammenhänge in der Natur, die unter bestimmten Bedingungen (Gültigkeitsbedingungen) stets gelten. Gesetze können in unterschiedlicher Weise erkannt und in verschiedener Form dargestellt werden.

Mithilfe von Modellen oder Gesetzen lassen sich Erscheinungen oder Vorgänge erklären bzw. vorhersagen.

Grafische Darstellungen

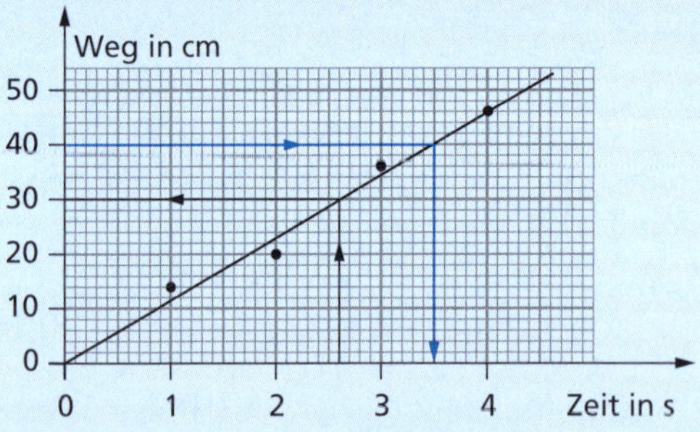

Aus einer grafischen Darstellung kann man
- die Art des Zusammenhangs zwischen den beiden Achsengrößen erkennen,
- Vorhersagen über den Wert der einen Größe bei gegebener anderer Größe ableiten.

Formeln

Für den Zusammenhang zwischen dem Weg *s*, der Geschwindigkeit *v* und der Zeit *t* gilt bei konstanter Geschwindigkeit:

$$s = v \cdot t$$

Aus einer Formel erhält man
- Aussagen über die Zusammenhänge zwischen zwei Größen, wenn die anderen Größen als konstant angenommen werden,
- Vorhersagen über Werte durch Einsetzen von Größen.

2 Akustik

Entstehung und Ausbreitung von Schall

Das Ohr des Dionysos

In der Stadt Syrakus auf Sizilien (Italien) existiert eine alte Höhle mit einer besonderen Form. Die Sage berichtet, dass der Herrscher Dionysos, der um 400 v. Chr. lebte, in dieser Höhle Gefangene festhielt. Durch eine kleine Öffnung an der Oberseite der Höhle konnte er auch die leisesten Gespräche der Gefangenen belauschen.
Wie ist es zu erklären, dass Dionysos auch leise Gespräche hören konnte?

Musikinstrumente erzeugen Schall

Zum Erzeugen von Tönen kann man unterschiedliche Instrumente nutzen, z. B. eine Gitarre, ein Keyboard, ein Schlagzeug oder eine Trompete. In jedem Fall wird Schall erzeugt, den wir hören können.
Wie entsteht Schall bei den verschiedenen Musikinstrumenten?

Schwingende Saiten

Beim Spielen einer Gitarre muss man jeweils die richtige Saite anzupfen oder anschlagen. Darüber hinaus muss durch Greifen dafür gesorgt werden, dass die Saite die richtige Länge hat.
Welcher Zusammenhang besteht zwischen der Art der Schwingung, der Lautstärke und der Tonhöhe, die wir wahrnehmen?
Wie schnell breitet sich Schall aus?

Schallquellen

Mit unseren Ohren nehmen wir verschiedene Geräusche, Sprache, Musik, aber auch unangenehmen Lärm wahr.

Alles, was der Mensch mit den Ohren hören kann, ist Schall.

Schall lässt sich auf unterschiedliche Art und Weise erzeugen:
- Bei Zupf- und Streichinstrumenten wie Gitarre, Klavier oder Violine werden Saiten in Schwingungen versetzt.
- Bei der menschlichen Stimme schwingen die Stimmbänder, wenn Luft aus der Lunge kommt und durch die Stimmritze hindurchtritt.
- Bei Blasinstrumenten wie Trompete, Saxofon, Flöte oder Orgel schwingen Luftsäulen.
- Die typischen Geräusche bei Mücken oder Fliegen kommen durch schnelles Hin- und Herschwingen der Flügel zustande.
- Quelle der Geräusche aus einem Lautsprecher ist die hin- und herschwingende Lautsprechermembran.

Körper, die durch ihre Schwingungen Schall erzeugen, nennt man Schallquellen.

1 Bei Musikinstrumenten werden in unterschiedlicher Weise Schwingungen erzeugt.

Mosaik

Wie erzeugen Tiere Schall?

Jeder kennt das Bellen eines Hunds, das Singen von Vögeln, das Miauen einer Katze oder das Zirpen von Grillen. Auch Wale, Delfine oder Fledermäuse erzeugen Schall. Das geschieht in sehr unterschiedlicher Weise.

Bei vielen Säugetieren, z. B. Hunden, Katzen, Kühen oder Bären, wird Luft aus den Lungen gepresst und erzeugt im Rachenraum Schwingungen, die wir als charakteristische Tierlaute hören.

Die Lungen der Vögel sind mit kleinen Luftsäcken verbunden, in die Luft gepresst werden kann. Die Luft strömt über eine gespannte Membran aus und bringt diese zum Schwingen. Je nachdem, wie stark die Membran gespannt ist, entstehen tiefe oder hohe Töne. Grashüpfer erzeugen Geräusche dadurch, dass sie mit den Hinterbeinen über zahlreiche kleine Erhöhungen an den Vorderflügeln streichen.

Diese Schwingungen erfolgen aber in der Regel so schnell, dass wir sie nicht sehen. Vor allem kann man auch nicht erkennen, wie der betreffende Körper hin- und herschwingt.
Um die Schwingungen einer Stimmgabel sichtbar zu machen, befestigt man an der Stimmgabel eine elastische Stahlfeder und zieht sie über eine berußte Glasplatte. Dann erhält man eine geschwungene Linie (Abb. 1).

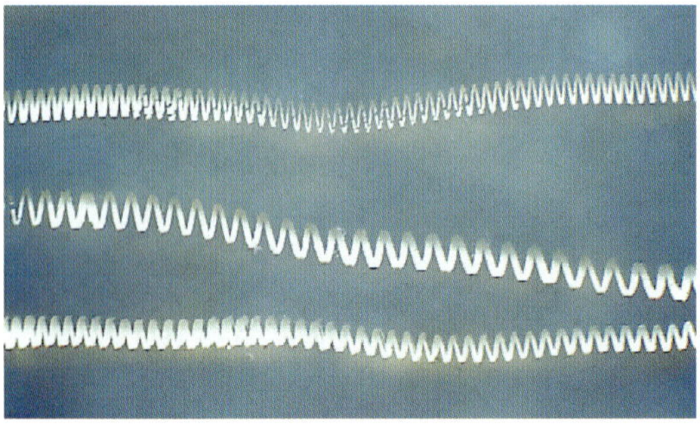

1 Die Spitze einer angeschlagenen Stimmgabel schwingt ganz regelmäßig.

Aufgabe

Ihr könnt eine solche Aufzeichnung selbst mit Lineal, Papier und Bleistift nachvollziehen.

Julia zieht das Papier gleichmäßig unter einem Lineal hindurch, während Peter den Bleistift an der Linealkante hin- und herbewegt.
Versucht den Bleistift so zu bewegen, dass sich ein ähnliches Bild wie bei der Stimmgabel ergibt! Führt den Versuch mehrmals durch! Verändert die Bedingungen!

2 Aufzeichnung der Pendelschwingung mithilfe eines Sandpendels

Modell einer Schallquelle

Da die Bewegung bei einer Schallquelle sehr schnell vor sich geht, untersuchen wir Schwingungen an einer langsameren Bewegung. Ein Pendel (Abb. 2) führt ebenso Schwingungen aus wie eine Stimmgabel, aber sehr viel langsamer. Deshalb kann man sie besser beobachten. Das Pendel erzeugt aber keinen hörbaren Ton. Es ist also keine Schallquelle, sondern ein Modell einer Schallquelle (↗ M S. 23).

Mit einem Sandpendel kann man die Schwingung genauso wie bei der Stimmgabel aufzeichnen (Abb. 2). Beim Beschreiben dieser Schwingung kommt es genau darauf an zu wissen, worüber man spricht. Deshalb legen Physiker jeden verwendeten Begriff exakt fest. So könnte man z. B. sagen: „Das Pendel schwingt schneller." Was ist damit gemeint? Heißt es, das Pendel macht in der Minute mehr Hin- und Herbewegungen? Man könnte aber auch bei gleich vielen Hin- und Herbewegungen von einem schnelleren Pendel sprechen, wenn man es weiter auslenkt. Da es dann einen größeren Weg in derselben Zeit zurücklegen muss, wäre es auch schneller. An diesem Beispiel sieht man, dass die Begriffe eindeutig festgelegt werden müssen.

Beschreibung mechanischer Schwingungen

Zur physikalischen Beschreibung solcher Schwingungen, wie sie bei Schallquellen auftreten, ist es erforderlich, einige Begriffe einzuführen.

Die **Auslenkung** gibt den jeweiligen Abstand des schwingenden Körpers von der Ruhelage an (Abb. 1).

Schwingende Körper bewegen sich zwischen zwei Umkehrpunkten hin und her. Diese Punkte haben den größten Abstand von der Ruhelage. Dieser maximale Abstand eines schwingenden Körpers von der Ruhelage wird als **Amplitude** bezeichnet (Abb. 1).

Ein schwingender Körper benötigt eine bestimmte Zeit für ein Hin- und Herbewegung. Eine vollständige Hin- und Herbewegung nennt man eine Periode. Die Zeit für eine solche vollständige Periode heißt **Periodendauer.**

> **Die Periodendauer gibt die Zeit für eine vollständige Hin- und Herbewegung an.**
>
> **Formelzeichen: T**
> **Einheit: 1 Sekunde (1 s)**

Je nachdem, wie groß die Periodendauer ist, können unterschiedlich viele Perioden in einer bestimmten Zeit ablaufen. Dies wird durch die Frequenz erfasst.

> **Die Frequenz einer Schwingung gibt an, wie viele Perioden je Sekunde ablaufen.**
>
> **Formelzeichen: f**
> **Einheit: 1 Hertz (1 Hz) $\quad$ $1\,\text{Hz} = 1\,\text{s}^{-1}$**

Die Einheit 1 Hz ist nach dem Physiker HEINRICH HERTZ (1857–1894) bezeichnet worden. HERTZ entdeckte 1886 die nach ihm benannten hertzschen Wellen. Er schuf damit eine Grundlage für die drahtlose Nachrichtenübertragung.

Vielfache der Einheit 1 Hz sind ein Kilohertz (1 kHz) und ein Megahertz (1 MHz):

$$1\,\text{kHz} = 1\,000\,\text{Hz}$$
$$1\,\text{MHz} = 1\,000\,\text{kHz} = 1\,000\,000\,\text{Hz}$$

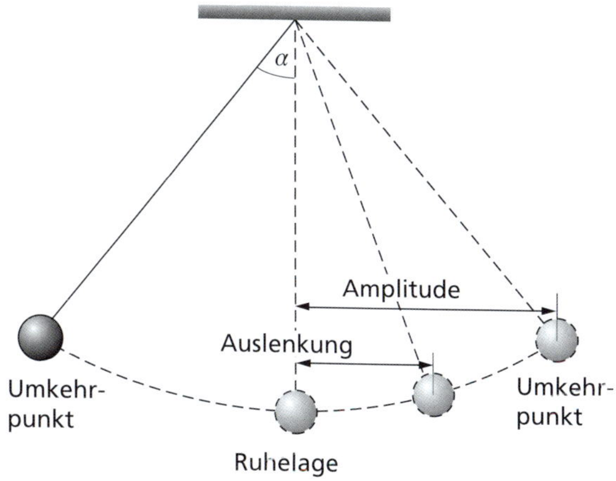

1 Kenngrößen einer Schwingung

Die Frequenz kann man direkt messen oder aus der Periodendauer berechnen.

> **Für den Zusammenhang zwischen Frequenz f und der Periodendauer T gilt:**
>
> $$f = \frac{1}{T} \quad \text{oder} \quad f = \frac{n}{t}$$
>
> **n Anzahl der Perioden**
> **t Zeit für n Perioden**

Wenn beispielsweise eine Schaukel in 10 s 6-mal hin- und herschwingt, so beträgt ihre Frequenz:

$$f = \frac{6}{10\,\text{s}} = 0{,}6\,\text{Hz}.$$

Frequenzen in Natur und Technik	
1 m langes Fadenpendel	0,5 Hz
durchschnittliche Frequenz des Herzschlags beim Menschen	1,3 Hz
tiefste vom Menschen hörbare Frequenz	16 Hz
Flügel einer Hummel	200 Hz
Kammerton a	440 Hz
Frequenzen beim Sprechen	100 Hz ... 1 000 Hz
höchste von jungen Menschen hörbare Frequenz	20 000 Hz
Ultraschall	über 20 000 Hz

Mosaik

Aus der Entwicklung der Zeitmessung

Die ältesten bekannten Uhren zur Zeitmessung sind **Sonnenuhren.** Man findet sie heute in den verschiedensten Varianten an Gebäuden oder in Parks. Viele Jahrhunderte hindurch wurden auch **Wasser-** oder **Sanduhren** benutzt, bei denen man eine fließende Wasser- oder Sandmenge für die Zeitmessung verwendet.
Die ersten **mechanischen Uhren** aus dem 14. Jahrhundert besaßen Räderwerke, die durch große Gewichte angetrieben wurden.

Im 16. Jahrhundert wurden die ersten tragbaren Taschenuhren entwickelt. So baute um 1512 der Nürnberger Schlosser Peter Henlein (1479–1542) Taschenuhren, die als „Nürnberger Eier" bekannt wurden. Als Antrieb für diese Taschenuhren wurden kleine Spiralfedern genutzt. Die verschiedenen Uhren hatten bis zu dieser Zeit den Nachteil, dass sie alle noch sehr ungenau waren. Die Schifffahrt und die astronomische Forschung in der damaligen Zeit verlangten aber nach genaueren Uhren.

Einer, der wesentlich zur Verbesserung der Uhren beigetragen hat, war der Holländer Christiaan Huygens (1629–1695).

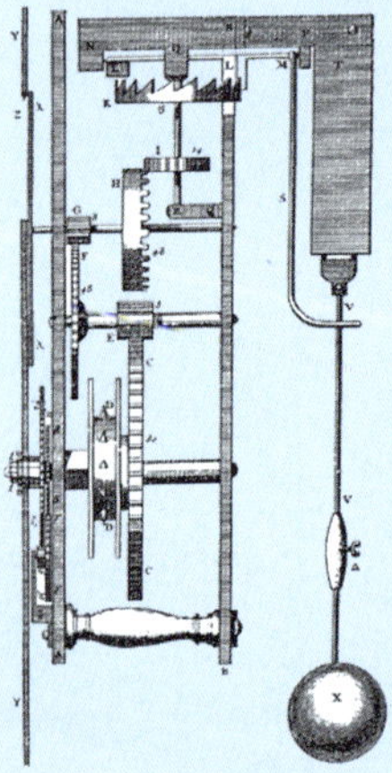

Huygens nutzte für seine Uhren die von ihm untersuchten Gesetze der Pendelbewegung und konstruierte 1656 eine Pendeluhr, in der er das bekannte Räderuhrwerk mit einem Pendel koppelte (s. Abb.). 1657 erhielt er für diese geniale Idee ein Patent. 1674 konstruierte er unabhängig vom Engländer Robert Hooke (1635 bis 1703) eine Taschenuhr mit einer Spiralfeder als Unruh, die ebenfalls mechanische Schwingungen ausführte.
Diese mechanischen Uhren wurden in vielfältigen Formen und Größen gebaut, ihre Mechanik wurde ständig weiterentwickelt und verbessert.

Auch die Genauigkeit der mechanischen Uhren wurde in den folgenden Jahrzehnten immer weiter verbessert. Die physikalischen Prinzipien aber, auf denen diese Uhren beruhten, die mechanischen Schwingungen, blieben gleich.

1 Uhr mit Unruh: Zur Steuerung werden mechanische Schwingungen genutzt.

Erst im 20. Jahrhundert wurden elektrische Uhren konstruiert, die Festkörper-Schwingungen zur Steuerung der Zeiger nutzen. 1929 wurde in den USA die erste **Quarzuhr** gebaut. Eine noch größere Genauigkeit als Quarzuhren weisen **Atomuhren** auf, bei denen der Gang von Schwingungen in Atomen gesteuert wird. Die erste Atomuhr wurde 1948 für das National Bureau of Standards, das nationale amerikanische Normungsinstitut, gebaut. Eine der genauesten Atomuhren befindet sich in der Physikalisch-Technischen Bundesanstalt in Braunschweig (Abb. 2). Bei ihr tritt in 200 000 Jahren eine Abweichung von weniger als einer Sekunde auf.

2 Atomuhr in der Physikalisch-Technischen Bundesanstalt in Braunschweig

Wahrnehmung und physikalische Beschreibung von Schall

Schwingungen, wie sie durch Schallquellen entstehen, können mithilfe eines Mikrofons und eines Oszilloskops sichtbar gemacht werden (Abb. 2). Wir können sie dann mit den physikalischen Begriffen beschreiben, die auf S. 41 eingeführt worden sind.

Schlägt man eine Stimmgabel stärker an, dann ist die Amplitude größer. Der Ton wird lauter wahrgenommen. Zupft man eine Gitarrensaite so an, dass der Ton einmal laut und einmal leise ist, dann sieht man, dass die Saite im ersten Fall stark und im zweiten Fall nur schwach hin- und herschwingt. Im Oszilloskopbild (Abb. 1) sind die Unterschiede deutlich zu erkennen.

Je größer die Amplitude der Schwingung ist, desto lauter wird der Ton wahrgenommen.

Das ist eine qualitative Aussage. Sie wäre quantitativ, wenn man sagen könnte, dass die doppelte Amplitude zu einer doppelten Lautstärke führen würde. Wir haben aber gar nicht festgelegt, was eine doppelte Lautstärke bedeutet. Insofern ist eine quantitative Aussage hier nicht sinnvoll.

Wir können aber Folgendes feststellen: Bei sehr leisen Tönen kann man schon eine geringe Änderung der Amplitude wahrnehmen. Bei sehr lauten Tönen können wir selbst relativ große Änderungen der Amplitude nicht unterscheiden.

Wir untersuchen nun, wie sich das Schwingungsbild beim Oszilloskop ändert, wenn man unterschiedliche Stimmgabeln verwendet. Gleichzeitig verfolgen wir, wie wir die Töne wahrnehmen. Es zeigt sich (Abb. 3):

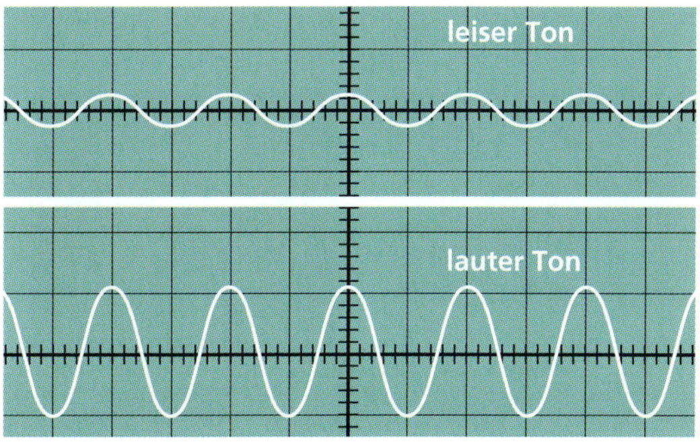

1 Abhängigkeit der Lautstärke von der Amplitude (bei gleicher Frequenz)

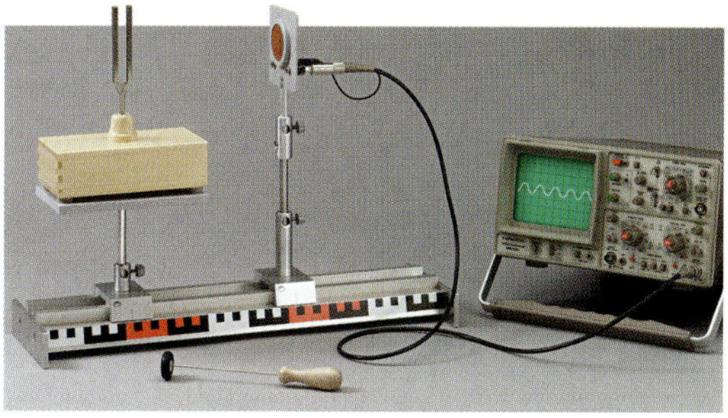

2 Mit einem Oszilloskop kann man schnell verlaufende Schwingungen darstellen.

Je größer die Frequenz der Schwingung ist, desto höher wird der Ton wahrgenommen.

Auch hier wird nicht festgelegt, wann ein Ton doppelt so hoch ist. Jedoch hat man in der Musik Tonintervalle festgelegt. Deshalb können wir hier auch quantitative Aussagen machen. Eine Schwingung mit doppelter Frequenz gehört zu einem Ton, der eine Oktave höher klingt.

Aufgabe

Untersuche mithilfe von Stimmgabeln, Mikrofon und Oszilloskop, in welchem Zahlenverhältnis sich die Frequenzen bei verschiedenen Tonintervallen befinden!

Zähle dazu die Anzahl der Schwingungen auf dem Bildschirm!

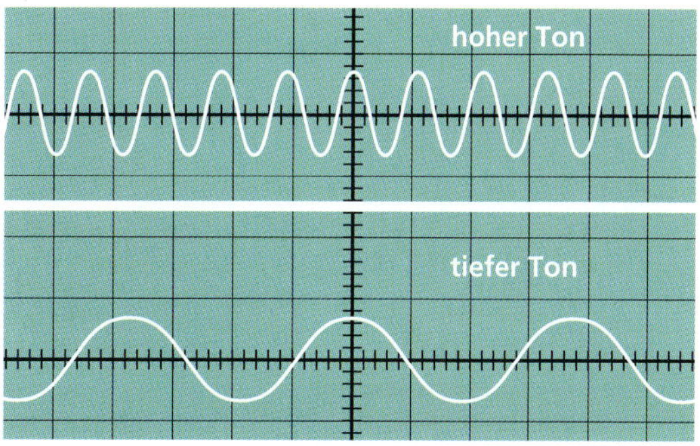

3 Abhängigkeit der Tonhöhe von der Frequenz (bei gleicher Amplitude)

Ton, Klang, Geräusch, Knall

Schall besteht nicht nur aus Tönen. Spielt man z. B. den Kammerton a auf einer Geige und anschließend mit gleicher Lautstärke auf einem Klavier, so klingt er unterschiedlich. Bei solchen Musikinstrumenten entsteht ein Klang.
Den Schall, den ein fahrendes Auto abgibt, nennt man Geräusch. Bei einer Explosion entsteht ein mehr oder minder lauter Knall.

Bei dem Schall, der von Schallquellen abgegeben wird, unterscheidet man zwischen Ton, Klang, Geräusch und Knall.

Die Unterschiede zwischen den verschiedenen Arten von Schall kann man deutlich machen, wenn Schall aufgezeichnet wird, z. B. mithilfe eines Mikrofons und eines Oszilloskops. Aus der Übersicht unten sind die Unterschiede zwischen Ton, Klang, Geräusch und Knall erkennbar.

Das, was wir als Ton, Klang, Geräusch und Knall wahrnehmen, unterscheidet sich in den Schwingungsformen voneinander.

Ob wir Schall mit unseren Ohren überhaupt wahrnehmen, hängt davon ab, wie schnell der Schall erzeugende Körper schwingt. Beträgt die Frequenz weniger als 16 Hz oder mehr als 20 000 Hz, so hören wir diese Schwingungen nicht. Wir hören Schall auch nicht, wenn die Lautstärke sehr klein oder sehr groß ist, also unter der so genannten Hörschwelle oder über der Schmerzschwelle liegt.

Schall ist für den Menschen nur hörbar, wenn die Frequenz der Schwingungen zwischen 16 Hz und 20 000 Hz liegt.

Bei unserer Wahrnehmung tritt eine weitere Besonderheit auf: Spielt man den gleichen Ton auf verschiedenen Instrumenten, so nimmt man ihn unterschiedlich wahr. Musiker sprechen von der für ein Instrument typischen Klangfarbe.
Solche verschiedenen Klangfarben kommen zustande, weil bei jedem Instrument neben der Grundschwingung auch Schwingungen höherer Frequenz auftreten. Diese Schwingungen beeinflussen zwar nicht die Tonhöhe, aber unsere Wahrnehmung.

Ton	Klang	Geräusch	Knall
Die Schwingung ist wellenförmig.	Die Schwingung ist periodisch, aber nicht wellenförmig.	Die Schwingung ist unregelmäßig.	Die Schwingung hat einen großen Ausschlag und klingt schnell ab.
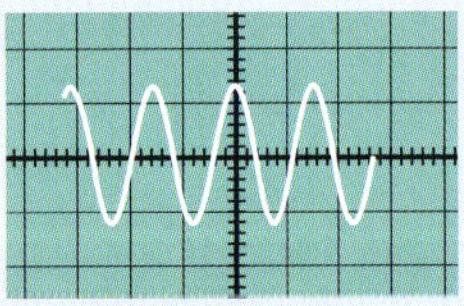	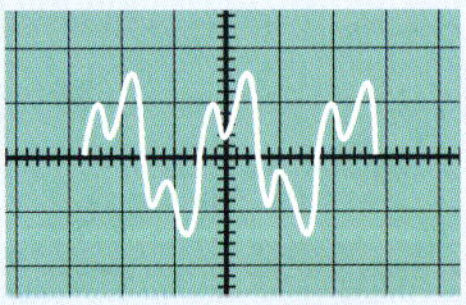	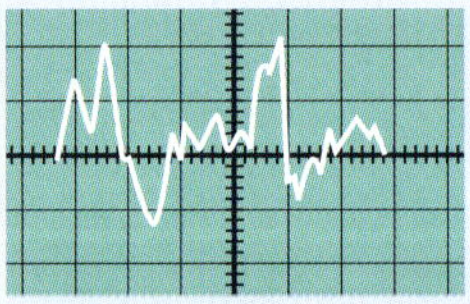	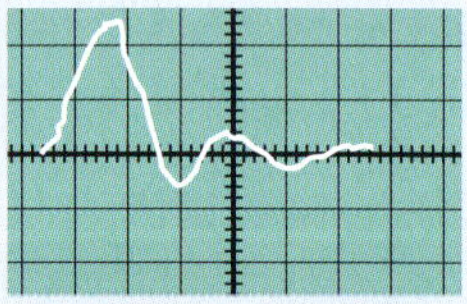

Eine angeschlagene Stimmgabel erzeugt einen ganz klaren Ton.	Mit Musikinstrumenten kann man verschiedene Klänge erzeugen.	Geräusche entstehen z. B. bei Fahrzeugen und Maschinen.	Beim Explodieren eines Feuerwerkskörpers entsteht ein Knall.

Thema

Schallquellen im Überblick

Der Mensch nimmt **Schall** in einem Frequenzbereich von 16 Hz bis 20 000 Hz mit seinen Ohren wahr. **Schallquellen** sind alle die Körper, die in diesem Frequenzbereich hinreichend stark schwingen und damit Schall aussenden, der sich dann im Raum ausbreitet. Nachfolgend betrachten wir ausgewählte Beispiele von Schallquellen.

1 Bei Musikinstrumenten schwingen Saiten, Luftsäulen oder Membranen.

Menschliche und tierische Stimmen

Beim Menschen erfolgt die Erzeugung von Schall mithilfe der **Stimmbänder.** Das sind zwei elastische Bänder, die sich im Kehlkopf am oberen Ende der Luftröhre befinden (Bild 2). Zwischen diesen beiden Bändern existiert eine Öffnung, die **Stimmritze.**

Wird von der Lunge her Luft durch die Stimmritze gepresst, so geraten die Stimmbänder in Schwingungen. Es entstehen Töne, Klänge oder Geräusche. Werden die Stimmbänder straffer gespannt, so schwingen sie schneller. Die Töne werden höher. Wird mehr Luft durch die Stimmritze gepresst, so schwingen die Stimmbänder heftiger. Die entstehenden Töne sind lauter.

Die menschliche Stimme übertrifft in der Vielfalt der Töne, Klänge und Geräusche jedes Musikinstrument. Die individuellen Unterschiede kommen durch den unterschiedlichen Bau der Stimmbänder und der Resonanzräume zustande.

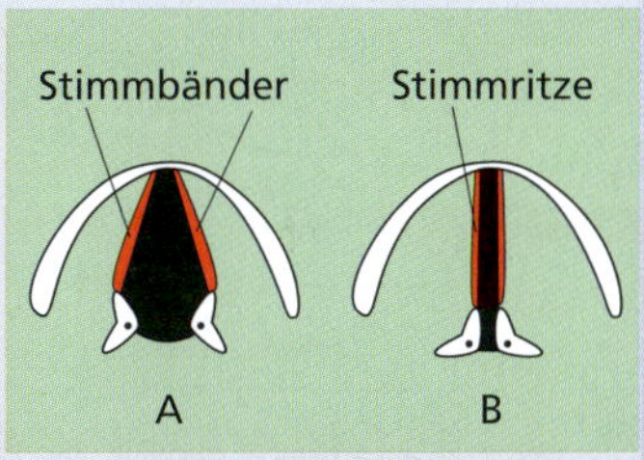

2 Durch ausströmende Luft schwingen die Stimmbänder.

Bei **Tieren** erfolgt die Schallerzeugung sehr unterschiedlich, wobei jede Tierart charakteristische Laute von sich gibt.

Bei vielen Säugetieren, z. B. Hunden, Katzen, Kühen oder Bären, wird Luft aus den Lungen gepresst und erzeugt im Rachenraum Schwingungen, die wir als Tierlaute wahrnehmen.

Die Lungen der Vögel sind mit kleinen Luftsäcken verbunden, in die Luft gepresst werden kann. Die Luft strömt über eine gespannte Membran aus und bringt diese zum Schwingen. Je nachdem, wie stark diese Membran gespannt ist, entstehen tiefe oder hohe Töne.

Grashüpfer erzeugen Geräusche dadurch, dass sie mit den Hinterbeinen über zahlreiche kleine Erhöhungen an den Vorderflügeln streichen.

Tierstimmen ermöglichen es auch, Tierarten zu bestimmen. Im Internet sind zahlreiche Beispiele für Tierstimmen unter diesem Suchwort zu finden.

3 Tiere geben charakteristische Laute von sich.

... und mehr

Informiere dich auch unter: *Hörbereich und Stimmumfang, Lärm und Lärmbekämpfung, Schallaufzeichnung und Schallwiedergabe, Schall und Musik, Tonhöhe und Lautstärke, Ultraschall, ...*

Infraschall und Ultraschall

Wenn Schall für den Menschen hörbar sein soll, so muss die Lautstärke zwischen der **Hörschwelle** und der **Schmerzschwelle** liegen (Abb. 1). Darüber hinaus muss die Frequenz Werte zwischen 16 Hz und 20 000 Hz haben.

Schall mit kleinerer Frequenz als 16 Hz wird **Infraschall** genannt. Er tritt z. B. bei Erdbeben oder bei Schwingungen von Maschinen und Schiffen auf. Diesen Infraschall hören wir zwar nicht. Er kann aber unser Wohlbefinden erheblich beeinträchtigen, ohne dass man eine Quelle dafür wahrnehmen kann.

Schall mit Frequenzen über 20 000 Hz oder 20 kHz wird in der Physik als **Ultraschall** bezeichnet. Solcher Ultraschall kann von verschiedenen Tieren (Fledermäuse, Wale, Delfine) oder durch technische Anordnungen erzeugt werden. Dazu gehören im einfachsten Fall spezielle Pfeifen, die Ultraschall abgeben und die man im Handel als Hundepfeifen erwerben kann.

> **Schall mit Frequenzen unter 16 Hz heißt Infraschall, mit Frequenzen oberhalb von 20 000 Hz Ultraschall.**

Ultraschall wird heute in Medizin und Technik vielfältig genutzt. Einige wichtige Anwendungen von Ultraschall sind auf S. 49–50 dargestellt.

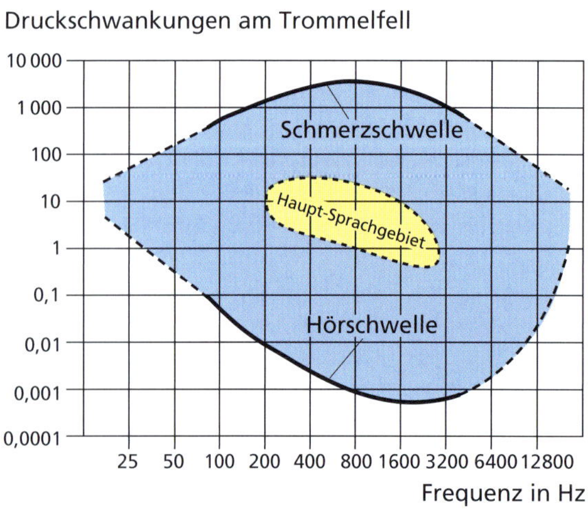

1 Hörbereich des menschlichen Ohrs (Hörfläche)

Mosaik

Hörbereich und Stimmumfang

Sowohl beim Menschen als auch bei Tieren ist zwischen dem **Hörbereich** und dem **Stimmumfang** zu unterscheiden.

Der **Hörbereich** ist derjenige Bereich, in dem ein Lebewesen Schall wahrnehmen kann. Ein Reihe von Tieren hört nicht nur viel leisere Töne als der Mensch, sondern kann auch Schall in anderen Frequenzbereichen als der Mensch wahrnehmen. So hören z. B. Hunde, Katzen und Fledermäuse auch Frequenzen von über 20 kHz, die der Mensch nicht mehr wahrnehmen kann (Abb. 2).

Beachte: Es gibt auch Schall (Frequenz kleiner als 16 Hz), den ein Mensch zwar nicht hören, der aber trotzdem sein Wohlbefinden negativ beeinflussen kann.

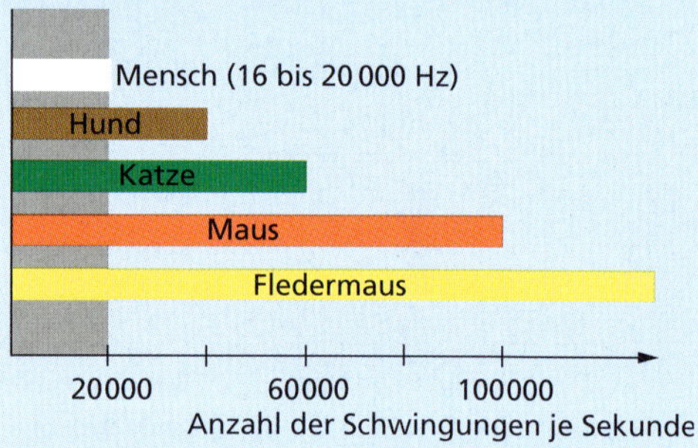

2 Hörbereich von verschiedenen Lebewesen

Ähnlich ist die Situation bei der Schallerzeugung. Der **Stimmumfang** ist derjenige Bereich, in dem ein Lebewesen Schall selbst erzeugt. Auch hier unterscheiden sich viele Tiere erheblich vom Menschen (s. Übersicht unten). Delfine und Fledermäuse nutzen den Schall zur Orientierung und auch zum Beutefang.

Lebewesen	**Stimmumfang (Anzahl der Schwingungen je Sekunde)**
Mensch	85–1 100
Hund	450–1 000
Katze	500–2 500
Delfin	250–270 000
Fledermaus	10 000–120 000

Ausbreitung von Schall

Damit sich Schall ausbreiten kann, ist ein Schallträger erforderlich. Das kann ein Gas, eine Flüssigkeit oder ein fester Stoff sein. Im Vakuum kann sich Schall nicht ausbreiten.
Die Ausbreitung in einem Stoff erfolgt in der Regel geradlinig und mit einer bestimmten Geschwindigkeit.

Schall kann sich in festen, flüssigen und gasförmigen Stoffen ausbreiten. Er wird dabei von einem Ort zu einem anderen übertragen.

Ein wichtiger Schallträger ist Luft. Durch Luft gelangen z. B. Sprache, Musik und Geräusche an unsere Ohren.
Durch die Schwingungen der Schallquelle (z. B. der Membran eines Lautsprechers) wird die Luft vor der Schallquelle kurzzeitig verdichtet oder verdünnt. Diese Luftverdichtungen und -verdünnungen breiten sich weiter aus (Abb. 1) und gelangen bis zu unseren Ohren.
Durch die Ohrmuschel wird der Schall aufgenommen und durch den Gehörgang an das Trommelfell weitergeleitet (Abb. 2).
Die Ohrmuschel und der Gehörgang wirken wie ein Trichter, an dessen Innenwänden der Schall reflektiert wird.
Durch die Verdichtungen und Verdünnungen der Luft im Gehörgang wird das Trommelfell zum Mitschwingen angeregt. Diese Schwingungen werden durch die Gehörknöchelchen auf die Schnecke mit den Sinneszellen übertragen.

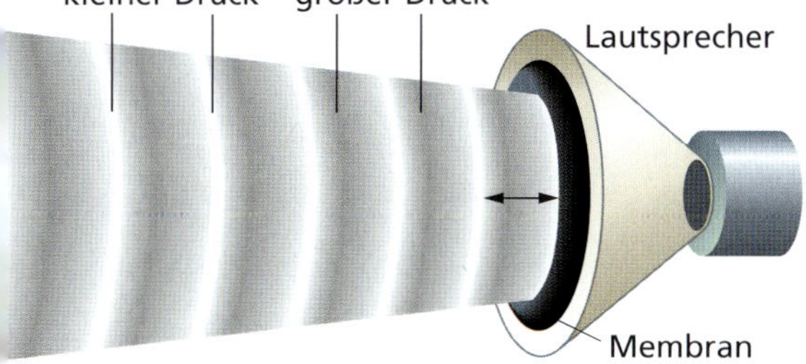

1 Schallausbreitung in Luft: Verdichtungen der Luft breiten sich von der Schallquelle aus und werden vom Ohr aufgenommen.

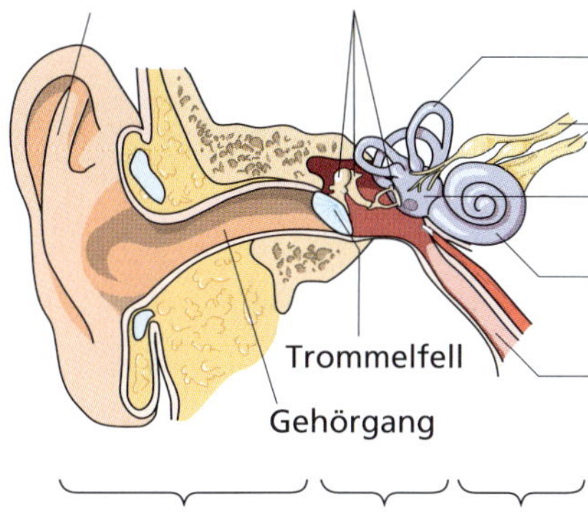

2 Beim Aufbau des menschlichen Ohrs unterscheidet man zwischen Außenohr, Mittelohr und Innenohr.

Die Sinneszellen in der Schnecke nehmen die Schwingungen als Reize wahr und leiten diese Reize zum Gehirn weiter. Dort werden die Wahrnehmungen verarbeitet. Dabei spielen, ähnlich wie beim Sehen, auch Erfahrungen und Empfindungen eine Rolle.

Schall wird von einer Schallquelle erzeugt, breitet sich in Stoffen aus und wird von unseren Ohren aufgenommen.

Schall breitet sich in verschiedenen Stoffen unterschiedlich schnell aus. Diese Ausbreitungsgeschwindigkeit nennt der Physiker **Schallgeschwindigkeit.** Beispiele dafür sind in der Tabelle angegeben.

Schallgeschwindigkeit in verschiedenen Stoffen		
Luft	bei – 20 °C	320 m/s
	bei 0 °C	332 m/s
	bei +20 °C	344 m/s
Wasser		1 450 m/s
Eis		3 250 m/s
Holz (Eiche)		3 400 m/s
Ziegelstein		3 600 m/s
Beton		3 800 m/s
Stahl		5 100 m/s
Glas		5 300 m/s

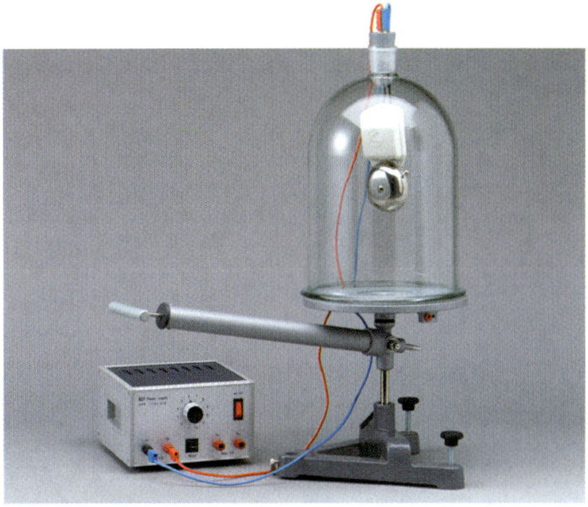

1 Pumpt man die Luft aus dem Gefäß heraus, so ist die Klingel nicht mehr zu hören.

Körper aus festen und harten Stoffen (Metall, Glas, Holz und Steine) leiten den Schall gut. Körper aus weichen und porösen Stoffen (Wolle, Schaumstoff und Styropor) leiten den Schall schlecht. Sie werden deshalb zur Schalldämmung genutzt. In einem luftleeren Raum (Vakuum) kann sich Schall nicht ausbreiten, da kein Stoff als Schallträger vorhanden ist (Abb. 1).
Die Ausbreitungsgeschwindigkeit des Schalls ist auch von der Temperatur des betreffenden Stoffs abhängig. Für Luft gilt:

Je höher die Lufttemperatur ist, umso größer ist die Schallgeschwindigkeit in Luft.

Einige Werte sind auf S. 47 angegeben. Näherungsweise rechnet man bei Luft meist mit einer Geschwindigkeit von $v = 333\,\mathrm{m/s}$. Das ermöglicht einfache Abschätzungen: Der Schall braucht für eine Entfernung von 1 000 m = 1 km etwa 3 Sekunden. Hört man den von einem Blitz ausgehenden Donner z. B. 12 s nach dem Wahrnehmen des Blitzes, dann war dieser Blitz etwa 4 km entfernt (↗ **M** S. 30).
Die Schallgeschwindigkeit in Luft kann man so ermitteln: Man stellt zwei Mikrofone im Abstand von 1 m auf und löst an einem Mikrofon einen kurzen Knall aus. Mit einem Kurzzeitmesser wird die Laufzeit des Schalls bis zum zweiten Mikrofon gemessen. Aus Weg und Zeit ergibt sich die Schallgeschwindigkeit.

Reflexion von Schall

Wenn Schall auf einen Körper trifft, so wird er zum Teil **hindurchgelassen,** zum Teil **absorbiert** (aufgenommen) und zum Teil **reflektiert** (zurückgeworfen). Für die Reflexion von Schall gilt analog zu Licht (s. S. 95) folgendes Gesetz:

Trifft Schall auf eine Fläche, so sind Einfallswinkel und Reflexionswinkel gleich groß.

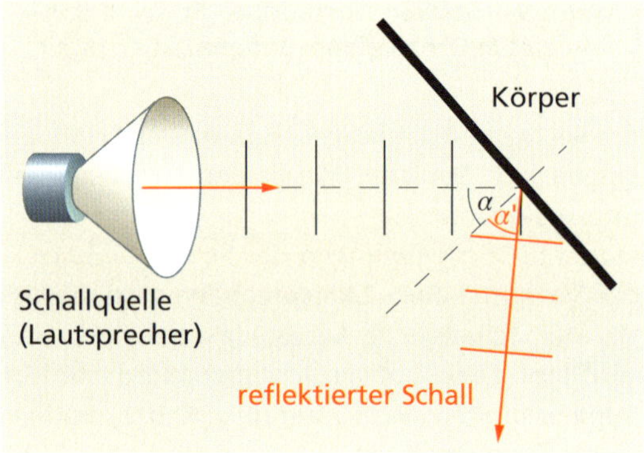

2 Schall wird an Körpern reflektiert.

Mosaik

Beugung von Schall

Die Geräusche eines Autos, eine menschliche Stimme oder das Klingeln eines Fahrrads hören wir auch, wenn wir uns hinter einer Hausecke oder im Eingang eines Hauses befinden. Schall breitet sich nicht nur geradlinig aus, sondern geht auch „um die Ecke“. Diese Erscheinung wird als Beugung bezeichnet.

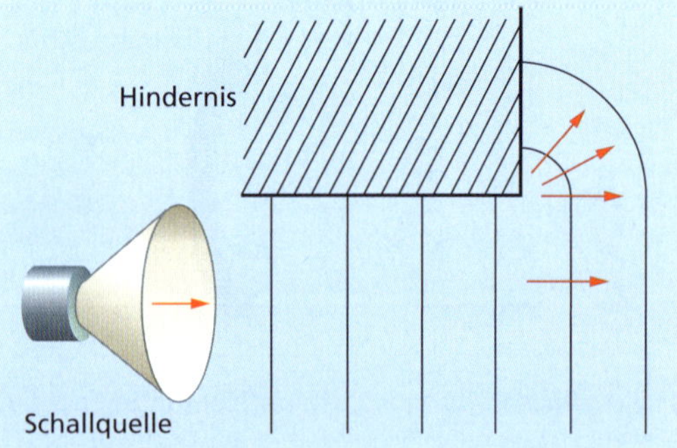

Physik in Natur und Technik

Das Echo und seine Anwendung

Die Reflexion von Schall kann man mit folgendem Versuch nachweisen:
In einem Standzylinder liegt eine tickende Uhr. Aus ca. 1 m Entfernung hört man sie nicht. Hält man aber eine Glasplatte schräg über den Standzylinder, so ist das Ticken der Uhr deutlich zu hören (Abb. 1).
Reflektiert wird sowohl Schall im hörbaren Bereich als auch Schall mit Frequenzen über 20 000 Hz, also im Ultraschallbereich.
Wie wird diese Eigenschaft des Schalls in Natur und Technik genutzt?

Beispiele für die Nutzung der Reflexion von Schall gibt es in Natur, Technik und Medizin.
So orientieren sich z. B. Fledermäuse mithilfe von Ultraschall (Abb. 2). Während ihres Flugs stoßen sie ständig für uns nicht hörbare Ultraschallschreie aus.
Trifft Schall auf ein Hindernis, so wird er reflektiert und der reflektierte Schall von der Fledermaus wieder aufgenommen. Die Fledermaus kann dann dem Hindernis ausweichen oder Beutetiere fangen.
Eine Methode zur Bestimmung der Tiefe von Gewässern, zum Aufspüren von Fischschwärmen oder von U-Booten ist das **Echolotverfahren** (Abb. 3). Dabei werden von einem Sender Ultraschallimpulse gerichtet abgestrahlt. Der Schall wird am Meeresboden oder an Hindernissen (Fischschwarm, U-Boot) reflektiert. Der reflektierte Schall wird von einem Empfänger aufgenommen.
Aus der gemessenen Laufzeit der Schallimpulse kann man die Tiefe des Fischschwarms ermitteln. Der Schall breitet sich im Wasser gleichförmig aus. Damit gilt für den Zusammenhang zwischen Weg s, Geschwindigkeit v und Zeit t die Formel $s = v \cdot t$.
Die Zeit t ist dabei die Hälfte der Zeit, die der Schall vom Sender bis zum Empfänger benötigt. Es sind auch Aussagen über die ungefähre Größe und die Bewegungsrichtung eines Fischschwarms möglich.
In der Medizin und in der Technik wird das Echolotverfahren bei Ultraschalluntersuchungen genutzt (s. S. 50). Mit dem Echolotverfahren kann auch ein Werkstoff auf Einschlüsse oder Risse geprüft werden.

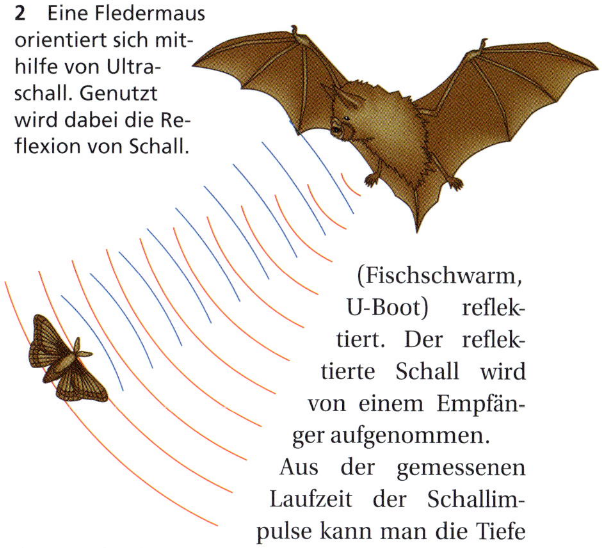

2 Eine Fledermaus orientiert sich mithilfe von Ultraschall. Genutzt wird dabei die Reflexion von Schall.

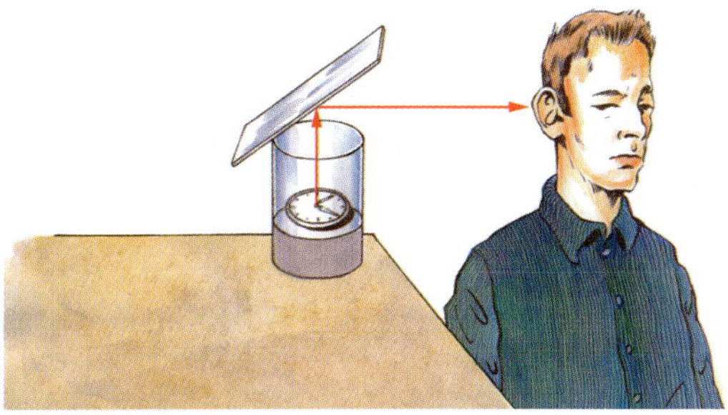

1 Schall wird an Flächen reflektiert. Es gilt das Reflexionsgesetz $\alpha = \alpha'$.

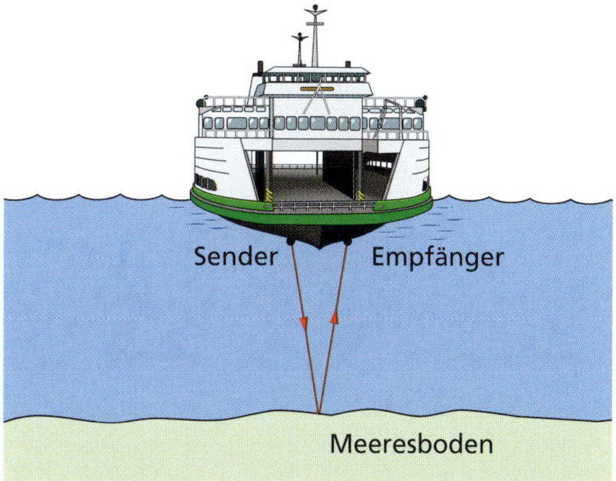

3 Mit dem Echolotverfahren kann man die Meerestiefe bestimmen oder Fischschwärme orten.

Mosaik

Ultraschall und seine Anwendung

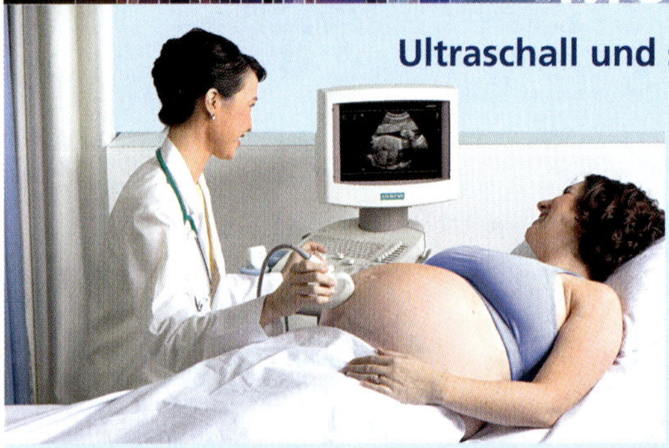

Schall mit einer Frequenz von über 20 kHz bezeichnet man als Ultraschall. Der Frequenzumfang des Ultraschalls reicht bis 1 GHz. Bei technischen Anwendungen arbeitet man in der Regel in einem Bereich von einigen Megahertz.
Ultraschall wird erzeugt, indem man durch elektrische oder magnetische Impulse ein Plättchen sehr schnell zum Schwingen bringt. Umgekehrt wird ein solches Plättchen durch den Ultraschall zu Schwingungen angeregt, die im Empfänger in elektrische Impulse umgewandelt werden und dann mit dem Computer ausgewertet werden.
Sender und Empfänger sind zumeist in einem Ultraschallkopf vereinigt, wobei man bei Anwendungen oft mit Ultraschallimpulsen mit einer Impulsdauer von 1 ms bis 2 ms und einer Impulsfolge in einem Bereich von 0,3 kHz bis 10 kHz arbeitet.
Die Schallgeschwindigkeit hängt vom jeweiligen Stoff, seiner Dichte sowie seiner Temperatur ab (s. Übersicht unten).
Trifft der ausgesandte Ultraschall auf eine Grenzfläche zwischen verschiedenen Stoffen, dann wird er ähnlich wie Licht, das auf eine Wasseroberfläche trifft, reflektiert.
Daraus ergeben sich vielfältige Anwendungen von Ultraschall.

Stoff	**ϑ in °C**	**v in $\frac{m}{s}$**
Luft	0	332
	+20	344
	+30	350
Wasser	5	1 400
	25	1 457
Muskel	37	1 570
Fettgewebe	37	1 470
Knochen	37	3 600

Mit dem **Echolotverfahren (A-scope,** A von Amplitude) kann man die Wassertiefe unter Schiffen aus der Laufzeit des Signals bestimmen. Die Schallgeschwindigkeit ist in diesem Fall bekannt.
Es wird aber auch dazu benutzt, um Hindernisse auf dem durchlaufenen Weg zu orten. Das können z. B. Fischschwärme im Wasser oder aber auch ein Lufteinschluss in einem Werkstück sein. In diesem Fall erhält man mehrere reflektierte Signale, so wie es die Abbildung zeigt.

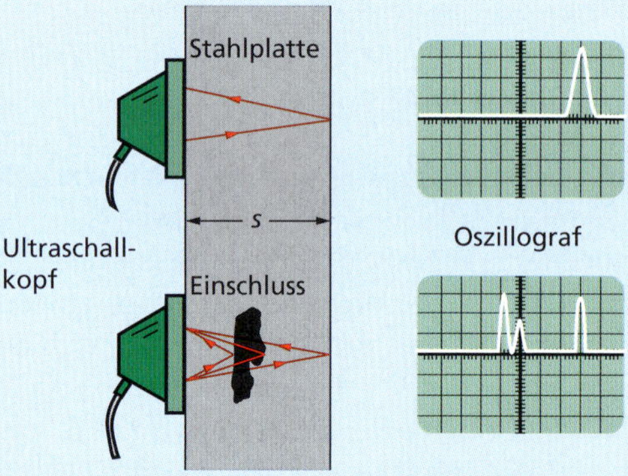

1 Werkstoffprüfung mit Ultraschall

Bei Augenuntersuchungen mit Ultraschall kann man z. B. feststellen, ob eine Netzhautablösung vorliegt.
Um ein zweidimensionales Schnittbild einer Körperebene zu erhalten, wendet man das **B-scope** (B von brightness = Helligkeit) an. Dabei wird der Schallkopf über die Körperoberfläche geführt. Je nach durchlaufenem Material verändert sich die Stärke des reflektierten Signals (Helligkeit des Bildpunkts), weil das Signal unterschiedlich stark absorbiert wird.
Aus der Laufzeit und der Stärke des reflektierten Signals kann man so auf das durchlaufene Material rückschließen. Der Computer kann daraus ein zweidimensionales Bild des Körperinnern erzeugen (Abb. oben links).
Wenn in einer Diagnose „Echoarme Struktur" steht, dann bedeutet dies, dass der untersuchte Bereich aus sehr einheitlichem Material besteht. Bei einer Schilddrüse bedeutet das, dass keine Knoten oder andere krankhafte Veränderungen festgestellt wurden.

Mosaik

Schallaufzeichnung und Schallwiedergabe früher und heute

Der Mensch hatte schon immer das Bedürfnis, Schall (Sprache, Musik) aufzuzeichnen, um ihn zu einem späteren Zeitpunkt wieder hören zu können. 1877 entwickelte der berühmte amerikanische Erfinder THOMAS ALVA EDISON (1847–1931) ein Gerät, mit dem man Schall aufzeichnen konnte, den **Phonographen.** Er bestand aus einem Schalltrichter und einer drehbaren Walze, auf der sich Stanniolpapier befand (Abb. 1).

Das Prinzip dieser Schallaufzeichnung ist aus der Skizze (Abb. 1) erkennbar:

- Der Schall wird durch den Trichter zu einer Membran geleitet.
- Diese Membran gerät dadurch in Schwingungen.
- An der Membran ist eine Nadel befestigt. Schwingt die Membran stark, entstehen auf dem Stanniolpapier tiefe Dellen. Schwingt sie weniger stark, entstehen flache Dellen.
  Der Schall ist somit in den Vertiefungen des Stanniolpapiers gespeichert.

Will man den Schall wieder hörbar machen, so wird die Nadel an den Anfang der Schreibspur gesetzt und die Walze gedreht. Die Nadel folgt den unterschiedlichen Vertiefungen im Stanniolpapier. Diese Hin- und Herbewegungen werden auf die Membran übertragen. Die Membran schwingt und erzeugt dadurch Schall. Ausgehend vom Trichter, breitet sich dieser Schall bis zum Ohr eines Zuhörers aus.

Die Qualität der Schallaufzeichnung und Schallwiedergabe mit dem Phonographen war aber nicht gut.

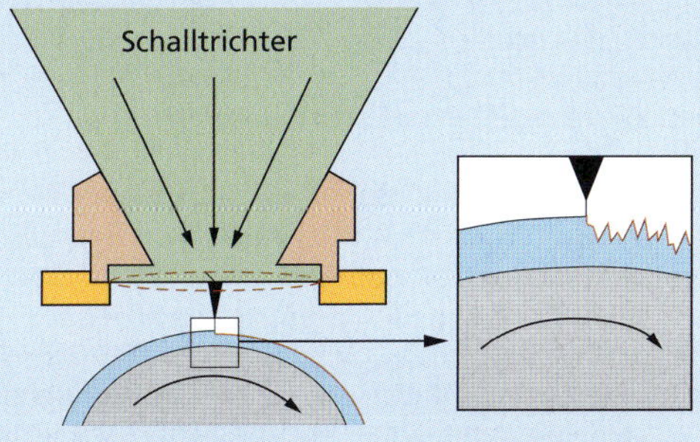

1 Prinzip des Phonographen von EDISON

Einen entscheidenden Fortschritt erzielte der deutsche Elektrotechniker EMIL BERLINER (1851–1929). Er ersetzte die Walze durch eine Platte, in deren Rille der Schall gespeichert wurde (Abb. 2). Die Abtastung erfolgt mit einer dünnen Nadel.

Noch im 19. Jahrhundert kamen die ersten **Schallplatten** in den Handel, die auf Grammophonen abgespielt wurden. Eine Weiterentwicklung waren in den 50er Jahren des 20. Jahrhunderts die Stereo-Langspielplatten.

2 Der Schall ist in der Form der Rille gespeichert.

Ein anderes Verfahren der Schallaufzeichnung und -wiedergabe entstand mit der Entwicklung des Rundfunks. Mitte der 1930er Jahre wurden die ersten **Tonbandgeräte** eingesetzt. Die Aufzeichnung von Schall auf Magnetbändern finden wir heute noch bei Diktiergeräten oder Kassettenrekordern.

Weit verbreitet sind heute CDs (englisch: compact disc) und DVDs (englisch: digital versatile disc). Eine CD ist eine Kunststoffplatte, die mit einer sehr dünnen Metallschicht überzogen ist. Auf ihr befinden sich winzige, mit bloßem Auge nicht sichtbare Vertiefungen, so genannte Pits (Abb. 3). In diesen Vertiefungen ist die Information über den Schall gespeichert. Die Abtastung erfolgt mit Laserlicht. Dieses Licht wird aufgefangen, in elektrische Signale umgewandelt und verstärkt.

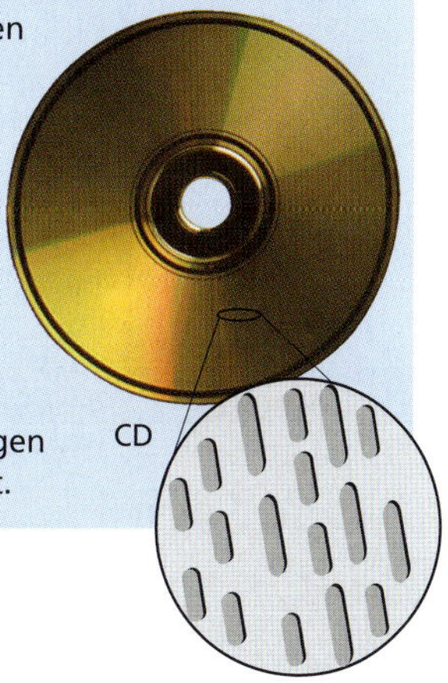

3 Der Schall ist in winzigen Vertiefungen gespeichert.

Mosaik

Schall, Lärm und Lärmschutz

Schall, der an unsere Ohren gelangt, kann bei uns angenehme Empfindungen auslösen, z. B. die Sprache von vertrauten Menschen, Musik oder das knisternde Geräusch eines Lagerfeuers.
Schall kann uns aber auch stören, belästigen oder sogar schädigen.

Schall, der als belästigend empfunden wird oder gar zu gesundheitlichen Schäden führen kann, wird als Lärm bezeichnet.

Dabei ist zu beachten: Lärm ist eine subjektive Empfindung. Das, was der eine als Lärm empfindet, muss ein anderer nicht zwangsläufig auch als Lärm empfinden.

Lärm ist keine Erscheinung unserer Zeit, sondern hat schon immer Menschen beschäftigt. So bestimmte z. B. das Allgemeine Preußische Landrecht von 1793: *„Mutwillige Buben, welche auf den Straßen lärmen, sollen mit verhältnismäßigem Gefängnis, körperlicher Züchtigung oder Zuchthaus bestraft werden."*

Unbestritten ist, dass unsere Welt lauter geworden ist. Autos, Flugzeuge, Radios und Fernsehgeräte, Rockkonzerte oder Disco-Musik tragen zum Lärm bei. Etwa 25 Millionen Bürger der Bundesrepublik Deutschland, das sind ca. 40 %, fühlen sich zeitweise oder dauernd durch Lärm belästigt.

Lautstärken in Natur und Technik in Dezibel (dB)

Lautstärke	Beispiele
0	Hörschwelle
20	Flüstern, ruhiger Garten
40	normale Unterhaltung, leise Musik
60	lautere Unterhaltung, Staubsauger, Bürogeräusche
80	üblicher Lärm im Straßenverkehr, laute Musik im Zimmer
100	Presslufthammer, Autohupe, Diskothek
120	Rockkonzert, Donner, Düsentriebwerk eines Flugzeugs
130	Schmerzschwelle, Gehörschädigung schon bei kurzzeitiger Einwirkung

Die wichtigsten **Lärmquellen** sind der Lärm des Straßenverkehrs und des Schienenverkehrs, Fluglärm sowie der Lärm von Maschinen und Anlagen unterschiedlicher Art. Auch zu laute Musik, z. B. in Diskotheken oder in Kopfhörern, kann in Lärm übergehen. Die wichtigste Lärmquelle ist der Straßenverkehr. Das hängt damit zusammen, dass sich in den letzten Jahrzehnten die Anzahl der Kraftfahrzeuge vervielfacht hat. 1950 gab es in der Bundesrepublik Deutschland etwa 2 Millionen Kraftfahrzeuge, 1986 waren es 31 Millionen und 2004 bereits 45 Millionen. Mit einer weiteren Erhöhung der Anzahl wird gerechnet.
Die Lautstärke kann mit einem Schallpegelmesser ermittelt werden. Das Foto rechts zeigt ein solches Messgerät. Den größten Lärm verursachen Mopeds, Motorräder und Lkws.

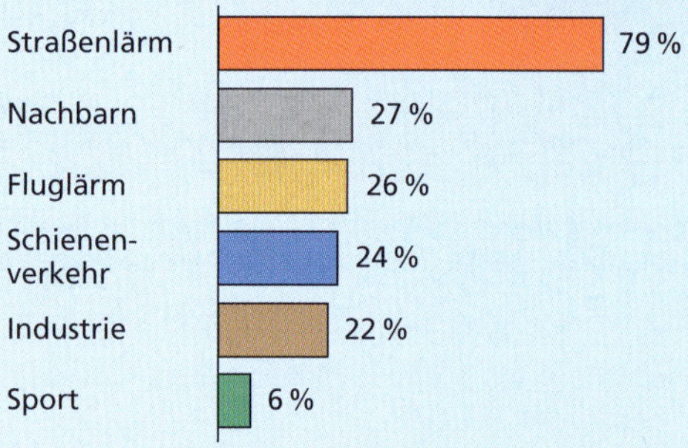

1 Belästigung der Bevölkerung durch Lärm in Deutschland. Dargestellt sind Durchschnittswerte von Befragungen.

Wirkungen von Lärm

Dauerhafter und starker Lärm kann den menschlichen Körper stark beeinflussen und zu Gesundheitsschäden führen. So kann es durch Lärm zu einer Erhöhung des Blutdrucks, zu einer Beschleunigung der Atmung sowie zu einer Erhöhung der Herzfrequenz kommen. Es können Schlafstörungen, Minderung der Konzentration sowie Kopf- und Magenschmerzen auftreten.

Medizinisch nachweisbar sind Veränderungen der Gehirnaktivität, der Durchblutung und das Ausscheiden von Stresshormonen.
Wenn man sich längere Zeit stärkerem Lärm aussetzt, kann auch das Gehör geschädigt werden. Die Sinneszellen werden durch Lärm beeinflusst. Kurzzeitiger Lärm verringert ihre Leistungsfähigkeit zeitweise, es kommt zu einer vorübergehenden Betäubung. Länger anhaltender, starker Lärm von über 85 dB führt zu einem allmählichen Absterben von Haarzellen im Innenohr. Da sich diese Zellen nicht regenerieren, entsteht dadurch ein bleibender Gehörschaden. Als Grundsatz gilt deshalb:
Die Vermeidung von Lärm ist der beste Schutz vor gesundheitlichen Schäden. Wo es möglich ist, sollte Lärm gedämmt oder gedämpft werden.

Lärmschutz

Lärmschutz ist darauf gerichtet, schädliche Umwelteinwirkungen durch Lärm zu vermeiden oder zu beseitigen (Abb. 1). Am besten wäre es, die Entstehung von Lärm zu vermeiden. Wo das nicht möglich ist, gilt es, durch verschiedene Maßnahmen den Lärm zu dämmen oder zu dämpfen (Abb. 2).
Wichtig sind vor allem technische Maßnahmen zur Lärmbekämpfung, bei denen genutzt wird, dass Schall an Körpern reflektiert und von porösen Stoffen absorbiert wird.

1 Schallschutzwand an einer Autoschnellstraße: Der Erdwall und die Wand schützen die Bewohner vor Lärm.

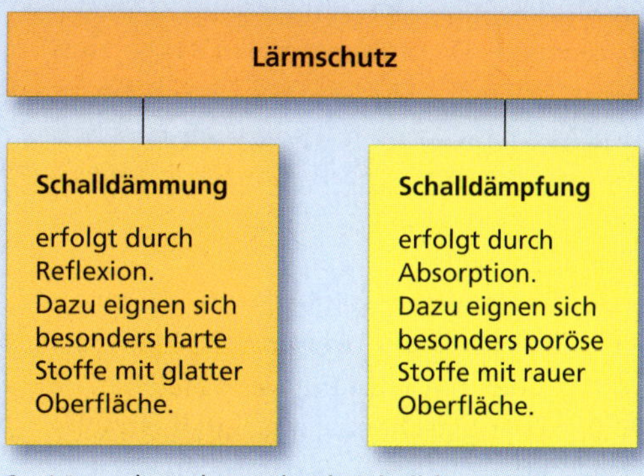

2 Lärmschutz kann durch Schalldämmung oder Schalldämpfung erfolgen.

Zu solchen Maßnahmen gehören:
- die Errichtung von Schallschutzwänden oder Erddämmen an Straßen (Abb. 1),
- der Einbau von Schallschutzfenstern in Wohnungen,
- die Kapselung von Fahrzeugmotoren und die Auskleidung des Motorraums,
- die Verminderung der Reifen-Fahrbahngeräusche durch Verbesserung der Reifen und veränderten Straßenbelag („Flüsterasphalt"),
- die zunehmende Nutzung von Flugzeugen mit leisen Triebwerken,
- der Bau leiserer Maschinen und Anlagen (Autos, Rasenmäher, Staubsauger,).

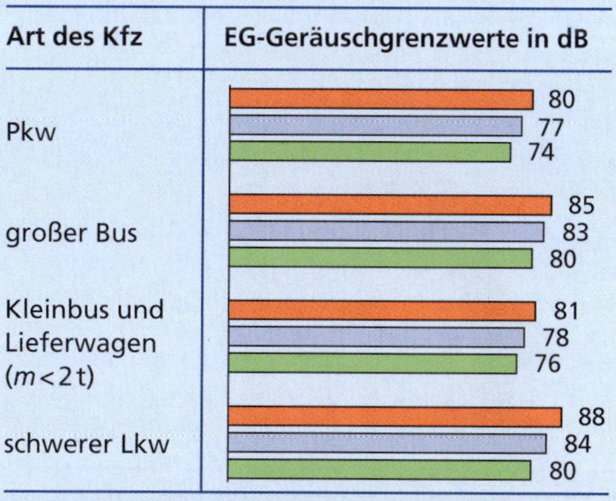

3 EG-Geräuschgrenzwerte für verschiedene Fahrzeuge bis 1989 (rot), zwischen 1989 und 1995 (blau) und ab 1. 10. 1995 (grün)

Einfache Musikinstrumente – selbst gebaut

Musik kann man nicht nur mit teuren Musikinstrumenten, sondern auch mit einfachen Anordnungen machen. Dazu muss man Körper zum Schwingen bringen. Die Anzahl der Schwingungen je Sekunde muss so groß sein, dass wir die entstehenden Töne hören. Mit dem Instrument muss es auch möglich sein, unterschiedlich hohe Töne zu erzeugen.
Eine erste Möglichkeit besteht darin, Flaschen unterschiedlich hoch mit Wasser zu füllen. Bläst man kräftig über die Öffnung, so entstehen je nach Füllung der Flaschen unterschiedlich hohe Töne (Abb. 1).

1. *Baue dir aus Flaschen ein Instrument! Versuche damit eine einfache Melodie zu spielen!*

Eine zweite Möglichkeit ist die Verwendung von gleichartigen Gläsern, die unterschiedlich hoch mit Wasser gefüllt sind und vorsichtig, z. B. mit einem Löffel, angeschlagen werden.

2. *Probiere eine solche Anordnung aus!*

Eine dritte Möglichkeit besteht darin, Klangstäbe zu verwenden (Abb. 2). Die Tonhöhe ist bei einem bestimmten Material von der Länge des Stabs abhängig.
Durch geschickte Wahl der Länge erhält man alle Töne einer Tonleiter. Die Stäbe werden durch Anschlagen zum Klingen gebracht.

1 Aus Flaschen kann man sich ein „Instrument" bauen.

2 Aus verschieden langen Klangstäben kann man sich ein Instrument bauen.

Eine vierte Möglichkeit ist der Selbstbau eines einfachen Saiteninstruments, eines Monochords. Zum Bau benötigst du eine größere Blechdose von 10 cm bis 15 cm Durchmesser, einen stabilen Stab (z. B. Teil eines Besenstiels) sowie Holzschrauben, einen Steg aus Holz und dünnen Stahldraht.

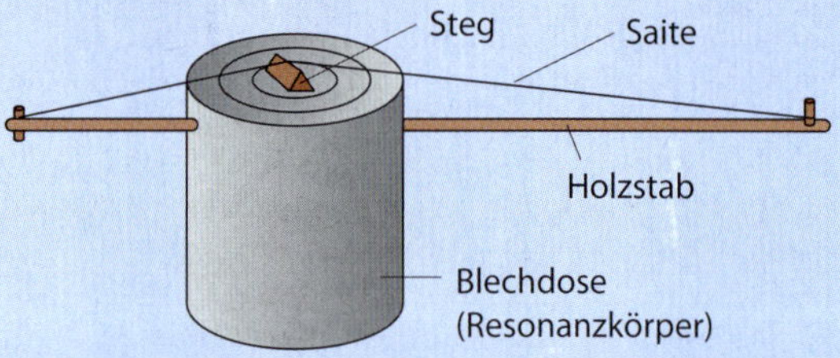

3. *Baue dir ein einfaches Monochord! Probiere es aus!*

4. *Untersuche, wie sich die Tonhöhe mit der Spannung der Saite ändert!*

5. *Untersuche, wovon bei einem Monochord die Lautstärke abhängig ist!*

6. *Erforsche eine einfache Möglichkeit, wie man auf einem Monochord verschieden hohe Töne spielen kann!*

7. *Erkunde, welche Möglichkeiten es noch gibt, sich ein einfaches Instrument selbst zu bauen! Baue dir ein solches Instrument und versuche damit eine einfache Melodie zu spielen!*

gewusst · gekonnt

1. In den Abbildungen sind verschiedene Schallquellen dargestellt.

Gib jeweils an, welche Teile der Körper schwingen und damit Schall erzeugen!

2. Klemmt man einen Grashalm zwischen die Daumen der beiden Hände und bläst in den entstandenen Hohlraum, dann entsteht ein hoher Ton.
Beschreibe, wie diese Schallquelle funktioniert (↗ **M** S. 17)! Suche weitere Schallquellen und erkläre ihre Funktion!

3. Stelle eine Übersicht über Schallquellen in Natur und Technik zusammen!
Gib dabei jeweils an, was schwingt und damit Schall erzeugt!

4. Erkunde, wie verschiedene Tiere Schall erzeugen! Nutze dazu auch das Internet!
Fertige Informationsmaterial an!
Nutze auch Bilder!

5. Gegen eine rotierende Scheibe mit Löchern, eine Lochsirene, wird Luft geblasen (s. Foto). Dadurch entstehen Töne.
Erläutere das Entstehen von Schall bei einer solchen Lochsirene!

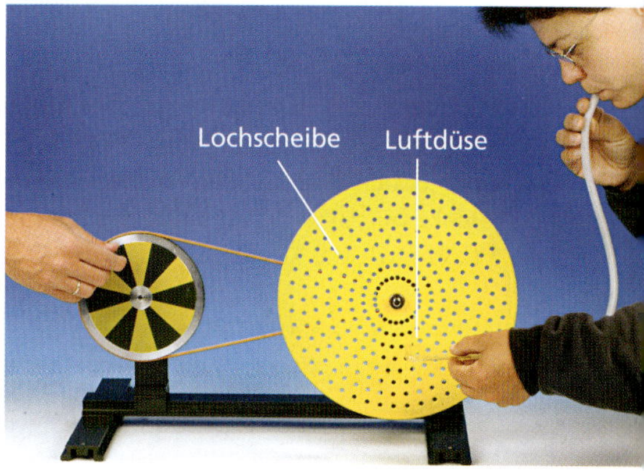

6. Reibe mit dem nassen Finger auf dem Rand eines dünnen Glases im Kreis! Wenn du es geschickt anstellst, entsteht ein Ton. Was schwingt hier? Kannst du deine Vermutung bestätigen? Wiederhole den Versuch, indem du unterschiedlich viel Wasser in das Glas füllst!

7. Mithilfe zweier Blech- oder Plastikdosen und eines Bindfadens kann man sich ein einfaches Telefon bauen. Mit diesem Fadentelefon kann man sich gut verständigen, allerdings nur dann, wenn der Faden straff gespannt ist.

a) Erkläre, wie mithilfe eines Fadentelefons Sprache übertragen werden kann!
b) Wie wird sich die Verständigung mit einem Fadentelefon verändern, wenn der Faden durch einen Metalldraht ersetzt wird (↗ **M** S. 30)?
c) Baue dir ein Fadentelefon und probiere es aus!

8. Überlege dir Methoden, wie du die Schwingung einer Stimmgabel sichtbar oder fühlbar machen kannst! Präsentiere sie deinen Mitschülern!

9. Wenn man eine Klingel unter eine Glasglocke stellt, kann man sie trotzdem hören. Pumpt man jedoch die Luft aus dem Raum unter der Glocke heraus, wird die Klingel immer leiser. Erkläre, wie das kommt (↗ **M** S. 32)!

10. Auf der Erde kann man Explosionen im Weltall auch nach längerer Zeit nicht hören. Erkläre, warum das nicht geht (↗ **M** S. 32)!

11. Zähle auf, welche Bedingungen für die Ausbreitung von Schall notwendig sind! Überlege Versuche, mit denen man diese Bedingungen untersuchen kann! Stelle sie deinen Mitschülern vor (↗ **M** S. 20)!

12. Überlege dir Versuche, mit denen du mit einfachen Mitteln die Schallgeschwindigkeit in Luft messen kannst (↗ **M** S. 20)! Präsentiere die Vorschläge deinen Mitschülern!
Führt gemeinsam einen dieser Versuche durch! Vergleicht euren Wert mit dem Tabellenwert!

13. Im Gebirge ist das Echo von der gegenüberliegenden Felswand nach 8 s zu hören. Wie weit ist die Felswand entfernt?

14. Ein Gewitter ist mit Blitz und Donner verbunden.
a) Nimmt man bei einem Gewitter zuerst den Blitz oder den Donner wahr? Begründe!
b) Berechne die Entfernung eines Gewitters, wenn zwischen der Wahrnehmung von Blitz und Donner ein Zeitunterschied von 15 s gemessen wird!
c) Gib eine allgemeine Regel für die Bestimmung der Entfernung eines Blitzes von dir an!
d) Welche Verhaltensregeln sollte man bei einem Gewitter beachten?

15. Bei Ruderwettkämpfen benutzt der Steuermann manchmal ein Sprachrohr, um den Schlag anzugeben.

Beschreibe den Aufbau und erkläre die Wirkungsweise eines Sprachrohrs (↗ **M** S. 289)!

16. Mit einem Schlauchstethoskop (s. Abb.) kann ein Arzt die Geräusche von Herz und Lunge wahrnehmen.

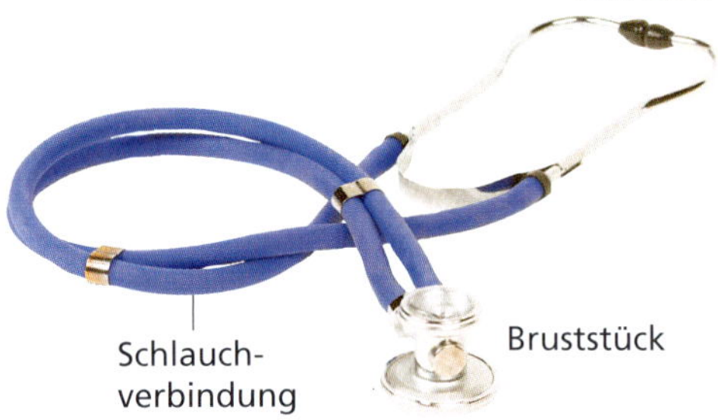

Dazu setzt er das Bruststück auf den Körper des Menschen auf. Es besteht aus einer Kapsel mit oder ohne Membran. Beschreibe den Aufbau und erkläre die Wirkungsweise eines Schlauchstethoskops (↗ **M** S. 289)!

17. In einem leeren Zimmer, z. B. beim Renovieren, hallt die menschliche Stimme deutlich nach. Ist das Zimmer mit Möbeln, Teppich und Gardinen eingerichtet, tritt dieser Effekt nicht mehr auf. Erkläre diesen Unterschied!

18. Von einem Schiff wird unmittelbar unter der Wasseroberfläche mit einem Echolotgerät Schall ausgesendet. Nach 6 s wird der Schall wieder empfangen. Wie tief ist an dieser Stelle das Meer?

19. In manchen Gewölben, den so genannten „Flüstergewölben", kann man das Flüstern weit entfernter Leute hören.

Erkläre, wie dieser Effekt zustande kommt!

20. Sammle Material (Internetrecherche) über die menschliche Stimme!
Beantworte folgende Fragen:

- Wie wird der Ton im Kehlkopf erzeugt?
- Wie werden unterschiedlich hohe Töne erzeugt?
- Wie unterscheiden sich weibliche und männliche Stimme voneinander?
- Was ist eine Kopfstimme und wie funktioniert sie?

21. Man kann zwischen Saiteninstrumenten, Blasinstrumenten und Schlaginstrumenten unterscheiden.
Fertige zur Schallerzeugung mit Instrumenten im Heft eine tabellarische Übersicht nach dem folgenden Muster an!

Instrumentenart	**Beispiele**	**Was schwingt?**	**Wie wird die Schwingung erzeugt?**
Blasinstrumente	Trompete	Luftsäule	durch Vibration der Lippen
…	…	…	…

Gib für jede Instrumentenart mindestens zwei Beispiele an!

22. Mithilfe eines Oszilloskops wurden die Schwingungsformen einiger Schallquellen untersucht. Es ergaben sich sehr unterschiedliche Schwingungsformen (s. Abb.).

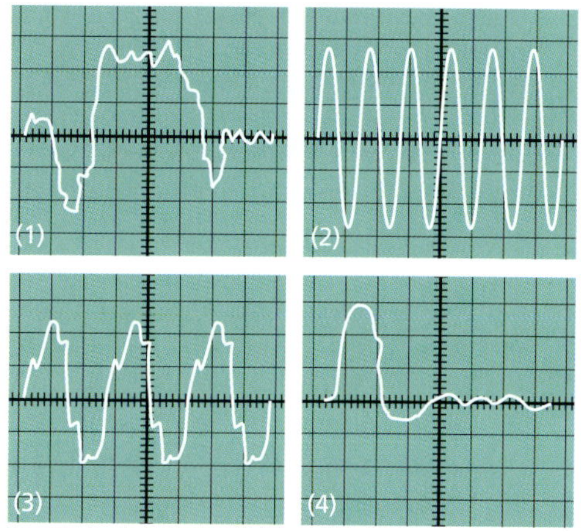

a) Um welche Art von Schall handelt es sich jeweils?
b) Nenne Beispiele für die verschiedenen Arten von Schall!

23. Vergleiche die beiden Schwingungsbilder!

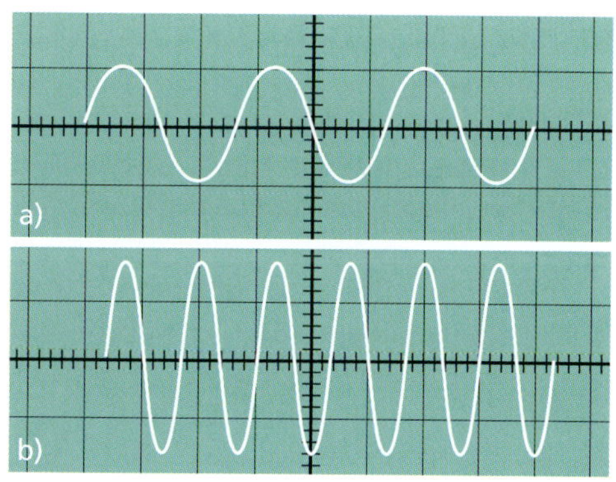

Welcher der beiden Töne ist lauter, welcher höher? Gib jeweils eine Begründung!

24. Untersuche mithilfe eines Mikrofons und eines Oszilloskops die Schwingungsformen bei verschiedenen Instrumenten, wenn man jeweils den gleichen Ton auf ihnen spielt!
Beschreibe Gemeinsamkeiten und Unterschiede!

25. Mithilfe eines Oszilloskops erhält man folgendes Schwingungsbild eines Tons:

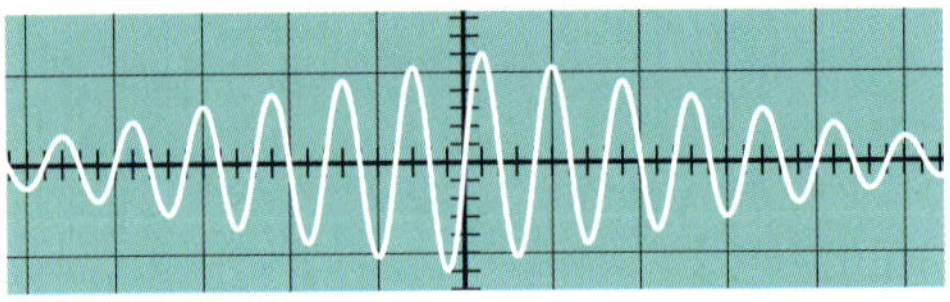

Beschreibe mit Worten, wie sich die Wahrnehmung (Lautstärke, Tonhöhe) des dargestellten Tons verändert (↗ **M** S. 17)!

26. Sammle Material über das Ohr (Internetrecherche)! Beantworte folgende Fragen:
- Wie wird der Schall empfangen?
- Wie kann man sich den Zusammenhang zwischen dem physikalischen Registrieren des Schalls und der Wahrnehmung vorstellen?
- Wie groß ist der Hörbereich des Menschen und der von Tieren?

27. Informiere dich über die Methoden der Orientierung von Delfinen und Fledermäusen! Stelle dazu einen Kurzvortrag zusammen!

28. Untersuche experimentell, wovon die Tonhöhe bei einem schwingenden Draht (Saite) abhängig ist (↗ **M** S. 20, 74)!
a) Welche Größen kann man verändern, welche müssen dann jeweils konstant gehalten werden?
b) Führe die experimentellen Untersuchungen durch und formuliere das Untersuchungsergebnis!

29. Eine fliegende Biene oder Mücke summt, einen fliegenden Schmetterling hört man dagegen nicht. Erkläre (↗ **M** S. 32)!

30. Es gibt Hundepfeifen, auf die Hunde reagieren, deren Töne der Mensch aber nicht hören kann! Wie ist das zu erklären (↗ **M** S. 32)?

31. Ältere Menschen können häufig das Zirpen einer Grille nicht mehr hören. Erkläre!

***32.** Eine Gitarre hat 6 Saiten, die über einen Holzkörper gespannt sind. Der Holzkörper wird auch als Resonanzkörper bezeichnet.

Welche Funktion hat der Resonanzkörper?

33. Fertige eine Übersicht über Lärmquellen an, die es
a) in deiner Schule und ihrer Umgebung,
b) bei dir zu Hause und in deiner häuslichen Umgebung
gibt! Welche der Lärmquellen sind von dir beeinflussbar, welche nicht?

34. Häuser sollten nicht nur eine gute Wärmedämmung, sondern auch eine gute Schalldämpfung aufweisen.
a) Nenne und erläutere einige Maßnahmen der Schalldämpfung bei Häusern! Welche Eigenschaften von Schall werden dabei genutzt?
b) Erkunde den Aufbau von Schallschutzfenstern! Beschreibe den Aufbau und erkläre die Wirkungsweise!

35. Wenn draußen eine Schneedecke liegt, klingen alle Geräusche gedämpfter. Wie kommt das?

36. Zu welchen gesundheitlichen Schäden können ständiger Lärm oder zu laute Musik führen?

37. Stelle in einer Übersicht Möglichkeiten zusammen, wie du dich vor Lärm schützen kannst!

Entstehung, Ausbreitung und Wahrnehmung von Schall

Schall ist alles, was man mit den Ohren hören kann. Er entsteht, wenn ein Körper genügend schnell schwingt. Schwingen können z. B. Saiten, Luftsäulen, Membranen oder die Stimmbänder.

Die **physikalische Beschreibung** von Schall erfolgt mit Größen wie der **Frequenz,** der **Periodendauer** und der **Amplitude.** Mit unserem Ohr nehmen wir bestimmte **Tonhöhen** und **Lautstärken** wahr.

Die **Tonhöhe** ist von der Anzahl der Schwingungen je Sekunde (Frequenz) abhängig.

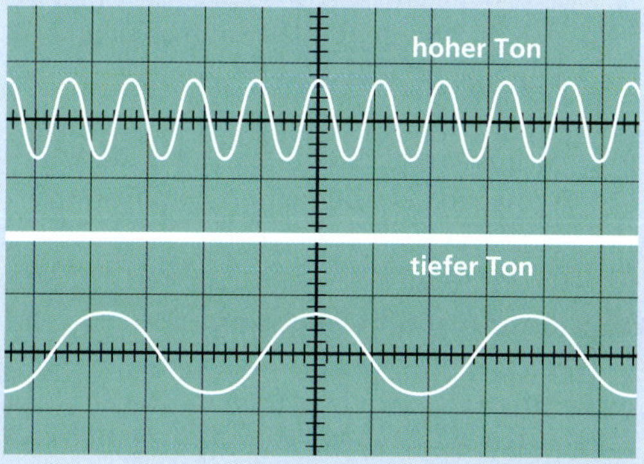

Die **Lautstärke** ist von der Amplitude der Schwingungen abhängig.

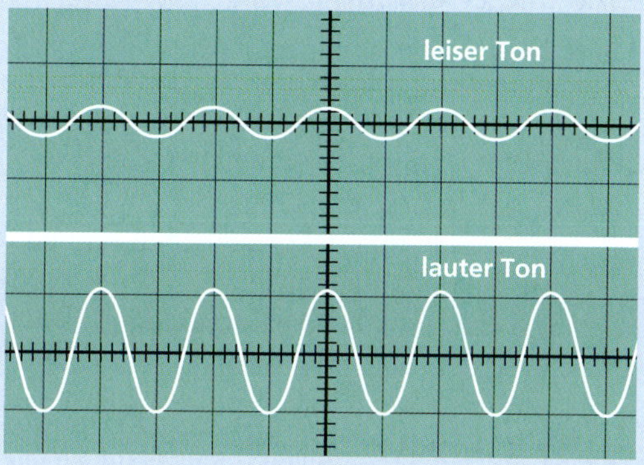

In der Akustik wird zwischen **Ton, Klang, Geräusch** und **Knall** unterschieden. Diese **Arten des Schalls** lassen sich durch Schwingungsformen charakterisieren.

Ton	Klang	Geräusch	Knall
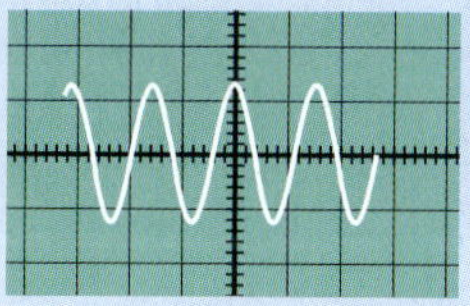	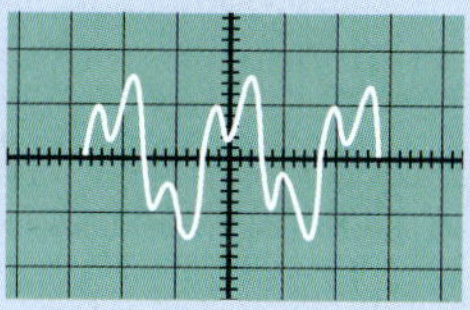	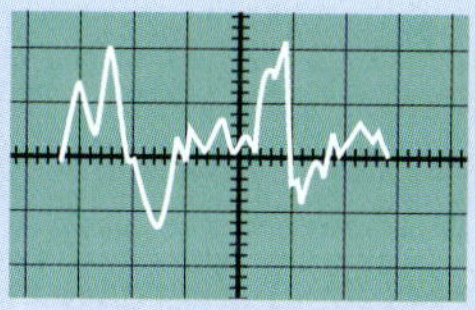	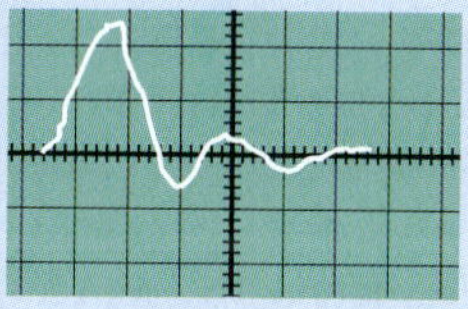

Schall
- breitet sich in Stoffen aus, nicht aber im Vakuum,
- breitet sich in Luft mit ca. 333 m/s aus,
- wird an Flächen reflektiert; dabei gilt das Reflexionsgesetz ($\alpha = \alpha'$),
- wird an Ecken und Kanten gebeugt.

Beim Aussenden, Übertragen und Empfangen von Schall tritt folgende **Struktur** auf:

Schallquelle als Sender → Ausbreitung in Stoffen → **Empfänger für den Schall**

Es können Reflexion oder Beugung auftreten.

z. B. Musikinstrument, Stimme, Fahrzeug

z. B. Ohr, Mikrofon

Ziel erreicht?

Physik als Naturbetrachtung

1. Lege deine Finger an deinen Kehlkopf und sprich oder singe!
Was kannst du beobachten (↗ **M** S. 17)?
Wie ist die Beobachtung zu erklären?

Theorie und Erfahrung

2. Füllt man gleiche Flaschen unterschiedlich mit Wasser und bläst schräg über die Flaschenöffnung, dann entstehen verschiedene Töne.
a) Untersuche, was dabei schwingt! Kannst du es sichtbar machen?
b) Versuche, einen Zusammenhang zwischen der von dir wahrgenommenen Tonhöhe (Frequenz) und der Höhe des Wasserstands festzustellen!

Methoden in der Physik

3. Lege ein Plastiklineal über die Tischkante, sodass ein Stück übersteht! Zupfe nun am überstehenden Ende des Lineals! Untersuche, wie die Tonhöhe (Frequenz) mit der Länge des Überstands zusammenhängt!
Formuliere dazu eine allgemeine Aussage!

4. Markiere an einem festen Schlauch die Mitte zwischen den beiden Schlauchenden mit einem Stück Tesaband! Nun hält sich eine Versuchsperson die beiden Schlauchenden an die Ohren. Der Schlauch befindet sich hinter der Versuchsperson. Klopfe nun einmal rechts oder links von der Markierung auf den Schlauch, sodass es die Versuchsperson nicht sieht.
a) Welche Abweichungen von der Mitte kann die Person noch unterscheiden?
b) Welche Zeitunterschiede zwischen dem Ankommen des Schalls an den beiden Ohren kann die Person noch unterscheiden?
*c) Erläutere, welche Rolle solche Zeitunterschiede für das räumliche Hören spielen!

Anwendungen im Alltag

5. Bei einem Sprintwettkampf steht der Starter mit seiner Klappe direkt hinter den Läufern. Der Sportlehrer steht mit seiner Stoppuhr direkt am Ziel an der 100-m-Marke.
a) Wann muss der Sportlehrer die Stoppuhr starten: wenn er das Zusammenschlagen der Klappe sieht oder wenn er den Knall hört? Begründe!
b) Welche Zeitdifferenz tritt bei einer Entfernung von 100 m zwischen dem Zuschlagen der Klappe und dem Hören des Knalls auf?

Wahrnehmung und Messung

6. Interpretiere die folgenden Oszilloskopbilder! Nutze dazu die Begriffe Tonhöhe und Lautstärke (Wahrnehmung) sowie Frequenz und Amplitude (physikalische Beschreibung)!

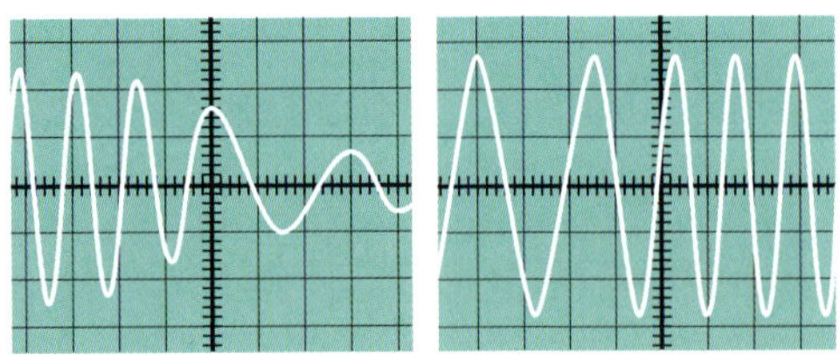

Anwendungen in Natur und Technik

7. Die Periodendauer eines Pendels hängt nicht von der Amplitude ab. Prüfe, ob diese Aussage auch für Stimmgabeln gilt! Begründe deine Aussage mit der Wahrnehmung des Tons einer Stimmgabel!

8. Um das Auffahren eines Schiffs auf Riffe oder Felsen zu vermeiden, wird das Echolotverfahren genutzt.
Skizziere und begründe, wie man bei einem Schiff mithilfe dieses Verfahrens solche Kollisionen vermeiden kann!

3 Wärmelehre

Temperatur und ihre Messung

Kalt oder warm?

Wenn du an einem heißen Sommertag am Strand liegst, kommst du leicht ins Schwitzen. Nach einem ausführlichen Bad kommt es dir dann aber relativ kühl vor, wenn du aus dem Wasser kommst, obwohl sich die Lufttemperatur nicht verändert hat.

Wie sind diese unterschiedlichen Empfindungen zu erklären?

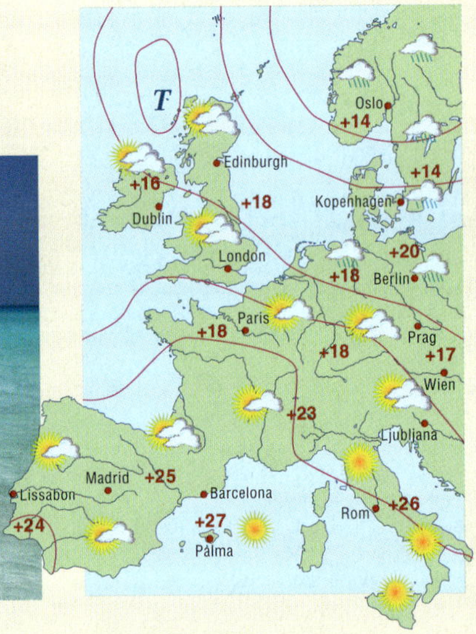

Eine Wetterkarte informiert

Im Wetterbericht wird vorausgesagt, wie das Wetter am nächsten Tag sein wird. Die Wetterkarte zeigt, welche Temperaturen zu erwarten sind und ob es Niederschläge geben wird. Manchmal wird neben der Temperatur auch noch die „gefühlte Temperatur" angegeben.

Was kann man aus einer Wetterkarte über die Temperatur ableiten?

Stahl verändert sein Volumen

In Stahlwerken wird flüssiger Stahl in Kokillen gegossen und kühlt dort allmählich ab.

Wie verändert sich das Volumen des Stahls beim Abkühlen? Was muss man beachten, wenn man ein Werkstück durch Gießen in einer Form herstellt?

Die Temperatur

Mit unseren Sinnen können wir fühlen, ob feste Körper, Flüssigkeiten oder Gase warm, kalt oder heiß sind. Kommt man in die Nähe eines heißen Gegenstands, so spürt man das frühzeitig und kann sich vor schweren Verbrennungen schützen. Im Winter friert man, wenn man zu leicht angezogen ist, und wird dadurch vor Unterkühlung gewarnt. Unsere Warm-Kalt-Empfindung lässt sich aber auch leicht täuschen. Deshalb ist es wichtig, dass man das, was wir als warm oder kalt empfinden, größenmäßig erfassen kann.

Die Wahrnehmung, wie warm oder kalt ein Körper ist, wird durch die physikalische Größe Temperatur beschrieben.

Formelzeichen: ϑ (griechischer Buchstabe, sprich: theta)
Einheit: 1 Grad Celsius (1 °C)

Messgeräte für die Temperatur sind Thermometer (Abb. 1 und S. 66).

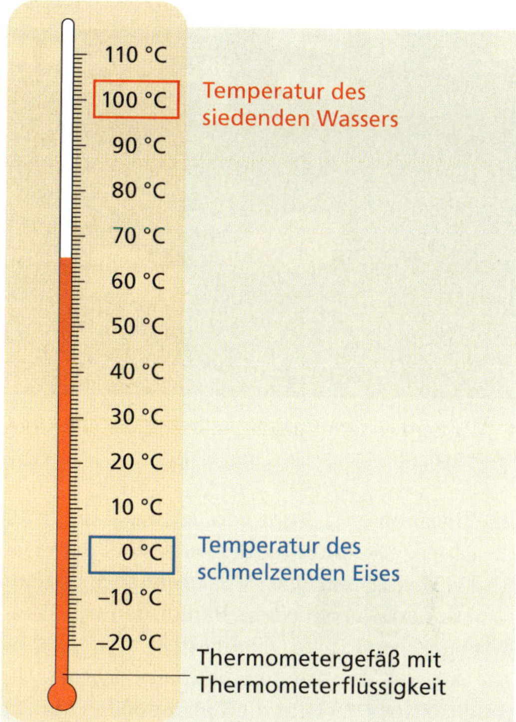

1 Die Celsiusskala mit ihren beiden Fixpunkten 0 °C und 100 °C

Mosaik

Die Empfindung „warm oder kalt"

Die Wahrnehmung der Temperatur eines Körpers ist sehr gut auf unsere Bedürfnisse abgestimmt. So ist es für unseren Körper nicht wichtig, bei sehr heißen oder sehr kalten Körpern Temperaturunterschiede wahrzunehmen. Entscheidend ist hier nur ein klares Signal, damit wir keine Verbrennungen oder Erfrierungen erleiden.
Aber im mittleren Temperaturbereich ist unsere Warm-Kalt-Wahrnehmung sehr leistungsfähig. Schon bei sehr geringen Temperaturunterschieden können wir fühlen, welcher Körper wärmer bzw. kälter ist.

Führe dazu folgendes Experiment durch: In zwei Bechern befindet sich Wasser von 20 °C bzw. von 25 °C. Vertausche die Becher mehrmals und lasse nun einen Mitschüler probieren, ob er feststellen kann, welches Wasser wärmer ist.
Anschließend mischst du das Wasser aus den Bechern so, dass der Temperaturunterschied geringer wird. Welchen Temperaturunterschied kann man gerade noch spüren?

Während du nicht fühlen kannst, ob das Wasser in einem Becherglas 20 °C, 22 °C oder 25 °C hat, lassen sich geringe Temperaturunterschiede zwischen dem Wasser in beiden Bechergläsern wahrnehmen.
Ganz ähnlich ist das beim Hören: Wir können höhere und tiefere Töne voneinander unterscheiden.
Aber nur wenige Menschen haben ein „absolutes Gehör" und können sagen: „Das ist der Kammerton a."

1 Wir können nicht fühlen, welcher der Stahlblöcke heißer ist.

2 Wir können nicht fühlen, ob der Eisberg eine Temperatur von –20 °C oder von –30 °C hat.

Bei Thermometern wird genutzt, dass sich z. B. die Länge, das Volumen, die Farbe oder der elektrische Widerstand eines Körpers mit der Temperatur ändert. Verschiedene Bauformen von Thermometern sind auf S. 66 dargestellt.
Zur Angabe der Temperatur eines Körpers in Grad Celsius (°C) wird die **Celsiusskala** (Abb. 3) genutzt. Diese Temperaturskala ist nach dem schwedischen Naturwissenschaftler ANDERS CELSIUS (1701–1744) benannt. CELSIUS schuf diese heute weltweit genutzte Temperaturskala um 1740. Als Fixpunkte (Bezugspunkte) für seine Skala wählte er die Temperatur von schmelzendem Eis und die Temperatur von siedendem Wasser bei normalem Luftdruck (Abb. 1, S. 63)
Neben der Celsiusskala werden in der Physik und im Alltag weitere Temperaturskalen angewendet (s. Übersicht unten).

Mosaik

Verschiedene Temperaturskalen

Bei der Celsiusskala sind die Temperaturen von schmelzendem Eis (0 °C) und von siedendem Wasser (100 °C) die Bezugspunkte (Fixpunkte). Die Wahl dieser beiden Bezugspunkte und auch die Teilung der Skala in 100 gleiche Teile zwischen diesen beiden Punkten ist willkürlich. In der Geschichte der Physik hat es auch andere Vorschläge gegeben, und auch heute werden verschiedene Temperaturskalen verwendet.
Der Physiker GABRIEL DANIEL FAHRENHEIT (1686 bis 1736), der in den Niederlanden und in England wirkte, entwickelte eine Temperaturskala, die heute noch in den USA verwendet wird. Bezugspunkte der Fahrenheitskala sind die Temperatur eines Gemischs aus Eis, Salmiak und Wasser (0 °F, sprich: null Grad Fahrenheit) sowie unsere normale Körpertemperatur (100 °F).
Eine weitere, heute nicht mehr gebräuchliche Temperaturskala schuf der französische Physiker und Zoologe RÉAUMUR (1683–1757).
LORD KELVIN (1834–1907), wie sich der berühmte englische Naturwissenschaftler WILLIAM THOMSON seit 1892 nennen durfte, entwickelte die Kelvinskala. Die tiefste mögliche Temperatur ist 0 K (sprich: null Kelvin). 0 °C entspricht 273 K.

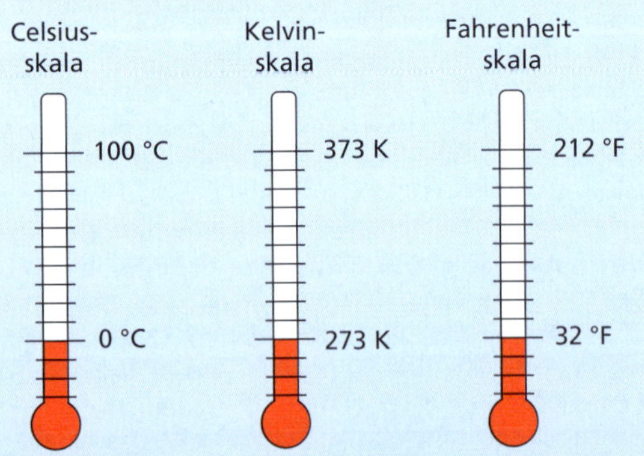

3 Verschiedene Temperaturskalen

Temperaturen in Natur und Technik	
Oberfläche der Sonne	6 000 °C
Glühwendel in der Glühlampe	2 500 °C
Flamme eines Bunsenbrenners	1 700 °C
Kerzenflamme	1 200 °C
rotglühender Stahl	800 °C
Siedetemperatur von Wasser	100 °C
höchste auf der Erde gemessene Lufttemperatur	58 °C
Körpertemperatur einer Maus	44 °C
normale Körpertemperatur des Menschen	37 °C
Schmelztemperatur von Eis	0 °C
Tiefkühlfach im Kühlschrank	–20 °C
tiefste auf der Erde gemessene Lufttemperatur	–88 °C
Temperatur flüssiger Luft	–193 °C
tiefste Temperatur, die möglich ist	–273 °C

Um ein Thermometer mit Celsiusskala zu erhalten, wird folgendermaßen vorgegangen: Auf einer Skala (Abb. 1, S. 63) wird die Temperatur von schmelzendem Eis (0 °C) und die Temperatur von siedendem Wasser (100 °C) markiert. Der Abstand zwischen diesen beiden Punkten wird in 100 gleiche Teile geteilt. Jeder Teil entspricht einem Temperaturunterschied von einem Grad Celsius (1 °C). Temperaturen, die größer als 0 °C sind, können ein vorgesetztes Pluszeichen erhalten. Temperaturen, die kleiner als 0 °C sind, müssen durch ein vorgesetztes Minuszeichen gekennzeichnet werden.

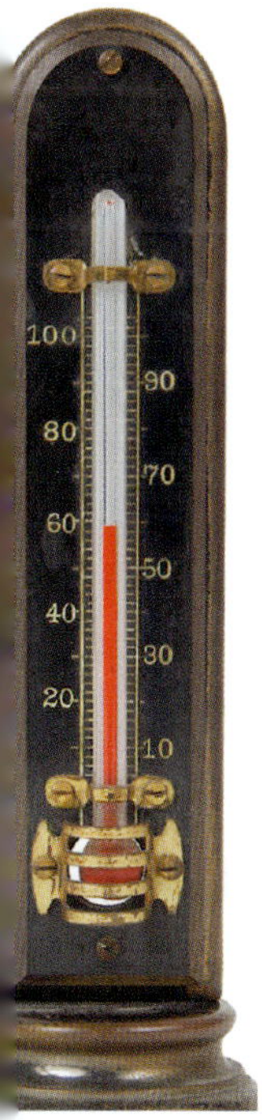

Die ersten wirklich brauchbaren Thermometer wurden um 1720 von DANIEL GABRIEL FAHRENHEIT (1686 bis 1736) entwickelt. Es handelt sich dabei um Flüssigkeitsthermometer. Sie bestehen aus einem Thermometergefäß, einem Anzeigeröhrchen und einer Skala (Abb. 1). Bei ihnen wird genutzt, dass sich das Volumen der Flüssigkeit im Thermometergefäß mit der Temperatur ändert. Während man früher meist

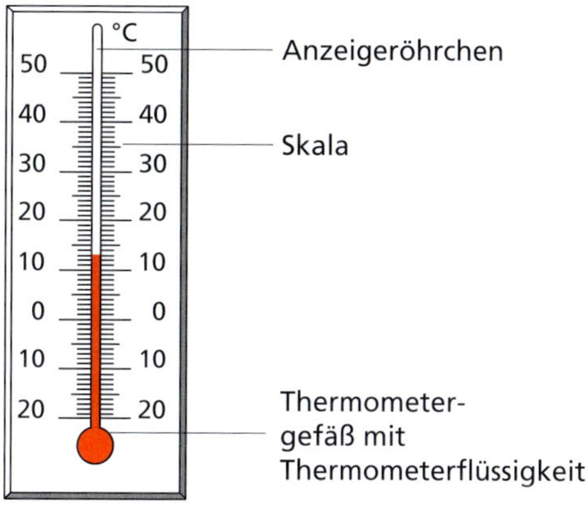

1 Aufbau eines Flüssigkeitsthermometers

Quecksilber als Thermometerflüssigkeit nutzte, wird heute in der Regel gefärbter Alkohol verwendet. Wasser ist als Thermometerflüssigkeit ungeeignet (s. S. 69). Die Wirkungsweise eines Flüssigkeitsthermometers beruht darauf, dass sich eine Flüssigkeit bei Temperaturänderung ausdehnt oder zusammenzieht (s. S. 68). Je höher die Temperatur ist, desto höher steht die Flüssigkeitssäule im Anzeigeröhrchen.

Jedes Thermometer hat einen bestimmten **Messbereich** und eine vom Aufbau abhängige **Messgenauigkeit.** Das abgebildete Flüssigkeitsthermometer (Abb. 1) hat einen Messbereich von -20 °C bis +50 °C. Man kann auf 1 °C genau ablesen und 0,5 °C schätzen (↗ **M** S. 18).

Vorgehen beim Messen der Temperatur

1. Schätze die Temperatur des Körpers und wähle ein geeignetes Thermometer aus! Beachte dabei den Messbereich des Thermometers und die notwendige Messgenauigkeit!
2. Bringe den Messfühler (z. B. das Thermometergefäß) in guten Kontakt mit dem Körper, dessen Temperatur gemessen werden soll!
3. Warte ab, bis sich die angezeigte Temperatur nicht mehr ändert!
4. Lies die Temperatur an der Skala ab!

Mosaik

Verschiedene Thermometer für unterschiedliche Anwendungen

Je nach Verwendungszweck und Bauform gibt es unterschiedliche Arten von Thermometern. Die Thermometer unterscheiden sich nicht nur in ihrem Aufbau und ihrer Wirkungsweise, sondern vor allem auch in ihren Messbereichen. Im Haushalt werden vielfach verschiedene Arten von Flüssigkeitsthermometern verwendet (Abb. 1).

Als **Zimmerthermometer** nutzt man meist Thermometer mit einem Messbereich, der zwischen –10 °C und 40 °C liegt (Abb. 1a).
Als **Außenthermometer** haben sie meist einen Messbereich zwischen –30 °C und 50 °C.

Mit **Kühlschrankthermometern** (Abb. 1b) will man die Temperatur im Innern eines Kühlschranks messen. Der Messbereich solcher Thermometer geht deshalb meist bis –20 °C oder –30 °C.

Mit einem **Fieberthermometer** soll möglichst genau die Körpertemperatur gemessen werden. Der Messbereich dieser Thermometer liegt deshalb zwischen 35 °C und 42 °C, also im Bereich der normalen Körpertemperatur von 37 °C (Abb. 1c). Da es hier auf sehr genaue Messungen ankommt, besitzen Fieberthermometer eine hohe Messgenauigkeit, mit der man auf 0,1 °C genau ablesen kann.

Mit **Laborthermometern** (Abb. 1d) kann man z. B. auch Temperaturen von über 100 °C messen.

Neben Flüssigkeitsthermometern gibt es auch Thermometer bzw. Temperaturanzeigen, die völlig anders funktionieren.

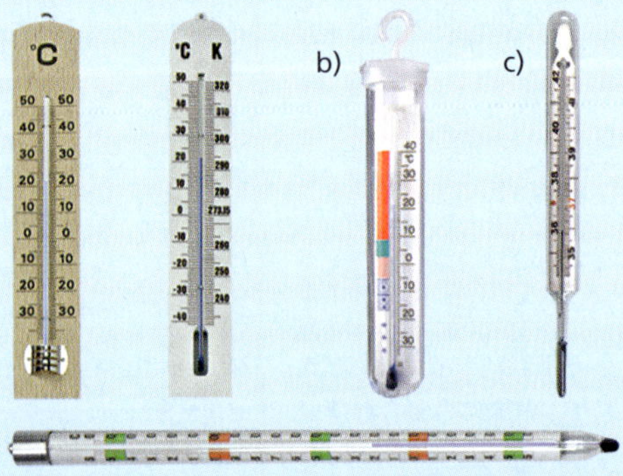

1 Verschiedene Flüssigkeitsthermometer

Weit verbreitet sind **Bimetallthermometer** (Abb. 2). Genutzt wird bei solchen Thermometern die Veränderung der Krümmung eines Bimetallstreifens bei Temperaturänderung.

2 Bimetallthermometer

Zunehmend verwendet werden **elektrische Thermometer** (Abb. 3).

Besonders interessant ist das **galileische Thermometer** (Abb. 4), das GALILEO GALILEI (1564–1642) erfunden hat und dessen Wirkungsweise mit dem Auftrieb in Flüssigkeiten erklärt werden kann.

Es gibt auch Thermometer, bei denen genutzt wird, dass bestimmte Stoffe mit der Temperatur ihre Farbe wechseln.
Abb. 5 zeigt ein solches Thermometer.

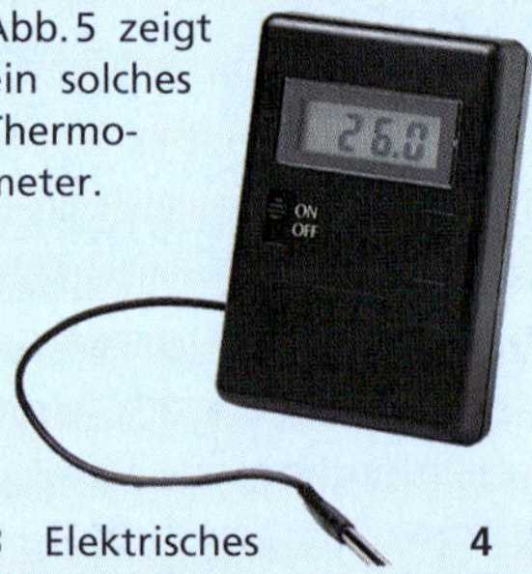

3 Elektrisches Thermometer

4 Thermometer nach GALILEI

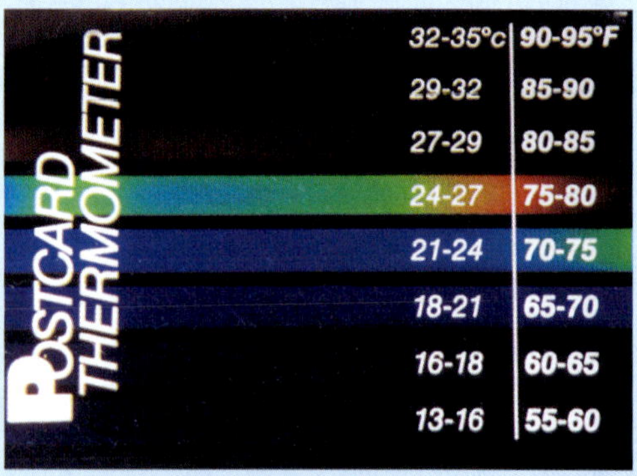

5 Thermometer mit Thermofarben

Thema

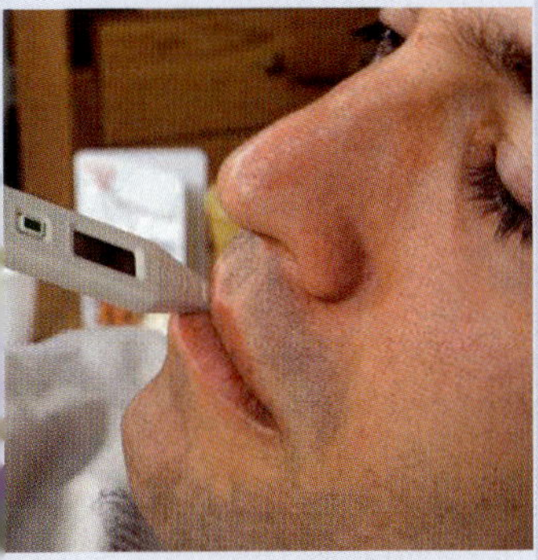

1 Die Körpertemperatur kann an unterschiedlichen Stellen gemessen werden.

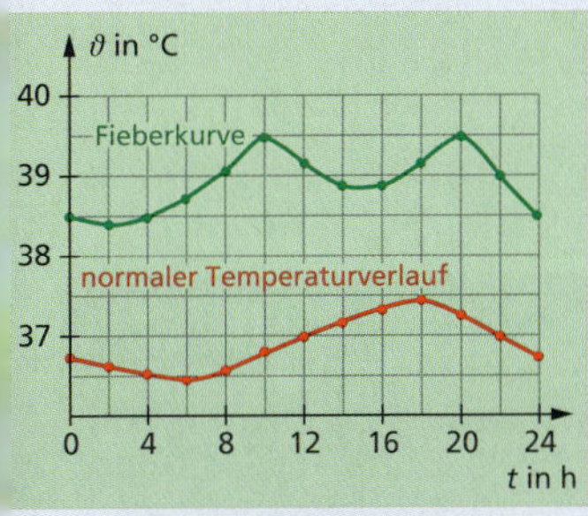

2 Die Körpertemperatur des Menschen ist über den Tag hinweg nicht konstant.

Körpertemperaturen

Die Temperatur, die der **Mensch** oder ein anderes Lebewesen hat, wird als Körpertemperatur bezeichnet.

Körpertemperatur von Menschen

Beim Menschen – einem „gleichwarmen Säugetier" – beträgt die normale Körpertemperatur etwa 37 °C. Sie wird mit Fieberthermometern (Bild 1) gemessen. Diese Temperatur hat nicht für alle Personen den gleichen Wert und ist auch für eine Person nicht konstant.
So gibt es eine individuelle Spannbreite, also Personen mit einer ständig etwas höheren oder etwas niedrigeren Temperatur.

Darüber hinaus ändert sich die Körpertemperatur beim Menschen im Laufe eines Tages. Früh gegen 6 Uhr ist sie besonders niedrig, am späten Nachmittag gegen 18 Uhr erreicht sie einen Höchstwert. Die **Temperaturschwankung** beträgt bis zu 1 °C am Tag (Bild 2). Welche Körpertemperatur gemessen wird, ist auch davon abhängig, ob man die Temperatur auf der Haut (z. B. unter der Achsel) oder in einer Körperhöhle misst. Als **normaler Wert** für die menschliche Körpertemperatur gilt bei Messung in Körperhöhlen: $\vartheta = (36{,}8\,°C \pm 0{,}5\,°C)$

Bei Messung auf der Haut gilt als Normalwert: $\vartheta = (36{,}3\,°C \pm 0{,}5\,°C)$

Bei Erkrankungen können höhere Temperaturen auftreten. Man spricht dann von erhöhter Temperatur oder von **Fieber.** Der Grenzwert für den Menschen nach oben ist eine Temperatur von 42,6 °C, weil bei dieser Temperatur die Eiweißgerinnung beginnt. Körpertemperaturen von weniger als 20 °C sind für den Menschen tödlich.

Körpertemperatur von Tieren

Die Körpertemperatur von Tieren ist sehr unterschiedlich. Bei gleichwarmen Tieren schwankt sie zwischen 44,6 °C beim Rotkehlchen und 30 °C bei der Haselmaus. Bei wechselwarmen Tieren, vor allem bei Reptilien, passt sich die Körpertemperatur der Umgebung an.
Bei Tieren, die Winterschlaf halten, sinkt die Körpertemperatur meist auf Werte zwischen 9 °C und 1 °C ab.

... und mehr

Informiere dich auch unter: *Gefühlte Temperatur, Temperatur von Körpern, Thermometer, Anders Celsius, Lord Kelvin, Fahrenheit, Reaumur, …*

Volumenänderung von Flüssigkeiten

In Kaufhäusern, Hotels oder Bürohäusern sind zum Schutz vor Bränden Sprinkleranlagen in den Decken installiert (Abb. 1). Sie sind direkt mit Wasserleitungen verbunden. Bei großer Temperaturerhöhung wie bei einem Brand dehnt sich eine Flüssigkeit im Sprühkopf stark aus und „sprengt“ das Röhrchen. Das Löschwasser hat freien Lauf.

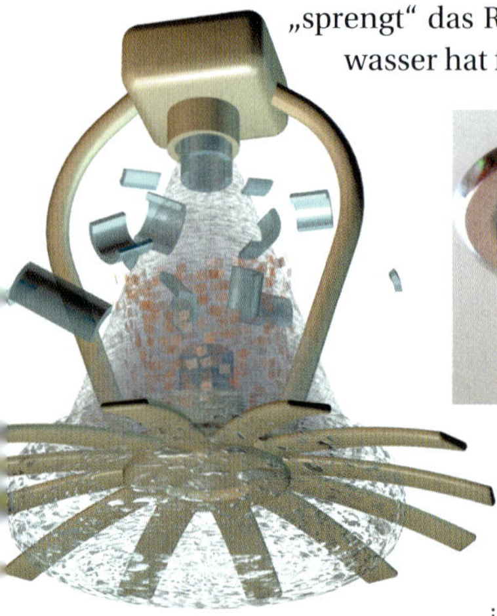

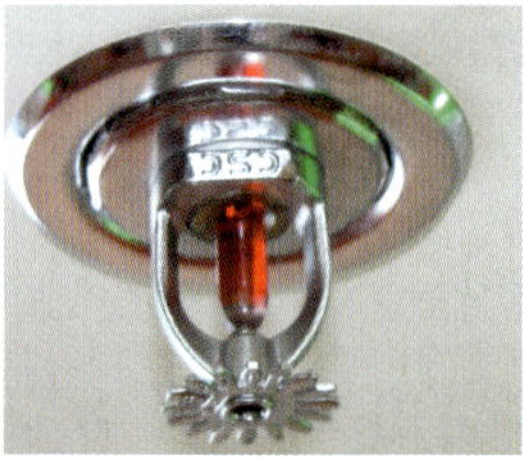

1 Im Sprühkopf einer Sprinkleranlage dehnt sich bei Temperaturanstieg eine Flüssigkeit so stark aus, dass ihr Behältnis zerspringt.

Das in Abb. 2 dargestellte Experiment zeigt, wie unterschiedlich sich das Volumen von verschiedenen Flüssigkeiten vergrößert, wenn man sie der gleichen Temperaturänderung aussetzt.

Die meisten Flüssigkeiten dehnen sich bei Erhöhung der Temperatur aus und ziehen sich bei Verringerung der Temperatur zusammen.

Wasser macht bei niedriger Temperatur eine Ausnahme (s. S. 69). Sein nicht normales Verhalten wird als **Anomalie des Wassers** bezeichnet.

Wie stark sich das Volumen einer Flüssigkeit ändert, hängt ab
- vom Stoff, aus dem die Flüssigkeit besteht,
- vom ursprünglichen Volumen der Flüssigkeit,
- von der Temperaturänderung.

So vergrößert sich z. B. das Volumen von 10 l Heizöl um 90 ml, wenn man seine Temperatur um 10 °C erhöht. Das Volumen von Wasser ändert sich dagegen bei der gleichen Temperaturänderung nur um 18 ml (s. Tabelle rechts).

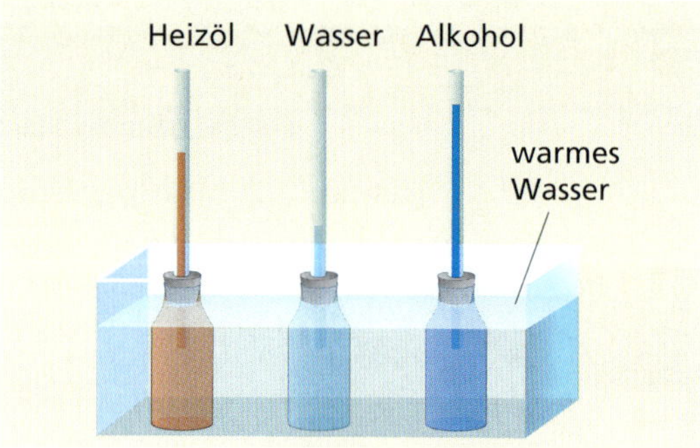

2 Bei Zimmertemperatur standen die Flüssigkeiten in den drei Steigrohren gleich hoch: Ihr Ausgangsvolumen war gleich. Bei gleicher Temperaturerhöhung dehnt sich Alkohol am meisten aus.

Volumenänderung von 10 l Flüssigkeit, wenn sich deren Temperatur um 10 °C ändert

Stoff	Volumenänderung
Alkohol	110 ml
Benzin	100 ml
Glycerin	50 ml
Heizöl	90 ml
Quecksilber	18 ml
Wasser	18 ml

Mosaik

Thermometerflüssigkeiten

Damit ein Stoff als Thermometerflüssigkeit genutzt werden kann, muss er bestimmte Eigenschaften haben:
- Er muss im betreffenden Temperaturbereich flüssig sein, darf also weder fest werden noch verdampfen.
- Er muss sich näherungsweise gleichmäßig mit Erhöhung der Temperatur ausdehnen.
- Er darf nicht am Anzeigeröhrchen haften und darf es nicht chemisch verändern.

Eine Flüssigkeit, die diese Bedingungen in einem Bereich zwischen −38,9 °C und 357 °C gut erfüllt, ist Quecksilber. Die Nutzung von Quecksilber als Thermometerflüssigkeit geht auf G. D. FAHRENHEIT (1686–1736) zurück.
Ersetzt wurde Quecksilber inzwischen weitgehend durch weniger gefährliches Ethanol (Alkohol). Es hat eine Schmelztemperatur von −114 °C und eine Siedetemperatur von 78 °C.

Mosaik

Die Anomalie des Wassers

Bei Temperaturen über 4 °C verhält sich Wasser wie andere Flüssigkeiten. Bei Erhöhung der Temperatur dehnt es sich aus, bei Verringerung der Temperatur wird sein Volumen kleiner.
Kühlt sich Wasser aber unter 4 °C ab, so wird sein Volumen nicht kleiner, sondern bis 0 °C wieder größer. Wasser hat bei 4 °C sein kleinstes Volumen. Dieses „nicht normale" Verhalten von Wasser wird in der Physik als **Anomalie des Wassers** bezeichnet (Abb. 1).

Die Anomalie des Wassers ist für das Leben von Tieren und Pflanzen im Wasser sehr wichtig.
Im Sommer wird das Wasser von der Sonne erwärmt. Das leichtere, wärmere Wasser bleibt an der Oberfläche, tiefer liegende Schichten sind kühler. Es bildet sich eine stabile Temperaturschichtung des Wassers aus (Abb. 2). Das kannst du auch beim Baden feststellen.
Im Herbst (Abb. 3) und Winter (Abb. 4) kühlt sich das Wasser an der Oberfläche ab. Das Wasser mit der größeren Dichte sinkt nach unten. Bei Temperaturen um 4 °C bleibt dann das kühlere Wasser an der Oberfläche. Eine weitere Abkühlung führt zur Eisbildung an der Wasseroberfläche. Tiefer liegende Schichten haben eine Temperatur von 4 °C. Das Wasser gefriert in größeren Tiefen also nicht. Dadurch können Tiere und Pflanzen im Wasser überleben.

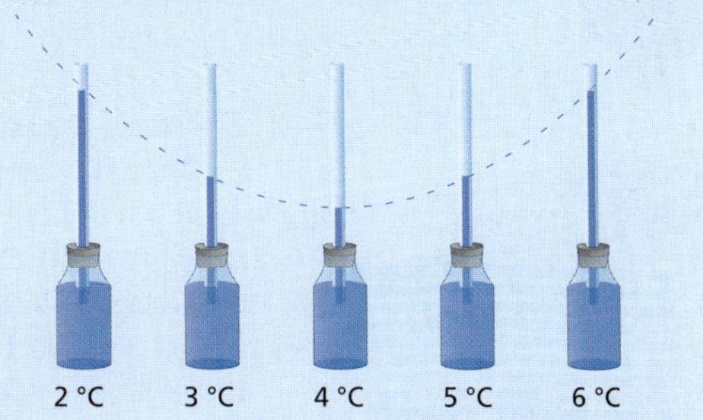

1 Bei einer Temperatur von 4 °C hat Wasser sein kleinstes Volumen.

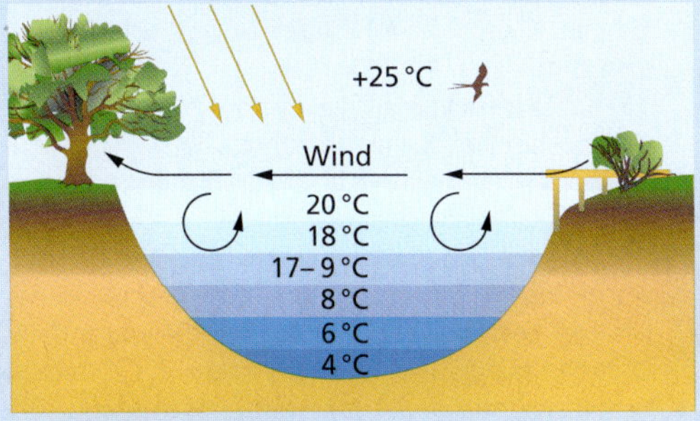

2 Sommerstabilität

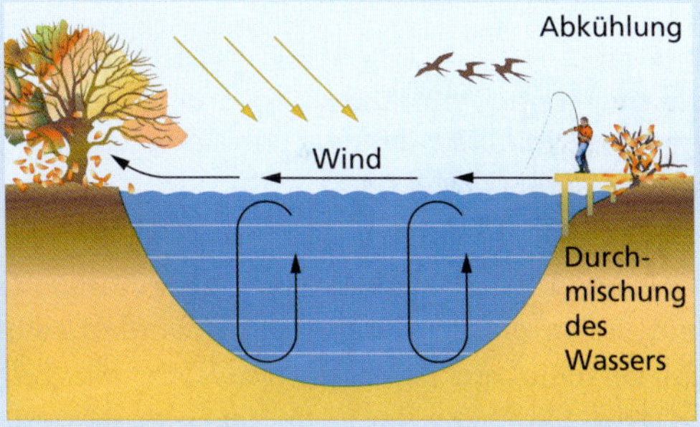

3 Herbstzirkulation

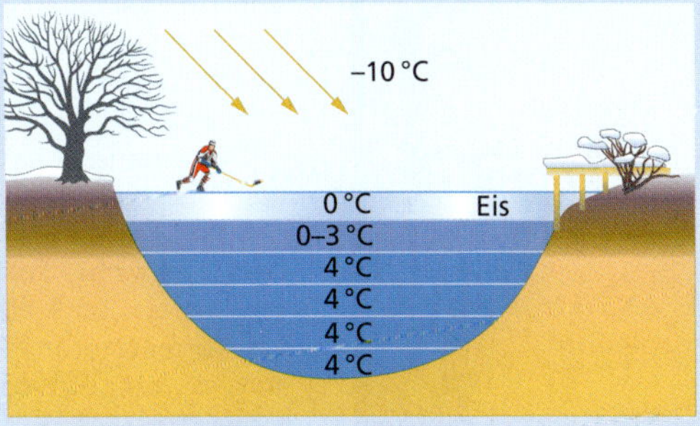

4 Winterstabilität

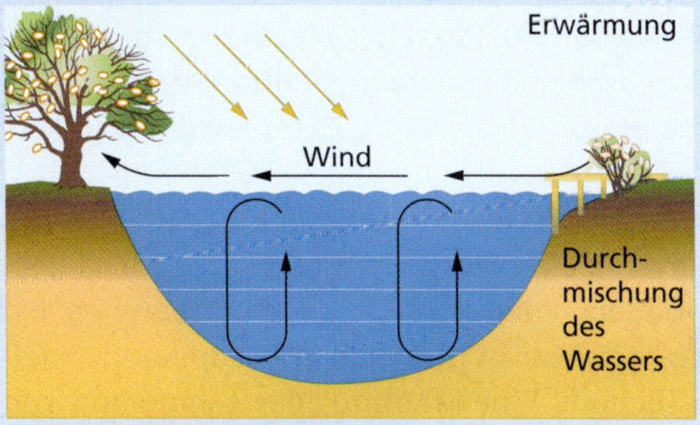

5 Frühjahrszirkulation

Volumenänderung von Gasen

Ebenso wie die meisten Flüssigkeiten dehnen sich auch Gase beim Erwärmen aus und ziehen sich beim Abkühlen wieder zusammen (Abb. 1). Aber bei Gasen hängt die Volumenänderung bei Erwärmung nicht von der Art des Gases ab. Gase wie Luft, Butan oder Helium dehnen sich gleich stark aus.

Das Volumen eines Gases von 10 l vergrößert sich bei einer Erwärmung um 10 °C um 366 ml. Zum Vergleich: Das Volumen von 10 l Wasser vergrößert bei der gleichen Temperaturänderung nur um 18 ml.

1 Wird die Luft in dem Gefäß erwärmt, so dehnt sie sich aus. Der Luftballon bläst sich auf.

> **Alle Gase dehnen sich etwa gleich aus. Bei gleicher Temperaturänderung und gleichem Ausgangsvolumen dehnen sich Gase stärker aus als Flüssigkeiten (↗ M S. 27).**

Gase haben noch eine weitere Besonderheit: Wenn sie in einem Gefäß erhitzt werden, das nicht verschlossen ist, dann entweicht ein Teil des Gases. Man kann das leicht bei einem Experiment (Abb. 2) erkennen.
Befindet sich das Gas jedoch in einem fest verschlossenen Gefäß, beispielsweise in einem Fahrradschlauch oder einem Autoreifen, und die Temperatur wird erhöht, dann steigt der Druck der eingeschlossenen Luft. An besonders heißen Sommertagen kann das zum Platzen von Luftmatratzen oder Luftballons führen.
Besonders Vorsichtige schützen Autoreifen bei längerem Halt in der Hitze mit Pappe oder hellen Tüchern. Eine Erhöhung der Temperatur von 20 °C auf 60 °C führt zu einer Erhöhung des Reifendrucks von etwa 13 %.

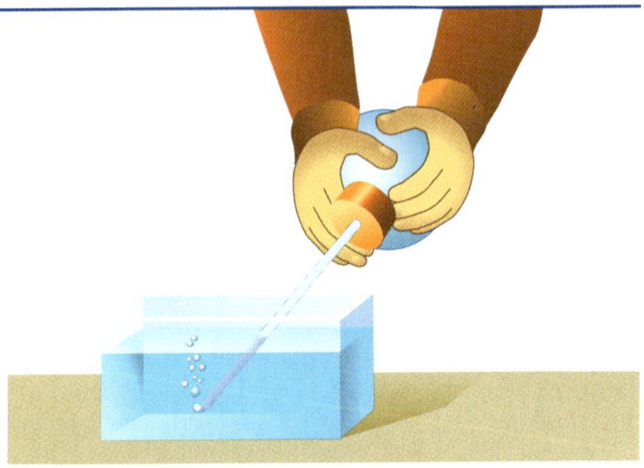

2 Schon eine Erhöhung der Lufttemperatur im Kolben von Raum- auf Körpertemperatur führt zu einer Vergrößerung ihres Volumens: Sie entweicht, sichtbar an den aufsteigenden Luftblasen im Wasser.

Mosaik

Gasthermometer

Die Entwicklung der Thermometer kann als die erste wissenschaftlich-praktische Nutzung der Erkenntnis von der Wärmeausdehnung verschiedener Körper angesehen werden.
Als Erfinder des Thermometers oder seines Vorläufers, des Thermoskops (ohne Skala), gelten GALILEO GALILEI (1564–1642) und – unabhängig von ihm – der Arzt SANTORIUS aus Italien, der im 16. Jahrhundert ein Thermometer zur Messung der Körpertemperatur erfand.
Die ersten Thermometer, die in der ersten Hälfte des 17. Jahrhunderts allgemeine Verbreitung fanden, waren Gasthermometer. Die Ausdehnung des Volumens einer eingeschlossenen Menge Luft bei Erwärmung ist die eigentliche Ursache dafür, dass sich die Lage des Quecksilbertropfens in der Anordnung verändert.

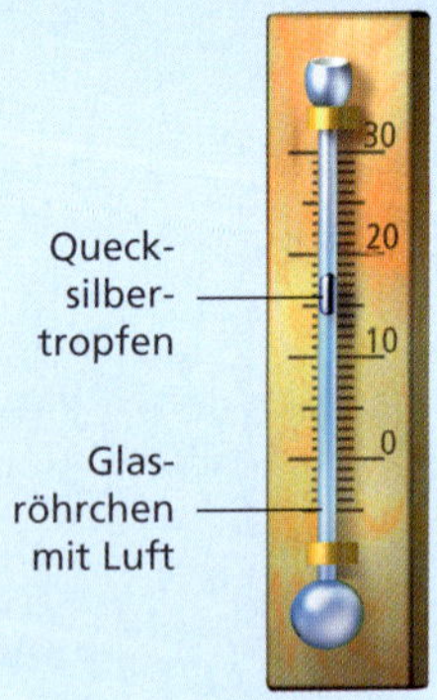

Die Abbildung zeigt den Aufbau eines Gasthermometers: Durch Ausdehnung der Luft bei Erwärmung verschiebt sich der Quecksilbertropfen. Die Verschiebung des Quecksilbertropfens ist ein Maß für die Temperaturänderung der eingeschlossenen Luft.

Volumen- und Längenänderung von festen Körpern

Schon an einer Eisenkugel lässt sich nachweisen, dass sich ihr Volumen vergrößert, wenn man sie erhitzt (Abb. 2). Für die meisten anderen festen Körper gilt ebenfalls: Bei Erhöhung der Temperatur dehnen sie sich aus, bei Verringerung der Temperatur ziehen sie sich zusammen. Eine Ausnahme tritt beim Bilden von Eis auf. Das Volumen vergrößert sich dabei um etwa ein Zehntel. Dadurch kann es bei Frost leicht zum Platzen wassergefüllter Rohrleitungen kommen.

Auch lange feste Körper, wie Brücken oder Hochspannungsleitungen, vergrößern bei Erwärmung ihr Volumen (Abb. 1, 3). Bei diesen Körpern ist aber nur die Längenänderung von praktischer Bedeutung. Die Längenänderung eines festen Körpers hängt außer von seiner ursprünglichen Länge von der Temperaturänderung und von dem Stoff ab, aus dem er besteht (↗ **M** S. 27).

Die Längenänderung eines festen Körpers ist umso größer,
- **je länger der Körper ist und**
- **je größer die Temperaturänderung ist.**

Ein Kupferdraht verlängert sich bei gleicher Temperaturänderung mehr als ein ursprünglich gleich langer Draht aus Stahl (s. Übersicht). So würde sich ein 20 m langer Kupferdraht bei $\Delta\vartheta = 10\,°C$ um 3,2 mm ändern, ein entsprechender Stahldraht dagegen um 2,4 mm.

2 Bei Zimmertemperatur passt die Eisenkugel gerade noch durch eine Öffnung. Wird sie erhitzt, dehnt sie sich aus und passt nicht mehr hindurch.

Längenänderung eines Körpers von 10 m Länge bei einer Temperaturänderung von 10 °C

Stoff	Längenänderung
Aluminium	2,4 mm
Beton	1,2 mm
Eisen	1,2 mm
Glas	1,0 mm
Gold	1,4 mm
Holz	0,8 mm
Kupfer	1,6 mm
Messing	1,8 mm
Silber	2,0 mm
Stahl	1,2 mm
Zink	3,6 mm
Zinn	2,7 mm

1 Die Drähte an Hochspannungsleitungen verändern mit der Temperatur ihre Länge. Sie hängen dann unterschiedlich weit durch.

3 Auch Stahlbrücken verändern mit der Temperatur ihre Länge. Sie sind deshalb auf einer Seite auf Rollen gelagert.

Physik in Natur und Technik

Ein selbst gebautes Thermometer

Die Skala eines Thermometers kann man sich selbst herstellen. Dazu benötigt man ein Thermometergefäß mit Anzeigeröhrchen und Thermometerflüssigkeit, z. B. mit gefärbtem Alkohol.
Wie gelangt man zu einer Celsiusskala?

Unser Thermometer, das zunächst noch keine Skala hat, wird zuerst in ein Gemisch aus Wasser und Eis getaucht (Abb. 1). Wenn sich die Flüssigkeitssäule im Anzeigeröhrchen nicht mehr ändert, kann man den Stand der Säule markieren. Damit wäre der erste Fixpunkt 0 °C ermittelt. Dann wird das Thermometer in siedendes Wasser gehalten. Wenn sich die Höhe der Flüssigkeitssäule nicht mehr ändert, kann der zweite Fixpunkt 100 °C markiert werden. Anschließend wird der Abstand zwischen den beiden Punkten in zehn gleiche Abstände unterteilt. Somit erhält man eine Temperaturskala, die eine Skaleneinteilung von jeweils 10 °C besitzt.

Aufgabe

Welche anderen Möglichkeiten gibt es, zu einer Celsiusskala zu kommen? Als Hilfsmittel hast du ein „richtiges“ Thermometer zu Verfügung.

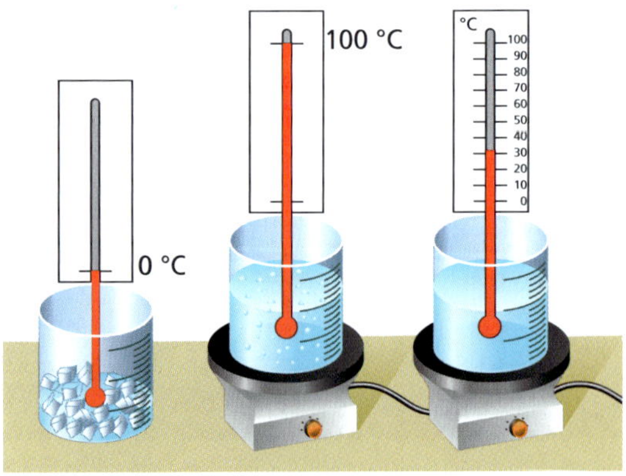

1 Festlegung der Fixpunkte eines Flüssigkeitsthermometers

Die tiefste und die höchste Temperatur

In Wetterstationen wird ständig die Lufttemperatur gemessen und aufgezeichnet. Für Stuttgart ergaben die Messungen an einem Tag im März die in Abb. 2 dargestellten Werte. Aufgezeichnet wurden die von Mitternacht an gemessenen Werte.
Wie groß war die niedrigste, wie groß die höchste Temperatur in diesen 24 Stunden? Ist diese Temperaturverteilung zufällig?

Eine Analyse des Zeit-Temperatur-Diagramms ergibt: Die tiefste Temperatur wurde um 6 Uhr morgens mit 0,5 °C registriert, die höchste Temperatur trat um 14 Uhr mit 10 °C auf (↗ **M** S. 23).
Eine solche Temperaturverteilung ist nicht zufällig, sondern ganz typisch. Die tiefste Lufttemperatur tritt unmittelbar vor Sonnenaufgang auf. Im März geht die Sonne gegen 6 Uhr auf.
Die Tageshöchsttemperatur der Luft tritt meist nicht mittags auf, wenn die Sonne ihren höchsten Stand erreicht hat, sondern ein bis zwei Stunden später. Das kommt daher, weil durch die Sonnenstrahlung zunächst die Erdoberfläche erwärmt wird und diese die Wärme dann an die Luft abgibt. Damit erreicht die Lufttemperatur erst später als 12 Uhr ihren höchsten Wert.

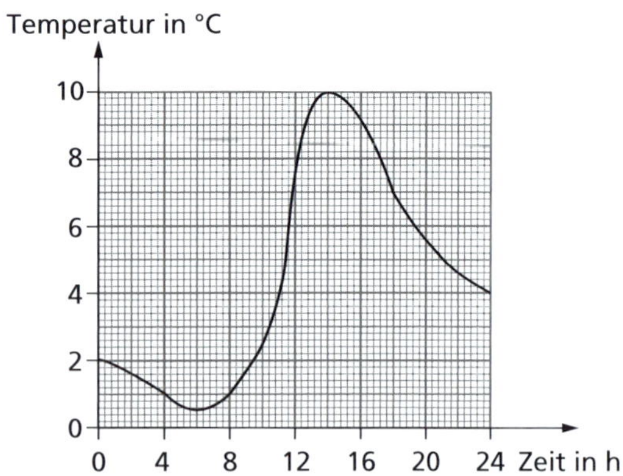

2 Temperaturverlauf für einen Zeitraum von 24 Stunden

Feuermelder in Aktion

Kinos, Kaufhäuser oder Lagerhäuser sind mit Alarmanlagen gegen Feuer ausgerüstet. Diese Alarmanlagen dienen dem Schutz von Menschen und Sachwerten vor Feuer und Rauch.
Bei den Feueralarmanlagen gibt es Temperaturwarnanlagen, die das Überschreiten einer bestimmten Temperatur signalisieren, und Rauchmeldeanlagen, die die Lufttrübung bei Rauchentwicklung registrieren.
Wesentlicher Teil einer Temperaturwarnanlage ist ein Bimetallstreifen.
Wie ist ein Bimetallstreifen aufgebaut?
*Wie funktioniert er (↗ **M** S. 289)?*

Ein Bimetallstreifen (bi = zwei) besteht aus zwei Streifen verschiedener Metalle, z. B. aus Zink und Eisen (Abb. 1a) oder aus Messing und Eisen. Die Metallstreifen sind fest miteinander verschweißt, verklebt oder vernietet.
Ändert sich die Temperatur, so dehnen sich beide Metalle aus. Bei gleicher Temperaturänderung dehnt sich jedoch Zink stärker als Eisen aus (s. Tabelle S. 71). Da beide Metalle fest miteinander verbunden sind, biegt sich der Bimetallstreifen bei Temperaturerhöhung zum Eisen hin (Abb. 1b). Bei Verringerung der Temperatur geht auch die Biegung wieder zurück.
Eine solche Anordnung aus einem Bimetallstreifen und einem Kontakt nennt man **Bimetallschalter.**

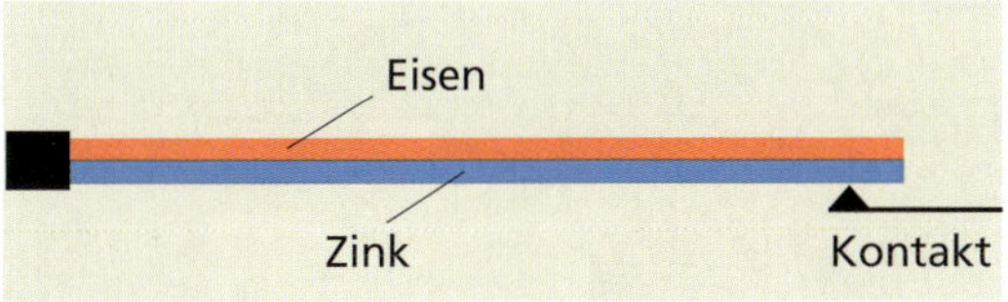

1a Bimetallstreifen (abgekühlt)

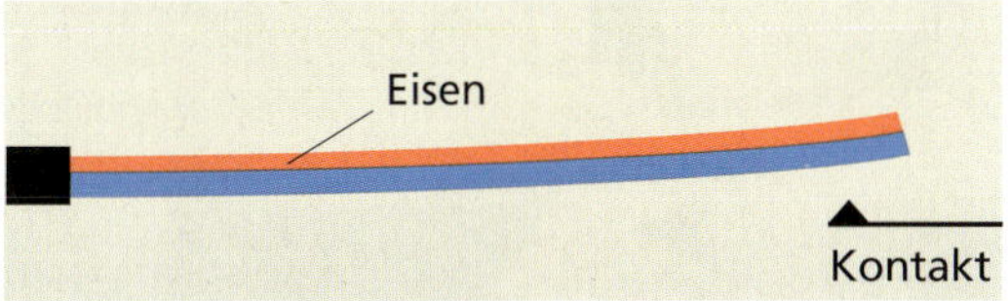

1b Bimetallstreifen (erwärmt): Da sich Zink stärker als Eisen ausdehnt, krümmt sich der Bimetallstreifen.

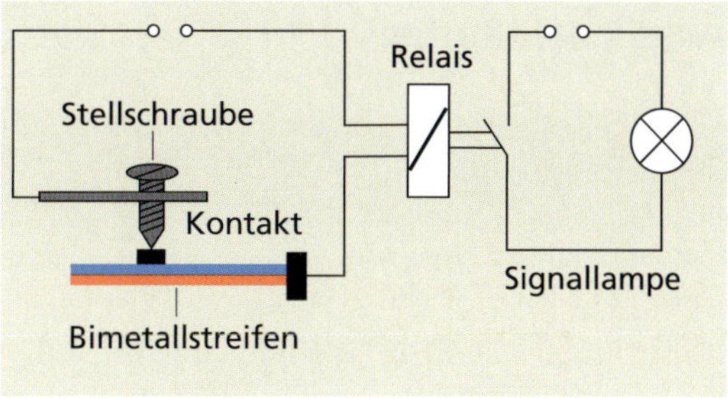

2 Aufbau einer Temperaturwarnanlage

Beschreibe den Aufbau der in Abb. 2 dargestellten Temperaturwarnanlage!
Erkläre ihre Wirkungsweise!

Eine Temperaturwarnanlage dient dazu, eine erhöhte Temperatur in einem Raum, z. B. bei Ausbruch eines Feuers, zu signalisieren.
Sie besteht aus einem Bimetallschalter (Bimetallstreifen, Kontakt), einem Relais (elektromagnetischer Schalter) und einer Signallampe.
Bei normaler Raumtemperatur ist der Bimetallschalter geschlossen. Die Signallampe leuchtet nicht. Erhöht sich die Temperatur, so biegt sich der aus zwei verschiedenen Metallen bestehende Bimetallstreifen. Der Kontakt öffnet sich, der Stromfluss wird unterbrochen. Dadurch wird im Relais der Stromkreis, in dem sich die Signallampe befindet, geschlossen. Sie leuchtet auf.
Mithilfe einer Stellschraube kann die Temperatur eingestellt werden, bei der der Stromfluss unterbrochen wird. Je nach Raum wählt man dazu Temperaturen zwischen 40 °C und 90 °C.

3 Automatische Rauch- oder Feuermelder sind meist an der Decke angebracht.

Alles kalter Kaffee

Frisch gebrühter Kaffee ist viel zu heiß. Man kann ihn nicht sofort trinken.
Wie kann man erreichen, dass der Kaffee möglichst schnell Trinktemperatur erreicht?

Diese Problemstellung soll mit den Methoden der Physik bearbeitet werden. Welche Fragen müssen dazu untersucht werden?
Solche Fragen könnten sein:

- Soll man kalte Milch hinzufügen oder einfach warten?
- Was nützt es zu rühren?
- Hängt das Ergebnis von der Tasse ab?

Welche Fragen könnte man noch stellen?

So forschst du richtig!

Die oben genannten Fragen sind für physikalische Untersuchungen nicht genau genug. Du musst sie präzisieren.

① Die **Versuchsvoraussetzungen** müssen absolut klar sein und immer wieder in gleicher Weise hergestellt werden können.

> Es muss also z. B. festgelegt werden: Bei welcher Temperatur starten wir? Was heißt „Trinktemperatur"? Welche Temperatur hat die Milch?

② Die **Versuchsdurchführung** muss festgelegt werden.

> Es muss z. B. klar sein, wie viel kalte Milch in den Kaffee geschüttet wird und wann die Temperaturen gemessen werden.

③ Die **Versuchsergebnisse** müssen sorgfältig dokumentiert werden.

> Alle Bedingungen und Werte müssen sorgfältig und übersichtlich erfasst werden.

④ Einzelmessungen und Messreihen müssen wiederholbar und damit reproduzierbar sein.

> Ein Versuchsergebnis kann erst dann als zuverlässig eingeordnet werden, wenn es bei Wiederholung des Experiments unter gleichen Voraussetzungen zu gleichen oder sehr ähnlichen Ergebnissen führt.

⑤ Die Ergebnisse müssen eindeutig auswertbar sein.

> Aus den Messwerten ergeben sich bei Beachtung der Bedingungen Zusammenhänge, die in Worten oder mathematisch (Proportionalität, Diagramm) dargestellt werden können.

⑥ Die Ergebnisse müssen hinsichtlich ihrer Genauigkeit bewertet werden.

> Es sind Fragen zu beantworten wie: Wie groß sind mögliche Messfehler? Welchen Einfluss haben zufällige Änderungen der Bedingungen auf das Ergebnis?

Untersucht physikalisch die eingangs gestellte Frage! Beachtet dabei alle die Punkte, die auf dieser Seite genannt sind!

1 Dieser Kaffee hat keine Trinktemperatur.

gewusst · gekonnt

1. Führe folgenden Versuch aus!

Was stellst du fest, wenn du deine Hände aus den beiden Schüsseln in die rechte Schüssel tauchst? Wie kann man diese Empfindungen erklären?

2. Beim Baden von Säuglingen muss man sehr vorsichtig sein. Die Temperatur des Badewassers soll genauso hoch sein, wie die normale Körpertemperatur des Menschen.
Welche Temperatur muss das Badewasser haben?
Wie kann man diese überprüfen?

3. Erkunde, welche Thermometer es bei euch zu Hause gibt! Fertige nach dem Muster im Heft eine Übersicht an!

Verwendungszweck	Messbereich	Messgenauigkeit
...	...	...
...	...	...

4. Als Thermometerflüssigkeit für Außenthermometer wird Quecksilber oder Alkohol verwendet. Warum ist Wasser als Thermometerflüssigkeit für Außenthermometer nicht geeignet?

5. In den nachfolgend genannten Situationen soll jeweils die Temperatur gemessen werden. Dafür stehen die in der Abbildung dargestellten Thermometer zur Verfügung.

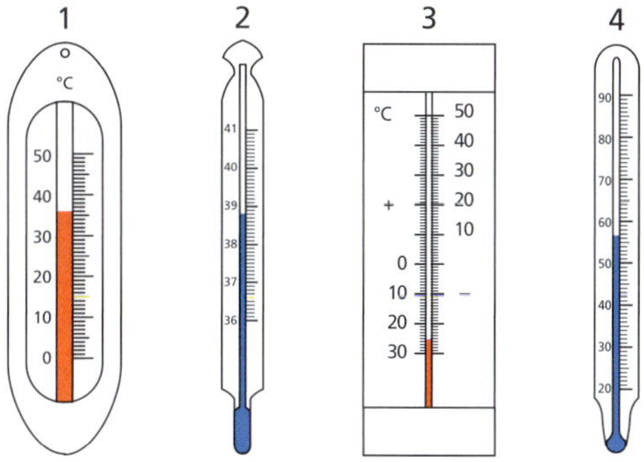

Gib an, welches Thermometer du für die Temperaturmessung in der jeweiligen Situation nutzen würdest!
Begründe deine Wahl!

a) Temperatur in der Sauna
b) Körpertemperatur des Menschen
c) Außentemperatur der Luft
d) Temperatur im Tiefkühlfach des Kühlschranks

***6.** Warum ist es schwierig, die Temperatur eines kompakten Körpers, z. B. eines Stahlblocks, zu messen? Wie könnte man es machen?

7. Fülle Wasser, das eine Temperatur von etwa 50 °C hat, in eine große Tasse!
Miss alle 5 Minuten die Temperatur! Trage die Werte in ein Temperatur-Zeit-Diagramm ein! Zeichne die Kurve und beschreibe den Kurvenverlauf (↗ **M** S. 100, 239)!

8. Miss eine Woche lang an jedem Tag um die gleiche Zeit die Außentemperatur!
Trage diese in eine Tabelle ein!
Stelle die Messwerte in einem Diagramm dar!
Was kann man aus diesem Diagramm erkennen (↗ **M** S. 100, 239)?

9. Einweckgläser dürfen vor dem Aufkochen nicht voll bis zum Rand mit Flüssigkeit gefüllt werden.
Begründe, warum diese Maßnahme sinnvoll ist!

10. Ein Tischtennisball kann leicht eine Delle bekommen.
Was kann man tun, um ihn wieder in Ordnung zu bringen? Begründe!

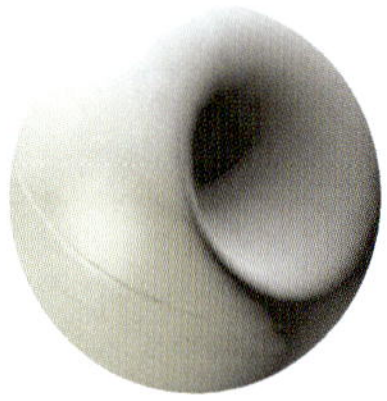

11. Zur Regulierung der Raumtemperatur benutzt man Thermostatventile an den Heizkörpern (s. Abb.).

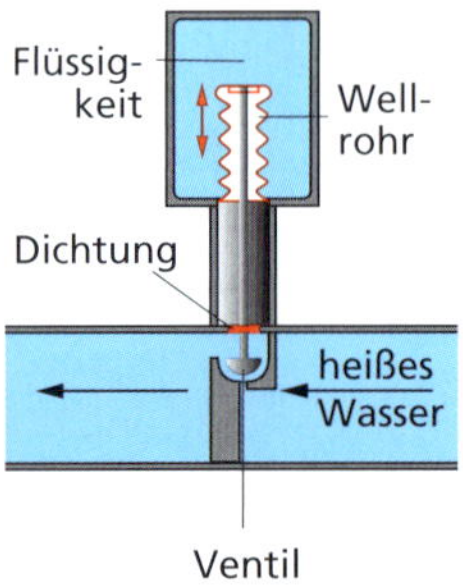

In einem Thermostatventil befindet sich Flüssigkeit, die ein Wellrohr zusammendrücken kann. Das Wellrohr wirkt wie eine starke Feder. Erkläre, wie mithilfe eines solchen Thermostatventils die Raumtemperatur reguliert werden kann (↗ **M** S. 32)!

12. Mithilfe eines Bimetallstreifens kann man auch ein Thermometer konstruieren (s. Abb.).

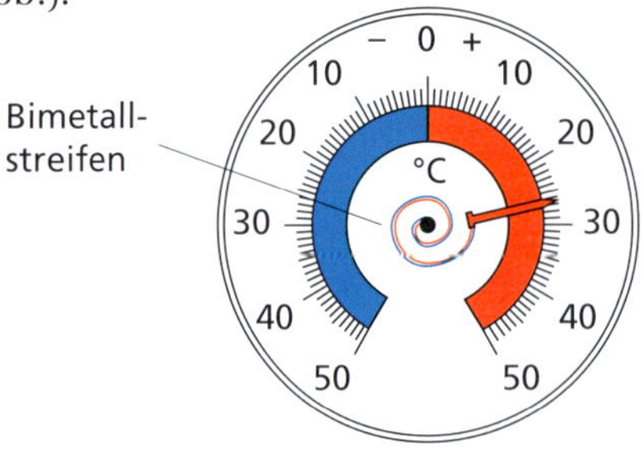

Beschreibe den Aufbau und erkläre die Wirkungsweise eines Bimetallthermometers!

***13.** Um die Festigkeit von Bauwerken, vor allem von Fußböden und Decken, zu erhöhen, bringt man in die Betonplatten ein Geflecht aus Stahl ein. Auch bei größeren Temperaturschwankungen gibt es bei diesem „Stahlbeton" keine Risse oder andere Schäden.
Warum führt die Kombination von Stahl und Beton zu „Stahlbeton" bei Temperaturschwankungen zu keinen Schäden an Bauwerken? Nutze für deine Antwort die Angaben in der Tabelle auf S. 71!

14. Große Brücken aus Stahl oder Beton sind auf Rollen gelagert (s. Abb. links).
In den Fahrbahnen sind an den Enden Fugen eingelassen (s. Abb. rechts).

Warum müssen Brücken mindestens an einem Ende auf Rollen gelagert werden? Welche Funktion haben die Fugen?

15. Die Fahrdrähte für Straßenbahnen oder Elektrolokomotiven müssen immer straff gespannt sein. Das erreicht man mit Rollen und angehängten schweren Körpern (s. Abb.).

Warum sind solche Anordnungen zum Spannen der Fahrdrähte notwendig?

Temperatur und Verhalten von Körpern bei Temperaturänderung

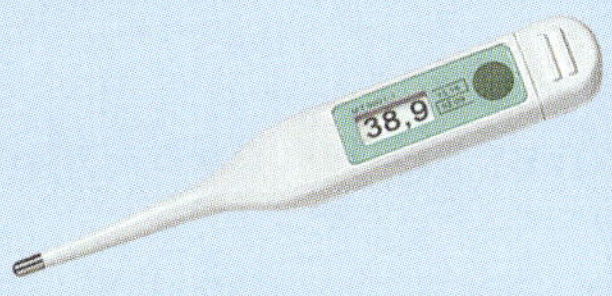

Menschen haben ein Temperaturempfinden.

- Es hilft uns, Temperaturen zwischen ca. 15 °C und 45 °C zu unterscheiden.
- Es signalisiert uns, ob eine Wohlfühltemperatur herrscht.
- Es lässt sich aber auch leicht täuschen.

Um die **Temperatur** ϑ eines Körpers genau zu bestimmen, muss sie gemessen werden. Das Messgerät für die Temperatur ist das **Thermometer.**
Einheit der Temperatur: 1 Grad Celsius (1 °C)

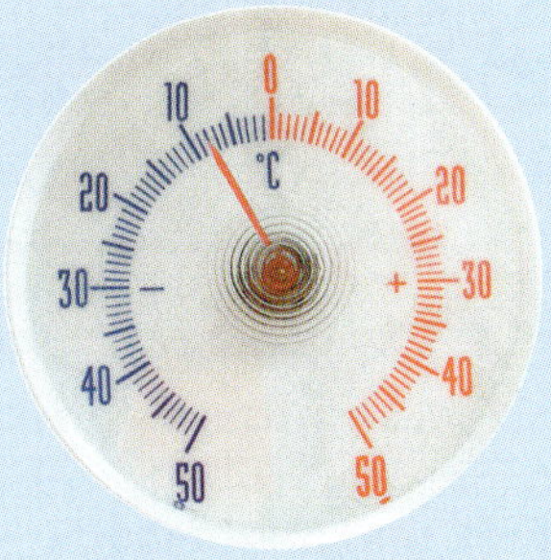

Fast alle festen Körper, Flüssigkeiten und Gase dehnen sich beim Erwärmen aus und ziehen sich beim Abkühlen zusammen. Wasser bildet eine Ausnahme.

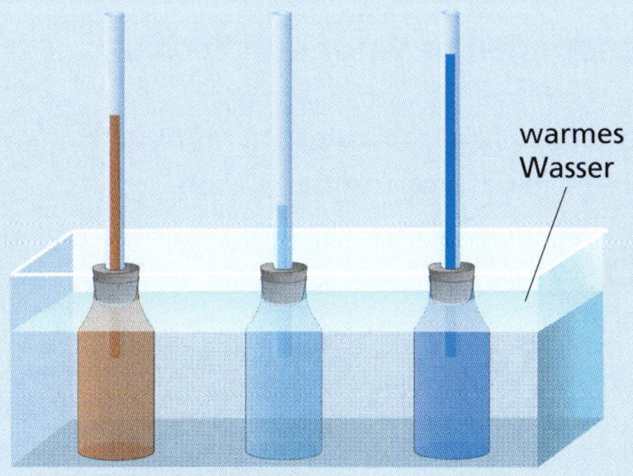

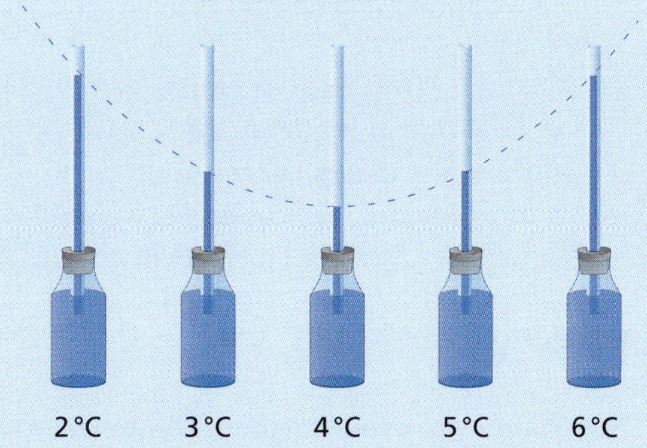

Bei festen Körpern ist vor allem die **Längenänderung** von praktischer Bedeutung.
Die **Längen- bzw. Volumenänderung** von Körpern wird teilweise genutzt (Bimetallstreifen, Flüssigkeitsthermometer), ist in vielen Fällen aber auch unerwünscht und muss beachtet werden (z. B. bei Brücken, Rohrleitungen, Hochspannungsleitungen, Gefäßen mit Flüssigkeiten, Spraydosen).

Ziel erreicht?

Physik als Naturbetrachtung

1. Befestige das eine Ende einer Stricknadel fest auf einem Holzklotz! Das andere Ende der Stricknadel soll beweglich auf einer Stopfnadel mit Zeiger lagern.
Nun erwärme die Stricknadel vorsichtig mit einer Kerzenflamme (s. Abb.)!

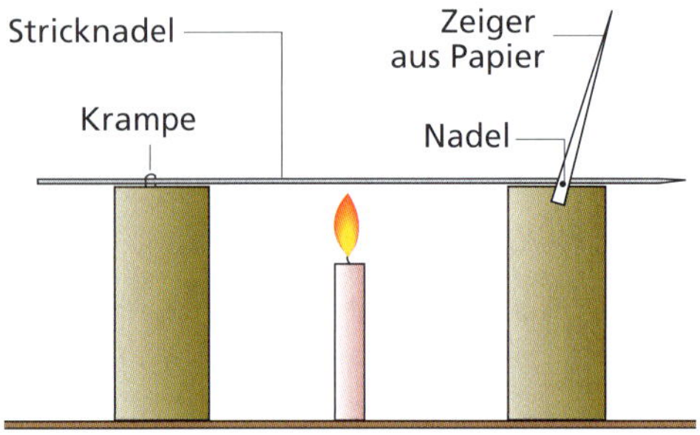

a) Beschreibe deine Beobachtung!
b) Erkläre deine Beobachtung (↗ M S. 17)!

Physik und Mathematik

2. Miss an einem Tag in der Zeit von 8 Uhr bis 18 Uhr an einem Außenthermometer in Abständen von einer Stunde die Temperatur! Achte darauf, dass das Thermometer im Schatten hängt! Trage die Messwerte in eine Tabelle ein!
a) Stelle die Messwerte in einem Temperatur-Zeit-Diagramm dar (↗ M S. 100)! Interpretiere dieses Diagramm!
*b) Wann wird am Tag normalerweise die höchste Temperatur erreicht? Begründe!

Anwendungen im Alltag

3. Hohlräume in menschlichen Zähnen kann man nicht mit beliebigen Materialien füllen. Gold ist jedoch ein gut geeigneter Stoff, nicht nur wegen des Aussehens.
Warum ist Gold ein geeignetes Material für Zähne? Welche Anforderungen muss man aus physikalischer Sicht an andere Stoffe für Zahnfüllungen stellen?

Physik als historischer Prozess

4. Bereite ein Referat über die Geschichte der Temperaturmessung vor (↗ M S. 124)!

Wahrnehmung und Messung

5. Wenn Kinder in einem See baden gehen, empfinden einige das Wasser als warm, andere als kalt. Wie kommen diese unterschiedlichen Empfindungen zustande?

Grundlagen physikalischer Größen

6. Welche Temperaturen zeigen die in der Abbildung dargestellten Thermometer an?

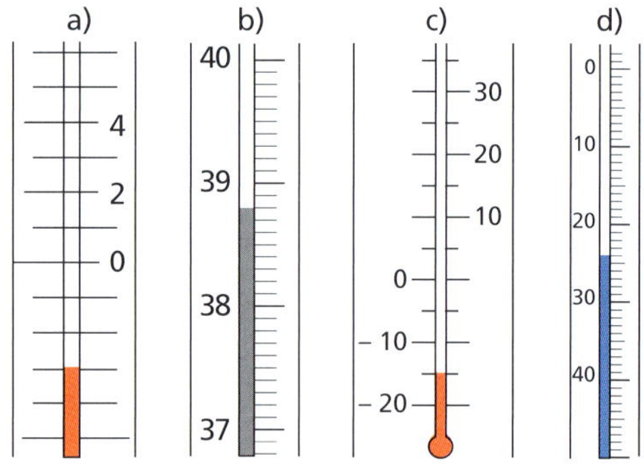

Anwendungen in Natur und Technik

7. Bimetallschalter werden in automatischen Feuermeldern verwendet (s. Abb.).

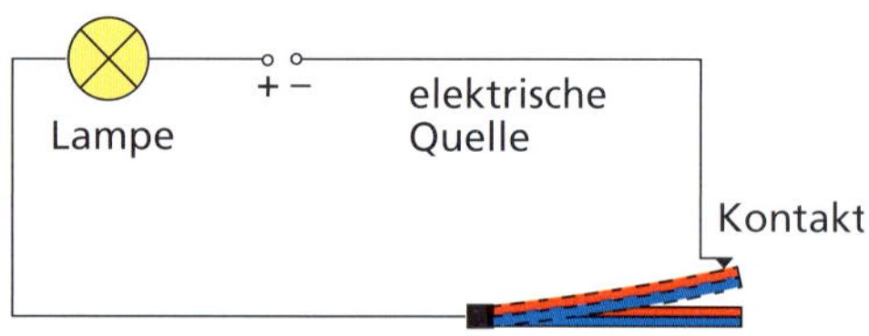

Beschreibe den Aufbau und erkläre die Wirkungsweise eines solchen automatischen Feuermelders (↗ M S. 289)!

4 Optik

4.1 Licht – woher es kommt und wie es sich ausbreitet

Die verdunkelte Sonne

Sonnen- und Mondfinsternisse sind beeindruckende Naturerscheinungen. Sie sind aber nur relativ selten zu beobachten. So war eine totale Sonnenfinsternis in Teilen Deutschlands 1999 zu sehen. Das wird erst wieder im Jahr 2081 der Fall sein.
Wie kommt eine Sonnenfinsternis, wie eine Mondfinsternis zustande? Wann treten bei uns die nächsten Finsternisse auf?

Licht und Sehen

Den größten Teil der Informationen über unsere Umwelt nehmen wir mit den Augen wahr.
Was passiert zwischen dem Auge und einem Gegenstand, sodass wir ihn sehen? Warum sehen wir nur, wenn es hell ist? Warum sehen wir einen Gegenstand nicht mehr, wenn ein anderer vor ihm steht?

Licht von der Sonne

Die wichtigste Bedingung für das Leben auf der Erde ist die Strahlung der Sonne. Die Sonne ist eine riesige glühende Gaskugel, die schon viele Millionen Jahre lang Licht aussendet und das auch noch Millionen Jahre tun wird.
Wie breitet sich das Licht von der Sonne zur Erde aus? Welche Bedeutung hat das Licht für das Leben der Menschen?

Lichtquellen und beleuchtete Körper

Körper unserer Umgebung können wir nur sehen, wenn von ihnen Licht in unsere Augen fällt. Manche Körper, z. B. die Sonne oder eine Glühlampe, erzeugen selbst Licht, andere Körper nicht.

Körper, die selbst Licht erzeugen, nennt man Lichtquellen.

Die meisten Lichtquellen sind glühende Körper, also Körper mit einer hohen Temperatur (Abb. 1a–c). Es gibt aber auch Körper, die bei normaler Temperatur Licht aussenden, z. B. Glühwürmchen, der Bildschirm eines Computers (Abb. 1d) oder Leuchtdioden. Bei diesen Körpern wird Licht durch komplizierte physikalische oder chemische Vorgänge erzeugt.

Die meisten Körper, die wir sehen, erzeugen selbst kein Licht. Sie werfen nur Licht zurück, das auf sie auftrifft. Der Physiker sagt: Sie reflektieren bzw. streuen Licht. Das gilt für eine Wand ebenso wie für einen Apfel oder ein Buch.

Körper, die auftreffendes Licht zurückwerfen, nennt man beleuchtete Körper.

1 Lichtquellen sind Körper, die selbst Licht erzeugen und aussenden.

Die Ausbreitung von Licht

Von einer Lichtquelle, z. B. der Sonne oder einer Glühlampe, breitet sich Licht nach allen Seiten **geradlinig** aus, wenn es nicht durch andere Körper daran gehindert wird. Das von einer Lichtquelle ausgehende Licht wird auch als **Lichtbündel** bezeichnet. Den Weg des Lichts können wir durch Geraden veranschaulichen, die als **Lichtstrahlen** bezeichnet werden (Abb. 2, 3).

2 Geradlinige Lichtausbreitung von einer Glühlampe aus

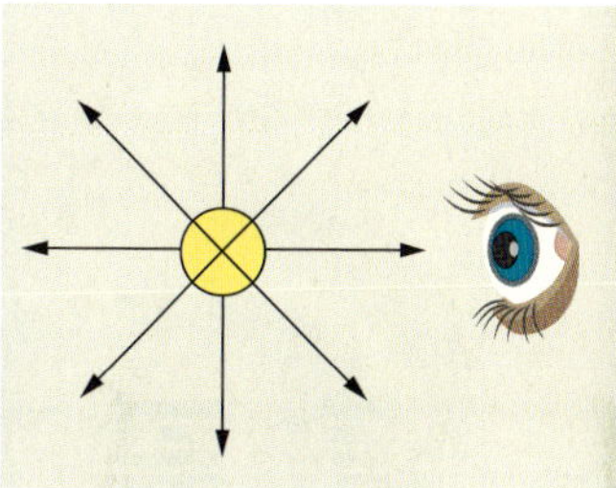

3 Veranschaulichung der Ausbreitung des Lichts durch Lichtstrahlen

Licht breitet sich geradlinig aus. Der Weg des Lichts kann durch Lichtstrahlen veranschaulicht werden.

Lichtstrahlen sind ein **Modell,** eine Vereinfachung der Wirklichkeit (↗ **M** S. 23).
Um die Ausbreitung des Lichts beschreiben und Erscheinungen erklären zu können, reicht es meist aus, einige ausgewählte Lichtstrahlen zu zeichnen (s. Abb. 1, S. 83).
Licht breitet sich von einer Lichtquelle mit sehr großer Geschwindigkeit aus. Diese Geschwindigkeit nennt man **Lichtgeschwindigkeit.**

Im Vakuum und in Luft beträgt die Geschwindigkeit des Lichts (Lichtgeschwindigkeit) etwa 300 000 km/s.

Das bedeutet: Licht legt in einer Sekunde einen Weg von etwa 300 000 km zurück. Es braucht damit von der Sonne bis zur Erde etwa 8,3 Minuten und legt dabei einen Weg von etwa 150 Mio. Kilometer zurück. Für die Strecke Erde–Mond braucht Licht 1,3 s.

Mosaik

Modelle für das Sehen

Schon lange habe sich Menschen darüber Gedanken gemacht, wieso wir ohne Licht nichts sehen, in einem ziemlich dunklen Raum nur Grautöne erkennen können und bei Licht die verschiedenfarbigen Gegenstände unserer Umwelt wahrnehmen. Insbesondere griechische Gelehrte entwickelten verschiedene Modelle des Sehens (↗ **M** S. 23).

Nach PYTHAGORAS (um 560–um 480 v. Chr.) entsteht das Sehen durch eine heiße Ausdünstung, die vom Auge zu dem Gegenstand strömt. Infolge des Widerstands, den sie bei dem Kalten findet, wird sie von den sichtbaren Gegenständen zurückgedrängt und lässt so deren Empfindung zum Auge gelangen. Diese Anschauung geht sicherlich von der uralten mystischen Vorstellung aus, dass das Auge feuriger Natur sei und Licht ausstrahle. Als Beweis werden die Form und der Glanz der Augen sowie die Erscheinung herangezogen, dass manche Tiere auch bei Nacht sehen können. Das Sehen geschieht augenblicklich, d. h. mit unendlich großer Geschwindigkeit, da wir ja beim Öffnen der Augen sofort die entferntesten Stellen des Himmels sehen. Die Sehstrahlen gehen vom Auge geradlinig in Form eines Kegels aus, dessen Spitze im Auge liegt.

Gelehrte wie LEUKIPP (5. Jh. v. Chr.), EPIKUR (3. Jh. v. Chr.) und LUKREZ (1. Jh.) gingen von einer völlig anderen Auffassung aus und entwickelten folgendes Modell: Es lösen sich von der Oberfläche eines gesehenen Körpers dauernd kleinste Teilchen ab, die als Abbilder des Gegenstands durch die Luft fliegen, in das Auge eindringen und in ihm die Gesichtsempfindung auslösen. Diese Bilder bewegen sich geradlinig nach allen Seiten mit außerordentlich großer Geschwindigkeit. Die Luft wirkt dabei störend, indem sie durch ihren Widerstand eine Abstumpfung der Bilder bewirkt, weshalb weit entfernte Gegenstände nur verschwommen gesehen werden.

ARISTOTELES (384–322 v. Chr.) vertrat folgende Auffassung: Das Licht ist nichts Körperliches, das sich zwischen Gegenstand und Auge bewegt. Vielmehr erfolgt der Vorgang des Sehens durch eine Einwirkung des Gegenstandes auf das Auge mittels des dazwischen liegenden Mediums. Dieses Medium ist dunkel, kann aber durch die Einwirkung leuchtender Körper durchsichtig, d. h. hell gemacht werden. Diese qualitative Veränderung geschieht momentan. Sie befähigt jetzt das durchsichtige Medium, die Einwirkung der Farben des gesehenen Gegenstandes auf das Auge zu vermitteln. Wäre das Medium nicht da, so könnte man nichts sehen.

Gelehrte wie HERAKLIT (5. Jh. v. Chr.) und SENECA (1. Jh.) meinten: Für den Sehvorgang ist ein Medium, nämlich die Luft, unbedingt erforderlich. Allerdings ist die Richtung des Vorgangs eine andere: Von dem seelischen Zentralorgan gelangt das „Sehpneuma" in die Pupille und versetzt die zwischen dieser und dem Gegenstand liegende Luft in einen Spannungszustand. Dieser pflanzt sich in kugelförmigen Wellen zeitlos, d. h. mit unendlicher Geschwindigkeit fort und nimmt dabei die Gestalt eines Kegels an, dessen Spitze in der Pupille liegt. Auf diese Weise tastet das Auge mithilfe der gespannten Luft den Gegenstand ab, wodurch dessen Gestalt rückwärts dem Auge vermittelt wird. Die von Natur aus dicke Luft kann allerdings nur dann eine Spannung übertragen, wenn sie durch das Sonnenlicht verdünnt wird. Im Dunkeln ist also der Sehvorgang nicht möglich.

Im antiken Griechenland trafen sich die Gelehrten mit ihren Schülern auf der Agora (Versammlungsplatz, Marktplatz), wo sie ihre Auffasungen lehrten und verteidigten.

Entwirf einen 3-minütigen Vortrag zu einem der Modelle des Sehens! Stelle dir dabei vor, dass du im antiken Griechenland auf der Agora zu deinen Schülern oder zum Volk sprichst!
Überlege dir ein oder zwei Phänomene aus der Optik, die du mit deinem Modell überzeugend erklären kannst!

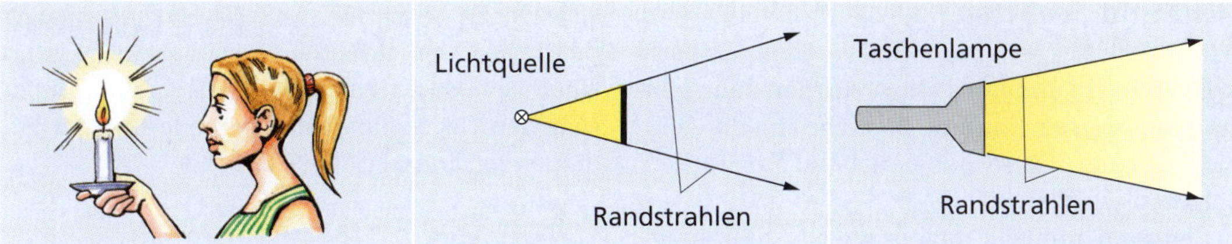

Zum Verstehen von Sehvorgängen sind nur die Strahlen wichtig, die in unsere Augen fallen.	Zum Verstehen der Schattenbildung sind nur die Strahlen wichtig, die direkt am Hindernis vorbeigehen.	Zum Verstehen der Ausbreitung von Licht sind nur die Strahlen wichtig, die ein Lichtbündel begrenzen.

1 Zur Darstellung vieler optischer Erscheinungen reichen einige Lichtstrahlen. Lichtstrahlen sind ein Modell.

In Stoffen wie Wasser oder Glas ist die Lichtgeschwindigkeit geringer als im Vakuum oder in der Luft. Beispiele sind in der Übersicht unten angegeben. Der Weg, den Licht zurücklegt, kann mit dem Modell Lichtstrahl dargestellt werden (Abb. 1). Licht oder Lichtbündel ist immer ein reales Objekt, das man unter bestimmten Bedingungen wahrnehmen kann.

Lichtgeschwindigkeiten

Stoff	c in km/s
Luft	299 711 ≈ 300 000
Wasser	225 000
Plexiglas	201 000
Kronglas	
leicht	199 000
schwer	186 000
Flintglas	
leicht	186 000
schwer	171 000
Diamant	124 000

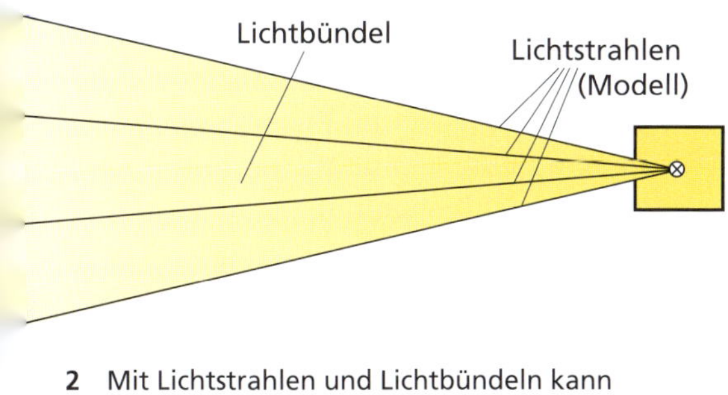

2 Mit Lichtstrahlen und Lichtbündeln kann man die Lichtausbreitung darstellen.

Mosaik

Lichtbündel und Lichtstrahlen

Der Physiker unterscheidet ganz klar zwischen dem realen, tatsächlich existierenden Lichtbündel und dem Modell dafür, dem Lichtstrahl. In der Umgangssprache wird dagegen für dünne Lichtbündel oft der Begriff Lichtstrahl verwendet. Das ist zwar nicht exakt, aber üblich.

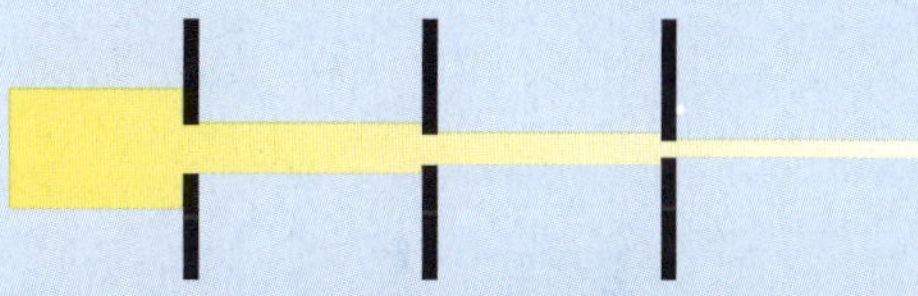

3 Auch ein dünnes Lichtbündel ist ein reales Objekt und kein Lichtstrahl.

Bei klarer Luft kann man Licht oder Lichtbündel nicht sehen. Bei Vorhandensein von Nebel, Dunst oder Staub wird das Licht aber durch die dann vorhandenen kleinen Teilchen z. T. abgelenkt. Dieses gestreute Licht kann man sehen.

4 Das an kleinen Wasser- oder Staubteilchen gestreute Licht kann man wahrnehmen.

Licht und Schatten

Trifft Licht auf undurchsichtige Körper, dann gibt es hinter diesen Körpern Bereiche, in die kein Licht gelangt. Diese dunklen Bereiche werden **Schatten** genannt.
Bei einer Lichtquelle mit geringer Ausdehnung, einer fast punktförmigen Lichtquelle, ist dieser Schatten scharf begrenzt (Abb. 1). Die Begrenzung des Schattens erfolgt durch **Randstrahlen,** also durch die Lichtstrahlen, die gerade noch am Hindernis vorbeigehen (Abb. 2).

> **Hinter beleuchteten undurchsichtigen Körpern bilden sich Schatten.**

In der Umgangssprache meinen wir mit Schatten teils den Raum, in den kein oder wenig Licht fällt („Ich stehe im Schatten"), teils die dunkle Fläche auf dem Boden oder an einer Wand („Ich sehe meinen Schatten").

1 Bei Beleuchtung eines undurchsichtigen Körpers mit einer fast punktförmigen Lichtquelle entsteht ein scharfer Schatten.

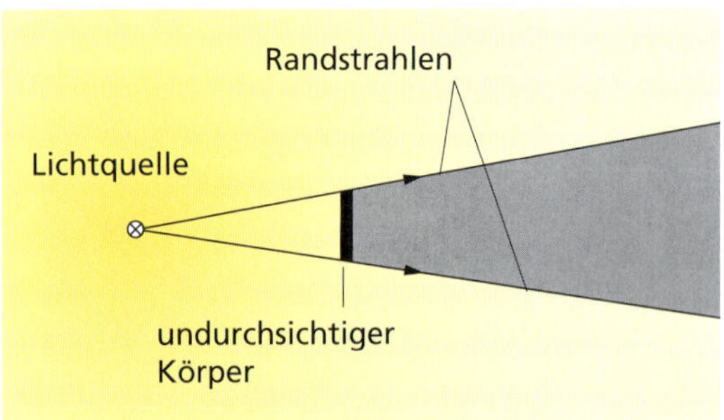

2 Der Schatten kann mithilfe von Randstrahlen dargestellt werden.

Experiment

Untersuche, wie sich der Schatten eines undurchsichtigen Gegenstands mit Veränderung der Bedingungen ändert (↗ **M** S. 20 ff.)!

Vorbereitung:
Stelle eine punktförmige Lichtquelle, einen undurchsichtigen Gegenstand und einen Bildschirm bereit! Ordne sie so wie in der Skizze an!

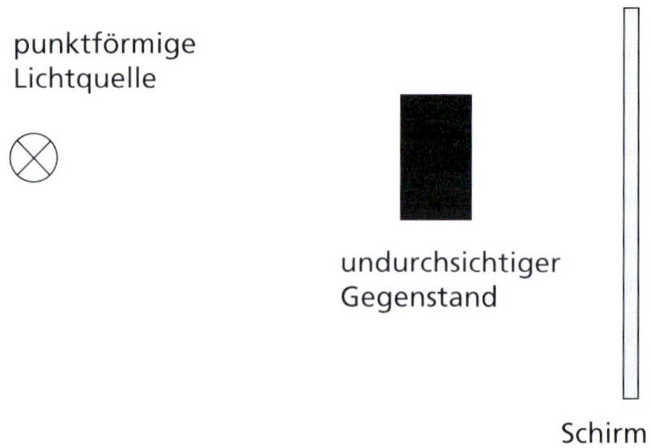

Durchführung:
a) Bringe den Schirm näher zum Gegenstand! Beschreibe, wie sich dabei der Schatten verändert!
b) Verändere die Position des Schirms und miss dabei jeweils den Abstand a des Schirms vom Gegenstand, den Abstand q des Schirms von der Lichtquelle und die Breite B des Schattens!
Verändere dabei die Position von Lichtquelle und Gegenstand nicht!
Trage a, q und B in eine Wertetabelle ein und zeichne die Werte in ein Diagramm: Trage nach oben B zunächst über a und dann über q auf!

Auswertung:
a) Formuliere ein Gesetz für die Schattenbreite in Abhängigkeit vom Schirmabstand! Kannst du eine Formel aufstellen?
b) Erkläre die gefundene Abhängigkeit mithilfe des Strahlenmodells in einer Zeichnung!
*c) Kannst du die Schattenbreite für einen Wert vorhersagen, den du nicht gemessen hast? Überprüfe die Vorhersage im Experiment!

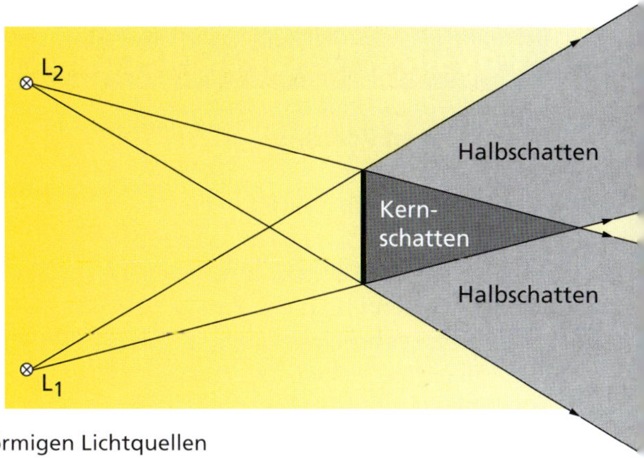

1 Kernschatten und Halbschatten bei zwei fast punktförmigen Lichtquellen

Bereits zwei Lichtquellen erzeugen Schatten mit unterschiedlichen Helligkeiten (Abb. 1). Den Bereich, der von überhaupt keinem Licht erreicht wird, nennt man **Kernschatten.** Die Bereiche, die nur vom Licht einer Lichtquelle erreicht werden, heißen **Halbschatten** (Abb. 1).
Bei mehr als zwei Lichtquellen oder bei ausgedehnten Lichtquellen erhält man unterschiedliche Halbschatten (Abb. 2, 3). Häufig sind Schatten nicht scharf begrenzt, weil die betreffenden Lichtquellen nicht punktförmig sind.

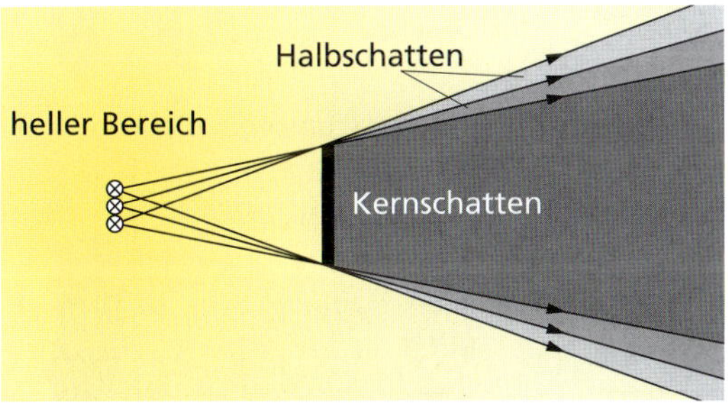

2 Schatten bei drei punktförmigen Lichtquellen

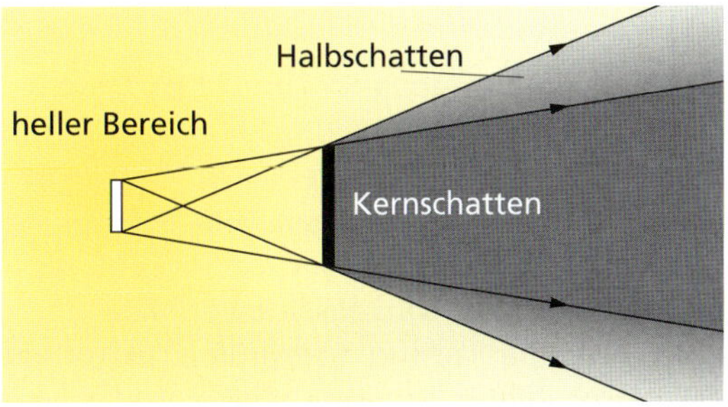

3 Schatten bei einer ausgedehnten Lichtquelle

Mosaik

Sonnenstrahlen

Jeder von euch kennt Darstellungen, wie man sie bei Kinderzeichnungen findet: Die Sonnenstrahlen gehen nach allen Seiten weg.

Wie kommt aber das Sonnenlicht auf der Erde an? Obwohl die Sonne Licht in alle Richtungen abstrahlt, kommt es näherungsweise aus einer Richtung auf die Erde. Das liegt an der großen Entfernung zwischen Sonne und Erde.

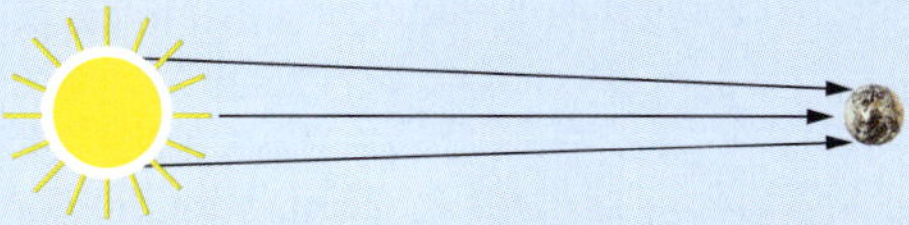

Der Abstand der Sonne von der Erde ist sehr viel größer als der Durchmesser von Sonne und Erde. Bei einer maßstabsgerechten Zeichnung wäre die Erde viel weiter rechts zu zeichnen. Das bedeutet: Das von der Sonne auf die Erde fallende Licht kann für viele Zwecke durch parallel verlaufende Lichtstrahlen dargestellt werden.

Physik in Natur und Technik

Wir zeichnen Porträts

Heute können wir mithilfe eines Fotoapparats schnell ein Bild herstellen. Die Menschen im 18. Jahrhundert kannten aber noch keinen Fotoapparat. Wenn man ein Porträt haben wollte, musste man es bei einem Maler in Auftrag geben. Die Anfertigung kostete Zeit und Geld.
Welche andere Möglichkeit gibt es, sich ein Porträt herzustellen?

Um seine Landsleute zur Sparsamkeit zu erziehen, erfand der französische Finanzminister E. DE SILHOUETTE Mitte des 18. Jahrhunderts ein einfaches Verfahren zur Zeichnung von **Schattenbildern.** Nach ihm bezeichnet man solche Schattenbilder als **Silhouetten.**
Dicht vor einem Schirm aus weißem Papier, am besten Pergamentpapier, sitzt eine Person so, dass ein Ohr dem Schirm zugewandt ist (Abb. 1). Auf der anderen Seite steht in einer Entfernung von etwa 1 m eine möglichst kleine Lichtquelle. Gut geeignet ist eine starke Taschenlampe. Nun wird die Schattenlinie möglichst genau nachgezeichnet. Die Person muss deshalb ganz ruhig sitzen. Dann wird der Bereich innerhalb der Schattenlinie schwarz ausgemalt.
Man kann staunen, wie viele charakteristische Einzelheiten der Person die Silhouette wiedergibt.
Du kannst es selbst ausprobieren, indem du die Schattenbilder von verschiedenen Personen miteinander vergleichst.
Du kannst das Schattenbild auch ausschneiden und auf einen farbigen Hintergrund aufkleben.

1 So entsteht ein Schattenbild.

Was ändert sich, wenn die Person weiter vom Schirm wegrückt? Begründe deine Antwort mithilfe einer Zeichnung!

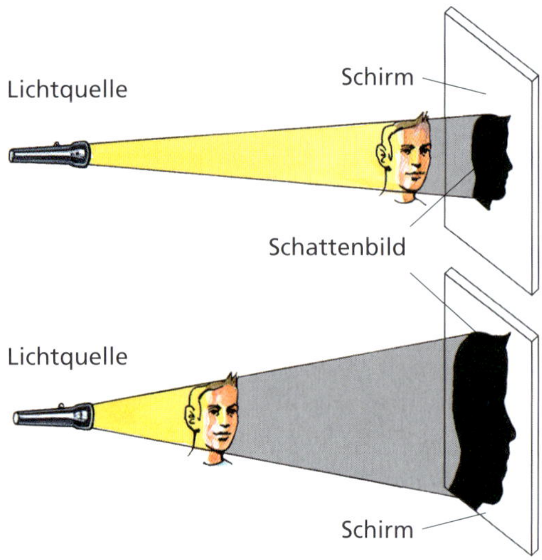

2 Die Entfernung Person–Schirm wird verändert.

Wir stellen die Person vereinfacht in zwei unterschiedlichen Entfernungen vom Schirm dar (Abb. 2). Je weiter die Person vom Schirm wegrückt, desto größer wird das Schattenbild.
Du kannst die Antwort überprüfen, indem du die Person bittest, langsam immer weiter vom Schirm wegzurücken.

Schattenstab und Sonnenuhr

Untersucht man mit einem Schattenstab die Länge und die Richtung des Schattens, dann zeigt sich: Mittags ist der Schatten am kürzesten und bei uns immer nach Norden gerichtet (Abb. 1). Damit kann man einen solchen Schattenstab folgendermaßen nutzen:

- Mit dem Schattenstab kann der Zeitpunkt des wahren Mittags ermittelt werden. Das ist der Zeitpunkt, an dem die Sonne am höchsten steht.
- Es kann die Nord-Süd-Richtung bestimmt werden. Der kürzeste Schatten zeigt genau in Richtung Norden.

Du kannst dir einen solchen Schattenstab selbst bauen und an einem sonnigen Tag stündlich die Punkte markieren, die die Spitze des Schattens erreicht.
Eine Weiterentwicklung des Schattenstabs ist die **Sonnenuhr,** die man in vielen verschiedenen Formen an Gebäuden und in Parks findet (Abb. 2). Sonnenuhren sind die ältesten Uhren und werden schon seit vielen Jahrhunderten von Menschen genutzt.
Wie kann man sich eine solche Sonnenuhr selbst bauen?

2 Sonnenuhr an einem Gebäude

Eine einfache Sonnenuhr kannst du dir aus einem dicken Draht und einem Holzbrett bauen. Den Aufbau zeigt Abb. 3. Wichtig für ein genaues Anzeigen der Zeit ist der Winkel α zwischen Draht und Holzbrett. Dieser Winkel ist gleich der geografischen Breite des Orts, an dem sich die Sonnenuhr befindet. Er beträgt für Stuttgart 48,8°, für Friedrichshafen 47,6° und für Freiburg 48,0°. Für andere Orte kannst du die geografische Breite einem Atlas entnehmen.
Eine Zeiteinteilung erhältst du, wenn du an einem sonnigen Tag zu jeder vollen Stunde den Schatten nachzeichnest und die Zeit dranschreibst.

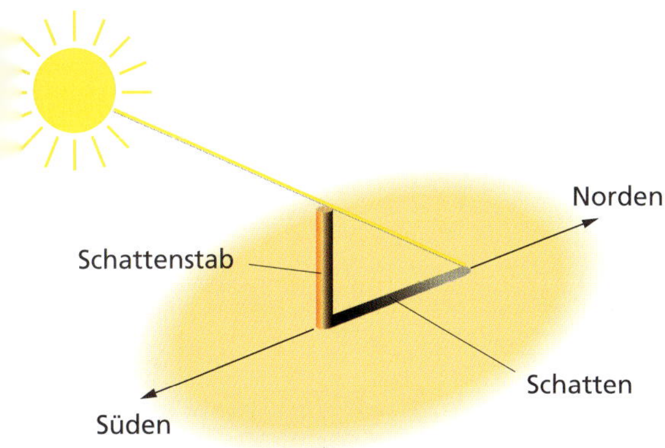

1 Mittags weist der Schatten nach Norden und ist am kürzesten.

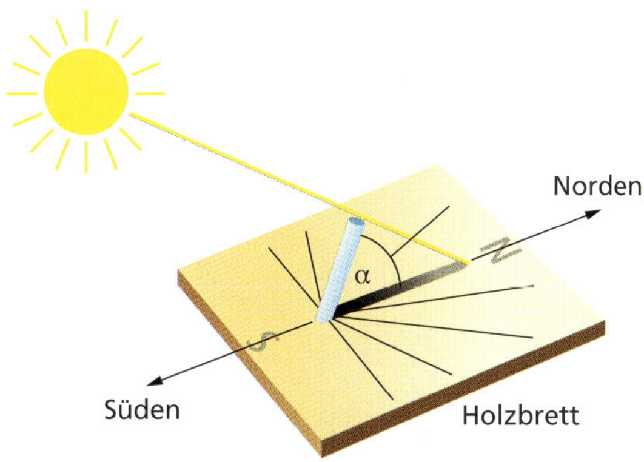

3 Einfache Sonnenuhr: Zum Bau braucht man ein Holzbrett und einen stabilen Stab.

Die Entstehung von Mondphasen

Wenn du den Mond an verschiedenen Tagen beobachtest, siehst du ihn in unterschiedlicher Gestalt: manchmal nur als Sichel, manchmal als Halbmond oder als Vollmond. Diese unterschiedlichen Gestalten des Monds werden als **Mondphasen** bezeichnet. Darüber hinaus ändert der Mond ständig seine Lage am Himmel. Das siehst du, wenn du ihn im Abstand von einer Stunde betrachtest.

Wie kommen die Mondphasen zustande? In welchem Abstand kann man die gleiche Mondphase beobachten?

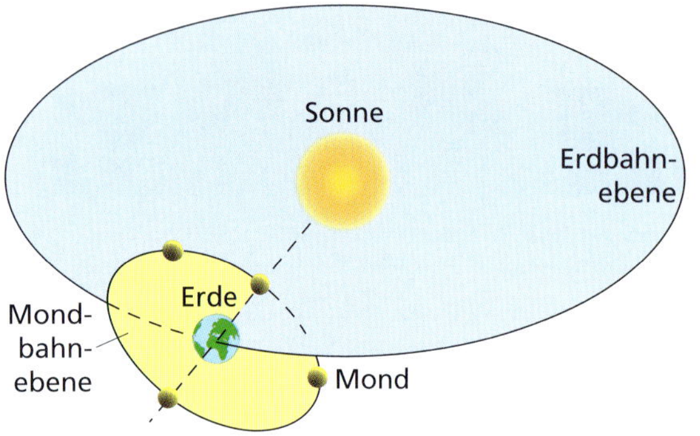

1 Erdbahnebene und Mondbahnebene sind gegeneinander geneigt. Deshalb befinden sich Sonne, Erde und Mond nur selten auf einer Linie.

Der Mond bewegt sich in 29,5 Tagen einmal um die Erde (Abb. 1). Dabei werden Erde und Mond von der Sonne beleuchtet, verändern aber ständig ihre Positionen zueinander (Abb. 2). Wir sehen von der Erde aus jeweils nur den beleuchteten Teil des Monds. Bei Stellung 1 haben wir Neumond. Mit zunehmendem Mond wird ein immer größerer Teil der Mondoberfläche sichtbar, bis wir schließlich in Stellung 3 Vollmond haben. Anschließend ist abnehmender Mond, in Stellung 4 wieder Halbmond und in Stellung 1 Neumond. Gleiche Mondphasen sieht man nach jeweils 29,5 Tagen.

Sonnen- und Mondfinsternisse sind beeindruckende Naturerscheinungen

Die Sonne sendet ständig Licht nach allen Seiten geradlinig aus und bestrahlt damit Planeten, Monde und andere Himmelskörper in unserem Planetensystem. Manchmal tritt die seltene Erscheinung einer **Sonnenfinsternis** auf.

Auch unser Mond ist, ebenso wie die Erde, ein von der Sonne beleuchteter Körper. Er reflektiert das auf ihn auftreffende Sonnenlicht und deshalb können wir ihn von der Erde aus in verschiedenen Gestalten sehen (Abb. 2). Manchmal kommt es zu einer **Mondfinsternis.**

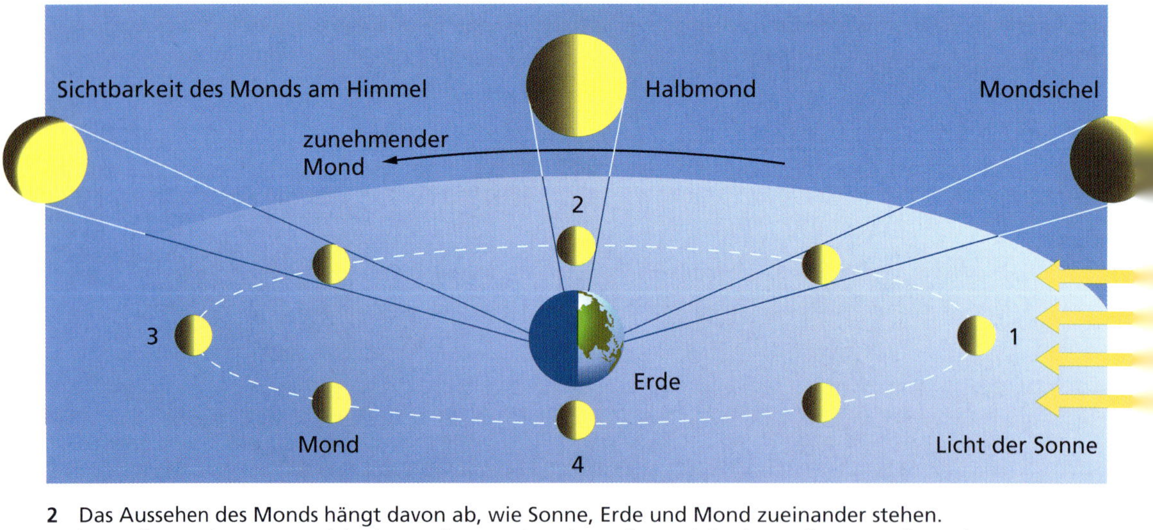

2 Das Aussehen des Monds hängt davon ab, wie Sonne, Erde und Mond zueinander stehen.
In der Stellung 1 ist Neumond, in den Stellungen 2 und 4 Halbmond, in der Stellung 3 Vollmond.

Wie kann man sich das Entstehen einer Mondfinsternis bzw. einer Sonnenfinsternis erklären (↗ M S. 23)?

Die Sonne als Lichtquelle bestrahlt die Erde und den Mond. Die Erde mit ihrem Mond bewegt sich einmal im Jahr um die Sonne. Außerdem bewegt sich der Mond um die Erde (Abb. 1, S. 88).

Diese Bewegung des Monds um die Erde ist die Ursache für eine **Sonnenfinsternis** und auch für die Mondphasen (s. S. 88). Bei seiner Bewegung gelangt der Mond manchmal zwischen Sonne und Erde. Für einen Beobachter auf der Erde, der sich im Kernschatten des Monds befindet, wird damit die Sonne völlig verdeckt. Es tritt Sonnenfinsternis auf (Abb. 1, 2). Sie ist nur bei Neumond zu beobachten. Die Bewegung des Monds um die Erde ist auch die Ursache für eine **Mondfinsternis.**

Auf der Seite der Erde, die der Sonne abgewandt ist, entstehen Kern- und Halbschatten, die weit in den Weltraum reichen. Für einen Beobachter auf dieser Seite der Erde ist Nacht.

Der Mond kann bei seiner Bewegung um die Erde in den Kernschatten der Erde geraten (Abb. 3).

Solange sich der Mond im Kernschatten der Erde befindet, kann er nicht von der Sonne beleuchtet werden und damit auch kein Sonnenlicht reflektieren. Wir können ihn nicht sehen. Es tritt Mondfinsternis auf. Sie ist nur bei Vollmond möglich.

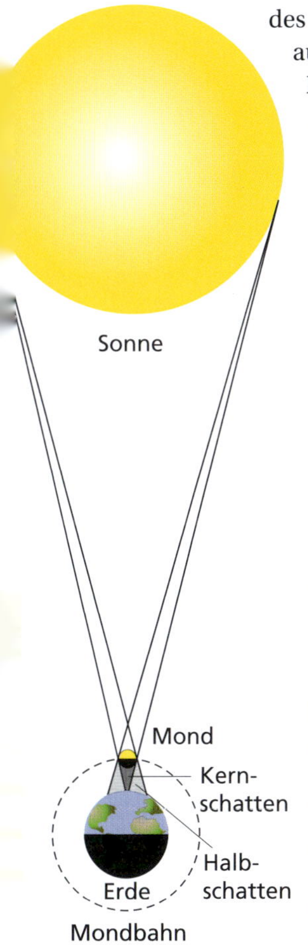

1 Totale Sonnenfinsternis: Der Schatten des Monds fällt auf die Erde.

2 Die letzte totale Sonnenfinsternis war in Teilen Deutschlands am 11. August 1999 zu beobachten.

Eine Mondfinsternis ist stets von allen Beobachtern auf der Nachtseite der Erde zu sehen. Eine Sonnenfinsternis dagegen können nur diejenigen auf der Tagseite der Erde beobachten, die sich gerade in dem relativ kleinen Schattengebiet des Monds befinden. Da sich der Mond um die Erde bewegt und darüber hinaus die Erde um ihre Achse rotiert, beträgt die maximale Dauer einer Sonnenfinsternis für einen Ort auf der Erdoberfläche 7,6 Minuten.

Eine Mondfinsternis kann dagegen mehr als eine Stunde dauern. Für die gesamte Erde sind Sonnenfinsternisse häufiger als Mondfinsternisse.

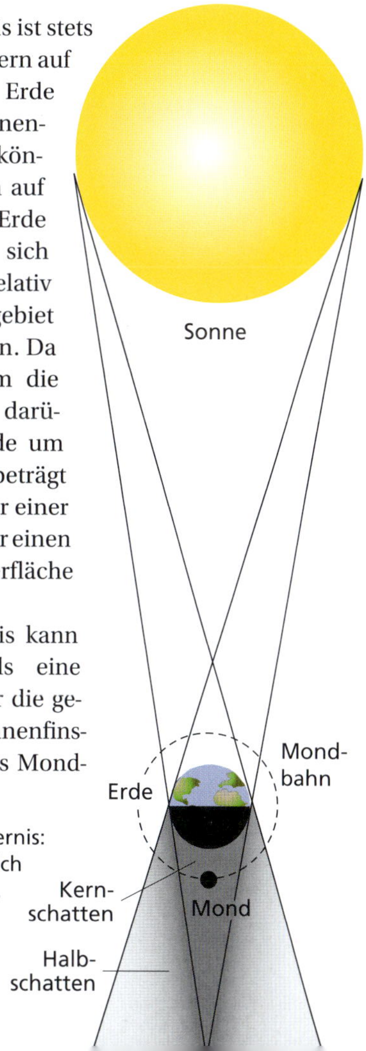

3 Totale Mondfinsternis: Der Mond befindet sich im Schatten der Erde.

gewusst · gekonnt

1. Auf den Fotos sind verschiedene Körper zu erkennen.

Welche Körper sind Lichtquellen, welche beleuchtete Körper? Begründe deine Aussagen!

2. Ein Fotograf hatte die Aufgabe, Lichtquellen zu fotografieren.
Er hat einige Fotos vorgelegt.

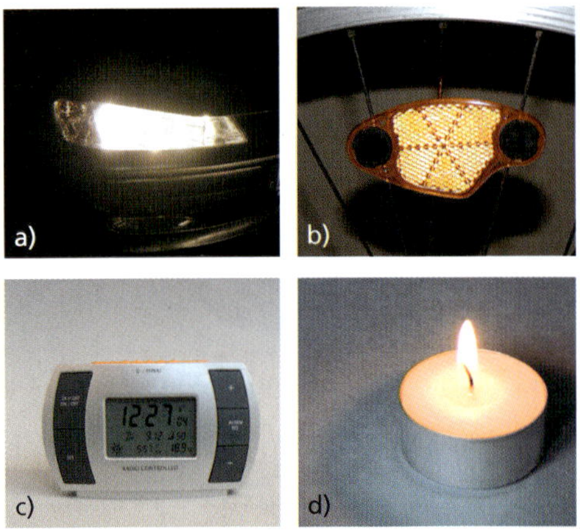

Entscheide, ob er in allen Fällen wirklich Lichtquellen fotografiert hat!
Begründe deine Aussagen!

3. Die meisten Körper sind keine Lichtquellen und trotzdem sind sie zu sehen. Erkläre, wieso das möglich ist (↗ M S. 32)!

4. Nenne einige Lichtquellen und gib an, für welchen Zweck sie eingesetzt bzw. genutzt werden!

5. Sind die folgenden Körper Lichtquellen oder beleuchtete Körper: Mond, Buch, Glühwürmchen, Bildschirm eines eingeschalteten Fernsehapparats, Spiegel, brennendes Streichholz? Begründe!

6. Das Lichtbündel einer Taschenlampe soll sichtbar gemacht werden. Eine Möglichkeit besteht darin, einen staubigen Lappen zu schütteln. Probiere das aus! Überlege weitere Möglichkeiten, den Lichtweg sichtbar zu machen! Präsentiere eine dieser Möglichkeiten deinen Mitschülern (↗ M S. 124)!

7. Ein Arbeiter erzählte, dass er vom Boden eines sehr tiefen Brunnens aus am Tag Sterne beobachten konnte. Ist das möglich?
Begründe deine Aussage!

8. Versuche durch einen kurzen Schlauch eine brennende Kerze zu sehen!
Wie musst du den Schlauch halten?
Begründe!

9. Helle Kleidung ist für eine gute Sichtbarkeit im nächtlichen Straßenverkehr besser als dunkle Kleidung. Begründe!

10. Stelle einen Gegenstand, z. B. eine Flasche, an einer sonnigen Stelle auf ein Blatt Papier!
Markiere alle 30 Minuten die Lage und die Länge des Schattens!
Beschreibe und erkläre deine Beobachtungen (↗ M S. 17, 32)!

11. Die Balletttänzerin erzeugt auf einer Bühne mehrere Schattenbilder (s. Abb.).

   a) Erkläre das Zustandekommen dieser Schattenbilder!
   b) Wie viele Lichtquellen sind an der Erzeugung dieser Schattenbilder beteiligt?

Die Ausbreitung des Lichts

Wir sehen einen Körper, wenn von ihm ausgehendes Licht in unsere Augen fällt.

Lichtquellen sind alle Körper, die selbst Licht aussenden (Sonne, Glühlampe, Kerzenflamme, Feuer, Bildschirm eines Computers).

Beleuchtete Körper werfen auf sie fallendes Licht zurück (Mond, Kleidung, Wände eines Zimmers, Bäume).

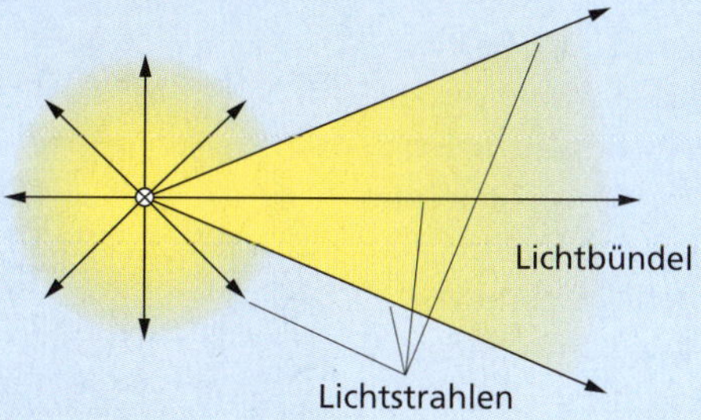

Licht breitet sich von einer Lichtquelle geradlinig und nach allen Seiten aus. Der Weg des Lichts kann durch **Lichtstrahlen** verdeutlicht werden. Lichtstrahlen sind ein **Modell** für Licht.

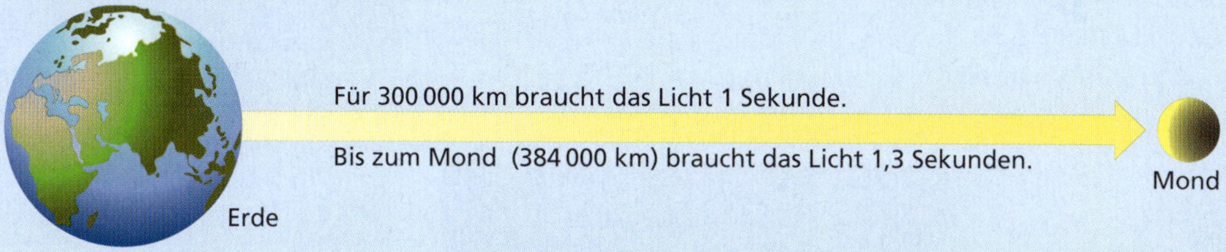

Hinter lichtundurchlässigen Körpern bilden sich bei der Beleuchtung mit Licht **Schatten.**

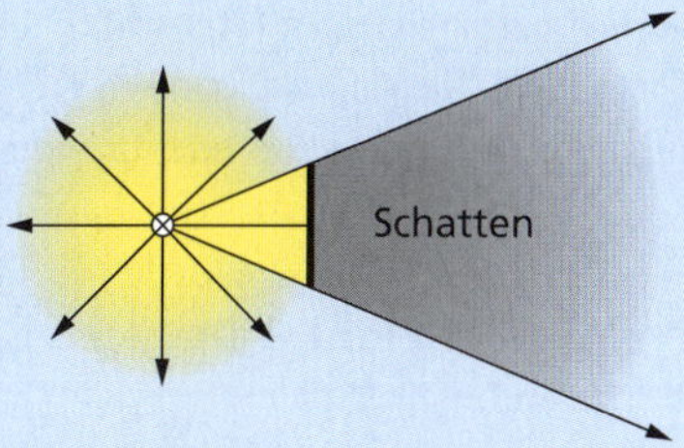

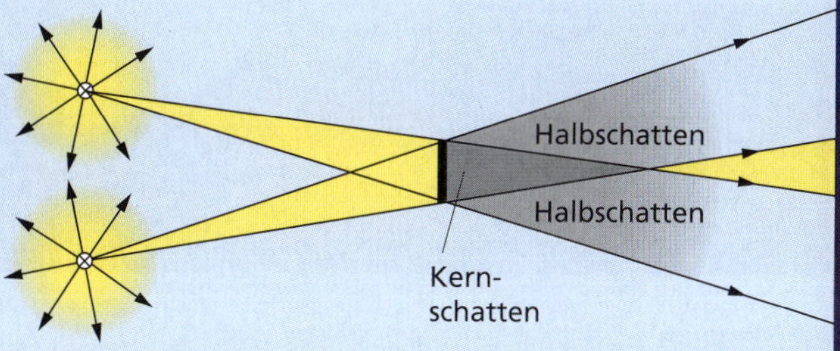

Eine **Sonnenfinsternis** entsteht, wenn der Mond zwischen Sonne und Erde steht und der Mondschatten auf die Erdoberfläche fällt.
Eine **Mondfinsternis** entsteht, wenn die Erde zwischen Sonne und Mond steht. Der Mond befindet sich dann im Schatten der Erde.
Mondphasen kommen dadurch zustande, dass wir immer nur den jeweils beleuchteten Teil des Monds sehen (s. S. 88).

4.2 Streuung, Reflexion und Brechung des Lichts

Blitzende Kugeln

In Diskotheken werden Kugeln, die mit vielen kleinen Spiegeln besetzt sind, für spezielle Lichteffekte genutzt. Die Kugeln werden in Umdrehung versetzt und mit verschiedenen Lichtquellen beleuchtet. Damit werden Lichtpunkte erzeugt, die durch den gesamten Raum wandern.

Wie kommen diese speziellen Lichteffekte zustande?

Spiegel auf dem Mond

Mit dem Raumschiff Apollo 11 wurde 1969 ein Gerät mit 100 kleinen Spiegeln auf den Mond gebracht und dort installiert. Diese Spiegel sollten von der Erde ausgesandte Lichtblitze so reflektieren, dass sie am Ort des Senders wieder empfangen werden können. Aus der Laufzeit der Lichtblitze wurde die Entfernung Erde–Mond sehr genau bestimmt.

Wie müssen Spiegel aufgebaut sein, damit das Licht zur gleichen Stelle zurückgelenkt wird, von der es ausgesendet wurde?

Glasfasern übertragen nicht nur Licht

Mit Glasfasern lässt sich nicht nur Licht übertragen. In der Nachrichtentechnik werden Glasfaserkabel zur Übertragung von Telefongesprächen, Rundfunk- und Fernsehprogrammen oder zur Datenübertragung zwischen Computern genutzt.

Wie ist ein Glasfaserkabel aufgebaut? Wie kommt es, dass Licht in einem solchen Kabel fortgeleitet wird, auch wenn das Kabel gekrümmt ist?

Absorption, Streuung und Reflexion

Die meisten Körper, die wir sehen, erzeugen selbst kein Licht. Sie werfen nur einen Teil des Lichts zurück, das auf sie auftrifft.
Der Rest des Lichts wird meist absorbiert (aufgenommen). Der Körper wird dadurch erwärmt. Nur wenn der Körper ganz oder teilweise durchsichtig ist, kann sich ein beträchtlicher Teil des Lichts im Körper ausbreiten und dann zum Teil wieder austreten. Bei rauen Oberflächen wird Licht, das aus einer Richtung kommt, in alle Richtungen **gestreut.** Glattpolierte Oberflächen **reflektieren** Licht, das aus einer Richtung kommt, auch nur in eine bestimmte Richtung. Das kannst du bei einem Spiegel oder einer ganz glatten Wasseroberfläche beobachten.

Licht kann von Körpern absorbiert, gestreut, reflektiert oder durchgelassen werden.

Die meisten Körper absorbieren, streuen und reflektieren das Licht, nur wenige Körper lassen Licht durch.

Licht wird absorbiert.

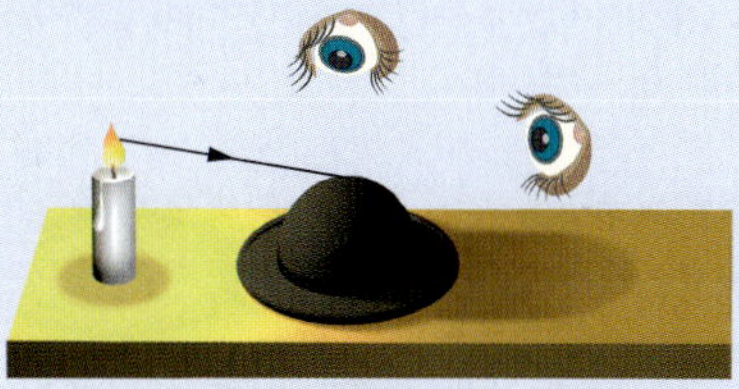

Dunkle und raue Körper absorbieren besonders viel Licht. Deshalb erwärmen sich dunkle Körper im Sonnenlicht schneller als helle Körper.
Das absorbierte Licht kann nicht mehr ins Auge gelangen.
Sehr dunkle Körper nimmt man nur wahr, weil sie sich von der helleren Umgebung abheben.

Licht wird gestreut.

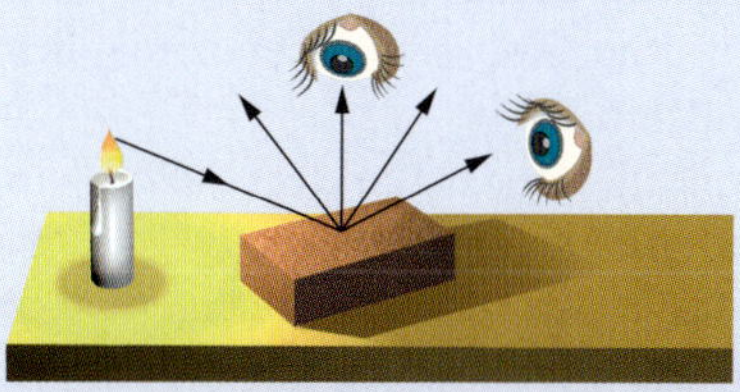

Die meisten Körper sehen wir aufgrund der Lichtstreuung. Auch viele Körper, die glatt aussehen, haben Oberflächen, die so rau sind, dass das Licht in alle Richtungen abgelenkt wird. Deshalb sieht man die meisten Körper aus vielen verschiedenen Richtungen.
Beispiele sind Papier, eine Wand oder die Blätter eines Baums.

Licht wird reflektiert.

Wenn die Oberfläche eines Körpers genügend glatt ist, dann reflektiert er das einfallende Licht, d. h. er wirft es in eine bestimmte Richtung zurück. Eine Glasscheibe ist so glatt, dass man durch Aufdampfen von Metall auf die Rückseite einen ebenen Spiegel erhält.
Wenn die spiegelnde Fläche nicht zu groß ist, kann man die Lichtquelle nur aus einer bestimmten Richtung an dem Körper gespiegelt sehen.

Licht wird durchgelassen.

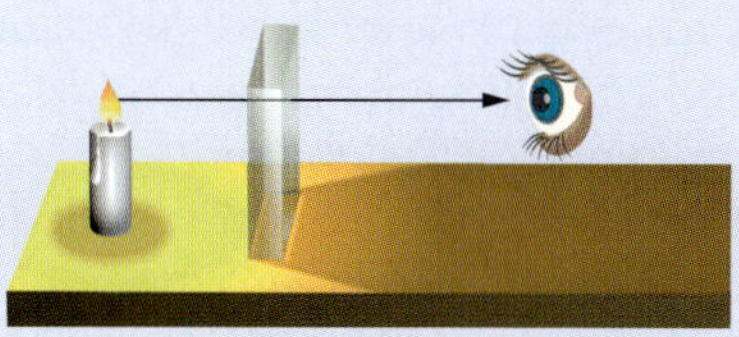

Wie viel Licht von einem Körper durchgelassen wird, hängt von seinem Material und seiner Schichtdicke ab. So kann man durch ein Blatt Papier eine Lichtquelle sehen, nicht aber durch ein ganzes Buch. Selbst Metalle kann man so dünn auswalzen, dass Licht hindurchscheinen kann. Umgekehrt lassen sehr dicke Wasserschichten kaum Licht hindurch.

Die Reflexion von Licht

Trifft Licht auf die Oberfläche eines Körpers, so kann es reflektiert werden (Abb. 1). Für die Reflexion von Licht gilt das Reflexionsgesetz.

> **Wird Licht an einer Fläche reflektiert, so ist der Einfallswinkel α gleich dem Reflexionswinkel α'.**
>
> $$\alpha = \alpha'$$
>
> **Dabei liegen einfallender Strahl, Einfallslot und reflektierter Strahl in einer Ebene.**

Abbildung 1 zeigt die Reflexion eines Lichtbündels an einem ebenen Spiegel und die Darstellung der Reflexion mithilfe von Lichtstrahlen.
Zu beachten ist auch die räumliche Lage von einfallendem Strahl, Einfallslot und reflektiertem Strahl (Abb. 2).

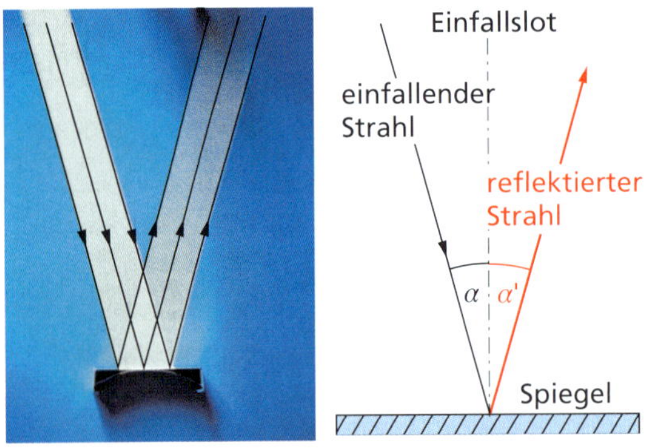

1 Reflexion von Licht an einem ebenen Spiegel

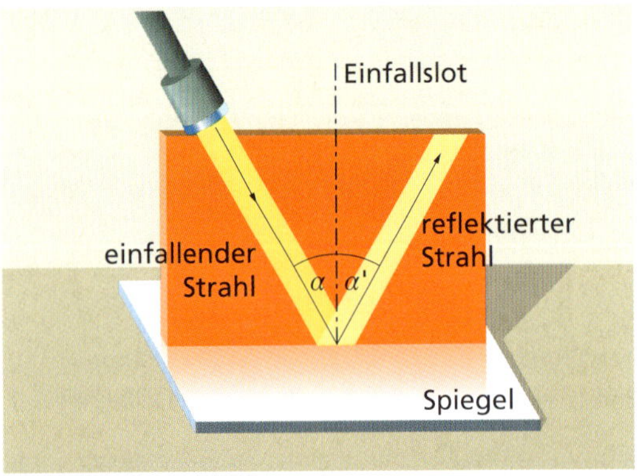

2 Die beiden Lichtstrahlen und das Lot liegen in einer Ebene senkrecht zur Spiegeloberfläche.

Forschungsaufgabe (Partnerarbeit)

Untersucht selbst die Reflexion von Licht!

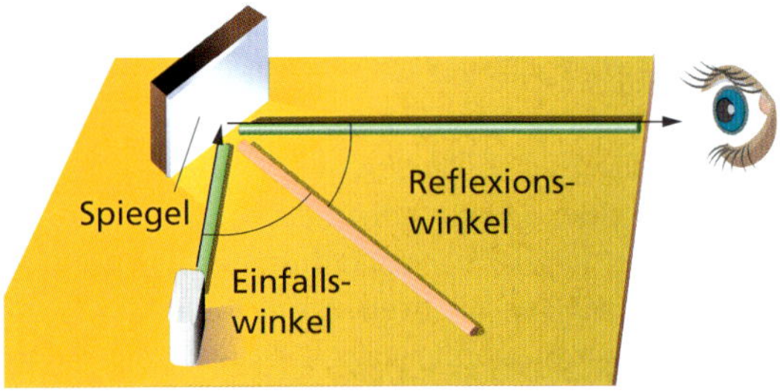

Vorbereitung und Durchführung:
Nutzt dazu einen Radiergummi und einen kleinen Spiegel, die in etwa 50 cm Abstand auf dem Tisch angeordnet werden.

Einer von euch schließt ein Auge und bewegt den Kopf, bis er den Radiergummi im Taschenspiegel sehen kann.
Während er still hält, legt der Zweite einen Stab vom Radiergummi zum Spiegel und einen zweiten vom Spiegel zum Auge.
Legt einen dritten Stab senkrecht zur Spiegeloberfläche auf den Tisch.
Messt nun mithilfe der Stäbe den Einfalls- und den Reflexionswinkel (s. Abbildung)!
Wiederholt das Experiment für verschiedene Positionen des Radiergummis!
Fertigt eine Messwertetabelle mit den Winkeln an und zeichnet ein Diagramm!

Auswertung:
Welches Gesetz kann man aus der Messwertetabelle bzw. aus dem Diagramm erkennen?

Das Reflexionsgesetz ermöglicht es nicht nur, Sachverhalte zu erklären, etwa die Bildentstehung am ebenen Spiegel. Es gestattet auch Vorhersagen zu treffen, also z. B. Antworten auf folgende Fragen zu geben:

- Wie muss ich einen Spiegel anordnen, damit ich bei gegebener Blickrichtung einen Gegenstand schräg hinter mir sehen kann?
- Wie muss ich einen Spiegel halten, damit das auftreffende Sonnenlicht in eine bestimmte Richtung gelenkt wird (↗ M S. 30)?

Reflexion am ebenen Spiegel

Blickt man auf einen ebenen Spiegel, so sieht man sein **Spiegelbild.**
Trifft Licht von einem Punkt P eines Gegenstands auf einen ebenen Spiegel, so wird es nach dem Reflexionsgesetz zurückgeworfen. Für uns scheint das Licht vom Punkt P' aus zu kommen (Abb. 1).

> **Für einen ebenen Spiegel gilt: Gegenstand und Bild sind bezüglich des Spiegels symmetrisch zueinander.**

Wir sehen das Bild von P an der Stelle P', von wo aus die Lichtstrahlen **herzukommen scheinen.** Befindet sich ein Gegenstand vor dem Spiegel, so geht von jedem Punkt des Gegenstands Licht aus. Es entsteht ein Spiegelbild (Abb. 2), das sich scheinbar hinter dem Spiegel befindet.

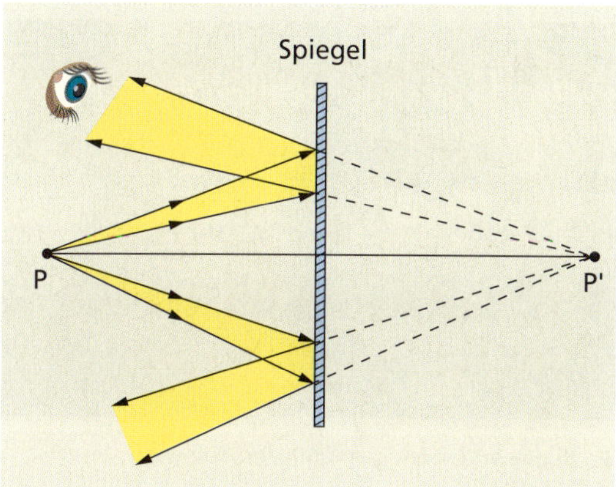

1 Reflexion am ebenen Spiegel

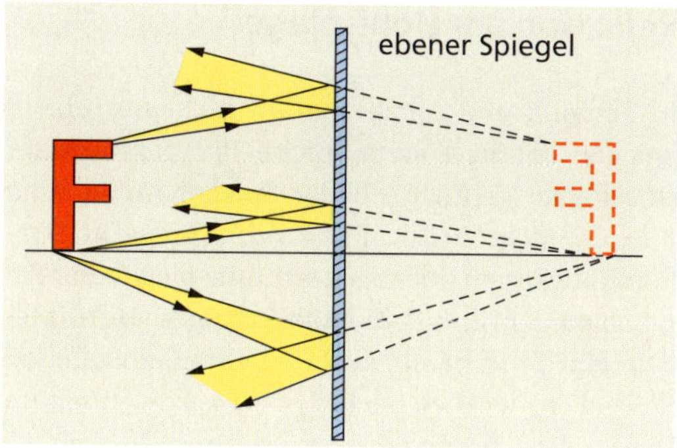

2 Bildentstehung am ebenen Spiegel

Wie wir das Spiegelbild im Vergleich zum Gegenstand sehen, hängt von der Lage von Spiegel, Gegenstand und Betrachter zueinander ab (Abb. 4–6). Das Spiegelbild kann man zwar sehen und auch fotografieren. Man kann es aber nicht dort, wo es sich befindet, auf einem Schirm auffangen. Solche Bilder nennt man **scheinbare (virtuelle) Bilder.** Die Abbildung 3 zeigt, wie das Bild eines Gegenstands konstruiert werden kann: Gegenstandspunkt und zugehöriger Bildpunkt sind immer gleich weit vom Spiegel entfernt.

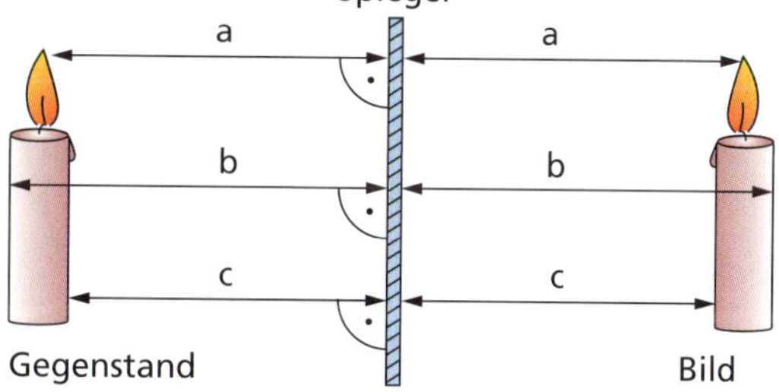

3 Bildkonstruktion am ebenen Spiegel

4 Beim Spiegel können oben und unten vertauscht sein.

5 Beim Spiegel können vorn und hinten vertauscht sein.

6 Beim Spiegel können links und rechts vertauscht sein.

Reflexion am Hohlspiegel

In Technik und Alltag werden nicht nur ebene Spiegel, sondern auch solche mit gekrümmter Oberfläche genutzt. Solche Spiegel findet man z. B. als Spiegel in Kfz, als Verkehrsspiegel an Straßenkreuzungen oder als Kosmetikspiegel. Bei Parabolspiegeln und bei kugelförmigen Hohlspiegeln gilt: Trifft paralleles Licht auf einen solchen Spiegel, so wird es nach der Reflexion in einem Punkt, dem **Brennpunkt F,** gesammelt (Abb. 1). Bei kugelförmigen Hohlspiegeln gilt das aber nur für achsennahe Strahlen. Zur Konstruktion eines Bilds am Hohlspiegel reicht es aus, den Verlauf einiger Strahlen zu kennen (Abb. 2).

Parallelstrahlen werden nach der Reflexion am Spiegel zu **Brennpunktstrahlen** und Brennpunktstrahlen nach der Reflexion zu Parallelstrahlen. Größe, Lage und Art des Bilds hängen vom Abstand Gegenstand–Spiegel ab.

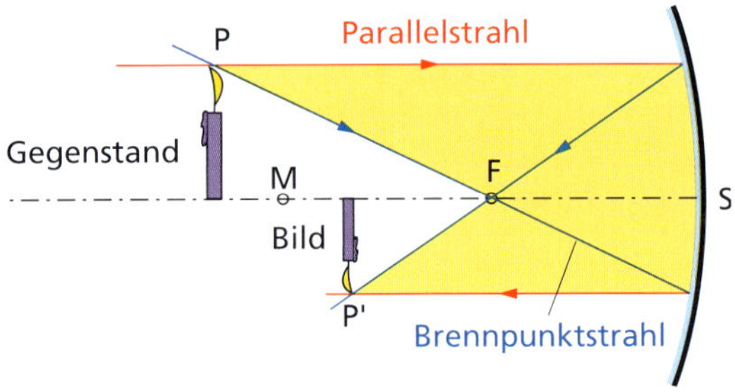

2 Bildentstehung an einem kugelförmigen Hohlspiegel

Sie sind darüber hinaus von der Brennweite f des Spiegels abhängig. Das ist die Entfernung zwischen dem Spiegel S und dem Brennpunkt F (Abb. 1).

An gekrümmten Spiegeln können je nach den Bedingungen verkleinerte, gleich große oder vergrößerte Bilder entstehen.

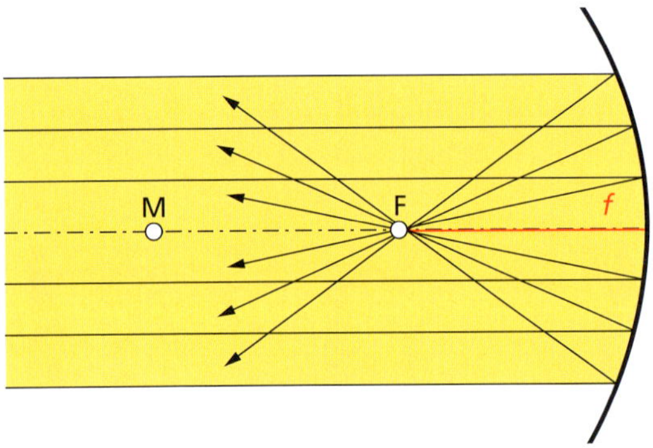

1 Reflexion an einem kugelförmigen Hohlspiegel

3 Bilder an einem gekrümmten Spiegel

Hohlspiegel und Wölbspiegel

Art des Spiegels	**parabolischer Hohlspiegel (Parabolspiegel)**	**kugelförmiger Hohlspiegel (Kugelspiegel)**	**kugelförmiger Wölbspiegel (Kugelspiegel)**
	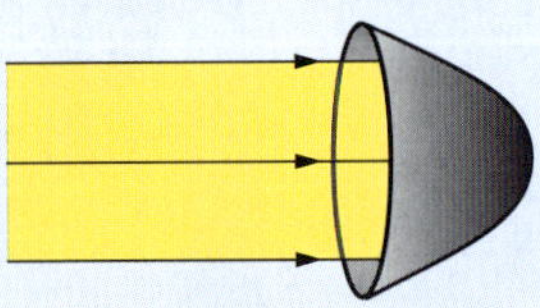	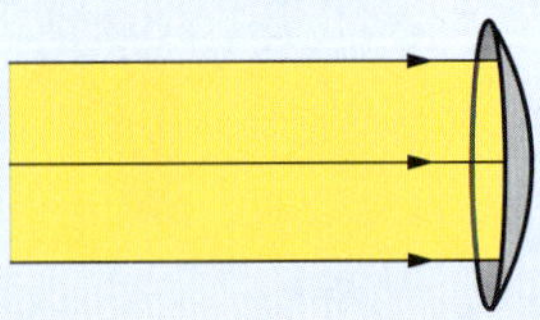	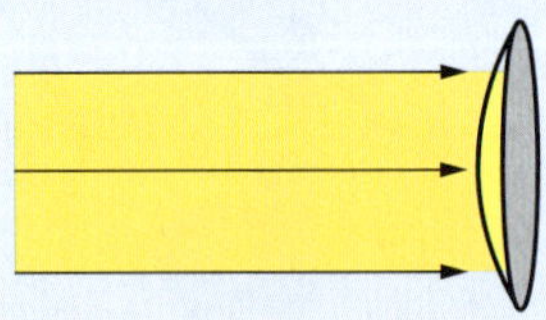
Beispiel	Autoscheinwerfer, Taschenlampenspiegel	Kosmetikspiegel	Weihnachtsbaumkugel, Verkehrsspiegel

Die Brechung von Licht

In einem Stoff, z.B. in Luft oder Wasser, breitet sich Licht in der Regel geradlinig aus. Sind aber zwei verschiedene Stoffe vorhanden, z.B. Luft und Wasser, so scheint das nicht mehr der Fall zu sein (Abb. 1, 2). Aus Abb. 2 ist zu erkennen: An der Wasseroberfläche ändert das Licht seine Richtung. Ein Teil des Lichts wird nach dem Reflexionsgesetz (s. S. 95) zurückgeworfen. Lenkt man Licht schräg auf Glas (Abb. 3), so ist zu beobachten: Das Licht ändert an der Grenzfläche Luft-Glas seine Richtung.

Die Änderung der Ausbreitungsrichtung des Lichts an der Grenzfläche zweier lichtdurchlässiger Stoffe bezeichnet man als Brechung.

1 Ein Lineal erscheint unter Wasser gestaucht, ein Löffel an der Wasseroberfläche geknickt.

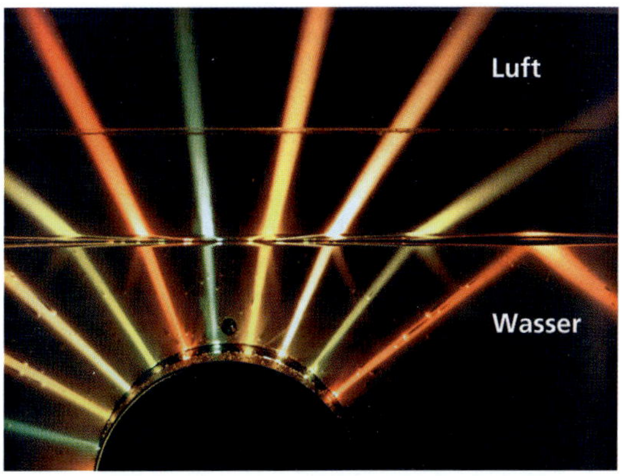

2 Die Lichtquelle befindet sich unter Wasser. An der Grenzfläche Wasser–Luft ändert das Licht seine Richtung. Teilweise wird es reflektiert.

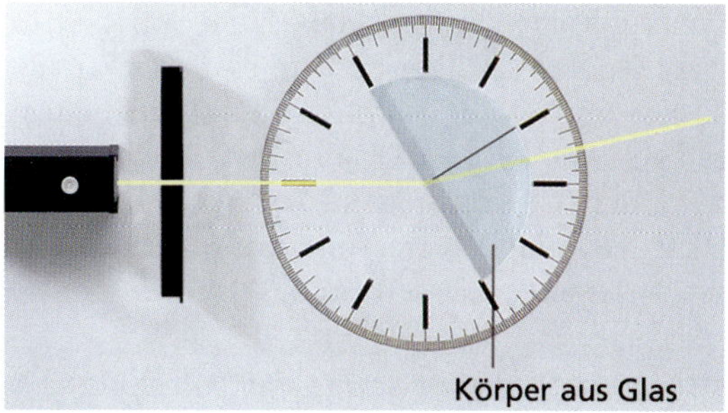

3 Beim Übergang von Luft in Glas wird das Licht zum Lot hin gebrochen.

Zur Beschreibung der Brechung von Licht nutzt man das Modell Lichtstrahl (Abb. 4). Der Winkel zwischen einfallendem Strahl und Lot heißt **Einfallswinkel α,** der Winkel zwischen gebrochenem Strahl und Lot **Brechungswinkel β.**

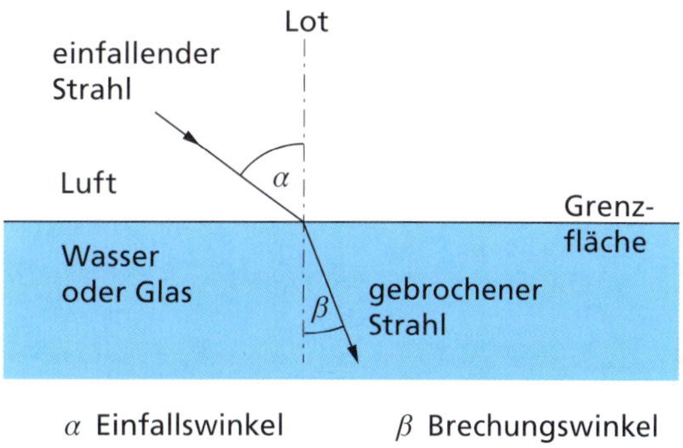

4 Darstellung der Brechung von Licht beim Übergang von Luft in Glas oder Wasser im Modell

Das Brechungsgesetz

Wir untersuchen nachfolgend für den Übergang des Lichts von Luft in Wasser oder Glas den Zusammenhang zwischen Einfallswinkel α und Brechungswinkel β. Dazu ist eine Experimentieranordnung geeignet, wie sie in Abb. 3 dargestellt ist (↗ M S. 27). Die Untersuchungen ergeben:

- Beträgt der Einfallswinkel $\alpha = 0°$, fällt das Licht also senkrecht auf die Grenzfläche, so erfolgt keine Brechung. Das Licht breitet sich geradlinig aus.
- Je größer der Einfallswinkel ist, desto stärker wird das Licht gebrochen (Abb. 2).

Dabei gilt aber immer: Geht Licht von Luft in Wasser oder Glas über, so wird es an der Grenzfläche zum Lot hin gebrochen. Geht Licht dagegen von Wasser oder Glas in Luft über, so wird es an der Grenzfläche vom Lot weg gebrochen. Diese Erkenntnisse werden zum **Brechungsgesetz** zusammengefasst (↗ **M** S. 27).

Trifft ein Lichtstrahl schräg von Luft auf Glas oder Wasser, so wird er an der Grenzfläche zum Lot hin gebrochen.

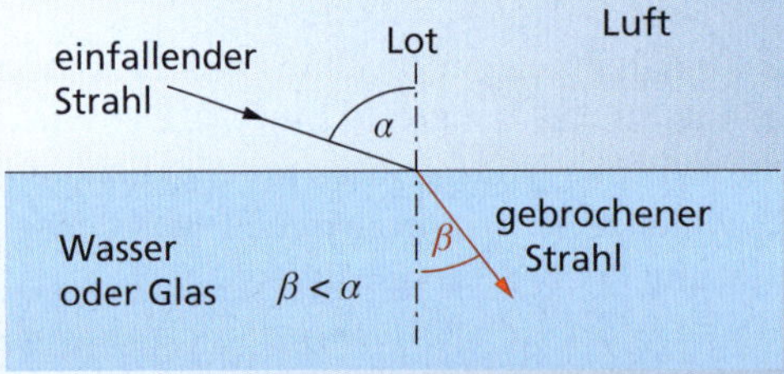

Trifft ein Lichtstrahl schräg von Glas oder Wasser auf Luft, so wird er an der Grenzfläche vom Lot weg gebrochen.

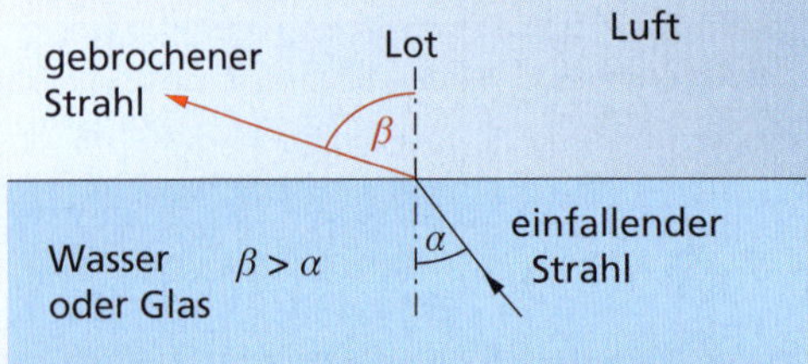

Dabei liegen einfallender Strahl, Lot und gebrochener Strahl in einer Ebene.

Für den Übergang des Lichts von Luft in Wasser bzw. Glas sind in der Tabelle rechts oben einige Werte angegeben.

Vergleicht man die Lichtwege beim Übergang Luft-Wasser/Glas und beim umgekehrten Übergang Wasser/Glas-Luft miteinander, dann zeigt sich der gleiche Strahlenverlauf. Nur die Richtung der Lichtstrahlen ist umgekehrt.

In der Physik formuliert man das so: Der Lichtweg ist bei der Brechung von Licht umkehrbar. Beträgt also z. B. der Einfallswinkel beim Übergang Wasser-Luft 45°, so ist der Brechungswinkel 70° (s. Tabelle rechts oben).

Einfallswinkel α und Brechungswinkel β für den Übergang Luft–Wasser und Luft–Glas

Einfallswinkel α	Brechungswinkel β für Luft–Wasser	Brechungswinkel β für Luft–Glas
10°	8°	6°
20°	15°	12°
30°	22°	18°
40°	29°	24°
50°	35°	28°
60°	41°	33°
70°	45°	36°
80°	48°	38°
90°	49°	38°

Mosaik

Die Totalreflexion

Vergrößert man beim Übergang von Licht aus Glas oder Wasser in Luft den Einfallswinkel immer mehr, dann erreicht der Brechungswinkel schließlich 90° (Abb. 1a).
Wird nun der Einfallswinkel weiter vergrößert, so wird das gesamte einfallende Licht an der Grenzfläche reflektiert (Abb. 1b). Diese Erscheinung nennt man **Totalreflexion.**

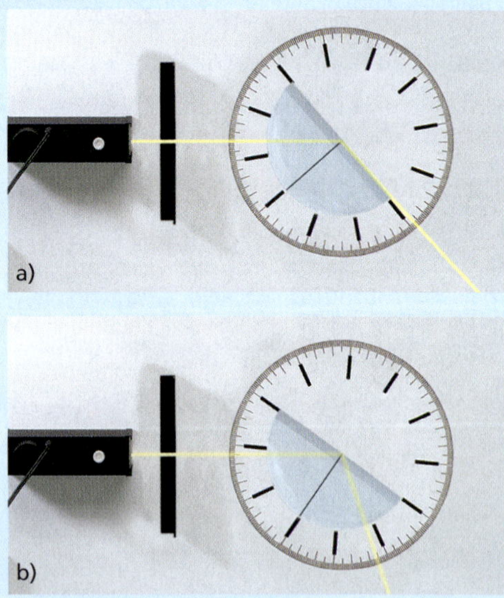

1 Brechung und Totalreflexion an der Grenzfläche Glas–Luft

Mosaik

Informationsübertragung mit Licht

Mithilfe von Glasfaserkabeln (Abb. 1) können Telefongespräche, Computerdaten, Fernsehbilder und Rundfunkprogramme übertragen werden.

1 100-adriges Kabel für einen digital gesteuerten Multimedia-Arbeitsplatz

Solche Kabel haben den Vorteil, dass sie relativ leicht und flexibel sind. Zugleich können mehr Daten in besserer Qualität als mit vergleichbaren Kupferkabeln übertragen werden.

Die Nachrichtenübertragung in Glasfaserkabeln geschieht dabei mit Licht. Deshalb bezeichnet man Glasfaserkabel für die Nachrichtenübertragung häufig auch als Lichtleitkabel oder Lichtleiter.
Wie ist ein Glasfaserkabel aufgebaut?
Wie können mit seiner Hilfe Daten übertragen werden?

Glasfaserkabel bestehen aus vielen Tausenden feinen Glasfasern, die gebündelt und mit einer Isolierschicht versehen sind.
Jede einzelne Glasfaser besteht aus einem Mantel und einem Kern. Glasfasern werden mit Durchmessern von 0,005 mm–0,5 mm hergestellt. Mantel und Kern haben unterschiedliche optische Eigenschaften: Das Material des Mantels ist so gewählt, dass an ihm bei ausreichend großem Einfallswinkel Totalreflexion auftritt und damit das Licht im Glasfaserkabel fortgeleitet wird.

Wie groß der Einfallswinkel dabei mindestens sein muss, hängt vom Material des Kerns und des Mantels ab. Der Mindestwinkel heißt **Grenzwinkel der Totalreflexion.**

Bei der Übertragung von Daten mittels Glasfaserkabel werden digitale Signale (z.B. von Computern) oder analoge Signale (z.B. elektromagnetische Schwingungen, in die Sprache durch ein Mikrofon umgewandelt wird) in Lichtschwankungen bzw. Lichtimpulse umgewandelt. Das geschieht in elektrooptischen Wandlern.
Diese Lichtimpulse werden auf das Glasfaserkabel übertragen, wobei der Winkel größer als der Grenzwinkel der Totalreflexion ist. Die Lichtimpulse werden vielfach an der Grenzfläche zwischen Kern und Mantel der Glasfaser total reflektiert, gelangen so zum anderen Ende der Glasfaser und von dort zu einem optoelektronischen Wandler.
In diesem werden die Lichtimpulse wieder in digitale oder analoge elektromagnetische Signale umgewandelt. Damit auf langen Strecken kein Intensitätsverlust auftritt, werden in bestimmten Abständen Lichtverstärker eingebaut.
Neben Glasfaserkabeln werden heute auch Kunststoff-Lichtleiter genutzt. Sie sind noch leichter und vor allem flexibler als Glasfaserkabel.

Lichtleiter werden in vielen Bereichen der Technik und der Medizin verwendet.
In der Technik geht es vor allem um die Übertragung von Informationen durch Lichtimpulse, so wie es oben beschrieben wird. Im medizinischen Bereich dienen Lichtleiter u.a. dazu, um bei Untersuchungen die betreffenden Stellen im Körperinnern zu beleuchten, also um Licht fortzuleiten.

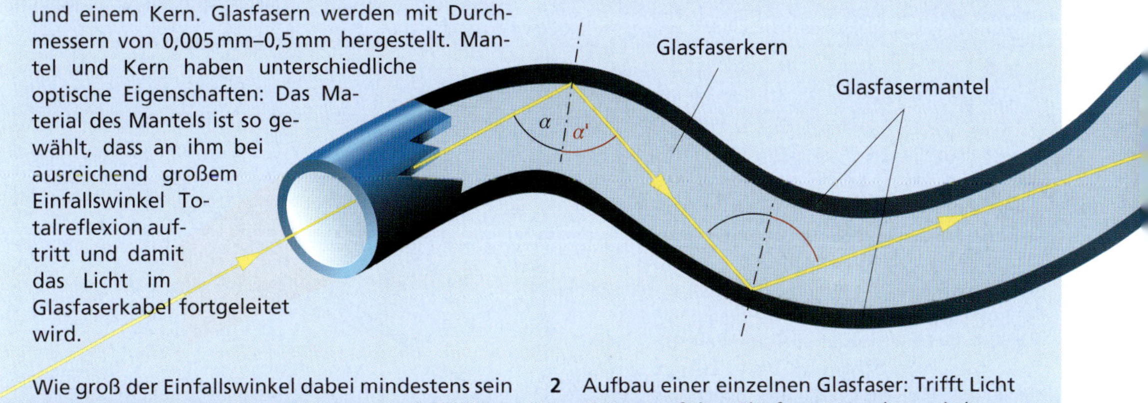

2 Aufbau einer einzelnen Glasfaser: Trifft Licht von innen auf den Glasfasermantel, so wird es mehrfach total reflektiert und damit durch die Glasfaser geleitet.

Arbeiten mit Diagrammen

Mit einer Experimentieranordnung, wie sie in Abb. 3, S. 97, dargestellt ist, werden der Einfallswinkel α und der Brechungswinkel β gemessen. Es ergibt sich folgende Messwertetabelle:

α	0°	10°	20°	30°	40°	50°	60°	70°	80°
β	0°	7°	13°	19°	25°	31°	35°	39°	41°

Aus dieser Messwertetabelle ist erkennbar: Einfallswinkel α und Brechungswinkel β sind vermutlich nicht proportional zueinander. Verdoppelt man nämlich den Einfallswinkel α von 40° auf 80°, so verdoppelt sich β nicht. Deshalb kann man keine einfache Formel zur Berechnung des Brechungswinkels aus dem Einfallswinkel angeben. Trotzdem lassen sich gute Vorhersagen machen, wenn man die Messwerte in einem Diagramm darstellt.

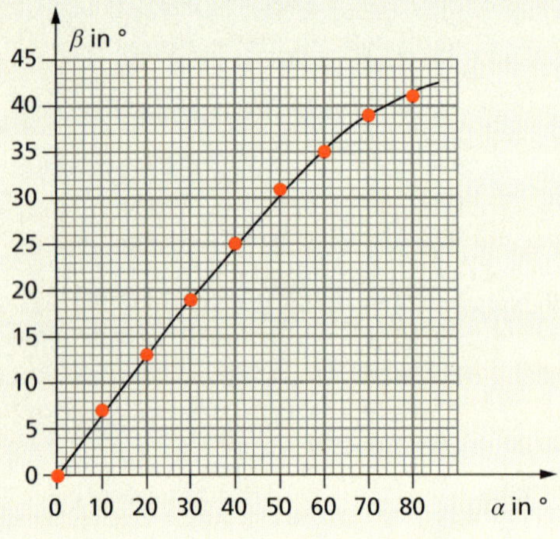

Beachte beim Zeichnen: Es ist die Ausgleichskurve (s. S. 34) zu zeichnen.
Aus dem Diagramm ist erkennbar: Es liegt zwischen α und β keine Proportionalität vor.
Man kann aber z. B. ablesen, dass der Brechungswinkel bei einem Einfallswinkel von 25° etwa 16° beträgt.
Umgekehrt kann man vorhersagen, dass beim Übergang von Licht aus Glas in Luft zu einem Einfallswinkel von 20° ein Brechungswinkel von etwa 32° gehört.

Das Prinzip von Fermat

Für die Ausbreitung von Licht haben wir einige grundlegende Zusammenhänge gefunden:
- Licht breitet sich in ein und demselben Stoff in der Regel geradlinig aus.
- Bei der Reflexion von Licht ist der Einfallswinkel gleich dem Reflexionswinkel.
- Beim Übergang von Licht in Glas oder Wasser wird das Licht zum Lot hin gebrochen.

Man kann diese Zusammenhänge aus einem allgemeineren Gesetz herleiten, das der französische Mathematiker und Jurist Pierre Fermat (1601–1665) formuliert hat und das man deshalb als **fermatsches Prinzip** bezeichnet.

Licht breitet sich zwischen zwei Punkten auf dem schnellsten Weg aus.

Daraus ergibt sich für einen bestimmten Stoff: Das Licht breitet sich geradlinig aus, weil eine Gerade die kürzeste Verbindung zwischen zwei Punkten ist.
In unterschiedlichen Stoffen breitet sich Licht unterschiedlich schnell aus, z. B. in Glas langsamer als in Luft. Daraus ergibt sich die Frage, welcher Weg von A nach B (Abb. 1) der schnellste ist.
Der rote Weg ist der kürzeste. Da sich aber dabei das Licht eine längere Strecke im Glas ausbreitet, würde es nicht der schnellste Weg sein. Auch der blaue Weg ist nicht der schnellste. Am schnellsten ist das Licht auf der grünen Strecke.

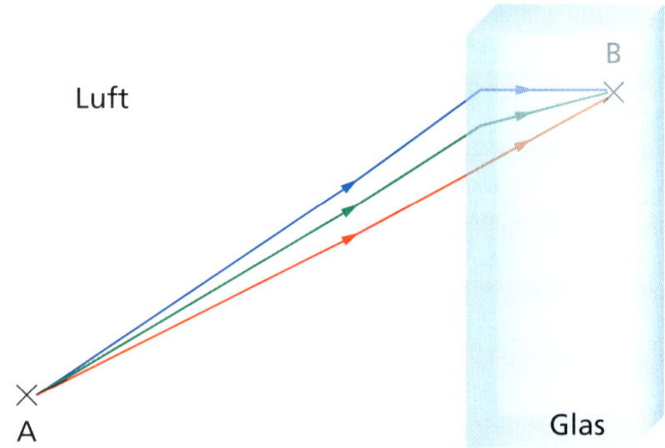

1 Licht braucht auf unterschiedlichen Wegen von A nach B verschiedene Zeiten.

Strahlenverlauf durch Linsen

Linsen sind lichtdurchlässige Körper, meistens aus Glas oder Kunststoff. Sie können sehr unterschiedliche Form haben. Linsen werden bei fast allen optischen Geräten, z. B. bei Lupen, Brillen, Ferngläsern oder Fotoapparaten genutzt. Auch in unserem Auge ist eine Linse vorhanden.
Wenn Licht auf eine Linse trifft, wird es nach dem Brechungsgesetz gebrochen. Je nach dem Strahlenverlauf unterscheidet man zwei große Gruppen von Linsen (Abb. 1–3).

Fällt Licht auf eine Linse, so wird es nach dem Brechungsgesetz an der Grenzfläche Luft-Glas und an der Grenzfläche Glas-Luft gebrochen. Zur Vereinfachung ersetzt man bei **dünnen Linsen** diese zweifache Brechung durch eine Brechung an der Linsenebene.
Parallele Lichtstrahlen werden an einer **Sammellinse** so gebrochen, dass sie nach der Brechung alle durch einen Punkt gehen. Bei intensivem Licht kann sich an diesem Punkt, in dem das Licht gebündelt wird, ein Gegenstand entzünden.

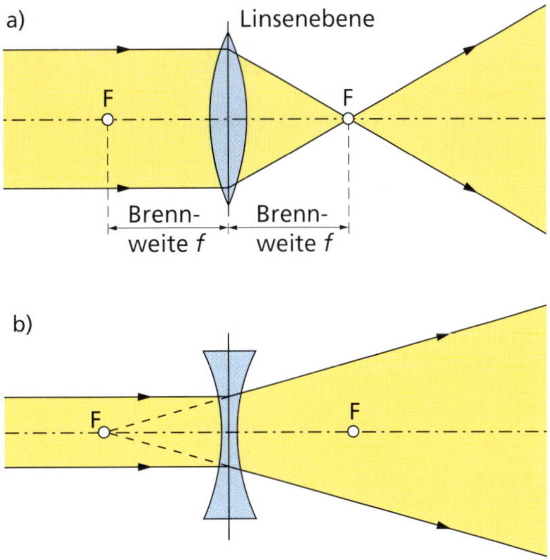

3 Brechung von Licht an einer dünne Sammellinse (a) und an einer dünnen Zerstreuungslinse (b)

Man nennt ihn deshalb **Brennpunkt** F (lateinisch focus). Jede Linse hat zwei Brennpunkte. Der Abstand eines Brennpunkts von der Linsenebene wird als **Brennweite** *f* bezeichnet (Abb. 3).

1a Arten von Sammellinsen (Konvexlinsen)

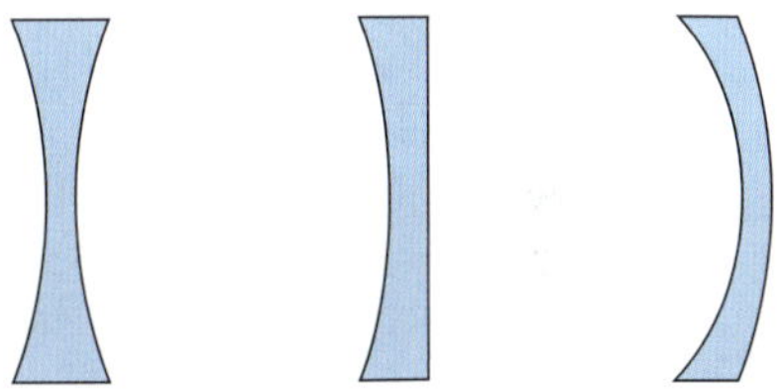

2a Arten von Zerstreuungslinsen (Konkavlinsen)

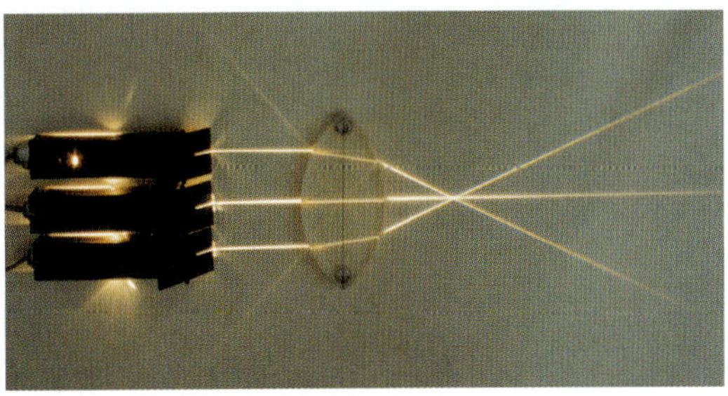

1b Linsen, die paralleles Licht nach der Brechung zunächst in einem Punkt sammeln, bevor es wieder auseinandergeht, nennt man Sammellinsen. Sammellinsen aus Glas oder Kunststoff sind in der Mitte dicker als am Rand.

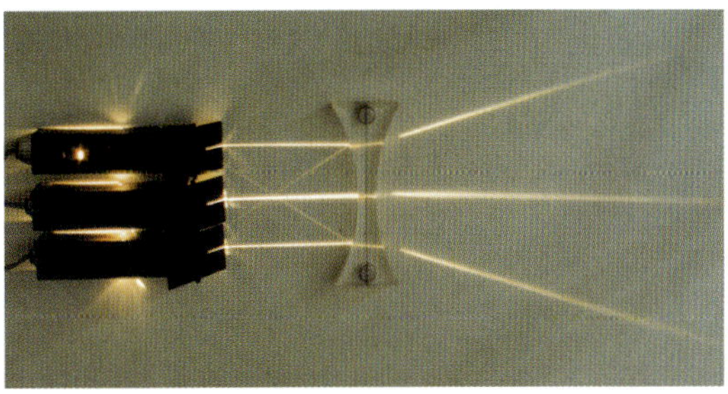

2b Linsen, die paralleles Licht nach der Brechung in verschiedene auseinanderlaufende Richtungen lenken, nennt man Zerstreuungslinsen. Zerstreuungslinsen aus Glas oder Kunststoff sind in der Mitte dünner als am Rand.

Physik in Natur und Technik

Ein Zaubertrick mit brennender Kerze

Es ist schon sonderbar, dass eine Kerze unter Wasser brennen kann (Abb. 1). Ist das ein Trick? Blickt man hinter die Glasscheibe, so zeigt sich: Hinter der Glasscheibe ist keine Kerze, weder im Wasserglas noch daneben.

*Wie kann man diese Erscheinung erklären (↗ **M** S. 32)?*

Das Bild der Kerze entsteht durch die Reflexion des Lichts an der Oberfläche der Glasscheibe (Abb. 2). Von jedem Punkt der Kerze und der Flamme gelangen so Lichtstrahlen in das Auge des Beobachters. Diese Lichtstrahlen scheinen geradlinig vom Spiegelbild der Kerze hinter der Glasscheibe zu kommen.

1 Eine Kerze scheint unter Wasser zu brennen.

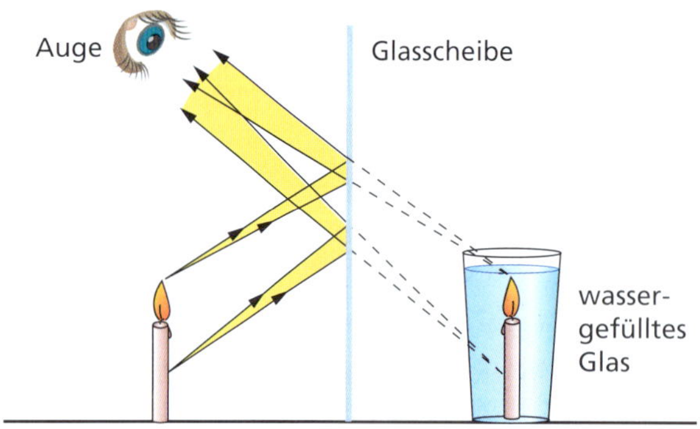

2 Wir sehen das scheinbare Bild der Kerze im wassergefüllten Glas.

3 Bei einem Kaleidoskop sieht man die Bilder ebenfalls dort, wo das Licht herzukommen scheint.

Das Auge bemerkt nichts von der Reflexion am Spiegel. Wir aber sehen das Bild der Kerze an der Stelle, von der aus die Lichtstrahlen geradlinig in unser Auge herzukommen scheinen. An dieser Stelle, im Wasserglas, befindet sich das scheinbare Bild der Kerze.

Der Sonnenofen

Mithilfe von Sonnenlicht können Stoffe so erhitzt werden, dass sie schmelzen oder verdampfen. Eine solche Anordnung wird als Sonnenofen bezeichnet (Abb. 4).

Wie ist ein solcher Sonnenofen aufgebaut?
*Wie funktioniert er (↗ **M** S. 289)?*

4 Der Sonnenofen von Odeillo (Frankreich) ist eine der größten Anlagen dieser Art.

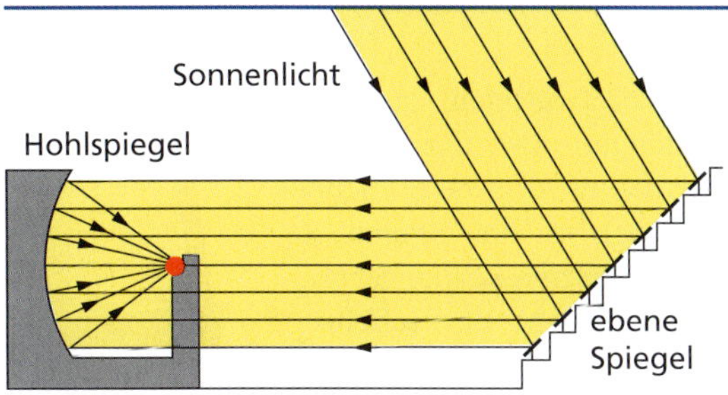

1 Strahlenverlauf beim Sonnenofen

Der auf S. 102 abgebildete Sonnenofen besteht aus verschieden angeordneten Spiegeln. Das parallele Sonnenlicht fällt zunächst auf ebene Spiegel (Abb. 1). Es wird von diesen Spiegeln nach dem Reflexionsgesetz so reflektiert, dass es als paralleles Licht auf den Hohlspiegel fällt.
Vom Hohlspiegel wird das parallele Licht so reflektiert, dass es in einem kleinen Bereich konzentriert wird. In diesem Bereich werden im Sonnenofen von Odeillo Temperaturen bis 3 300 °C erreicht. Solche Temperaturen reichen aus, um fast alle Metalle zu schmelzen.

2 Das Foto zeigt einen Sonnenofen in Almeria (Spanien). Der Turm ist 60 m hoch.

Eine Landschaft im Spiegel

An einem See oder Teich kann man bei Windstille auf der Wasseroberfläche das Spiegelbild des gegenüberliegenden Ufers sehen (Abb. 3a). Bei stärkerem Wind ist das aber nicht möglich (Abb. 3b).
Erkläre, warum man bei glatter Wasseroberfläche ein Spiegelbild sieht und bei rauer und welliger Oberfläche nicht (↗ **M** S. 32)*!*

Eine glatte Wasseroberfläche wirkt wie ein ebener Spiegel. Es tritt Reflexion auf. Das von den Gegenständen (Baum, Haus) ausgehende Licht fällt auf die glatte Oberfläche und wird reflektiert. Das reflektierte Licht, das in unser Auge fällt, scheint aus Richtung der Wasseroberfläche zu kommen. Wir sehen dort das Spiegelbild. Gleichzeitig fällt aber auch Licht direkt vom Gegenstand in unser Auge. Das bedeutet: Wir sehen den Gegenstand und zugleich sein auf dem Kopf stehendes Spiegelbild (Abb. 3a).

Bei einer rauen und welligen Oberfläche tritt ebenfalls Reflexion auf. Jeder einzelne Lichtstrahl wird zwar nach dem Reflexionsgesetz reflektiert. Da jedoch die Lagen der reflektierenden Flächen verschieden sind, werden die Lichtstrahlen in die unterschiedlichsten Richtungen reflektiert. Das bezeichnet man auch als Streuung (s. S. 93). Wir sehen kein Spiegelbild der Gegenstände (Abb. 3b), sondern nur eine aufgehellte Fläche.

3 Ein See bei Windstille (a) und vom gleichen Standort aus bei stärkerem Wind (b)

Verbogene Trinkhalme – eine optische Täuschung?

Stellt man einen Trinkhalm in ein Gefäß mit Wasser, so scheint er an der Wasseroberfläche einen Knick zu haben (Abb. 1). Wird er etwa durch das Wasser verbogen? Nimmt man den Trinkhalm aus dem Wasser heraus, ist er wieder ohne Knick.

*Wie kann man die Erscheinung des Abknickens eines Trinkhalms an der Wasseroberfläche erklären (↗ **M** S. 32)?*

Der Trinkhalm bekommt tatsächlich keinen Knick. Es liegt eine optische Täuschung vor, die wir mithilfe des Brechungsgesetzes erklären können. Dazu muss man vom Sehvorgang ausgehen. Aufgrund unserer Erfahrungen mit der geradlinigen Lichtausbreitung sehen wir einen Körper an der Stelle, von der aus die Lichtstrahlen herzukommen scheinen. Von dem Teil des Trinkhalms, der sich außerhalb des Wassers befindet, fällt das Licht geradlinig in unser Auge (Abb. 2).
Anders ist es mit dem Licht von dem Teil des Trinkhalms, der sich unter Wasser befindet.
Dieses Licht, das vom Trinkhalm ausgeht, wird an der Grenzfläche Wasser-Luft nach dem Brechungsgesetz vom Lot weg gebrochen.

1 Der Trinkhalm in einem Gefäß mit Wasser erscheint wegen der Brechung geknickt.

Die rückwärtigen geradlinigen Verlängerungen der Lichtstrahlen, die ins Auge fallen, schneiden sich an den Stellen, an denen wir den Körper sehen. Dort entsteht ein scheinbares Bild des Trinkhalms unter Wasser. Dieses Bild sehen wir.
Damit scheint der Trinkhalm an der Wasseroberfläche einen deutlichen Knick zu haben.
Ähnliche Effekte kann man auch an Teichen beobachten.

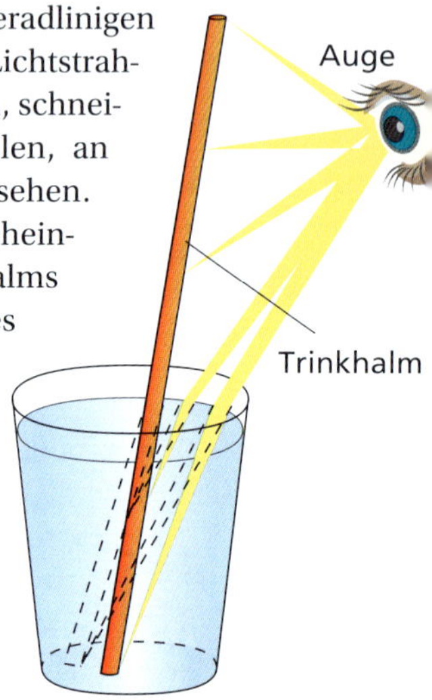

2 Strahlenverlauf vom Trinkhalm zum Auge

Mosaik

Gefährliche Wassertropfen

Durch weggeworfene oder liegengelassene Flaschen und Gläser sind schon oft verheerende Waldbrände entstanden.
Wie kann das passieren?
Durch einen Regenschauer bilden sich Wassertropfen auf den Glasscherben und Flaschen. Diese Wassertropfen wirken wie Sammellinsen. Trifft Sonnenlicht auf diese Wasserlinsen, so wird das Licht so gebrochen, dass es durch den Brennpunkt der jeweiligen Linse geht (s. Abb.). Fällt dieser Brennpunkt einer Wasserlinse zufällig auf Gras oder Laub, das unter dem Glas trocken geblieben ist, so kann sich dieses entzünden und ein Brand ausgelöst werden.

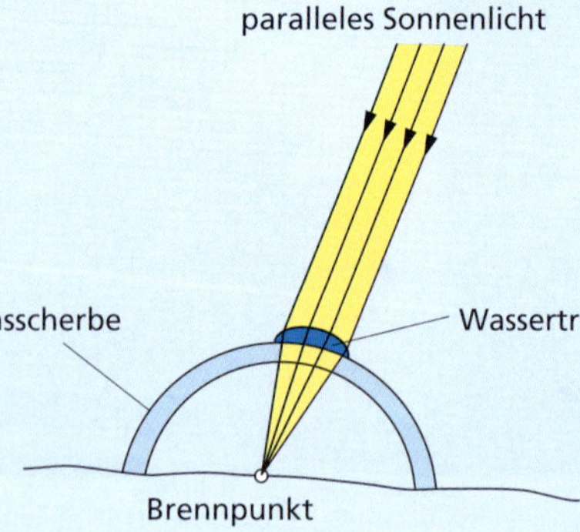

gewusst · gekonnt

1. Welches ist in den Abbildungen der Einfallswinkel, welches der Reflexionswinkel?

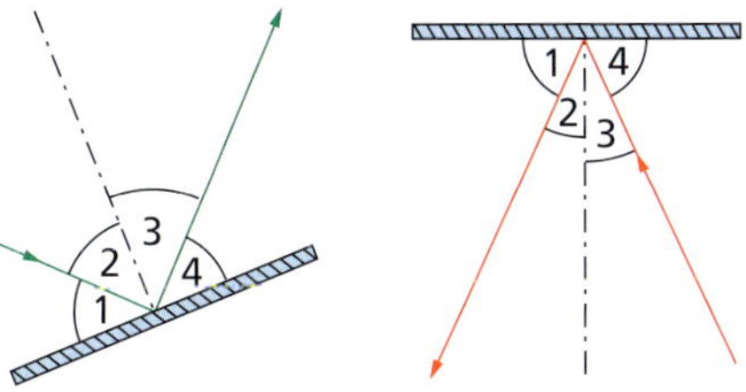

2. Welche Gerade ist in der Abbildung das Einfallslot?

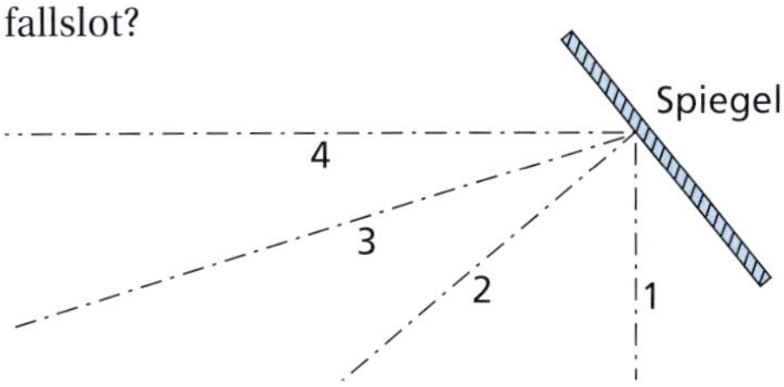

3. Felix behauptet, er könne „um die Ecke“ gucken. Was meint er wohl?

4. Welches von den Spiegelbildern ist das Bild der Kerze? Begründe deine Antwort!

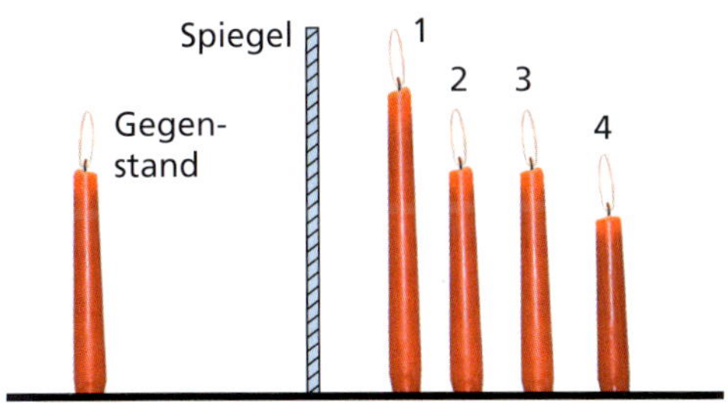

5. Vor einem ebenen Spiegel befindet sich ein Gegenstand.

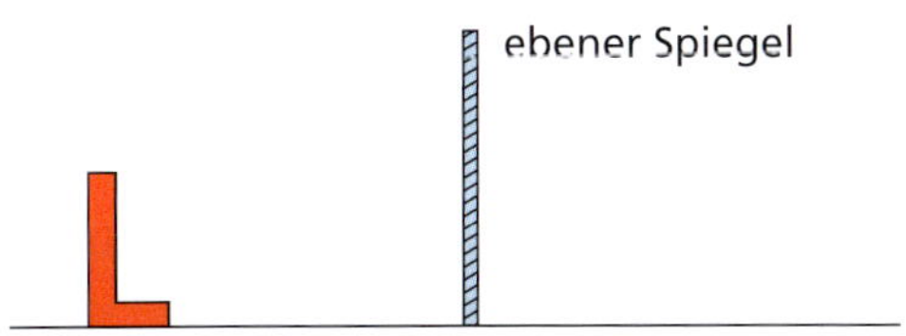

Konstruiere im Heft das Spiegelbild!

6. Betrachte das Spiegelbild der Schrift! Beschreibe dieses Bild! Zeichne das Spiegelbild!

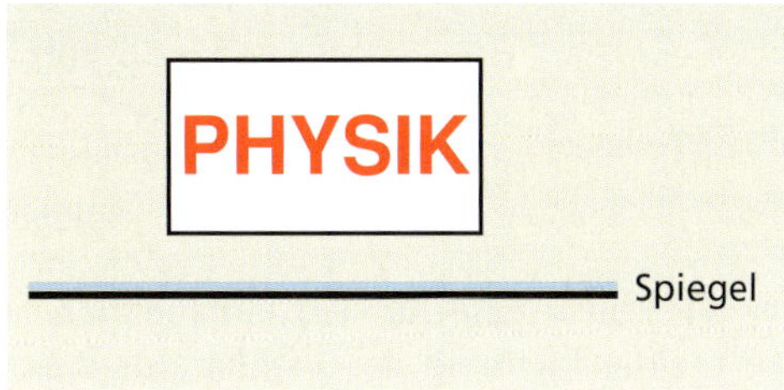

7. Kannst du den folgenden Text lesen? Entwirf selber eine Zeile!

8. Ein vor einem Spiegel stehender Gegenstand erscheint dem Beobachter grün, das Spiegelbild dagegen rot.
Wie kann man das erklären (↗ **M** S. 32)?

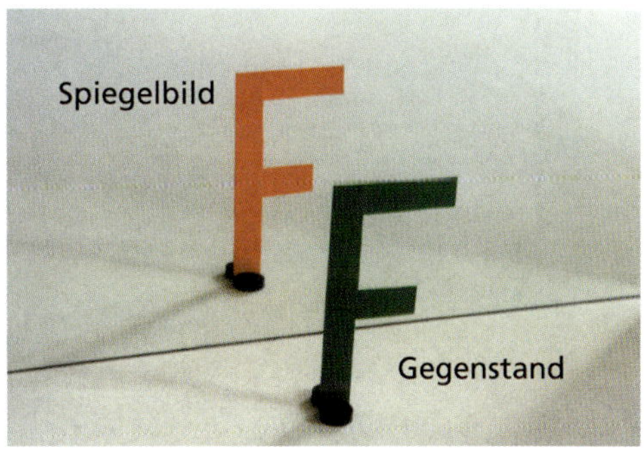

9. Max behauptet, dass in einem Spiegelbild vorn und hinten sowie links und rechts eines Gegenstands vertauscht werden. Welche Ideen hast du, um diese Behauptungen zu prüfen?

10. Claudia und Wenzel sind in einem Spiegelkabinett. Von einer Stelle aus sieht Claudia den Kopf von Wenzel.
Kann in diesem Moment Wenzel auch Claudia sehen? Begründe!

11. Ein Winkelspiegel besteht aus zwei Spiegeln, die senkrecht aufeinanderstehen.

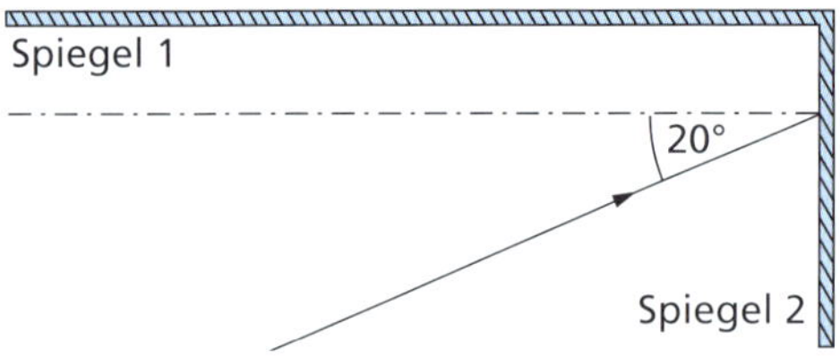

a) Konstruiere für den einfallenden Strahl die Richtung des Lichtstrahls nach der Reflexion an beiden Spiegeln!

b) Welche Aussage kann man aus der Konstruktion über den Verlauf des einfallenden und des zweimal reflektierten Lichtstrahls treffen (↗ **M** S. 30)?

12. An manchen Fahrzeugen gibt es eine merkwürdige Beschriftung, die man nicht ohne Weiteres lesen kann (s. Abb.).

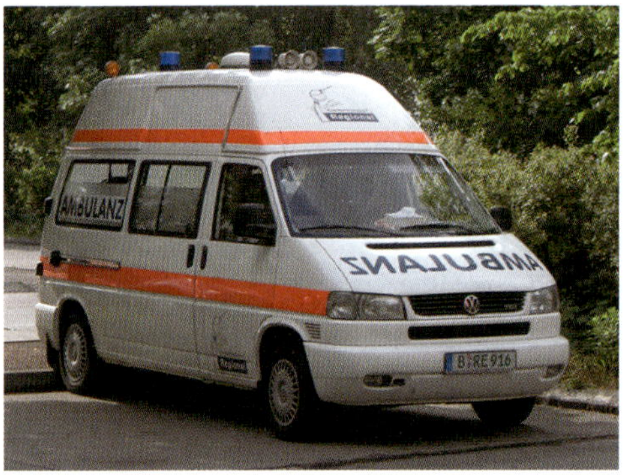

Warum wählt man eine solche Beschriftung?

13. Bei Fahrrädern werden aus Sicherheitsgründen an den Speichen der Räder Reflektoren angebracht. Erkunde, wie ein solcher Reflektor aufgebaut ist und wie er funktioniert!

14. Ein klarer Teich erscheint uns meist nicht sehr tief. Wenn wir z. B. einen Stein aus dem Wasser holen wollen, täuschen wir uns oft. Der Stein liegt tiefer, als wir ihn sehen. Wieso?

***15.** Das Licht einer Lichtquelle trifft auf eine Grenzfläche zwischen Wasser und Luft.

a) Wie groß ist hierbei der Winkel, ab dem Totalreflexion auftritt?

b) Zeichne von einer punktförmigen Lichtquelle, die sich 5 cm unter einer Wasseroberfläche befindet, den Verlauf der Lichtstrahlen für Einfallswinkel von 0°, 10°, 20°, 30°, 40° und 50° ein!

16. Ein Taucher befindet sich unter Wasser. Wenn er in Richtung Wasseroberfläche schaut, dann sieht er einen kreisrunden hellen Fleck.

a) Erkläre, wie ein solcher heller Fleck zustande kommt (↗ **M** S. 32)!

b) Ermittle durch eine maßstäbliche Zeichnung, welchen Durchmesser das helle „Guckloch" des Tauchers hat, durch das Licht von oberhalb der Wasseroberfläche in seine Augen gelangt! Die Augen des Tauchers befinden sich 2 m unter der Wasseroberfläche.

17. Eine punktförmige Lichtquelle befindet sich 4 cm über einer glatten Wasseroberfläche.

a) Konstruiere den Verlauf der Lichtstrahlen mit den Einfallswinkeln 0°, 15°, 30°, 60°!

*b) Kann Totalreflexion auftreten? Begründe!

18. In Spiegelreflexkameras befindet sich ein Prisma (s. Abb.).

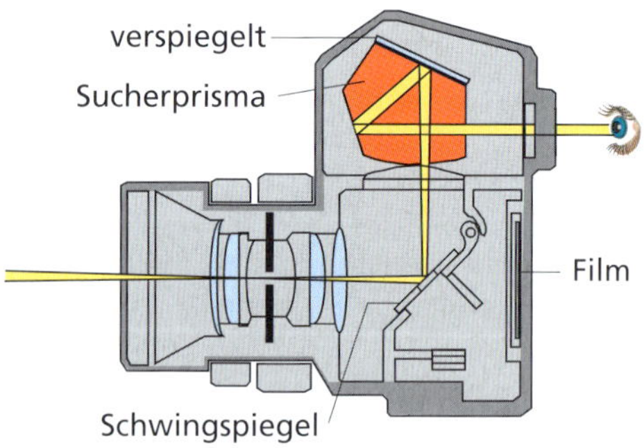

a) Beschreibe den Verlauf des Lichts durch dieses Prisma (↗ **M** S. 17)!

b) Könnte man statt eines Prismas auch einen ebenen Spiegel nehmen?

19. Die Fotos zeigen eine Tasse ohne Wasser (Abb. links) und mit Wasser (Abb. rechts).

Erkläre, wieso man die Münze in beiden Fällen unterschiedlich sieht (↗ **M** S. 32)!

20. Legt man eine planparallele Platte aus Glas auf einen Bleistift, so scheint es, als ob ein Stück des Bleistifts verschoben wird.
Probiere es aus! Erkläre (↗ **M** S. 32)!

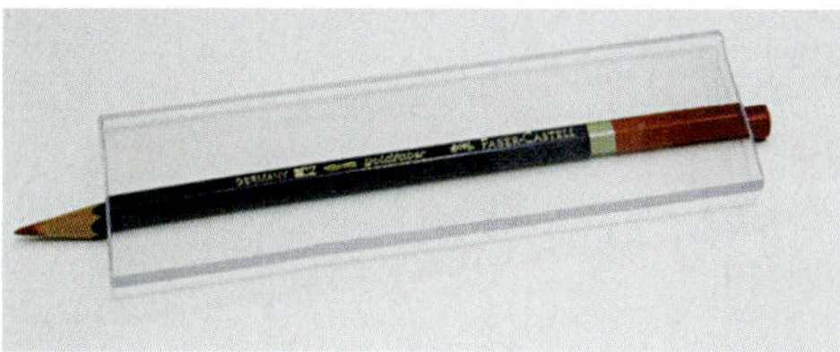

21. Zwei Linsen haben unterschiedliche Form. Welche der Linsen hat die kleinere Brennweite? Begründe!

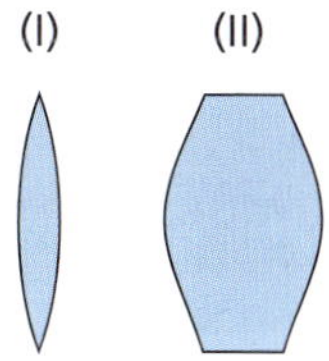

22. Es ist der Verlauf des Lichts durch nicht sichtbare Linsen dargestellt. Welche der Linsen sind Sammellinsen, welche Zerstreuungslinsen? Begründe!

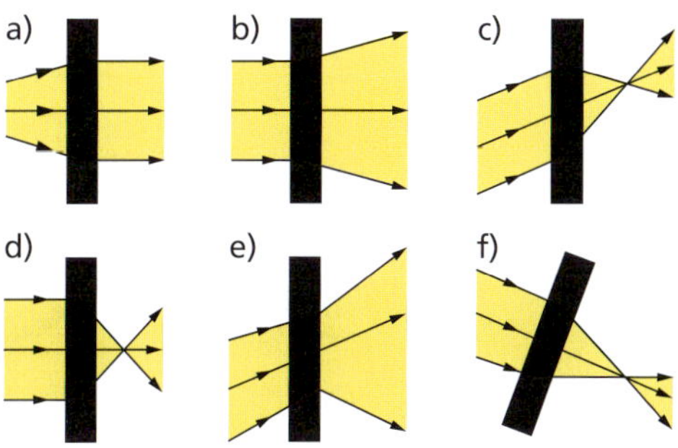

23. In den Abbildungen sind Glaslinsen verschiedener Formen dargestellt.

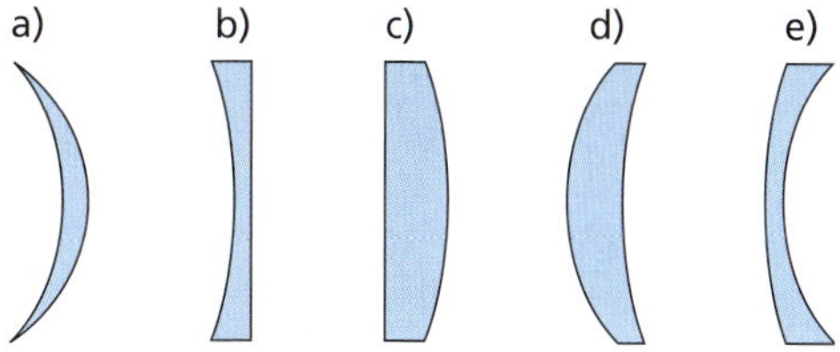

Welche der Linsen wirken als Sammellinsen, welche als Zerstreuungslinsen?

24. Fritz behauptet: „Wassertropfen können wie kleine Linsen wirken. Deshalb sollte man die Blätter von Gartenpflanzen möglichst nicht bei intensiver Sonnenstrahlung wässern."
Hat Fritz Recht? Begründe deine Auffassung!

25. Übernimm die Skizze ins Heft und zeichne den schnellsten Weg des Lichts
a) von A nach B,
b) von A nach B
über die beiden Spiegel ein! Spiegele für die Lösung von Teilaufgabe b) beide Punkte an je einem Spiegel!

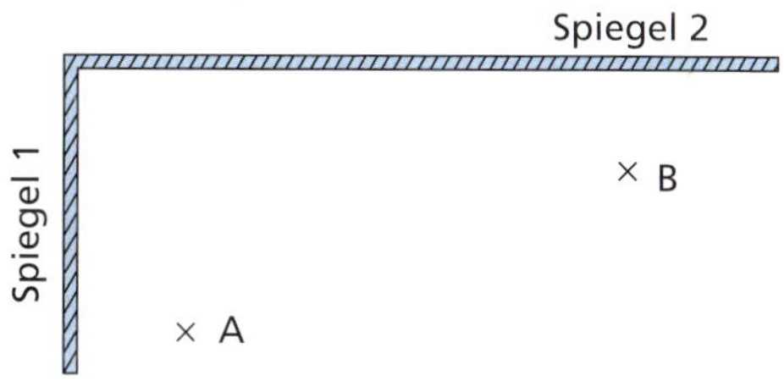

26. Ein Rettungsschwimmer muss zu einer Person, die dringend Hilfe braucht. Welchen Weg empfiehlst du? Begründe! Was hat diese Aufgabe mit Optik zu tun?

Absorption, Streuung, Reflexion und Brechung des Lichts

Trifft Licht auf Körper, so kann es von diesem Körper absorbiert, gestreut, reflektiert oder hindurchgelassen werden.

Absorption	Streuung	Reflexion	Durchlässigkeit
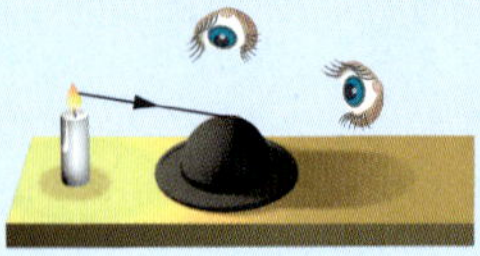	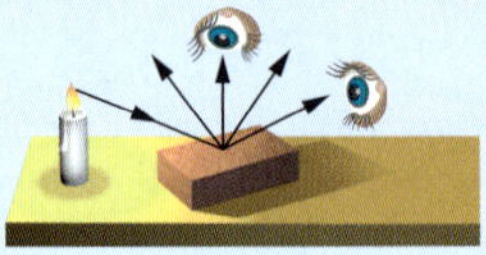		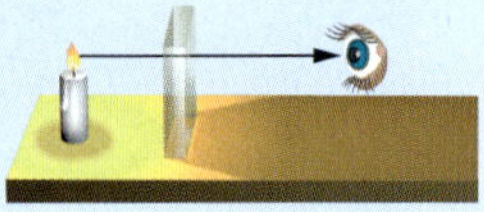

Reflexion von Licht

Wird Licht an einer Fläche reflektiert, so ist der Einfallswinkel α gleich dem Reflexionswinkel α'. Dabei liegen einfallender Strahl, Lot und reflektierter Strahl in einer Ebene.

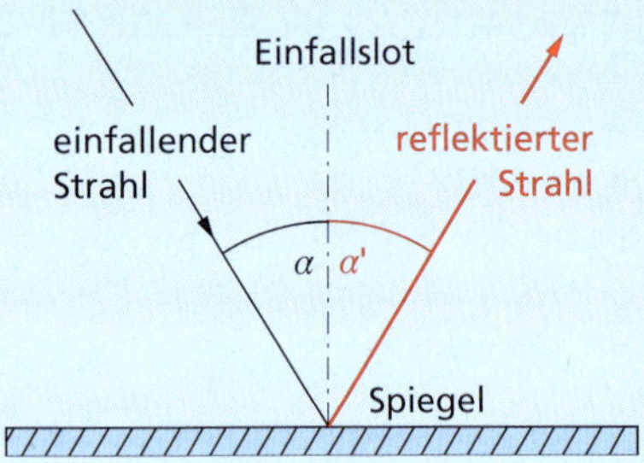

Brechung von Licht

Trifft Licht unter einem Winkel $\alpha \neq 0$ auf die Grenzfläche zweier Stoffe, so wird es gebrochen. Dabei liegen einfallender Strahl, Lot und gebrochener Strahl in einer Ebene.

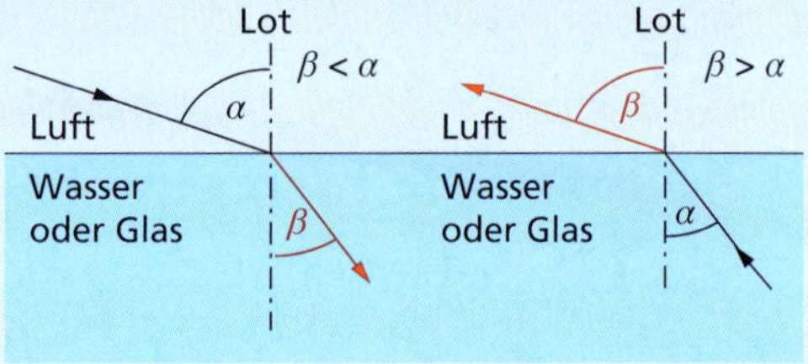

Für den Übergang von Glas oder Wasser in Luft gibt es einen Winkel, ab dem sämtliches Licht reflektiert wird.
Diese Erscheinung nennt man **Totalreflexion.**

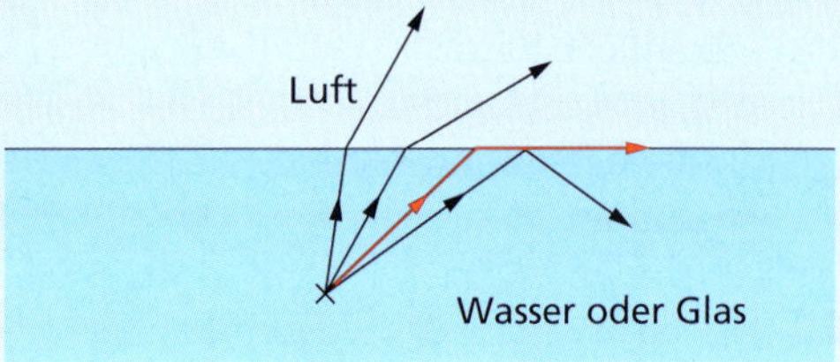

Reflexion, Brechung und Totalreflexion werden bei Spiegeln, Linsen oder Lichtleitern genutzt.

ebener Spiegel	Sammellinse	Lichtleiter
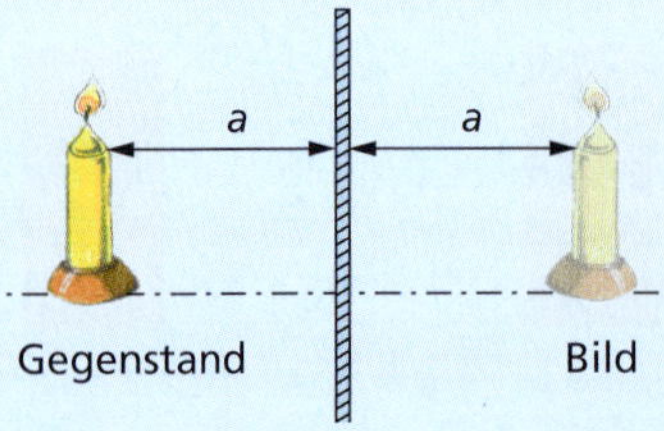	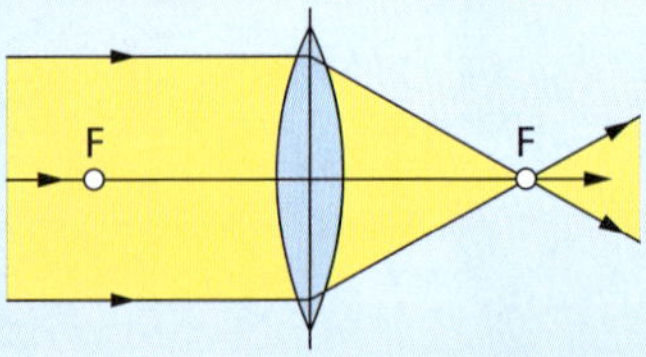	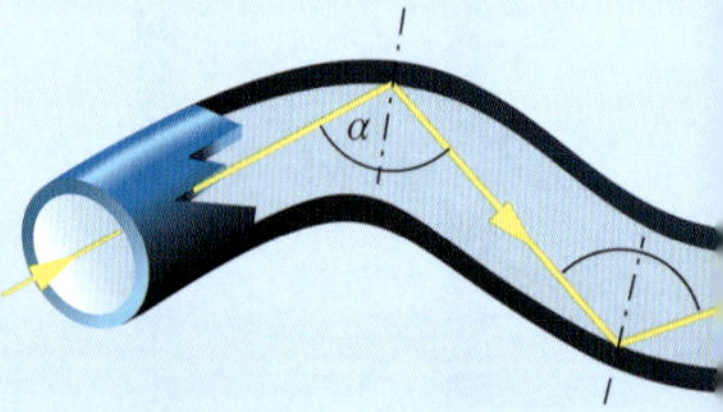

4.3 Wahrnehmung und Erzeugung von Bildern

Linsen überall

In fast allen optischen Geräten und Hilfsmitteln wie Lupe, Brille, Fernglas oder Bildwerfer findet man ein Bauelement immer wieder – die Linse. Auch die unterschiedlichsten Fotoapparate und Videokameras haben eines gemeinsam: Sie alle besitzen ein Objektiv mit Linsen.
Welche Funktion haben Linsen in optischen Geräten?

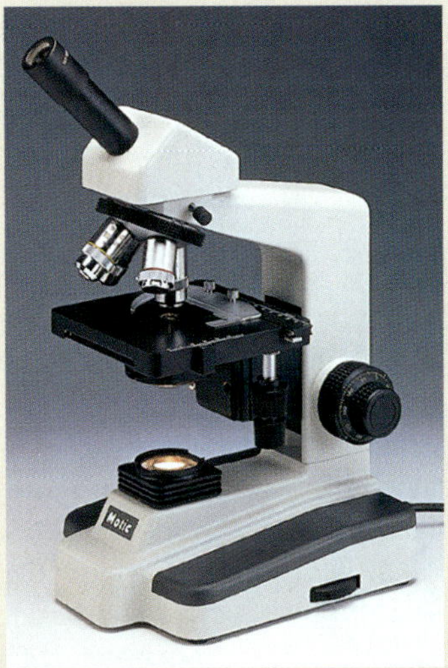

Mehr erkennen

Zur genaueren Untersuchung von Pflanzenzellen oder anderen kleinen Objekten werden Mikroskope genutzt.
Wie ist ein Mikroskop aufgebaut?
Welche Vergrößerung kann man mit einem Mikroskop erreichen?

Brillen gegen Sehfehler

Viele Menschen haben Sehfehler. Manche können weit entfernte Gegenstände schwer erkennen. Andere haben Schwierigkeiten, ein Buch oder eine Zeitung zu lesen. Solche Sehfehler werden mit Brillen korrigiert. Diese Brillen unterscheiden sich nicht nur im Aussehen, sondern vor allem in der Art der eingesetzten Linsen.
Welche Sehfehler gibt es?
Wie können mit Linsen Sehfehler beim Menschen korrigiert werden?

Bilder durch Öffnungen

Betrachten wir mit den Augen einen Gegenstand, so sehen wir ein scharfes Bild, weil jedem Gegenstandspunkt ein Bildpunkt auf der Netzhaut des Auges zugeordnet ist. Bringt man dagegen einen Schirm vor eine Kerzenflamme (Abb. 1), so erhält man kein Bild, sondern nur eine Aufhellung des Schirms. Bringt man zwischen Kerzenflamme und Schirm eine Lochblende (Abb. 2), so kann man auf dem Schirm ein Bild beobachten.

Auf einem Schirm entsteht ein scharfes Bild eines Gegenstands, wenn jeder Schirmpunkt nur vom Licht eines einzigen Gegenstandspunkts erreicht wird.

Je nach der Größe des Loches ist das Bild heller oder dunkler, unschärfer oder schärfer.

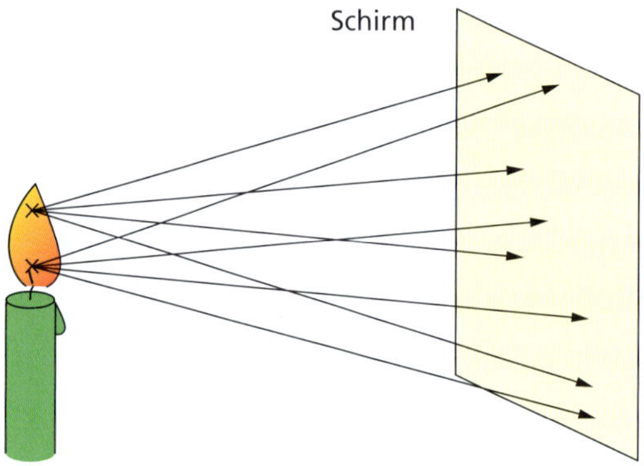

1 Die Lichtstrahlen von einem Punkt der Kerzenflamme treffen auf ganz unterschiedliche Punkte des Schirms. Der Schirm wird nur aufgehellt.

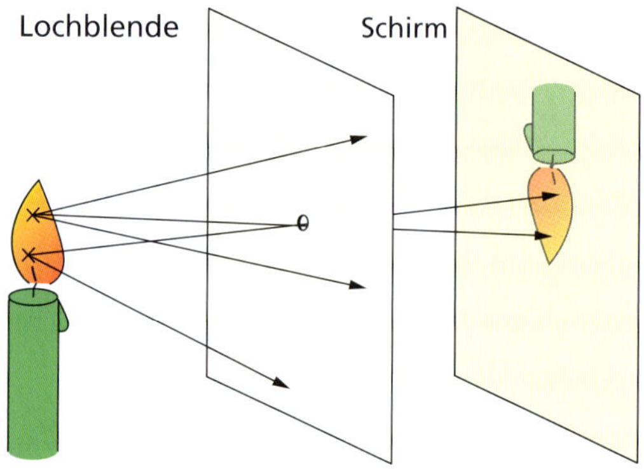

2 Bei einem scharfen Bild kann jedem Punkt der Kerzenflamme ein Bildpunkt zugeordnet werden und umgekehrt.

Wie groß das Bild eines Gegenstands ist, hängt von der Größe des Gegenstands, seiner Entfernung von der Lochblende (Gegenstandsweite) sowie von der Entfernung des Schirms von der Lochblende (Bildweite) ab (Abb. 3).
Zwischen Bildgröße, Gegenstandsgröße, Bildweite und Gegenstandsweite besteht ein einfacher Zusammenhang (↗ **M** S. 28).

Für eine Lochblende gilt: $\frac{B}{G} = \frac{b}{g}$

B	**Bildgröße**	***G***	**Gegenstandsgröße**
b	**Bildweite**	***g***	**Gegenstandsweite**

Eine Anordnung aus Lochblende und Schirm mit einem Gehäuse bezeichnet man als **Lochkamera.** Sie bietet die einfachste Möglichkeit, von einem Gegenstand ein Bild zu erzeugen.

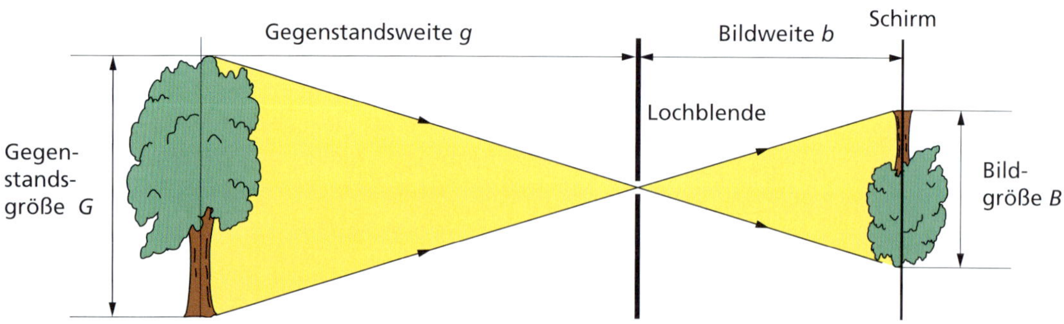

3 Das Bild eines Gegenstandes kann mit Randstrahlen konstruiert werden.

Untersuchungen mit einer Lochkamera

Eine einfache Kamera kannst du dir mit wenigen Hilfsmitteln selbst bauen. Du benötigst dazu Pappe, Klebstoff und Transparentpapier. Du kannst aber statt Pappe auch Holz oder eine lichtundurchlässige Dose nutzen.
Entscheidend ist: Auf einer Seite muss sich ein kleines Loch, auf der anderen Seite Transparentpapier befinden (Abb. 1).

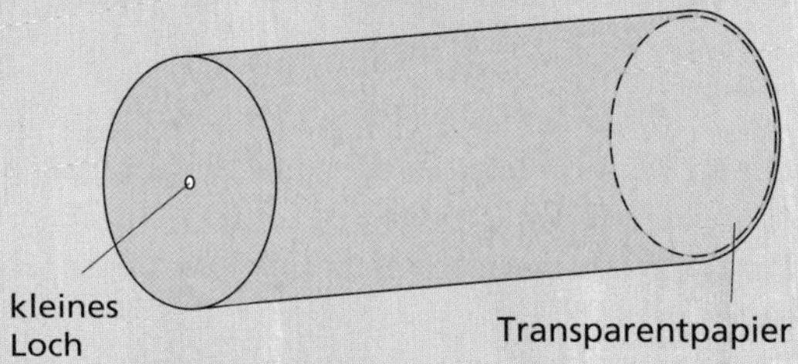

1 Einfache Lochkamera

Für experimentelle Untersuchungen mit der Lochkamera ist es günstig, wenn man die Bildweite, also die Entfernung zwischen dem Loch und dem Transparentpapier, verändern kann. Dies ermöglicht die nachfolgend dargestellte Bauform.

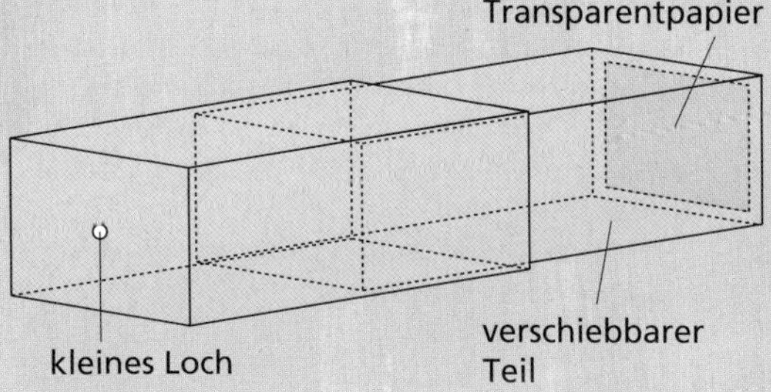

Eine solche Lochkamera mit veränderbarer Bildweite kann folgendermaßen gebaut werden:

1. Zeichne auf Pappe ein Quadernetz, so wie es rechts oben dargestellt ist! Die Maße sind in Millimetern angegeben. Bringe mit einem Locher oder einer Lochzange ein Loch mit ca. 5 mm Durchmesser an! Schneide das Quadernetz aus und klebe die Pappe zu einem Quader zusammen! Du erhältst damit den äußeren Teil der Lochkamera.

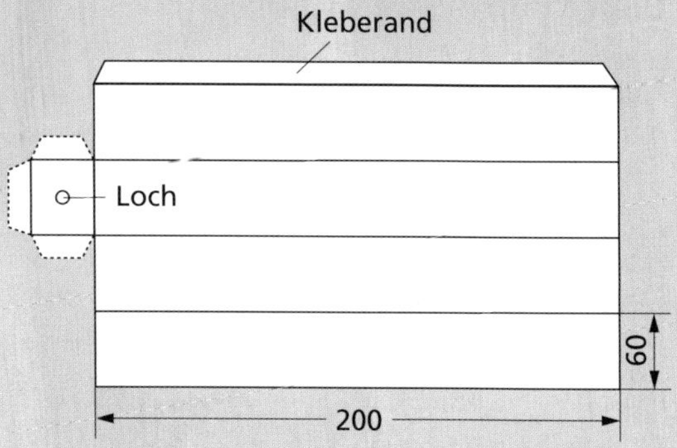

2. Fertige dazu ein zweites Quadernetz mit 59 mm Kantenlänge an! Als Länge können wie bei dem abgebildeten äußeren Teil 200 mm gewählt werden.
Schneide in die Rückseite ein Quadrat (etwa 40 mm Kantenlänge) und beklebe dieses Quadrat mit Transparentpapier! Falte die Pappe zu einem Quader zusammen!
3. Beide Quader werden ineinandergeschoben.
4. Stelle einen Streifen Pappe mit verschieden großen Löchern unterschiedlicher Form her und befestige ihn so, dass er vor dem Loch der Kamera verschoben werden kann!

Führe mit dieser Lochkamera folgende Untersuchungen durch (↗ **M** S. 20, 74):

1. *Beobachte und beschreibe das entstehende Bild eines hellen Gegenstands! Erkläre!*
2. *Untersuche, wie sich bei konstanter Bild- und Gegenstandsweite das Bild in Abhängigkeit von der Größe und Form des Lochs verändert! Nutze für diese Untersuchung den Pappstreifen mit den verschiedenen Löchern!*
Beschreibe deine Beobachtungen und erkläre sie!
3. *Lass zunächst die Bildweite der Lochkamera konstant und verändere nur die Gegenstandsweite! Wie verändert sich das Bild? Erkläre! Nutze dazu die Gleichung auf S. 110!*
4. *Lass jetzt die Gegenstandsweite konstant und verändere durch Verschieben des inneren Teils die Bildweite!*
Beschreibe deine Beobachtungen und erkläre sie!

Bilder durch Sammellinsen

Um Bilder von Gegenständen zu erzeugen, kann man anstelle einer Lochblende eine Sammellinse verwenden. Für beliebige Sammellinsen gilt:

Licht, das von einem Gegenstandspunkt P ausgeht und durch eine Sammellinse fällt, trifft hinter der Linse in einem Bildpunkt P' zusammen.

Bringt man an diese Stelle einen Schirm, so erhalten wir ein scharfes Bild des Gegenstandspunkts bzw. des ganzen Gegenstands (Abb. 1). Dieses Bild ist wesentlich heller als bei Verwendung einer Lochblende (s. S. 110), weil von jedem Gegenstandspunkt aus viel mehr Licht durch die Linse fällt als bei Verwendung einer Lochblende.

1 Scharfes Bild einer Kerzenflamme: Der Schirm befindet sich dort, wo sich die Strahlen schneiden.

2 Unscharfes Bild einer Kerzenflamme: Der Schirm befindet sich in diesem Fall nicht dort, wo sich die Strahlen schneiden.

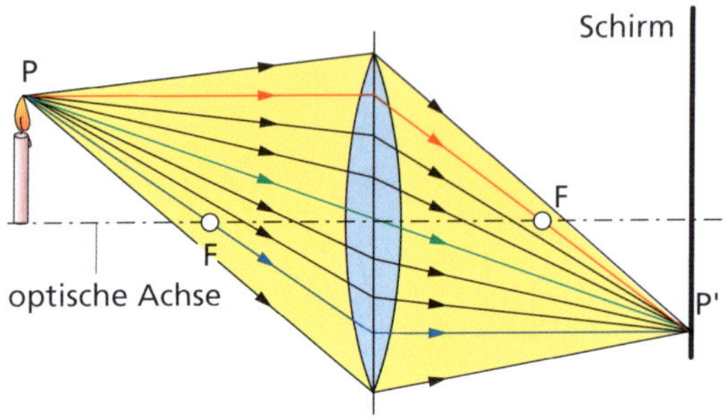

3 Gegenstandspunkt P und Bildpunkt P'

Zur zeichnerischen Konstruktion von Bildpunkten an Linsen reicht es aus, den Verlauf einiger charakteristischer Strahlen zu kennen.

Parallelstrahlen verlaufen parallel zur optischen Achse der Linse.

Brennpunktstrahlen verlaufen durch einen Brennpunkt F der Linse.

Mittelpunktstrahlen verlaufen durch den Mittelpunkt M der Linse.

Eine genauere Untersuchung des Verlaufs dieser drei Strahlen ergibt:

Wenn das Licht an einer dünnen Sammellinse gebrochen wird, so gilt unter der Bedingung achsennaher Strahlen:
- **Ein Parallelstrahl wird so gebrochen, dass er dann durch den Brennpunkt verläuft.**
- **Ein Brennpunktstrahl wird so gebrochen, dass er dann parallel zur optischen Achse verläuft.**
- **Ein Mittelpunktstrahl geht ungebrochen durch eine Sammellinse.**

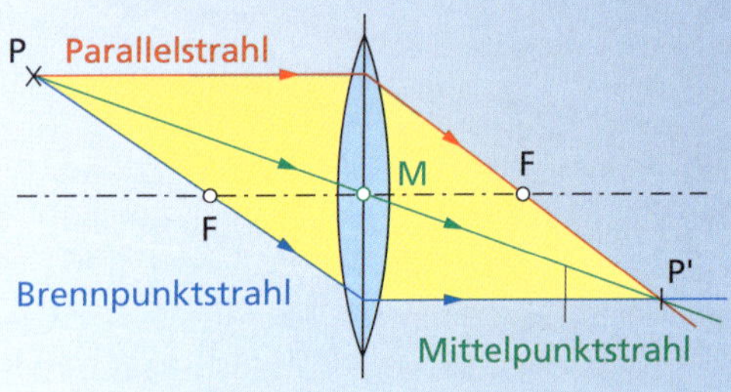

Um von einem Gegenstandspunkt einen Bildpunkt zu konstruieren, zeichnet man mindestens zwei der von dem Gegenstandspunkt ausgehenden charakteristischen Strahlen (s. Übersicht auf S. 113 oben).

Bildkonstruktion bei einer Sammellinse

Um von einem Gegenstand ein Bild zu konstruieren, zeichnet man zunächst die optische Achse, die Linsenebene als senkrechte Linie und die Brennpunkte *f* der Linse ein. Außerdem wird der Gegenstand skizziert.

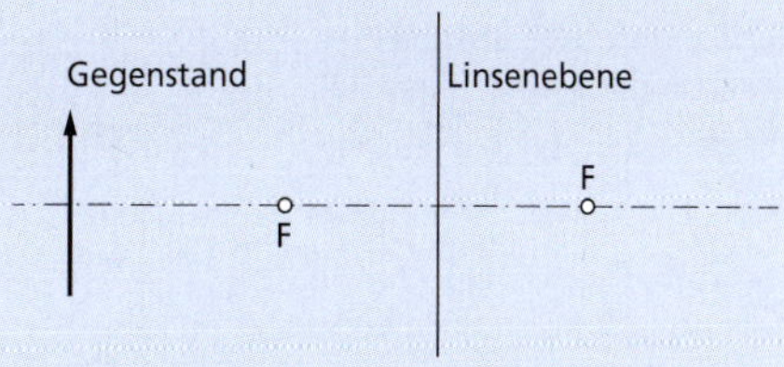

Von einem Gegenstandspunkt P_1 zeichnet man zwei der drei Strahlen (Parallelstrahl, Mittelpunktstrahl, Brennpunktstrahl) ein. Deren Schnittpunkt ergibt den Bildpunkt P'_1.

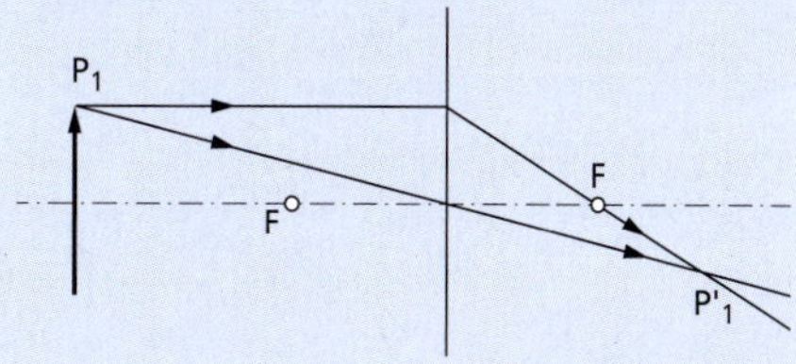

Um das Bild des Gegenstandes zu erhalten, konstruiert man von einem zweiten Gegenstandspunkt den Bildpunkt. Dabei gilt:
- Liegt ein Gegenstandspunkt auf der optischen Achse, dann liegt auch der Bildpunkt auf dieser Achse.
- Liegt der Gegenstand parallel zur Linsenebene, so liegt auch das Bild parallel dazu.

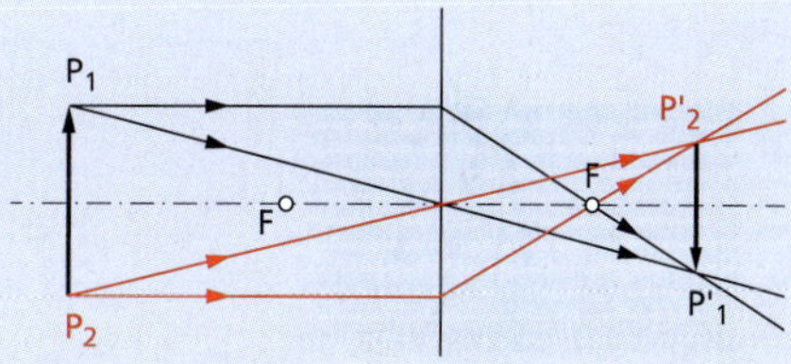

Mit Linsen kann man unterschiedlich scharfe und helle Bilder erhalten. In Abhängigkeit von der Gegenstandsweite und der Brennweite der Sammellinse gibt es zu jedem Gegenstandspunkt genau eine Bildweite, bei der ein **scharfes Bild** entsteht. Bei dieser Bildweite schneiden sich die gebrochenen Lichtstrahlen genau in einem Punkt.

Vor und hinter der Bildweite für ein scharfes Bild entstehen unscharfe Bilder (Abb. 2, S. 112).

Bei den Bildern, die bei Linsen unterscheidet man zwei verschiedene Arten. Bilder von Gegenständen, die man auf einem Schirm auffangen kann, werden als **wirkliche** oder **reelle Bilder** bezeichnet. Sie entstehen, wenn sich der Gegenstand außerhalb der Brennweite befindet.

Bei einer Lupe sehen wir ein Bild. Wir können es aber dort, wo wir es sehen, nicht auf einem Schirm auffangen. Solche Bilder nennt man **scheinbare** oder **virtuelle Bilder.**

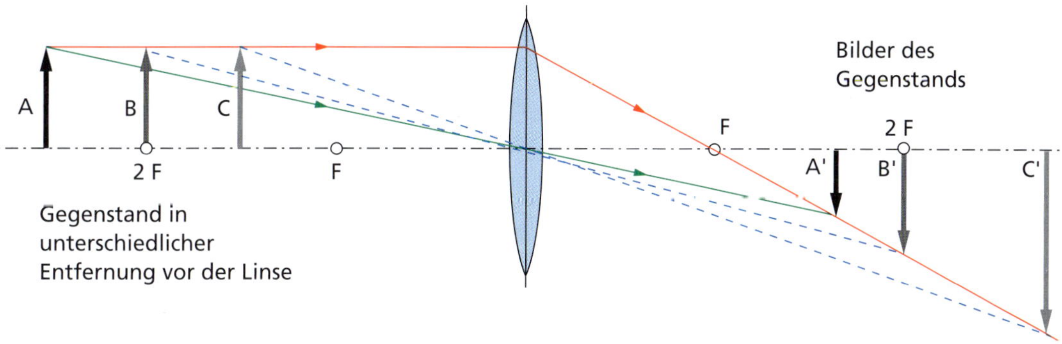

1 Bildkonstruktionen mit Strahlenverläufen für einige Bilder an Sammellinsen: Bei einer bestimmten Gegenstandsgröße hängt die Bildgröße von der Gegenstandsweite ab.

Ort des Gegenstands	**Bild und Bildkonstruktion**	**Eigenschaften des Bilds**
außerhalb der doppelten Brennweite einer Sammellinse $g > 2f$	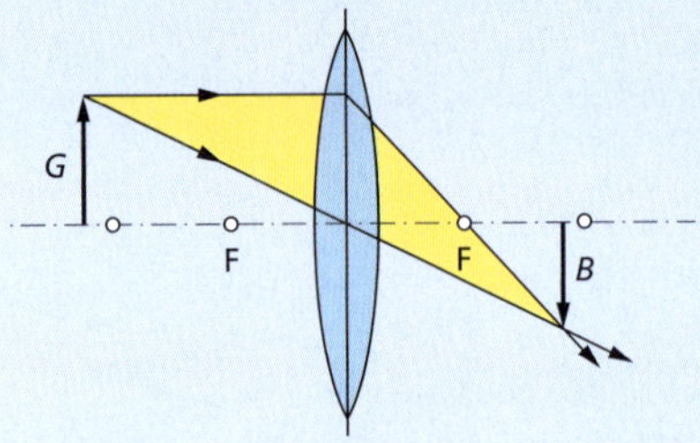	– verkleinert – umgekehrt – seitenvertauscht – reell (wirklich) Das Bild liegt zwischen einfacher und doppelter Brennweite.
in der doppelten Brennweite einer Sammellinse $g = 2f$	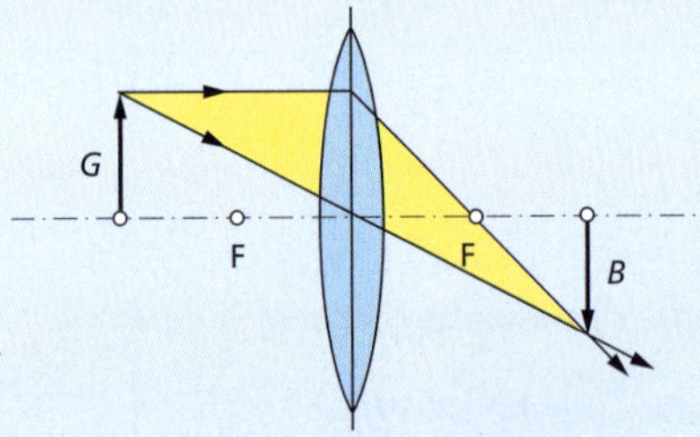	– gleich groß – umgekehrt – seitenvertauscht – reell (wirklich) Das Bild liegt in der doppelten Brennweite.
zwischen einfacher und doppelter Brennweite einer Sammellinse $2f > g > f$	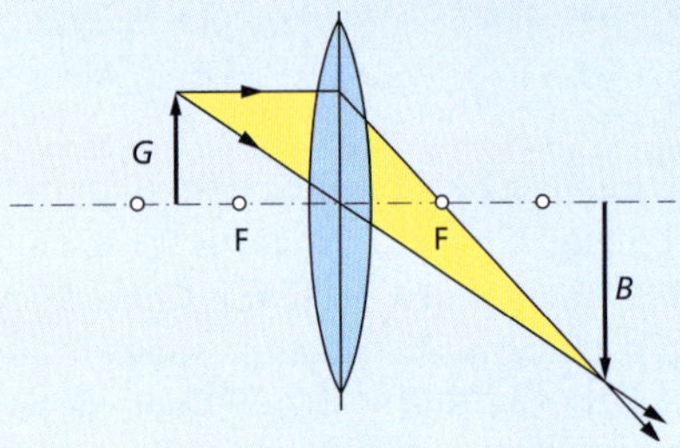	– vergrößert – umgekehrt – seitenvertauscht – reell (wirklich) Das Bild liegt außerhalb der doppelten Brennweite.
in der einfachen Brennweite einer Sammellinse $g = f$	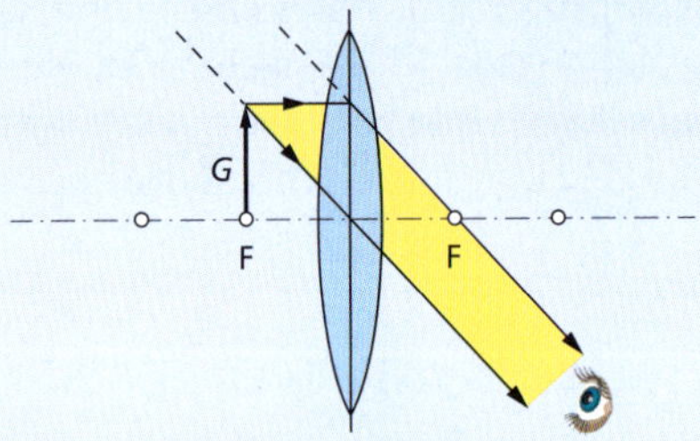	– gebrochene Strahlen verlaufen parallel
innerhalb der einfachen Brennweite einer Sammellinse $g < f$	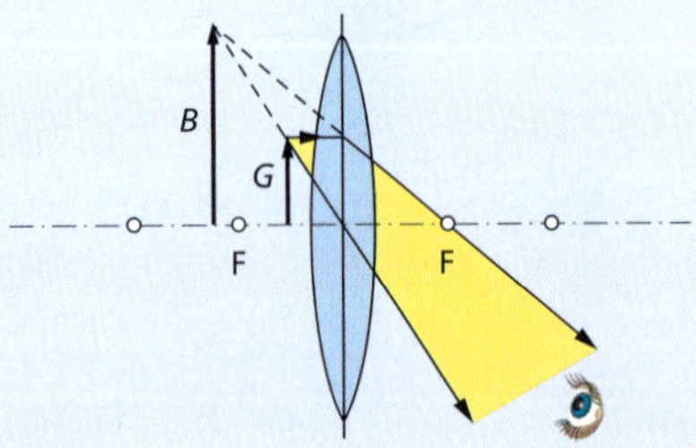	– vergrößert – aufrecht – seitenrichtig – virtuell (scheinbar) Das Bild sieht man auf der gleichen Seite der Linse wie den Gegenstand.

Das menschliche Auge

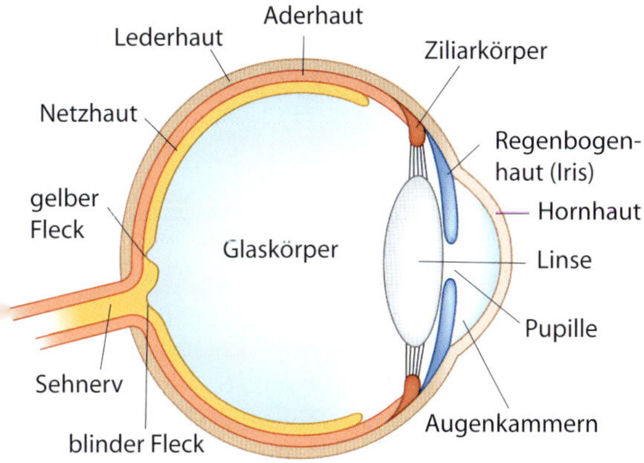

1 Aufbau des menschlichen Auges

Den größten Teil aller Informationen aus unserer Umwelt nehmen wir über unsere Augen wahr.

Das menschliche Auge ist ein kompliziertes Organ, das aus Muskeln, Fasern, Häuten, Nerven und Blutgefäßen besteht (Abb. 1). Hornhaut, Augenflüssigkeit, Augenlinse und Glaskörper bilden ein Linsensystem, das wie eine Sammellinse wirkt. In Skizzen ersetzt man deshalb das komplizierte System des Auges durch eine Sammellinse (Abb. 2). Die Brennweite dieser Linse beträgt etwa 20 mm.

Das bedeutet: Gegenstände, die wir betrachten, befinden sich in der Regel weit außerhalb der doppelten Brennweite. Demzufolge gilt: Fällt von einem Gegenstand Licht auf das Auge, so wird es so gebrochen, dass auf der Netzhaut ein verkleinertes, reelles, umgekehrtes und seitenvertauschtes Bild entsteht (Abb. 2).

Damit von unterschiedlich weit entfernten Gegenständen jeweils ein scharfes Bild auf der Netzhaut entsteht, wird durch ein Muskelsystem die Krümmung der Linse und damit ihre Brennweite stufenlos verändert. Das geschieht unwillkürlich. Bei der Betrachtung naher Gegenstände ist die Augenlinse stärker gekrümmt als bei der Betrachtung entfernter Gegenstände. Die Fähigkeit der Augen, sich unwillkürlich unterschiedlichen Entfernungen anzupassen, nimmt allerdings mit zunehmendem Alter allmählich ab.

Verringert man die Entfernung eines Gegenstands von den Augen immer mehr, so kommt man schließlich bis zu einem Punkt, bei dem man gerade noch ein scharfes Bild sehen kann. Dieser Punkt heißt **Nahpunkt.** Seine Entfernung vom Auge beträgt bei einem normalsichtigen jungen Menschen etwa 10 cm. Mit zunehmendem Alter verschiebt sich dieser Punkt vom Auge weg.

Um die Intensität des einfallenden Lichts zu steuern, besitzt das menschliche Auge eine Blende, die Iris, mit der Pupille als Öffnung.

Das menschliche Sehen funktioniert nur im Zusammenspiel der Augen mit dem Nervensystem. Die von den lichtempfindlichen Zellen der Netzhaut ausgehenden Reize werden an das Gehirn weitergeleitet und dort zu optischen Eindrücken verarbeitet. Wir nehmen aufrechte, seitenrichtige Bilder wahr. Dabei treten drei Besonderheiten auf. Erstens registriert unser Auge einfallendes Licht stets so, als ob es von einem Ausgangspunkt

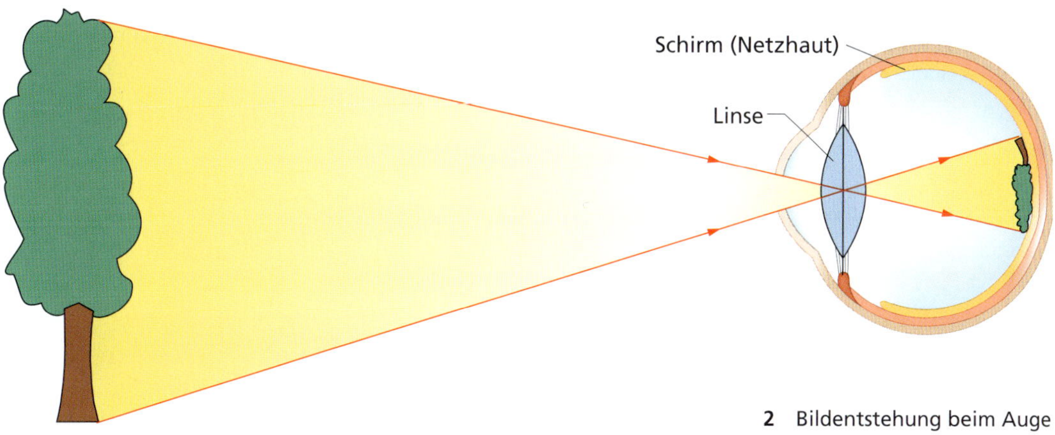

2 Bildentstehung beim Auge

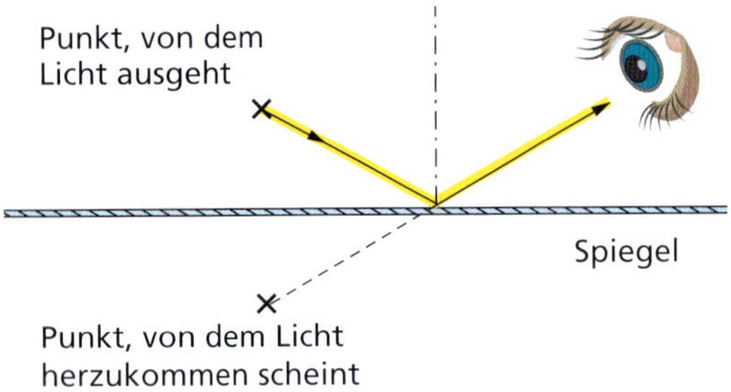

1 Licht wird vom Auge dort wahrgenommen, von wo es herzukommen scheint.

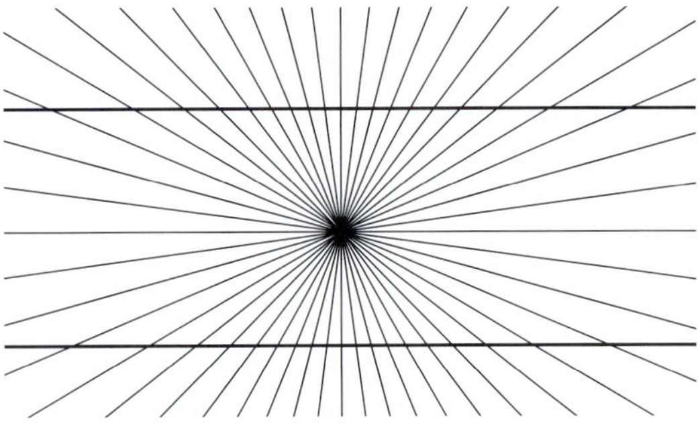

4 Optische Täuschung: Sind die eingezeichneten Waagerechten gerade oder nicht?

aus geradlinig ins Auge fällt. Das gilt auch für Licht, das auf seinem Weg zum Auge reflektiert oder gebrochen wurde. Deshalb sehen wir auch Bilder an Stellen (z. B. hinter Spiegeln), an denen sie in Wirklichkeit gar nicht existieren (Abb. 1).
Zweitens erfolgt die Verarbeitung der optischen Informationen im Gehirn. Deshalb spielen beim Sehvorgang auch Erfahrungen und Stimmungen eine Rolle. Das bedeutet: Verschiedene Personen, die dieselben Gegenstände betrachten, können unterschiedliche optische Wahrnehmungen haben.

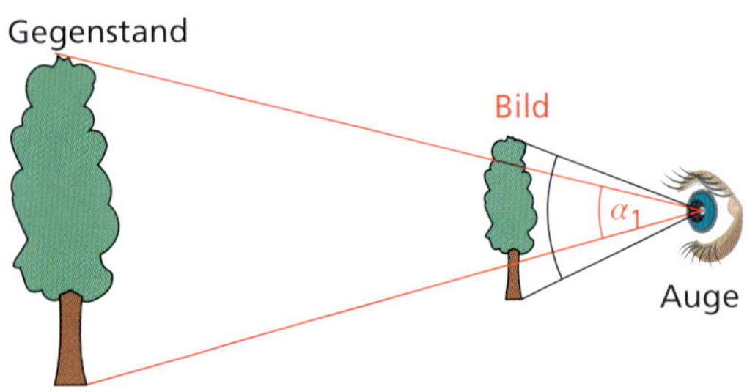

2 Wie groß wir einen Gegenstand sehen, hängt von dem Winkel ab, unter dem wir ihn wahrnehmen. Dieser Winkel wird als Sehwinkel bezeichnet.

Drittens gibt es darüber hinaus zahlreiche optische Täuschungen, also optische Wahrnehmungen, die nicht der Realität entsprechen. Ein einfaches Beispiel dafür zeigt Abb. 4.

Wie groß wir einen Gegenstand wahrnehmen, hängt von dem Winkel ab, unter dem wir ihn sehen (Abb. 2). Je größer dieser **Sehwinkel** ist, desto größer ist das Bild auf der Netzhaut.
Das Auge kann zwei Punkte nur dann als getrennt wahrnehmen, wenn der Sehwinkel zwischen ihnen mehr als 1/60 Grad (0,017°) beträgt. Punkte, die enger zusammenliegen, kann man nicht mehr als einzelne Punkte wahrnehmen. Deshalb können wir bei sehr weit entfernten Gegenständen keine Einzelheiten mehr erkennen.

Häufig auftretende **Sehfehler** sind die **Kurzsichtigkeit** und die **Weitsichtigkeit** (Übersichtigkeit). Diese Sehfehler entstehen, wenn der Augapfel länger als gewöhnlich (Abb. 3) oder kürzer als gewöhnlich (Abb. 5) ist. Beide Arten von Sehfehlern können mit Brillen oder Kontaktlinsen korrigiert werden (s. Übersicht S. 117).

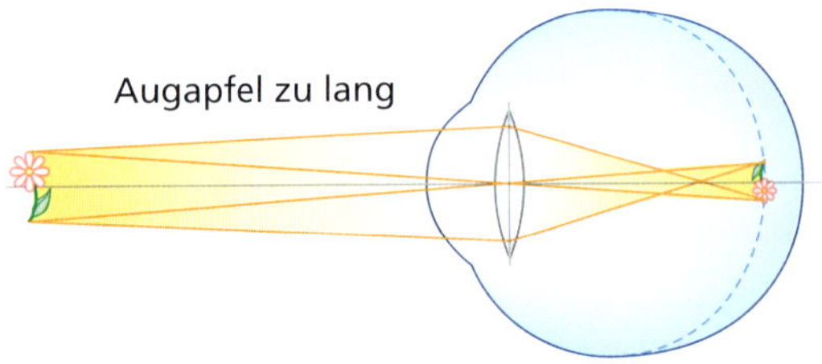

3 Kurzsichtiges Auge: Bild vor der Netzhaut

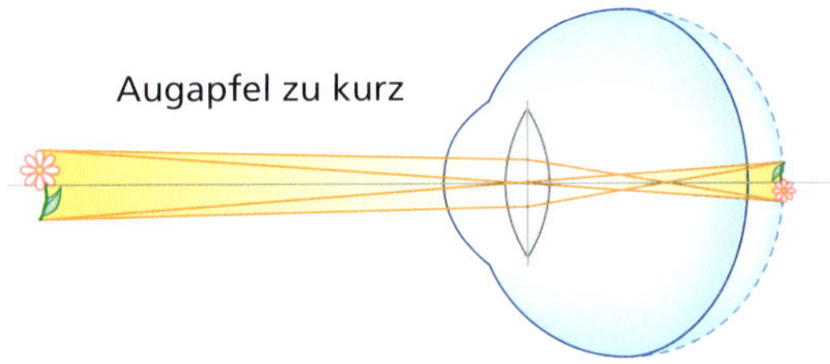

5 Weitsichtiges Auge: Bild hinter der Netzhaut

Wahrnehmung von Gegenständen bei unterschiedlichen Bedingungen

Normalsichtiges Auge

Die Augenlinse ist nicht oder wenig gekrümmt. Gegenstände in einigen Metern Entfernung werden scharf wahr genommen.

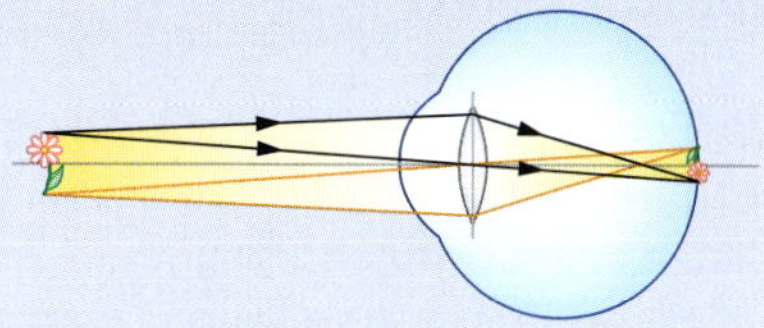

Die Augenlinse ist maximal gekrümmt. Gegenstände in etwa 10 cm Abstand werden von normalsichtigen Jugendlichen scharf wahrgenommen. Bei älteren Personen kann sich die Linse nicht mehr so stark krümmen, sodass Gegenstände in 10 cm Entfernung nicht mehr scharf gesehen werden (Altersweitsichtigkeit).

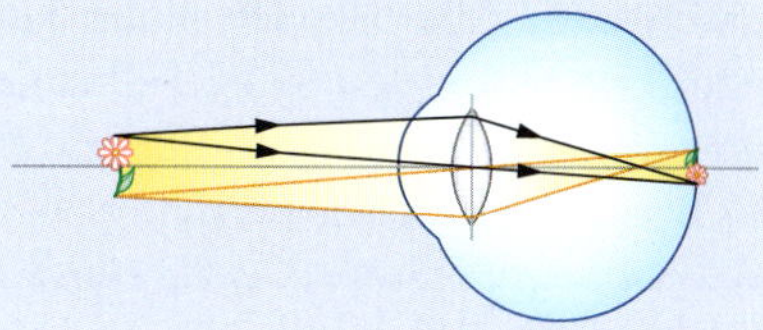

Wenn der Gegenstand noch näher am Auge ist, weitet sich das Lichtbündel so stark auf, dass die Brechkraft des Auges nicht ausreicht, um ein scharfes Bild auf der Netzhaut zu erzeugen.

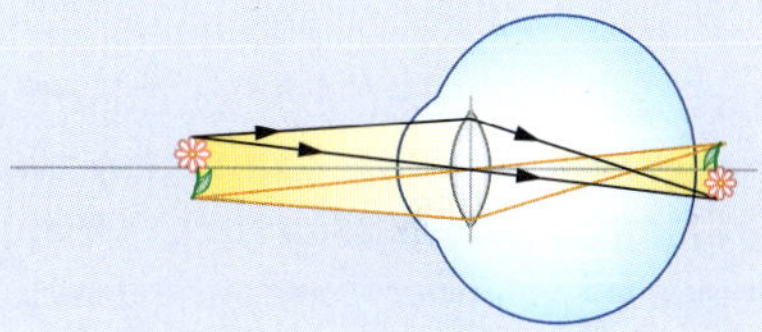

Kurzsichtiges Auge

Bei einem kurzsichtigen Auge ist der Augapfel zu lang. Die Netzhaut befindet sich weiter von der Linse entfernt. Deshalb entsteht bei Gegenständen in größerer Entfernung das Bild vor der Netzhaut. Auf der Netzhaut entsteht ein unscharfes Bild.

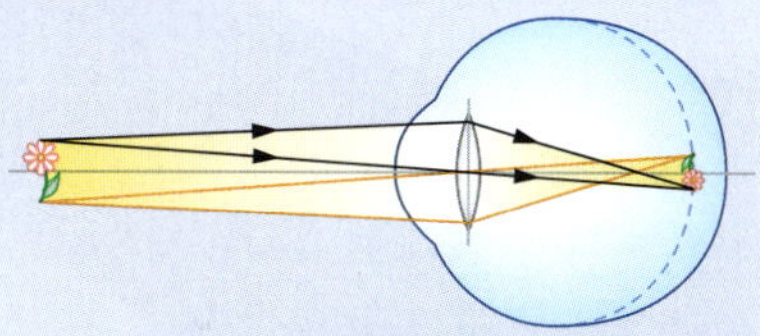

Mit einer Zerstreuungslinse kann diese Fehlsichtigkeit korrigiert werden.

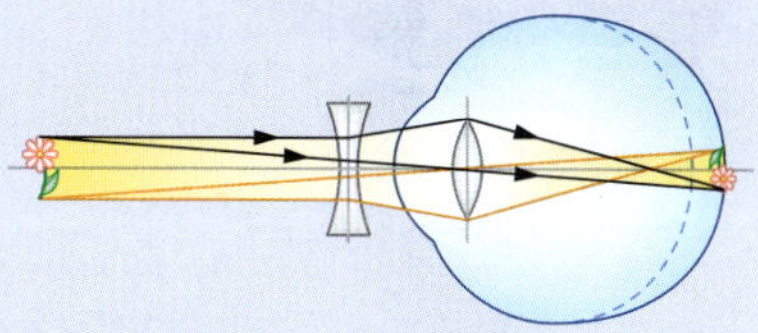

Weitsichtiges Auge

Bei einem weitsichtigen Auge ist der Augapfel zu kurz. Nahe Gegenstände, die ein Normalsichtiger noch scharf sehen kann, kann ein Weitsichtiger nicht scharf auf die Netzhaut abbilden. Ein scharfes Bild entsteht hinter der Netzhaut.

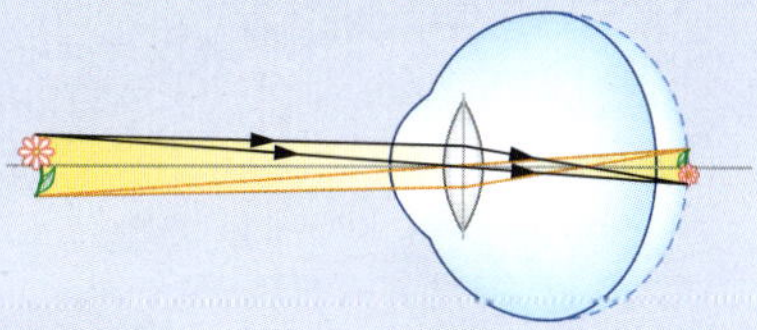

Mit einer Sammellinse kann die Brechkraft erhöht und diese Fehlsichtigkeit korrigiert werden.

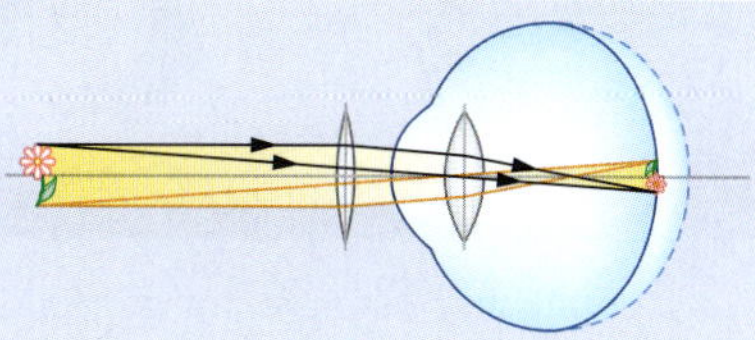

Physik in Natur und Technik

Optische Geräte

Mit Fotoapparaten, Diaprojektoren oder Tageslichtprojektoren werden Bilder auf CCD-Chips, Filmen oder Schirmen erzeugt.
Mit Fernrohren will man weit entfernte Gegenstände, mit Mikroskopen sehr kleine besser sehen. Dabei werden Spiegel, Prismen und Linsen genutzt, bei denen das Reflexionsgesetz und das Brechungsgesetz gelten.
Wie kann man optische Geräte einteilen?
Was bewirken sie?

Nach ihrem Aufbau und der Anordnung der optischen Bauelemente kann man zwischen zwei Gruppen unterscheiden: Bei Fotoapparaten, Videokameras oder Diaprojektoren wird mit einem Linsensystem **(Objektiv)** ein Bild des Gegenstands auf einem Film, CCD-Chip oder einem Schirm erzeugt. Das kann ein vergrößertes (Diaprojektor) oder ein verkleinertes (Fotoapparat) Bild sein. Um ein möglichst scharfes und farbrichtiges Bild zu erhalten, verwendet man als Objektive meist komplizierte Linsensysteme. Sie wirken wie eine Sammellinse. Deshalb sind in Abb. 3 und 4 vereinfacht Sammellinsen gezeichnet. Bei Fotoapparaten werden häufig Objektive mit veränderbarer Brennweite (Zoomobjektive) genutzt.
Dadurch ist es möglich, von einem Gegenstand, der sich in einer bestimmten Entfernung befindet, unterschiedlich große Bilder zu erhalten.
Eine Reihe von optischen Geräten, z. B. Mikroskop oder Fernrohr (s. S. 120 f.), besteht aus zwei Linsensystemen, dem Objektiv und dem Okular. Was für Bilder wir dann sehen, hängt u. a. von der Anordnung dieser Bauteile ab. Nachfolgend werden einige optische Geräte genauer betrachtet.

1 Spiegelreflexkamera mit einem Zoomobjektiv

2 Automatischer Diaprojektor mit Halogenlampe als Lichtquelle

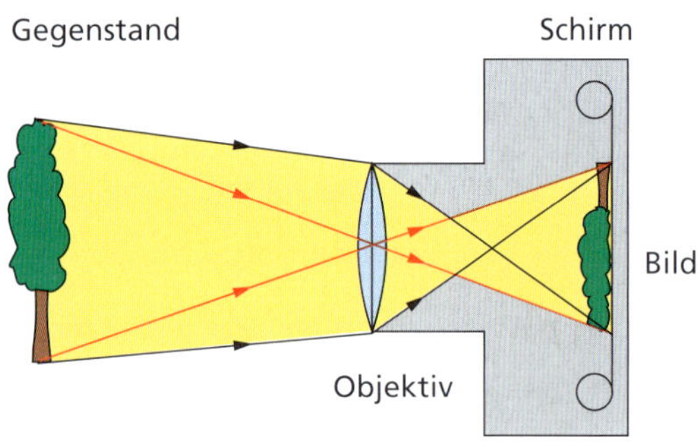

3 Strahlenverlauf beim Fotoapparat: Es entsteht ein verkleinertes Bild.

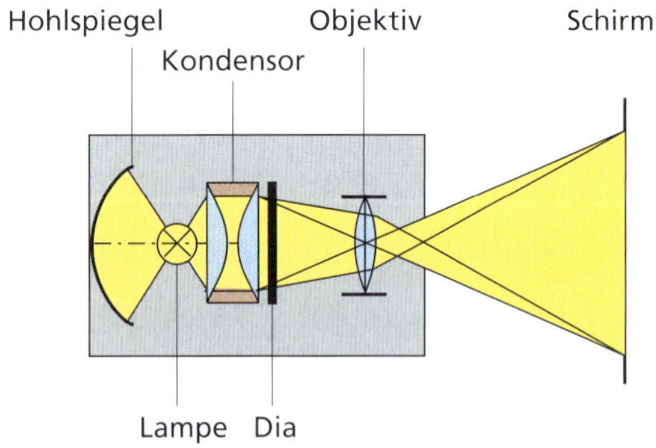

4 Strahlenverlauf beim Diaprojektor: Es entsteht ein vergrößertes Bild.

Die Lupe

Mit dem menschlichen Auge allein können wir nur Gegenstände ab einer bestimmten Größe gut wahrnehmen. Sehr kleine Objekte oder feine Einzelheiten von Körpern können wir mit bloßem Auge häufig nicht sehen oder nicht klar erkennen. Das hängt damit zusammen, dass der Sehwinkel, unter dem wir einen Gegenstand wahrnehmen, zu klein ist. Verändern lässt sich das mit einer Lupe.

Wie ist eine Lupe aufgebaut? Was bewirkt sie, wenn wir einen Gegenstand durch die Lupe hindurch betrachten?

Eine Lupe ist eine Sammellinse mit Halterung. Wenn wir Schrift oder Gegenstände durch eine Lupe hindurch betrachten, sehen wir bei zweckmäßigen Abständen ein aufrechtes, seitenrichtiges und vergrößertes Bild (Abb. 1).

Experiment

Betrachte einen Gegenstand durch eine Lupe! Verändere die Abstände zwischen Lupe und Gegenstand sowie zwischen Lupe und Auge systematisch! Welche Fälle kannst du unterscheiden? Notiere deine Beobachtungen (↗ **M** S. 20, 74)!

1 Ammonit unter einer Lupe: Wir nehmen ein vergrößertes Bild wahr.

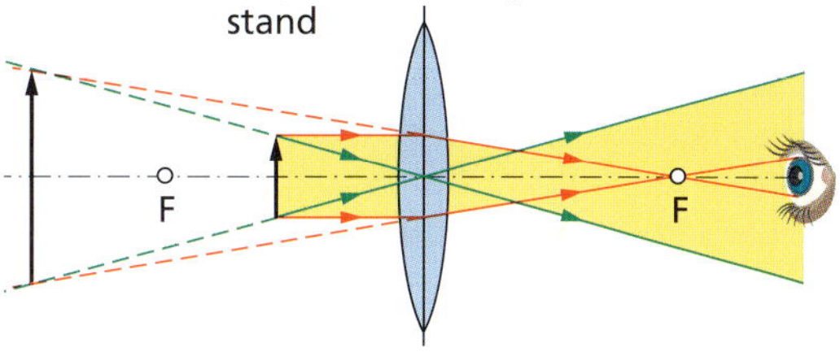

2 Der Gegenstand befindet sich innerhalb der einfachen Brennweite der Lupe.

Ein solches Bild entsteht dann, wenn sich der Gegenstand innerhalb der Brennweite der Sammellinse befindet. Entscheidend dabei ist:

Eine Lupe vergrößert den Sehwinkel und damit die Größe des auf der Netzhaut entstehenden Bilds.

Dieser Sachverhalt ist in Abb. 3 dargestellt. Ohne Lupe sehen wir den Gegenstand unter einem bestimmten Sehwinkel α_1. Bei Nutzung einer Lupe nehmen wir das Bild des Gegenstands unter einem größeren Sehwinkel α_2 wahr. Mit Vergrößerung des Sehwinkels wird auch das auf der Netzhaut entstehende Bild größer. Damit können wir mehr Details erkennen.
Die Vergrößerung liegt bei Lupen meist zwischen 2 und 10. Eine 2-fache Vergrößerung bedeutet: Der Sehwinkel mit Lupe ist etwa doppelt so groß wie ohne Lupe.

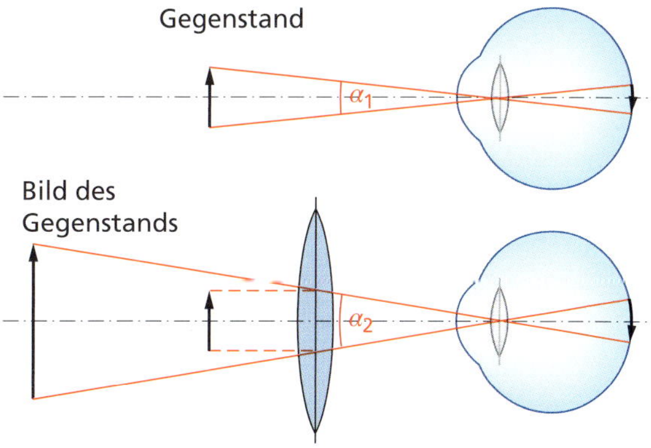

3 Sehwinkel ohne und mit Lupe: Mit dem Sehwinkel ändert sich das Netzhautbild.

Das Mikroskop

Wesentlich stärkere Vergrößerungen als mit einer Lupe kann man mit einem Mikroskop (Abb. 2) erzielen.

Wie ist ein Mikroskop aufgebaut? Wie kommt eine bis zu tausendfache Vergrößerung zustande?

Ein Mikroskop besteht aus zwei Linsensystemen: Das **Objektiv** ist dem Gegenstand zugewandt. Durch das **Okular** wird das Bild betrachtet. Da beide Linsensysteme wie Sammellinsen wirken, zeichnen wir sie vereinfacht als Sammellinsen.

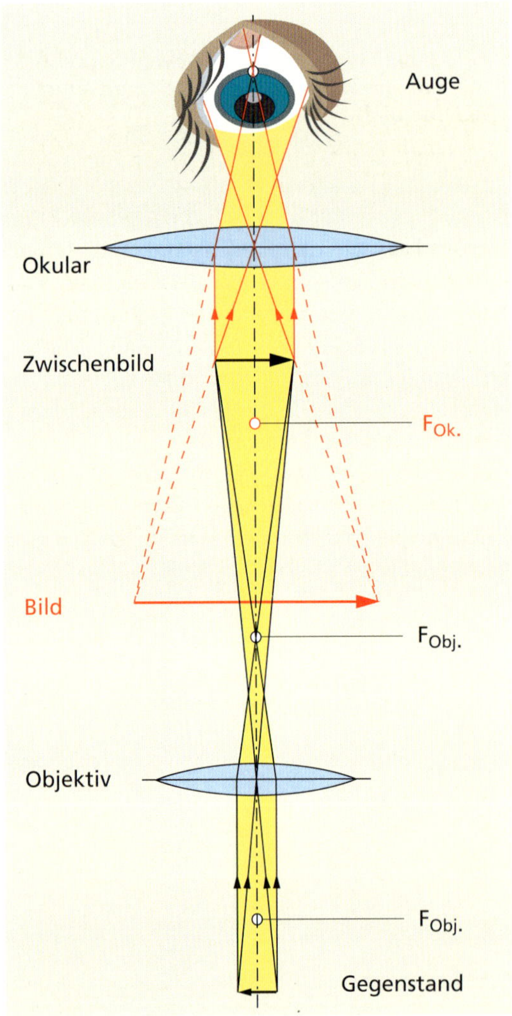

1 Strahlenverlauf am Mikroskop

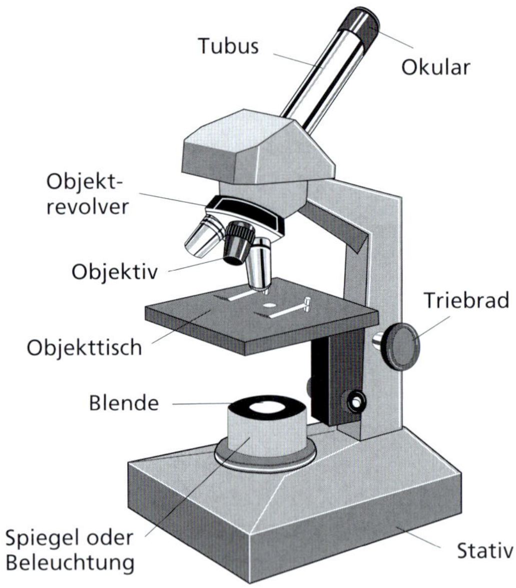

2 Aufbau eines Mikroskops

Das Objektiv hat eine relativ kleine Brennweite. Durch verschiedene Objektive (Abb. 2) erhält man unterschiedliche Vergrößerungen.

Mit dem Objektiv wird ein reelles Bild des Gegenstands erzeugt (Abb. 1). Dieses Zwischenbild wird jedoch nicht auf einem Schirm aufgefangen, sondern von der anderen Seite aus durch das Okular betrachtet. Da sich dieses Zwischenbild innerhalb der Brennweite des Okulars befindet, wirkt dieses wie eine Lupe. Man sieht durch das Okular das vergrößerte Zwischenbild (Abb. 1).

Beim Mikroskop entsteht ein stark vergrößertes, umgekehrtes Bild eines Gegenstands, wobei der Sehwinkel stark vergrößert wird.

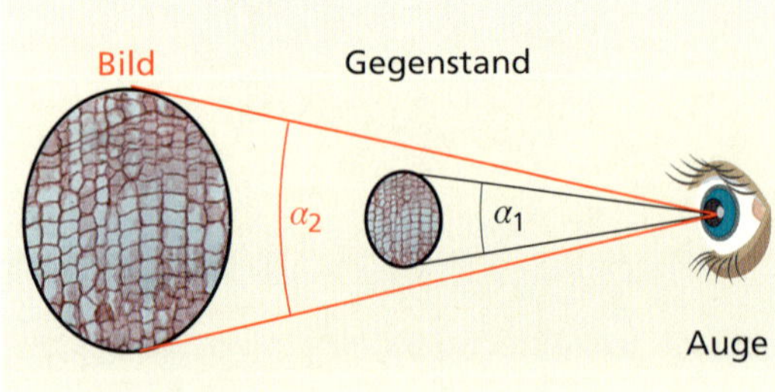

3 Der Sehwinkel ohne und mit Mikroskop

Das Fernrohr

Mit einem **Fernrohr** oder einem **Fernglas** beobachtet man weit entfernte Gegenstände, die zwar relativ groß sind, aber wegen ihrer Entfernung nur unter einem kleinen Sehwinkel wahrnehmbar sind.
Wie ist ein Fernrohr aufgebaut? Warum können wir mit ihm weit entfernte Gegenstände besser erkennen?

Wir betrachten eine der einfachsten Bauformen, das keplersche Fernrohr (Abb. 2). Es besteht aus **Objektiv** und **Okular,** die beide wie beim Mikroskop als Sammellinsen wirken. Der Abstand der Linsen ist gleich der Summe ihrer Brennweiten. Ähnlich wie beim Mikroskop entsteht durch das Objektiv ein Zwischenbild (Abb. 1), das hier aber kleiner als der Gegenstand ist, da sich dieser weit außerhalb der doppelten Brennweite befindet. Dieses Zwischenbild wird durch das Okular betrachtet, das wie eine Lupe wirkt. Insgesamt entsteht ein verkleinertes, umgekehrtes Bild des Gegenstands. Dass wir einen Gegenstand trotzdem besser erkennen, liegt an der Vergrößerung des Sehwinkels (Abb. 3).

Ein Fernrohr vergrößert den Sehwinkel für weit entfernte Gegenstände und damit die Größe des auf der Netzhaut entstehenden Bilds.

Bei Ferngläsern wird das Bild z. B. durch Prismen um 180° gedreht, sodass wir dort ein aufrechtes Bild sehen.

2 Astronomische (keplersche) Fernrohre

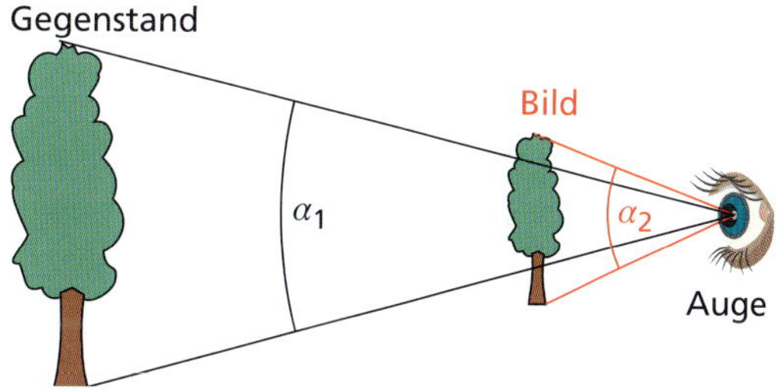

3 Der Sehwinkel ist mit einem Fernrohr größer als ohne Fernrohr.

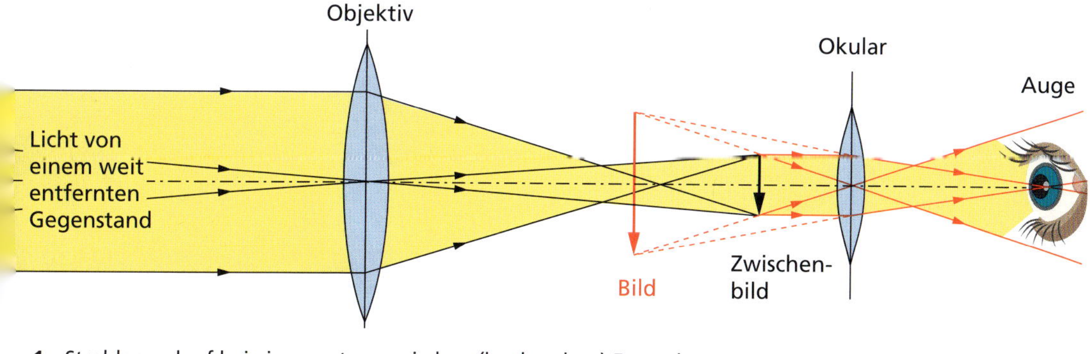

1 Strahlenverlauf bei einem astronomischen (keplerschen) Fernrohr

Mosaik

Carl Zeiss – ein Name mit Tradition

Am 10. Mai 1846 reichte der 30-jährige Mechaniker Carl Zeiss (1816–1888) bei der Landesdirektion in Weimar das Gesuch ein, ihm die Gründung einer mechanischen Werkstatt in Jena zu gestatten. Am 17. November 1846 war es so weit: Carl Zeiss eröffnete seine Werkstatt für Feinmechanik und Optik in Jena, Neugasse 7.

Schon 1847 begann er mit der Fertigung einfacher Mikroskope, die er immer weiter verbesserte. Allerdings gab es ein Problem: Der Bau der Mikroskope erfolgte nicht auf wissenschaftlicher Grundlage, sondern man war auf Probieren angewiesen, eine sehr unsichere und aufwendige Methode. Deshalb suchte Zeiss nach einem wissenschaftlichen Berater und fand ihn 1866 in dem jungen, noch unbekannten Physiker Ernst Abbe (1844–1905). Diese Zusammenarbeit von Wissenschaftler und Handwerker erwies sich als äußerst konstruktiv.

Ernst Abbe wurde 1870 Professor an der Universität Jena, gründete dort 1874 das Physikalische Institut und war zeitweise auch Direktor der Universitätssternwarte. Sehr schnell schuf er eine Theorie des Mikroskops, auf deren Grundlage ab 1872 alle Zeiss-Mikroskope gebaut wurden. Auch zur Entwicklung von hochwertigen Objektiven und Fernrohren hat Abbe wesentlich beigetragen.

1 Werkstatt von Carl Zeiss (1864)

Das alles führte die kleine Werkstatt schnell zu Weltruhm. Sie entwickelte sich in wenigen Jahren zum Großbetrieb, der unter dem Namen „Carl Zeiss Jena" weltberühmt wurde.

2 Planetarien von der Firma Zeiss werden in vielen Ländern genutzt.

Das Unternehmen Carl Zeiss, das 1996 sein 150-jähriges Bestehen feierte, ist heute in vielen Bereichen ein technologisch führendes Unternehmen. Zur Produktionspalette gehören beispielsweise Spezialmikroskope für die Chirurgie und Geräte für medizinische Untersuchungen (Abb. 3). Außerdem werden große Spiegelteleskope für Sternwarten und Planetarien (Abb. 2) produziert. Flugzeuge und Satelliten nutzen Spezialkameras und Registriergeräte. Gefragt sind bei Kunden in aller Welt hochwertige Ferngläser, Fotoobjektive sowie Geräte zur Erzeugung feinster Strukturen bei der Herstellung von Mikroschaltkreisen.

3 Zur Produktionspalette gehören Geräte zur Untersuchung des Auges.

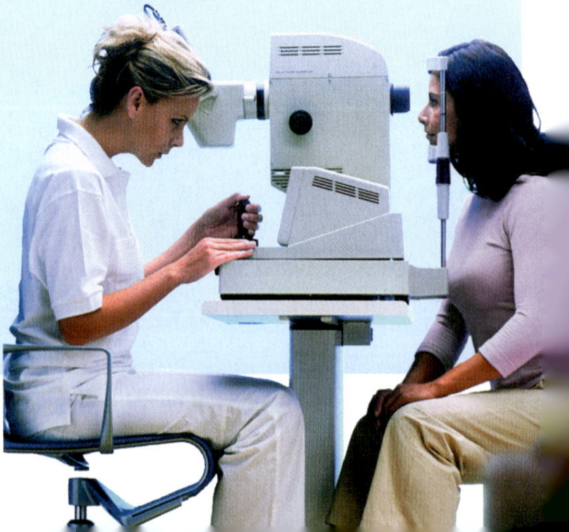

Anwenden einer Formel

Für dünne Linsen und achsennahe Strahlen gilt die folgende Formel, die in der Physik als **Linsengleichung** bezeichnet wird:

$$\frac{1}{f} = \frac{1}{g} + \frac{1}{b}$$

Dabei bedeuten f die Brennweite der Linse, g die Gegenstandsweite und b die Bildweite (s. S. 113).

Wie kann man eine solche bisher nicht im Unterricht behandelte Formel anwenden, um physikalische Probleme zu lösen (↗ M S. 30)?

Wir wollen das nachfolgend an zwei Beispielen verdeutlichen.

Problem 1:

Ein Gegenstand wird mithilfe einer Linse auf einem Schirm scharf abgebildet. Nun wird der Gegenstand etwas weiter von der Linse entfernt (s. Skizze).

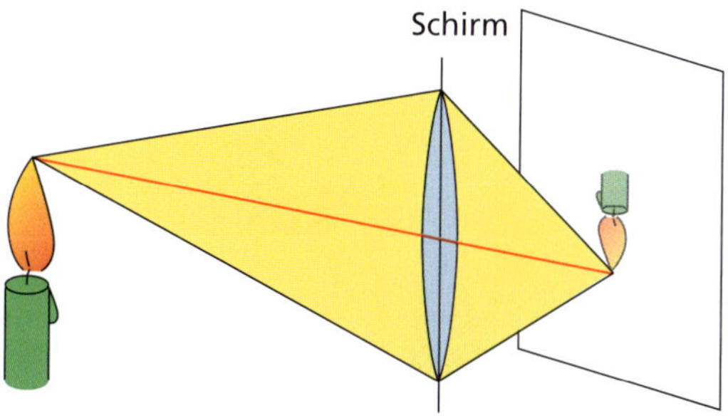

In welche Richtung muss der Schirm verschoben werden, um wieder ein scharfes Bild zu erhalten? Triff mithilfe der Formel eine Vorhersage!

Beim Verschieben des Gegenstands ändert sich die Brennweite f nicht. Demzufolge bleibt auch $\frac{1}{f}$ und damit die linke Seite der Formel gleich. Wird die Gegenstandsweite g vergrößert, so verkleinert sich $\frac{1}{g}$. Also muss $\frac{1}{b}$ größer werden. Das ist dann der Fall, wenn sich b verkleinert.

Das bedeutet: Um dann wieder ein scharfes Bild zu erhalten, muss der Schirm näher an die Linse geschoben werden.

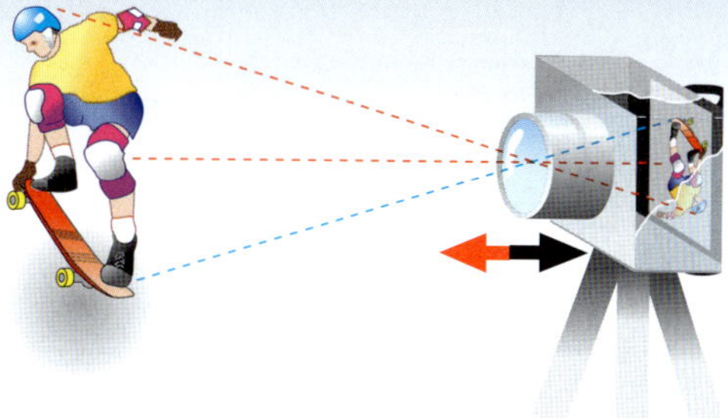

Problem 2:

Ein Fotoapparat hat ein Objektiv mit einer Brennweite von 45 mm. In welchem Entfernungsbereich von der lichtempfindlichen Schicht (Abb. oben) muss die Linse verschiebbar sein, damit man von Gegenständen im Abstand von 0,5 m bis unendlich (Zeichen: ∞) scharfe Bilder erhalten kann?

Analyse:

Die Brennweite f ist konstant. Es muss die Bildweite b bei gegebener Gegenstandsweite g berechnet werden.

Gesucht: b

Gegeben: $f = 45\,\text{mm} = 4{,}5\,\text{cm}$

$g_1 = 0{,}5\,\text{m} = 50\,\text{cm}$

$g_2 \longrightarrow \infty$

Lösung:

Genutzt wird die Linsengleichung. Die Umstellung nach der gesuchten Größe b ergibt:

$$\frac{1}{b} = \frac{1}{f} - \frac{1}{g} \quad \text{oder} \quad b = \frac{f \cdot g}{f - g}$$

$$b_1 = \frac{4{,}5\,\text{cm} \cdot 50\,\text{cm}}{50\,\text{cm} - 4{,}5\,\text{cm}}$$

$$\underline{b_1 = 4{,}9\,\text{cm}}$$

Für sehr große Gegenstandsweiten g wird $\frac{1}{g}$ vernachlässigbar klein. Damit gilt für $g_2 \longrightarrow \infty$:

$$\frac{1}{b_2} \approx \frac{1}{f} \quad \text{oder} \quad b_2 \approx f = 4{,}5\,\text{cm}$$

Ergebnis:

Damit man mit einem Fotoapparat (Objektivbrennweite 45 mm) Gegenstände in Entfernungen zwischen 0,5 m und unendlich scharf aufnehmen kann, muss die Linse in einem Bereich von 0,4 cm = 4 mm verschiebbar sein.

Unter der Internet-Adresse **www.schuelerlexikon.de** findest du für Schüler entwickelte Nachschlagewerke, u.a. für das Fach Physik.

Präsentieren von Informationen

Ergebnisse deiner Arbeit zu einem Thema oder das, was ihr in einer Gruppe erarbeitet habt, sollte den Mitschülern, vielleicht sogar allen Schülern der Schule oder der Öffentlichkeit, präsentiert werden. Für die Präsentation von Informationen gibt es unterschiedliche Möglichkeiten, beispielsweise:

- einen Vortrag halten,
- eine Wandzeitung oder ein Poster für den Physikraum oder den Schulflur gestalten,
- eine Präsentation mit dem Computer anfertigen und vorführen,
- eine Internetseite zu einem Thema gestalten.

Vorbereiten eines Vortrags

1. Verschaffe dir einen Überblick über das Thema! Nutze dazu verschiedene Informationsquellen!

Informationsquellen

- **elektronische Medien:** Film, Fernsehen, CD-ROMs, DVDs
- **Literatur:** Lexika, Sachbücher, Zeitschriften
- **Schulbücher:** Lehrbücher, Tabellenwerke, Schülerlexika
- **Internet:** Suchmaschinen, Direktsuche, www.schuelerlexikon.de

2. Wähle die Schwerpunkte aus, zu denen du etwas vortragen willst! Informiere dich über diese Schwerpunkte genauer!
3. Gliedere den Vortrag! Formuliere die Schwerpunkte in Kurzform schriftlich (z. B. Kärtchen mit Stichwörtern)!
4. Stelle Bilder, Folien oder Plakate bereit, die du für den Vortrag nutzen willst!

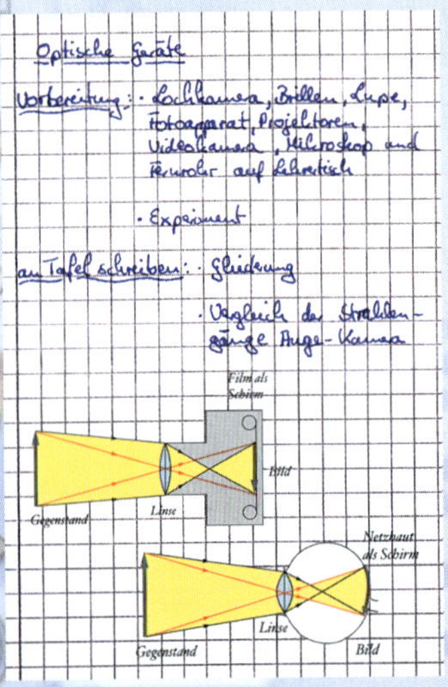

Halten eines Vortrags

1. Wecke am Anfang des Vortrags Interesse und Neugier und nenne das Thema! Beginne mit: „Wusstet ihr überhaupt ... ?" oder „Hättet ihr gedacht, dass ..."
2. Nenne und zeige die Gliederung (Tafel, Folie, Plakat)!
3. Sprich in kurzen Sätzen! Verwende nur Fachbegriffe, die du auch selbst erklären kannst!
4. Bemühe dich, laut, langsam und deutlich zu sprechen! Nutze deine Notizen! Versuche trotzdem, frei zu sprechen und deine Zuhörer anzuschauen!

5. Leite neue Teile deutlich ein, z. B.: „Ein weiterer Punkt ist …“ oder „Als Nächstes möchte ich …“
6. Achte auf die Zeit! Schließe den Vortrag mit einer kurzen Zusammenfassung ab!

Anfertigen einer Wandzeitung oder eines Posters

Wandzeitungen oder Poster eignen sich gut dazu, Informationen und Arbeitsergebnisse der Schulöffentlichkeit vorzustellen. Damit das auch gut gelingt, sollten ein paar Tipps beachtet werden.

1. Jedes Poster hat ein Thema, das über den Inhalt informieren und Neugier wecken soll. Es sollte auffällig (groß, farbig) gestaltet sein.
2. Verwende Abbildungen, Grafiken, Skizzen, Schemata! Gehe sparsam mit Text um!
3. Ordne die Inhalte übersichtlich an!
4. Kennzeichne das, was inhaltlich zusammengehört, mit gleichen Schriftarten, Farben oder Formen! Verwende dabei aber keine zu große Vielfalt!
5. Teste die Erkennbarkeit und Lesbarkeit aus größerer Entfernung!
6. Bei einem umfangreicheren Thema kann man mehrere Poster zu einer kleinen Ausstellung zusammenfassen.

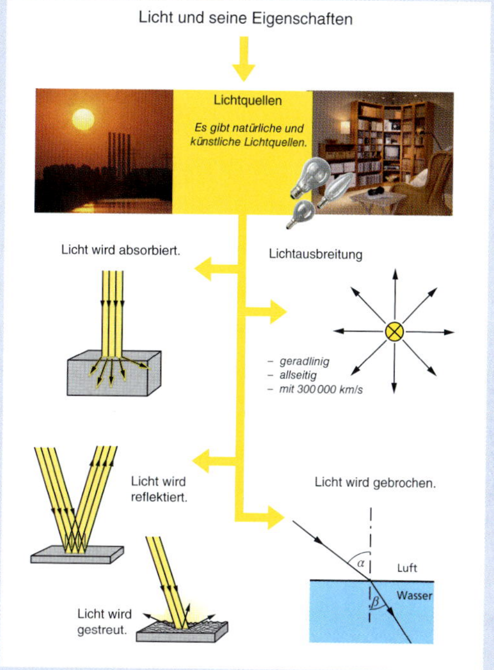

Gestaltung einer Internetseite

Im World Wide Web (www) kann man nicht nur Informationen suchen, sondern auch selbst Informationen präsentieren. Dazu ist eine eigene **Homepage** nötig oder es wird die Homepage der Schule genutzt. Zur Erstellung der Seiten gibt es spezielle Programme.

Für die attraktive Gestaltung von Webseiten gelten die gleichen Hinweise wie für die Anfertigung einer Wandzeitung oder eines Posters. Vorteil ist aber beim Web: Es können auch Animationen, Videos oder Audios mit eingebaut werden. Es können auch schnell Änderungen und Aktualisierungen vorgenommen werden.

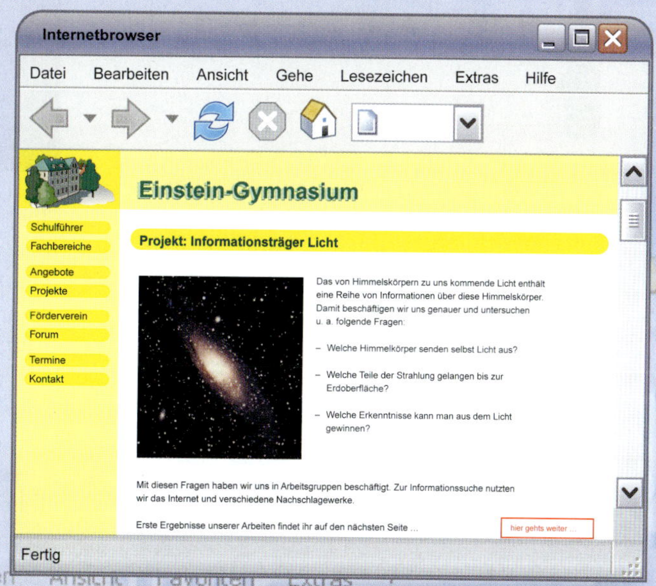

gewusst · gekonnt

1. Mit einer Lochkamera erzeugst du das Bild einer Kerzenflamme.

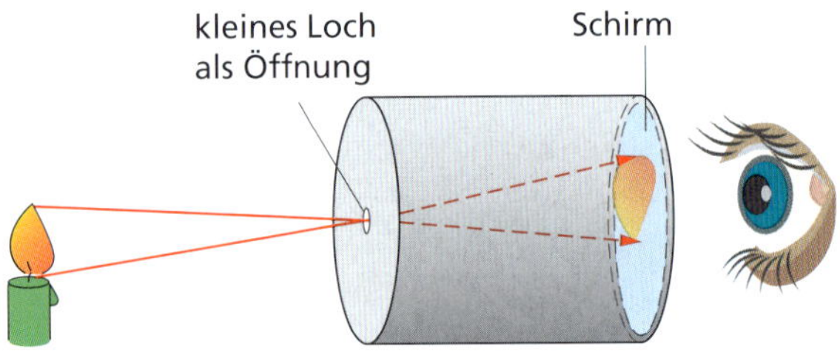

Begründe anhand von Zeichnungen, wie sich die Größe des Bilds ändert, wenn du dich mit der Lochkamera von der Kerze entfernst!

2. Untersuche an einer Lochkamera:
   a) Wie verändert sich die Helligkeit des Bilds mit Vergrößerung des Lochs?
   b) Wie verändert sich mit Vergrößerung des Lochs die Schärfe des Bilds? Nutze zur Begründung die nachfolgende Skizze!

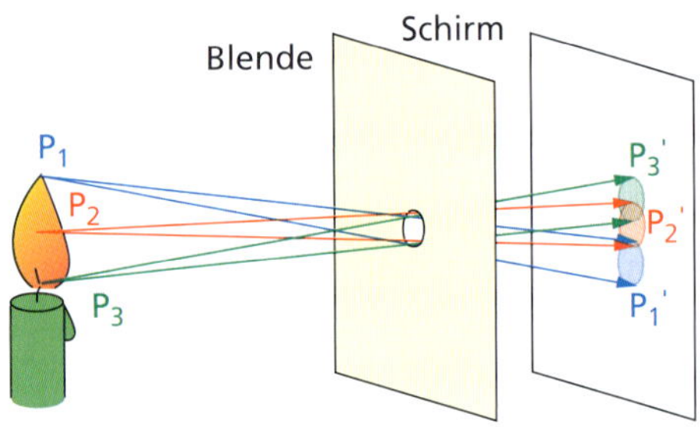

3. Die Abbildung zeigt eine große, begehbare Kammer, die als „camera obscura" bezeichnet wird. In einer solchen Kammer konnte man Bilder von Gegenständen beobachten. Welcher Fehler hat sich eingeschlichen?

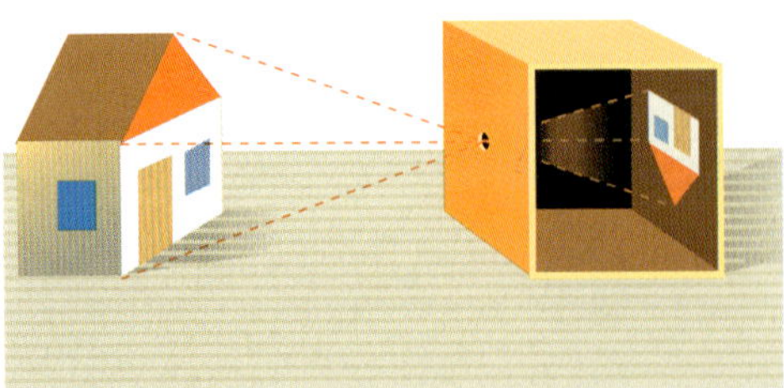

*4. Wenn man im Wald spazieren geht, kann man bei Sonnenschein auf dem Boden unter Bäumen kreisrunde oder ovale helle Flecken erkennen. Man nennt sie Sonnentaler (s. Abb.).

Wie kommen diese Sonnentaler zustande?

5. Beobachte den Lichtfleck, den das Sonnenlicht auf einem Stück Papier erzeugt, wenn du den Abstand Sammellinse – Papier änderst! Finde heraus, welche Stelle am günstigsten ist, um das Papier zu entzünden! **Vorsicht! Es besteht Brandgefahr!** Nutze deshalb nur ein kleines Stück Papier!

6. Überlege dir eine Möglichkeit, wie man die Brennweite einer Sammellinse (Lupe) experimentell bestimmen kann! Prüfe deine Überlegungen!

7. Lege eine durchsichtige Folie auf einen Text mit sehr kleiner Schrift und tupfe vorsichtig einen Tropfen Wasser darauf! Beobachte! Hebe die Folie mit dem Tropfen nun langsam an und beobachte die Buchstaben! Erkläre deine Beobachtungen (↗ M S. 32)!

8. Stelle ein möglichst kugelförmiges Gefäß aus dem Haushalt zwischen eine Kerze und einen Schirm (s. Abb.)! Geeignet ist auch eine Christbaumkugel aus Glas, die du in der Hand halten musst.

Was passiert, wenn du das Gefäß langsam mit Wasser füllst?
Beachte: Eventuell musst du den Abstand Gefäß – Schirm verändern!
Wiederhole den Versuch mit einer quaderförmigen, durchsichtigen Plastikdose!
Beschreibe deine Beobachtungen! Wie könnte man sie erklären (↗ **M** S. 17, 32)?

9. Entferne von einer Dose Deckel und Boden! Du kannst auch von einer Plastikflasche den Boden herausschneiden.
Spanne über eine Öffnung locker eine dehnbare, weiche und durchsichtige Frischhaltefolie! Befestige sie mit Gummiringen!
Lege einige Gegenstände, z. B. Münzen, in eine gläserne Schüssel! Tauche die Dose mit der bespannten, wasserdichten Öffnung nach unten in das Wasser und betrachte die Gegenstände (s. Abb.)!

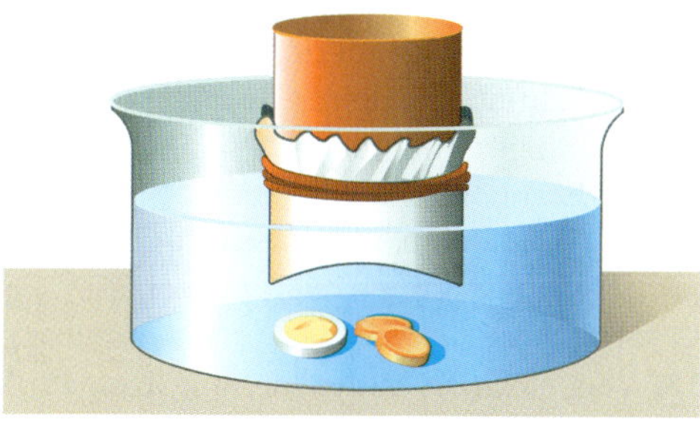

a) Beschreibe deine Beobachtungen und erkläre sie! Was für eine Linsenart hast du hergestellt? Skizziere die Linse!

b) Funktioniert deine Linse auch bei Beobachtungen außerhalb des Wassers? Begründe deine Aussage!

10. Untersuche die Bildeigenschaften von Bildern, die an einer Sammellinse entstehen!
Vorbereitung:
Materialien: Linse mit $f = +100\,\text{mm}$, Kerze, Schirm, Maßstab
Durchführung:
a) Ordne die Kerze so an, dass sich ihre Flamme etwa in Höhe der Linse befindet (s. Abb.)! Stelle die Kerze gegebenenfalls etwas höher!

b) Beginne mit der Gegenstandsweite $g = 30\,\text{cm}$!
c) Verschiebe den Schirm so lange, bis du ein scharfes Bild der Kerze siehst! Miss die Bildweite und trage sie in die Tabelle im Heft ein!
d) Wiederhole den Vorgang für vier weitere Gegenstandsweiten!
e) Übernimm die Tabelle in dein Heft und trage die Werte für die Bildweite b in die Tabelle ein!

Gegenstandsweite g	**Bildweite b**
30 cm	…
25 cm	…
20 cm	…
15 cm	…

Auswertung:
a) Formuliere dein Ergebnis in der Form *„Wenn sich die Gegenstandsweite verkleinert, dann …“.*
b) Konstruiere das Bild für $g = 15\,\text{cm}$!
Wie groß ist dann b?
Vergleiche mit dem gemessenen Wert!
c) Nenne weitere Eigenschaften der erzeugten Bilder!

11. Untersuche verschiedene Gegenstände mit einer Lupe!

a) Ermittle zunächst die Brennweite der Lupe! Beschreibe, wie du dabei vorgehst!

b) Bringe die Gegenstände in eine Entfernung, die kleiner als die Brennweite ist! Was für Bilder sind zu beobachten?

12. Beschreibe den Aufbau eines menschlichen Auges und erkläre die Bildentstehung!

13. An einem Augenmodell kann man den Aufbau und die Bildentstehung beim menschlichen Auge untersuchen (↗ **M** S. 23).

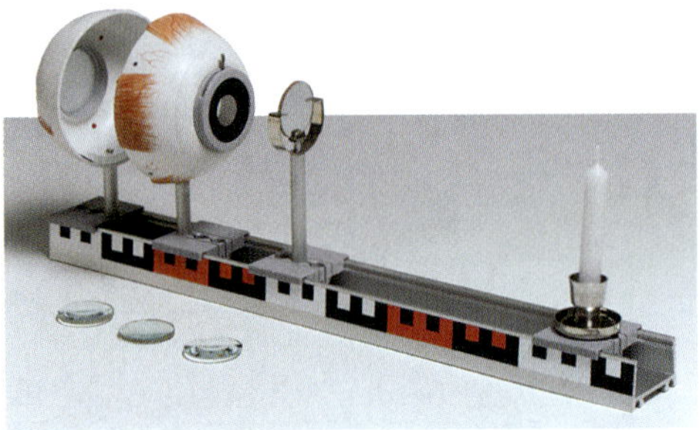

Führe diese Untersuchungen durch!

14. Beim Auge ist der Abstand zwischen Linse und Netzhaut immer gleich. Trotzdem kann man Gegenstände in unterschiedlicher Entfernung scharf sehen.
Wie ist das zu erklären (↗ **M** S. 32)?

15. Kurzsichtige Menschen können zwar nahe Gegenstände mühelos sehen, aber ferne Gegenstände sehen sie verschwommen. Der Augapfel dieser Menschen ist etwas länger als gewöhnlich. Müssen in diesem Falle für eine Brille Sammellinsen oder Zerstreuungslinsen gewählt werden? Begründe deinen Vorschlag!

16. Überprüfe deine Sehschärfe für jedes Auge ohne Brille! Betrachte dazu aus einer Entfernung von 3 Metern die dargestellten Buchstaben und Zahlen!

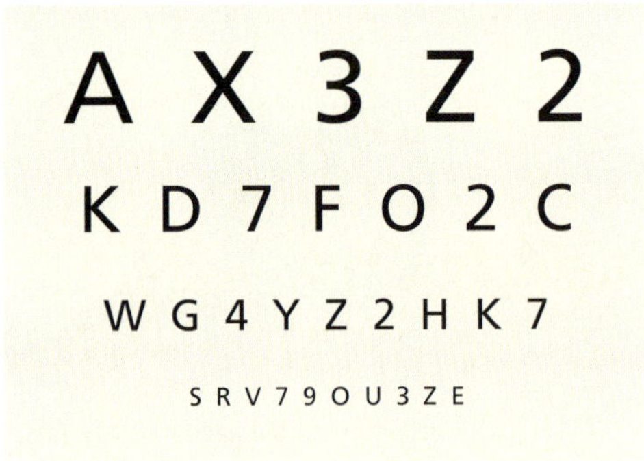

Was kannst du noch erkennen? Bei welcher Größe treten Probleme auf?

17. Die normale Sehschärfe beträgt 100 %. Sie kann aber auch größer oder kleiner sein. Die nachfolgende Übersicht bezieht sich auf eine Entfernung von 5 Metern.

Höhe der Schrift	Sehschärfe
5 mm	145 %
6 mm	120 %
7 mm	100 %
9 mm	80 %
10 mm	70 %
15 mm	50 %
20 mm	35 %
30 mm	25 %

Fertige mit diesen Daten eine Sehtafel an und gehe dabei folgendermaßen vor:

- Schreibe mit dem Computer in jede Zeile einige Großbuchstaben und Zahlen!
- Formatiere die Zeilen so, dass die in der Tabelle genannten Schriftgrößen entstehen! Bestimme deine Sehschärfe!

18. Vergleiche die Bildentstehung in einem Auge mit der in einem Fotoapparat!
Nenne Gemeinsamkeiten und Unterschiede! Gehe dabei insbesondere auf die Teile ein, die für die Bildentstehung notwendig sind!

19. Bestimme für jedes deiner Augen ohne Brille die Entfernung, ab der du nahe befindliche Gegenstände scharf sehen kannst!

20. Beschreibe den Aufbau eines Mikroskops und erläutere dabei die Funktion der einzelnen Teile (↗ **M** S. 289)!

21. Untersuche mit einem Mikroskop verschiedene Pflanzenteile!

22. Für die Abbildung eines Gegenstands auf einem Schirm steht nur ein Stück einer Linse zur Verfügung. Der übrige Teil der Linse ist abgedeckt.

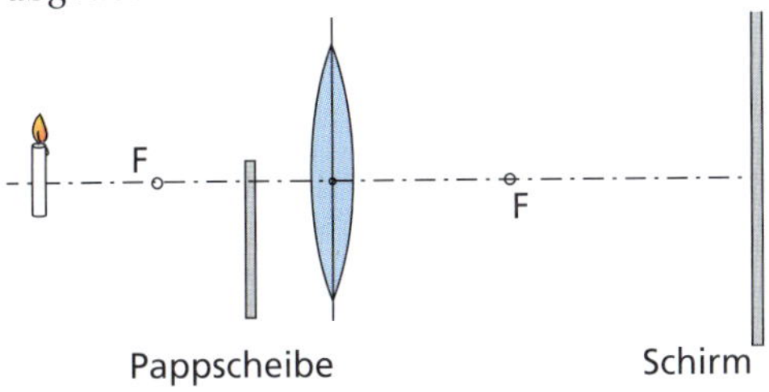

Kann man mit diesem Linsenstück ein Bild erzeugen? Worin unterscheidet sich dieses Bild von einem Bild mit einer Linse ohne Abdeckung?

23. Vor einer Sammellinse mit einer Brennweite von 4 cm steht in 6 cm Entfernung von der Linsenebene ein 2 cm großer Gegenstand.

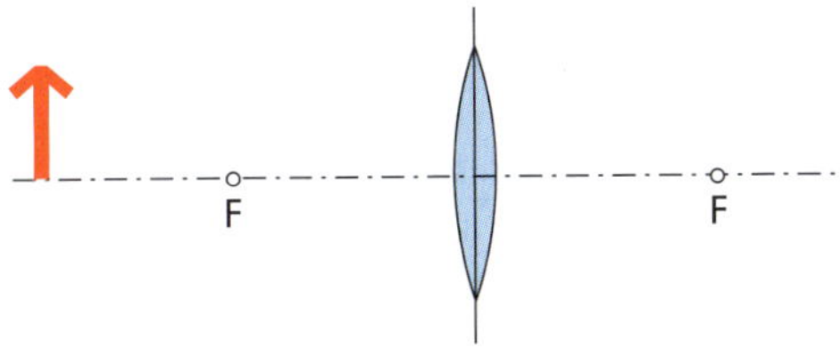

a) Konstruiere im Heft das Bild des Gegenstands! Bestimme die Größe des Bildes und die Bildweite!

*b) Berechne die Bildweite und vergleiche mit dem Ergebnis von a (↗ **M** S. 30)!

24. Mithilfe einer Sammellinse wird eine brennende Kerze auf einem Schirm scharf abgebildet. Die Sammellinse hat eine Brennweite von $f = 100$ mm. Die Kerze steht 150 mm vor der Linse.
Ermittle zeichnerisch und rechnerisch, in welcher Entfernung von der Linse der Schirm aufgestellt sein muss!

25. Eine Kerzenflamme soll mit einer Sammellinse $f = 4$ cm auf einem Schirm scharf abgebildet werden. Das Bild soll
a) vergrößert,
b) verkleinert,
c) gleich groß
wie der Gegenstand sein.
Welche Abstände müssen Kerze, Linse und Schirm voneinander haben? Fertige für jeden Fall eine Zeichnung an!

26. Führe mit einer Sammellinse (Lupe) folgende Untersuchungen durch:

a) Bestimme experimentell die Brennweite!

b) Betrachte durch die Linse einen Gegenstand! Verändere systematisch den Abstand zwischen Linse und Gegenstand! Beobachte und beschreibe die Bilder!

***27.** Unser Auge hat eine Brennweite von etwa 20 mm, wenn die Linse auf sehr weit entfernte Gegenstände eingestellt ist.

a) Wie groß ist in diesem Fall die Bildweite?

b) Wie ändert sich die Brennweite der Augenlinse, wenn ein Gegenstand in 25 cm Entfernung (deutliche Sehweite) betrachtet wird?

28. Bei einem Fernglas findet man die Angabe 8x21, bei einem anderen Fernglas die Angabe 7 - 21 x 40.
Was bedeuten diese Angaben?

Bilder durch Öffnungen und Linsen, optische Geräte

Das scharfe Bild eines Gegenstands entsteht dann, wenn jedem Gegenstandspunkt ein Bildpunkt zugeordnet werden kann.

Bild durch eine Öffnung

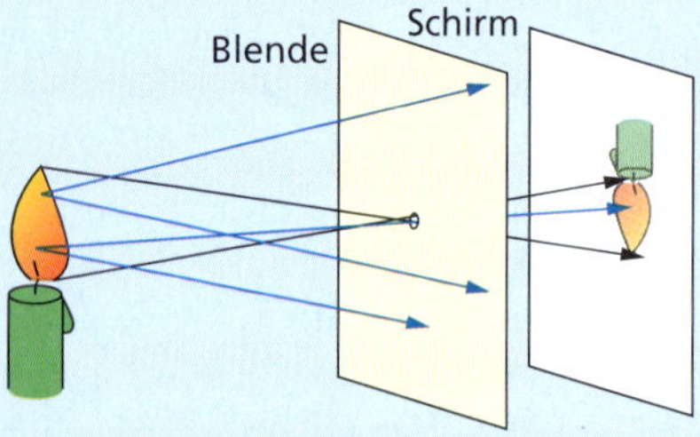

Bild durch eine Sammellinse

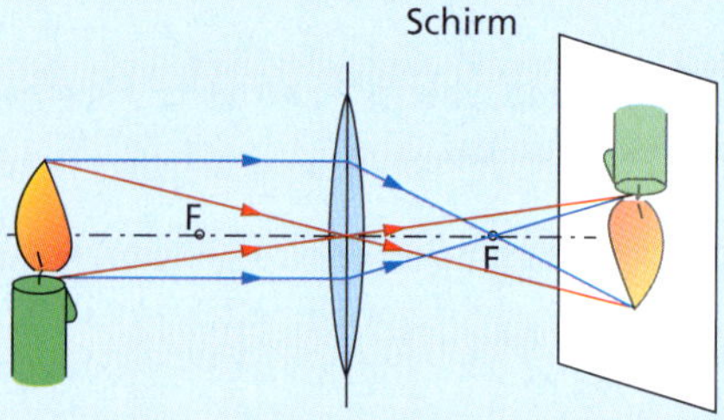

Mit unseren Augen nehmen wir ein Objekt wahr, wenn Licht von ihm in Form eines divergenten Lichtbündels ins Auge gelangt.

Zur Konstruktion des Bilds eines Gegenstands an einer dünnen Sammellinse können **Parallelstrahlen, Mittelpunktstrahlen** und **Brennpunktstrahlen** genutzt werden.

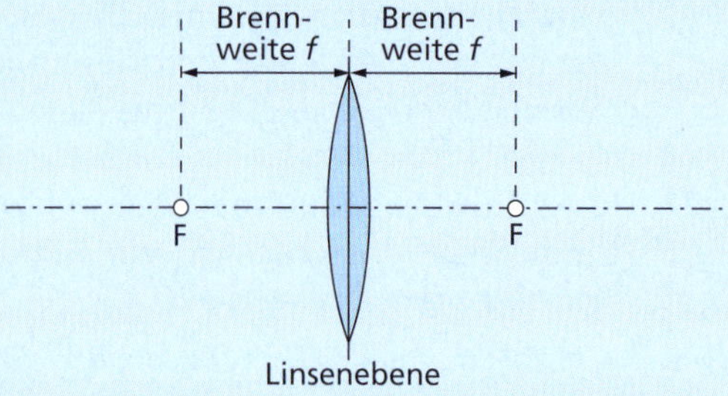

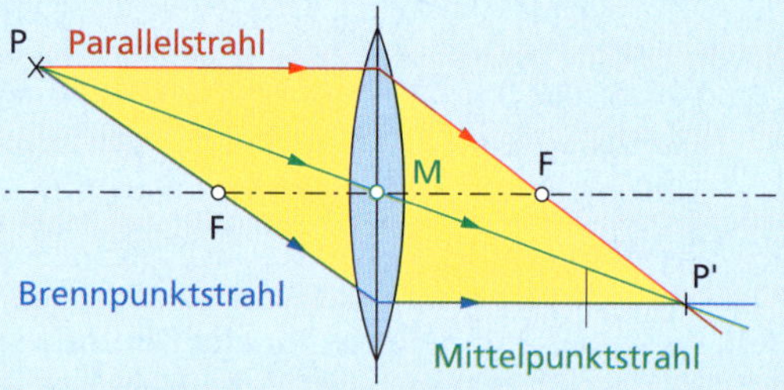

Sammellinsen werden zur Erzeugung von Bildern bei Auge, Fotoapparat, Lupe, Mikroskop, Diaprojektor und Fernrohr genutzt. Die Bilder können kleiner oder größer als der Gegenstand sein oder die gleiche Größe haben.
Entscheidend für die von uns wahrgenommene Bildgröße ist der **Sehwinkel.**

Lupe/Mikroskop

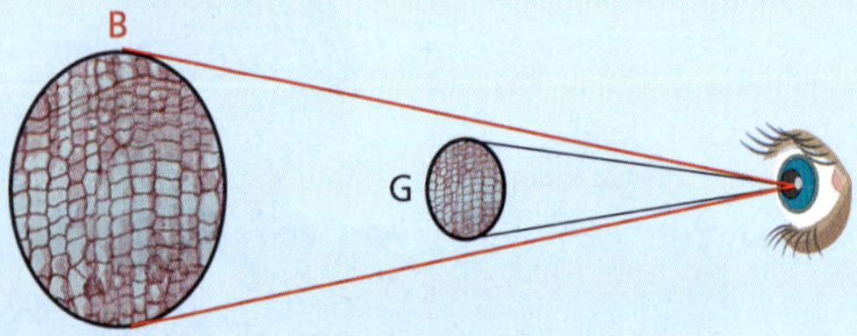

Der Sehwinkel für sehr kleine Objekte wird vergrößert.

Fernrohr/Fernglas

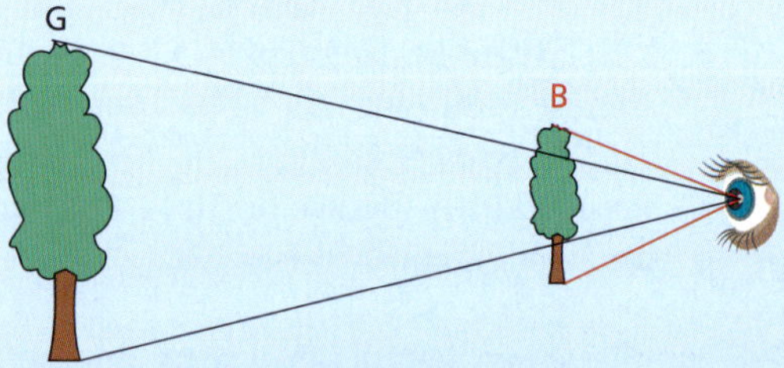

Der Sehwinkel für weit entfernte Objekte wird vergrößert.

4.4 Farben

Ein prächtiges Farbband

Wenn nach einem Regenschauer die Sonne hervorkommt, kann man manchmal das herrliche Schauspiel eines Regenbogens beobachten. Dabei ist auffällig, dass bestimmte Farben immer in einer bestimmten Reihenfolge auftreten.

Wie kommt ein Regenbogen zustande?

Wie ist die Reihenfolge der Farben zu erklären?

Farbige Bildschirme

Betrachtet man einen Bildschirm mit einer Lupe, so sieht man nur rote, grüne und blaue Bildpunkte. Die Bilder können aber auch gelb, braun oder orange sein.

Wie kommen diese unterschiedlichen Farben auf einem Bildschirm zustande?

Die Farben des Malers

Ein Gemälde wie das oben stehende Bild enthält eine Vielzahl von Farben. Auch in der Natur können wir viele Farbtöne beobachten, obwohl es nur wenige Grundfarben (Spektralfarben) gibt.

Wie kommt diese Farbenvielfalt zustande?

Wie kann man sich beim Malen durch Mischen unterschiedliche Farben und Farbtöne herstellen?

Zerlegung von weißem Licht

Die Sonne oder Halogenlampen senden weißes Licht aus. Wenn ein schmales Bündel von diesem Licht auf ein Prisma gelenkt wird, dann entsteht hinter dem Prisma ein prächtiges Farbband (Abb. 1). Wir nennen es **Spektrum.** Diese Erscheinung der Auffächerung von weißem Licht in verschiedene Lichtsorten lässt sich so erklären:

Weißes Licht ist aus verschiedenen Lichtsorten zusammengesetzt, wobei wir die verschiedenen Lichtsorten als verschiedene Farben wahrnehmen.

Wenn man eine der Lichtsorten ausblendet und diese eine Lichtsorte durch ein Prisma lenkt, dann erfolgt keine weitere Auffächerung des Lichts (Abb. 2). Die einzelnen Lichtsorten des Spektrums können nicht weiter zerlegt werden. Es sind sogenannte reine Lichter. Die Farben, die dabei auftreten, kann man auch bei einem Regenbogen beobachten.

Experiment

a) Halte ein Prisma vor dein Auge und schaue hindurch! Notiere deine Beobachtungen!

b) Lege einen dünnen Streifen Papier auf eine dunkle Fläche vor dich und betrachte ihn durch das Prisma!

Notiere deine Beobachtungen!

c) Ersetze den weißen Papierstreifen durch verschiedene andersfarbige Papierstreifen. Notiere wieder deine Beobachtungen!

d) Nimm an, dass Licht ein Gemisch aus verschiedenfarbigen Lichtsorten ist. Versuche, damit deine Beobachtungen zu erklären!

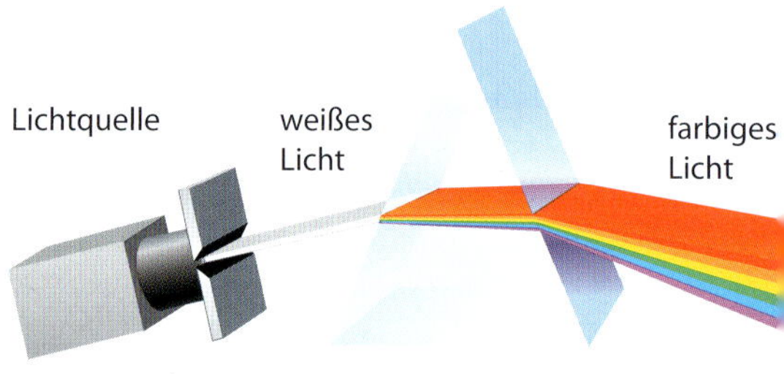

1 Zerlegung von weißem Licht durch ein Prisma: Man erhält verschiedene Lichtsorten.

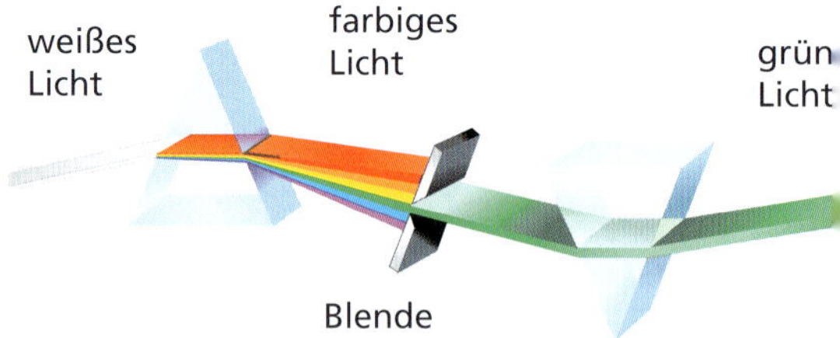

2 Das Licht einer Lichtsorte ist nicht weiter zerlegbar.

In der Physik werden die Lichtsorten, die man mit einem Prisma aus weißem Licht erhält, als **Spektralfarben** bezeichnet. Sie treten bei Prismen und beim Regenbogen immer in der gleichen Reihenfolge auf.
Es ist üblich, die Farben, die wir am intensivsten wahrnehmen, als Spektralfarben zu bezeichnen.

Spektralfarben sind die Farben Rot, Orange, Gelb, Grün, Blau und Violett.

Vereinigt man das Licht aller Spektralfarben wieder, z.B. mit einer Sammellinse (Abb. 2), dann entsteht weißes Licht.

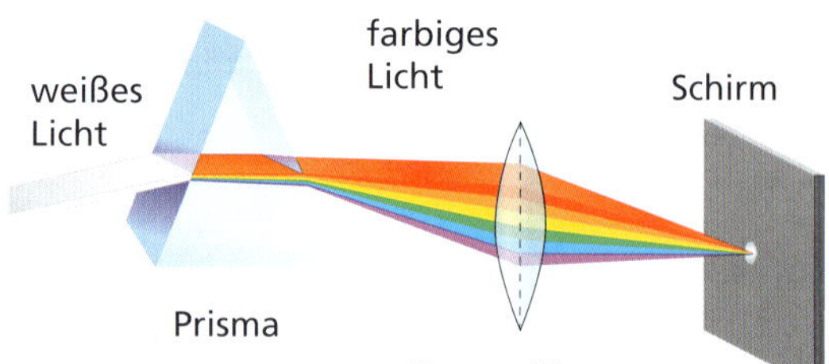

3 Die Vereinigung aller Spektralfarben ergibt Weiß.

Die Farbe von gemischtem Licht

Die Mischung von verschiedenen Lichtsorten finden wir an vielen Stellen: In der Disco leuchten verschiedenfarbige Lampen. Straßenlampen senden weißes oder gelbes Licht aus. Wenn man verschiedene Lichtsorten mischt, nehmen wir unterschiedliche Farben wahr.

1 Verschiedenfarbiges Licht ergibt eine Mischfarbe.

Experiment

a) Betrachte einen Bildschirm, auf dem ein gelber Bereich zu sehen ist, durch eine Lupe!

b) Stelle das Buch geöffnet hin und betrachte das folgende Bild aus immer größerer Entfernung. Notiere deine Beobachtung!

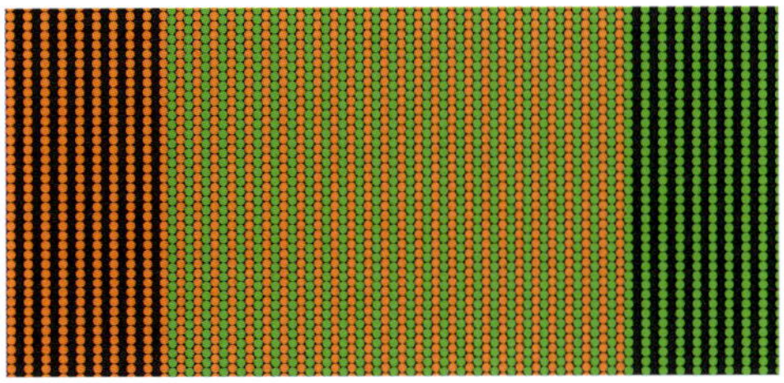

Für unsere Wahrnehmung gilt:

Wenn mehrere Lichtsorten zugleich auf die gleiche Stelle der Netzhaut treffen, dann nehmen wir eine Mischfarbe wahr.

Diese Farbwahrnehmung kann verschiedene Ursachen haben (s. Übersicht unten).

Eine Lichtquelle oder ein Gegenstandspunkt sendet gleichzeitig mehrere Lichtsorten aus, die zusammen auf die gleiche Stelle der Netzhaut fallen.	Beispiel: Das Licht einer Energiesparlampe sendet gleichzeitig rotes, grünes und blaues Licht aus.	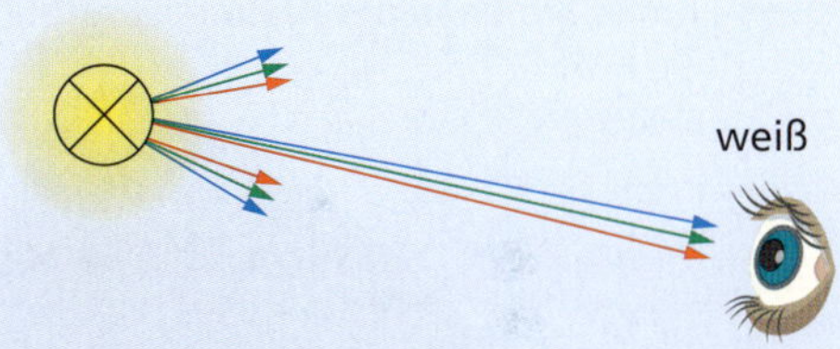
Das Licht von drei verschiedenfarbigen Lichtquellen wird vom gleichen Gegenstandspunkt ins Auge gestreut.	Beispiel: Der Physiklehrer lenkt aus drei Lampen blaues, grünes und rotes Licht an die gleiche Stelle einer weißen Wand.	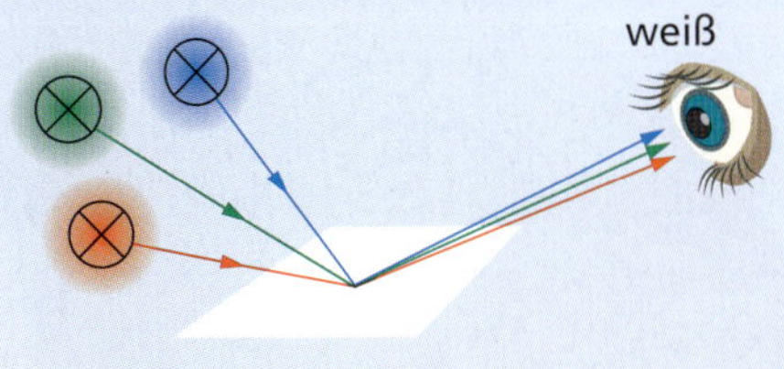
Drei Lichtquellen liegen so dicht beisammen, dass sie vom Auge nicht getrennt werden können. Ihr Licht gelangt auf dieselbe Stelle der Netzhaut.	Beispiel: Ein Bildschirm besteht aus kleinen, sehr eng liegenden Bereichen, die rot, grün oder blau leuchten können. Wenn alle drei Sorten gleich hell leuchten, sieht man Weiß.	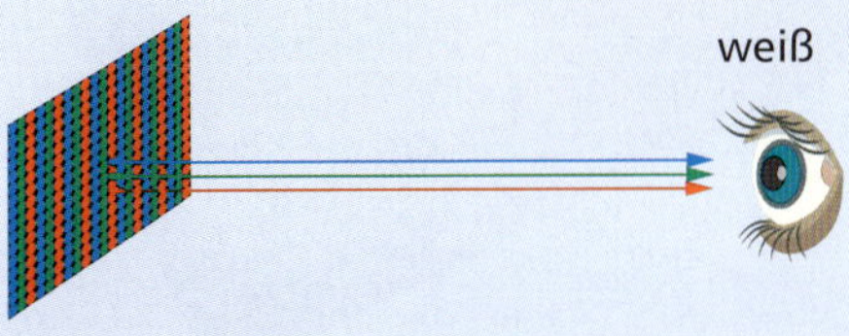

2 Die Wahrnehmung von Weiß kann unterschiedlich zustande kommen.

Additive Farbmischung

Bei der additiven Farbmischung werden verschiedene Lichtsorten auf dieselbe Stelle gelenkt und überlagern (addieren) sich. Welche Farbe wir dann wahrnehmen, hängt nicht nur von den Lichtsorten, sondern z. B. auch von der Intensität des Lichts ab. Die Mischfarbe, die wir sehen, kann man mithilfe einer **Farbtafel** (Abb. 1) vorhersagen.
Eine solche Farbtafel enthält auf dem Rand die Spektralfarben in einer bestimmten Anordnung. Dazwischen befinden sich Mischfarben.
Zur Mitte der Farbtafel hin werden die Mischfarben immer blasser. In der Mitte ist Weiß (Punkt S in Abb. 1).

> **Wenn man verschiedene Farbsorten additiv mischt, kann man den dann entstehenden Farbeindruck mithilfe einer Farbtafel vorhersagen.**

Die Farbtafel ist so konstruiert, dass sich die entstehende Mischfarbe aus dem Schwerpunkt S der zu mischenden Farben in der Farbtafel ergibt.

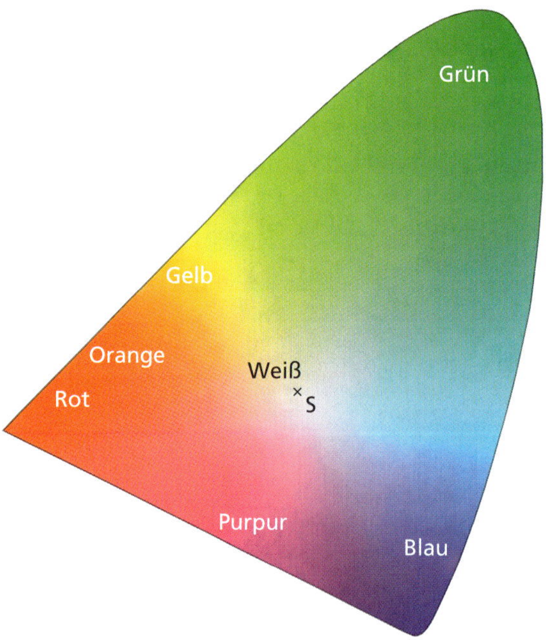

1 Farbtafel für additive Farbmischung

Betrachten wir dazu einige Beispiele von solchen Farbmischungen.
Beispiel 1:
Die additive Mischung von Rot, Grün und Blau ergibt Weiß.

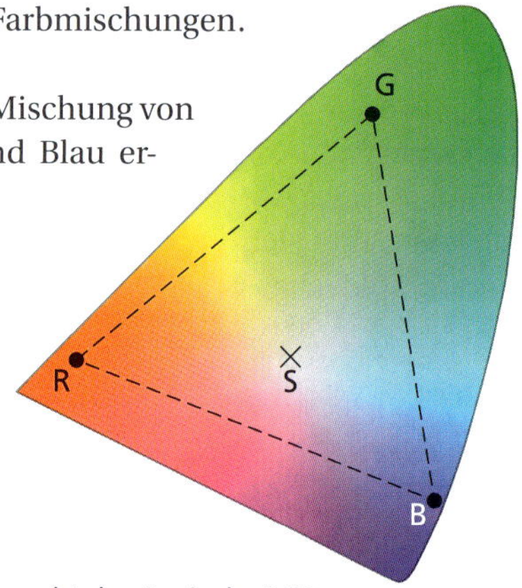

2 Der Schwerpunkt des Dreiecks RGB liegt im weißen Bereich der Farbtafel.

Diese Vorhersage kann man experimentell prüfen, indem man die Farbsorten Rot, Grün und Blau in gleicher Intensität auf eine Stelle einer weißen Wand projiziert.

Experiment

Es ist verblüffend, dass man den Schwerpunkt auch durch Ausbalancieren bestimmen kann. Übertrage dazu die Farbtafel (Abb. 1 oder Internet) auf einen Karton. An diesen hängen wir je ein Wägestück mit 100 g. Durch Ausbalancieren erhalten wir als Mischfarbe Gelb.
Wenn man den Rotanteil doppelt so groß wählen will, muss an die entsprechende Schlaufe ein Körper der Masse 200 g gehängt werden. Nun erhält man als Mischfarbe Orange (s. Skizze unten).

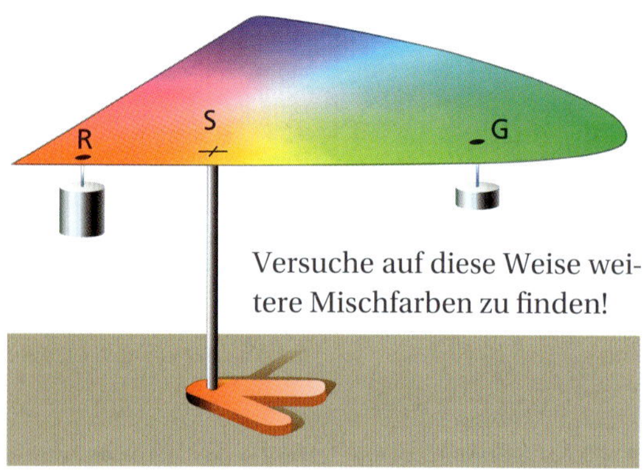

Versuche auf diese Weise weitere Mischfarben zu finden!

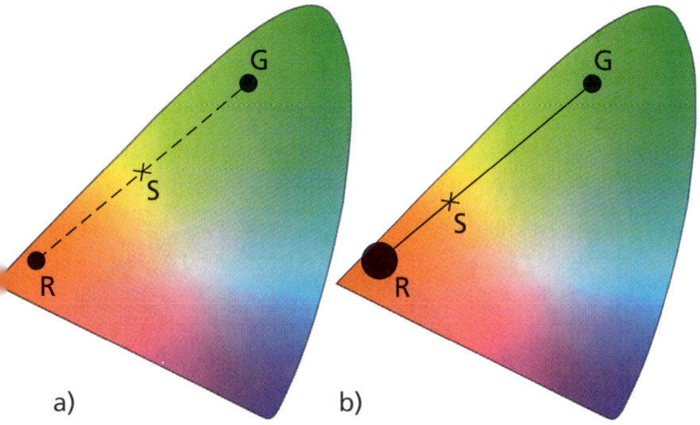

1 Additive Mischung von Rot und Grün

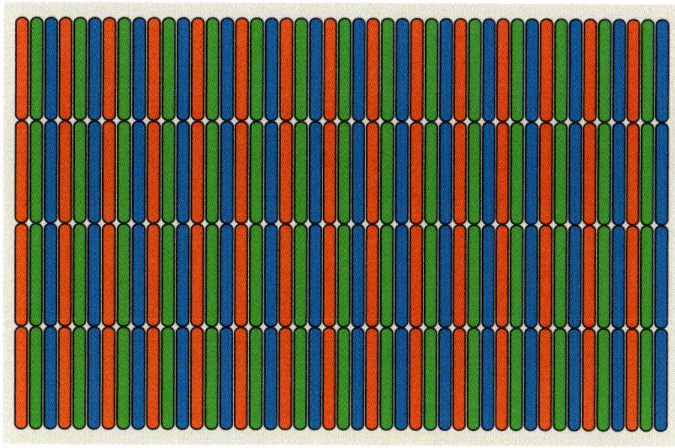

2 Aufbau eines Bildschirms

Beispiel 2:
Es werden Rot und Grün in unterschiedlichem Verhältnis gemischt. Bei einer Mischung im Verhältnis 1:1 liegt der Schwerpunkt S in der Mitte (Abb. 1a). Als Mischfarbe müsste sich Gelb ergeben. Wird der rote Farbanteil verstärkt, dann verschiebt sich der Schwerpunkt S in Richtung R (Abb. 1b). Es müsste der Farbeindruck Orange entstehen.

Auch diese Vorhersagen sind experimentell nachprüfbar. Dazu richten wir zwei Diaprojektoren auf die gleiche Wandfläche. Der eine Projektor enthält ein rotes Dia, der andere ein grünes.
Wir verdoppeln nun die Helligkeit des roten Lichts, indem wir noch einmal rotes Licht mit einem dritten Projektor auf die Wandfläche strahlen. Nun erhalten wir als Mischfarbe Orange.

Bei der Mischung von Farben kommt es nicht darauf an, ob diese selbst schon gemischt sind. Gelb und Blau ergeben Weiß, unabhängig davon, ob das gelbe Licht eine reine Spektralfarbe oder eine Mischung aus rotem und grünem Licht ist.

Bildschirme haben nur rot, grün und blau leuchtende Farbpunkte, die meist linienförmig angeordnet sind (Abb. 2). Damit kann man alle Farben erzeugen, die in Abb. 2, S. 134, innerhalb des Dreiecks RGB liegen.
Leuchten rote, grüne und blaue Farbpunkte in gleicher Intensität, so sehen wir einen weißen Bildschirm. Leuchtet keiner der Punkte, so ist der Bildschirm schwarz.

Rot und Grün allein ergeben Gelb, Grün und Blau ein Blaugrün (Cyan), Rot und Blau ein Purpur (Magenta). Durch Veränderung der Intensität der Farbpunkte erhält man weitere Farbtöne und Farben wie Braun oder Ocker.
Alle erzeugbaren Farben liegen innerhalb des Dreiecks RGB (s. S. 134, Abb. 2)

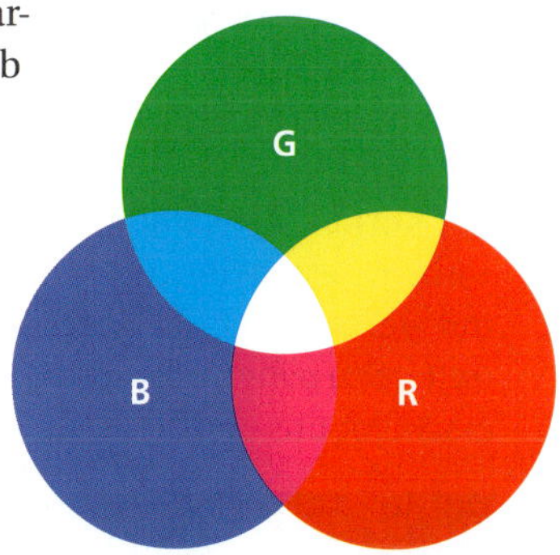

3 Grundfarben der additiven Farbmischung

Blendet man aus einem Spektrum einzelne Lichtsorten aus, erhält man aus dem Rest durch additive Mischung charakteristische Mischfarben (s. Übersicht unten).

Ausgeblendete Spektralfarbe		**Mischfarbe des restlichen Spektrums**
Rot		
Orange		
Gelb		
Grün		
Blau		
Violett		

Körperfarben

Licht, das auf einen Körper fällt, wird von diesem Körper teilweise reflektiert bzw. gestreut, teilweise absorbiert und teilweise auch hindurchgelassen.
Die Farbe, in der wir einen Körper wahrnehmen, ist davon abhängig,
- welche Lichtsorten auf ihn fallen,
- welche Lichtsorten er streut bzw. absorbiert.

> **Ein Körper hat die Farbe, die sich aus der Mischung der von ihm gestreuten Lichtsorten ergibt. Der Farbeindruck wird nach den Regeln der additiven Farbmischung bestimmt.**

Fällt z. B. Sonnenlicht (weißes Licht) auf Blätter, so werden Violett und Blau sowie Orange und Rot vom Blatt absorbiert. Grün und das benachbarte Gelb bzw. Türkis werden gestreut. Wir nehmen die Mischfarbe Grün wahr.

Ein Körper, der sämtliches auffallende Licht absorbiert, erscheint uns schwarz. Ein Körper, der mit weißem Licht beleuchtet wird und alle Spektralfarben näherungsweise gleich stark reflektiert, erscheint uns weiß.

Die Farbwahrnehmung eines Körpers ist nicht nur ein physikalischer Prozess. Da unsere Sinneseindrücke im Gehirn verarbeitet werden, spielen für die Farbwahrnehmung auch Stimmungen, Erfahrungen und subjektive Empfindungen eine Rolle. Das bedeutet: Unterschiedliche Personen können denselben Gegenstand verschieden wahrnehmen.

1 Die Beleuchtung mit unterschiedlichen Lichtsorten ergibt verschiedene Körperfarben.

Mosaik

Dreifarbentheorie des Sehens

Licht fällt von einem Gegenstand durch die Pupille auf die Netzhaut. Hornhaut, Augenflüssigkeit, Augenlinse und Glaskörper bilden zusammen ein optisches System, das wie eine Sammellinse wirkt. Dadurch entsteht auf der Netzhaut ein scharfes Bild des Gegenstands.

Die Netzhaut enthält zwei Arten von lichtempfindlichen Zellen: Die etwa 120 Millionen Stäbchen nehmen nur Hell-Dunkel-Reize auf, die etwa 6 Millionen Zapfen sind farbempfindlich. Diese Zapfen sprechen nur bei einer ausreichenden Lichtintensität an. Ist sie zu gering, sehen wir nur Hell-Dunkel-Töne. Von den farbempfindlichen Zapfen gibt es drei Arten: Die eine Art ist für rotes Licht am empfindlichsten, die anderen Arten sind es für grünes und blaues Licht. Wenn farbiges Licht auf die Zapfen fällt, werden die lichtempfindlichen Zellen gereizt und die Reize an das Gehirn weitergeleitet. Es ergibt sich ein Farbeindruck, der sich aus den Grundfarben Rot, Grün und Blau zusammensetzt.

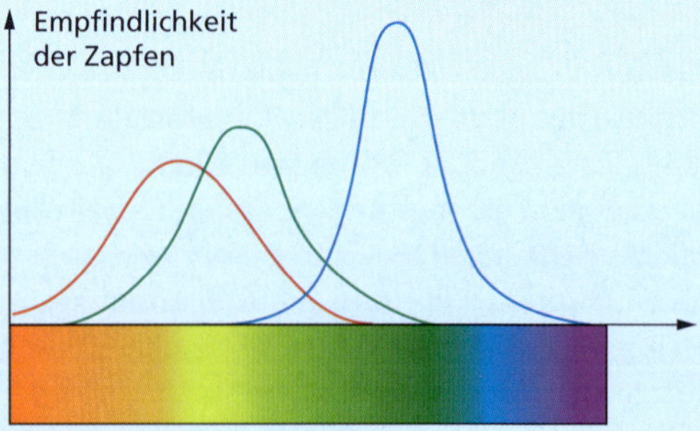

Subtraktive Farbmischung

Die Mischung von Wasserfarben im Farbkasten ergibt teils ähnliche, teils ganz andere Ergebnisse als die Mischung von Lichtsorten der gleichen Farbe (Abb. 3).

Wenn man zwei Wasserfarben mischt, dann absorbiert jeder Farbstoff die für ihn charakteristischen Lichtsorten. Man muss also die absorbierten Lichtsorten beider Farbstoffe aussortieren (subtrahieren). Deshalb heißt diese Farbmischung **subtraktive Farbmischung.**

> **Bei der subtraktiven Farbmischung werden Lichtsorten ausgeblendet (subtrahiert). Das restliche Licht bildet eine Mischfarbe.**

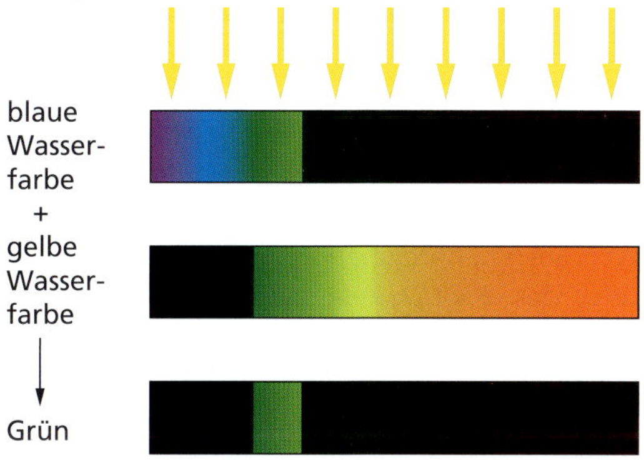

1 Blaue und gelbe Wasserfarbe absorbieren unterschiedliche Teile des Spektrums.

2 Blaue und gelbe Wasserfarbe ergeben gemischt ein Grün.

So absorbiert z.B. blaue Wasserfarbe bei Beleuchtung mit weißem Licht gelbes bis rotes Licht (Abb. 1). Gelbe Wasserfarbe absorbiert den linken Teil des Spektrums (Abb. 1). Nicht absorbiert wird von beiden Wasserfarben Grün. Folglich erscheint eine Mischung aus blauer und gelber Wasserfarbe grün.
Die Vielfalt von Farben, die mit subtraktiver Farbmischung hervorgerufen werden können, wird vor allem in der Malerei genutzt.
Ähnlich wie die Pigmente von Farben wirken auch Farbfilter. Beim Durchgang von weißem Licht werden bestimmte Farbsorten absorbiert. Der Rest bildet eine Mischfarbe. Solche Farbfilter nutzen wir bei Sonnenbrillen, Fotoapparaten, Dias oder Farbfolien.

Farbe 1	Farbe 2	additive Farbmischung	subtraktive Farbmischung
Rot	Grün	Gelb	Braun
Rot	Gelb	Orange	Orange
Blau	Gelb	Grün	Grün
Rot	Blau	Purpur (Magenta)	Purpur bis Violett
Grün	Violett	Türkis	Braungrau
Rot	Türkis	Weiß	Schwarz

3 Additive bzw. subtraktive Mischung von zwei Farben

Physik in Natur und Technik

Der Regenbogen

Betrachtet man bei tiefstehender Sonne eine Regenwand, wobei man die Sonne im Rücken hat, dann kann man oft einen Regenbogen beobachten. Er hat immer dieselbe Farbfolge. Sie beginnt innen bei Violett-Blau und endet außen bei Rot. Häufig sieht man nur einen Teil des Regenbogens.
Die gleiche Erscheinung kann man auch bei Springbrunnen und Wasserfällen beobachten.
Wie kommt ein Regenbogen zustande?
Wie ist die Reihenfolge der Farben zu erklären?

Tritt Sonnenlicht in einen kugelförmigen Wassertropfen ein, dann wird der blaue Anteil stärker gebrochen als der rote Anteil. Der größte Teil des Lichts tritt an der Rückseite des Tropfens wieder aus. Ein kleinerer Teil wird reflektiert und verlässt dann den Regenbogen, wobei noch mal Brechung auftritt. Für drei Lichtsorten ist der Strahlenverlauf in Abb. 1 dargestellt. Das weiße Sonnenlicht wird aber durch die Brechung nicht nur in die drei dargestellten Farben, sondern in alle Farben des Spektrums aufgefächert.
Der französische Mathematiker und Naturforscher René Descartes (1596-1650) stellte als Erster fest: Zwischen dem in einen Wassertropfen eintretenden Licht und dem austretenden Licht existiert für jede Farbe ein maximaler Winkel, der nicht überschritten wird. Dieser Winkel beträgt für rotes Licht 42° und für blaues Licht 41°. Bei diesem Winkel findet man besonders viel zurückgestrahltes Licht.

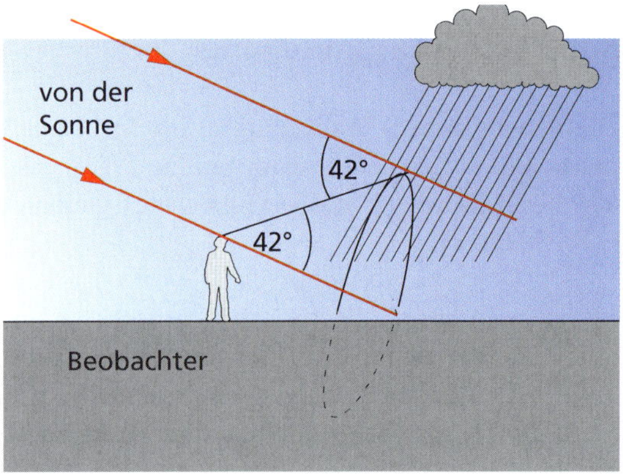

2 Der Regenbogen ist Teil eines Kreisbogens.

Wenn man nun gegen die Tröpfchenwand schaut, dann bildet das einfallende Licht zum Beobachter für weiter oben liegende Tröpfchen einen größeren Winkel als für weiter unten liegende Tröpfchen (Abb. 3).
Weit oben befindliche Tröpfchen liefern in Richtung des Beobachters kein zurückgestrahltes Licht. Deshalb ist es oberhalb des Regenbogens relativ dunkel. Im Bereich von ca. 42° befindet sich der obere rote Rand des Regenbogens. Darunter liegen die anderen Farben. Im Innern des Regenbogens gibt es schwache Zurückstrahlung aller Farben. Deshalb ist der Himmel dort relativ hell.

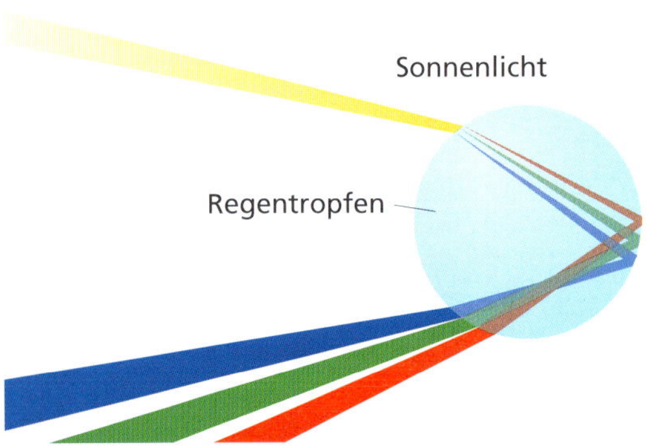

1 Brechung und Reflexion von verschiedenen Lichtsorten an einem Regentropfen

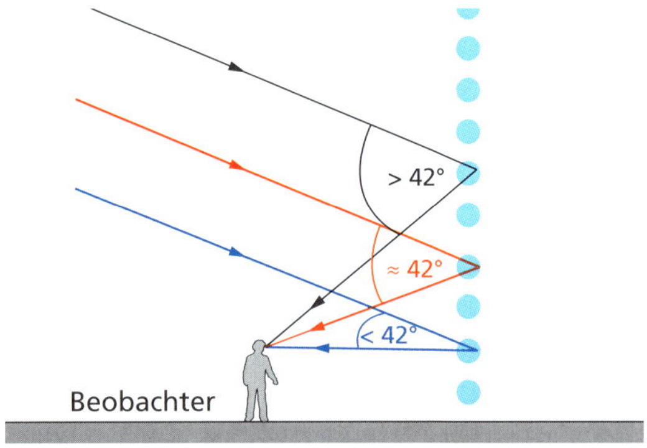

3 Ein Regenbogen ist immer nur unter bestimmten Bedingungen zu beobachten.

Himmelsblau und Abendrot

Den Himmel sehen wir in sehr unterschiedlichen Farben (Abb. 1). Bei wolkenlosem Himmel reicht das von einem strahlenden Blau bis zu einem weißlichen Grau in Horizontnähe. Morgens und abends kann man häufig eine typische Rotfärbung (Morgenrot, Abendrot) beobachten.
*Wie kommen die unterschiedlichen Farben des Himmels zustande (↗ **M** S. 32)?*

Das Licht, das von der Sonne zur Erdoberfläche gelangt, durchläuft die Lufthülle der Erde, die Atmosphäre. In der Atmosphäre befinden sich Teilchen unterschiedlicher Art und Größe.
Trifft Licht auf diese Teilchen, dann wird es an ihnen teilweise gestreut. Der Rest des Lichts verläuft geradlinig weiter (Abb. 2). Wie groß der Anteil des gestreuten Lichts ist, hängt von der Lichtsorte und der Teilchengröße ab. Bei sehr kleinen Teilchen wird blaues Licht wesentlich mehr gestreut als rotes. Das kann man auch experimentell nachweisen: Gibt man in ein Gefäß mit Wasser einige Tropfen Milch und durchstrahlt das Gefäß mit weißem Licht (Abb. 3), so beobachtet man quer zur Beleuchtungsrichtung eine Blaufärbung (gestreutes Licht), entgegen der Beleuchtungsrichtung dagegen eine Rotfärbung (hindurchgelassenes Licht).

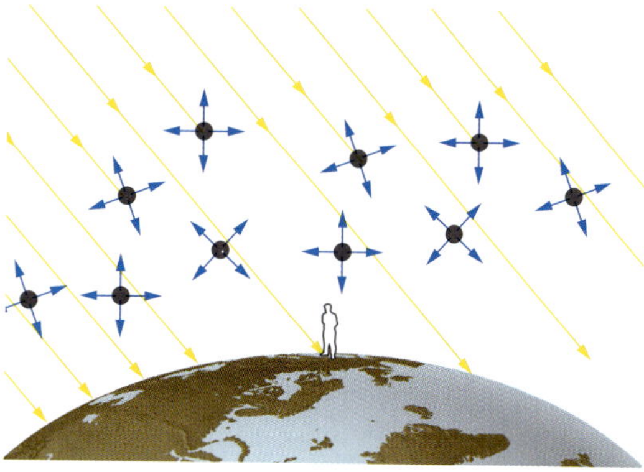

2 Ein Teil des Lichts wird an kleinen Teilchen in der Atmosphäre gestreut.

3 Blaues Licht wird stärker gestreut als rotes Licht.

Auf den Himmel übertragen bedeutet das: Bei hohem Sonnenstand ist der Weg des Lichts durch die Atmosphäre relativ kurz. Da blaues Licht wesentlich intensiver gestreut wird, sehen wir den Himmel in der Farbe Blau.

Morgens und abends steht die Sonne tief. Das Licht muss bis zum Beobachter einen relativ langen Weg durch die Atmosphäre zurücklegen. Dabei wird das blaue Licht regelrecht „weggestreut“. Übrig bleibt der rote Anteil des Sonnenlichts.

1 Am Morgen und am Abend hat der Himmel häufig eine rote Färbung. Tagsüber kann er aber auch strahlend blau sein.

Thema

Farbfernsehen und Monitore

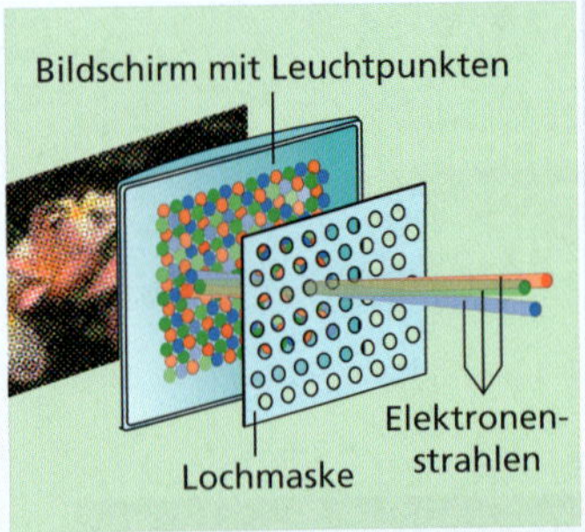

1 Aufbau eines Bildschirmes

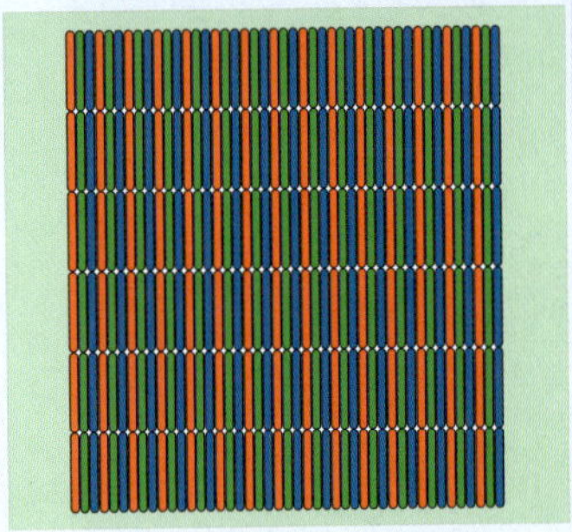

2 Bildpunkte auf einem Bildschirm

3 Grün + Rot ergibt Gelb.

Farbfernsehen

Das Grundprinzip des in den sechziger Jahren des 20. Jahrhunderts eingeführten Farbfernsehens besteht in Folgendem: Durch eine **Aufnahmekamera** wird das Bild aufgenommen, in seine **Grundfarben** Rot, Grün und Blau zerlegt, in elektrische Signale umgewandelt und mithilfe elektromagnetischer Wellen zum Empfänger übertragen.

Im **Empfänger** werden mit diesen Signalen drei Elektronenstrahlen gesteuert, die auf rot, grün oder blau leuchtende Punkte des Bildschirmes treffen (Bild 1). Die betreffenden Punkte leuchten auf.

Die Punkte sind so klein, dass man sie mit bloßem Auge nicht unterscheiden kann. Nimmt man eine Lupe zu Hilfe, dann sieht man, dass diese rot, grün oder blau leuchtenden Punkte je nach Art der Bildröhre linienförmig (Bild 2) oder im Dreieck angeordnet sind. Insgesamt befinden sich auf einem Bildschirm ca. 1,2 Millionen solcher rot, grün oder blau leuchtender **Bildpunkte.**

Das Bild wird auf dem Schirm zeilenweise geschrieben, wobei in Deutschland als Norm mit 625 Zeilen auf dem Bildschirm gearbeitet wird. In einer Sekunde werden 25 Bilder (50 Halbbilder) übertragen. Dadurch nehmen wir ein ruhiges Bild wahr, weil der Mensch höchstens 16 Bilder je Sekunde noch als Einzelbilder voneinander unterscheiden kann.
Moderne Fernsehgeräte arbeiten mit der doppelten Bildwechselfrequenz von 100 Hz. Damit entsteht ein flimmerfreies Bild.

Das Gesamtbild setzt sich durch **additive Farbmischung** aus rot, grün oder blau leuchtenden Punkten zusammen. Dabei können die einzelnen Punkte nicht nur ein- oder ausgeschaltet werden, sondern auch in ihrer Helligkeit variieren. Entsprechend den Gesetzen der additiven Farbmischung entstehen dann die unterschiedlichen Farben. Bild 3 zeigt ein Beispiel. Mit der Lupe ist zu erkennen, dass die Bildpunkte rot und grün leuchten. Die wahrzunehmende Farbe ist gelb.

... und mehr

Informiere dich auch unter: *Entwicklung der Vorstellung vom Licht, Infrarot und ultraviolettes Licht, Modelle für das Licht, Farben des Himmels, Spektralanalyse, Körperfarben, …*

Analogien zwischen Licht und Schall

Licht und Schall sind physikalische Erscheinungen. Bei beiden Erscheinungen ist zwischen der sinnlichen Wahrnehmung und der physikalischen Beschreibung zu unterscheiden.
Interessant ist dabei: Die optische und die akustische Wahrnehmung haben die gleiche Struktur (Abb. 1). Die Lichtquelle entspricht der Schallquelle. Mit den Augen nehmen wir Licht wahr, analog dazu mit den Ohren Schall. Sowohl Licht als auch Schall brauchen eine bestimmte Zeit, um vom **Sender** (Lichtquelle, Schallquelle) bis zum **Empfänger** (Augen, Ohren) zu gelangen.

Treten in der Physik Analogien auf, dann versucht man für diese Situationen gemeinsame Modelle zu finden (↗ M S. 23, 32).

Der Vorstellung über die Ausbreitung von Schall und Licht liegt das **Sender-Empfänger-Modell** zugrunde, so wie es oben beschrieben und in Abb. 1 dargestellt ist. Dabei ist zu beachten: Neben Gemeinsamkeiten gibt es immer auch Unterschiede. Sie bestehen z. B. darin, dass sich
- Licht mit 300 000 km/s wesentlich schneller in Luft ausbreitet als Schall mit etwa 0,333 km/s;
- Licht ohne einen Träger ausbreitet, Schall dagegen für seine Ausbreitung einen Stoff (z. B. Luft) benötigt;
- Licht in dichteren Stoffen als Luft (Wasser, Glas) langsamer ausbreitet, Schall dagegen schneller.

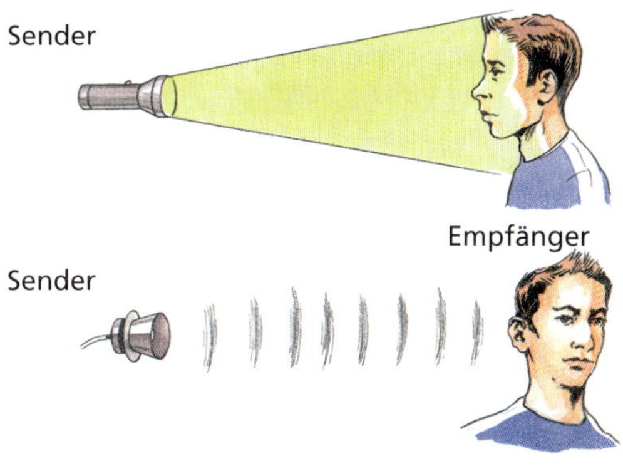

1 Die Wahrnehmung von Licht und Schall erfolgt in analoger Weise.

Optik	Akustik
Lichtquelle	Schallquelle
Helligkeit	Lautstärke
Spektralfarbe	Ton
Mischfarbe	Klang
Ort der Farbe im Spektrum	Tonhöhe

2 Analogien zwischen Licht und Schall

Analogien gibt es auch in der physikalischen Beschreibung. Einen Ton kann man mithilfe der Frequenz und der Amplitude beschreiben. Für die Wahrnehmung gilt dann:
- Die Frequenz bestimmt die Tonhöhe.
- Die Amplitude bestimmt die Lautstärke.

Analoges gilt für das Licht. Tatsächlich kann man auch Licht eine Frequenz und eine Amplitude zuordnen. Bei rotem Licht ist die Frequenz kleiner als bei blauem Licht. Für die Wahrnehmung gilt dann analog zum Schall:
- Die Frequenz bestimmt die Farbe des Lichts.
- Die Amplitude bestimmt die Helligkeit.

Analogien gibt es ebenfalls bei den Eigenschaften von Licht und Schall. So tritt bei beiden Reflexion und Streuung auf. Für die Reflexion gilt in beiden Fällen das Reflexionsgesetz. Streuung erfolgt bei Licht und Schall an rauen Oberflächen.
Bei der Wahrnehmung gibt es hier aber einen wichtigen Unterschied: Das Auge kann Lichtquellen und beleuchtete Körper gut wahrnehmen. Das Ohr hingegen kann nur Schallquellen relativ gut orten, nicht aber gestreuten Schall. Deshalb ist die Orientierung mit dem Gehör allein viel schwieriger als mit dem Sehen.

Aufgabe

Suche weitere Gemeinsamkeiten bzw. Analogien zwischen Licht und Schall (↗ M S. 32)!
Versuche auch weitere Unterschiede zwischen Licht und Schall zu finden!

gewusst · gekonnt

1. Die Spektralfarben sind Blau, Gelb, Grün, Orange, Rot und Violett.
   a) Ordne diese Farben in der Reihenfolge des Farbspektrums!
   b) Warum fehlen Schwarz und Weiß?
   *c) Nenne einige andere Farben, die fehlen! Wie kann man sie erzeugen?

2. Betrachte durch ein Prisma eine einige Meter entfernte Leuchtstofflampe!
   Beschreibe und erkläre deine Beobachtungen! Vergleiche das Spektrum einer Leuchtstofflampe mit dem einer Glühlampe!

3. Welche Farbe entsteht, wenn man folgendes farbiges Licht übereinander auf eine weiße Fläche projiziert?
   a) Rot und Grün
   b) Grün und Blau
   c) Rot, Grün und Blau

4. Am Computer kann man z. B. mithilfe eines Zeichenprogramms selbst Farben erzeugen, wobei man den Anteil der einzelnen Farben variieren kann.

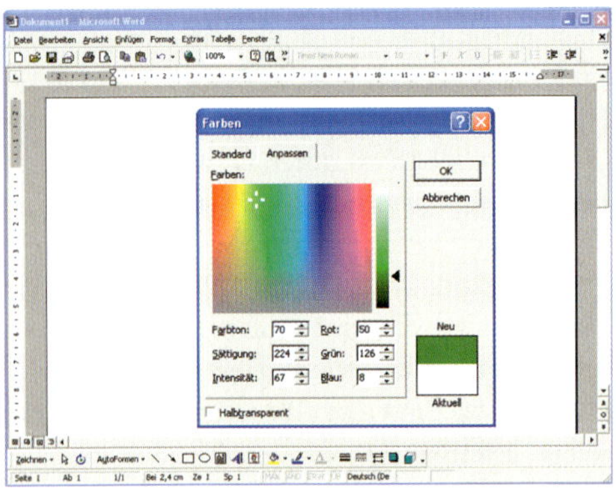

   Probiere es aus! Mische auch die Grundfarben mit gleichen und unterschiedlichen Anteilen!

5. Mische gelben und blauen Kreidestaub! Welche Farbe erhältst du? Begründe!

6. In einem Farbkasten befinden sich die folgenden drei Wasserfarben:
   Wasserfarbe 1 absorbiert Rot bis Gelb.
   Wasserfarbe 2 absorbiert alles außer Rot bis Gelb.
   Wasserfarbe 3 absorbiert Gelb, Grün und Türkis.
   a) Ermittle die wahrgenommenen Farben der drei Wasserfarben!
   b) Ermittle die wahrgenommenen Mischfarben, wenn je zwei der Wasserfarben miteinander gemischt werden!
   c) Welche Farbe sieht man, wenn man alle drei Farben miteinander mischt?

7. Farbfilter (s. Abb.) nutzt man in der Farbfotografie z. B. dann, wenn man in Räumen mit Leuchtstofflampen Farbaufnahmen machen will.

   a) Was bewirkt ein Farbfilter?
   b) Welche Bereiche des Spektrums werden durch ein Blaufilter absorbiert?

8. Bei Sonnenschein hat ein Pullover die Farbe Blau. In einer Diskothek wird die Tanzfläche mit rotem Licht beleuchtet.
   Welche Farbe kann dann dieser Pullover haben? Begründe!

9. Im weißen Licht erscheint ein Körper weiß und ein anderer rot. Wie erscheinen die beiden Körper in grünem Licht?

10. Eine Jacke scheint bei Kunstlicht eine andere Farbe zu haben als bei Tageslicht. Erkläre, wie das zustande kommt (↗ M S. 32)!

Farben und ihre Wahrnehmung

Weißes Licht lässt sich mithilfe eines Prismas in seine farbigen Bestandteile zerlegen.
Es besteht aus verschiedenen Lichtsorten. Deren Farben sind die Spektralfarben Rot, Orange, Gelb, Grün, Blau und Violett.
Das Licht einer Spektralfarbe kann nicht weiter zerlegt werden.

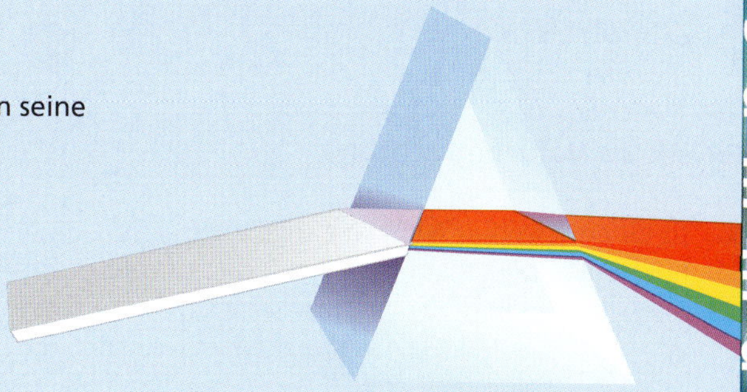

Bei einem **Regenbogen** treten alle Spektralfarben auf. Wir sehen ein **Spektrum.** Das weiße Licht der Sonne wird durch Brechung an Regentropfen in seine farbigen Bestandteile zerlegt.

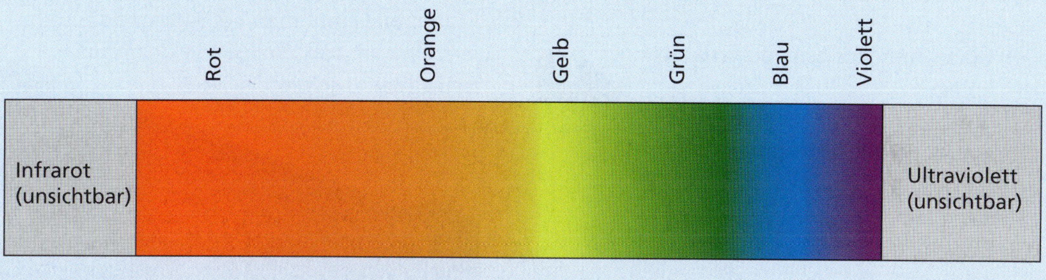

Das Bild zeigt ein Spektrum, wie es bei einem Regenbogen oder bei der Zerlegung von weißem Licht durch ein Prisma zu beobachten ist.

Farben können additiv oder subtraktiv gemischt werden.
Man erhält dadurch eine Vielfalt von **Mischfarben.**

Die Farbe, in der wir einen Körper bei Beleuchtung mit weißem Licht sehen, nennt man seine **Körperfarbe.**

Durchsichtige Körper haben die Farbe, die sich aus der Mischung des hindurchgehenden Lichts ergibt.

Undurchsichtige Körper haben die Farbe, die sich aus der Mischung des von ihnen gestreuten Lichts ergibt.

Wir können Farben wahrnehmen, weil die Netzhaut des Auges über farbempfindliche Sinneszellen (Zapfen) verfügt und diese Informationen im Gehirn verarbeitet werden.

Ziel erreicht?

Physik als Naturbetrachtung

1. In einem Zimmer ist es am Tage auch dann hell, wenn keine Lampe angeschaltet ist und die Sonne nicht in das Zimmer scheint. Wie ist das zu erklären (↗ **M** S. 32)?

2. Wie breitet sich Licht von einer Lichtquelle aus? Was unterscheidet ein Lichtbündel von einem Lichtstrahl?

3. Ein blankgeputzter Esslöffel wirkt wie ein Spiegel.
a) Betrachte dein Spiegelbild in einem Esslöffel! Halte dabei den Löffel einmal senkrecht und einmal waagerecht!
b) Beschreibe und vergleiche die Spiegelbilder!

4. Beleuchte ein rotes Kleidungsstück mit weißem Licht. Halte in die Nähe des Kleidungsstücks ein weißes Blatt Papier, sodass nichts von dem weißen Licht darauf fallen kann. Beschreibe deine Beobachtung und erkläre sie unter Nutzung einer Skizze (↗ **M** S. 17, 32)!

Theorie und Erfahrung

5. Ein kleiner Baustein soll mit parallelem Licht aus einer Taschenlampe oder mit Sonnenlicht beleuchtet werden (s. Abb.).
a) Sage mithilfe einer Zeichnung voraus, was für ein Schatten hinter dem Körper entsteht!

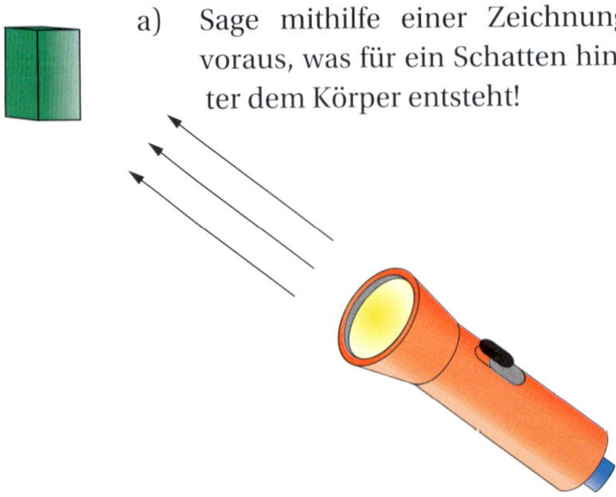

b) Überprüfe deine Voraussage mit einem Experiment!
c) Wie verändert sich der Schatten, wenn man mit der Lampe näher an den Baustein heranrückt?

Physik und Mathematik

6. Licht fällt unter einem Winkel von 40° auf einen ebenen Spiegel. Zeichne einfallenden Strahl, Einfallslot und reflektierten Strahl!

7. Manchmal kann man bei Sonnenschein einzelne Fensterscheiben in Gebäuden hell glühend sehen.

Erkläre das Entstehen dieses hellen Glühens einer Fensterscheibe (↗ **M** S. 32)!

8. Das folgende Diagramm zeigt den Zusammenhang zwischen dem Einfallswinkel α und dem Brechungswinkel β (↗ **M** S. 239).

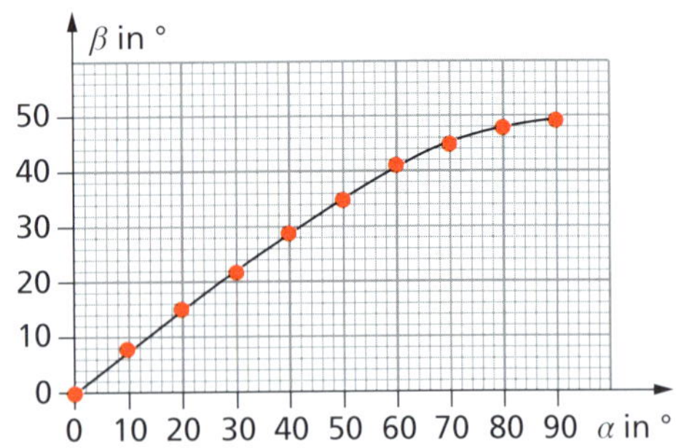

a) Bei welchem Einfallswinkel beträgt der Brechungswinkel 30°?
b) Wie groß ist der Brechungswinkel bei einem Einfallswinkel von 65°?

9. Beschreibe, wie man ein scharfes Bild von einem Gegenstand erzeugen kann:
a) beim Auge
b) beim Fotoapparat
c) beim Tageslichtprojektor
d) beim Mikroskop
e) beim Fernrohr

10. Folgende Lichtsorten werden gemischt. Ermittle mithilfe der Farbtafel, welche Mischfarben man wahrnimmt:
a) Violett + Gelb
b) Grün + Weiß
c) Rot + Violett
d) einfacher Anteil Grün + doppelter Anteil Violett
e) Gelb + Grün + Blau + Violett

Methoden der Physik

11. Tobias steht vor einem Spiegel und betrachtet sein Spiegelbild. Es ist genauso groß wie sein Körper. Nun entfernt er sich einige Meter vom Spiegel.
a) Wie verändert sich sein Spiegelbild?
b) Wie groß muss der Spiegel sein, damit er sich vollständig darin sehen kann?

12. Du blickst schräg auf eine Wasseroberfläche und siehst dort unter Wasser einige Fische schwimmen.
Befinden sich die Fische tatsächlich dort, wo du sie siehst?
Fertige zunächst eine Skizze vom Sachverhalt an! Formuliere eine Antwort auf die Fragen und begründe sie!

13. Das Foto zeigt den Blick durch ein kleines Aquarium. Man kann auch eine durchsichtige Plastikdose nutzen.

a) Probiere es selbst aus!
b) Wie kann man diese Erscheinung erklären? Fertige dazu einen Strahlenverlauf an (Blick von oben) (↗ **M** S. 32)!
c) Tritt diese Erscheinung auch bei Fensterscheiben auf? Begründe!

Anwendungen im Alltag

14. Welche Möglichkeiten gibt es, damit man als Fußgänger oder Radfahrer im Dunkeln von anderen Verkehrsteilnehmern gut gesehen wird?

15. Ein Spiegel reflektiert das auffallende Licht. Weißes Papier streut es. Worin besteht der Unterschied?

16. Christian will ein Wandbild, das mit einer Glasscheibe versehen ist, im Zimmer aufhängen.
Worauf sollte er aus optischer Sicht achten, damit man das Bild auch gut betrachten kann?
Begründe!

***17.** Manche Rückspiegel von Pkws sind eben, andere sind Wölbspiegel.
Nenne Vor- und Nachteile beider Spiegel für diesen Verwendungszweck! Mit welchem der Spiegel kann die Geschwindigkeit eines sich von hinten nähernden Autos besser eingeschätzt werden? Begründe!

18. Eine Flasche wird zur Kühlung in eine Schüssel gestellt. Dabei zeigt sich: Ohne Wasser in der Schüssel hat die Flasche ihre normale Größe (s. Abb.). Im Wasser erscheint sie zusammengedrückt.

Wie kommt diese scheinbare Stauchung der Flasche zustande?

19. Das Farbfernsehbild setzt sich aus vielen Tausenden von roten, grünen und blauen Leuchtpunkten zusammen.
a) Warum macht man diese Leuchtpunkte so klein?
b) Welche Farben erhält man, wenn jeweils
- nur rote und grüne,
- nur rote und blaue,
- nur grüne und blaue

Leuchtpunkte leuchten?
c) Wie müssen die roten, grünen und blauen Bildpunkte eines Bildschirms bei einem Farbfernsehgerät leuchten, damit das Bild weiß bzw. schwarz ist?

Physik als historischer Prozess

20. Was versteht man in der Umgangssprache unter „Lichtstrahlen"? Was versteht man in der Physik darunter?

21. Was bedeutet es in der Sprache der Physik, wenn man in der Umgangssprache sagt: „Ich richte meinen Blick auf etwas"?

22. Die Vorstellungen darüber, warum wir Gegenstände sehen, haben sich im Laufe der Geschichte verändert.
Nenne eine historische Vorstellung!
Vergleiche sie mit der heutigen Auffassung vom Sehen!

Wahrnehmung und Messung

23. Wie kann man ermitteln, ob farbiges Licht aus einer reinen Spektralfarbe besteht oder ob es Mischlicht ist?

Grundlegende physikalische Größen

24. Wenn man Lampenlicht aus- und wieder einschaltet, sieht man sofort wieder den beleuchteten Raum.
a) Wie weit kommt Licht in einer Hundertstelsekunde?
b) Wie lange braucht Licht von der Erde bis zum Erdmond oder umgekehrt?

Strukturen und Analogien

25. Nenne Gemeinsamkeiten und Unterschiede bei Schall und Licht (↗ **M** S. 32)!

Anwendungen in Natur und Technik

26. Unter welchen Bedingungen können wir
a) eine Mondfinsternis,
b) eine Sonnenfinsternis

beobachten? Begründe deine Antworten!

27. Auf dem Farbdia (s. Abb.) ist ein schöner blauer Himmel zu sehen.
Wird das Dia projiziert, so erscheint der Himmel auf der Projektionsfläche ebenfalls blau, obwohl das Dia im Projektor mit weißem Licht beleuchtet wird.
Erkläre!

28. Das von der Sonne kommende Licht ist weiß, der Himmel an einem wolkenlosen Tag aber blau und abends in Richtung Sonne rot.
Wie ist das zu erklären (↗ **M** S. 32)?

5 Energie in Natur und Technik

5.1 Energie und ihre Eigenschaften

Überall Energie

Energie von der Sonne, Energie im Benzin, Energie in der Nahrung, Energie im Sprengstoff, Energie im Warmwasser, Energie im Schüler – praktisch überall steckt Energie.
Was meint der Physiker mit Energie? Was kann man mit der Energie machen? Kann Energie entstehen? Kann sie verschwinden?

Energiesparlampen statt Glühlampen?

Zur Beleuchtung im Haushalt nutzen wir Glühlampen oder Energiesparlampen. Letztere sind aber wesentlich teurer als herkömmliche Glühlampen.
Warum lohnt es sich trotzdem, sie anzuschaffen? Inwiefern spart eine Energiesparlampe gegenüber einer Glühlampe Energie, wenn beide die gleiche Menge an Licht liefern?

Kalorien zählen?

Wir brauchen Nahrung zum Leben. In Europa sind wir in der glücklichen Lage, aus einer großen Anzahl verschiedener Nahrungsmittel auswählen zu können. Auf vielen Nahrungsmitteln stehen Angaben in kcal oder kJ. Ernährungsberater empfehlen Nahrungsmittel mit niedrigen kcal- oder kJ-Werten.
Ist dieser Rat immer günstig? Was bedeuten die Angaben überhaupt? Sind Nahrungsmittel mit der gleichen kJ-Anzahl gleichwertig?

Die Energie und ihre Nutzung

Wir alle nutzen ständig Energie, etwa die Energie von Brennstoffen, elektrische Energie, die in einem Schokoriegel enthaltene Energie.
Wie wichtig z.B. elektrische Energie für uns ist, merkt man erst, wenn die Elektroenergieversorgung unterbrochen ist: Computer, Kühlschrank oder Radio funktionieren nicht mehr. Der Bildschirm des Fernsehapparats bleibt dunkel. Straßenbahnen können nicht mehr fahren.
Lampen, Geräte und Maschinen funktionieren nur, wenn man ihnen Energie zuführt.
In einer Glühlampe wird elektrischer Strom genutzt, um Licht zu erzeugen (Abb. 1).
Bei einem Elektroherd wird die zugeführte elektrische Energie dazu benutzt, Wasser oder Speisen zu erwärmen (Abb. 2).
Im Motor eines Fahrzeugs wird Kraftstoff verbrannt. Dadurch kann der Motor das Auto in Bewegung setzen und in Bewegung halten (Abb. 3).
Auch der Mensch muss Energie mit der Nahrung (Abb. 4) zu sich nehmen, um die notwendige Körpertemperatur aufrechtzuerhalten und alle Lebensfunktionen zu sichern. Bei schwerer körperlicher Arbeit muss die Energiezufuhr erhöht werden. Bei leichten Tätigkeiten kann die Energiezufuhr geringer sein.

Energie braucht man, um etwas zu bewegen, zu erwärmen oder zu beleuchten.

Formelzeichen: *E*
Einheit: ein Joule (1 J)

4 Zu einer ausgewogenen Ernährung gehören Vitamine, Eiweiße und Fette. Nahrung besitzt Energie. Sie wird u.a. zur Aufrechterhaltung der Körpertemperatur und zum Verrichten von Arbeit benötigt.

Auch zum Abwerfen eines Balls oder zum Anheben eines Körpers benötigt man Energie.
Ein Joule ist die Energie, die man braucht, um einen Körper der Masse 100 g um 1 m zu heben.
Benannt ist die Einheit nach dem bedeutenden englischen Physiker JAMES PRESCOTT JOULE (1818–1889).
Vielfache der Einheit 1 J sind ein Kilojoule (1 kJ) und ein Megajoule (1 MJ). Es gilt:

$$1\,\text{kJ} = 1\,000\,\text{J}$$
$$1\,\text{MJ} = 1\,000\,\text{kJ} = 1\,000\,000\,\text{J}$$

Bei Nahrungsmitteln findet man manchmal die Einheit kcal (Kilokalorie). Diese früher übliche Einheit für die Energie wird heute noch bei der Angabe des Energiegehalts von Nahrungsmitteln genutzt. Es gilt:

$$1\,\text{kcal} = 4{,}19\,\text{kJ} \qquad 1\,\text{kJ} = 0{,}24\,\text{kcal}$$

1 Bei einer Glühlampe wird elektrische Energie auf das Licht übertragen.

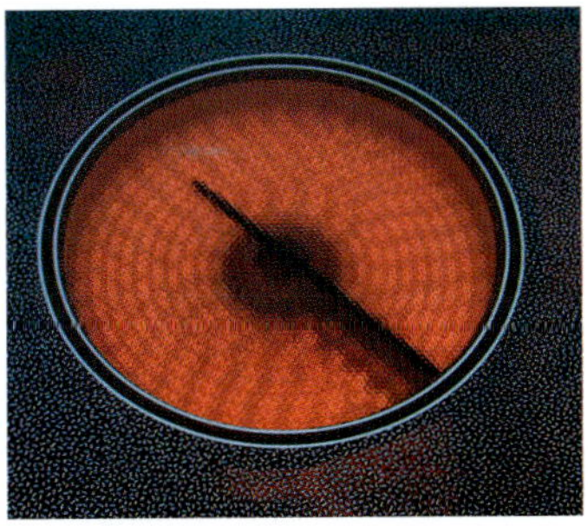

2 Bei einem Elektroherd wird mit elektrischer Energie die Platte erwärmt.

3 Bei einem Pkw wird durch die im Benzin gespeicherte Energie das Auto bewegt.

Speicherung und Transport von Energie

Energie kann in unterschiedlicher Weise gespeichert werden. Sie steckt immer in einem so genannten **Energieträger.** Solche Energieträger sind z. B.:
- Brennstoffe (Kohle, Holz, Erdöl)
- Treibstoffe (Benzin, Diesel)
- Nahrungsmittel aller Art
- Batterien und Akkumulatoren
- bewegte Körper (Schwungrad, fließendes Wasser, fahrendes Auto)
- gehobene Körper (angestautes Wasser, Person auf Sprungbrett)
- erwärmte Körper (heiße Herdplatte, Wärmflasche, Wasser im Heizkörper)
- Licht und elektrischer Strom

Energie ist in Energieträgern gespeichert. Mit dem jeweiligen Energieträger kann die Energie auch transportiert werden.

Ein Liter siedendes Wasser hat etwa 340 kJ mehr Energie als ein Liter Wasser bei Zimmertemperatur. Der Energiegehalt von 1 kg trockenem Holz beträgt etwa das 30-Fache davon. Man kann damit also etwa 30 Liter Wasser zum Sieden bringen. In der Praxis wird es weniger sein, weil ein beträchtlicher Teil der Energie am Wassertopf vorbei ins Zimmer strömt.

Energie kann von einem Energieträger auf einen anderen übertragen werden.

Energie von verschiedenen Energieträgern

Energieträger	Energie
Fußgänger (m = 50 kg) bei 5 km/h Auto (m = 1 t) bei 30 km/h	48 J 35 kJ
1 Tafel Milchschokolade 1 kg trockenes Holz	2,2 MJ 9 MJ–15 MJ
1 m³ Wasserstoff-Gas 1 l Benzin	12 MJ 35 MJ

1 Angestautes Wasser besitzt Energie. Es kann z. B. zur Gewinnung von Elektroenergie genutzt werden.

Beispiele für solche Energieübertragungen zeigen die Abbildungen 2 und 3. So sind z. B. Elektromotor und Generator ähnlich aufgebaut. Man kann einen Elektromotor als Generator verwenden und umgekehrt. Der entscheidende Unterschied besteht in der Richtung des Energieflusses.

2 In Sonnenkollektoren wird die Energie im Sonnenlicht genutzt, um damit Wasser zu erwärmen.

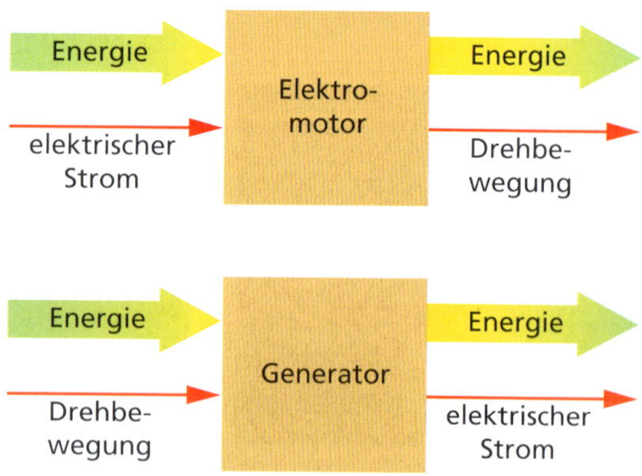

3 Energieübertragung beim Elektromotor und beim Generator (z. B. Fahrraddynamo)

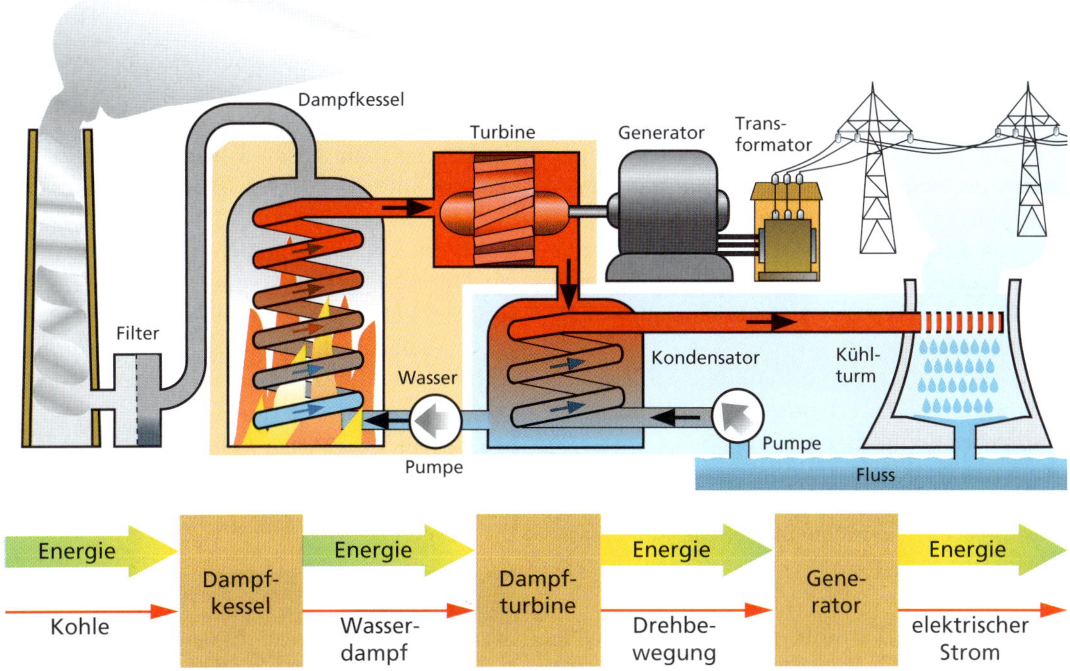

1 Bei einem Kohlekraftwerk erfolgt eine ganze Kette von Energieübertragungen.

In Warmwasserheizungen strömt erhitztes Wasser von einem Heizkessel oder von einem Heizkraftwerk aus durch die Rohre zu den einzelnen Heizkörpern. Dort wird ein Teil der Energie auf die Raumluft übertragen. Elektrische Energie wird durch elektrischen Strom vom Kraftwerk zum Verbraucher transportiert.

Energie kann auch durch Wellen, Zahnräder, Getriebe oder Ketten übertragen werden. Ein einfaches Beispiel dafür ist das Radfahren: Energie des Radfahrers wird über die Pedale und das Getriebe (Zahnräder, Kette) auf das Hinterrad übertragen. Diese übertragene Energie steckt letztendlich im Radfahrer und im Fahrrad. Ein Teil der Energie führt infolge von Reibung zu einer Erwärmung von Teilen des Fahrrads bzw. der umgebenden Luft.

Wenn Energie mehrfach von einem Energieträger auf einen anderen übertragen wird, bekommt man eine ganze Kette von Energieübertragungen (Abb. 1, 2).

So wird z. B. in einem Kohlekraftwerk (Abb. 1) Kohle verbrannt. Damit wird heißer Wasserdampf erzeugt. Die Energie des Wasserdampfs bewirkt eine Drehbewegung der Dampfturbine. Die Energie wird dann über eine Welle zu einem Generator übertragen. Dort wird sie auf den elektrischen Strom übertragen. Ein Teil der Energie führt zu einer Erwärmung der Umwelt.

Eine ähnliche Kette zeigt Abb. 2. Sonnenlicht fällt auf Solarzellen. Die in ihm vorhandene Energie wird auf elektrischen Strom übertragen, bis zur Bohrmaschine transportiert und ruft dort eine Drehbewegung hervor.

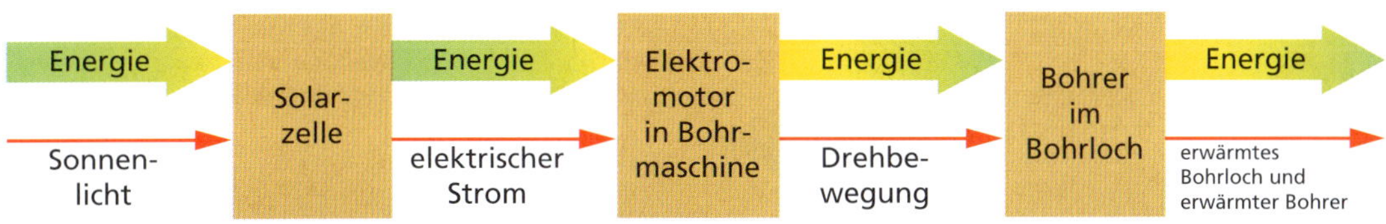

2 Die im Sonnenlicht gespeicherte Energie ist letztendlich im elektrischen Strom vorhanden und kann zum Bohren eines Lochs genutzt werden.

Erhaltung von Energie

Energie wird bei Maschinen und Anlagen, von Menschen, aber auch von Tieren und Pflanzen in vielfältiger Weise genutzt. Man kann sie in Energieträgern speichern und transportieren. Sie lässt sich von einem Energieträger auf einen anderen übertragen. Es ist aber nicht möglich, Energie aus dem Nichts zu erzeugen. Energie kann auch nicht einfach verschwinden.
Für beliebige Vorgänge in Natur und Technik gilt das **Gesetz von der Erhaltung der Energie,** auch **Energieerhaltungssatz** genannt.

Energie kann weder erzeugt noch vernichtet werden. Die Gesamtenergie bleibt immer erhalten.

Dieses Naturgesetz wurde zuerst von dem deutschen Arzt JULIUS ROBERT MAYER (1814–1878) und von dem englischen Physiker JAMES PRESCOTT JOULE (1818–1889) um 1840 entdeckt.

Entwertung von Energie

In der Umgangssprache ist es üblich, von Energieverlusten oder vom Energieverbrauch eines Geräts zu sprechen. Mit Energieverlusten meint man nicht, dass Energie vernichtet wird. Vielmehr kommt sie z. T. nicht dort an, wo wir das wünschen. So werden z. B. bei Hochspannungsleitungen durch den elektrischen Strom auch die Leitungen selbst erwärmt.

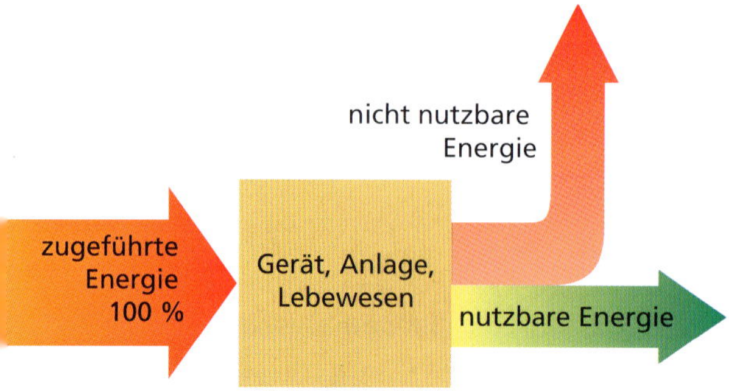

1 Bei Geräten, Anlagen und Lebewesen wird nur ein Teil der zugeführten Energie genutzt.

Die dafür erforderliche Energie ist für uns nicht mehr nutzbar. Ähnlich ist das bei einem Auto: Ein erheblicher Teil der Energie, die im Kraftstoff steckt, wird nicht für die Fortbewegung genutzt, sondern führt zu einer Erwärmung der Umwelt.

Das Wort „Energieverbrauch" ist nicht wie „Benzinverbrauch" gemeint, sondern eher wie „Wasserverbrauch". Das verbrauchte Wasser ist ja anschließend auch nicht weg, sondern nur nicht mehr so gut nutzbar, weil es verunreinigt ist.

Die einem Gerät, einer Anlage oder einem Lebewesen zugeführte Energie ist z. T. für uns nicht nutzbar und ist damit entwertet.

Mosaik

J. R. MAYER – Arzt und Entdecker

Wesentlichen Anteil an der Entdeckung des Energieerhaltungssatzes hatte neben dem englischen Physiker JAMES PRESCOTT JOULE (1818–1889) der deutsche Arzt JULIUS ROBERT MAYER (Abb. 2).
JULIUS ROBERT MAYER wurde am 25. November 1814 als Sohn eines Apothekers in Heilbronn geboren. Schon während seiner Schulzeit wurde er von seinem Vater mit physikalischen und chemischen Problemen vertraut gemacht.
Nach einer Apothekerlehre studierte MAYER ab 1832 in Tübingen Medizin und war ab 1838 als Arzt tätig.

2 JULIUS ROBERT MAYER (1814–1878)

1845 veröffentlichte er den Aufsatz „Die organische Bewegung in ihrem Zusammenhang mit dem Stoffwechsel", in dem erstmals der Satz von der Erhaltung der Energie formuliert war, nach dem Energie weder entstehen noch verschwinden kann. MAYER übertrug dieses Prinzip auch auf Lebewesen.
Eine wissenschaftliche Anerkennung seiner Leistungen blieb dem Nichtphysiker MAYER lange versagt. Erst nach 1860 wurden seine Leistungen allgemein anerkannt.

Der Wirkungsgrad

Bei den meisten Vorgängen in Natur, Technik und Alltag wird Energie auf andere Energieträger übertragen. Dabei sind einige Energien für den beabsichtigten Zweck erwünscht und andere unerwünscht. So wird z.B. bei einer Glühlampe elektrische Energie in Licht umgewandelt (Abb. 1). Die dabei auftretende Erwärmung ist unerwünscht, aber nicht zu vermeiden.

Der Motor eines Pkw soll das Fahrzeug in Bewegung setzen. Durch das Verbrennen des Kraftstoffs im Motor wird nicht nur das Auto bewegt. Über die Abgase und das Kühlwasser erfolgt auch eine Erwärmung der umgebenden Luft (Abb. 2).

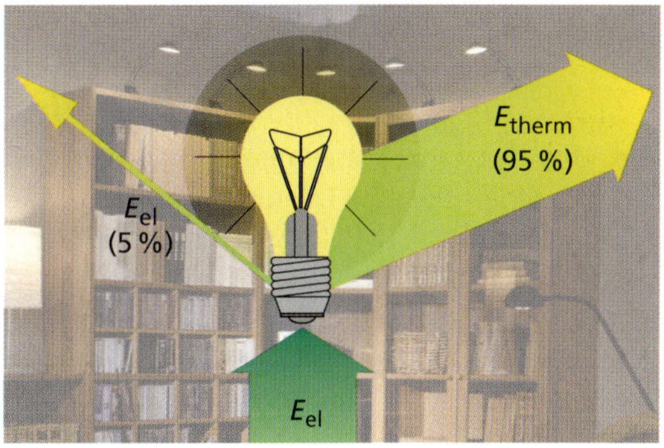

1 Energieübertragung bei einer Glühlampe

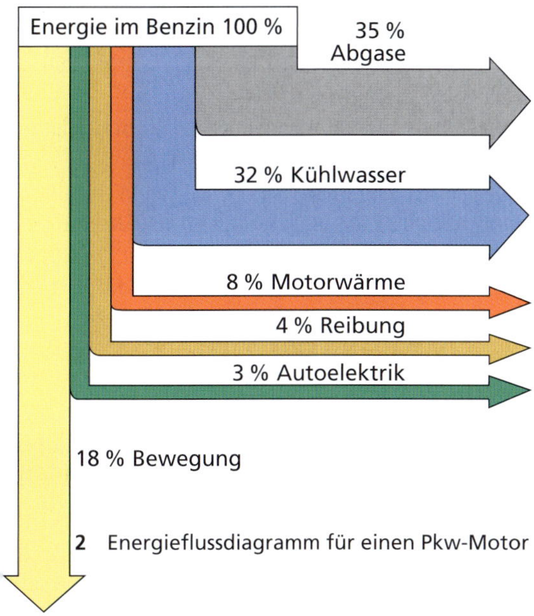

2 Energieflussdiagramm für einen Pkw-Motor

Je größer der Anteil der nutzbringenden Energie ist, desto günstiger ist ein Gerät, eine Maschine oder eine Anlage für die Energieübertragung. Die Güte einer Anlage zur Energieübertragung wird durch den **Wirkungsgrad** gekennzeichnet.

Der Wirkungsgrad gibt an, welcher Anteil der zugeführten Energie genutzt wird.

Formelzeichen: η

Ein Wirkungsgrad von 0,40 oder 40 % bedeutet, dass 40 % der zugeführten Energie in nutzbringende Energie genutzt wird. Der andere Teil der Energie, im genannten Fall also 60 %, wird nicht genutzt. Diese Energie geht aber nicht verloren. Sie ist für uns in der Regel aber nicht mehr nutzbar.

Der Wirkungsgrad kann berechnet werden mit der Gleichung:

$$\eta = \frac{E_{nutz}}{E_{zu}}$$

E_{nutz} **nutzbringende Energie**
E_{zu} **zugeführte Energie**

Wirkungsgrade in Natur und Technik	
erste Dampfmaschine	3 %
Glühlampe	5 %
Solarzelle	15 %
Leuchtstofflampe	25 %
Benzinmotor	bis 30 %
Dieselmotor	bis 40 %
Kohlekraftwerk	40 %
Dampfturbine	bis 45 %
Wasserturbine	85 %
Elektromotor	bis 90 %
Generator	bis 99 %
bei körperlicher Tätigkeit des Menschen:	
Schwimmen	3 %
Gewichtheben	10 %
Radfahren	25 %
Gehen (ebene Strecke)	27 %
Bergaufgehen	30 %

Energieflüsse und Leistung

Energie kann unterschiedlich schnell von einem Energieträger auf einen anderen übertragen werden. So bekommt z. B. ein 1 000-W-Staubsauger in jeder Sekunde 1 000 J an elektrischer Energie. Bei einem kleinen Handstaubsauger sind es beispielsweise nur 250 J je Sekunde.
Die Stärke des Energieflusses wird in der Physik durch die physikalische Größe **Leistung** beschrieben (↗ M S. 28).

> **Die Leistung eines Geräts oder einer Anlage gibt an, wie viel Energie in der Zeiteinheit durch ein Gerät bzw. eine Anlage fließt.**
>
> **Formelzeichen: *P***
> **Einheit: ein Watt (1 W)**

Die Einheit 1 W ist nach dem britischen Ingenieur JAMES WATT (1736–1818) benannt, der die erste für die Wirtschaft brauchbare Dampfmaschine entwickelt hat.
Vielfache der Einheit 1 W sind ein Kilowatt (1 kW), ein Megawatt (1 MW) und ein Gigawatt (GW):

1 kW = 1 000 W
1 MW = 1 000 kW = 1 000 000 W
1 GW = 1 000 MW = 1 000 000 000 W

Leistungen in Natur und Technik	
Taschenrechner Fahrraddynamo	0,02 W 3 W
Mensch (Dauerleistung) Glühlampe im Haushalt	80 W–100 W bis 100 W
Radfahren Tauchsieder	100 W–200 W 300 W–1 000 W
Dauerleistung eines Pferdes kurzzeitige sportliche Höchstleistung (Mensch)	ca. 500 W 1,5 kW
mittlerer Automotor Formel-1-Rennwagen	50 kW ca. 500 kW
Elektrolokomotive Kraftwerksblock	5 MW 500 MW–1 000 MW

1 Kurzzeitig kann der Mensch eine Leistung von etwa 1,5 kW vollbringen.

Manchmal wird auch noch die gesetzlich nicht mehr zugelassene Einheit eine Pferdestärke (1 PS) verwendet:

1 PS = 736 W

Ein 100-PS-Motor leistet demnach 74 kW, ein 100-kW-Motor hat eine Leistung von 136 PS. Dabei ist zu beachten: Bei Motoren wird in der Regel die Höchstleistung angegeben. Beim „normalen" Fahren im Straßenverkehr ist die Leistung, also die notwendige Energie je Zeiteinheit, wesentlich geringer.
Ähnlich ist das beim Radfahren. Wenn wir eine längere Radtour machen, stecken wir etwa 50 J bis 100 J je Sekunde in die Bewegung, wir bringen also eine Leistung von 50 W bis 100 W. Über kürzere Strecken können wir auch einmal 200 W oder sogar 300 W leisten.
Spitzensportler bei der Tour de France leisten über größere Strecken bis zu 500 W.
Wenn ein Gerät 1 Stunde lang 1 000 W braucht, dann hat es 3 600 · 1 000 J = 3,6 MJ an Energie benötigt.
Für die elektrische Energie wird meist die Einheit Kilowattstunde (1 kWh) verwendet. Es gilt:

1 kWh = 3,6 MJ
1 MJ = 0,28 kWh

Eine Kilowattstunde Elektroenergie, die wir im Haushalt nutzen, kostet etwa 15 Cent. Diese im Haushalt genutzte elektrische Energie wird mit Elektrizitätszählern (Kilowattstundenzählern) gemessen.

Energie für Lebensprozesse

Menschen, Tiere und Pflanzen benötigen Energie, um sich zu entwickeln, zu wachsen, ihre Lebensprozesse aufrechtzuerhalten. Energie ist bei Mensch und Tier auch erforderlich, um alle Organe funktionsfähig zu halten, um die notwendige Körpertemperatur zu gewährleisten, um sich zu bewegen und um zu arbeiten.

Für alle Lebensprozesse ist Energie erforderlich. Diese muss dem Organismus zugeführt werden.

Die für Organismen erforderliche Energie wird meist mit Stoffen (Nahrungsmitteln) aufgenommen. Im Organismus selbst erfolgen sowohl Stoff- als auch Energieumwandlungen.
Merkmale für alle Lebewesen sind:
- die Aufnahme von Stoffen und Energie aus der Umwelt,
- die Umwandlung von Stoffen und Energie im Organismus, verbunden mit Energieentwertung,
- die Abgabe von Stoffen und Energie an die Umgebung.

Schematisch lassen sich die Zusammenhänge so darstellen, wie es Abb. 2 zeigt.
Geht man von einer über längere Zeit ausgeglichenen Energiebilanz aus, so ist die zugeführte Energie gleich der Summe der vom Körper genutzten und der abgegebenen Energie.
Wichtig ist, dass wir mit Nahrung nicht nur Energie, sondern auch Nährstoffe (Kohlenhydrate, Eiweiße, Fette) und Ergänzungsstoffe (Vitamine, Mineralstoffe, Wasser, Ballaststoffe) aufnehmen.

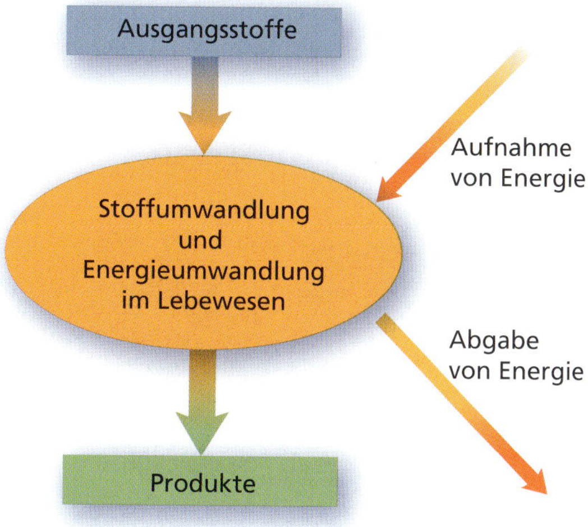

2 Bei jedem Lebewesen erfolgt in Verbindung mit der Aufnahme und Abgabe von Energie ein Stoff- und Energiewechsel.

Jedes Nahrungsmittel enthält immer nur einen Teil aller vom Menschen benötigten Nähr- und Ergänzungsstoffe. Deshalb ist es erforderlich, täglich unterschiedliche Nahrungsmittel aufzunehmen. Die wichtigsten Gruppen von Nahrungsmitteln sind in Abb. 1 genannt.

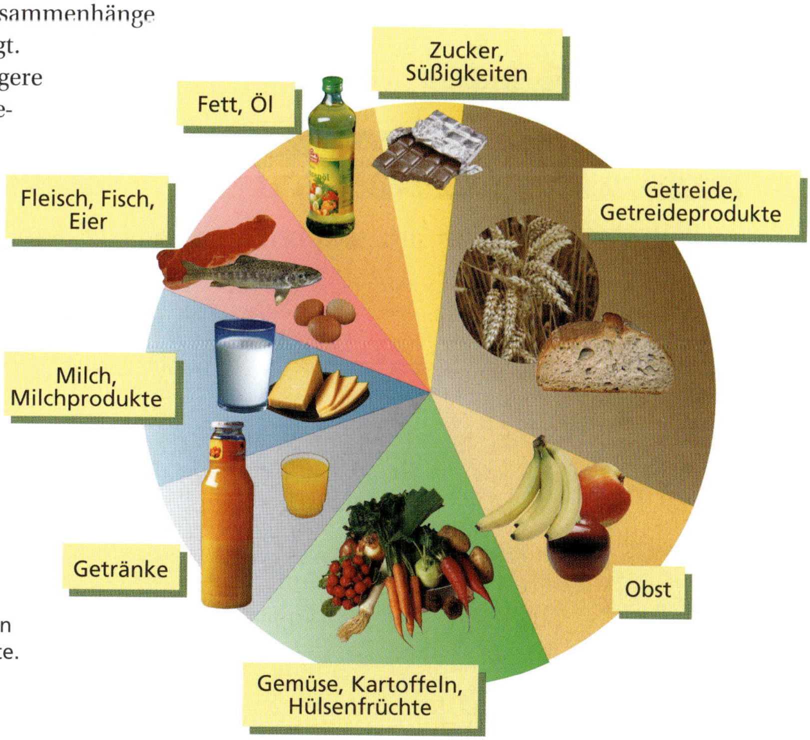

1 In dem „Nahrungsmittelkreis" sind die Gruppen von Nahrungsmitteln dargestellt, aus denen man täglich etwas zu sich nehmen sollte.

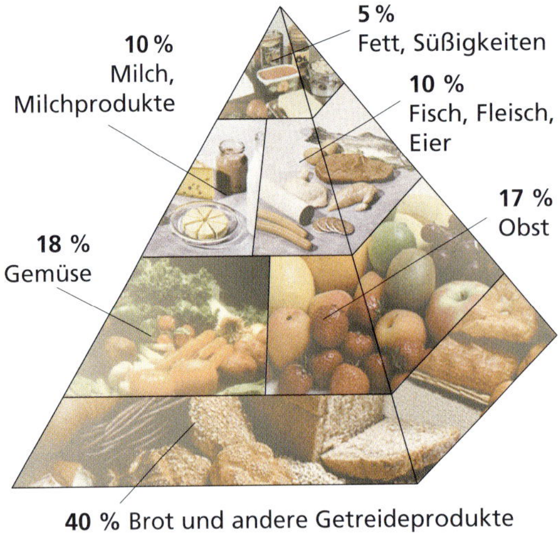

1 Ernährungspyramide für den Menschen: Die Prozentzahlen beziehen sich auf die prozentual empfohlene Menge der Nahrungsmittel pro Tag

In welchen Anteilen man die verschiedenen Nahrungsmittel zu sich nehmen sollte, ist aus einer **Ernährungspyramide** abzulesen (Abb. 1).

Grundlage von Gesundheit und Wohlbefinden ist eine vielseitige und vollwertige Ernährung.

Wie die Übersicht zeigt, ist der Energiegehalt der einzelnen Nahrungsmittel sehr unterschiedlich.

Energiegehalt einiger Nahrungsmittel

Nahrungsmittel	Energiegehalt je 100 g in kJ
Joghurt	300
Butter	3000
Schmalz	377
Hühnerei	680
Honig	1270
Milchschokolade	2180
Brötchen	1130
Spaghetti	1540
Kotelett	1430
Rindsfilet	511
Cervelatwurst	1070
Forelle	420
Karpfen	61
Apfel	243
Banane	360
Kartoffeln	320
Haselnüsse	2624

Sehr unterschiedlich ist auch der **Energiebedarf**, den der einzelne Mensch benötigt. Er hängt nicht nur von der Körpermasse und vom Alter ab, sondern vor allem auch von der Art der Tätigkeit, die der Einzelne ausübt.

Mosaik

Grundumsatz und Leistungsumsatz beim Menschen

Die Energie, die für die Aufrechterhaltung aller Lebensprozesse erforderlich ist, wird als **Grundumsatz** bezeichnet. Bei Kindern und Jugendlichen kann der Grundumsatz GU nach folgender Gleichung berechnet werden:

$$GU = 6{,}2\,\frac{\text{kJ}}{\text{kg}\cdot\text{h}}\cdot m\cdot t$$

Dabei bedeuten m die Körpermasse in Kilogramm und t die Zeit in Stunden.

Bei einer Masse von 50 kg und einem vollständigen Tag (24 Stunden) erhält man:

$$GU = 6{,}2\,\frac{\text{kJ}}{\text{kg}\cdot\text{h}}\cdot 50\,\text{kg}\cdot 24\,\text{h} = 7\,440\,\text{kJ}$$

Das bedeutet eine notwendige Energie von 86 J in jeder Sekunde.

Übt man sportliche oder andere Tätigkeiten aus, so kommt zu dem Grundumsatz noch der **Leistungsumsatz** hinzu. Der Leistungsumsatz ist die Energie, die für die unterschiedlichsten Tätigkeiten erforderlich ist. Grundumsatz und Leistungsumsatz zusammen ergeben den Gesamtumsatz, also den Gesamtenergiebedarf. So benötigen Menschen bei leichter körperlicher Tätigkeit etwa 10 000 kJ pro Tag. Bei schwerer Tätigkeit kann der Wert bis auf 25 000 kJ steigen. Nimmt ein Mensch mehr Energie als erforderlich auf, so erfolgt im Körper eine Energiespeicherung in Form von Fett.

Physik in Natur und Technik

Wie viel Energie braucht ein Mensch?

Menschen benötigen nicht nur Energie zur Aufrechterhaltung aller Lebensprozesse, sondern auch für Tätigkeiten wie Wandern, Radfahren, Bergsteigen oder Schulaufgaben machen.
Wie viel Energie braucht man für verschiedene Tätigkeiten?

Der Energiebedarf von Menschen kann sehr unterschiedlich sein. Er hängt nicht nur vom Grad der Aktivität und von der Art der Tätigkeit ab, sondern ändert sich auch mit dem Lebensalter. In der Übersicht rechts unten sind Durchschnittswerte angegeben.
Ein Jugendlicher mit einem Körpergewicht von 50 kg braucht pro Tag etwa 7 500 kJ nur für die Grundfunktionen des Lebens. Wenn diese Energie über einen längeren Zeitraum nicht zugeführt wird, so wird der Mensch schwach und krank und stirbt schließlich.
Wenn man körperlich leicht arbeitet (dazu gehört energietechnisch gesehen auch der Schulbesuch), braucht man etwa 10 000 kJ pro Tag, bei schwerer Arbeit sogar bis zu 25 000 kJ. Wenn jemand zehn Stunden lang schwer arbeitet, so braucht er ohne den Grundumsatz von 7 500 kJ pro Tag etwa 1 800 kJ je Stunde.
Ähnlich groß ist der Energiebedarf, wenn man 1 Stunde lang möglichst schnell auf einen Berg steigt. In einer Stunde kann man etwa 500 m bis 1 000 m Höhenunterschied schaffen, je nach Trainingszustand und Geländebeschaffenheit.
Wenn man die 1 800 kJ pro Stunde auf die Sekunde umrechnet, sind das etwa 500 Joule, die man je Sekunde braucht, also $P = 500\,\text{W}$.
Wie bei einer Maschine wird aber ein großer Teil dieser Energie über

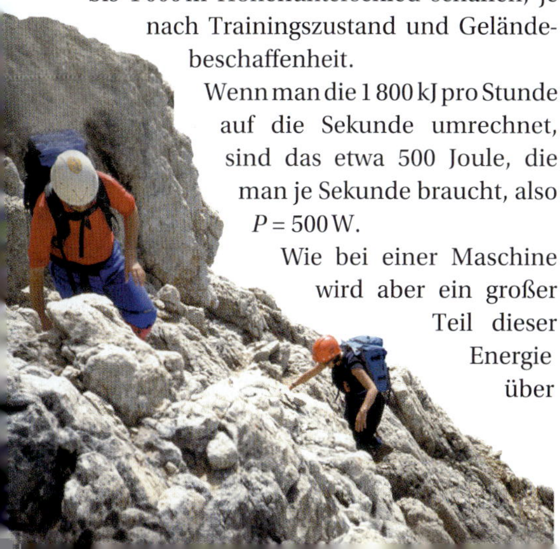

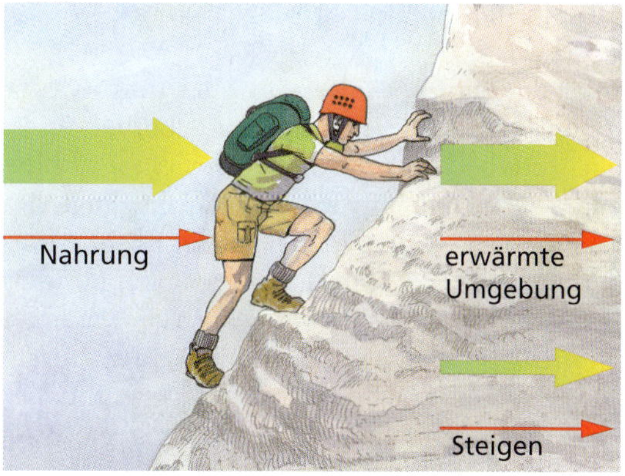

1 Energiefluss bei einem Menschen

das Schwitzen an die Umgebung abgegeben. Bei einer Bergtour sind das über 80 % (Abb. 1).
Damit stehen uns beim Bergsteigen im „Dauerbetrieb" knapp 100 J je Sekunde zum reinen Aufsteigen zur Verfügung, mit 400 J je Sekunde (400 W) wird die Umwelt erwärmt.
Da man mit 1 J einen Körper der Masse 100 g um 1 m heben kann, lässt sich mit 100 J das Körpergewicht von 50 kg um 0,2 m heben. Wenn man in der Sekunde 0,2 m steigt, dann sind das in der Stunde 720 m. Ein gut trainierter Mensch kann pro Stunde mehr Energie umsetzen, dementsprechend mehr Höhenunterschied erreicht er auch.

Energiebedarf pro Tag in kJ in verschiedenen Lebensaltern

Lebensalter	Energiebedarf in kJ/Tag	
Kinder		
1–4 Jahre	5 000	
7–10 Jahre	8 400	
Jugendliche	**männlich**	**weiblich**
12–15 Jahre	10 000	8 000
16–19 Jahre	13 000	10 500
Erwachsene	**männlich**	**weiblich**
25 Jahre	10 900	9 200
45 Jahre	10 000	8 400
65 Jahre	9 200	7 500

Eine geniale Erfindung

In einem Pumpspeicherkraftwerk strömt Wasser durch Rohrleitungen aus einem Oberbecken in ein Unterbecken und treibt über eine Turbine einen Generator an, in dem die mechanische Energie des Wassers in elektrische Energie umgewandelt wird (Abb. 1). Ein genialer Erfinder hatte nun die Idee, einen Teil der so gewonnenen elektrischen Energie zum Antrieb einer Pumpe zu verwenden, die das Wasser aus dem Unterbecken in das Oberbecken pumpt, sodass ein Wasserkreislauf entsteht. Der andere Teil der Energie wird ständig ins Netz eingespeist. Damit steht der Menschheit eine unerschöpfliche Energiequelle zur Verfügung, so der Erfinder.
Kann diese Erfindung funktionieren?

Die Erfindung ist ein typisches Perpetuum mobile, das nicht funktionieren kann. Das Wasser im Oberbecken besitzt Energie, die beim Herunterströmen des Wassers „mitgenommen“ wird. Diese Energie wird zum Antrieb der Turbinen genutzt und im Generator in elektrische Energie umgewandelt.
Um den Wasserkreislauf in Gang zu setzen, wird mithilfe einer Pumpe die elektrische Energie beim Hochpumpen auf das Wasser übertragen.
Nach dem Gesetz von der Erhaltung der Energie geht weder Energie verloren, noch entsteht sie aus dem Nichts.

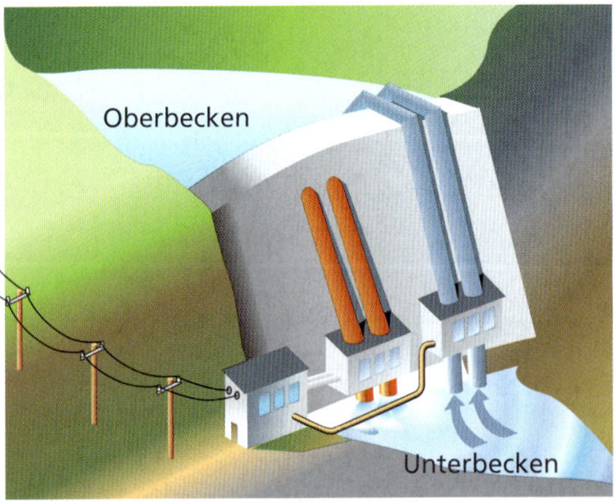

1 Aufbau eines Pumpspeicherkraftwerks: Energie des Wassers wird in Elektroenergie umgewandelt.

Die notwendige elektrische Energie zum Hochpumpen des Wassers muss demzufolge mindestens genauso groß sein wie die elektrische Energie, die aus dem herabströmenden Wasser gewonnen werden kann.
Mit dieser Erfindung könnte somit im besten Fall der Wasserkreislauf aufrechterhalten werden. Da jedoch Reibung auftritt und dadurch ein Teil der Energie an die Umgebung abgegeben wird, käme der Kreislauf sehr schnell zum Erliegen. Eine Einspeisung von Energie ins Netz wäre auf jeden Fall ausgeschlossen.

Mosaik

Ein Perpetuum mobile

Viele Jahrhunderte lang versuchten Erfinder eine Maschine zu konstruieren, die dauernd Energie abgibt, ohne dass ihr Energie zugeführt wird, oder die mehr Energie abgibt, als ihr zugeführt wurde. Eine solche Anordnung wird als **Perpetuum mobile** („sich ständig bewegend“) bezeichnet. Eine der Ideen für ein solches Perpetuum mobile zeigt die Abbildung. Es handelt sich dabei um eine Konstruktion, die der holländische Mathematiker Simon Stevin (1548–1620) angegeben hat.
Auf einer geneigten Ebene befindet sich eine Kugelkette. Ein Teil der Kugeln wirkt mit ihrer Gewichtskraft in der einen Richtung. Die Kugeln auf der geneigten Ebene wirken mit einer geringeren Kraft in der entgegengesetzten Richtung. Die gesamte Kette soll sich ständig in Pfeilrichtung bewegen.

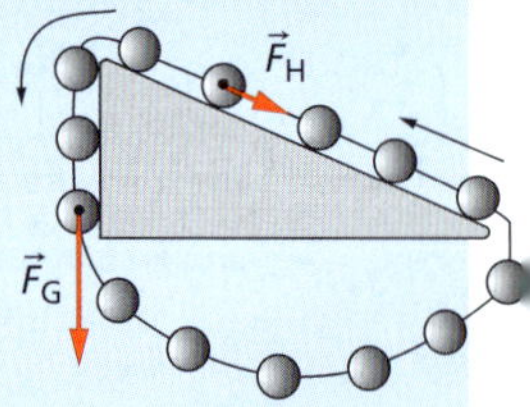

Ein solches Perpetuum mobile kann nicht funktionieren. Es widerspricht dem Energieerhaltungssatz, der besagt, dass Energie weder erzeugt noch vernichtet, sondern nur von einer Form in andere Formen umgewandelt werden kann.
Bereits im Jahre 1775 erklärten die Pariser Akademie der Wissenschaften und die Royal Society in London als die damals weltweit führenden wissenschaftlichen Einrichtungen, dass sie keinen Vorschlag für ein Perpetuum mobile mehr prüfen werden. Trotzdem gab und gibt es noch zahlreiche Versuche, ein Perpetuum mobile zu konstruieren.

Glühlampe gegen Energiesparlampe

In den meisten Geräten wird die zugeführte Energie auf mindestens zwei Energieträger umgeladen. Für eine Glühlampe gilt: Nur etwa 5 % der zugeführten Energie (Abb. 1) steckt bei der Glühlampe schließlich im Licht. Mit dem viel größeren Anteil wird die Luft erwärmt. Das ist nicht effektiv, denn mit der Glühlampe will man ja nicht in erster Linie heizen.
Mit Energiesparlampen ist die Lichtausbeute deutlich größer: Etwa 25 %, also der 5-fache Anteil der Energie, steckt im Licht (Abb. 2). Das bedeutet: Um die gleiche Menge Licht zu erhalten, muss nur ein Fünftel der elektrischen Energie zugeführt werden.
Welche der Lampen ist kostengünstiger?

Um das herauszufinden, muss man verschiedene Daten miteinander vergleichen (s. Tabelle).

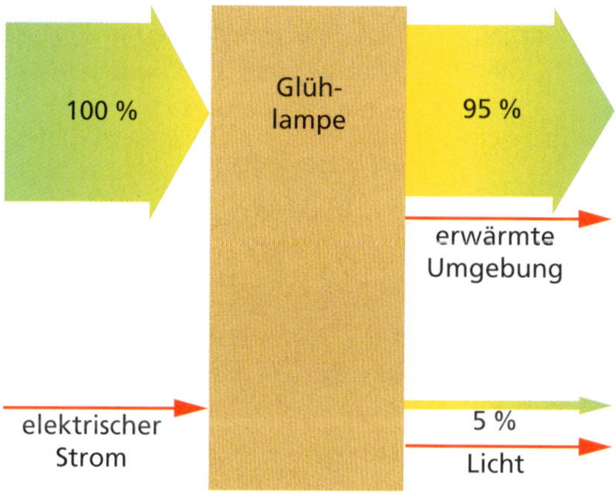

1 Energieflussdiagramm einer Glühlampe

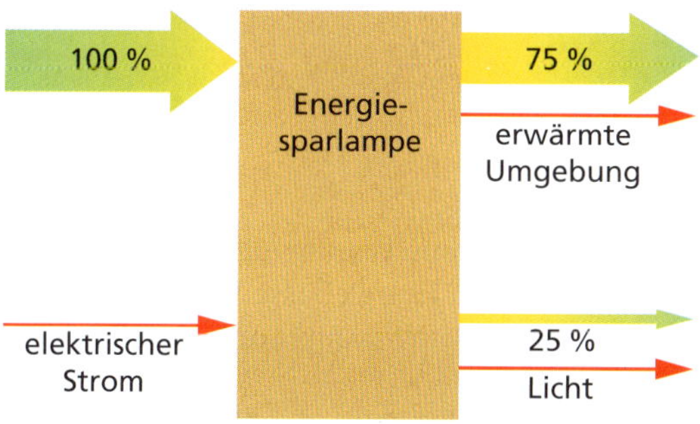

2 Energieflussdiagramm einer Energiesparlampe

Daten	Energiesparlampe	Glühlampe
Leistung	13 W	60 W
Lebensdauer	10 000 h	1 000 h
Anzahl der Lampen für 10 000 h Betrieb	1	10
Kosten für die Lampen für 10 000 h Betrieb	10 €	10 · 0,5 €
Energiebedarf für die 10 000 h Betrieb	130 kWh	600 kWh
Energiekosten für 10 000 h Betrieb bei 0,15 €/kWh	19,50 €	90 €
Gesamtkosten für 10 000 h Betrieb	29,50 €	95 €

Aufgaben

1. Wenn man mit dem Fahrrad bremst, ist die Energie, die in der Bewegung steckte, anscheinend plötzlich nicht mehr da. Wenn man aber die Bremsbeläge oder den Reifen befühlt, spürt man eine Erwärmung.
Stelle für den beschriebenen Sachverhalt den Energiefluss ähnlich wie in Abb. 1 dar! Beschreibe ihn in Worten!

2. Ein Auto fährt mit konstanter Geschwindigkeit. In der Bewegung eines gleichmäßig auf ebener Strecke fahrenden Autos steckt immer die gleiche Energie.
Wohin geht dann die Energie, die beim Verbrennen des Benzins frei wird?

3. Mit einem Mixer wird Teig gerührt. Dabei wird elektrische Energie auf die Drehbewegung des Rührstabs übertragen.
   a) Was geschieht mit der Energie des Rührstabs?
   b) Skizziere das entsprechende Energieflussdiagramm! Orientiere dich an den Darstellungen links.

gewusst · gekonnt

1. Die Abbildungen zeigen Vorgänge in Natur und Technik.

Wo steckt jeweils die Energie zu Beginn? Wo befindet sie sich anschließend?

2. Bereite ein Referat zum Thema „Die Sonne – unsere wichtigste Energiequelle" vor! Nutze dazu das Internet (↗ **M** S. 124)!

3. Akkumulatoren sind Quellen elektrischer Energie.
   a) Warum musst du sie von Zeit zu Zeit erneuern bzw. wieder aufladen?
   b) Wovon hängt die Zeitspanne zwischen zwei Ladevorgängen ab?
   c) Was unterscheidet einen Akkumulator von einer „normalen" Batterie?

4. a) Stelle in einer Übersicht alle Nahrungsmittel und auch die Getränke zusammen, die du innerhalb von 24 Stunden zu dir nimmst!
   b) Ordne die Nahrungsmittel und Getränke den acht Gruppen des Nahrungsmittelkreises (S. 155) zu!
   c) Leite Folgerungen für deine künftige Ernährung ab!

***5.** a) Berechne deinen Grundumsatz! Hinweise zur Berechnung findest du auf S. 156!
   b) Erläutere den Unterschied zwischen dem Grundumsatz und dem Leistungsumsatz!

6. Paul isst zum Frühstück 100 g Joghurt, 50 g Butter, 50 g Honig und ein 100 g wiegendes Brötchen.
Wie groß ist der Energiegehalt dieser Nahrungsmittel?
Nutze zur Berechnung die Angaben auf S. 156!

7. Kraftwerke und Verbrennungsmotoren können die Energie nur zu einem relativ kleinen Teil in nutzbare Energie umwandeln. Der Großteil der nicht nutzbaren Energie erwärmt Luft und Wasser.
In einem Kraftwerk mit „Kraft-Wärme-Kopplung" wird ein Großteil dieser Energie sinnvoll zum Heizen verwendet: Mit Rohrleitungen wird die Energie in heißem Wasser in die Haushalte geleitet. Die Energieflüsse zeigt das folgende Diagramm:

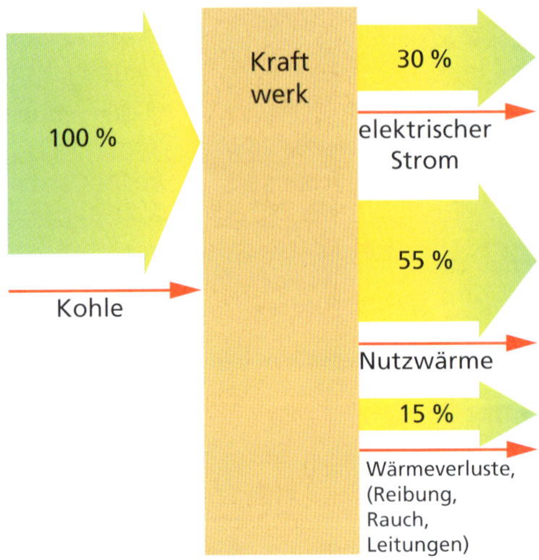

Beschreibe mit Worten die im Diagramm dargestellten Energieflüsse für ein Kraftwerk mit „Kraft-Wärme-Kopplung" (↗ **M** S. 17)!

8. Beschreibe den Weg der Energie bei einer Pflanze (↗ **M** S. 17)!

5.2 Energieversorgung gestern, heute, morgen

Energie aus der Steckdose
Für unsere Versorgung mit Elektroenergie spielen Kraftwerke eine entscheidende Rolle. Etwa 50 % der Elektroenergie werden bei uns in Kohlekraftwerken gewonnen, etwa 30 % in Kernkraftwerken.
Kann unsere Versorgung mit Elektroenergie in Zukunft gesichert werden?

Energie aus der Natur
Biomasse gehört zu den Energieträgern, die ständig nachwachsen und die in zunehmendem Maße genutzt werden.
Welche Energie ist in Pflanzen gespeichert? Wie groß ist diese Energie? Wie kann sie genutzt werden?

Energie der Sonne
Sonnenenergie kann mithilfe von Solarzellen direkt in elektrische Energie umgewandelt werden. Damit lassen sich Solarboote oder Solarmobile ebenso betreiben wie Parkscheinautomaten oder Messstationen.
Wie effektiv sind Solarzellen? Kann man mit ihnen auch ganze Häuser mit Elektroenergie versorgen?

Nicht erneuerbare und erneuerbare Energieträger

Der Energiebedarf der Menschheit ist in den letzten Jahrzehnten sprunghaft angestiegen (Abb. 1). Er hat inzwischen einen Wert von über $4 \cdot 10^{20}$ J pro Jahr erreicht. Für Deutschland liegt dieser Wert bei etwa $1{,}5 \cdot 10^{19}$ J.
Aufgrund der weiter fortschreitenden Industrialisierung in China und einer Reihe weiterer Länder wird der Energiebedarf weiterhin deutlich ansteigen (Abb. 1).
In Deutschland decken wir unseren Energiebedarf hauptsächlich mit fossilen Brennstoffen, also mit Kohle, Erdöl und Erdgas (Abb. 2). Fossile Brennstoffe entstehen über Jahrmillionen. Wenn die Vorräte verbraucht sind, müssen wir die

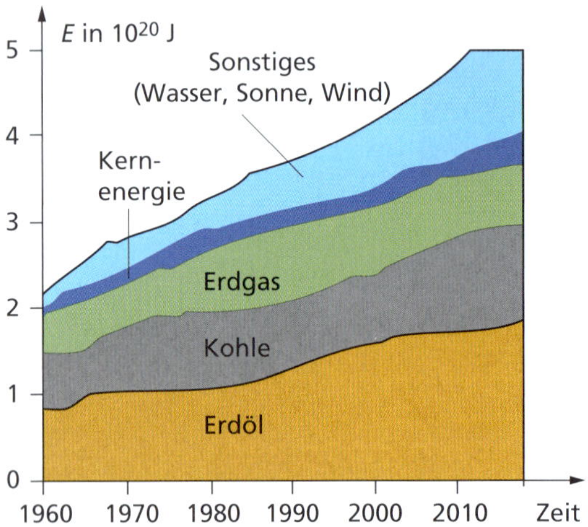

1 Entwicklung des Energiebedarfs der Menschheit

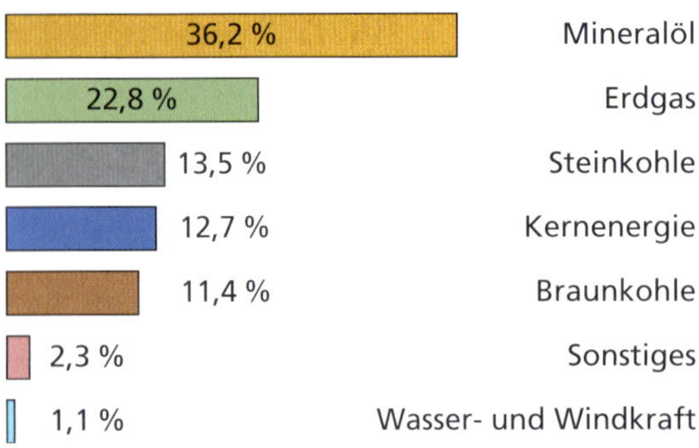

2 Energieträger beim Primärenergieverbrauch in Deutschland

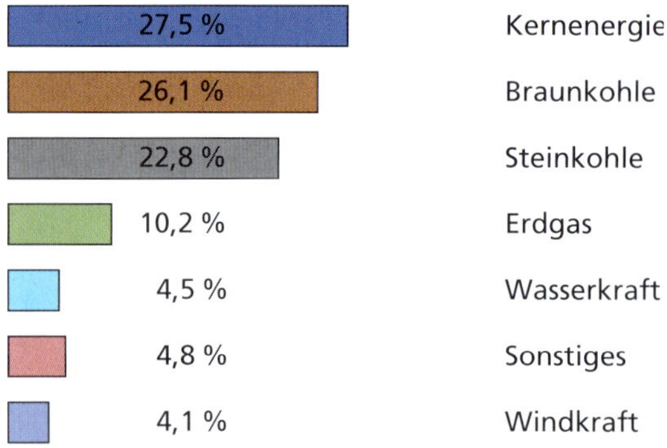

3 Energieträger für die Elektroenergieerzeugung in Deutschland

Energie aus anderen Quellen holen. Man sagt, fossile **Brennstoffe** sind **nicht erneuerbare Energieträger.**
Auch spaltbares Uran für die Kernspaltung in Kernkraftwerken gehört zu den nicht erneuerbaren Energieträgern. Die Vorräte an solchen Energieträgern sind begrenzt.
Ihr Abbau wird immer teurer und ist auch mit ökologischen Problemen verbunden. Dazu zählen nicht nur die Zerstörung von Landschaften durch riesige Braunkohlentagebaue, sondern vor allem auch die Umweltbelastung durch Verbrennungsprozesse mit ihren Verbrennungsprodukten. Trotz aller Maßnahmen zur Abgasreinigung haben Kraftwerke und die Motoren von Millionen Kraftfahrzeugen erheblichen Anteil an der Luftverschmutzung, aber auch an Erscheinungen wie dem **zusätzlichen Treibhauseffekt** und dem **sauren Regen.**

Um den weiter wachsenden Energiebedarf zu decken, ist es erforderlich,
- in zunehmendem Maße erneuerbare Energien wie Sonnenenergie, Windenergie, Wasserenergie zu nutzen;
- sparsam und rationell mit den vorhandenen Energieträgern umzugehen.

In den Abb. 2 und 3 sind erneuerbare Energieträger unter Wasser und Windkraft sowie unter „Sonstiges" erfasst. Es ist erkennbar: Gegenwärtig wird nur ein geringer Teil der benötigten Energie aus erneuerbaren Energieträgern gewonnen.

Erneuerbare Energieträger

Energieträger, die nachwachsen (Holz, Biomasse) oder immer von Neuem nutzbar sind (z. B. Wind, Wasser, Sonnenstrahlung), nennt man erneuerbare oder regenerative Energieträger. Beispiele sind in der Übersicht unten dargestellt.

1. *Interpretiere die Übersicht über erneuerbare Energieträger und deren Nutzung!*

2. *Welche natürlichen Gegebenheiten begünstigen oder erschweren die Nutzung erneuerbarer Energieträger?*

3. *Erkunde, welche erneuerbaren Energieträger in welchem Umfang in Deutschland genutzt werden! Informiere dich insbesondere über die Nutzung von Wind und Sonnenstrahlung! Verwende dazu das Internet, insbesondere auch die Adresse* ***www.schuelerlexikon.de!***

Energie aus dem Wind

Nicht nur in Küstenregionen gibt es eine zunehmende Anzahl von Windkraftanlagen, sondern auch im Binnenland. Insgesamt bleibt aber die Leistung, die von ihnen in das Netz eingespeist wird, relativ klein. Die meisten Anlagen erreichen Leistungen bis zu 1 MW. Damit sie wirtschaftlich arbeiten können, sind mittlere Windgeschwindigkeiten von 4 m/s bis 5 m/s erforderlich. Das entspricht im Mittel Windstärke 3.

4. *Erkunde, in welchen Gebieten besonders viele Windkraftwerke stehen! Kannst du begründen, warum gerade diese Standorte genutzt werden?*

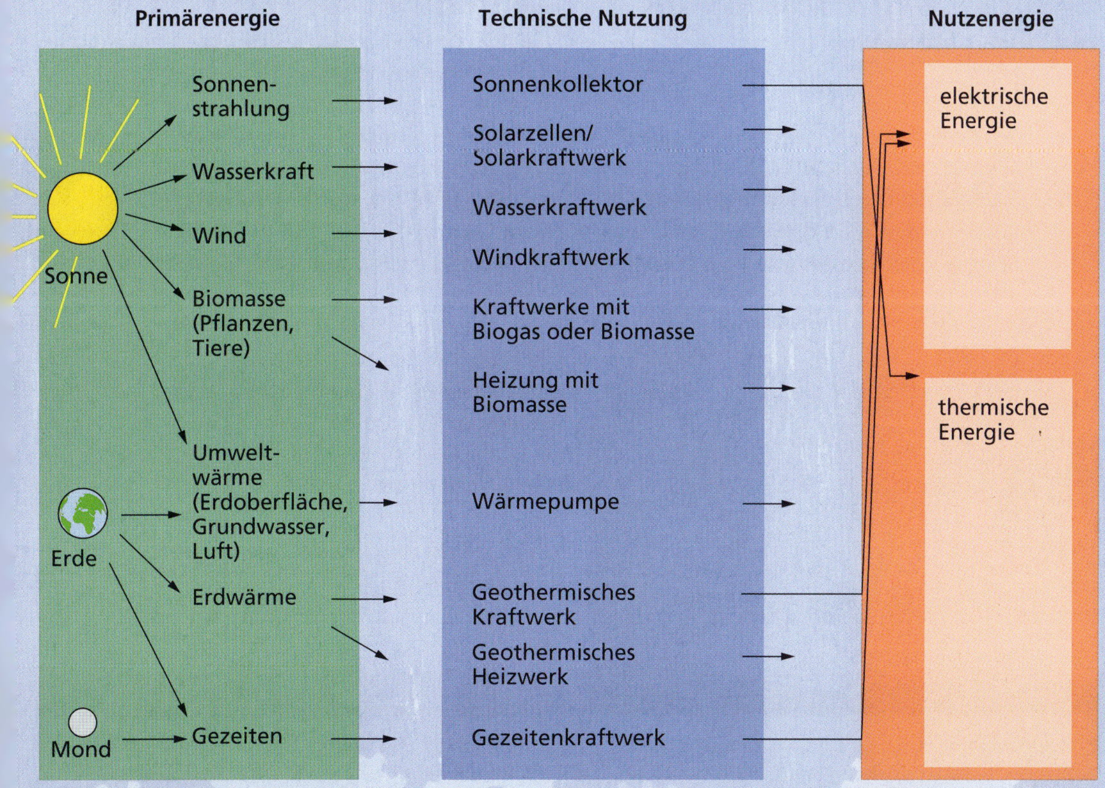

1 Im Sonnenkollektor auf dem Hausdach wird Wasser erwärmt.

3 Die Sonnenenergie wird genutzt, um Elektroenergie zu erzeugen.

Energie von der Sonne

Die Energie der Sonne kann man dazu nutzen, um auf direktem Weg in Sonnenkollektoren Wasser zu erwärmen. Dieses erwärmte Wasser kann z. B. zum Heizen von Räumen verwendet werden. Sonnenkollektoren werden meist auf den Dächern von Häusern angebracht (Abb. 1). Informationen zu Sonnenkollektoren findest du z. B. im Internet.

5. a) *Informiere dich über den Aufbau und die Wirkungsweise eines Sonnenkollektors!*
   b) *Erkunde, in welchem Umfang Sonnenkollektoren in Wohnhäusern bzw. in öffentlichen Gebäuden in deiner näheren Umgebung genutzt werden!*

2 Solarzellen sind aus Silicium aufgebaut und haben heute einen Wirkungsgrad von etwa 15 %.

6. *Erkunde, in welchem Verhältnis Investitionskosten zu Einsparungen stehen, wenn man einen Sonnenkollektor installiert?*

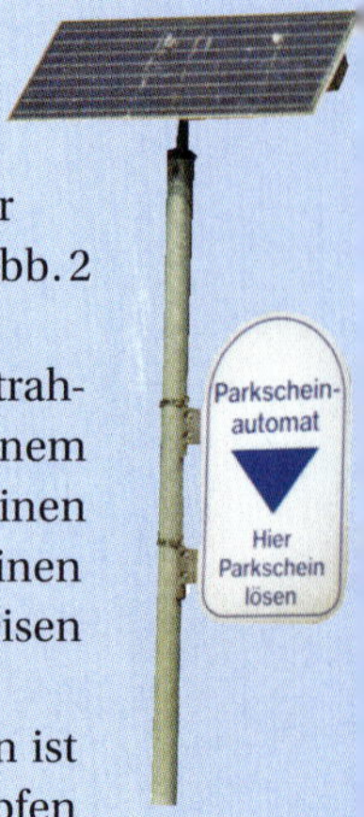

Die Energie der Sonne kann auch dazu genutzt werden, um mithilfe von Solarzellen elektrische Energie direkt aus der Sonnenenergie zu gewinnen (Abb. 2 und 3 sowie Abb. rechts).
Konzentriert man die Sonnenstrahlung mithilfe von Spiegeln in einem kleinen Bereich, so hat man einen **Sonnenofen** (s. S. 103 f.). Mit kleinen Sonnenöfen kann man z. B. Speisen erwärmen.
Mit hinreichend großen Anlagen ist es möglich, Wasser zu verdampfen und mit diesem Dampf, ähnlich wie in einem Wärmekraftwerk, eine Turbine anzutreiben. Eine solche Anlage wird als **Solarkraftwerk** bezeichnet.

7. *Erläutere Vor- und Nachteile der Nutzung von Solarenergie!*

8. *Warum kann ein Solarmobil oder ein Solarboot nicht nur am Tag fahren und warum fährt es bei Sonnenschein besonders schnell? Warum hat diese Art des Antriebs bei uns noch keine größere Verbreitung gefunden?*

Energie aus Sonne, Wind und Wasser

Ein besonders interessantes Projekt wurde im Energiepark Geesthacht bei Hamburg realisiert. Die drei erneuerbaren Energiequellen Sonne, Wind und Wasser wurden miteinander kombiniert (Abb. 1).
Kernstück der Anlage ist ein Pumpspeicherkraftwerk, das seit 1958 in Betrieb ist. Die im Oberbecken gespeicherte Wassermenge reicht aus, um 5 Stunden lang eine Leistung von 120 MW zu erzeugen. Bis 1994 wurde zum Hochpumpen des Wassers billiger Nachtstrom genutzt. Jetzt wird ein Teil der notwendigen elektrischen Energie in einem Windkraftwerk gewonnen.
Ein anderer Teil der elektrischen Energie wird von Solarzellen geliefert. Allerdings reicht die vom Windkraftwerk und von den Solarzellen gelieferte Energie nur für insgesamt ca. 7 Stunden Volllastbetrieb des Pumpspeicherkraftwerks jährlich.

9. *Wie arbeitet ein Pumpspeicherkraftwerk?*

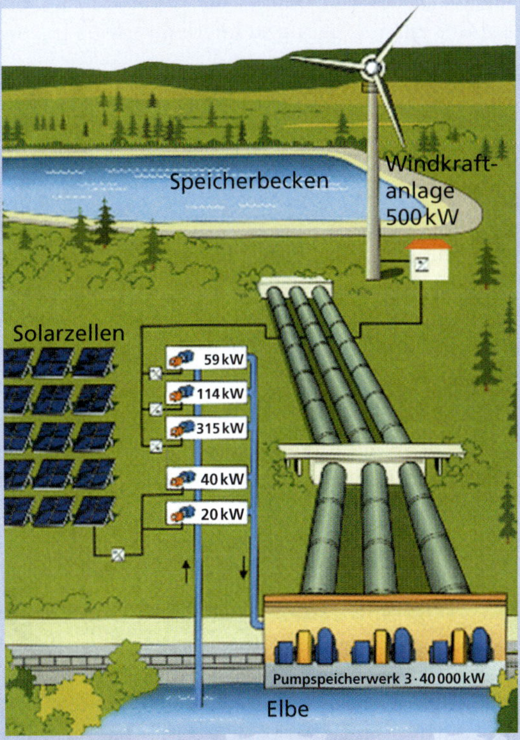

1 Energiepark Geesthacht bei Hamburg

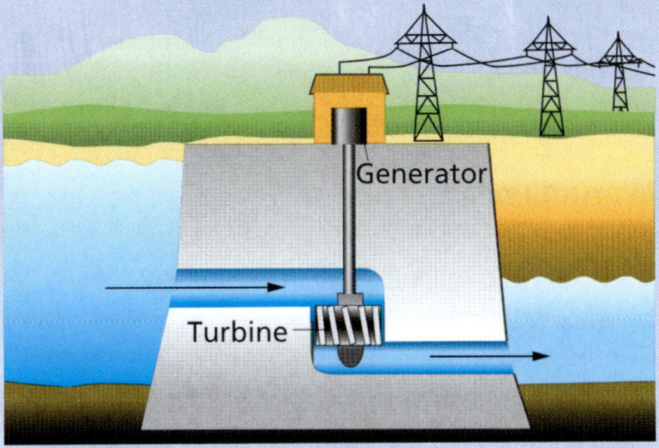

2 Prinzipieller Aufbau eines Gezeitenkraftwerks: Genutzt werden Ebbe und Flut.

10. *Stelle eine Energieumwandlungskette für den Energiepark Geesthacht auf!*

11. *Kommentiere die jeweiligen Leistungen, die im Energiepark von Wasserkraftwerk, Windkraftanlage und Solarzellen bereitgestellt werden können!*

12. *Erkunde, welche Kombination in der Nutzung erneuerbarer Energieträger es in deiner näheren Umgebung gibt!*

Energie aus Gezeiten

Ebbe und Flut bedeuten strömendes Wasser. An der französischen Atlantikküste bei St. Malo wurde 1961 das erste große Gezeitenkraftwerk gebaut. Ein 800 m langer künstlicher Damm versperrt den Mündungstrichter des Flusses Rance. Die flussaufwärts strömenden Wassermassen treiben bei Flut die Turbinen eines Generators an. Abb. 2 zeigt den prinzipiellen Aufbau.

*13. *Wie entstehen Gezeiten? Warum sind sie an der Ostsee kaum spürbar?*

14. *Nutze das Internet, um dich über die geografischen Besonderheiten von St. Malo zu informieren!*

15. *Welche Vor- und Nachteile hat ein Gezeitenkraftwerk? Erkunde, warum das Kraftwerk in St. Malo besonders effektiv arbeitet!*

Physik in Natur und Technik

Warum Energie sparen?

Mit 1 kWh Elektroenergie könnte ein 1000-W-Staubsauger eine Stunde lang arbeiten. Eine Energiesparlampe (20 W) könnte damit sogar 50 Stunden lang betrieben werden. Den Nutzer kostete das nur etwa 15 Cent.
Warum sollte man das Licht trotzdem ausschalten, wenn man den Raum verlässt? Warum sollte jeder von uns sparsam mit Energie umgehen?

Es gibt eine Reihe wichtiger Gründe, sparsam mit Energie umzugehen:

- Der überwiegende Teil der Energie, die wir nutzen, wird aus nicht erneuerbaren Energieträgern (Kohle, Uran, Erdöl, Erdgas) gewonnen. Bei der Elektroenergie sind das mehr als 90 %. Der Vorrat an solchen Energieträgern ist begrenzt und reicht nur noch ein paar Jahrzehnte.
- Der Abbau von Kohle oder die Gewinnung von Erdöl wird nicht nur immer teurer. Beides ist auch mit erheblichen ökologischen Problemen verbunden.
- Bei der Verbrennung der fossilen Brennstoffe entstehen Abgase. Die Abgase verschmutzen trotz aller Maßnahmen zur Abgasreinigung weiterhin die Luft. Sie verursachen sauren Regen und tragen zum Treibhauseffekt bei.

1 Der überwiegende Teil der Elektroenergie wird aus den Energieträgern Uran und Kohle gewonnen.

Energieträger	Aufwand für 1 kWh Elektroenergie
Braunkohle	1,1 kg
Steinkohle	0,3 kg
Erdgas	0,22 m³
Uran (angereichert)	0,0045 g
Wasser	410 m³ bei 1 m Fallhöhe
Heizöl	0,2 kg
Müll	1,5 kg ... 3,5 kg
Sonnenstrahlung	15 m² Solarzellen (1 h)

- Kernkraftwerke sind umstritten, weil die Risiken für Mensch und Umwelt durch Störfälle und radioaktive Abfälle nur schwer einschätzbar sind.

Was kann jeder Einzelne tun, um vernünftig mit der uns zur Verfügung stehenden Energie umzugehen? Zu beachten ist z. B.:

- Statt einen Pkw zu nutzen, können kurze Strecken mit dem Fahrrad oder zu Fuß zurückgelegt werden. Auf längeren Strecken sind öffentliche Verkehrsmittel umweltfreundlicher als die Nutzung eines Pkw.
- Beim Heizen sollte die Raumtemperatur der Raumnutzung angepasst werden.
- Kurzes, intensives Lüften ist günstiger als ständiges Offenstehen von Fenstern.
- Geräte in Stand-by-Schaltung benötigen Energie. Sie sollten abgeschaltet werden. Das gilt auch für nicht genutzte Lampen oder Geräte.
- Energiesparlampen sind günstiger als Glühlampen oder Halogenlampen.

Aufgabe

Sucht und diskutiert weitere Möglichkeiten, wie ihr sparsam und damit sinnvoll mit Energie umgehen könnt! Formuliert Regeln!

Mosaik

Brennstoffzellen – Energiequellen der Zukunft

Brennstoffzellen sind technische Anordnungen, mit deren Hilfe aus Wasserstoff und Sauerstoff elektrischer Strom erzeugt werden kann.
Bereits 1839 demonstrierte der englische Astronom und Physiker WILLIAM GROVE im Labor die prinzipielle Wirkungsweise einer Brennstoffzelle: Elektrolytisch erzeugter Wasserstoff und Sauerstoff wird Elektroden aus Platin zugeführt. Dabei bildet sich zum einen Wasser, zum anderen entsteht zwischen den Elektroden eine Spannung, die zu einem Strom führt. Das Foto zeigt eine moderne Experimentieranordnung.

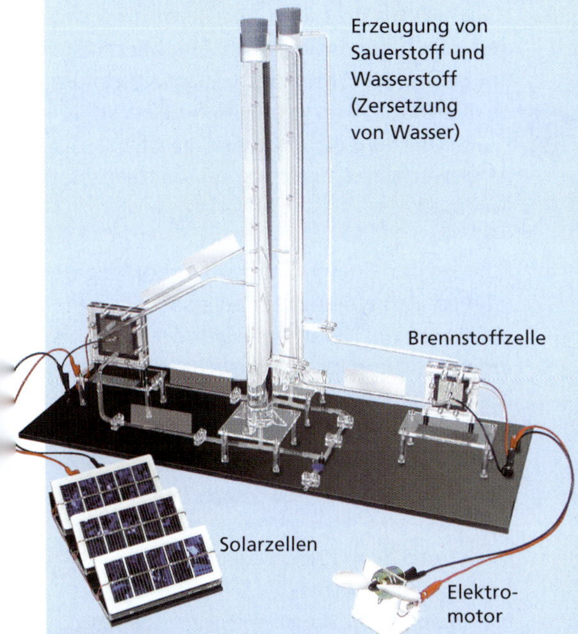

Die Entwicklung einer leistungsfähigen elektrischen Quelle erwies sich allerdings als so schwierig, dass dieses Konzept nicht weiter verfolgt wurde. Hinzu kommt, dass mit der Entdeckung des elektrodynamischen Prinzips im Jahre 1866 durch WERNER VON SIEMENS (1816–1892) die Konstruktion von Dynamomaschinen möglich wurde, mit denen ausreichende Mengen Elektroenergie erzeugt werden konnten. Erst als elektrische Quellen für U-Boote und für Raumfahrzeuge gewannen Brennstoffzellen wieder an Bedeutung. Sie wurden erstmals 1965 genutzt. Heute wird daran gearbeitet, sie als Energiequellen zu nutzen.

Eine Brennstoffzelle besteht aus zwei Elektroden und einem Elektrolyten (Abb. 1). Die Anode wird mit dem Brennstoff, meist Wasserstoff, und die Katode mit Sauerstoff versorgt. Der Elektrolyt verbindet die beiden Elektroden miteinander. Bei einer Betriebstemperatur zwischen 80 °C und 1 000 °C gibt Wasserstoff an der Anode (Minuspol) Elektronen ab:

$$2H_2 \longrightarrow 4H^+ + 4e^-$$

Die frei gewordenen Elektronen fließen über einen Verbraucher zur Katode und transportieren dabei Energie.
An der Katode nimmt Sauerstoff Elektronen auf. Sauerstoff-Ionen bewegen sich durch den Elektrolyten zur Anode und vereinigen sich dort mit Wasserstoff-Ionen zu Wasser:

$$O_2 + 4e^- + 4H^+ \longrightarrow 2H_2O$$

Als Gesamtreaktion entsteht aus Wasserstoff und Sauerstoff Wasser.
Eine einzelne Zelle liefert eine Spannung von 0,6 V bis 0,9 V. Durch Reihenschaltung solcher Zellen erreicht man Spannungen bis etwa 200 V.
Der Vorteil von Brennstoffzellen besteht vor allem darin, dass bei ihrem Betrieb keine Umweltbelastungen auftreten. Darüber hinaus ist ihr Wirkungsgrad mit 35 % bis 85 % sehr hoch.
Die derzeitigen Nachteile bestehen vor allem in den hohen Produktionskosten.

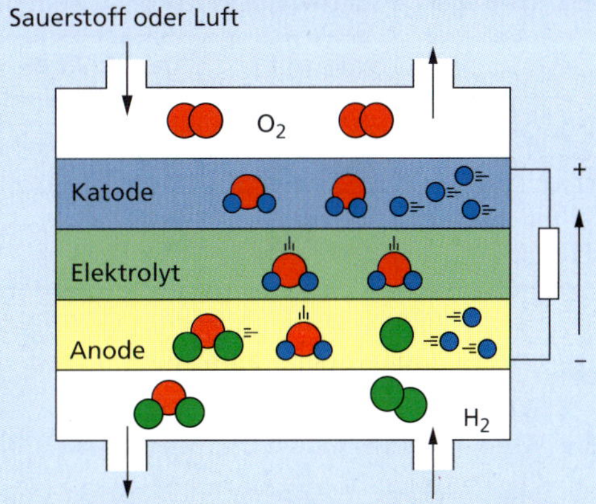

1 Aufbau und Wirkungsweise einer Brennstoffzelle: Es erfolgt ein Austausch von Elektronen.

gewusst · gekonnt

1. In Biomasse ist Energie gespeichert, die für die Energieversorgung der Menschheit genutzt werden kann. Biomasse ist aufgrund des ständigen Nachwachsens von Pflanzen und Tieren ein erneuerbarer Energieträger. Trage in einer Tabelle verschiedene Verfahren zur Nutzung der Biomasse als Energieträger für die Energieversorgung zusammen! Beschreibe den Weg der Energie über die einzelnen Energieträger (↗ **M** S. 17)!

Verfahren	Energieübertragungen
Verbrennung von Biomasse (z. B. Holz)	...
...	...

2. Sammle Informationen über Umweltschäden durch Energienutzung und über Möglichkeiten der Verringerung solcher Schäden!

3. Die Übersicht unten zeigt, wie lange die Reserven an fossilen Energieträgern reichen, wenn man von den heute bekannten Lagerstätten ausgeht und die jetzige Förderung zugrunde legt.

Energieträger	Reichweite in Jahren	
	weltweit	Deutschland
Braunkohle	515	230
Steinkohle	151	330
Erdöl	43	31
Erdgas	65	16

a) Welche Folgerungen kann man aus diesen Daten ableiten?

b) Welche Konsequenzen ergeben sich aus diesen Daten für die künftige Nutzung regenerativer Energieträger?

4. Der durchschnittliche Kraftstoffverbrauch bei Pkws mit Ottomotoren betrug in Deutschland im Jahr 1990 9,6 Liter, 1995 noch 9,0 Liter und im Jahr 2003 etwa 8,0 Liter. Inzwischen gibt es aber schon 3-Liter-Autos. Sie produzieren wesentlich weniger Schadstoffe als Autos mit höherem Kraftstoffverbrauch.

a) Durch welche Maßnahmen kann man bei jedem Pkw den Kraftstoffverbrauch und damit den Schadstoffausstoß verringern?

b) Erkunde, durch welche technischen Maßnahmen der Kraftstoffverbrauch von Autos wesentlich verringert werden kann!

c) Beim Auto werden 20 % der Energie für die Fortbewegung genutzt. Zeichne ein Energieflussdiagramm!

5. Neben Fernsehgeräten mit Bildröhren werden zunehmend die sehr flachen Fernseher mit LCD- oder Plasmabildschirm angeboten.

a) Erkunde, wie groß die Leistungsaufnahme vergleichbarer Geräte ist!

b) Bewerte das Ergebnis aus energetischer Sicht!

6. Eine Portion Energie kann auf ihrem Weg viel erleben. Aus einem Schüleraufsatz:

„Hallo, ich bin das kleine Quäntchen Energie. Mit dem Sonnenlicht bin ich auf die Erde gereist. Dort wurde ich von einem Löwenzahnblatt durch Fotosynthese in etwas Zucker gesteckt. Als ein Hase vorbeikam, hat dieser das Blatt gefressen. Er hat mich aus dem Zucker herausgeholt und ist mit meiner Hilfe schnell vor einem Fuchs davongerannt. Ein großer Teil von mir hat sich mit der Körperwärme in der Umgebung verteilt. So schwebe ich nun ein bisschen in der Luft, liege ein bisschen im Gras und ein bisschen von mir hoppelt noch mit dem Hasen durch die Gegend."

a) Zeichne ein Energieflussdiagramm für diese Geschichte!

b) Denke dir selbst eine solche Geschichte über den Weg eines Quäntchens Energie aus! Trage sie deinen Mitschülern vor und diskutiert darüber!

Energie und ihre Eigenschaften

Energie braucht man, um etwas zu bewegen, zu erwärmen oder zu beleuchten.

Formelzeichen: E
Einheiten: ein Joule (1 J), eine Kilowattstunde (1 kWh)

- Energie ist in Energieträgern gespeichert.
- Energie kann mit dem jeweiligen Energieträger transportiert werden.
- Energie kann von einem Energieträger auf einen anderen übertragen werden.
- Energie kann weder erzeugt noch vernichtet werden.

Energieflussdiagramm

Die Leistung eines Geräts oder einer Anlage gibt an, wie viel Energie je Zeiteinheit durch das Gerät bzw. die Anlage fließt.

Formelzeichen: P
Einheit: ein Watt (1 W)

Der Mensch nimmt Energie in Form von Nahrung zu sich. Zur Erhaltung aller Lebensfunktionen sind ca. 7 500 kJ je Tag erforderlich, bei leichter Arbeit ca. 10 000 kJ.
Die Dauerleistung des Menschen liegt bei etwa 100 W.

Das Verhältnis von nutzbarer Energie zu zugeführter (aufgenommener) Energie wird als **Wirkungsgrad** η bezeichnet. Er ist immer kleiner als 1 bzw. kleiner als 100 %.
Für ihn gilt:

$$\eta = \frac{E_{nutz}}{E_{zu}}$$

Ein verantwortungsbewusster Umgang mit Energie bedeutet:
- sparsam und effektiv mit den vorhandenen Energieträgern umzugehen,
- in zunehmendem Maße erneuerbare Energieträger zu nutzen.

Ziel erreicht?

Theorie und Erfahrung

1. Zur Versorgung eines Wohnhauses mit Energie werden verschiedene Energieträger eingesetzt.
a) Welche Energieträger können eingesetzt werden?
b) Wo steckt die Energie nach dem Gebrauch der Energieträger?

2. Energie kann weder erzeugt noch vernichtet werden. Trotzdem gilt die Forderung, mit Energie rationell und sparsam umzugehen. Erkläre diesen scheinbaren Widerspruch!

Methoden der Physik

3. Der menschliche Körper setzt Energie z. B. aus Zucker frei. Das ist im Endeffekt die chemische Reaktion, die in den Zellen abläuft:
Zucker + Sauerstoff → Kohlendioxid + Wasser + Energie.
a) Ermittle experimentell mithilfe einer Plastiktüte, wie viel Luft du bei einem normalen Atemzug einatmest (↗ M S. 74). Beschreibe deine Messmethode und notiere das Messergebnis!
b) Berechne, wie viel Luft du ungefähr am Tag ein- und ausatmest! Beobachte dazu deinen Atem und mache eine Messung!
c) Mit dem Sauerstoff von einem Liter Luft kann man ungefähr 1 kJ an Energie aus Zucker freisetzen. Wie viel Energie setzt du also am Tag um? Vergleiche mit dem Wert für den Energiebedarf von 10 000 kJ pro Tag bei leichter Arbeit!
*d) Unverbrauchte Luft hat einen Sauerstoffgehalt von 21 %. Bei der ausgeatmeten Luft sind es 16 %.
Berechne mit dieser Information, wie viele Liter Sauerstoff man pro Tag und Person z. B. für eine Raumfahrt einkalkulieren muss!

Anwendungen im Alltag

4. Stelle anhand der Übersicht auf S. 156 Nahrungsmittel für einen Tag so zusammen, dass
- der gesamte Energiegehalt etwa 10 MJ beträgt und
- die Ernährung zugleich vielseitig und vollwertig ist!

5. Nenne und erläutere einige Maßnahmen, wie man im täglichen Leben sparsam mit Energie und Treibstoffen umgehen kann!

6. Formuliere Regeln zur wirtschaftlichen Nutzung elektrischer Kochplatten und der Raumheizung in eurer Wohnung!

Strukturen und Analogien

7. Elektroenergie wird in Kraftwerken aus verschiedenen Energieträgern gewonnen.
a) Stelle die wichtigsten Kraftwerkstypen in einer Tabelle zusammen und ergänze den jeweiligen Energieträger.
b) Beschreibe den Weg der Energie bis zum elektrischen Strom (↗ M S. 17).
Nutze folgendes Muster:

Kraftwerkstyp	1. Energieträger	Weg der Energie
Wasserkraftwerk	…	…
…	…	…

Anwendungen in Natur und Technik

8. Beschreibe mit Worten den Weg der Energie in den folgenden Geräten und zeichne die Energieflussdiagramme: Gasherd, Pendeluhr, Föhn, Elektrofahrzeug, Computer, aufziehbare Taschenuhr, Dampflokomotive (↗ M S. 17).

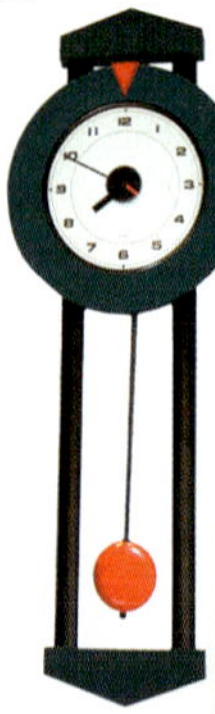

6 Elektrizitätslehre und Magnetismus

6.1 Der elektrische Strom

Immer verkehrssicher

Ein Fahrraddynamo oder eine Batterie sorgen dafür, dass Fahrradlampe und Rücklicht bei Dunkelheit leuchten. Manchmal funktioniert aber die Beleuchtung nicht, weil z. B. ein Kabel locker oder die Isolierung eines Kabels durchgescheuert ist.
Worauf ist zu achten, damit die Beleuchtung funktioniert und das Fahrrad auch bei Dunkelheit verkehrssicher ist?

Sicherungen schützen

Im Haushalt oder in Autos gibt es Sicherungen, die den Stromfluss unterbrechen, sobald dieser zu groß wird.
Muss die Sicherung vor oder nach dem elektrischen Gerät eingebaut werden?

Überall elektrischer Strom

Bereits ein kurzzeitiger Stromausfall macht deutlich, dass unser Leben ohne elektrischen Strom kaum denkbar ist. Die Straßenbeleuchtung funktioniert nicht, Kühlschrank und Fernsehgerät arbeiten nicht, Züge können nicht fahren, Ampeln fallen aus.
Bei allen diesen Geräten und Anlagen werden die verschiedenen Wirkungen des elektrischen Stroms genutzt.
Welche Wirkungen kann elektrischer Strom haben?

Elektrische Ladungen

Körper unserer Umgebung können elektrisch geladen sein. Die Ursache dafür liegt in ihrem Aufbau begründet. Alle Körper sind aus Atomen bzw. Molekülen aufgebaut, wobei ein Molekül aus zwei oder mehreren Atomen besteht.
Atome wiederum bestehen aus einer **Atomhülle** und einem **Atomkern** (Abb. 1). In der Atomhülle befinden sich negativ geladene Elektronen. Der Begriff Elektron ist abgeleitet vom griechischen „electron" (Bernstein). Beim Reiben lädt sich Bernstein elektrisch auf.
Der Atomkern enthält u. a. elektrisch positiv geladene **Protonen** und ist damit positiv geladen. Abb. 1 zeigt ein einfaches **Modell** vom Aufbau eines Atoms. Ein solches **Atommodell** ist gut geeignet, eine Reihe von elektrischen Erscheinungen zu erklären.
Die negative Ladung eines Elektrons ist genauso groß wie die positive Ladung eines Protons. Demzufolge ist ein Atom, das die gleiche Anzahl positiver Ladungen im Kern und negativer Ladungen in der Atomhülle hat, elektrisch neutral. Auch ein Körper, der insgesamt genauso viele Elektronen wie Protonen hat, ist nach außen ungeladen.
Reibt man z. B. einen Plastikstab mit einem Tuch, dann können Elektronen von dem einen auf den anderen Körper übergehen.

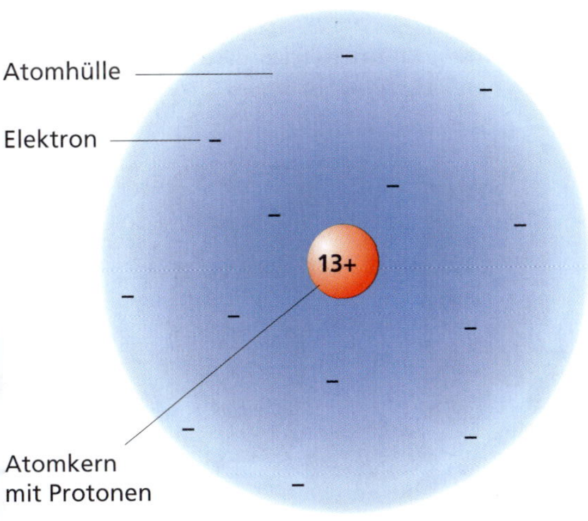

1 Modell eines Aluminiumatoms mit Atomhülle und Atomkern (Atommodell)

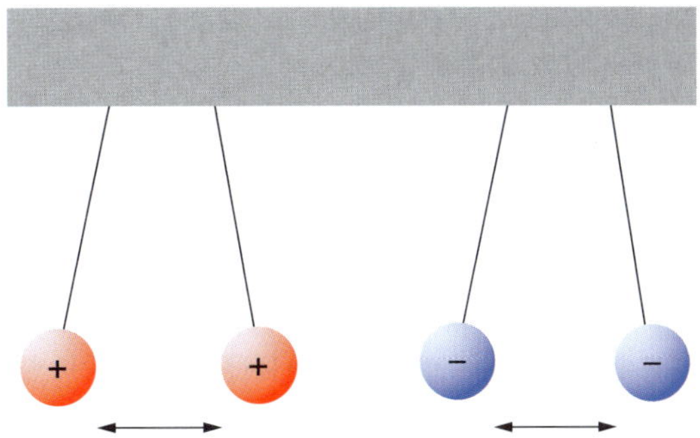

2 Gleichnamig geladene Körper stoßen einander ab.

Danach hat der eine Körper mehr Elektronen als positive Ladungen. Er besitzt **Elektronenüberschuss** und ist damit negativ geladen.

Der andere Körper hat Elektronen abgegeben und besitzt nun einen **Elektronenmangel.** Er hat mehr positive Ladungen als Elektronen und ist demzufolge positiv geladen. Es gilt also für geladenen Körper:

Ein negativ geladener Körper hat einen Elektronenüberschuss. Bei einem positiv geladenen Körper herrscht Elektronenmangel.

Eine solche Ladungstrennung kann nicht nur durch mechanische Vorgänge, z. B. durch Reibung, sondern auch durch chemische Vorgänge hervorgerufen werden.
Für elektrisch geladene Körper und Teilchen gilt:

Gleichnamig geladene Körper bzw. Teilchen stoßen einander ab, ungleichnamig geladene ziehen sich an.

Körper können unterschiedlich stark geladen sein. Wie stark ein Körper positiv oder negativ geladen ist, wird in der Physik durch die Größe elektrische Ladung beschrieben.

Die elektrische Ladung eines Körpers gibt an, wie groß sein Elektronenüberschuss oder sein Elektronenmangel ist.

Elektrischer Strom – bewegte Ladungen

Jeder kennt die Formulierung „Es fließt ein elektrischer Strom“. Was aber fließt in den Leitungen eines Stromkreises? Untersuchungen bei metallischen Leitern haben ergeben: In metallischen Leitern bewegen sich negativ geladene Elektronen gerichtet. Sie bilden den elektrischen Strom (Abb. 1).

Ein elektrischer Strom fließt nur, wenn der Stromkreis geschlossen ist (Abb. 3). Darüber hinaus muss im Stromkreis eine elektrische Quelle (Abb. 4) vorhanden sein.

Die elektrische Quelle ist der Antrieb für die gerichtete Bewegung der Elektronen.

Ein elektrischer Strom fließt nur, wenn in einem geschlossenen Stromkreis mindestens eine elektrische Quelle und ein elektrischer Verbraucher durch elektrische Leitungen miteinander verbunden sind.

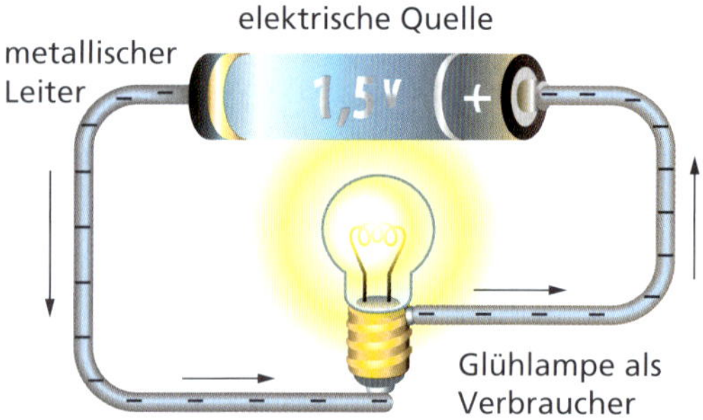

1 Modell eines Stromkreises: Ladungen bewegen sich im metallischen Leiter gerichtet.

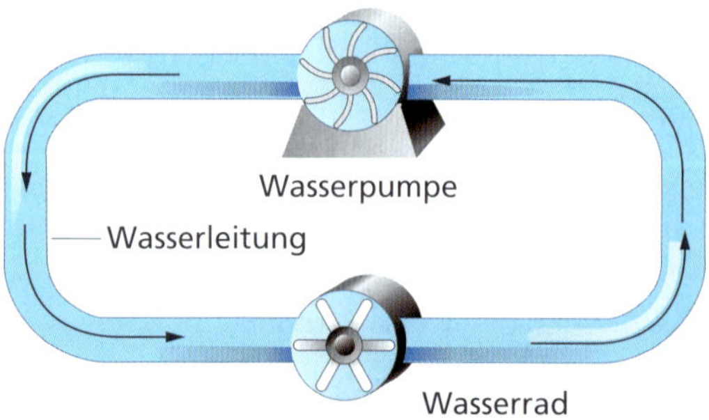

2 Eine Wasserströmung kann ebenfalls als Modell für elektrische Ströme dienen.

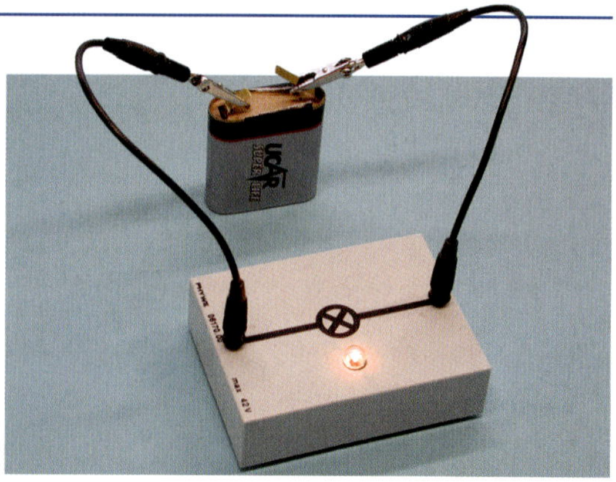

3 Ein einfacher Stromkreis besteht aus einer elektrischen Quelle und einem Verbraucher.

Neben Batterien gibt es heute eine Vielzahl weiterer elektrischer Quellen: Akkumulatoren liefern die notwendige Energie für das Starten eines Pkw. Generatoren in Kraftwerken versorgen Haushalte und Betriebe mit elektrischer Energie. Zu Hause nutzen wir die Steckdosen als elektrische Quellen. Die Fahrradbeleuchtung wird mit einem Dynamo betrieben. Zunehmend werden auch Solarzellen als elektrische Quellen genutzt. Bei ihnen wird die Energie des Sonnenlichts in auf Strom übertragen.

Der elektrische Strom fließt durch die metallischen Leiter und die Geräte im Stromkreis. Vergleichbar ist das mit einem geschlossenen Wasserkreislauf (Abb. 2).

Elektrischer Strom ist die gerichtete Bewegung von Elektronen in einem Stromkreis.

4 Batterien verschiedener Bauart und Akkumulatoren sind elektrische Quellen.

Elektrischer Stromkreis und Wasserstromkreis

Ein elektrischer Stromkreis lässt sich gut mit einem Wasserstromkreis vergleichen. Der Vorteil dabei ist: Wasser kann man sehen und beobachten. Die in einem Stromkreis fließende Ladung ist dagegen nicht sichtbar, sondern nur an ihren Wirkungen erkennbar.

Ein Wasserstromkreis ist somit ein anschauliches **Modell** für einen elektrischen Stromkreis. Dabei gilt immer: Jedes Modell stimmt nur innerhalb bestimmter Grenzen mit der Realität überein. Stößt man an solche Grenzen, dann muss das Modell angepasst oder ein neues Modell entwickelt werden.
In der Übersicht sind vergleichbare Sachverhalte zusammengestellt.

<table>
<tr><th>Modell Wasserstromkreis</th><th>Elektrischer Stromkreis</th></tr>
<tr><td>
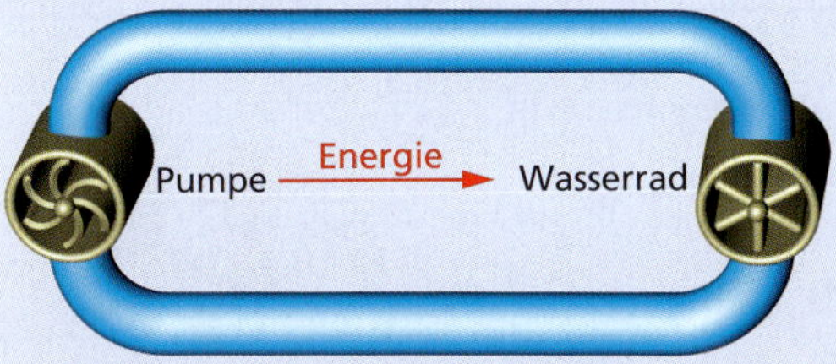

Wasser trägt Energie zum Wasserrad.
</td><td>
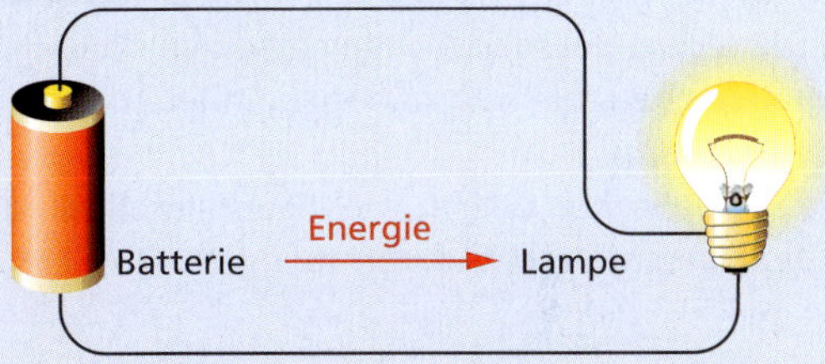

Elektrischer Strom trägt Energie zur Lampe.
</td></tr>
<tr><td>
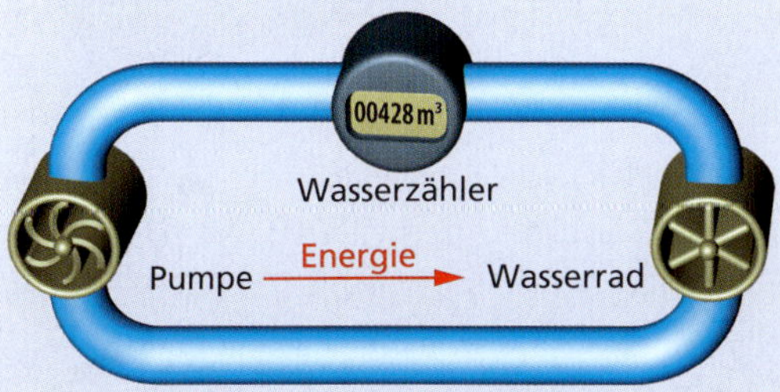

Die Stärke des Wasserstroms kann gemessen werden. Sie ist im gesamten Stromkreis gleich groß.
</td><td>
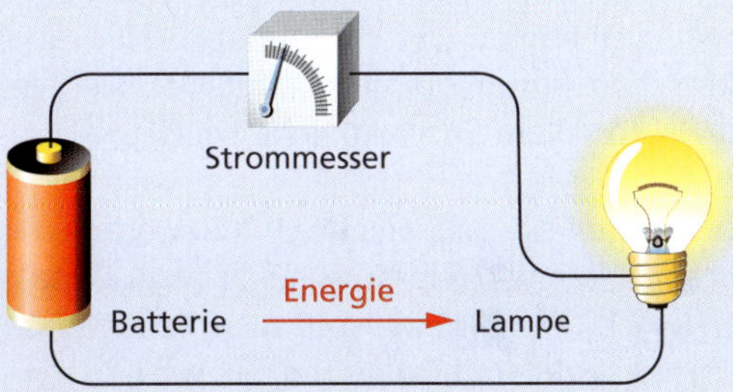

Die Stärke des elektrischen Stroms kann gemessen werden. Sie ist im gesamten Stromkreis gleich groß.
</td></tr>
<tr><td>
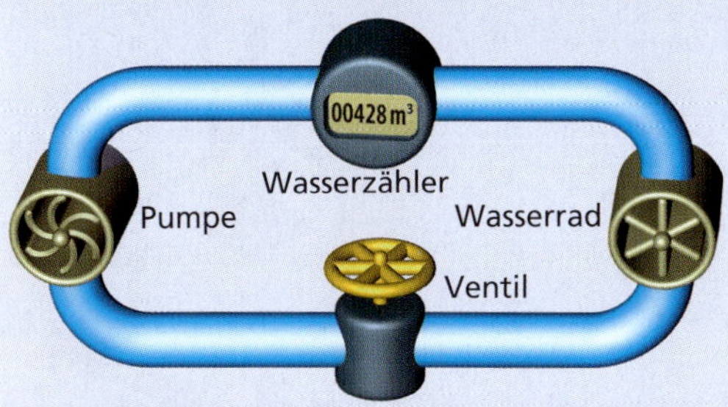

Wird im Stromkreis ein Ventil geschlossen, so fließt kein Wasser mehr.
</td><td>
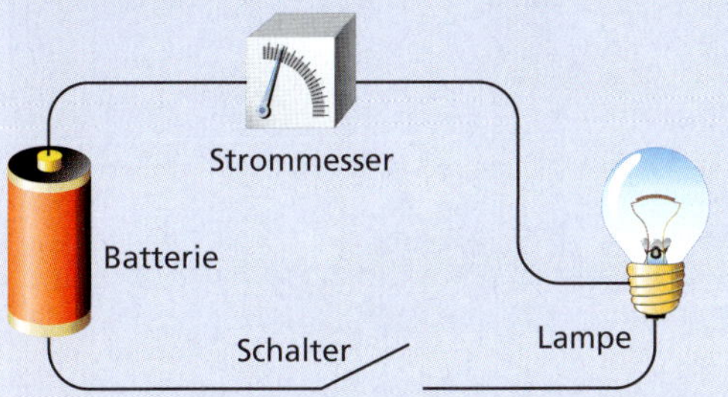

Wird im Stromkreis ein Schalter geöffnet oder eine Verbindung unterbrochen, so fließt kein elektrischer Strom mehr.
</td></tr>
</table>

Bestandteile eines Stromkreises

In einem Stromkreis können sich verschiedene Geräte und Bauteile befinden, darunter **elektrische Verbraucher.** Das sind elektrische Geräte, in denen die verschiedenen Wirkungen des elektrischen Stroms genutzt werden. Durch sie wird die elektrische Energie vom Strom auf andere Energieträger übertragen.
Weitere Bauteile, die sich häufig in Stromkreisen befinden, sind **Glühlampen** und **Widerstände.**
Elektrische Stromkreise können in **Schaltplänen** vereinfacht und übersichtlich dargestellt werden. Dabei verwendet man für die einzelnen Bauteile **Schaltzeichen,** die international einheitlich festgelegt wurden.
Die Schaltzeichen einiger wichtiger Bauteile sind in der Übersicht rechts zusammengestellt.

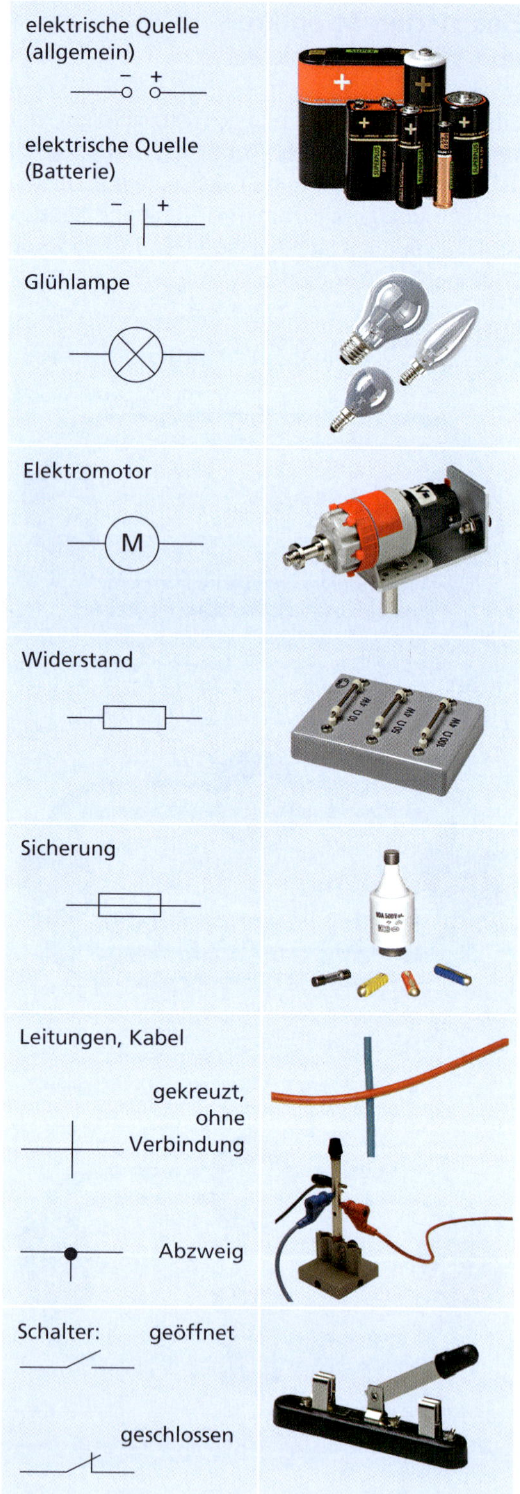

Leiter und Isolatoren

Fast alle Metalle sind gute **elektrische Leiter.** Körper aus Kupfer und Aluminium leiten den elektrischen Strom besonders gut. Sie werden deshalb vor allem für elektrische Leitungen eingesetzt.
Daneben gibt es auch viele **Nichtleiter** oder **Isolatoren.** Keramik, viele Kunststoffe (z. B. Plastik oder Lack), Glas, Gummi und nicht leuchtende Gase (z. B. Luft) sind Isolatoren. Sie werden deshalb z. B. zur Isolation von elektrischen Leitungen genutzt.

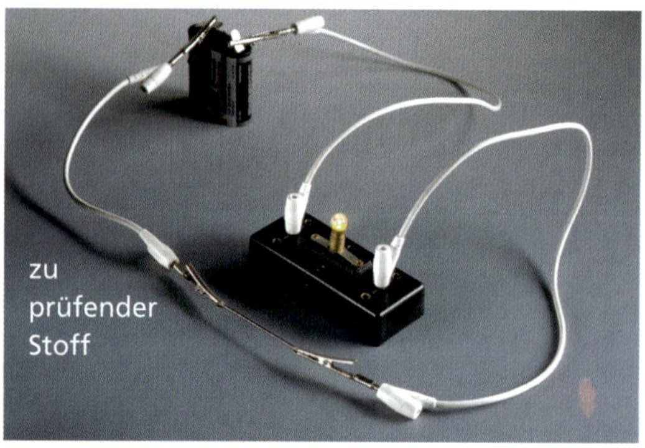

1 Mit einer solchen Schaltung können Stoffe auf ihre elektrische Leitfähigkeit untersucht werden.

Wirkungen des elektrischen Stroms

Fließt elektrischer Strom durch elektrische Leiter oder elektrische Geräte, so kann er verschiedene Wirkungen hervorrufen. Die charakteristischen Wirkungen des elektrischen Stroms sind in der Übersicht unten an Beispielen dargestellt.

Elektrischer Strom kann eine Lichtwirkung, eine Wärmewirkung, eine chemische Wirkung oder eine magnetische Wirkung haben.

Ob ein elektrischer Strom fließt oder nicht, kann man nur an seinen Wirkungen erkennen. Auch alle Nachweismöglichkeiten für Strom beruhen auf seinen Wirkungen.

Elektrischen Strom kann man nur an seinen Wirkungen erkennen.

Die Wirkungen des Stroms werden auch bei den vielfältigen Anwendungen genutzt. Glühlampen oder Leuchtstofflampen sind Beispiele für die Nutzung der Lichtwirkung. Die Wärmewirkung wird z. B. bei Elektroherden oder beim Föhn angewendet. Elektromagnete findet man in allen Elektromotoren oder als Lasthebemagnete. Zum Verchromen von Gegenständen nutzt man die chemische Wirkung des elektrischen Stroms.

Regeln für einen sicheren Umgang mit elektrischem Strom

1. Experimentiere niemals mit elektrischen Quellen, die eine Spannung von 25 V und mehr besitzen! Beachte: Die Netzspannung beträgt 230 V und ist daher lebensgefährlich!
2. Berühre niemals die Pole einer Steckdose, blanke Leitungen oder Leitungen mit schadhafter Isolierung mit bloßen Händen, metallischen Gegenständen oder anderen Leitern des elektrischen Stroms, z. B. Bleistift- oder Kugelschreiberminen!
3. Schließe Geräte stets an die richtige elektrische Quelle an! Die Voltzahlen von elektrischer Quelle und Gerät müssen annähernd übereinstimmen.
4. Ziehe Stecker niemals an den Leitungen aus der Steckdose, sondern stets am Stecker!
5. Baue elektrische Schaltungen stets bei ausgeschalteter elektrischer Quelle auf! Die elektrische Quelle darf erst nach Überprüfung der Schaltung eingeschaltet werden.
6. Bei gefährlichen Schaltungen müssen Sicherungen eingebaut werden. Wenn eine Sicherung kaputtgeht, dann ist
   - zunächst die Ursache der Störung zu beseitigen (z. B. Kurzschluss) und
   - dann eine neue Sicherung einzusetzen.

Elektrischer Strom kann unterschiedliche Wirkungen haben

Der elektrische Strom in einer Glühlampe kann Licht erzeugen.	Der elektrische Strom in einem Bügeleisen erwärmt die Heizplatte.	Der elektrische Strom macht aus der Spule einen Elektromagneten.	Mithilfe des elektrischen Stroms kann man einen metallischen Gegenstand verkupfern.
	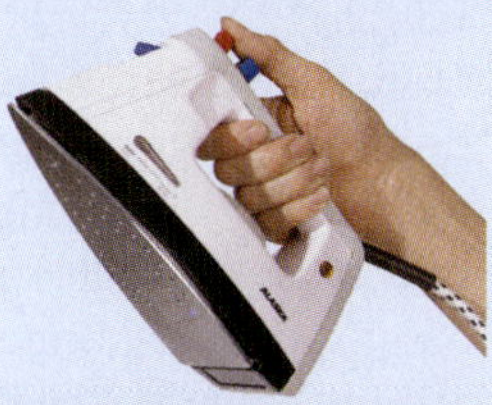	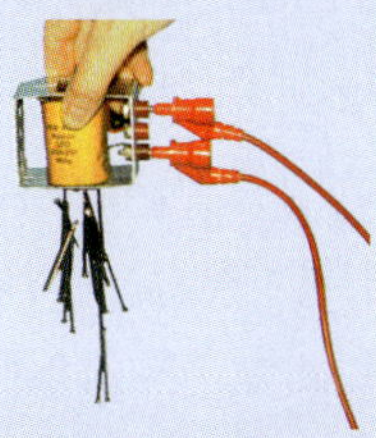	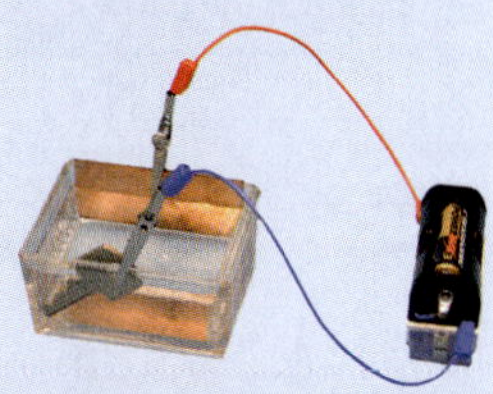
Der Strom hat eine Lichtwirkung.	Der Strom hat eine Wärmewirkung.	Der Strom hat eine magnetische Wirkung.	Der Strom hat eine chemische Wirkung.

Einfache Stromkreise

Damit ein elektrischer Strom fließen kann, muss ein geschlossener Stromkreis vorliegen. Im einfachsten Fall wird ein elektrisches Gerät, z.B. eine Glühlampe, mit einer elektrischen Quelle verbunden (Abb. 1).

Für viele Anwendungen müssen aber mehrere Geräte im Stromkreis zusammengeschaltet werden. Dafür gibt es verschiedene Möglichkeiten. Als Beispiel betrachten wir die Schaltung von zwei Glühlampen.

Diese Glühlampen können hintereinandergeschaltet sein (Abb. 2). Der Stromkreis ist **unverzweigt.** Eine solche Schaltung wird als **Reihenschaltung** bezeichnet.

Glühlampen können auch parallel zueinander geschaltet werden (Abb. 3). Der Stromkreis ist dann **verzweigt.** Eine solche Schaltung wird als **Parallelschaltung** bezeichnet.

Elektrische Quellen und andere Bauteile können ebenfalls in Reihe oder parallel geschaltet sein. Parallel- und Reihenschaltung können auch in einer Schaltung vorhanden sein. Welche Schaltung der Bauteile man wählt, hängt von der jeweiligen Anwendung ab. Wenn in einem Haushalt mehrere Verbraucher (z.B. Lampen, Fernsehapparat, Computer) eingeschaltet sind, so sind diese Verbraucher parallel geschaltet. Bei Geräten wie Kofferradios oder Taschenlampen sind die zum Betrieb erforderlichen Batterien in Reihe geschaltet. Eine solche Reihenschaltung liegt auch bei Lichterketten und bei der Weihnachtsbaumbeleuchtung vor.

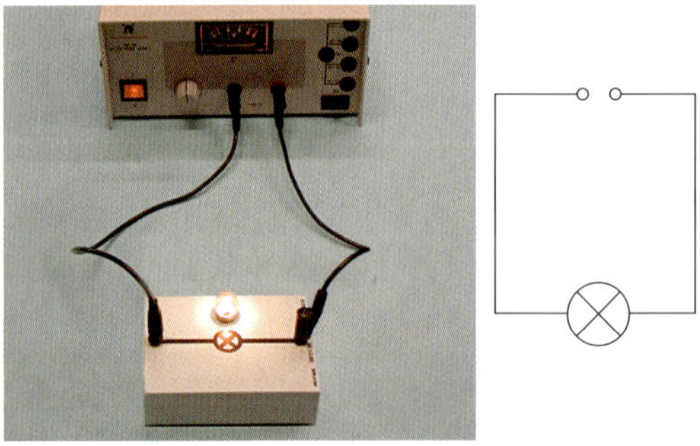

1 Einfacher Stromkreis mit einer Glühlampe

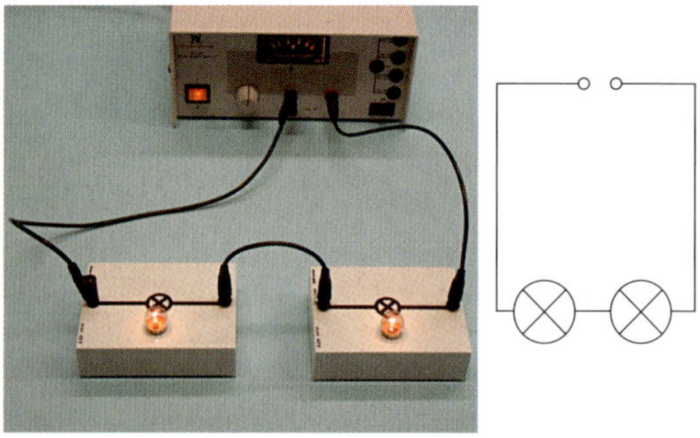

2 Reihenschaltung von Glühlampen (unverzweigt)

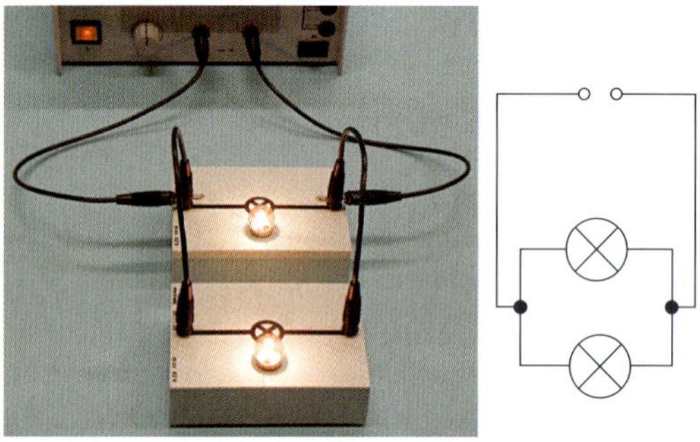

3 Parallelschaltung von Glühlampen (verzweigt)

Der Kurzschluss

Wenn der elektrische Strom z.B. durch eine schadhafte Isolierung die Möglichkeit hat, von einem Pol der elektrischen Quelle zum anderen Pol zu fließen, ohne durch den Verbraucher zu müssen, so wird er diesen Weg des „geringsten Widerstands“ wählen.

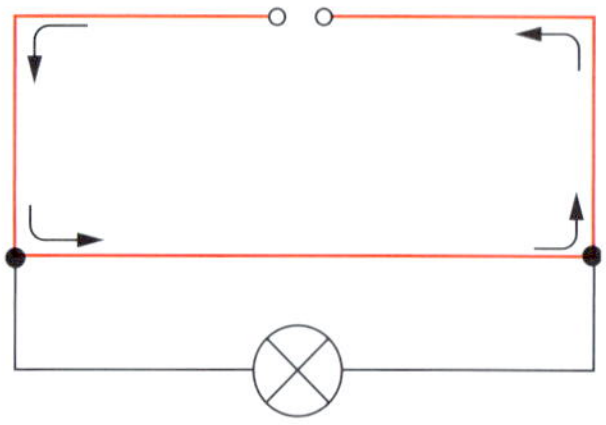

Man spricht dann von einem **Kurzschluss.**

Da bei einem Kurzschluss kein Strom mehr durch den Verbraucher fließt, arbeitet dieser auch nicht mehr. Der elektrische Strom in den Leitungen und in der Quelle kann so groß werden, dass aufgrund der Wärmewirkung des elektrischen Stroms die Leitungen und die Quelle heiß werden. Dabei kann es sogar zu Bränden kommen. Die Quelle oder die Leitungen können auch zerstört werden.

Die elektrische Stromstärke

Die Wirkungen des elektrischen Stroms sind u. a. abhängig von der Stärke des Stroms, der durch einen Leiter oder ein Bauteil fließt. So leuchtet eine Lampe mehr oder weniger hell, je nachdem, wie groß der elektrische Strom ist, der durch die Glühlampe fließt. Eine Heizwendel erwärmt sich mehr, je größer die Stromstärke ist.

Auch im Alltag spricht man von Stromstärke, z. B. im Zusammenhang mit Wasserströmungen, Verkehrs- oder Fußgängerströmen. Die Stärke einer Wasserströmung ist umso größer, je mehr Wasser je Sekunde durch den Rohrquerschnitt fließt. Ein Fußgängerstrom ist umso stärker, je mehr Fußgänger pro Zeit eine bestimmte Stelle passieren. Beim elektrischen Strom bewegen sich Elektronen durch einen metallischen Leiter. Die Stärke dieses Elektronenstroms wird durch die physikalische Größe **elektrische Stromstärke** beschrieben (↗ M S. 28). Allgemein gilt:

Die elektrische Stromstärke gibt an, wie viel Ladung sich in jeder Sekunde durch den Querschnitt eines elektrischen Leiters bewegen.

Formelzeichen: *I*
Einheit: ein Ampere (1 A)

Elektrische Stromstärken in Natur und Technik	
Fotozelle	10 µA
Radio (batteriebetrieben)	10 mA
lebensgefährliche Stromstärke durch das Herz	> 20 mA
Glühlampe einer Taschenlampe	0,2 A
60-W-Glühlampe (bei 230 V)	0,26 A
100-W-Glühlampe (bei 230 V)	0,43 A
Bügeleisen	5 A
Elektrolokomotive	300 A
Elektroschweißgerät	500 A
Elektroschmelzofen	15 000 A
Blitz	bis 100 000 A

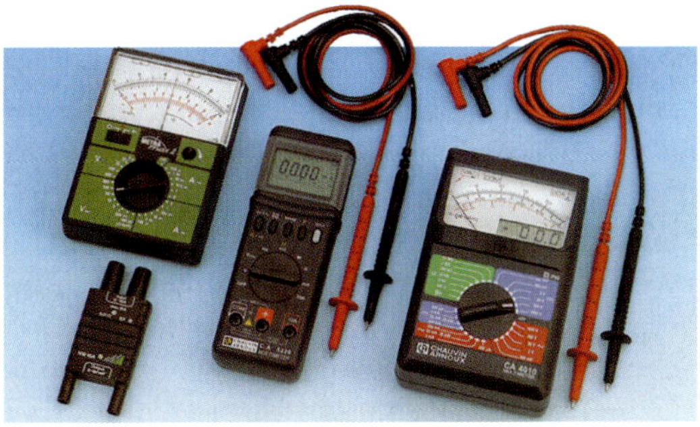

1 Vielfachmessgeräte unterschiedlicher Bauart für die Messung von Stromstärke oder Spannung

Die Einheit 1 A ist nach dem Franzosen ANDRÉ MARIE AMPÈRE (1775–1836) benannt. AMPÈRE war als Physiker und auch als Mathematiker tätig. In der Physik befasste er sich vor allem mit den magnetischen Wirkungen elektrischer Ströme. So fand er, dass stromdurchflossene Leiter nicht nur auf Magnetnadeln wirken, sondern sich auch je nach der Stromrichtung zwei stromdurchflossene Leiter anziehen oder abstoßen.

Teile der Einheit 1 A sind ein Milliampere (1 mA) und ein Mikroampere (1 µA):

$$1\,\text{A} = 1\,000\,\text{mA} = 1\,000\,000\,\mu\text{A}$$
$$1\,\text{mA} = 1\,000\,\mu\text{A}$$

Bei einer Stromstärke von einem Ampere (1 A) bewegen sich etwa $6 \cdot 10^{18}$ Elektronen in jeder Sekunde durch den Leiterquerschnitt. Die Geschwindigkeit der Elektronen bei ihrer gerichteten Bewegung ist sehr gering und beträgt in metallischen Leitern nur etwa 1 mm/s.

Die elektrische Stromstärke wird mit **Stromstärkemessern** oder **Amperemetern** gemessen (Abb. 1, 2).

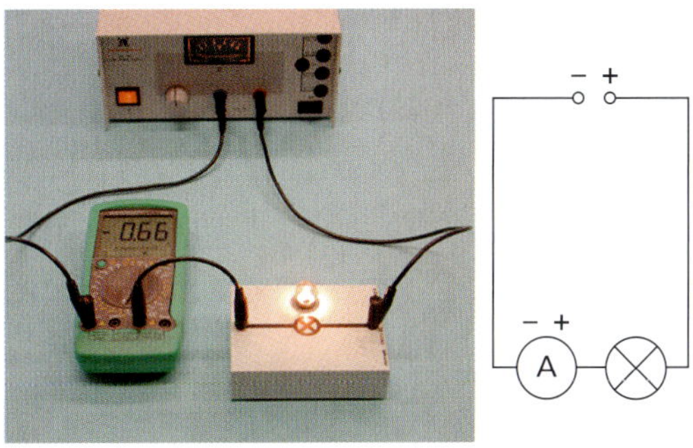

2 Messung der elektrischen Stromstärke in einem Stromkreis mit einer Glühlampe

Mithilfe des Modells Wasserstromkreis (s. S. 175) kann man folgende Hypothese aufstellen: In einem unverzweigten elektrischen Stromkreis ist die elektrische Stromstärke in der Hinleitung genauso groß wie in der Rückleitung (↗ **M** S. 25). Diese Hypothese können wir mithilfe eines Amperemeters im Experiment leicht überprüfen. Dazu fügen wir das Amperemeter zunächst in die Hin- und dann in die Rückleitung ein (Abb. 1). Tatsächlich zeigt sich: Egal, an welcher Stelle wir das Amperemeter einfügen, die Stromstärke ist an jedem Punkt des Stromkreises gleich groß. Unsere Hypothese ist damit bestätigt.

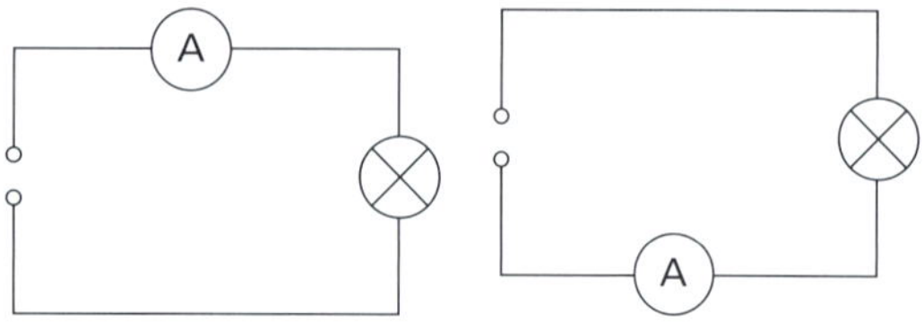

1 Das Amperemeter zeigt immer den gleichen Wert.

Wir können folglich ein Gesetz formulieren:

In einem unverzweigten Stromkreis ist die Stromstärke an allen Stellen gleich groß.

Mosaik

Der Schutz des Menschen vor elektrischem Strom

Der menschliche Körper kann den elektrischen Strom leiten. Die Wirkung von elektrischem Strom auf den Menschen hängt von der Stärke des Stroms und von der Spannung sowie vom Stromweg durch den Körper ab (s. Abb.).

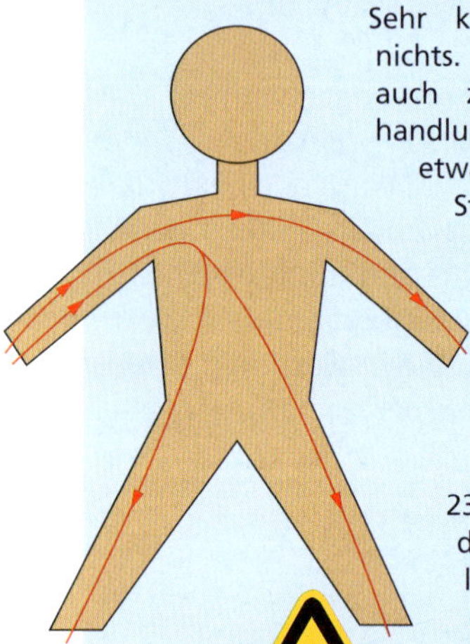

Sehr kleine Ströme schaden nichts. Manchmal werden sie auch zur medizinischen Behandlung genutzt. Aber bereits etwas größere elektrische Ströme können den Menschen verletzen oder sogar töten. Schon Ströme aus elektrischen Quellen über 25 V können lebensgefährlich sein. Steckdosen haben 230 V und sind damit für den Menschen ebenfalls lebensgefährlich.

Bereits schwache Ströme können beim Menschen Krämpfe verursachen, sodass man manchmal nicht einmal mehr die Hand von der elektrischen Leitung lösen kann.

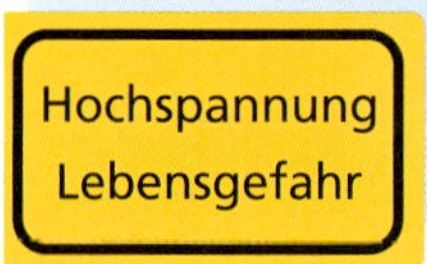

Stärkere Ströme verursachen Atembeschwerden und Verbrennungen. Es kann auch zu Unregelmäßigkeiten in der Herztätigkeit kommen. Dies kann schlimmstenfalls zur Bewusstlosigkeit, zum Herzstillstand und damit sogar zum Tod führen.

Für den Stromweg Hand–Hand gilt:

2 mA	Strom gerade wahrnehmbar
10 mA	Es treten deutliche Verkrampfungen auf.
16 mA	starke Verkrampfungen, heftige Schmerzen
über 20 mA	Strom kann tödlich sein.

Manchmal kann aber auch bereits der Schreck beim Berühren einer elektrischen Quelle zu einem Unfall führen. Deshalb muss sich der Mensch vor dem elektrischen Strom schützen und unbedingt die auf S. 177 genannten Regeln zum Umgang mit elektrischem Strom einhalten.

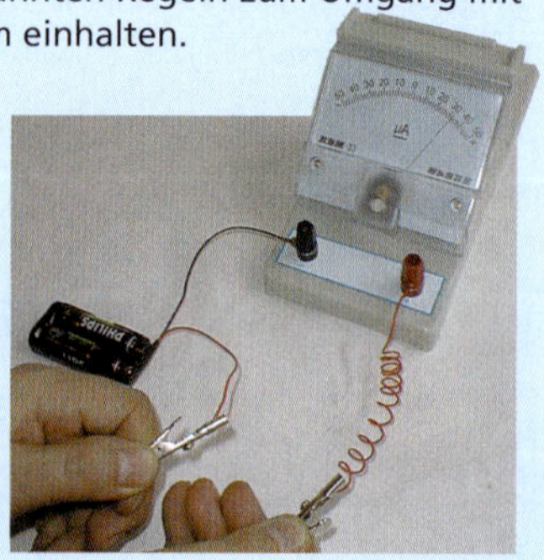

2 Selbst wenn man die Pole einer Batterie mit beiden Händen anfasst, fließt ein geringer elektrischer Strom durch den Körper.

Physik in Natur und Technik

Elektrischer Strom aus der Tasche

Die abgebildete Stabtaschenlampe hat ein Metallgehäuse und zwei Batterien. Der eine Pol berührt die Glühlampe. Eine Rückleitung an das andere Ende der Batterie ist nicht zu erkennen. Trotzdem leuchtet die Lampe bei geschlossenem Schalter.

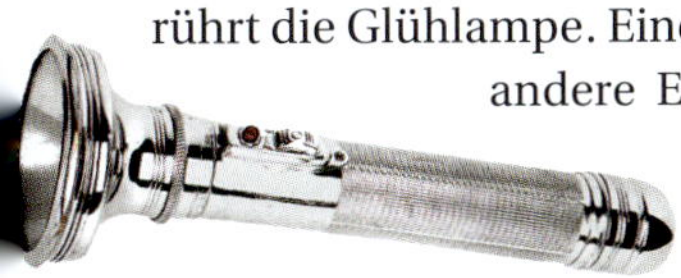

Wie ist die Wirkungsweise dieser Taschenlampe zu erklären (↗ **M** S. 32)*?*

Die Glühlampe kann nur leuchten, wenn sie in einem geschlossenen Stromkreis mit einer elektrischen Quelle verbunden ist. Die elektrische Quelle besteht bei der Taschenlampe aus zwei Batterien. Der eine Pol der Batterie ist direkt mit der Glühlampe verbunden. Die Rückleitung zum anderen Ende der Batterie übernimmt das Metallgehäuse. Wenn der Schalter geschlossen wird, kann ein elektrischer Strom fließen. Der Weg des elektrischen Stroms ist in der Abbildung mit roter Farbe gekennzeichnet.

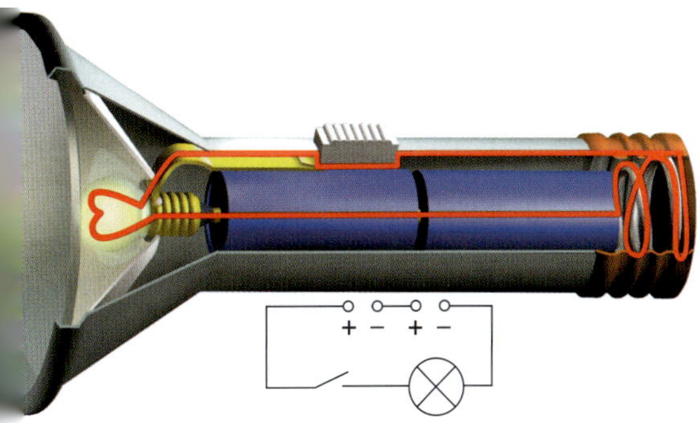

Wenn der Verschluss der Taschenlampe abgeschraubt wird, leuchtet die Lampe nicht mehr, weil der Stromkreis dann unterbrochen ist.
Bei einer Taschenlampe aus Kunststoff kann das Gehäuse die Rückleitung des Stroms nicht übernehmen. Deshalb ist in diesen Taschenlampen eine Rückleitung eingebaut.

Zwei, die zueinander passen

Der Kontakt mit Strom aus der Steckdose ist lebensgefährlich. Deshalb muss bei elektrischen Geräten eine solche Berührung ausgeschlossen sein, selbst wenn das Gerät defekt ist. Geräte mit Metallgehäuse dürfen nur fachgerecht mit Schutzkontaktsteckern (Schukosteckern) an Schutzkontaktsteckdosen (Schukodosen) angeschlossen werden.
Wie kann durch die Benutzung von Schukosteckern und Schukodosen eine Berührung mit elektrischem Strom vermieden werden?

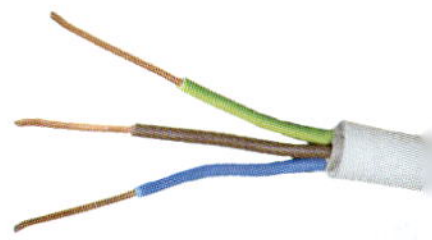

Bei Schukoanschlüssen werden dreiadrige Kabel verwendet: zwei Leiter zum Betreiben des Geräts und ein Schutzleiter. Dieser ist im Gerät leitend mit dem Metallgehäuse und über die Schutzkontakte in Schukostecker und Schukodose mit der Erde verbunden (Abb. 1). Kommt es wegen eines Defekts im Gerät zu einer Verbindung des Metallgehäuses mit elektrischem Strom, so wird durch diesen Strom sofort eine Sicherung ausgelöst.
Das Gerät hört auf zu arbeiten. Eine Berührung des Metallgehäuses durch den Menschen ist ungefährlich. Das gilt nur, wenn die Schukosteckdose und der Schukostecker vorschriftsmäßig installiert sind. Deshalb sollten Reparaturen an solchen Teilen nur von Fachleuten durchgeführt werden. Die Verwechslung von Anschlüssen kann für einen Nutzer lebensgefährlich sein.
Bei Geräten mit Kunststoffgehäuse werden meist Flachstecker ohne Schutzleiter verwendet.

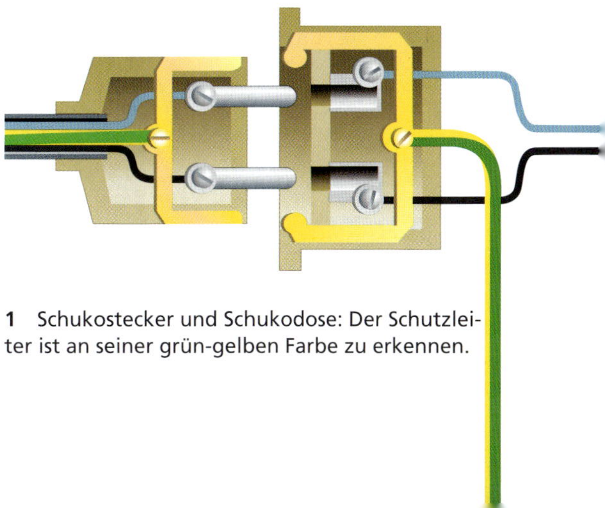

1 Schukostecker und Schukodose: Der Schutzleiter ist an seiner grün-gelben Farbe zu erkennen.

Aufbau und Wirkungsweise von Sicherungen

Die wichtigsten Arten von Sicherungen sind **Schmelzsicherungen** und **Sicherungsautomaten.** Sie werden immer in Reihe zu dem betreffenden Gerät geschaltet, sodass der Strom durch Sicherung und Gerät fließt.
Wie sind Sicherungen aufgebaut? Wie funktionieren sie (↗ **M** S. 289)?

Bei **Schmelzsicherungen** (Abb. 1) nutzt man die Wärmewirkung des elektrischen Stroms aus. Wird der Strom im Stromkreis zu groß, dann schmilzt der Schmelzdraht, der sich im Innern einer solchen Sicherung befindet. Der Stromkreis wird dadurch unterbrochen.

Bei **Sicherungsautomaten** werden die Wärmewirkung und die magnetische Wirkung des elektrischen Stroms genutzt.
Bei einem langsamen Anstieg der Stromstärke erwärmt sich der Metallstreifen und biegt sich. Bei Überschreitung des maximalen Werts der Stromstärke wird die Klinke 1 (Abb. 2) ausgelöst und damit der Stromkreis unterbrochen.
Bei einem schnellen Anstieg der Stromstärke, z. B. bei einem Kurzschluss, wirkt der Elektromagnet. Klinke 2 wird ausgelöst und damit der Stromkreis ebenfalls unterbrochen.
Beachte: Sicherungen dürfen auf keinen Fall geflickt oder überbrückt werden!

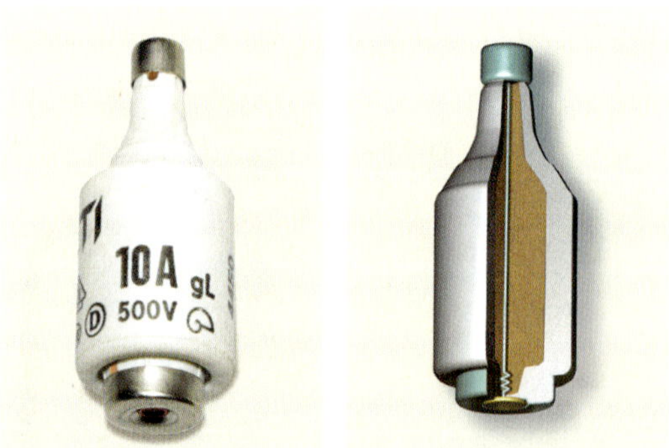

1 Schmelzsicherung (a) und ihr Aufbau (b)

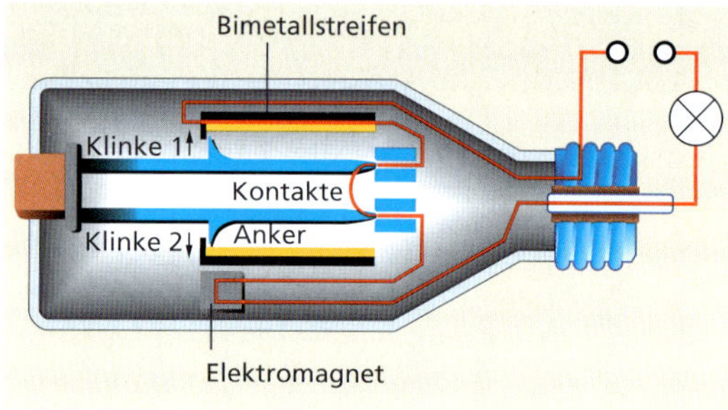

2 Aufbau und Schaltung eines Sicherungsautomaten: Es fließt nur dann ein Strom, wenn beide Klinken eingerastet sind.

Eine Wechselschaltung erspart Wege

In großen Räumen, langen Fluren oder Treppenhäusern möchte man eine Lampe von verschiedenen Stellen aus- und einschalten können. Dazu benutzt man Umschalter, auch **Wechselschalter** genannt. Es handelt sich um Schalter mit drei Anschlüssen.
Entwirf einen Schaltplan für eine solche Anlage!
Baue ein Modell für eine solche Anlage auf!
Probiere es aus!

Im Modell (Abb. 3) und beim Schaltplan ist der Stromkreis geschlossen. Die Lampe leuchtet. Wird einer der beiden Schalter umgeschaltet, ist der Stromkreis geöffnet. Die Lampe erlischt. Damit kann durch Betätigen eines der Schalter der Stromkreis geöffnet oder geschlossen werden. Die Verbindungen zwischen den Schaltern kann man beliebig lang machen.

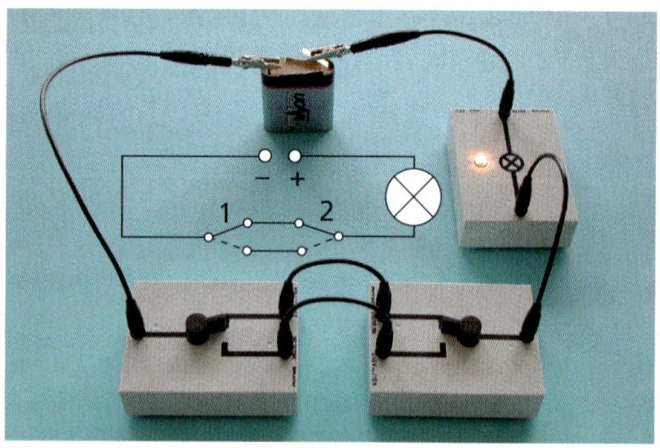

3 Modell einer Wechselschaltung

gewusst · gekonnt

1. Benenne für die folgenden Aussagen, was strömt! Wie kann man feststellen, wie groß der jeweilige Strom ist?
   a) Der Verkehrsstrom auf der Autobahn A 81 reißt nicht ab.
   b) Bei Schneeschmelze strömen riesige Wassermassen in den Bodensee.
   c) Zu einer Sportveranstaltung ins Stuttgarter Stadion strömen Zuschauer aus nah und fern.
   d) Beim Klingelzeichen strömen alle auf den Schulhof.

2. Plane einen Versuch, mit dem du herausfinden kannst, welcher von zwei Wasserströmen der größere ist! Prüfe deine Ideen nach, indem du den Versuch ausführst!

3. Eine Glühlampe wird in unterschiedlicher Weise mit den Polen einer Batterie verbunden.

   a) Probiere es aus! Beschreibe deine Beobachtungen (↗ **M** S. 17)!
   b) Zeichne für beide Fälle den Schaltplan!

4. Die elektrischen Leitungen in einem Kabel sind nicht nur gegen Berührung durch den Menschen isoliert, sondern auch gegeneinander.
   Warum ist das unbedingt notwendig?

5. Vorsicht bei der Nutzung von elektrischen Geräten im Bad!
   Begründe, warum die Berührung mit elektrischem Strom beim Baden oder Duschen gefährlich ist!
   Welche Schlussfolgerungen leitest du daraus für die Benutzung eines Föhns oder anderer elektrischer Geräte im Bad ab?

6. Der Scheinwerfer an Ulrikes Fahrrad leuchtet beim Betrieb des Dynamos nicht. Woran könnte das liegen? Was müsste sie tun, um den Fehler zu finden und zu beheben?

7. Nachdem Mathias seine Fahrradbeleuchtung repariert hat, kommt er zu dem Schluss, dass man in Stromkreisen grundsätzlich die zweite Zuleitung sparen könne. Was hältst du davon? Begründe deine Aussage physikalisch!

8. Zwei Glühlampen sind an eine elektrische Quelle angeschlossen (Abb. a, b). Was passiert, wenn jeweils eine der beiden Lampen aus der Fassung geschraubt wird? Begründe!

a)

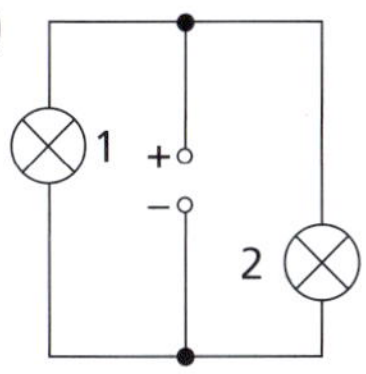

b)

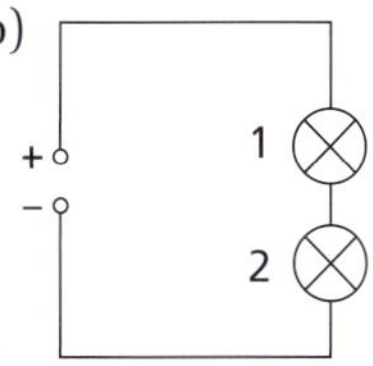

9. Ein Stromkreis ist so aufgebaut, wie es die Schaltskizze zeigt. Die Schaltung wird als ODER-Schaltung bezeichnet.

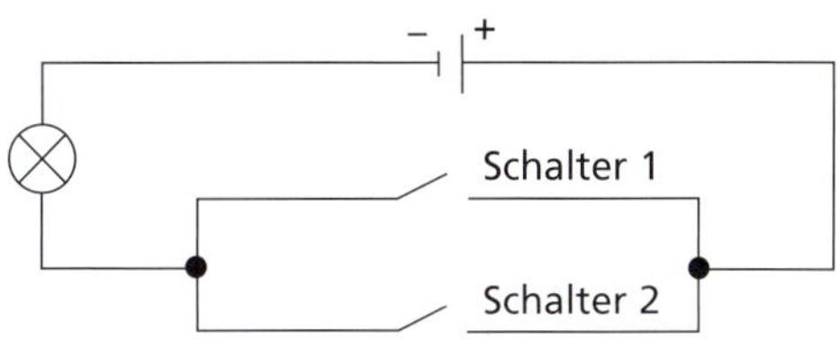

   a) Sage voraus, bei welchen Schalterstellungen die Lampe leuchtet und bei welchen nicht!
   b) Baue die Schaltung auf und prüfe deine Voraussagen experimentell!
   c) Wo werden ODER-Schaltungen in der Technik genutzt?

Elektrischer Strom und elektrische Stromstärke

Ein elektrischer Strom in einem Stromkreis kann nur fließen, wenn eine elektrische Quelle und ein elektrisches Gerät durch Leitungen miteinander verbunden sind.

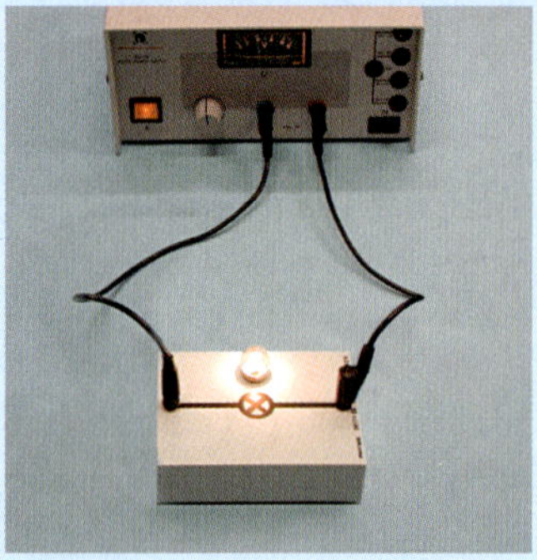

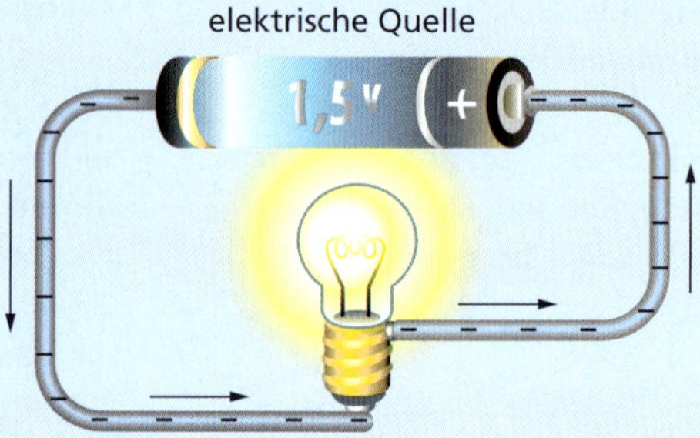

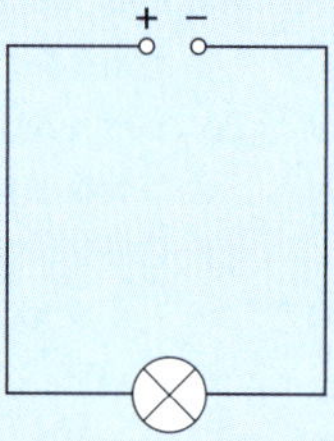

Elektrischer Strom ist an seinen Wirkungen erkennbar (Lichtwirkung, Wärmewirkung, magnetische Wirkung, chemische Wirkung).

Die elektrische Stromstärke gibt an, wie viel Ladung je Sekunde sich durch den Querschnitt eines Leiters bewegt.

Formelzeichen: I
Einheit: ein Ampere (1 A)
1 A = 1000 mA

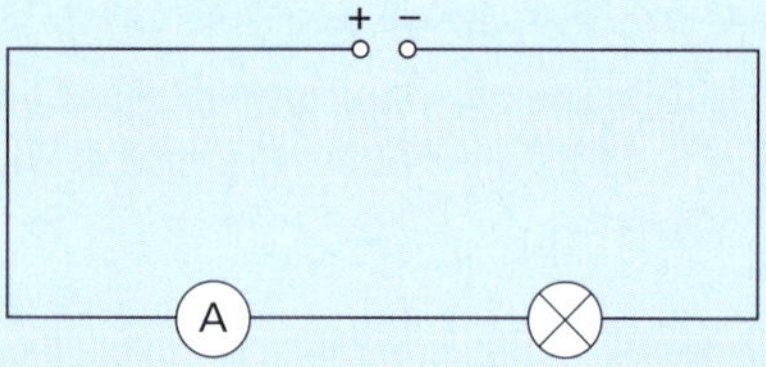

Das Messgerät für die Stromstärke ist das **Amperemeter.** Es wird immer in Reihe zu dem Gerät geschaltet, bei dem die Stromstärke gemessen werden soll.

Elektrische Bauteile oder Geräte können hintereinander (in Reihe) oder parallel zueinander geschaltet werden.

Reihenschaltung

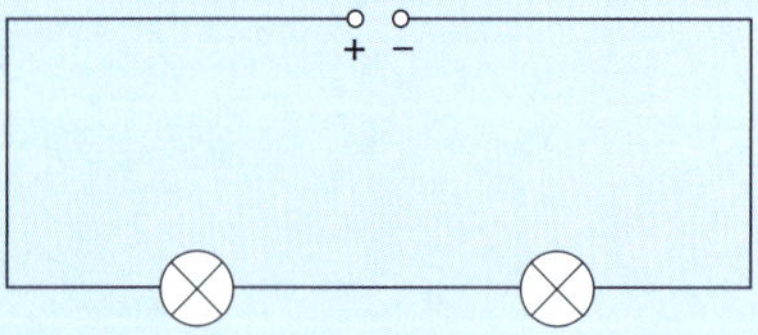

Parallelschaltung

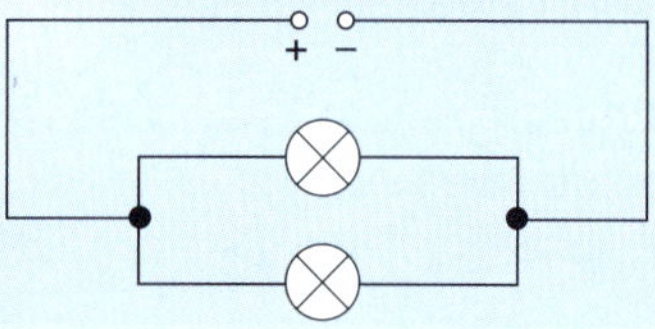

Elektrischer Strom und elektrische Quellen können für den Menschen lebensgefährlich sein. Deshalb gilt:

> Für den Umgang mit elektrischem Strom sind unbedingt Regeln einzuhalten (s. S. 177), um Schäden und Unfälle zu vermeiden.

6.2 Antrieb und Widerstand im elektrischen Stromkreis

Spannung, erzeugt von Fischen?

Einige Fische, wie der im Süßwasser lebende südamerikanische Zitteraal, können Spannungen von mehreren Hundert Volt erzeugen. Der dadurch kurzzeitig im Wasser fließende Strom reicht aus, um ihre Beute zu betäuben oder gar zu töten. Gleichzeitig schützen sie sich so vor ihren natürlichen Feinden.

Wodurch ist es einem Zitteraal möglich, so hohe Spannungen zu produzieren?

Widerstände regeln

Mit Drehknöpfen oder Schiebern kann man an einem Radio die Lautstärke regeln, bei einem Elektroherd die Temperatur und an einer Bohrmaschine die Drehzahl. Mit der Änderung von Widerständen in einem Stromkreis ändern sich auch die Größen Stromstärke und Spannung.

Wie sind regelbare Widerstände aufgebaut?
Wie funktionieren sie?

Überall Spannung

Ein Computerarbeitsplatz wird eingerichtet. Damit kommen zu der großen Anzahl elektrischer Geräte in unserem Haushalt noch weitere hinzu.

Wie groß ist eigentlich die Betriebsspannung eines PC bzw. eines Laptops? Mit welchen Spannungen werden Taschenlampen betrieben? Welche Spannung liefert ein Fahrraddynamo?

Elektrisches Potenzial und elektrische Spannung

Wir wissen bereits: In einem Stromkreis fließt nur dann ein Strom, wenn der Stromkreis geschlossen ist und wenn in ihm eine elektrische Quelle vorhanden ist. Welche Eigenschaft der elektrischen Quelle bestimmt die Stromstärke?

Wir wollen das am Modell Wasserstromkreis verdeutlichen und die Erkenntnisse auf den elektrischen Stromkreis übertragen.

Ob in einem Wasserstromkreis Wasser fließt, hängt davon ab, ob durch die Pumpe ein Druckunterschied erzeugt wird oder nicht. Der Druck zu beiden Seiten der Pumpe kann mit den eingezeichneten Steigröhrchen (s. Abb. unten) gemessen werden.

Ist der Druckunterschied null, so fließt kein Wasser. Analog dazu fließt kein Strom, wenn als elektrische Quelle ein entladener Akku genutzt wird. Es fehlt der Antrieb. Ist im Wasserstromkreis durch die Pumpe ein Druckunterschied vorhanden, so fließt ein Wasserstrom im gesamten Stromkreis. Der Druckunterschied ist der Antrieb für den Wasserstrom. Wenn die eine Steighöhe 10 cm beträgt und die andere 2 cm, dann beträgt der Höhenunterschied:

$$10\,\text{cm} - 2\,\text{cm} = 8\,\text{cm}$$

Analog ist das in einem elektrischen Stromkreis. Die elektrische Quelle treibt den elektrischen Strom an. Die beiden Anschlüsse befinden sich auf unterschiedlicher elektrischer „Höhe“. Diese elektrische „Höhe“ wird in der Physik **elektrisches Potenzial** genannt. Es wird in der Einheit ein Volt (1 V) gemessen. In den Skizzen unten ist das Potenzial durch die Länge der blauen Balken veranschaulicht.

So kann z. B. der eine Anschluss einer elektrischen Quelle auf 1,5 V Potenzial sein, der andere auf 0 V. Der Potenzialunterschied beträgt dann:

$$1{,}5\,\text{V} - 0\,\text{V} = 1{,}5\,\text{V}$$

Den Potenzialunterschied zwischen den beiden Polen einer elektrischen Quelle oder zwischen anderen Punkten nennt man elektrische Spannung (↗ M S. 28).

Formelzeichen: *U*
Einheit: ein Volt (1 V)

Modell Wasserstromkreis

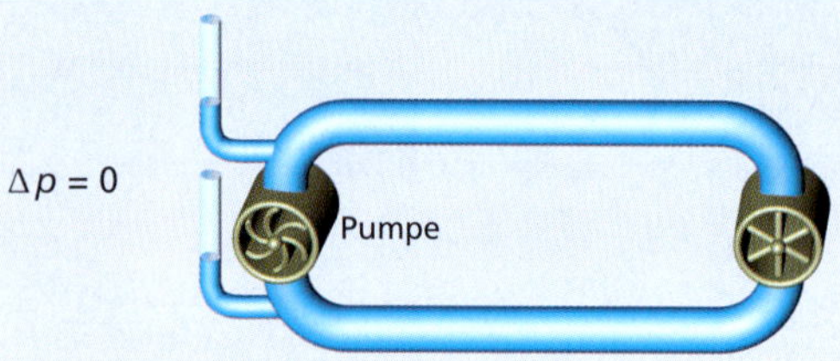

Ohne Druckunterschied fließt kein Wasser.

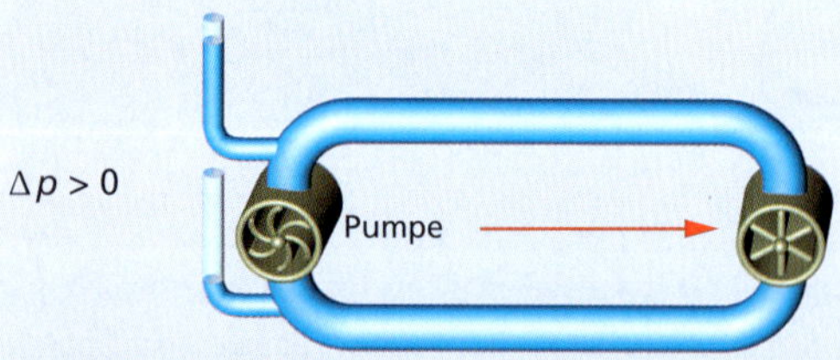

Je größer der Druckunterschied an der Pumpe ist, desto größer ist die Wasserstromstärke.
Mit dem Wasser wird Energie transportiert.

Elektrischer Stromkreis

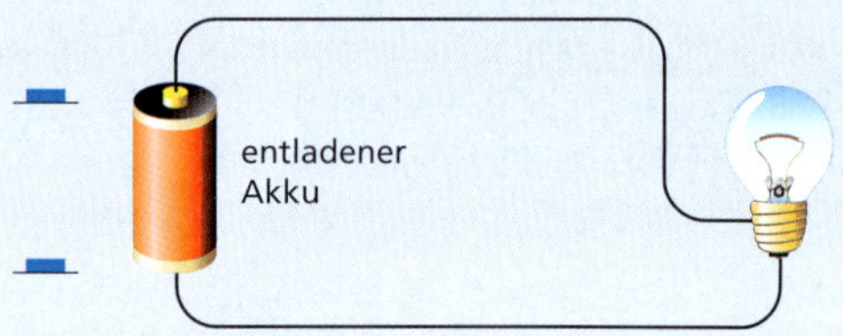

Ohne Potenzialunterschied (Spannung) fließt kein Strom.

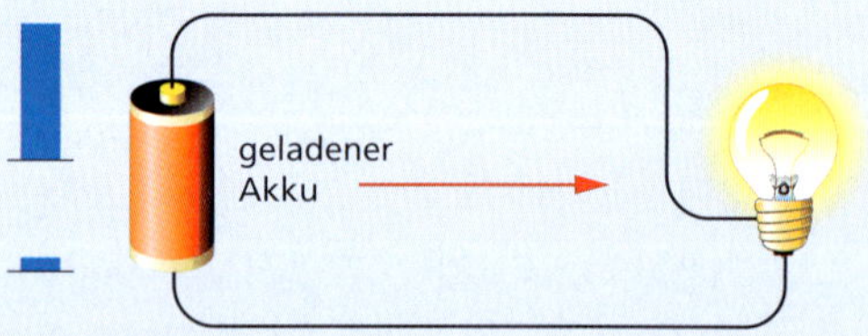

Je größer der Potenzialunterschied (die Spannung) zwischen den Polen der elektrischen Quelle ist, desto größer ist die elektrische Stromstärke.
Mit dem Strom wird Energie transportiert.

Vielfaches der Einheit 1 V ist ein Kilovolt (1 kV):
1 kV = 1 000 V
Teil der Einheit 1 V ist ein Millivolt (1 mV):
1 V = 1 000 mV
Die Einheit 1 V ist nach dem italienischer Naturforscher ALESSANDRO VOLTA (1745–1827) benannt, der viele elektrische Erscheinungen erforscht hat. VOLTA konstruierte um 1800 die ersten brauchbaren Spannungsquellen. Er erfand auch den Vorläufer unserer heutigen Batterien, die es inzwischen in den unterschiedlichsten Bauformen gibt (s. S. 174 und S. 190).

Elektrische Spannungen in Natur und Technik	
Körperzellen des Menschen	0,07 V
Knopfzelle	1,35 V
Monozelle, Mignonzelle	1,5 V
Akkumulator (Handy)	≈ 3,5 V
Fahrraddynamo	6 V
Autobatterie	12 V
Haushaltssteckdose	230 V
Straßenbahn	500 V
Zitteraal	bis 800 V
Elektrolokomotive	15 kV
Generator im Kraftwerk	15 kV
Überlandleitung	bis 380 kV
zwischen Wolken und Erde (Gewitter)	bis 10^9 V

Messgeräte für die Spannung sind **Spannungsmesser (Voltmeter).** Eine Spannung besteht immer zwischen zwei verschiedenen Punkten, z. B. zwischen den Anschlüssen einer Lampe. Entsprechend sind Voltmeter zu schalten.

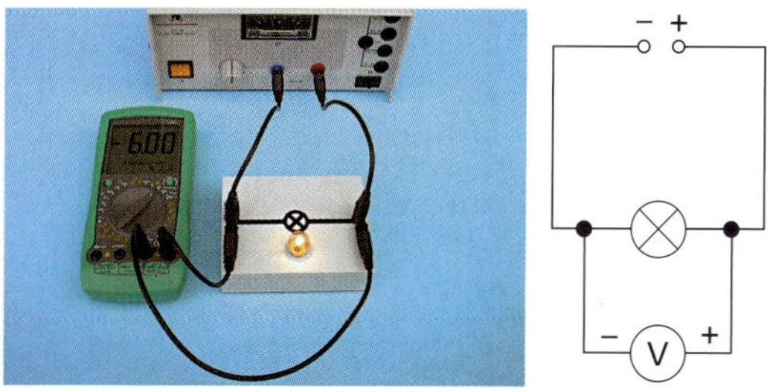

1 Voltmeter sind immer parallel zum Bauelement oder Gerät zu schalten.

Spannung und Stromstärke

Entscheidend dafür, ob in einem Stromkreis ein Strom fließt, ist der Potenzialunterschied (die Spannung) zwischen den beiden Polen einer elektrischen Quelle.

> **Die elektrische Spannung ist der Antrieb für den elektrischen Strom.**

Schließt man an eine Glühlampe verschiedene Batterien mit unterschiedlichen Spannungen an und misst jeweils die Stromstärke, dann zeigt sich: Mit steigender Spannung wächst die Stromstärke. Dieses experimentelle Ergebnis kann man auf die meisten Stromkreise verallgemeinern.

> **Je größer die Spannung einer elektrischen Quelle ist, desto größer ist die Stromstärke im Stromkreis.**

Die für den „normalen" Betrieb einer Glühlampe oder eines Geräts erforderliche Spannung, die **Betriebsspannung,** ist auf Glühlampen und bei Geräten aufgedruckt.

Wenn man zwei elektrische Quellen, z. B. zwei Batterien, in Reihe schaltet, muss man auf die Polung achten. Die Batterien lassen sich entweder gleichsinnig (Abb. 2a) oder gegensinnig (Abb. 2b) schalten. Die Gesamtspannung hängt von der Art der Schaltung ab. Bei gleichsinniger Schaltung addieren sich die Spannungen. Bei einer Schaltung gegeneinander ist die Gesamtspannung null, wenn man zwei gleiche Batterien nutzt.

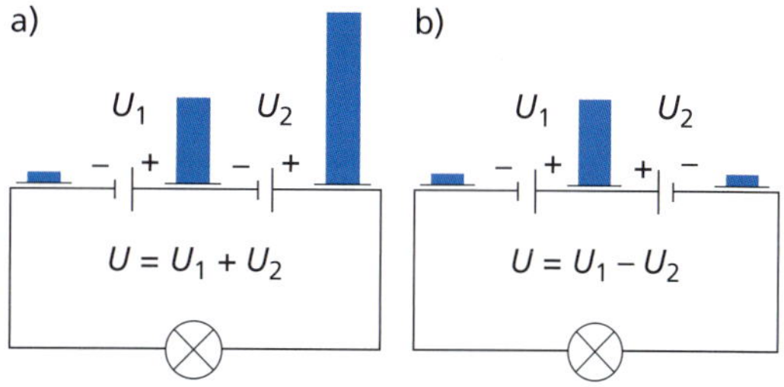

2 Je nach der Schaltung der Quellen addieren oder subtrahieren sich die Spannungen.

Galvanische Spannungsquellen

Möglichkeiten zur Erzeugung elektrischer Spannung

Die Erforschung der elektrischen Spannung hat eine lange Geschichte. Schon bei den Griechen war bekannt, dass geriebener Bernstein andere Körper anzieht. Vom Bernstein sind auch die Namen Elektron und Elektrizität abgeleitet. Bernstein heißt auf Griechisch „electron".

Bis zum 18. Jahrhundert kannte man nur die Reibung als Möglichkeit, Ladungen zu trennen und somit elektrische Spannung zu erzeugen.

Im 17. und 18. Jahrhundert gab es zahlreiche Versuche, Elektrisiermaschinen zu bauen. Sie nutzten das Prinzip der **Reibungselektrizität.**

Eine der ersten funktionsfähigen Elektrisiermaschinen baute der Magdeburger Bürgermeister und Forscher OTTO VON GUERICKE (1602–1686). Diese elektrische Quelle eignete sich zur Untersuchung der elektrischen Spannung. Sie wurde auch genutzt, um interessante Effekte vorzuführen. Für technische Anwendungen war sie jedoch nicht geeignet.

Mit Reibungselektrizität machen wir auch im Alltag Erfahrungen. Wenn man im Auto gesessen hat, aussteigt und die Tür berührt, kann man einen **elektrischen Schlag** bekommen. Beim Ausziehen eines Pullovers hört man es manchmal knistern. Im Dunkeln kann man sogar kleine Funken sehen. Ursache für diese Erscheinungen ist die Reibung unterschiedlicher Materialien aneinander. 1780 beobachtete der italienische Arzt LUIGI GALVANI (1737–1798), dass frisch präparierte Froschschenkel zucken, wenn in ihrer Nähe ein Funke an einer Elektrisiermaschine überspringt und die Nerven des Froschschenkels gleichzeitig mit einer Messerspitze berührt werden. Weitere Untersuchungen zu dieser „tierischen Elektrizität" ergaben:

Der Froschschenkel beginnt auch zu zucken, wenn man verschiedene Teile mit einem Bogen aus zwei verschiedenen Metallen verbindet.

Später stellte sich heraus, dass nicht der Froschschenkel das Entscheidende ist, sondern eine leitende Flüssigkeit und zwei verschiedene Metalle. Nach seinem Entdecker heißen aus solchen Teilen aufgebaute elektrische Quellen **galvanische Elemente.**

1. *Halte einen Stift aus Kunststoff, den du kräftig am Ärmel deiner Kleidung gerieben hast, über kleine Papierschnitzel! Beschreibe, was du beobachtest! Erkläre!*

2. *Hält man ein Blatt Papier an eine senkrechte, glatte Wand (Tür, Schrank), so fällt das Papier ab. Reibt man das Papier zuvor z. B. am Ärmel, so bleibt es an der senkrechten Wand kleben. Probiere es aus! Erkläre diese Erscheinungen!*

3. *Aus zwei verschiedenen Metallen und einer leitenden Flüssigkeit kann man sich eine einfache elektrische Quelle herstellen. Statt der leitenden Flüssigkeit in einem Becherglas ist auch eine Zitrone, ein Apfel oder eine Kartoffel nutzbar (Abb. 1).*
   a) *Baue dir ein solches einfaches galvanisches Element!*
   b) *Miss die Spannung bei verschiedenen Kombinationen von Metallen!*
   c) *Welches Ergebnis erhält man mit zwei gleichen Metallen?*
   d) *Nutze verschiedene leitende Flüssigkeiten! Was kannst du feststellen?*

1 Ein selbst gebautes galvanisches Element

Die voltasche Säule

Der italienische Naturforscher ALESSANDRO VOLTA (1745–1827) untersuchte die von GALVANI entdeckten Erscheinungen genauer und fand heraus, dass immer dann eine Spannung auftritt, wenn zwei verschiedene Metalle durch eine leitende Flüssigkeit miteinander verbunden sind. Ausgehend davon untersuchte VOLTA, unter welchen Bedingungen eine besonders große Spannung auftritt. Mit den Metallen Kupfer und Zink und als leitende Flüssigkeit verdünnte Schwefelsäure machte er die besten Erfahrungen (Abb. 1a). Eine solche Kombination wird nach ihm VOLTA-Element genannt. VOLTA hatte damit den Vorläufer unserer heutigen Batterien erfunden. Die Suche nach noch stärkeren elektrischen Quellen führte zu neuen Anordnungen. So schrieb Volta im März 1800 in einem Brief:

„... Dreißig, vierzig ... oder mehr Kupferstücke, ... jedes in Verbindung mit einem Stück Zink; ferner eine gleiche Anzahl Schichten, z. B. Salzwasser, Lauge oder dergleichen; eine solche Anlage der Leiter stets in der gleichen Weise wiederholt; das ist alles, woraus mein neuer Apparat besteht.“

Mit dieser Anordnung, voltasche Säule genannt (Abb. 1b), konnten Spannungen von 50 V bis 100 V erzeugt werden.

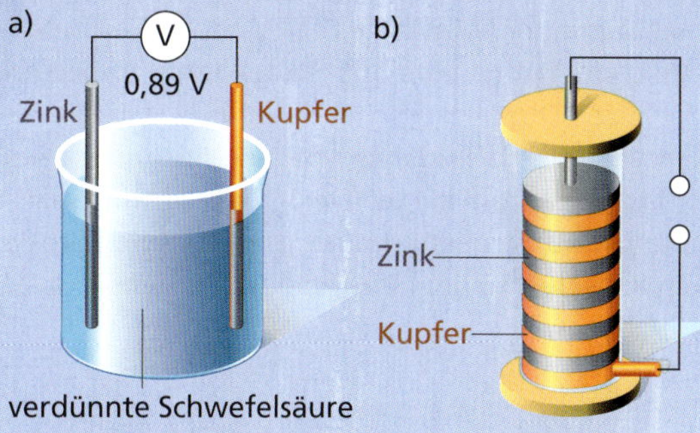

1 Das VOLTA-Element (a) und die voltasche Säule (b)

4. *Baue ein VOLTA-Element (Abb. 2)! Verwende Kupfer, Zink und Salzwasser! Miss die Spannung! Untersuche, wie sich die Spannung ändert, wenn andere leitende Flüssigkeiten verwendet werden!*

5. *Plane ein Experiment mit dem Ziel herauszufinden, ob die Spannung von*
   - *der Größe der Metallplatten,*
   - *der Form der Metallplatten,*
   - *dem Abstand der Metallplatten*

   abhängt! Führe das Experiment durch!

6. *Lass die in Aufgabe 4 beschriebene Anordnung eine Zeit lang unverändert stehen. Lies die Spannung nach 5 min, 10 min und 30 min ab! Erkläre!*

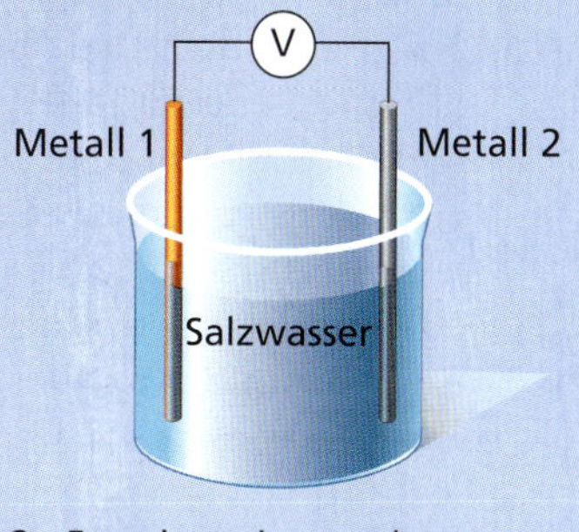

2 Experimentieranordnung

Moderne elektrische Quellen

Viele elektrische Geräte werden heute mit Batterien betrieben. Diese Batterien sehen ganz verschieden aus und sind auch unterschiedlich aufgebaut (Abb. 3).

7. *Untersuche oder erkunde den Aufbau einer Monozelle oder einer Flachbatterie! Vorsicht! Es besteht Verletzungsgefahr! Beachte, dass Batterien Sondermüll sind, und entsorge die Reste entsprechend!*

8. *Stelle eine Übersicht zu in Geräten häufig verwendeten Batterien zusammen! Gib ihre Spannung an und wo sie eingesetzt werden! Warum muss es unterschiedliche Arten von Batterien geben?*

9. *Erkundige dich, wie wiederaufladbare Batterien (Akkumulatoren) aufgebaut sind und wo sie genutzt werden! Was geschieht beim Aufladen eines Akkumulators? Was sollte man beim Aufladen beachten?*

3 Verschiedene Arten von Batterien

Zusammenhang zwischen Spannung und Stromstärke – das ohmsche Gesetz

Je größer die elektrische Spannung in einem Stromkreis ist, desto größer ist der Antrieb des elektrischen Stroms. Damit bewegen sich mehr Elektronen durch den Querschnitt des Leiters. Die elektrische Stromstärke steigt. So leuchtet z. B. eine Glühlampe heller, wenn sie an eine stärkere elektrische Quelle angeschlossen wird.
Der Zusammenhang zwischen Stromstärke und Spannung wurde von dem deutschen Forscher GEORG SIMON OHM (Abb. 2) entdeckt und ist im **ohmschen Gesetz** beschrieben (↗ M S. 28).

Für alle metallischen Leiter gilt unter der Bedingung, dass die Temperatur konstant ist:

$$I \sim U$$

Mit der anliegenden Spannung U wächst auch die Stromstärke I. Die Gesetzesaussage $I \sim U$ ist gleichbedeutend mit der Formulierung:

$$\frac{U}{I} = \text{konstant}$$

Stellt man für einen metallischen Leiter bei ϑ = konstant den Zusammenhang zwischen der Stromstärke I und der Spannung U in einem Diagramm dar, so erhält man als Graph eine Gerade (Abb. 1). Das ohmsche Gesetz gilt nur unter der Bedingung, dass die Temperatur konstant ist. Diese Gültigkeitsbedingung für das ohmsche Gesetz ist nicht immer erfüllt. Verändert sich beispielsweise bei einer Glühlampe (Metallfadenlampe) die Spannung, so ändert sich auch die Stromstärke und die Temperatur des Glühfadens. Es gilt nicht $I \sim U$ (Abb. 3); (↗ M S. 239).

2 GEORG SIMON OHM (1789–1854) arbeitete zunächst als Lehrer für Mathematik und Physik und war später als Professor für Physik in München tätig.

Der elektrische Widerstand

Bewegen sich die Elektronen im Stromkreis, so stoßen sie mit den Metallionen der elektrischen Leiter zusammen. Dadurch wird die gerichtete Bewegung der Elektronen behindert. Dem elektrischen Strom wird ein Widerstand entgegengesetzt. Die elektrische Spannung verursacht entgegen dem Widerstand einen Stromfluss bestimmter Stromstärke. Der Quotient aus Spannung und Stromstärke ist geeignet, die Größe **elektrischer Widerstand** zu beschreiben.

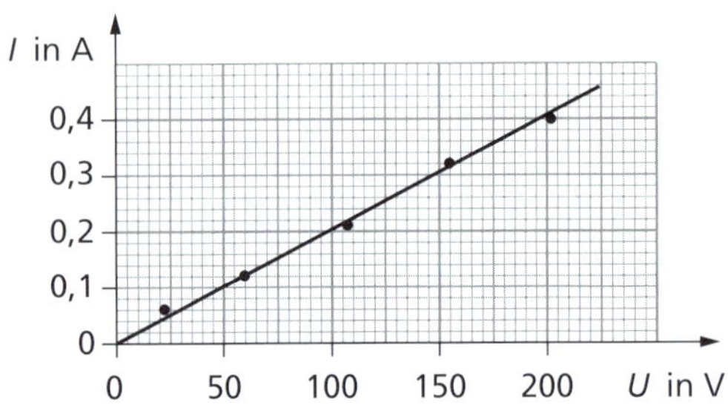

1 I–U-Diagramm eines Metalldrahts (ϑ = konstant)

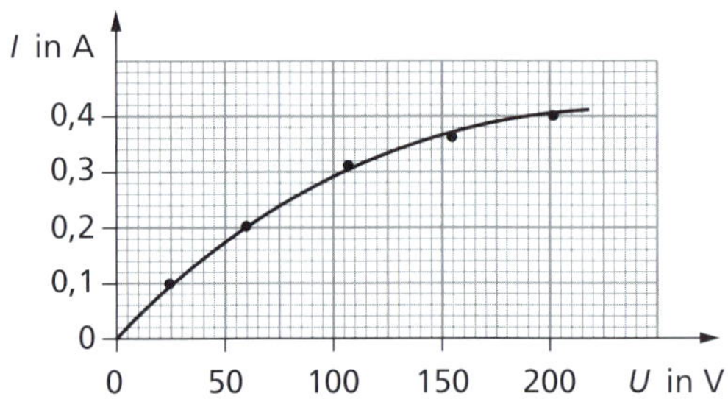

3 I–U-Diagramm eines Metalldrahts ($\vartheta \neq$ konstant)

Der elektrische Widerstand eines Bauteils gibt an, wie stark der elektrische Strom in ihm behindert wird.

Formelzeichen: *R*
Einheit: ein Ohm (1 Ω)

Für die Einheit 1 Ohm gilt: $1\,\Omega = \frac{1\,\text{V}}{1\,\text{A}}$

Vielfache der Einheit 1 Ω sind ein Kiloohm (1 kΩ) und ein Megaohm (1 MΩ):

$1\,\text{k}\Omega = 1\,000\,\Omega$
$1\,\text{M}\Omega = 1\,000\,\text{k}\Omega = 1\,000\,000\,\Omega$

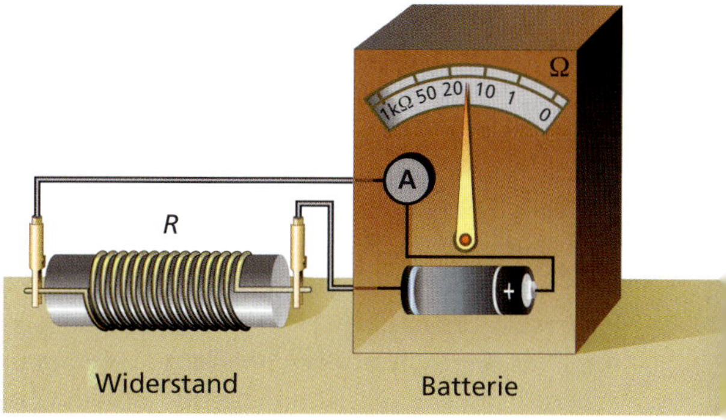

1 Im Ohmmeter wird der unbekannte Widerstand *R* mit einem Strommesser in Reihe an eine Batterie angeschlossen.

Der elektrische Widerstand von Bauteilen oder Geräten kann mithilfe von **Widerstandsmessern** (Ohmmetern) direkt gemessen werden (Abb. 1). Dazu wird in ein Vielfachmessgerät eine elektrische Quelle eingesetzt. Der Nullpunkt der Skala ergibt sich, wenn der Widerstand praktisch null ist. Die Stromstärke und damit der Zeigerausschlag sind dann am größten. Mit Zunahme des Widerstands nimmt die Stromstärke ab und ist null, wenn der Widerstand sehr groß ist. Jedem Wert der Stromstärke kann so ein Widerstandswert zugeordnet werden.
Der elektrische Widerstand kann aber auch aus der Stromstärke und der Spannung berechnet werden, die man mit Amperemeter und Voltmeter messen kann.

Der elektrische Widerstand eines Bauteils kann berechnet werden mit der Gleichung:

$R = \frac{U}{I}$ — *U* elektrische Spannung, *I* elektrische Stromstärke

Elektrische Widerstände in Natur und Technik

Verlängerungskabel	ca. 0,1 Ω
Heizplatte im Herd	15 Ω
Heizung einer Waschmaschine (1000 W)	50 Ω
100-W-Glühlampe	530 Ω
60-W-Glühlampe	880 Ω
Körperwiderstand des Menschen (von Hand zu Hand)	ca. 1 kΩ

Bestimmt man den elektrischen Widerstand von Metalldrähten bei unterschiedlicher Temperatur, dann zeigt sich:

Bei den meisten Metallen erhöht sich mit steigender Temperatur ihr elektrischer Widerstand.

Das kann man auch bei einer Glühlampe feststellen: Bei Vergrößerung der Spannung erhöht sich die Stromstärke und damit die Temperatur der Glühwendel. Damit vergrößert sich ihr elektrischer Widerstand (s. Abb. 3, S. 190). Die Temperaturabhängigkeit des elektrischen Widerstands hängt vom jeweiligen Stoff ab. Sie muss bei technischen Widerständen (s. S. 192) beachtet werden und wird bei metallischen Widerstandsthermometern genutzt.
Im Teilchenmodell kann man die Vergrößerung des Widerstands bei Temperaturerhöhung folgendermaßen deuten: Mit Erhöhung der Temperatur bewegen sich die Metall-Ionen im Leiter heftiger. Dadurch wird die gerichtete Bewegung der Elektronen stärker behindert. Der Widerstand wird größer.
Den Technikern ist es gelungen, Materialien herzustellen, deren Widerstand weitgehend temperaturunabhängig ist.
Ein solches Material ist **Konstantan,** eine Legierung aus Kupfer, Nickel und Mangan.

2 Rohkupfer

Der Widerstand von Drähten

Verlängerungskabel, die Wendeln von Glühlampen oder Hochspannungsleitungen sind Drähte aus Metall. Sie unterscheiden sich in ihrer Länge, ihrer Querschnittsfläche und im Material.
Experimentell kann man untersuchen, wie der Widerstand eines Drahts von den genannten Faktoren abhängt. Dabei ist zu beachten: Wenn man experimentell eine Abhängigkeit untersucht, dann müssen alle übrigen Größen und Bedingungen konstant gehalten werden (↗ M S. 27 f.).
Im Ergebnis der Untersuchungen erhält man:

Der elektrische Widerstand eines Leiters ist umso größer, je größer seine Länge und je kleiner seine Querschnittsfläche sind. Er ist auch abhängig von dem Stoff, aus dem der Leiter besteht.

Die Stoffabhängigkeit des elektrischen Widerstands von Drähten ist aus Abb. 1 erkennbar.

Aufgabe

Das Modell Wasserstromkreis eignet sich, um in Analogie zum elektrischen Stromkreis die Abhängigkeit des Widerstandes von der Querschnittsfläche zu verdeutlichen. Wie müsste das betreffende Modell aussehen? Skizziere und erläutere es!

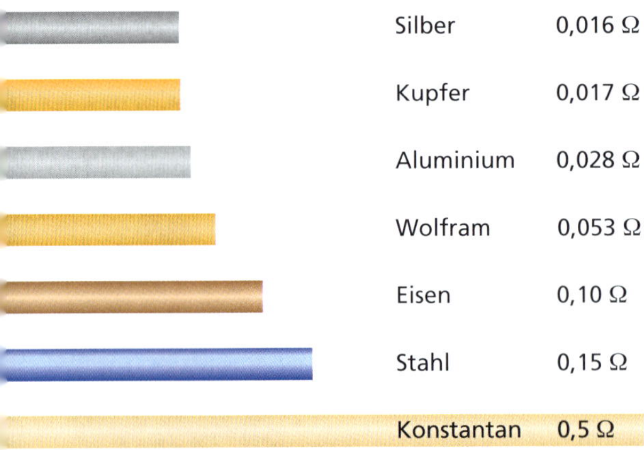

1 Elektrische Widerstände verschiedener Stoffe bei einer Länge von 1 m und 1 mm^2 Querschnittsfläche

Mosaik

Technische Widerstände

Die Bezeichnung „Widerstand" wird sowohl für die physikalische Größe als auch für elektrische Bauelemente benutzt.
In elektrischen Geräten befinden sich Widerstände unterschiedlicher Bauformen. Festwiderstände haben einen unveränderlichen, „festen" Widerstand (Abb. 2a und 3).
Bei **regelbaren Widerständen** (Abb. 2b und 4) werden mit einem Gleit- oder Drehkontakt unterschiedliche Längen eines Widerstandsdrahts eingestellt, der vom elektrischen Strom durchflossen wird.

a) b)

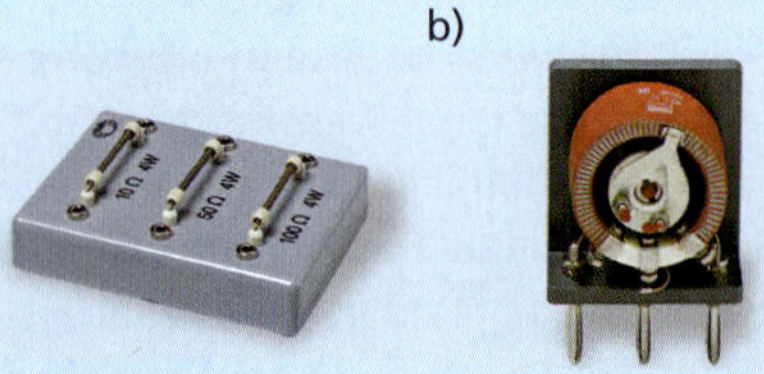

2 Drahtwiderstände: Auf Keramikzylinder werden lange isolierte Metalldrähte gewickelt.

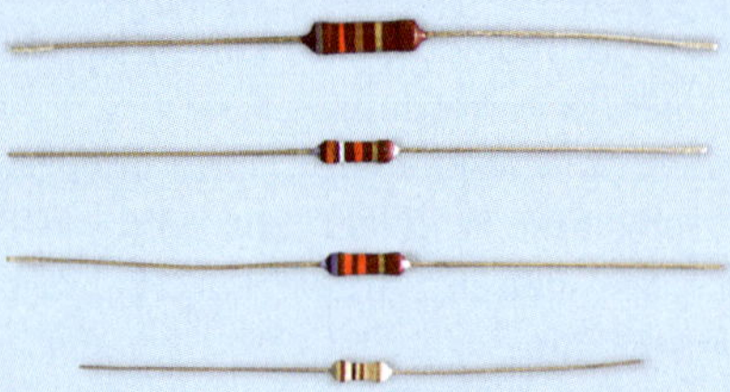

3 Schichtwiderstände: Auf Keramikröhrchen werden dünne Kohle- oder Metallschichten aufgedampft. Aus den farbigen Ringen kann der Widerstand über einen Code abgelesen werden.

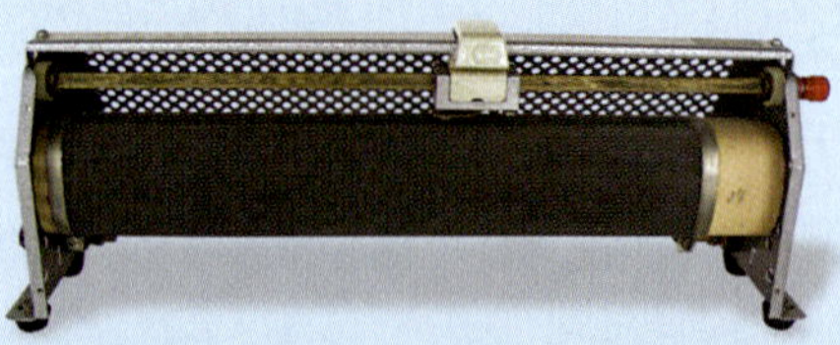

4 Gleitwiderstand: Mit einem Schieber wird die Länge des Drahts im Stromkreis verändert.

Physik in Natur und Technik

Blitz und Donner

Mit Blitz und Donner kündigt sich ein Gewitter an. Während eines Gewitters können Dutzende von Blitzen auftreten. Weltweit werden 70 bis 100 Blitze in jeder Sekunde registriert.
Die durchschnittliche Stromstärke beträgt etwa 40 000 A bei einem Durchmesser der Blitze von 10 cm bis 20 cm, ihre Länge meist 2 km bis 3 km und ihre Dauer weniger als 1 s.
Gibt es in der Atmosphäre Potenzialdifferenzen? Wie entsteht ein Blitz? Wie sollte man sich bei einem Gewitter verhalten?

2 Blitze sind kurzzeitige elektrische Entladungen zwischen Wolken bzw. zwischen Wolke und Erde.

Um die Bedeutung von Blitzen zu verstehen, muss man die elektrischen Erscheinungen in der Atmosphäre kennen.
Luft nahe dem Erdboden ist ein schlechter Leiter. Je höher man sich aber begibt, umso besser leitet die Luft den elektrischen Strom. In etwa 50 km Höhe kann man die Luft als guten Leiter betrachten. Man nennt diese Luftschicht **Ionosphäre.** Verglichen mit der Luft nahe dem Erdboden ist auch die Erdoberfläche ein relativ guter Leiter.
Wir haben also einen riesigen Leiter in etwa 50 km Höhe und einen zweiten riesigen Leiter, die Erdoberfläche (Abb. 1). Zwischen diesen beiden Leitern existiert ständig eine Spannung von etwa 300 kV. Da die Luft dazwischen ein schlechter Leiter ist, fließt trotz der hohen Spannung bei schönem Wetter je Quadratmeter nur ein Strom der Stärke 0,003 millionstel Ampere. Wenn man die Stromstärke aber über die gesamten 500 000 Quadratkilometer der Erdoberfläche aufaddiert, erhält man immerhin einen ständig fließenden Strom der Stärke 1 500 A von der Ionosphäre zum Erdboden (Abb. 1). Die Spannung würde innerhalb kurzer Zeit zusammenbrechen, wenn nicht „Pumpen“ ständig elektrische Ladung vom Boden in die Ionosphäre transportieren würden. Die Rolle dieser Pumpen übernehmen Gewitterwolken (Abb. 3).

Durch die starken Aufwinde in einer Gewitterwolke werden kleine Wassertröpfchen schnell nach oben getragen, große Wassertröpfchen und Hagelkörner fallen nach unten. Aufgrund der Reibung kommt es zu Ladungstrennungen. Es bildet sich eine elektrische Spannung von etwa

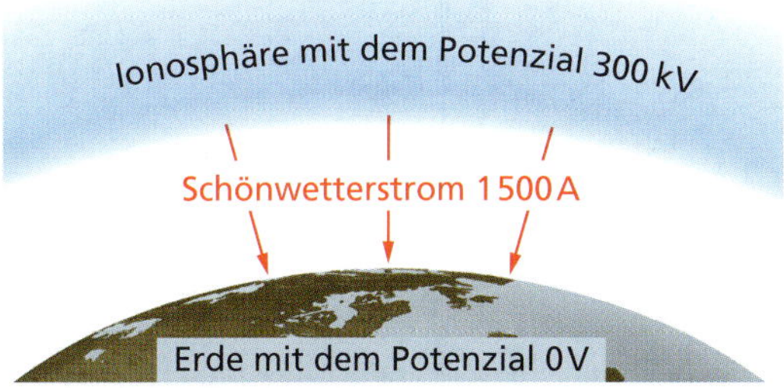

1 Zwischen Erdoberfläche und Ionosphäre besteht eine Potenzialdifferenz von etwa 300 000 V.

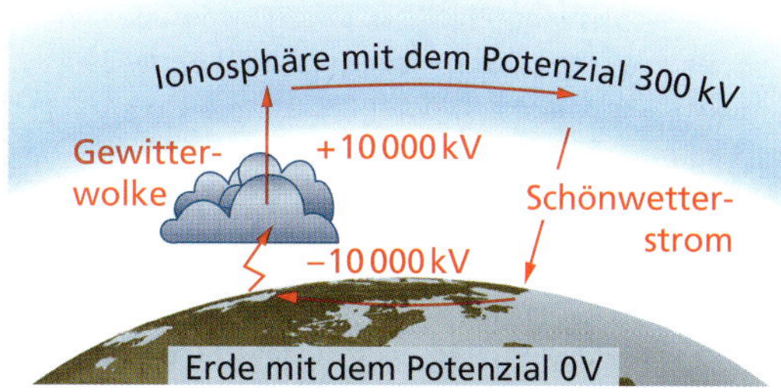

3 Gewitter wirken wie eine elektrische „Pumpe“ und halten den globalen Stromfluss aufrecht.

20 000 kV zwischen Oberseite und Unterseite der Gewitterwolke. Oben fließt dadurch ein großer Strom vom oberen Teil der Wolke in die Ionosphäre. Von der Erde zum unteren Teil der Wolke, wo die Luft schlecht leitet, fließt die Ladung in gewaltigen Blitzen.

Auf der Erde sind ständig ungefähr 2 000 Gewitter aktiv. Sie halten als elektrische Pumpe die Ladung in der Atmosphäre am Fließen. Durch sie fließt durch etwa 100 Blitze pro Sekunde insgesamt ein Strom von 1 500 A nach oben. Was also mit dem Schönwetterstrom an Ladung nach unten fließt, wird durch die Gewitter nach oben gepumpt.

Der Hauptblitz dauert weniger als 1 ms, es fließt ein Strom von einigen 10 000 A. Oft folgt dann noch ein weiterer Blitz, der etwa eine Zehntelsekunde dauert, und bei dem nur noch ein Strom mit einer Stärke von etwa 150 A fließt.

Die Luft wird im Blitz schlagartig auf etwa 30 000 °C erwärmt. Bei der Erwärmung dehnt sie sich explosionsartig aus. Die dazugehörige Druckwelle hören wir als Donner.

Beachte bei Gewitter:

Als Faustregel gilt: Gewitter werden erst gefährlich, wenn der Zeitraum zwischen Blitz und Donner weniger als 10 Sekunden beträgt. Wenn ein Gewitter naht, sollte man folgende Regeln einhalten:

1. Wenn möglich, sollte man sich in Gebäuden mit Blitzschutzanlage, Autos, Waggons oder Metallkabinen von Seilbahnen zurückziehen.
2. Blitze schlagen vor allem in erhöhte Punkte (Baumspitzen, Masten, Schornsteine, Dachgiebel, Bergspitzen) ein. Deshalb sollte man sich nicht unter Bäumen, neben Masten, auf Bergspitzen oder an Außenwänden von Gebäuden aufhalten.
3. In Scheunen, Holz- oder Steinhütten ohne Blitzschutzanlagen sollte man sich in die Mitte des Gebäudes hocken.
4. Befindet man sich im Freien, dann gilt: Hocke dich in eine Kuhle und umfasse die Knie mit beiden Armen. Stelle dich auf keinen Fall breitbeinig hin und lege dich auch nicht hin.
5. Radfahrer sollten ihre Fahrt unterbrechen und sich vom Rad entfernen. Schwimmer müssen das Wasser umgehend verlassen.

1 Blitze können erhebliche Schäden anrichten.

Bei Gewittern können hohe Spannungen und damit erhebliche Stromstärken auftreten. Das gilt nicht nur für die Stelle des Blitzeinschlags, sondern auch für deren Umgebung.

Blitzeinschläge führen in Deutschland jedes Jahr nicht nur zu Bränden, sondern auch dazu, dass Personen verletzt oder sogar getötet werden.

Eine Unwettermeldung

In Baden-Württemberg brannte in Calw ein Stallgebäude und in Hemmingen bei Ludwigsburg ein Dachstuhl infolge Blitzschlags. In Stuttgart gerieten nach Blitzeinwirkung einige Bäume in Brand und in Metzingen schlug der Blitz in ein Polizeirevier ein.

(DWD, 24.7.2005)

2 In einem Auto ist man vor Blitzschlag sicher.

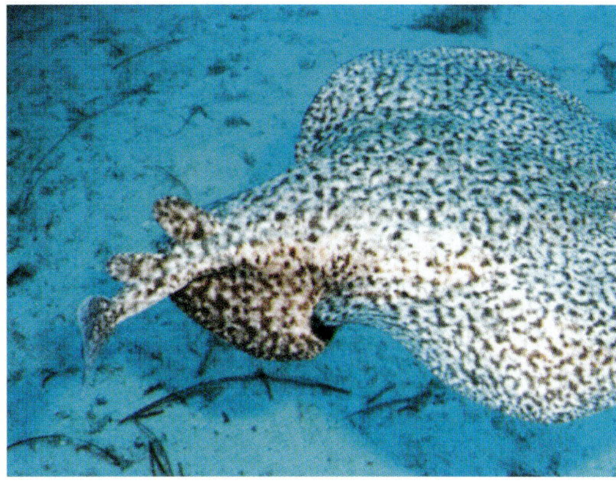

1 Zitterfische können elektrische „Schläge" austeilen: Zitterwels (a) und Zitterrochen (b).

Zitterfische sind natürliche elektrische Quellen

Zitteraale gehören wie der Zitterrochen und der Zitterwels zu den etwa 200 Arten der Zitterfische (Abb. 1). Während Zitteraale Spannungen bis zu 800 V erzeugen können, schaffen es Zitterrochen bis auf 100 V.
Erläutere, wie Zitteraale und Zitterrochen elektrische Spannungen erzeugen!

Große Zitterrochen werden etwa 1 m lang. Sie kommen an den Küsten tropischer und subtropischer Meere vor. Zitteraale erreichen eine Länge von 2 m. Sie leben im Süßwasser des Amazonas. Die Spannung entsteht in Muskeln, die zu **elektrischen Organen** umgebildet wurden (Abb. 2). Die elektrischen Organe bestehen aus gallertartigen Plättchen. Diese sind zu Säulen übereinander geschichtet und über einen Nerv miteinander verbunden. Ein Reiz durch das Gehirn verändert die vorher elektrisch neutralen Plättchen: Jedes wird zu einer elektrischen Zelle (Abb. 3).

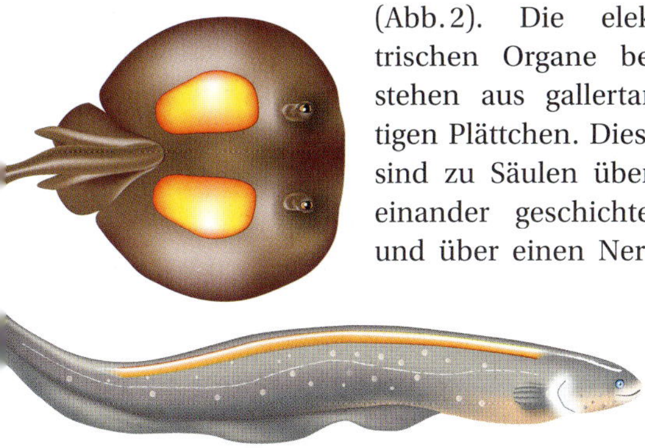

2 Lage der elektrischen Organe in Zitterrochen und Zitteraal: Hier werden die Spannungen erzeugt.

Eine hohe Anzahl von Plättchen bedeutet, wie bei einer Reihenschaltung von Batterien, eine hohe Spannung.
Der Zitteraal besitzt 70 Säulen mit je 6 000 Plättchen. Bei einer einzelnen Entladung treten Spannungen zwischen 300 V und 800 V auf. Eine mächtige Entladung kann dabei 100 Einzelschläge erreichen, von denen jeder Schlag wenige Millisekunden andauert.
Große Zitterrochen erzeugen Spannungen bis zu 100 V. Da sie im Salzwasser leben, das ein besserer elektrischer Leiter als Süßwasser ist, reicht diese Höhe der Spannung aus, um wirksame elektrische Schläge austeilen zu können.

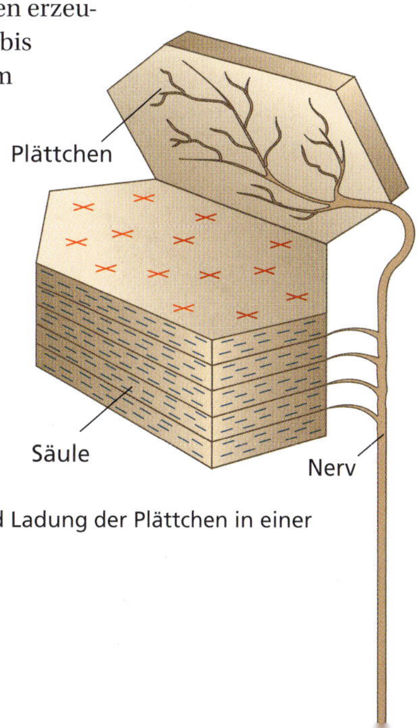

3 Anordnung und Ladung der Plättchen in einer Säule

gewusst · gekonnt

1. Jede der Batterien hat eine Spannung von 1,5 V. Was zeigt das Voltmeter an? Übernimm die Skizze ins Heft und zeichne an der Stellen A, B, C und D Potenzialsäulen!

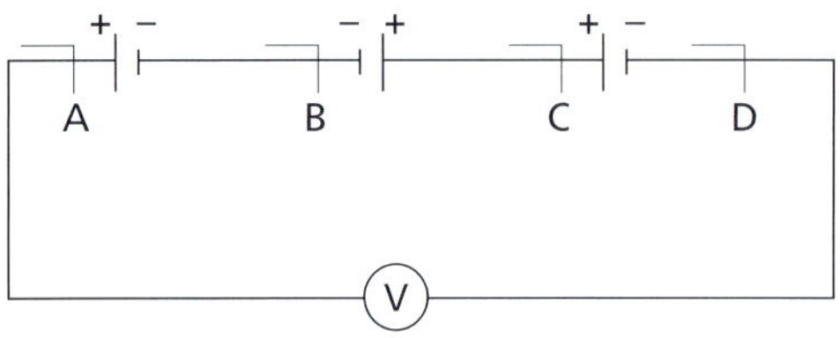

2. Gib folgende Spannungen in den angegebenen Einheiten an!
a) 12,5 V; 8,3 V und 0,36 V in mV
b) 15 000 V, 6 800 V und 230 V in kV
c) 110 kV, 220 kV und 380 kV in V

3. An den Steckdosen im Haushalt liegen bei uns 230 V an. In anderen Ländern sind Spannungen von 110 V oder 120 V üblich. Was passiert, wenn wir unsere elektrischen Haushaltsgeräte (z. B. Tauchsieder, Föhn) dort einschalten?
Begründe deine Antwort mit dem Antrieb des elektrischen Stroms!

4. Carola wechselt die vier Monozellen von je 1,5 V in ihrem MP-3-Player aus. Erst nach mehrmaligem Probieren ist das Gerät wieder funktionstüchtig. Was muss sie beim Einlegen der Zellen beachten?

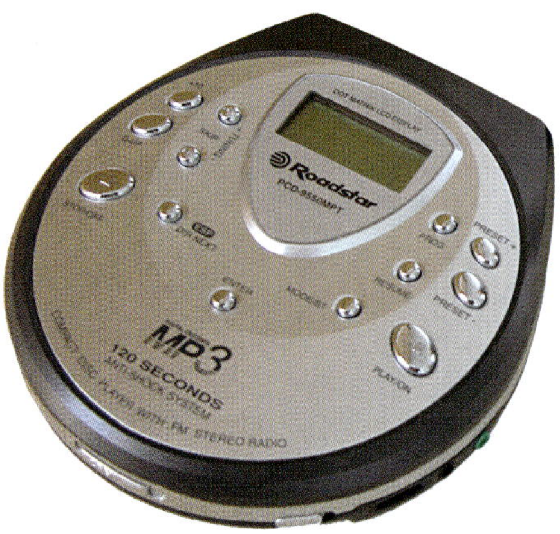

5. Bei welcher Schalterstellung ist die Stärke des Stroms durch den Motor größer? Begründe mithilfe der Vorstellung vom Antrieb!

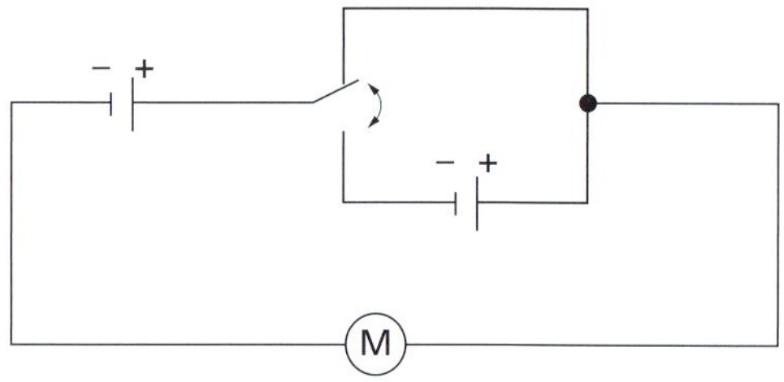

6. Wie groß sind die elektrischen Spannungen, wenn am Vielfachmessgerät nacheinander die Messbereiche
a) 3 V,
b) 10 V und
c) 60 V
eingestellt werden?
Lies jeweils für die Zeigerstellungen A bis D die Messwerte ab!

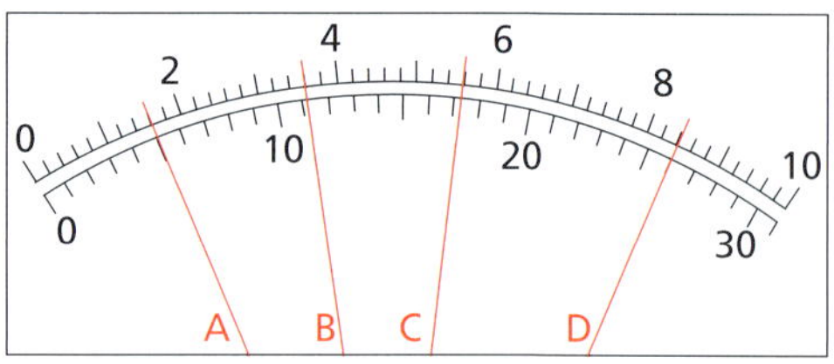

7. Prüfe die Spannung nach, die auf Batterien, Knopfzellen und Monozellen angegeben ist!

8. Warum ist auf manchen elektrischen Geräten die Betriebsspannung angegeben? Erkunde, welche Betriebspannung Handys, CD-Player und Taschenrechner haben! Was passiert, wenn die Betriebspannung deutlich über- oder unterschritten wird?

9. An einer Steckdose im Haushalt liegt eine Spannung von 230 V. Welche Aussage kann man über die Potenziale beider Pole treffen?

10. Eine elektrische Quelle ist mit einer Glühlampe verbunden. Die Höhe der blauen Säulen ist ein Maß für das Potenzial an der betreffenden Stelle (Skizze S. 197 oben).

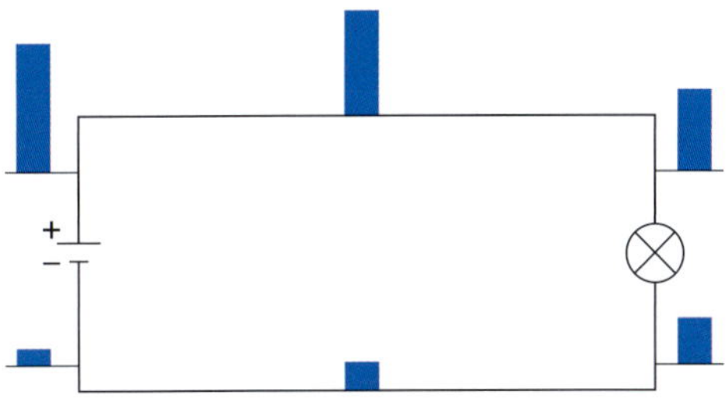

Was kann man diesem Bild entnehmen?

11. Untersuche experimentell den Zusammenhang zwischen der Spannung an einer elektrischen Quelle und der Spannung an einer Glühlampe in einem einfachen Stromkreis!
Vorbereitung:
Zeichne einen Schaltplan und bereite eine Messwertetabelle vor!
Durchführung:
Baue die Schaltung auf! Miss bei fünf verschiedenen Einstellungen der elektrischen Quelle (1 V bis 5 V) jeweils die Spannungen! Trage die Messwerte in die Tabelle ein!
Auswertung:
Vergleiche die Messwerte! Führe eine Fehlerbetrachtung durch! Welche Zusammenhänge bestehen zwischen der Spannung an der elektrischen Quelle und der Spannung an der Glühlampe!

12. Untersuche experimentell den Zusammenhang zwischen Spannung und Stromstärke an einem technischen Widerstand!
Gehe wie bei Aufgabe 11 vor!
Stelle die Messwertepaare in einem *I-U*-Diagramm grafisch dar! Welcher Zusammenhang besteht zwischen Spannung und Stromstärke? Überprüfe den Zusammenhang rechnerisch!

13. In einem Experiment wurden für ein elektrisches Bauelement folgende Messwertepaare aufgenommen (↗ **M** S. 100):

U in V	1	2	3	4	5	6
I in A	0,15	0,22	0,29	0,34	0,36	0,37

a) Stelle die Messwertepaare grafisch dar!
b) Gilt für dieses Bauelement $I \sim U$? Begründe!
c) Um was für ein elektrisches Bauelement könnte es sich handeln?

14. In Sprachkapseln älterer Telefone wurden Kohlekörnermikrofone verwendet (s. Abb.).

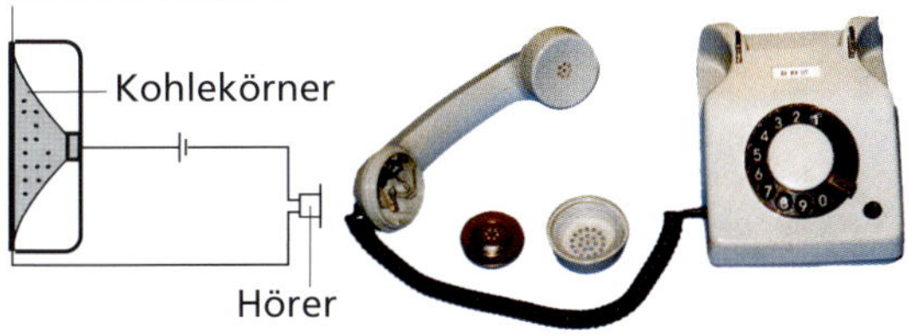

Durch Schallschwingungen (z. B. Sprache) werden unterschiedliche Druckkräfte auf die Kohlekörner ausgeübt. Durch Zusammendrücken der Körner ändert sich ihr elektrischer Widerstand.
Wie ändert sich die elektrische Stromstärke, wenn die Spannung konstant bleibt?

15. Die Skizze zeigt den Aufbau eines Widerstandsthermometers.

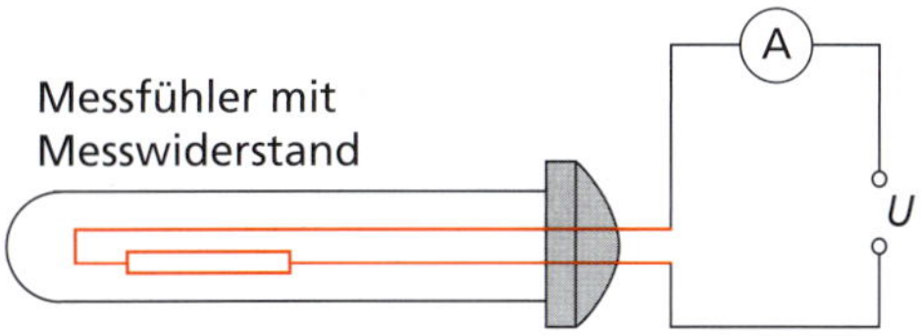

Beschreibe den Aufbau und erkläre seine Wirkungsweise (↗ **M** S. 289)!

16. Der menschliche Körper ist sehr empfindlich für elektrischen Strom. Aufgrund von Untersuchungen wird empfohlen, Ströme bereits ab einer Stärke von 10 mA zu meiden.
Der Körperwiderstand des Menschen von Hand zu Hand beträgt bei trockener Haut bis 30 kΩ, bei feuchter Haut ca. 1 kΩ.
a) Wie groß dürfen die Spannungen höchstens sein, um Gefährdungen des Menschen auszuschließen?
b) Welche Konsequenzen ergeben sich daraus für den Umgang mit Netzspannung?

Elektrisches Potenzial, elektrische Spannung und elektrischer Widerstand

Die beiden Pole einer elektrischen Quelle haben unterschiedliche Potenziale.

Der Potenzialunterschied zwischen zwei Punkten wird elektrische Spannung genannt.

Formelzeichen: U
Einheit: ein Volt (1 V)
Messgerät: Voltmeter

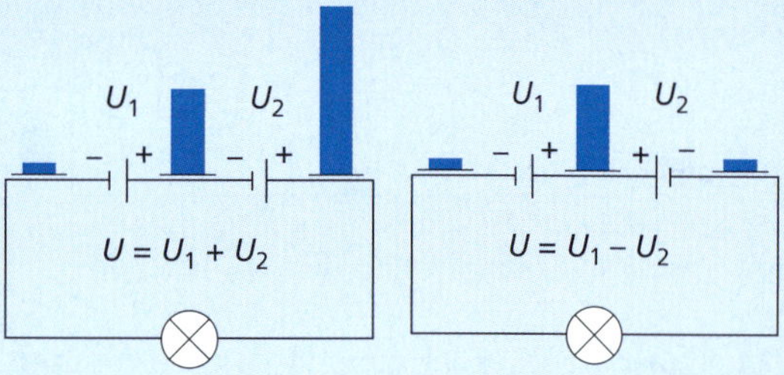

Die elektrische Spannung ist der Antrieb für den elektrischen Strom. Je größer die Spannung einer elektrischen Quelle ist, desto größer ist die Stromstärke im Stromkreis.

Für metallische Leiter gilt bei ϑ = konstant das **ohmsche Gesetz,** das sich in folgenden Formen darstellen lässt:

$I \sim U \qquad \frac{U}{I} = \text{konstant}$

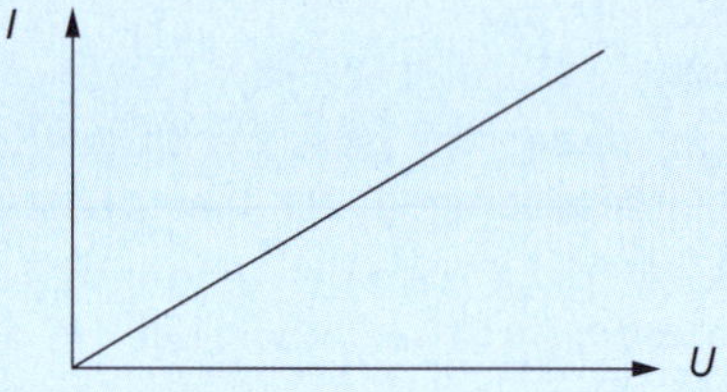

Der Graph ist eine Gerade.

Der Quotient $\frac{U}{I}$ ist ein Maß dafür, wie stark der elektrische Strom in einem Leiter oder einem Gerät behindert wird. Er wird elektrischer Widerstand R genannt.

$R = \frac{U}{I}$

U anliegende Spannung
I Stromstärke

Der **elektrische Widerstand** eines metallischen Leiters ist abhängig von der Länge des Leiters, seiner Querschnittsfläche und dem Stoff, aus dem er besteht.

Er ist umso größer,
- je länger der Leiter ist und
- je kleiner die Querschnittsfläche des Leiters ist.

Gute Leiter (kleiner Widerstand)
Silber, Kupfer, Gold, Aluminium

Schlechte Leiter (großer Widerstand)
Leitungswasser, Salzwasser, feuchtes Holz, Blut

Nichtleiter
destilliertes Wasser, Porzellan, Glas, viele Kunststoffe

6.3 Parallel- und Reihenschaltungen

Welche Lampe ist geeignet?

Auf einem Schwibbogen befinden sich sieben Lampen. Die Betriebsspannung jeder Lampe beträgt 34 V. Sie werden aber an eine Netzspannung von 230 V angeschlossen.
Wie sind die Glühlampen geschaltet?
Warum liegt an jeder Lampe nur die Betriebsspannung?
Warum verlöschen alle Lampen, wenn man eine locker dreht?

Der Messbereich ist entscheidend

Mit einem Amperemeter können Stromstärken zwischen 10 mA und 10 Ampere gemessen werden, indem man zwischen verschiedenen Messbereichen umschaltet.
Was passiert beim Umschalten im Messgerät?

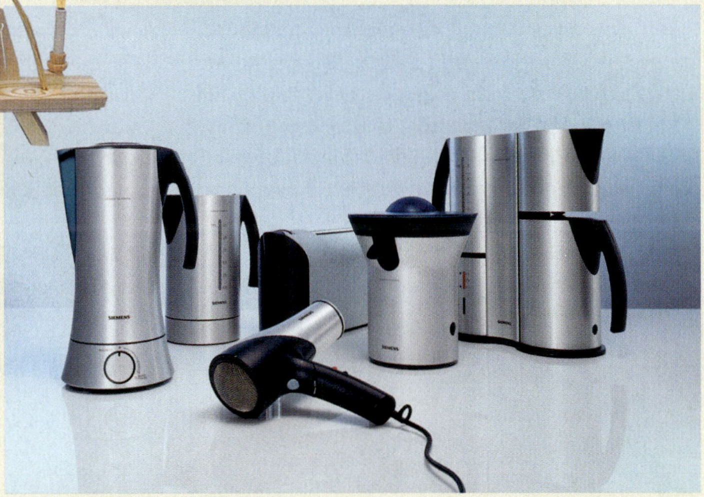

Überall Elektrogeräte

Im Haushalt werden häufig verschiedene elektrische Geräte gleichzeitig betrieben. Sie werden an Steckdosen bzw. an ein Verteilerkabel angeschlossen.
Wie sind die Haushaltsgeräte zueinander geschaltet, damit an jedem von ihnen 230 V liegt?

Verzweigungen im elektrischen Stromkreis

Bisher haben wir immer nur einen einfachen Stromkreis ohne irgendwelche Verzweigungen betrachtet. Für einen solchen Stromkreis gilt: Die elektrische Stromstärke ist an allen Stellen gleich groß.

Gilt das auch für einen verzweigten Stromkreis oder wirkt dort ein anderes Gesetz?

Um das herauszufinden, betrachten wir zunächst das Modell Wasserstromkreis (Abb. 1). Das von einer Pumpe angetriebene Wasser strömt zur Verzweigung. Der Wasserstrom teil sich dort auf und trifft an der zweiten Verzweigung wieder zusammen. Wenn z. B. durch den oberen Teilzweig in jeder Minute 1 Liter Wasser strömt und durch den unteren Zweig 2 Liter je Minute, dann muss im gemeinsamen Zulauf bzw. Ablauf die Stromstärke 3 Liter je Minute betragen. das kann man auch so schreiben:

$$I = I_1 + I_2.$$

Diese am Modell Wasserstromkreis gewonnene Erkenntnis lässt sich auf den elektrischen Stromkreis (Abb. 2) übertragen (↗ **M** S. 23). Durch den Antrieb der elektrischen Quelle bewegt sich Ladung durch den Stromkreis. An der Verzweigung teilt sie sich auf und trifft an der zweiten Verzweigung wieder zusammen. Messungen bestätigen:

In einem verzweigten Stromkreis ist die Gesamtstromstärke *I* gleich der Summe der Teilstromstärken.

$I = I_1 + I_2$

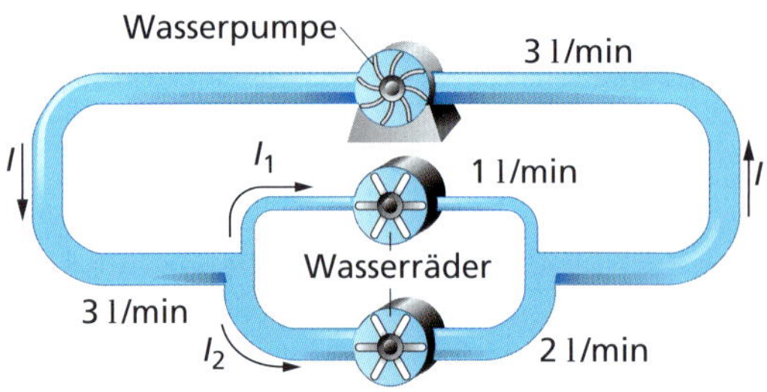

1 Bei einem Wasserstromkreis teilt sich das Wasser in zwei Teilströme.

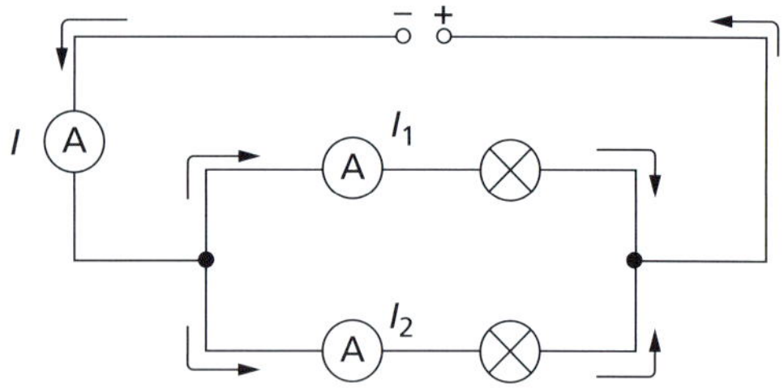

2 Bei einem elektrischen Stromkreis bewegt sich Ladung durch beide Zweige des Stromkreises. Der Strom teilt sich in Teilströme auf.

Diese Messergebnisse sind zugleich ein Hinweis darauf, dass Ladung nicht entsteht und auch nicht verschwindet. Eine solche umfassende Aussage lässt sich aber nicht aus einer einzelnen Messung ableiten, sondern ist das Ergebnis einer Vielzahl naturwissenschaftlicher Untersuchungen und Experimente über einen längeren Zeitraum hinweg. Tatsächlich gilt für die Ladung ähnlich wie für die Energie ein Erhaltungssatz.

Die elektrische Ladung bleibt erhalten.

Dieses Gesetz gilt nicht nur für elektrische Stromkreise, sondern für beliebige geladene Körper. Eine Verzweigung im Stromkreis – der Physiker nennt sie auch Knoten – kann mehr als zwei Zu- oder Abflüsse haben (Abb. 3). Für beliebige Knoten gilt die **Knotenregel.**

Die Summe der in einen Knoten hineinfließenden Stromstärken ist gleich der Summe der aus dem Knoten herausfließenden Stromstärken.

$I_{hinein} = I_{heraus}$

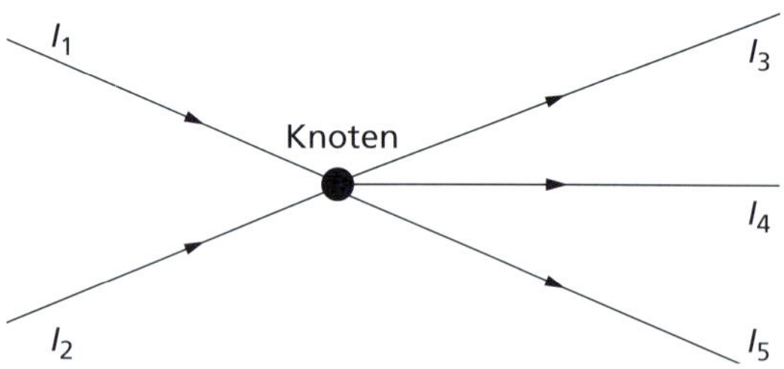

3 Eine Verzweigungsstelle (Knoten) hat Zu- und Abflüsse. Im Knoten staut sich nichts.

Parallelschaltung von zwei Glühlampen

Am Beispiel von zwei unterschiedlichen Glühlampen wollen wir untersuchen, welche weiteren Gesetze bei einer Parallelschaltung gelten. Beide Glühlampen haben die gleiche Betriebsspannung. Die Glühlampe 2 (Abb. 1) hat den kleineren Widerstand und die größere elektrische Leistung. Schaltet man beide Glühlampen parallel zu einer Batterie, dann zeigt sich: Glühlampe 2 leuchtet heller als Glühlampe 1.

Misst man die Spannung an der elektrischen Quelle und an den beiden Glühlampen, dann ergibt sich, dass die Spannung (die Potenzialdifferenz) überall gleich ist (Abb. 1). Das gilt für beliebige Parallelschaltungen.

Die Spannung an zueinander parallel geschalteten Bauteilen oder Geräten ist gleich groß.

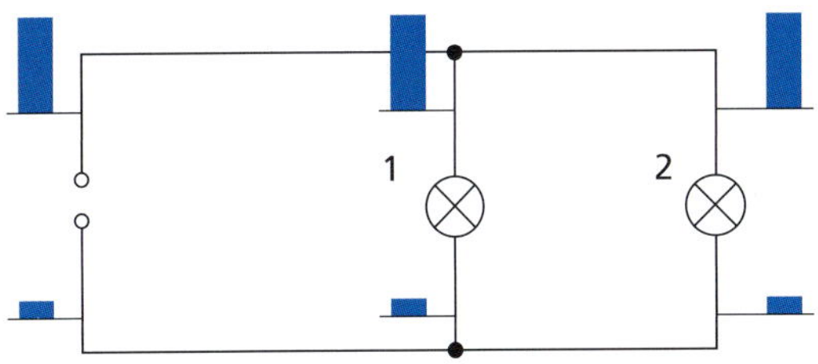

1 Die Spannung (Potenzialdifferenz) ist an beiden Glühlampen gleich groß.

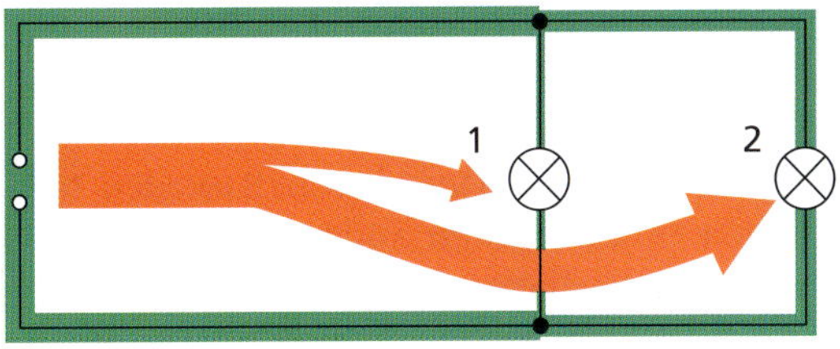

2 Elektrische Ströme und Energieflüsse

Die Stromstärke dagegen verzweigt sich (s. S. 200). Wie teilt sie sich aber auf?

Misst man die Teilstromstärken, dann zeigt sich: Durch die hellere Lampe 2 fließt die größere Stromstärke. Das ist die Lampe mit dem kleineren Widerstand. Diese und viele andere Messungen belegen:

Bei einer Parallelschaltung fließt durch das Bauteil oder das Gerät mit dem kleineren Widerstand die größere Stromstärke.

Das lässt sich auch mithilfe der physikalischen Größe Leistung ausdrücken Bei einer Parallelschaltung fließt durch das Bauteil oder das Gerät größerer Leistung die größere Stromstärke.

Die mit dem Strom transportierte Energie teilt sich ebenfalls auf die parallel geschalteten Bauteile auf (Abb. 2). Dabei gilt: Zu dem Bauteil bzw. Gerät mit größerer Leistung fließt mehr Energie als zu dem mit kleinerer Leistung.

3 Geräte im Haushalt sind parallel zueinander geschaltet. Damit liegt an jedem Gerät die erforderliche Betriebsspannung von 230 V.

Reihenschaltung von zwei Glühlampen

Bei einer Reihenschaltung von Bauteilen bzw. Geräten (Abb. 3) gelten andere Gesetze als bei einer Parallelschaltung. Wir betrachten als Beispiel die Reihenschaltung von zwei Glühlampen gleicher Bauart. Vergleichbar ist das wieder mit einem Wasserstromkreis (Abb. 1) (↗ M S. 23).

Die Stromstärke ist im gesamten Stromkreis gleich groß. Davon kann man sich leicht durch Messungen überzeugen.

Misst man die Spannungen (Potenzialdifferenzen) an der elektrischen Quelle und an den beiden Glühlampen, dann ergibt sich: An jeder Glühlampe liegt etwa die halbe Spannung der elektrischen Quelle (Abb. 2). Allgemein gilt:

Bei einer Reihenschaltung verteilt sich die Spannung der elektrischen Quelle auf die in Reihe geschalteten Bauteile.

$$U = U_1 + U_2$$

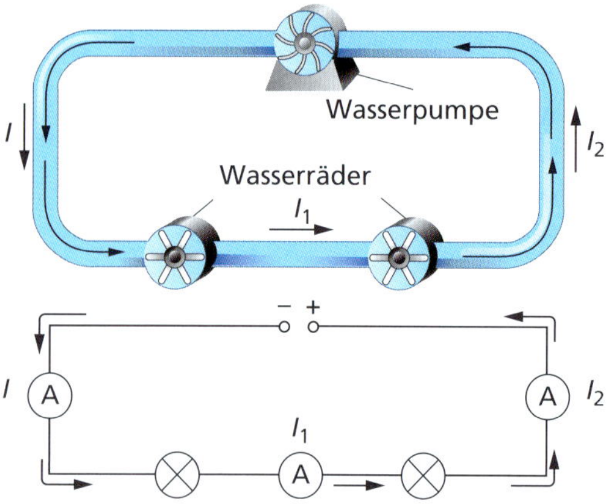

1 Stromstärken im unverzweigten Stromkreis

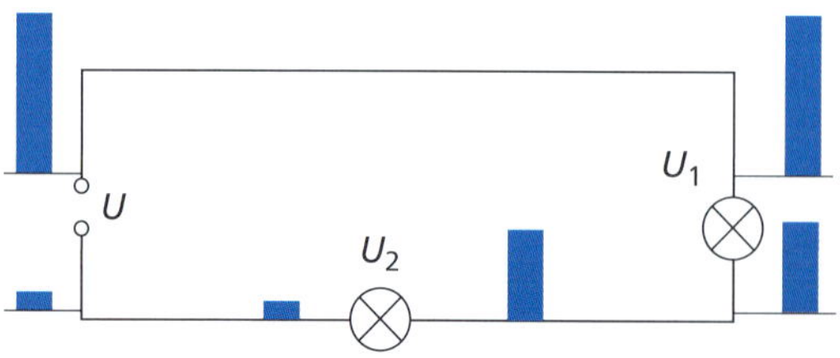

2 Potenzialdifferenz (Spannung) an zwei gleichen, in Reihe geschalteten Glühlampen

3 Die Lampen der Lichterkette einer Weihnachtsbaumbeleuchtung sind in Reihe geschaltet.

Wie sich diese Spannung verteilt, hängt von den Widerständen der Bauteile ab. Führt man experimentelle Untersuchungen mit Bauteilen unterschiedlicher Widerstände durch, dann zeigt sich:

Bei einer Reihenschaltung liegt am Bauteil mit dem größeren Widerstand die größere Spannung.

Dieses Gesetz kann man nutzen, um die Spanung einer elektrischen Quelle in gewünschter Weise auf Bauteile oder Geräte aufzuteilen.

Die mit dem elektrischen Strom transportierte Energie teilt sich ähnlich wie bei einer Parallelschaltung auf die Bauteile bzw. Geräte im Stromkreis auf. Bei zwei gleichen Glühlampen erfolgt eine gleichmäßige Aufteilung (Abb. 4). Sind die Widerstände der Bauteile bzw. Geräte unterschiedlich, dann gilt: Zu dem Bauteil oder dem Gerät mit dem größeren Widerstand fließt mehr Energie.

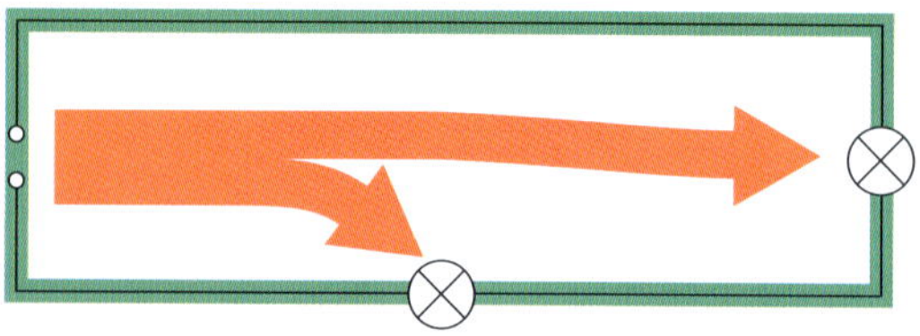

4 Elektrischer Strom im Stromkreis und Energieflüsse bei einer Reihenschaltung

Physik in Natur und Technik

Kleine Lampen an großen Spannungen

In Diaprojektoren werden kleine Halogenlampen als Lichtquellen verwendet. Sie geben bei einer Stromstärke von ca. 6,3 A sehr helles Licht ab. Ihre Betriebsspannung beträgt jedoch nur 24 V. Angeschlossen wird ein solcher Diaprojektor aber an die Netzspannung von 230 V.

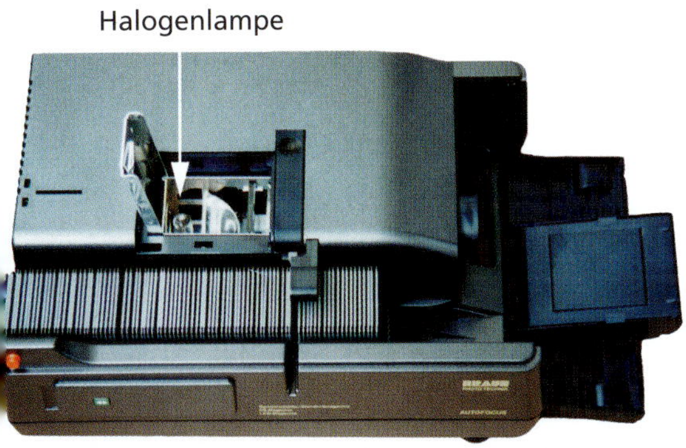

1 Diaprojektor mit Halogenlampe

Wie kann man eine Halogenlampe mit einer Betriebsspannung von 24 V trotzdem an eine Netzspannung von 230 V anschließen (↗ M S. 30)?

Analyse:
Grundsätzlich ist in einem Stromkreis immer das Zusammenwirken der drei physikalischen Größen Spannung, Stromstärke und Widerstand zu untersuchen. Bei der Halogenlampe ist zu klären, welches Gesetz eine Aussage über unterschiedliche Spannungen im Stromkreis ermöglicht: Es kann nur um eine Reihenschaltung gehen, in der die Summe aus der Spannung U_L an der Halogenlampe und an einem Vorwiderstand U_{vor} die Netzspannung U ergibt ($U = U_L + U_{vor}$). Der elektrische Widerstand des Vorwiderstands muss so gewählt werden, dass an der Halogenlampe nur 24 V anliegen.
In Bezug auf die Stromstärken ist zu fragen, wie groß sie sein dürfen, ohne die Bauelemente zu zerstören. Da die Halogenlampe erst bei einem Strom der Stärke 6,3 A ihre volle Helligkeit erreicht, darf der Vorwiderstand bei dieser Stromstärke nicht „durchschmoren".

Bei der Lösung des Problems hilft folgender Schaltplan:

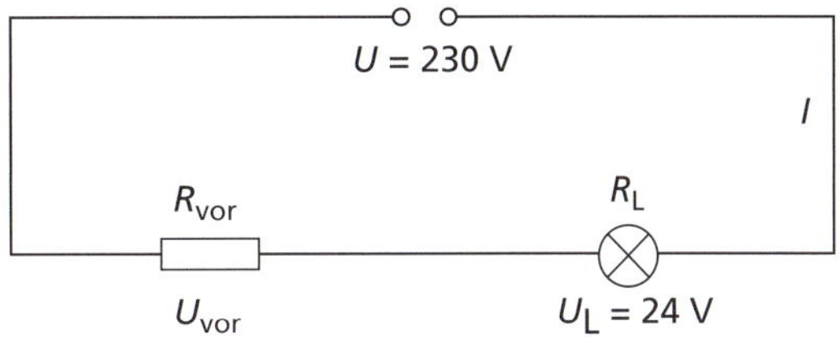

Gesucht: R_{vor}

Gegeben: $U = 230\,V$
$U_L = 24\,V$
$I = 6{,}3\,A$

Lösung:
Der Vorwiderstand kann nach folgender Gleichung berechnet werden:

$$R_{vor} = \frac{U_{vor}}{I}$$

U_{vor} ist nicht bekannt, kann aber mit dem Gesetz für Spannungen im unverzweigten Stromkreis berechnet werden:

$$U = U_{vor} + U_L \qquad | - U_L$$
$$U_{vor} = U - U_L$$
$$U_{vor} = 230\,V - 24\,V$$
$$U_{vor} = 206\,V$$

Damit lässt sich R_{vor} berechnen:

$$R_{vor} = \frac{U_{vor}}{I}$$

$$R_{vor} = \frac{206\,V}{6{,}3\,A}$$

$$\underline{R_{vor} = 32{,}7\,\Omega}$$

Ergebnis:
Schaltet man die Halogenlampe (Betriebsspannung 24 V) mit einem Vorwiderstand von etwa 33 Ω in Reihe, so kann man sie an 230 V Netzspannung anschließen.

Ein Messgerät für viele Bereiche

Mit einem Vielfachmessgerät kann man die elektrische Stromstärke z. B. bis zu einem Wert von 1 A messen. Dazu nutzt man einen bestimmten Messbereich, der mindestens 1 A betragen muss. Für größere Stromstärken braucht man einen größeren Messbereich.
Das Messwerk im Messgerät kann jedoch nur Stromstärken in einem kleinen Bereich messen.

Wie kann der Messbereich eines Amperemeters erweitert werden?

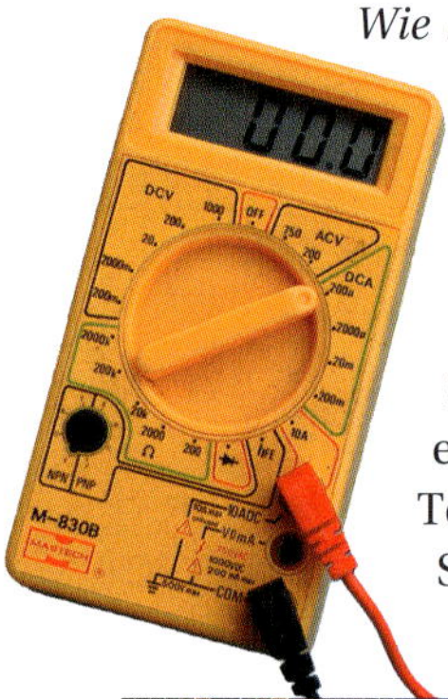

Wenn durch das Messwerk von Amperemetern immer nur ein Strom bis zu einer bestimmten Stärke fließen darf, so muss bei einer größeren Stromstärke ein Teilstrom durch einen zweiten Stromkreis fließen. Das kann man erreichen, indem man zu dem Messwerk einen Nebenwiderstand parallel schaltet, so wie das in Abb. 1 dargestellt ist. Am Verzweigungspunkt teilt sich der Strom auf. Nur ein Teilstrom fließt durch das Messwerk. Für die Stromstärke gilt:

$$I_1 = I - I_2$$

Durch unterschiedliche Nebenwiderstände kann man verschiedene Messbereiche erhalten.

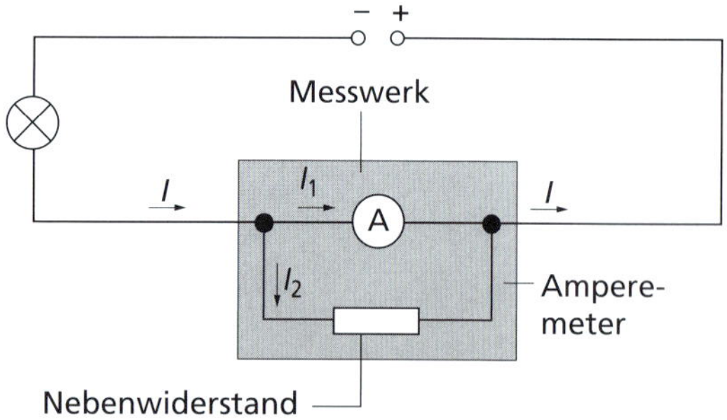

1 Messbereichserweiterung eines Amperemeters

Mosaik

Spannungs- und stromrichtiges Messen

Bei jeder Art von Messung treten Messfehler auf. Dabei gibt es bei der Messung von Spannungen und Stromstärken eine Besonderheit durch die Art der Schaltung der Messgeräte: Die auftretenden Messfehler kann man kleinhalten.
Unterschieden wird zwischen der spannungsrichtigen und der stromrichtigen Schaltung. Bei der **spannungsrichtigen Schaltung** (Abb. 2) zeigt der Spannungsmesser genau die Spannung an, die am Bauteil anliegt, denn Spannungsmesser und Bauteil sind parallel geschaltet und für die Parallelschaltung gilt $U_1 = U_2$.

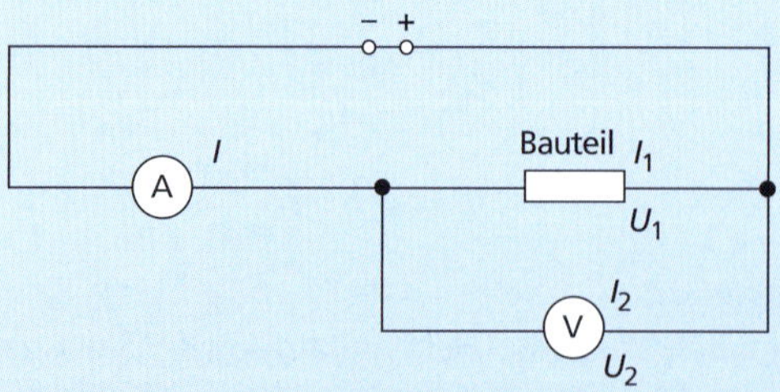

2 Spannungsrichtige Schaltung

Der Stromstärkemesser zeigt dagegen die Gesamtstromstärke an, die durch das Bauteil und den Spannungsmesser fließt, denn es gilt $I = I_1 + I_2$.

Bei der stromrichtigen Schaltung (Abb. 3) zeigt das Amperemeter die Stromstärke an, die durch das Bauteil fließt. Das Voltmeter dagegen zeigt die Spannung an, die am Bauteil und am Amperemeter liegt.

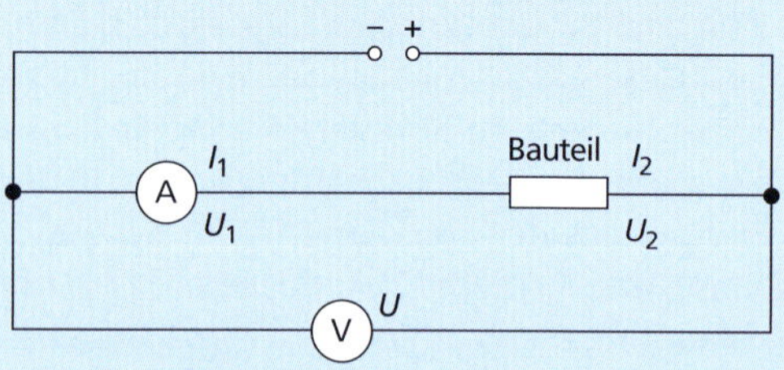

3 Stromrichtige Schaltung

Welche der beiden Schaltungen man wählt, hängt bei einem Experiment von der Aufgabenstellung und den gegebenen Bedingungen ab.

gewusst · gekonnt

1. Bestätige in einem Experiment das Gesetz für die elektrische Stromstärke in einem unverzweigten Stromkreis!

Vorbereitung:

a) Wie lautet das Gesetz?

b) Zeichne einen Schaltplan mit zwei Glühlampen!

Durchführung:

Baue die Schaltung nach dem Schaltplan auf! Miss an verschiedenen Stellen die elektrische Stromstärke und notiere die Messwerte!

Auswertung:

Beantworte die experimentelle Aufgabe! Wodurch könnte die Genauigkeit der Messergebnisse beeinflusst worden sein?

2. Zwei Glühlampen gleicher Bauart sind in einem Stromkreis parallel geschaltet. An verschiedenen Stellen sind Amperemeter eingebaut.

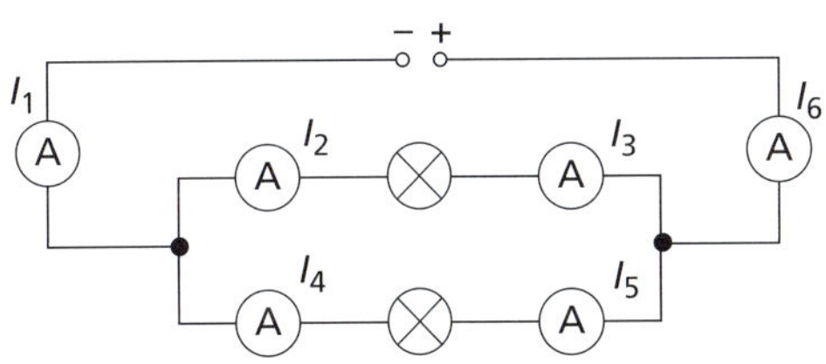

a) Welche Amperemeter zeigen die gleiche Stromstärke an?

b) Was kann man über die Stromstärken I_1, I_2 und I_4 aussagen?

c) Was kann man über die Helligkeit beider Glühlampen aussagen?

3. Im Haushalt ist ein elektrischer Stromkreis mit einer Sicherung von 10 A abgesichert. Angeschaltet sind der Kühlschrank ($I_1 = 0{,}4\,\text{A}$), das Fernsehgerät ($I_2 = 0{,}3\,\text{A}$) und ein elektrischer Heizkörper ($I_3 = 3{,}5\,\text{A}$). Außerdem ist ein Elektroherd ($I_4 = 5{,}2\,\text{A}$) in Betrieb.
Was geschieht, wenn nun noch ein Mikrowellenherd ($I_5 = 3{,}5\,\text{A}$) angeschaltet wird? Begründe!

4. Bestätige in einem Experiment das Gesetz für die elektrische Spannung in einem verzweigten Stromkreis! Gehe bei diesem Experiment wie in Aufgabe 1 vor!

5. Ein Motor und eine Glühlampe sind in einem Stromkreis parallel geschaltet.

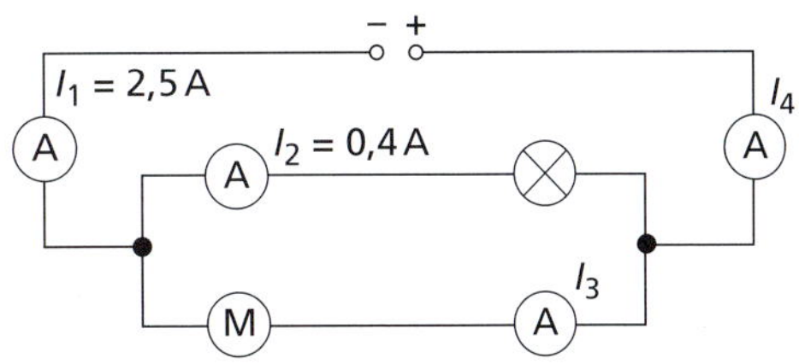

Wie groß sind die Stromstärken I_3 und I_4? Begründe!

6. Zeichne das folgende Schaltbild ab und füge ein Amperemeter hinzu, das die Stromstärke durch den Widerstand misst!

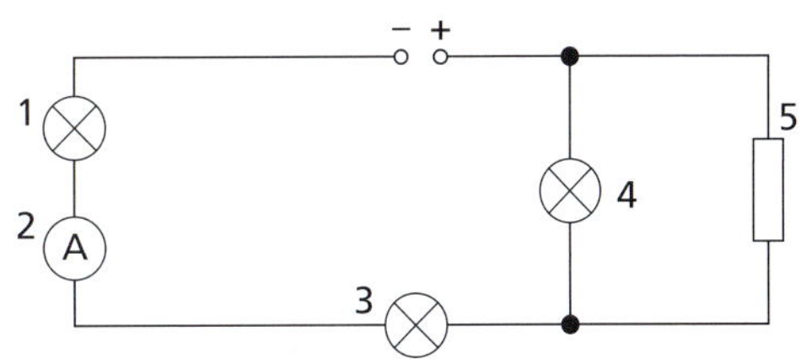

Das Amperemeter 2 zeigt eine Stromstärke von 1,2 A an. Durch die Glühlampe 4 fließen 700 mA. Welche Stromstärken müssten dann durch die Glühlampe 3 und den Widerstand 5 fließen (↗ **M** S. 30)?

7. Manche elektronischen Geräte haben eine geringere Betriebsspannung als die Spannung der zur Verfügung stehenden elektrischen Quelle. Welche Möglichkeiten gibt es, um ein solches Gerät dennoch betreiben zu können? Präsentiere deine Vorschläge!

8. Im Haushalt werden elektrische Geräte parallel geschaltet. Begründe, weshalb diese Art der Schaltung gewählt wird!

9. Bestätige in einem Experiment das Gesetz für die elektrische Spannung in einem unverzweigten Stromkreis!
Vorbereitung:
Wie lautet das Gesetz? Zeichne einen Schaltplan mit zwei Glühlampen!
Durchführung:
Baue die Schaltung auf! Miss die Spannung an der Quelle und die beiden Spannungen an den Lampen! Notiere die Messwerte!
Auswertung:
Beantworte die experimentelle Aufgabe!
Wodurch könnte die Genauigkeit der Messergebnisse beeinflusst worden sein?

***10.** Warum brennen die zehn in Reihe geschalteten 20-V-Kerzen einer Lichterkette beim Anschluss an eine Steckdose nicht durch?

***11.** In einem Lehrerexperiment werden eine 230-V-Lampe und eine 6-V-Lampe in Reihe an eine elektrische Quelle von 230 V geschaltet.

a) Warum geht bei dieser Schaltung die 6-V-Lampe nicht kaputt?
b) Erkläre die unterschiedliche Helligkeit beider Lampen (↗ **M** S. 32)!

***12.** Geräte und Bauteile können in Reihe oder parallel geschaltet sein.
Wie kann man prüfen, ob bei zwei Geräten eine Reihenschaltung oder eine Parallelschaltung vorliegt?

13. Wie kann man zwei 6-V-Lampen an eine elektrische Quelle von 12 V (Autobatterie) anschließen? Fertige einen Schaltplan an und begründe ihn!

14. Wenn man eine Waschmaschine und die Glühlampe im Badezimmer hintereinanderschalten würde, könnte man Leitungsdraht sparen.
a) Zeichne das dazugehörige Schaltbild!
b) Warum schaltet man die beiden Geräte dennoch nicht hintereinander? Es gibt dafür mehr als einen Grund.

15. Bei einem Fahrrad erhalten Scheinwerfer und Rücklicht die Energie von einem Dynamo. Der Strom verteilt sich dabei auf die zwei Drähte, die vom Dynamo zu den zwei Lämpchen führen.
a) Zeichne das Schaltbild für diese Schaltung!
b) Vom Dynamo zu den Lampen führt nur jeweils 1 Draht, der isoliert ist. Zeichne das Fahrrad mit den Drähten und den Lampen und zeichne die Wege für die Energie und die elektrische Ladung ein.
c) Was passiert, wenn die Isolierung eines Kabels an einer Stelle durchgescheuert ist und das Kabel am Rahmen anliegt?

16. In einem verzweigten Kreis befinden sich drei gleiche Lämpchen (s. Abb.).

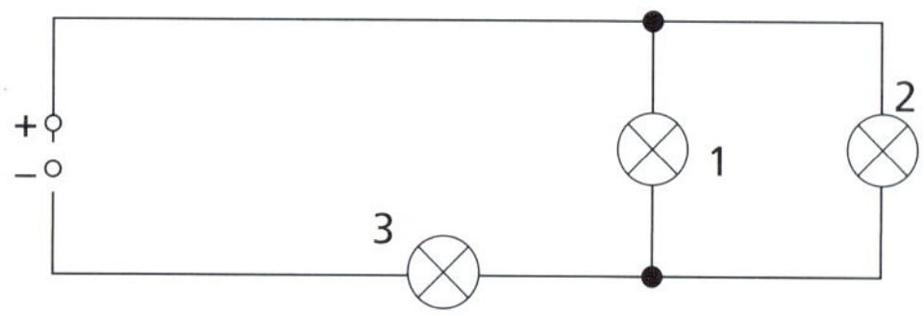

a) Mache eine Vorhersage, wie hell die Lampen im Vergleich zueinander leuchten! Begründe deine Vorhersage mit Gesetzen für den elektrischen Stromkreis!
b) Baue die Schaltung auf! Verwende drei Lämpchen (1,0 V/0,6 A) und eine 1,5-V-Batterie.
Notiere deine Beobachtung und vergleiche mit der Vorhersage!
c) Was wird sich an der Helligkeit der Lämpchen ändern, wenn du Lämpchen 1 gegen ein Lämpchen mit höherem Widerstand ersetzt? Notiere deine Vorhersagen und begründe sie!

Parallel- und Reihenschaltung von Bauteilen und Geräten

Bauteile oder Geräte können in Stromkreisen parallel zueinander oder in Reihe zueinander geschaltet werden.

Parallelschaltung von Bauteilen	Reihenschaltung von Bauteilen
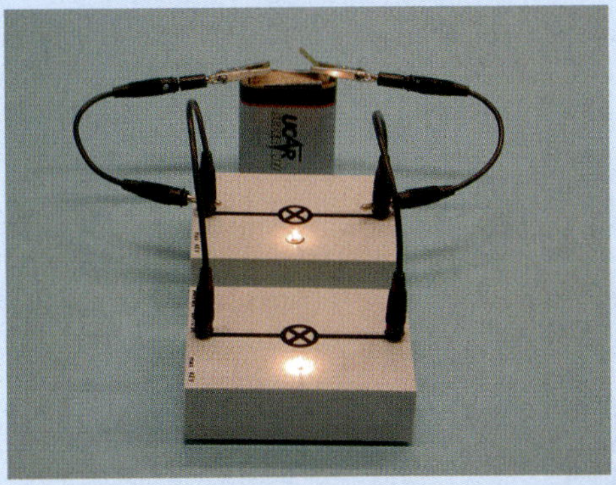	
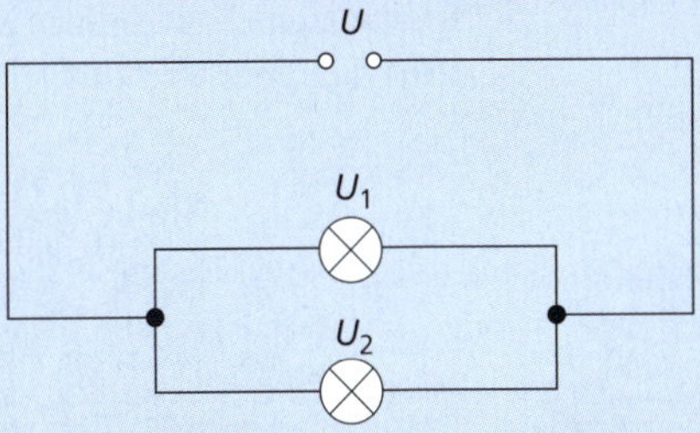 Die Spannungen U_1 und U_2 sind genauso groß wie die Gesamtspannung U.	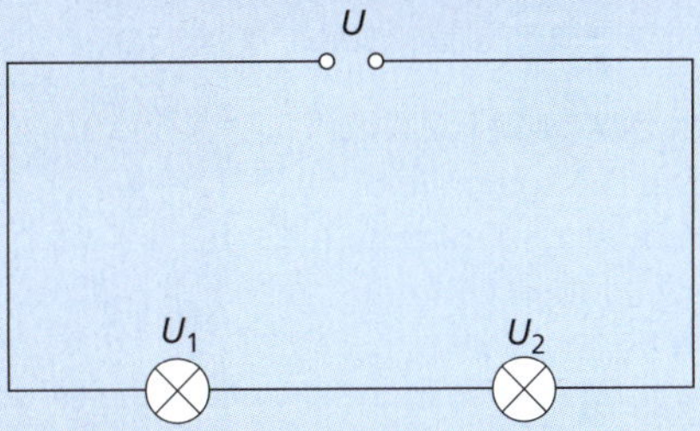 Die Gesamtspannung U ist gleich der Summe der Teilspannungen U_1 und U_2.
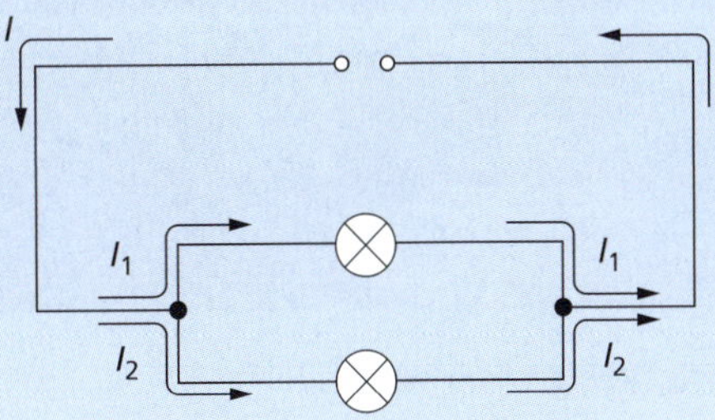 Die Gesamtstromstärke I ist gleich der Summe der Teilstromstärken I_1 und I_2.	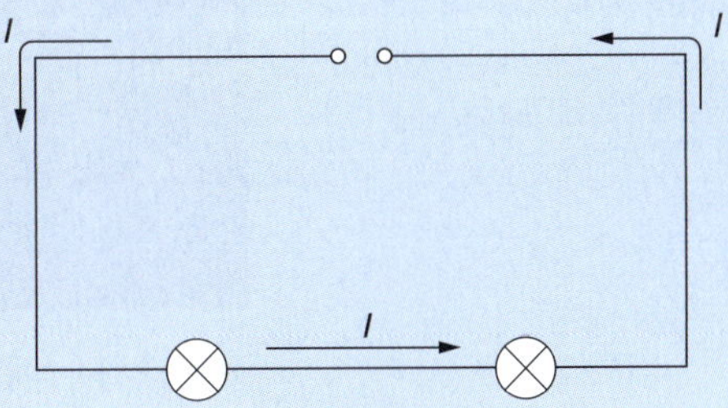 Die Stromstärke ist an allen Stellen gleich groß.
Durch das Bauteil mit dem kleineren Widerstand fließt Strom der größeren Stärke. Zu diesem Bauteil wird mehr Energie transportiert.	Am Bauteil mit dem größeren Widerstand liegt die größere Spannung. Zu diesem Bauteil wird mehr Energie transportiert.

6.4 Magnetismus

Ein Kompass weist die Richtung

Mithilfe eines Kompasses kann man die Himmelsrichtungen bestimmen und sich in unbekanntem Gelände orientieren. Auch in der Seefahrt wurden und werden Kompasse zur Orientierung genutzt.
Warum kann man mit einem Kompass die Himmelsrichtungen bestimmen?

Magnete zur Befestigung

Mithilfe von Haftmagneten kann man Informationszettel oder Nachbildungen für den Unterricht leicht an Wandtafeln anbringen, verschieben oder auch entfernen. Allerdings haften die Magnete nicht an allen Tafeln.
Aus welchen Stoffen müssen Wandtafeln bestehen, damit man Gegenstände mithilfe von Magneten daran befestigen kann?

Magnete üben Kräfte auf Körper aus

Wenn man einen Magneten z. B. in die Nähe von Eisenfeilspänen bringt, dann werden diese Eisenfeilspäne vom Magneten angezogen. Dabei fällt zweierlei auf: Zum einen werden die Eisenfeilspäne von bestimmten Stellen des Magneten besonders stark angezogen. Zum anderen richten sie sich in typischer Weise aus.
Wie sind diese Erscheinungen zu erklären?
Welche Stoffe werden von Magneten angezogen, welche nicht?
Wie sind Magnete überhaupt aufgebaut?

Magnete und ihre Wirkungen

Magnete werden heute vielfältig genutzt: als Haftmagnete, für Türverschlüsse, als Kompassnadeln. Sie haben eine besondere Eigenschaft: Sie ziehen Körper aus bestimmten Stoffen an.

Magnete sind Körper, die andere Körper aus Eisen, Nickel oder Cobalt anziehen.

Körper, die diese magnetische Eigenschaft auf Dauer oder über sehr lange Zeit besitzen, nennt man **Dauermagnete** oder **Permanentmagnete.**
Dauermagnete bestehen ebenfalls aus Eisen, Nickel, Cobalt. Sie können verschiedene Formen haben (Abb. 1). Weit verbreitet sind Stabmagnete und Hufeisenmagnete, aber auch kreisförmige Magnete.
Dauermagnete werden heute meist aus speziellen Legierungen (Eisen-Nickel, Eisen-Aluminium, Eisen-Neodym) hergestellt. Dabei nutzt man, dass Körper aus Eisen, Nickel und Cobalt selbst magnetisch werden, wenn man sie in die Nähe eines starken Magneten bringt.

Körper, die von Magneten angezogen werden, sind magnetisierbar.

Diese Eigenschaft von Körpern aus Eisen, Nickel und Cobalt, den **ferromagnetischen Stoffen,** ergibt sich aus ihrem Aufbau.

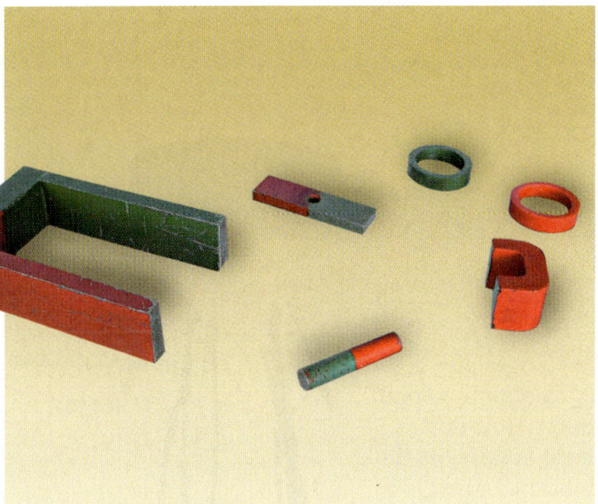

1 Dauermagnete unterschiedlicher Form

a)
b)

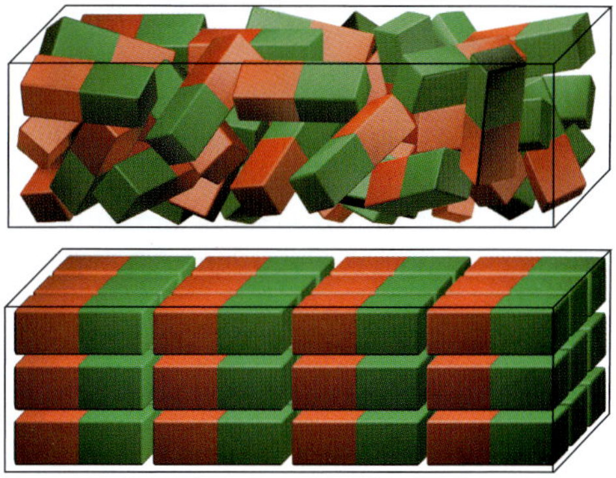

2 Unmagnetisiertes (a) und magnetisiertes (b) Eisen im Modell

Magnetisierbare Stoffe bestehen aus winzigen Bereichen, von denen sich jeder wie ein kleiner Magnet verhält. Im unmagnetisierten Zustand sind diese **Elementarmagnete** völlig ungeordnet (Abb. 2a). Der Körper ist nach außen hin unmagnetisch. Unter dem Einfluss eines Magneten können sich die Elementarmagnete ausrichten (Abb. 2b). Der Körper wird selbst magnetisch.
Die Ausrichtung der Elementarmagnete und damit der Magnetismus des Körpers geht verloren, wenn man einen Magneten zu stark erhitzt oder starken Erschütterungen aussetzt, ihn also z. B. mit einem Hammer bearbeitet.
Lassen sich in einem Stoff die Elementarmagnete leicht ausrichten, so bezeichnet man diesen Stoff als **magnetisch weich.** Die Ausrichtung der Elementarmagnete geht bei weichmagnetischen Stoffen aber auch leicht wieder verloren. Ein Stoff, für den das zutrifft, ist Weicheisen, das man für die Herstellung von Transformatoren, Elektromotoren und Generatoren verwendet. Die Eisenkerne von Elektromagneten bestehen ebenfalls aus Weicheisen. Auch wenn sich in der Nähe eines magnetisch weichen Stoffs kein Magnet befindet, bleibt meist ein geringer Restmagnetismus zurück. Stoffe, bei denen die Ausrichtung der Elementarmagnete nur unter dem Einfluss starker Magnete erfolgt und lange Zeit erhalten bleibt, bezeichnet man als **magnetisch hart.** Aus solchen Stoffen stellt man Dauermagnete her, die z. B. als Haftmagnete verwendet werden.

Eigenschaften von Magneten

Magnete ziehen Körper aus ferromagnetischen Stoffen an. Diese Anziehung ist nicht an allen Stellen des Magneten gleich stark. An bestimmten Stellen ist die Anziehung am größten. Bei Stabmagneten und Hufeisenmagneten sind es die Enden (Abb. 1). Diese Stellen, an denen die stärksten anziehenden Kräfte wirken, nennt man Pole des Magneten.
Hängt man einen Stabmagneten drehbar an einem Faden auf, so zeigt der eine Pol nach Norden, der andere nach Süden.

Jeder Magnet hat mindestens zwei Pole, den Nordpol und den Südpol.

Auch wenn man einen Magneten zerteilt, hat jeder Teil wieder zwei Pole. Das ergibt sich aus dem Aufbau eines Magneten (s. Abb. 2b, S. 209). Darüber hinaus gibt es Magnete, die mehr als ein Polpaar besitzen. Solche Magnete verwendet man z. B. bei Fahrraddynamos.

Magnete können sich anziehen oder abstoßen, je nachdem, welche Pole sich gegenüberstehen (Abb. 2). Die anziehende und abstoßende Wirkung von Magneten kann durch andere Körper (z. B. Holz, Papier) hindurchgehen (Abb. 3). Nur Gegenstände aus Eisen, Nickel und Cobalt können nicht durchdrungen werden. Damit kann man z. B. Eisenbleche dazu nutzen, um einen Raum magnetisch abzuschirmen.

1 An den Polen eines Magneten sind die magnetischen Kräfte am größten.

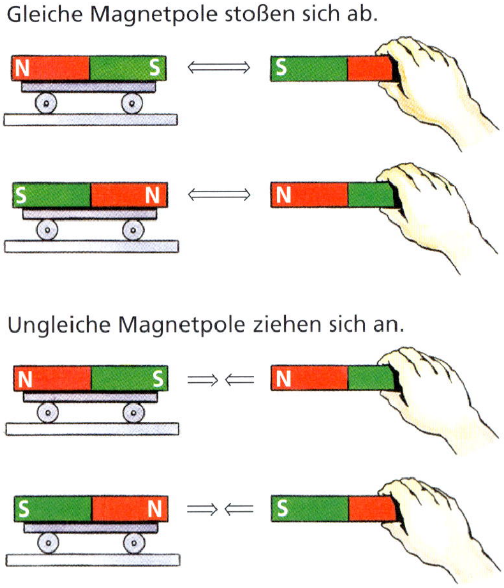

2 Kräfte zwischen Magneten

Das magnetische Feld

Bringt man einen Magneten in die Nähe von Gegenständen aus ferromagnetischen Stoffen oder eines anderen Magneten, so werden Kräfte aufeinander ausgeübt, ohne dass sich die Körper berühren. Der Bereich um einen Magneten, in dem das der Fall ist, nennt man **magnetisches Feld.**

Um einen Magneten existiert ein magnetisches Feld.

3 Magnete wirken durch Holz und viele andere Stoffe hindurch. Das Magnetfeld durchsetzt diese Stoffe.

1 Kleine Magnete richten sich in einem magnetischen Feld aus.

Ein magnetisches Feld lässt sich durch das Ausrichten magnetischer Körper (z. B. kleiner Magnetnadeln, Abb. 1) oder durch Kräfte auf Körper aus ferromagnetischen Stoffen nachweisen. Legt man auf einen Magneten eine Glasplatte oder ein Blatt Papier und streut darauf Eisenfeilspäne, dann richten sich die Eisenfeilspäne in bestimmter Weise aus. Es ergibt sich ein typisches Bild (Abb. 3).
Zeichnet man anstelle der Ketten aus Eisenfeilspänen Linien, so erhält man ein **Feldlinienbild** dieses Felds (Abb. 2) (↗ M S. 23).

Ein magnetisches Feld lässt sich mithilfe eines Feldlinienbilds veranschaulichen. Das Feldlinienbild ist ein Modell des Felds.

Aus einem Feldlinienbild ist z. B. erkennbar, wie sich kleine Magnete im betreffenden Magnetfeld ausrichten.

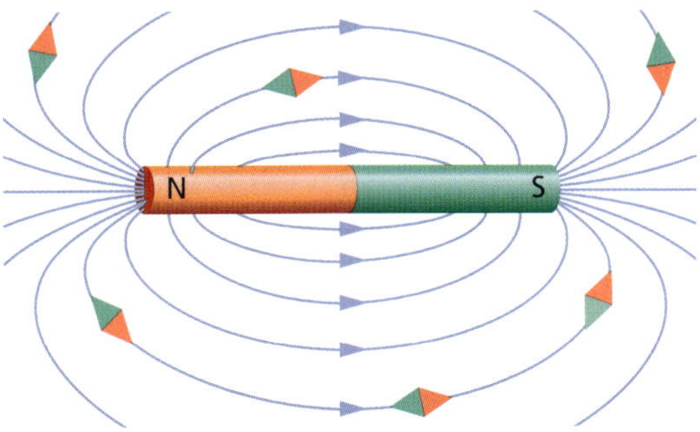

2 Feldlinienbild eines Stabmagneten: Die Feldlinien verlaufen vom Nord- zum Südpol.

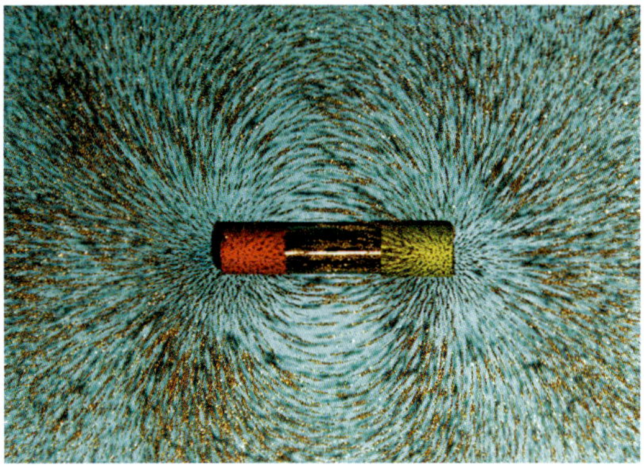

3 Eisenfeilspäne ordnen sich im magnetischen Feld eines Stabmagneten in bestimmter Weise an.

Für das Feldlinienbild als Modell des magnetischen Felds gilt:
- **Die Richtung der Feldlinien gibt die Richtung der wirkenden Kräfte auf Probekörper (z. B. kleine Magnete) an.**
- **Je größer die Anzahl der Feldlinien in einem bestimmten Gebiet des Feldes ist, desto stärker ist das magnetische Feld.**

Das Modell Feldlinienbild

Da das Feldlinienbild eines Magnetfelds ein Modell ist, gilt wie für jedes andere Modell, dass es eine Vereinfachung der Wirklichkeit ist. In wichtigen Eigenschaften stimmt es mit der Wirklichkeit überein, in anderen nicht.
So ist z. B. aus einem Feldlinienbild erkennbar,

- in welcher Richtung Kräfte auf Probekörper wirken, die sich in der Nähe des Magneten befinden,
- an welchen Stellen das Magnetfeld stärker oder schwächer ist.

Die Grenzen dieses Modells bestehen u. a. darin, dass
- das Magnetfeld im gesamten Raum um einen Magneten vorhanden ist und nicht nur in einer Ebene,
- das Magnetfeld auch zwischen den Feldlinien existiert und
- keine Aussage über die absolute Stärke des Magnetfelds gemacht werden kann.

Magnetfelder stromdurchflossener Leiter

1820 entdeckte der dänische Physiker HANS CHRISTIAN OERSTED (1777–1851), dass eine Magnetnadel in der Nähe eines stromdurchflossenen Leiters abgelenkt wird (Abb. 1). Ein stromdurchflossener Leiter besitzt ein Magnetfeld. Besonders stark ist die magnetische Wirkung, wenn der Leiter als Spule aufgewickelt ist und einen Eisenkern enthält. Man nennt eine solche stromdurchflossene Spule mit Eisenkern einen Elektromagneten (Abb. 3).

Um eine Spule mit Eisenkern ist das Magnetfeld wesentlich stärker als um eine Spule ohne Eisenkern.

Schaltet man den Strom ab, hört die magnetische Wirkung auf.
Das Magnetfeld einer stromdurchflossenen Spule hat eine ähnliche Form wie das Magnetfeld eines Stabmagneten (s. Abb. 2, S. 211).
Die Feldlinien sind geschlossen. Auch einem Elektromagneten kann man einen Nord- und Südpol zuordnen. Mit der Änderung der Polung der elektrischen Quelle ändert sich die Lage von Nord- und Südpol.
Im Äußeren der Spule verläuft das Magnetfeld wie bei einem Stabmagneten vom Nord- zum Südpol. Im Innern der Spule verläuft es dagegen vom Südpol zum Nordpol. Die Feldlinien sind beim magnetischen Feld im Unterschied zum elektrischen Feld immer geschlossene Linien.

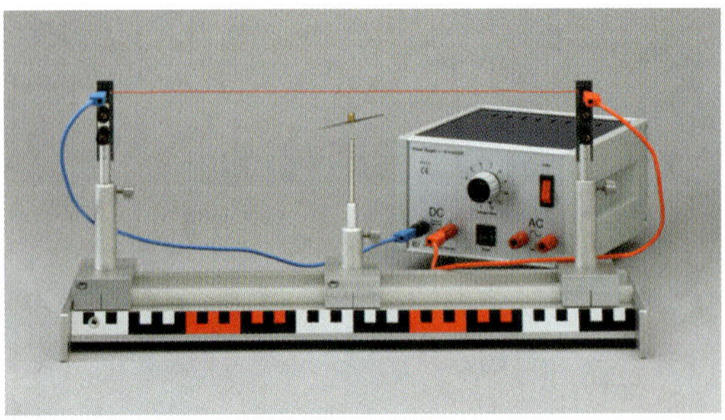

1 Eine Magnetnadel wird in der Nähe eines stromdurchflossenen Leiters abgelenkt. Sie stellt sich quer zum Leiter.

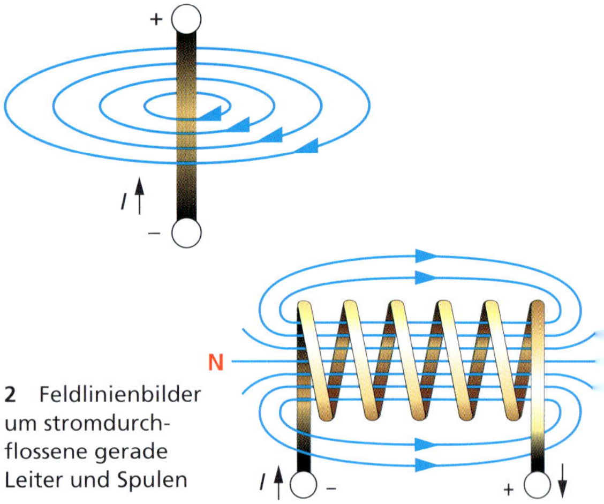

2 Feldlinienbilder um stromdurchflossene gerade Leiter und Spulen

Um stromdurchflossene gerade Leiter und um stromdurchflossene Spulen existiert ein Magnetfeld.
Die Stärke des Magnetfelds einer stromdurchflossenen Spule ist umso größer,
- **je größer die Stromstärke in der Spule ist,**
- **je größer die Windungszahl der Spule ist und**
- **je kürzer die Spule ist.**

Im Innern einer Spule ist die Stärke des Magnetfelds überall gleich groß. Es ist ein **homogenes Magnetfeld.**

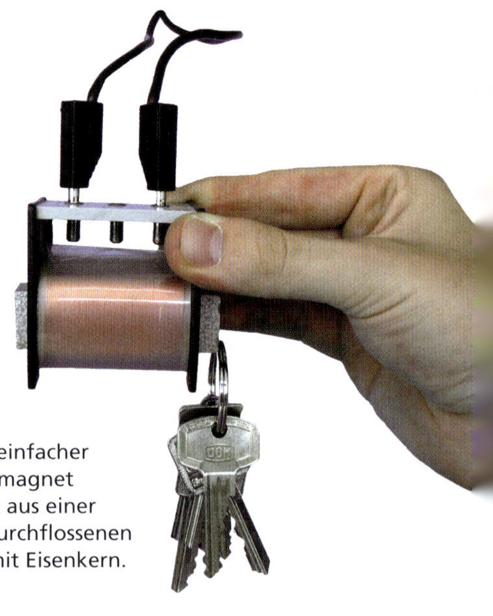

3 Ein einfacher Elektromagnet besteht aus einer stromdurchflossenen Spule mit Eisenkern.

Physik in Natur und Technik

Ein Elektromagnet als Kran

Große Elektromagnete werden genutzt, um schwere Lasten zu heben und zu transportieren. Solche Lasthebemagnete werden vor allem auf Schrottplätzen, in Stahlwerken und auf Baustellen eingesetzt (Abb. 1).

Wie ist ein Lasthebemagnet aufgebaut?
Wie kann man seine Wirkungsweise erklären?

1 Aufbau eines Lasthebemagneten

Ein Lasthebemagnet besteht aus einer Spule und einem Eisenkern. Fließt durch die Spule ein Strom, so entsteht ein Magnetfeld, das durch den Eisenkern verstärkt wird. Körper aus Eisen und Stahl werden von diesem Magneten angezogen. Beim Abschalten des Stroms fallen sie ab.

Ein klingender Magnet

Das wichtigste Bauteil einer elektrischen Klingel ist ein Elektromagnet. Auch in einem Türgong (Abb. 2), der zwei Töne erzeugt, ist ein Elektromagnet enthalten.

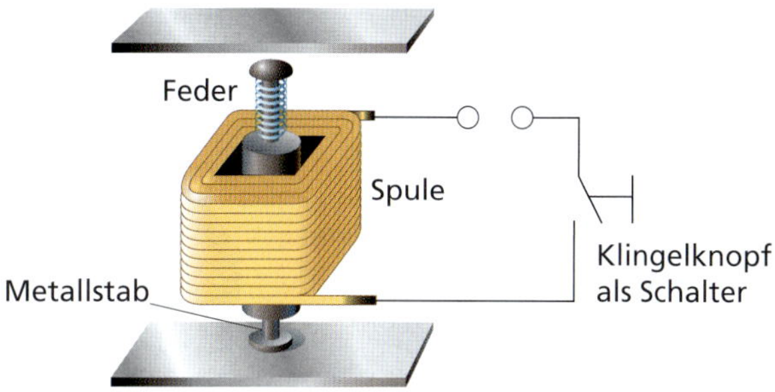

2 Aufbau eines Türgongs

Beschreibe den Aufbau und erkläre die Wirkungsweise eines elektrischen Türgongs! (↗ M S. 289)

Der Türgong enthält einen Stromkreis mit einer Spule. In der Spule befindet sich ein Metallstab, der auf einer Feder gelagert ist. Oberhalb und unterhalb der Spule befinden sich die Klingstäbe (Abb. 2). Die Spule befindet sich in einem Stromkreis mit einer elektrischen Quelle und einem Schalter (Klingelknopf).

Wird durch Betätigung des Klingelknopfs (Schalter) der Stromkreis geschlossen, so fließt ein elektrischer Strom. Durch die magnetische Wirkung des elektrischen Stroms wird die Spule zu einem Elektromagneten. Der Elektromagnet übt eine Kraft auf den in der Spule befindlichen Metallstab aus, sodass dieser gegen den Klingstab stößt.
Dabei wird der Metallstab zunächst gegen den einen Klingstab gelenkt. Nach Loslassen des Klingelknopfs wird der Stromkreis geöffnet und die magnetische Wirkung auf den Metallstab hört auf.
Durch die Feder wird der Metallstab zurückgezogen und gegen den anderen Klingstab gelenkt. Danach bewegt er sich wieder in die Ruhelage.

Orientierung mit dem Kompass

Zur Orientierung in einer unbekannten Gegend kann man Karte und Kompass nutzen (Abb. 1). Insbesondere ist es möglich, mithilfe eines Kompasses die Himmelsrichtungen zu bestimmen, sich zu orientieren und die künftige Marschrichtung festzulegen.

Wie ist ein Kompass aufgebaut?
Wie funktioniert er?

Ein Kompass dient zur Bestimmung der Himmelsrichtungen. Er besteht aus einer drehbar gelagerten kleinen Magnetnadel und einer Skala mit den Himmelsrichtungen, die ebenfalls drehbar sein kann. Die Bauformen können dabei sehr unterschiedlich sein. Meist ist die Kompassnadel auf einer Spitze leicht drehbar gelagert, so wie das bei dem unten abgebildeten Kompass ist. Es gibt auch Kompasse, bei denen die Magnetnadel in Form einer Kugel ausgebildet und leicht drehbar in einer Flüssigkeit gelagert ist.

Um sich mit einem Kompass im Gelände orientieren zu können, nutzt man aus, dass die Erde selbst ein sehr großer, aber nicht sehr starker Magnet ist (Abb. 3).

Dabei ist zu beachten: Der magnetische Südpol liegt in der Nähe des geografischen Nordpols, der magnetische Nordpol in der Nähe des geografischen Südpols (Abb. 2).

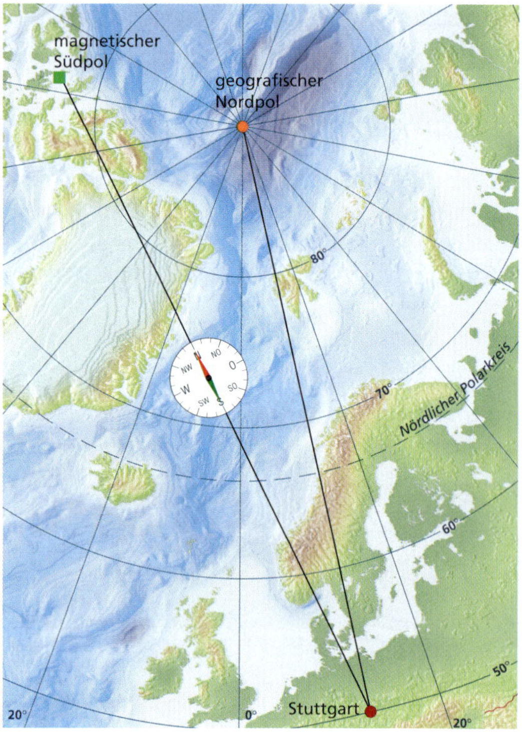

2 Der magnetische Südpol liegt in der Nähe des geografischen Nordpols.

Im Magnetfeld der Erde richtet sich die drehbar gelagerte Magnetnadel entsprechend der Richtung der Feldlinien dieses Magnetfelds aus.

Da die geografischen Pole und die magnetischen Pole der Erde nicht zusammenfallen, zeigt eine Magnetnadel nicht genau in Nord-Süd-Richtung. Die Abweichung beträgt in Deutschland 1° bis 2°.

1 Orientierung mit dem Kompass: Die Nadel richtet sich in Nord-Süd-Richtung aus.

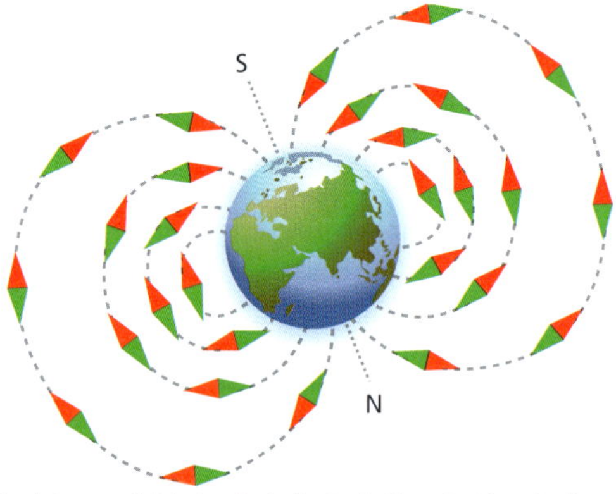

3 Magnetfeld der Erde in Erdnähe: Es ähnelt dem Magnetfeld eines Stabmagneten.

Der Elektromotor

Elektromotoren (Abb. 1, 3) werden heute in sehr vielen Geräten und Anlagen zum Antrieb genutzt. Einige dieser Motoren werden mit Gleichstrom betrieben, andere mit Wechselstrom.
Wie ist ein Gleichstrommotor aufgebaut?
Wie funktioniert ein Gleichstrommotor?

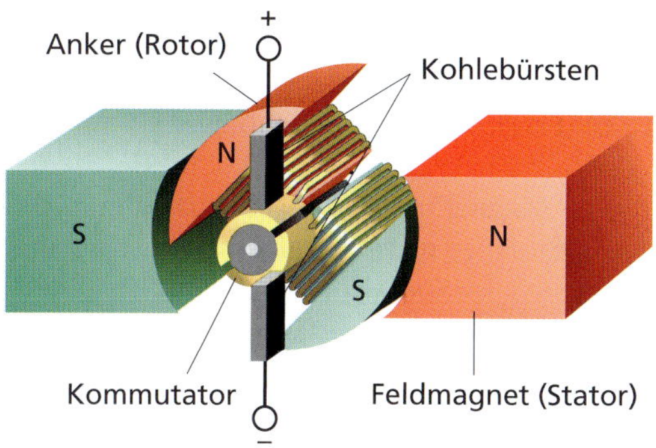

1 Aufbau eines Gleichstrommotors

Ein Gleichstrommotor dient zur Übertragung von elektrischer Energie auf Rotationsenergie. Dabei wird eine Drehbewegung erzeugt, die zum Antrieb von Geräten und Anlagen verwendet werden kann.
In Gleichstrommotoren werden die Kräfte zwischen Magneten genutzt. Die wesentlichen Teile eines Gleichstrommotors sind der feststehende Feldmagnet (Stator), der drehbar gelagerte Anker (Rotor), der Kommutator (Polwender) und die Kohlebürsten (Abb. 1). Durch den **Feldmagneten** (Dauer- oder Elektromagnet) wird ein magnetisches Feld aufgebaut. In diesem Feld ist ein Elektromagnet, der **Anker,** drehbar gelagert. Über **Kohlebürsten** als Schleifkontakte wird der Anker an eine Gleichspannung angeschlossen. Durch den Stromfluss im Anker wird dieser zum Magneten und es treten Kräfte zwischen Feldmagneten und Anker auf. Diese Kräfte führen zu einer Drehbewegung des Ankers.
Wenn sich die ungleichen Magnetpole des Feldmagneten und des Ankers direkt gegenüberstehen, muss das Magnetfeld des Ankers umgepolt werden, damit die Drehbewegung weiterlaufen kann. Dies geschieht durch den **Kommutator** (Polwender). Durch die Trägheit bei der Drehbewegung bewegt sich der Anker über den Totpunkt (Abb. 2b) hinweg und der Strom durch den Anker wird umgepolt. Es treten wieder abstoßende und anziehende Kräfte zwischen Feldmagneten und Anker auf, die zur Fortsetzung der Drehbewegung führen (Abb. 2c).
Der skizzierte Gleichstrommotor läuft recht ungleichmäßig. Für technische Anwendungen hat man deshalb Anker entwickelt, die wesentlich komplizierter aufgebaut sind und einen gleichmäßigen Lauf gewährleisten.

3 Elektromotor (aufgeschnitten)

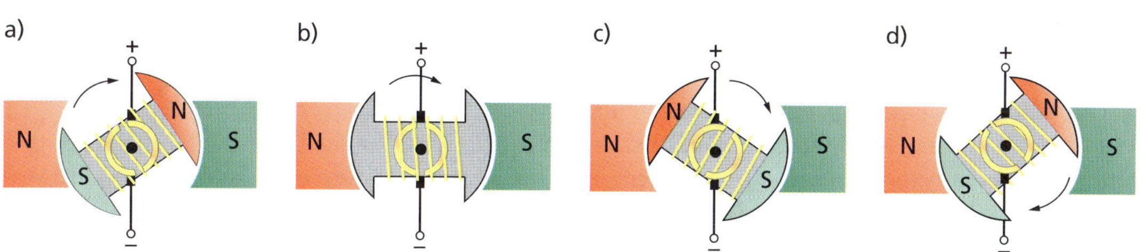

2 Wirkungsweise eines Gleichstrommotors: Die Lage der Magnetpole beim Rotor ändert sich ständig, da durch den Kommutator nach jeder halben Drehung eine Umpolung erfolgt.

gewusst · gekonnt

1. Untersuche, ob Gegenstände wie eine Büroklammer, eine Schere, ein Kamm, Papier, Münzen, Nägel und Schrauben von einem Magneten angezogen werden!

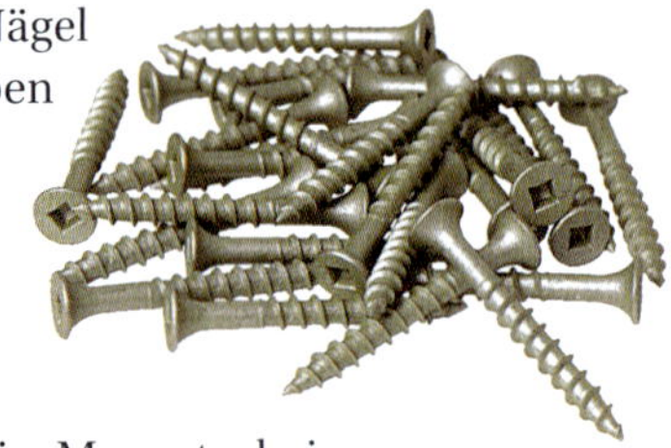

2. Erläutere, wie Magnete bei folgenden Geräten angewendet werden:
   a) magnetischer Seifenhalter,
   b) magnetischer Schraubendreher,
   c) magnetischer Büroklammerspender,
   d) magnetischer Türschließer!

3. Von zwei äußerlich gleich aussehenden Stäben ist der eine Stab ein unmagnetischer Eisenstab und der andere ein Permanentmagnet. Erläutere, wie man ohne Hilfsmittel feststellen kann, welcher der beiden der Eisenstab ist!

4. Wenn man an einem Nagel oder an einer Nadel aus Eisen mehrmals gleichmäßig mit einem Magneten in gleicher Richtung entlangstreicht, wird der Nagel oder die Nadel magnetisiert (s. Abb.).

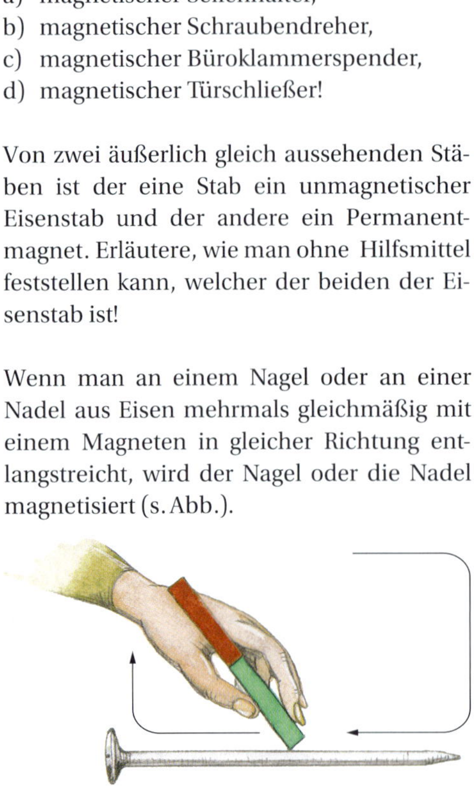

   a) Stelle dir einen solchen Magneten her! Probiere aus, wie man aus einem solchen Magneten einen Kompass bauen könnte! Die Magnetnadel muss sich frei drehen können.
   b) Ermittle, wo bei diesem Magneten der Nordpol liegt und wo der Südpol!

5. Ein Kompass zeigt dir nur dann die richtige Richtung an, wenn die Nadel nicht durch andere magnetische Kräfte als die des Erdmagnetfeldes beeinflusst wird.
   Wodurch können Fehler bei der Richtungsbestimmung mit einem Kompass entstehen? Begründe!

6. Halte einen Kompass je einmal oben und unten an einen eisernen Heizkörper!
   a) Beschreibe deine Beobachtungen!
   *b) Erkläre deine Beobachtungen!

7. Ein Magnet ist nicht gekennzeichnet. Du weißt daher nicht, wo sich der Nordpol und wo sich der Südpol befinden.
   Wie kann man experimentell herausfinden, welches der Nordpol ist?
   Welche Hilfsmittel werden dazu benötigt?

8. Stelle dir vor, du befindest dich mit einer Expedition in der Antarktis. Genau unter deinen Füßen ist ein magnetischer Pol. Du hast einen Kompass, dessen Nadel so gelagert ist, dass sie sich in jede Richtung drehen kann.
   Wie stellt sich die Nadel ein? Begründe!

9. Halte zwischen einen Magneten und einen Nagel aus Eisen verschiedene Stoffe (Holzbrett, Stück Pappe, Eisenblech, Kupferblech ...)! Welche Stoffe schirmen die Wirkung eines Magneten ab, welche nicht?

10. Wickle mehrere Male einen isolierten Draht um einen Kompass und halte die Enden des Drahts an die Pole einer Batterie! Beschreibe und erkläre deine Beobachtungen!

11. Du willst herausfinden, ob in einem bestimmten Raum ein magnetisches Feld vorhanden ist. Diskutiere Möglichkeiten!

12. Begründe, warum sich eine Magnetnadel immer in Nord-Süd-Richtung einstellt!

13. Aus einer Spule und einem Eisenkern kann man sich einen Elektromagneten herstellen. Untersuche mithilfe einer einfachen Versuchsanordnung, wovon die Stärke eines Elektromagneten abhängig ist! Baue den Versuch entsprechend der Abbildung auf!

a) Schalte die elektrische Quelle ein! Beschreibe und erkläre deine Beobachtung!

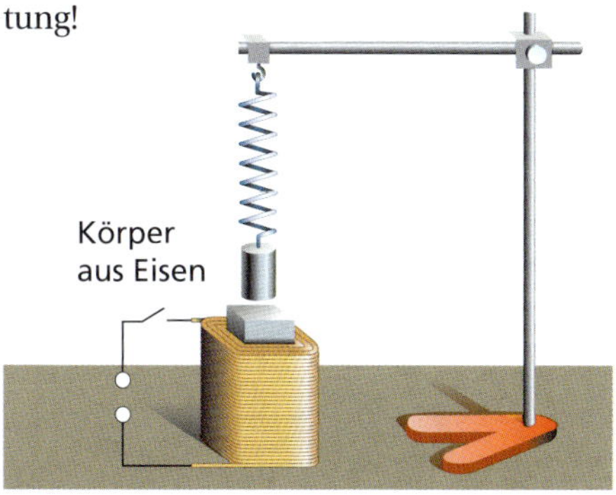

b) Wähle an der elektrischen Quelle eine größere Spannung! Was beobachtest du? Welche Vermutung kannst du aus der Beobachtung ableiten?

c) Führe den Versuch nacheinander mit zwei Spulen unterschiedlicher Windungszahl durch! Die Stromstärke muss in beiden Fällen gleich groß sein. Was beobachtest du? Welche Vermutung kannst du daraus ableiten?

14. Eine elektrische Klingel hat den in der Abbildung dargestellten Aufbau.

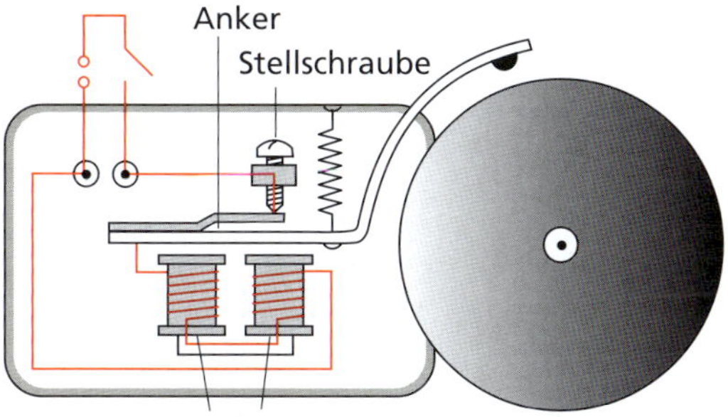

Beschreibe den Aufbau und erkläre die Wirkungsweise einer solchen Klingel!

15. Ein Relais ist ein elektromagnetischer Schalter. Es hat den in der Abbildung dargestellten Aufbau.

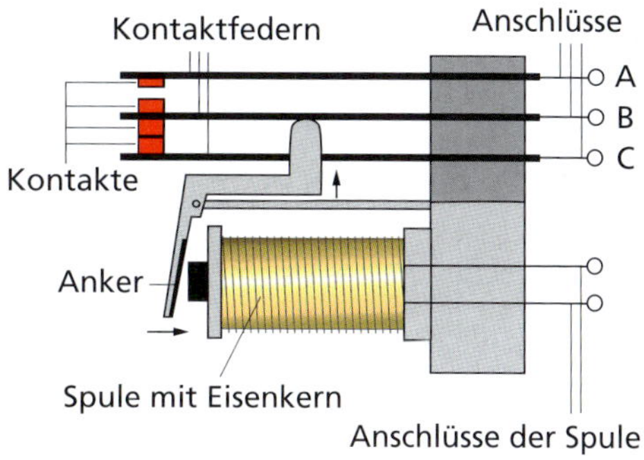

Beschreibe den Aufbau eines Relais! Erkläre seine Wirkungsweise (↗ **M** S. 289)!

16. Die Abbildung zeigt den Aufbau eines Lautsprechers.

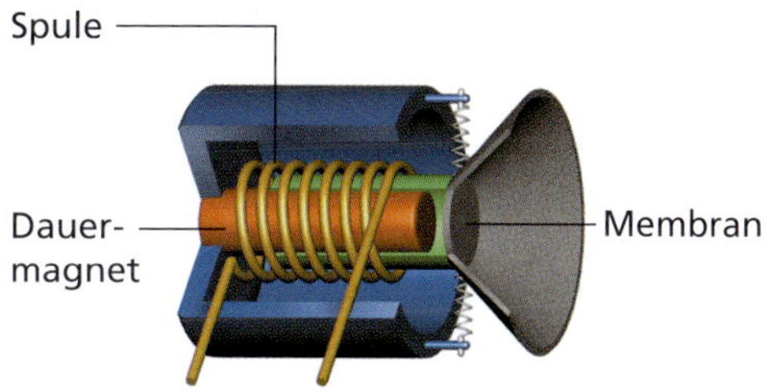

Beschreibe den Aufbau und erkläre die Wirkungsweise eines Lautsprechers!

17. Die Abbildung zeigt Eisenpfeilspäne im Magnetfeld eines Dauermagneten aus einem Fahrraddynamo. Interpretiere!

Magnete und magnetische Felder

Ein **magnetisches Feld** existiert um Dauermagnete und stromdurchflossene Leiter.
- Jeder Magnet hat Nord- und Südpol.
- In einem Magnetfeld wirken Kräfte auf ferromagnetische Stoffe (Eisen, Nickel, Cobalt) und andere Magnete.
- Gleiche Pole stoßen sich ab, ungleiche Pole ziehen sich an.
- Magnetfelder lassen sich mithilfe von Feldlinienbildern veranschaulichen.

Feldlinienbild eines Stabmagneten

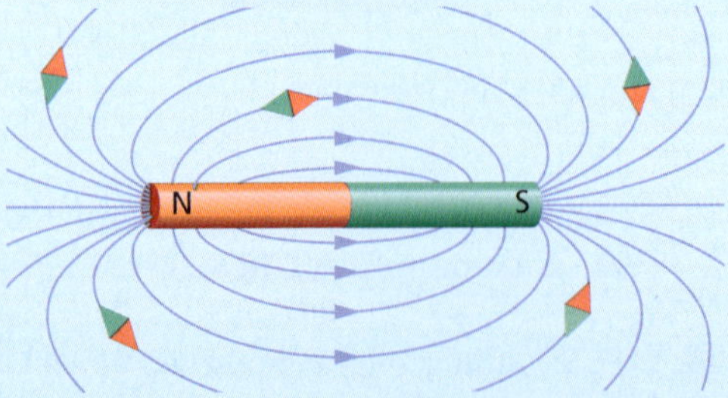

Feldlinienbild einer Spule

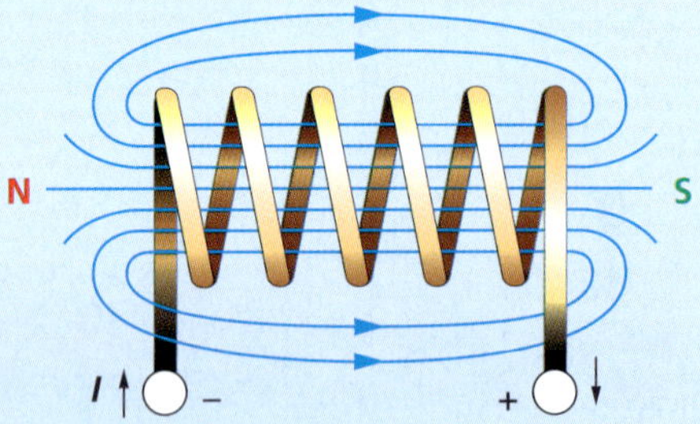

Die **Stärke des Magnetfelds** um eine stromdurchflossene Spule (Elektromagnet) ist umso größer,
- je größer die Stromstärke in der Spule ist,
- je größer die Windungszahl der Spule ist.
- je kürzer die Spule ist.

Um eine Spule mit Eisenkern ist das Magnetfeld wesentlich stärker als um eine Spule ohne Eisenkern.

Wichtige Anwendungen von Elektromagneten sind **Lasthebemagnete, Klingeln, Türgongs, elektromagnetische Relais** und **Elektromotoren.**

Unsere Erde ist ein großer, aber relativ schwacher Magnet.

Im Magnetfeld der Erde richten sich Kompassnadeln in Nord-Süd-Richtung aus. Das ermöglicht eine Orientierung mithilfe eines Kompasses.

Ziel erreicht?

Theorie und Erfahrung

1. Übernimm den folgenden Text in dein Heft und ergänze die Punkte durch die Wörter Spannung oder Stromstärke!
Diese Batterie hat eine kleinere ... als jene. Wenn ich an diese Glühlampe nur 1,5 V ... anlege, dann ist die ... durch die Lampe viel kleiner als vorgesehen.
Die ... ist umso größer, je mehr ... an der elektrischen Quelle eingestellt wird.
Ohne ... keine ..., aber wenn eine ... vorhanden ist, heißt das noch nicht, dass auch die ... ungleich 0 ist.

2. Die dicken Linien in der folgenden Schaltung sind sehr gute elektrische Leiter aus Kupfer, die dünne Linie ist ein Eisendraht.

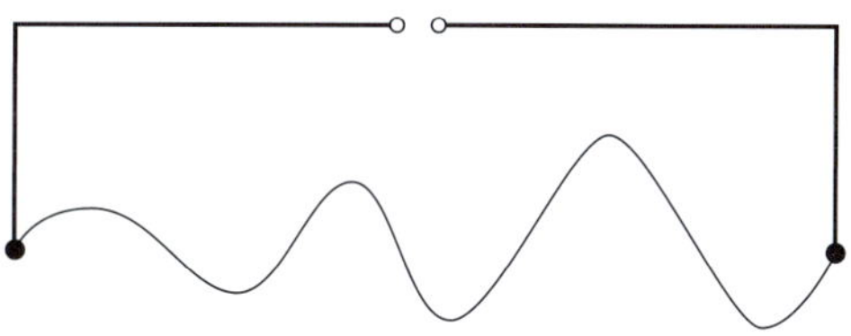

a) Wie ändert sich die Stärke des elektrischen Stroms durch die Anordnung, wenn der Eisendraht durch einen gleich langen und gleich dicken Kupferdraht ersetzt wird? Begründe!
b) Wie ändert sich die Stromstärke, wenn man die Länge des dünnen Drahts verringert? Begründe!

3. Wenn man an einen Pol eines kräftigen Stabmagneten zwei lange Nägel hängt, so gehen die unteren Spitzen der Nägel auseinander. Probiere es aus!
Erkläre diese Erscheinung (↗ **M** S. 32)!

Physik und Mathematik

4. Wie kannst du mit drei Flachbatterien von je 4,5 V eine Glühlampe (12 V/1,5 A) zum Leuchten bringen? Prüfe nach, ob deine Idee stimmt!

5. Zeichne das Schaltbild ab und füge ein Amperemeter hinzu, das die Stromstärke durch den Motor misst.

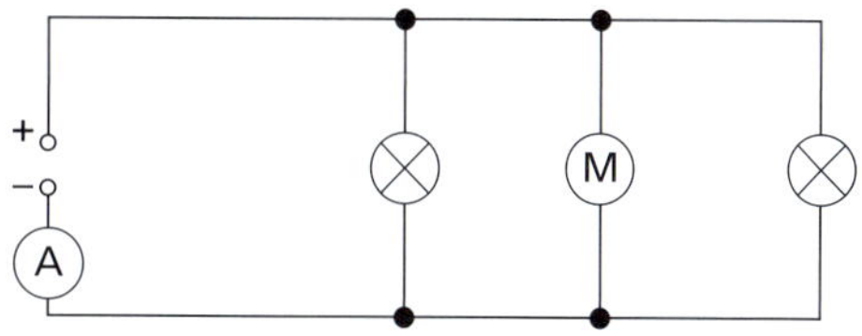

Durch die beiden Glühlampen fließt jeweils ein Strom der Stärke 0,2 A. Das Amperemeter zeigt 0,7 A an. Wie groß ist die Stärke des Stroms durch den Motor (↗ **M** S. 30)?

Methoden der Physik

6. Erfülle die folgenden Forschungsaufträge:
a) Bringe eine Glühlampe mit einer Batterie zum Leuchten. Miss die Stromstärke vor und hinter der Glühlampe! Was stellst du fest (↗ **M** S. 20)?
b) Ersetze die Glühlampe durch folgende Gegenstände und miss jeweils die Stromstärke: Bleistiftmine, Leitungswasser, Salzwasser, Radiergummi, Geldmünze! Notiere deine Ergebnisse in einer Tabelle!

c) Zeichne verschieden dicke und verschieden lange Bleistiftstriche auf ein Blatt Papier! Überlege, durch welche Striche die Stromstärke am größten sein wird, wenn du die Enden mit den Anschlüssen einer Batterie verbindest! Notiere deine Vorhersagen und begründe sie (↗ **M** S. 30)! Überprüfe erst dann deine Vorhersagen im Experiment! Haben sie gestimmt? Formuliere Gesetze! Beachte dabei, dass bei der Untersuchung von Zusammenhängen immer nur eine Größe (z. B. die Dicke) geändert werden sollte, während die anderen Größen (z. B. die Länge) konstant gehalten werden!

7. Elektrische Quelle und Glühlampe sind durch kurze, dicke Kupferdrähte miteinander verbunden. Zwischen verschiedenen Punkten wird die Spannung gemessen.

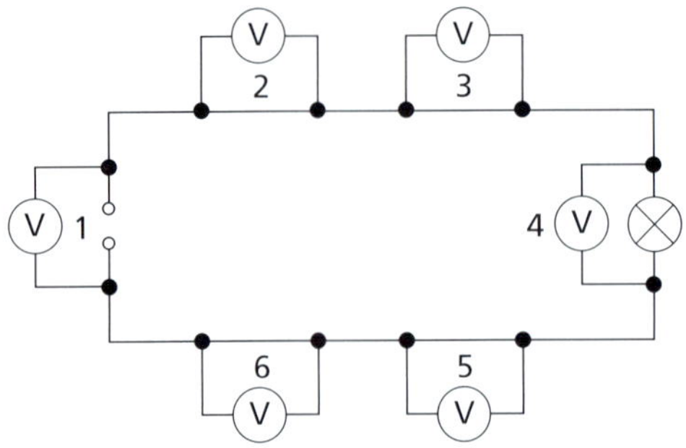

Welche Aussagen kann man über die Spannungen 1 bis 6 treffen (↗ **M** S. 30)?

8. Für ein elektronisches Bauelement wurde die nachfolgend dargestellte *I*-*U*-Kennlinie aufgenommen.

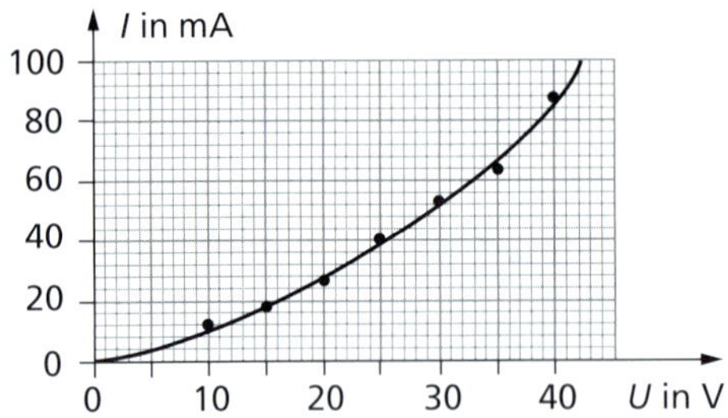

a) Interpretiere die Kennlinie (↗ **M** S. 239)!
b) Bestimme den elektrischen Widerstand des Bauelements für 15 V und für 30 V! Welchen Zusammenhang kann man daraus ableiten (↗ **M** S. 28)?
c) Kann das Bauelement ein metallischer Leiter sein? Begründe!

Anwendungen im Alltag

9. Bei einer Fahrradbeleuchtung führt vom Dynamo nur jeweils ein Draht zum Scheinwerfer und zum Rücklicht.
a) Warum leuchten die Lampen trotzdem, wenn der Dynamo in Betrieb ist?
b) Zeichne einen Schaltplan für die Beleuchtungsanlage eines Fahrrads!
c) Was passiert, wenn die Isolierung eines Kabels an einer Stelle durchgescheuert ist und das Kabel am Rahmen anliegt? Begründe!

10. Ein Vogel steht auf einer Hochspannungsleitung mit 220 000 V, ohne dass ihm etwas passiert. Würde dagegen ein Mensch eine Hochspannung führende Leitung mit einer Hand berühren, wäre ein tödlicher Stromschlag wahrscheinlich. Wie sind diese Unterschiede zu erklären (↗ **M** S. 32)?

11. Für den Menschen wird empfohlen, Ströme durch den Körper mit einer Stärke von über 10 mA zu meiden.
Der Körperwiderstand des Menschen von Hand zu Hand beträgt bei trockener Haut bis zu 30 kΩ, bei feuchter Haut ca. 1 kΩ.
a) Wie groß dürfen die Spannungen höchstens sein, um Gefährdungen des Menschen auszuschließen (↗ **M** S. 30)?
b) Welche Konsequenzen ergeben sich daraus für den Umgang mit Netzspannung und anderen hohen Spannungen?

Grundlegende physikalische Größen

12. An einem Vielfachmessgerät werden nacheinander die Messbereiche eingestellt:
a) 10 mA
b) 100 mA
c) 300 mA
Lies die elektrische Stromstärke jeweils für die Zeigerstellungen A bis D im Bild ab!

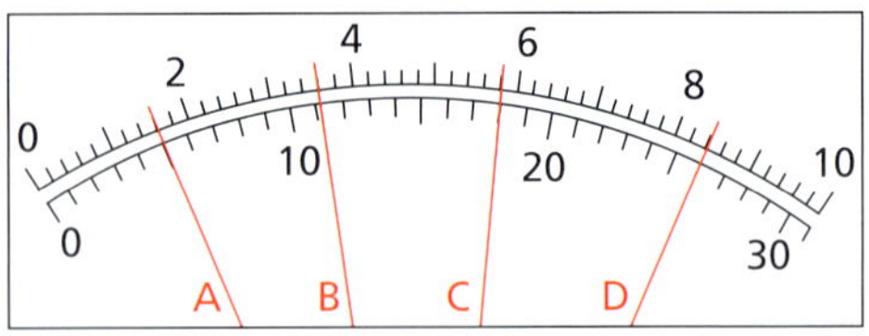

13. Grundlegende Größen in Stromkreisen sind Stromstärke, Spannung und Widerstand. Erläutere die physikalische Bedeutung der drei Größen und die Zusammenhänge zwischen ihnen an selbst gewählten Beispielen!

7 Mechanik

7.1 Volumen, Masse und Dichte

Proportionen helfen nicht immer weiter ...
Das Foto zeigt unsere Erde und den Mond, aufgenommen von einem Raumschiff aus. Astronomen haben ermittelt, dass die Masse der Erde etwa 81-mal so groß ist wie die Masse des Monds. Das Volumen der Erde ist aber nur 49-mal so groß wie das Volumen des Monds.
Wie sind die Unterschiede zu erklären?

Begrenzte Zuladung
Jedes Auto hat eine bestimmte, vom Hersteller festgelegte Tragfähigkeit. Diese Tragfähigkeit ist in den Fahrzeugpapieren eingetragen. Sie darf nicht überschritten werden. Die Zuladung von Personen und Gepäckstücken ist also begrenzt.
Was kann man tun, um zu prüfen, ob die zulässige Beladung eines Pkw oder eines Wohnmobils eingehalten ist?

Groß = schwer und klein = leicht?
Das scheint nicht immer zu stimmen! So ist der Stein wesentlich schwerer als der leere Karton, obwohl er viel kleiner als dieser ist. Wie schwer ein Körper ist, hängt also nicht nur vom Volumen ab.
Wovon noch?

Das Volumen von Körpern

Verschiedene Körper nehmen einen unterschiedlich großen Raum ein. Eine Erbse nimmt einen kleinen Raum, ein Apfel nimmt einen größeren Raum ein. Auch Flüssigkeiten und Gase nehmen einen Raum ein. Diese Eigenschaft wird durch die physikalische Größe Volumen beschrieben.

Das Volumen gibt an, wie viel Raum ein Körper einnimmt.

Formelzeichen: *V*
Einheiten: 1 Kubikmeter ($1\,m^3$)
1 Liter (1 l)

Teile der Volumeneinheit $1\,m^3$ sind ein Kubikdezimeter ($1\,dm^3$), ein Kubikzentimeter ($1\,cm^3$) und ein Kubikmillimeter ($1\,mm^3$):

$$1\,m^3 = 1\,000\,dm^3 = 1\,000\,000\,cm^3$$
$$1\,dm^3 = 1\,000\,cm^3 = 1\,000\,000\,mm^3$$
$$1\,cm^3 = 1\,000\,mm^3$$

Vielfache und Teile der Einheit 1 l sind ein Hektoliter (1 hl) und ein Milliliter (1 ml):

1 hl = 100 l
1 l = 1 000 ml

Dabei gilt:

$1\,dm^3$ = 1 l
$1\,cm^3$ = 1 ml

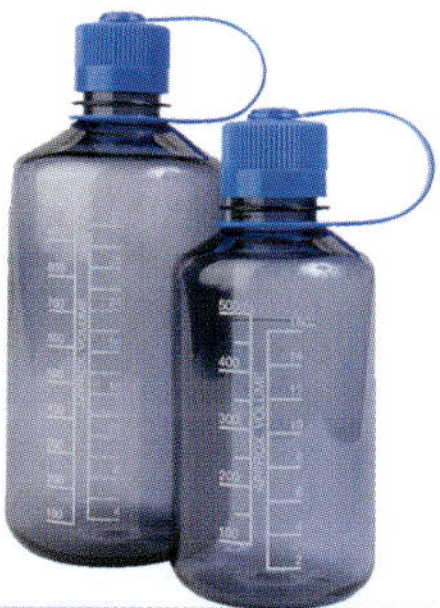

Volumen von Körpern in Natur und Technik	
Tischtennisball	$25\,cm^3$
Streichholzschachtel	$28\,cm^3$
Mauerziegel	$2{,}2\,dm^3$
Klassenzimmer	$250\,m^3$
große Tasse	0,25 l
Limonadenflasche	0,75 l
Wassereimer	10 l
Tank eines Pkw	45 l ... 65 l
Tankwagen	20 000 l

1 Mit Messbechern oder Messzylindern kann man das Volumen von Flüssigkeiten bestimmen.

Das Volumen von Flüssigkeiten sowie von pulverförmigen festen Körpern (Zucker, Salz, Mehl) kann mit Messzylindern oder Messbechern gemessen werden (Abb. 1). Das Volumen von strömenden Flüssigkeiten und Gasen lässt sich mit Wasser- oder Gasuhren bestimmen (Abb. 2).
Wenn ein Körper eine regelmäßige geometrische Form besitzt, z. B. die eines Würfels oder eines Quaders, kann man das Volumen dieses Körpers aus seinen Abmessungen berechnen.

Unter der Bedingung, dass ein Körper die Form eines Quaders besitzt, gilt für das Volumen des Körpers:

$V = a \cdot b \cdot c$ — ***a* Länge**, ***b* Breite**, ***c* Höhe**

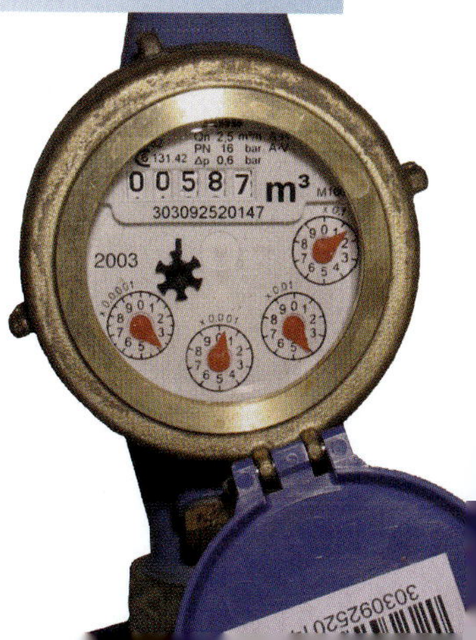

2 Der Wasserverbrauch wird mit einem Durchflusszähler (Wasseruhr) gemessen.

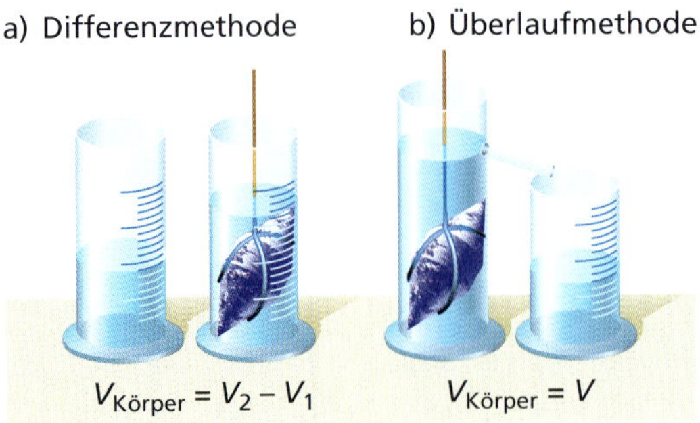

1 Bestimmung des Volumens unregelmäßiger fester Körper

Messzylinder benutzt man auch dann, wenn feste Körper eine so unregelmäßige Form haben, dass man ihr Volumen nicht berechnen kann. Abb. 1 zeigt zwei mögliche Methoden zur Bestimmung des Volumens fester Körper.

Messfehler vermeiden

Um Fehler beim Messen des Volumens zu vermeiden, sollte man Folgendes beachten:

1. Schätze zunächst das Volumen und wähle keinen zu großen oder zu kleinen Messzylinder aus!
2. Blicke beim Ablesen stets in Höhe der Flüssigkeitsoberfläche auf den Messzylinder!
3. Lies nicht an der Randkrümmung, sondern in der Mitte der Flüssigkeitsoberfläche ab!

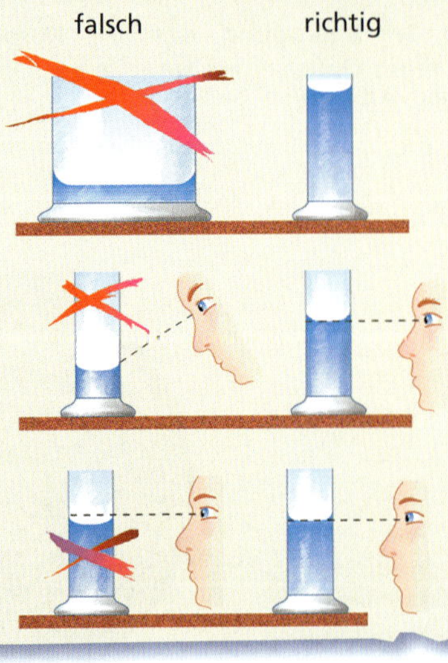

Bei der **Differenzmethode** (Abb. 1a) füllt man so viel Wasser in einen Messzylinder, dass der Körper ganz eingetaucht werden kann. Nun liest man das Volumen V_1 des Wassers ohne eingetauchten Körper und V_2 mit vollständig eingetauchtem Körper ab. Das gesuchte Volumen des Körpers ist dann die Differenz der beiden Volumen.

Bei der **Überlaufmethode** (Abb. 1b) benötigt man ein Überlaufgefäß, das man so weit mit Wasser füllt, bis es überläuft. Nun stellt man einen leeren Messzylinder unter den Überlauf und taucht den Körper vollständig ein. Das dabei übergelaufene Wasser hat das gleiche Volumen wie der Körper.

Die Masse von Körpern

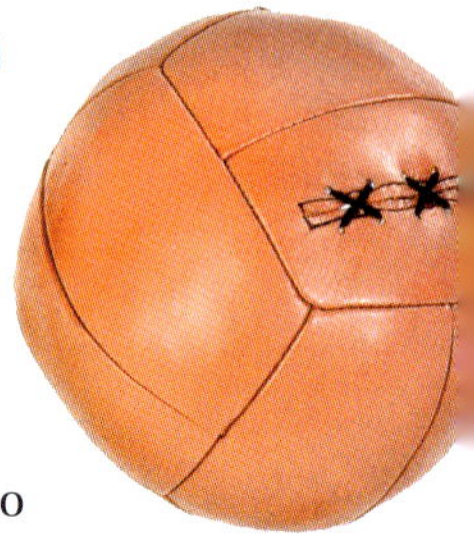

Jeder von uns weiß aus Erfahrung: Es ist schwerer, einen Medizinball wegzuwerfen als einen Volleyball. Man spürt beim Wegwerfen einen Widerstand. Genauso ist es beim Auffangen. Man sagt: Der Medizinball ist träge. Auch der Volleyball ist träge, aber der Medizinball ist träger. Die Größe, die diese Eigenschaft beschreibt, nennt man Masse.

Die physikalische Größe Masse beschreibt, wie träge ein Körper wahrgenommen wird.

Formelzeichen: m
Einheiten: **1 Kilogramm (1 kg)**
1 Gramm (1 g)

Gebräuchlich sind auch die Einheiten 1 Milligramm (1 mg) und 1 Tonne (1 t).
Es gilt:

1 t = 1 000 kg
1 kg = 1 000 g
1 g = 1 000 mg

Von der Masse eines Körpers hängt eine zweite Wahrnehmung ab, nämlich die Schwere.

Der Volleyball ist leicht. Man kann ihn bequem hochheben. Der Medizinball ist schwerer.
Es gilt also: Je größer die Masse eines Körpers ist, umso schwerer ist er.

Dieser Zusammenhang eignet sich, um Massen bequem zu vergleichen und zu messen.

1. Zuerst legt man fest, was 1 Kilogramm Masse ist. Dazu hat man in Paris einen Körper aufbewahrt, dessen Masse genau als ein Kilogramm festgelegt wurde (s. Abb. 2, S. 226). Wir können ein im Handel erhältliches 1-kg-Wägestück nehmen.
2. Nun muss man vereinbaren, wie Massen verglichen werden. Da die Masse die Ursache für die Schwere eines Körpers ist, legt man zwei Körper, deren Masse man vergleichen möchte, auf die Schalen einer Balkenwaage (Abb. 3). Wenn die Balkenwaage im Gleichgewicht ist, haben die zwei Körper die gleiche Masse. Auf diese Weise kann man mithilfe von Knete Kopien des 1-kg-Stücks herstellen, die auch genau 1 kg Masse haben.
3. Um Messungen mit einer Balkenwaage durchzuführen, benötigt man noch Vielfache und Teile der Masse 1 kg.

Masse von Körpern in Natur und Technik	
Haar	ca. 0,1 mg
1 Liter Luft	1,3 g
Tischtennisball	2 g
1 Cent (Euro)	2,3 g
1 Tafel Schokolade	100 g
1 Liter Wasser	1 kg
1 Liter Milch	1 kg
Gehirn eines Menschen	ca. 1,4 kg
Mauerziegel	3,5 kg
Mensch	ca. 70 kg
Pkw	ca. 1 t
Elefant	ca. 3 t
Lkw	bis 40 t
Lokomotive	ca. 100 t
Blauwal	bis 150 t
Jumbojet (voll beladen)	ca. 320 t
Intercityexpress (ICE)	ca. 500 t
Rakete beim Start	ca. 2000 t

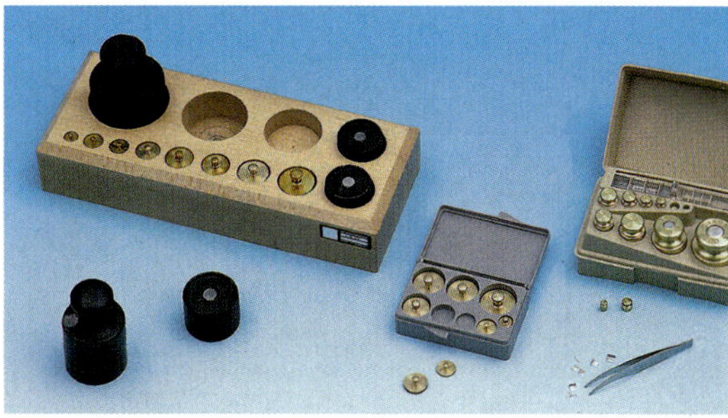

1 Verschiedene Wägesätze

Solche Vielfache und Teile stehen in Form von Wägesätzen zur Verfügung (Abb. 1). Ein solcher Wägesatz ist so aufgebaut, dass man mit ihm alle möglichen Massen bis zu einer Höchstmasse zusammenstellen kann.

Messen mit einer Balkenwaage

Wenn man die Masse eines Körpers mit einer Balkenwaage bestimmen will, empfiehlt es sich, folgendermaßen vorzugehen:

1. Schätze die Masse des zu wägenden Körpers! Wähle eine geeignete Waage und einen erforderlichen Wägesatz aus!
2. Lege den Körper in die eine und Wägestücke in die andere Waagschale! Nimm so lange Veränderungen vor, bis die Waage im Gleichgewicht ist!
3. Addiere die Masse der Wägestücke! Die Summe ist gleich der Masse des Körpers.

2 Eine Balkenwaage ist im Gleichgewicht, wenn die Massen auf beiden Seiten gleich groß sind.

1 An manchen Orten ist ein Körper schwerelos.

In der Schwerelosigkeit (Abb. 1) kann man keine Schwere mehr wahrnehmen. Die Körper haben aber immer noch ihre Masse. Auch in der Schwerelosigkeit kann man einen Medizinball nicht so einfach wegwerfen wie einen Volleyball. Auch in der Schwerelosigkeit muss bei einem Raumschiff der Antrieb gezündet werden, um es in Bewegung zu setzen oder um es zu bremsen. Dagegen braucht es keinen Antrieb, um seine Geschwindigkeit beizubehalten.
Die Masse eines Körpers ist also eine Größe, die auf zwei unterschiedliche Weisen wahrgenommen wird: als Trägheit und als Schwere, wobei die Wahrnehmung der Schwere noch vom Ort abhängt, an dem man sich befindet.

Die physikalische Größe Masse beschreibt, wie träge oder wie schwer ein Körper wahrgenommen wird.

2 Das Urkilogramm ist die Masse dieses Zylinders von 39 cm Durchmesser und 39 mm Höhe aus Platin und Iridium.

Mosaik

Schwere und Trägheit

Wir nehmen Körper unterschiedlich schwer wahr, weil sie von der Erde verschieden stark angezogen werden. Auch von anderen Körpern, z. B. dem Mond, werden sie angezogen. Sogar dein Nachbar zieht dich an, allerdings nur sehr wenig.
Die Stärke der Anziehung hängt von der Masse der beiden beteiligten Körper ab. Je größer die Masse eines Körpers ist, umso stärker zieht er andere Körper an und umso stärker wird er von anderen Körpern angezogen. Auf der Erde empfinden wir einen Körper umso schwerer, je größer seine Masse ist, weil er dann stärker von der Erde angezogen wird.

3 Verschiedene Körper werden von der Erde unterschiedlich stark angezogen.

Wenn man in einem Raumschiff sitzt und in den Sitz gedrückt wird, kann es dafür zwei Erklärungen geben:

1. Ich werde mit dem Raumschiff beschleunigt. Dann nehme ich meine Trägheit wahr.
2. Ich werde im Raumschiff von einem Planeten angezogen. Dann nehme ich meine Schwere wahr.

Dieses Beispiel zeigt: Die Trägheit und die Schwere an einem Ort können mithilfe der Wahrnehmung nicht unterschieden werden.
Diese prinzipielle Nicht-Unterscheidbarkeit von Trägheit und Schwere ist eine Erkenntnis des genialen Physikers Albert Einstein (1879–1955), die er in seiner allgemeinen Relativitätstheorie formuliert hat.

Zusammenhang zwischen Masse und Volumen – die Dichte von Stoffen

Körper aus einem Stoff mit unterschiedlichem Volumen haben eine unterschiedliche Masse (Abb. 1). Bei einem bestimmten Stoff hat jeder Kubikzentimeter dieses Stoffs dieselbe Masse. Zwischen der Masse und dem Volumen von Körpern aus ein und demselben Stoff besteht direkte Proportionalität (↗ M S. 28).

Für alle Körper aus ein und demselben Stoff gilt:

$$m \sim V$$

Direkte Proportionalität bedeutet auch, dass der Quotient aus Masse m und Volumen V für einen bestimmten Stoff einen festen Wert hat, unabhängig davon, wie groß das Volumen bzw. die Masse ist. Der Quotient ist deshalb dafür geeignet, den Stoff zu kennzeichnen, aus dem ein Körper besteht. Bei Körpern aus verschiedenen Stoffen kann die Masse bei gleichem Volumen unterschiedlich sein (Abb. 2). Bei unterschiedlichem Volumen von Körpern kann aber die Masse gleich sein (Abb. 3).

Welche Masse ein Körper mit bestimmtem Volumen hat, ist abhängig von dem Stoff, aus dem er besteht. Die Eigenschaft eines Stoffs, bei einem bestimmten Volumen eine bestimmte Masse zu haben, wird durch die physikalische Größe Dichte beschrieben.

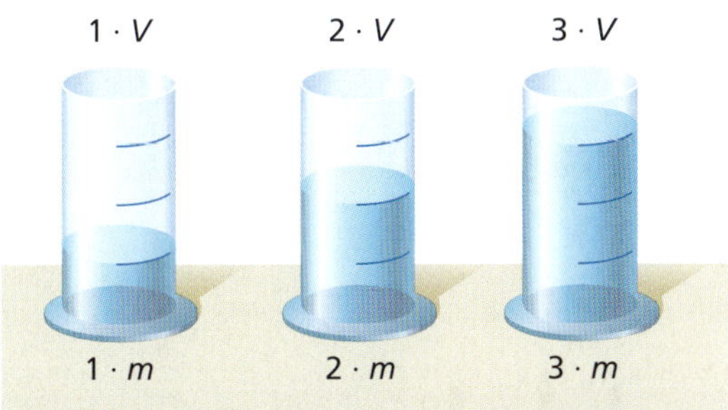

1 Verdoppelt man das Volumen des Wassers, so verdoppelt sich auch seine Masse. Verdreifacht man das Volumen, so verdreifacht sich seine Masse.

2 Die dargestellten Wasser- und Benzinmengen haben dasselbe Volumen, jedoch ist die Masse des Wassers größer als die des Benzins.

Die Dichte gibt an, welche Masse jeder Kubikzentimeter (cm^3) Volumen eines Stoffs hat.

Formelzeichen: ϱ **(griechischer Buchstabe, sprich: rho)**

Einheiten: **1 Gramm je Kubikzentimeter** $\left(\frac{1\,g}{cm^3}\right)$

1 Kilogramm je Kubikmeter $\left(\frac{1\,kg}{m^3}\right)$

Bei Körpern gleichen Volumens hat derjenige die größere Masse, der aus dem Stoff mit der größeren Dichte besteht (Abb. 2). Bei Körpern gleicher Masse hat derjenige das kleinere Volumen, der aus dem Stoff mit der größeren Dichte besteht (Abb. 3). Nach der Dichte kann man „leichte" und „schwere" Stoffe unterscheiden.

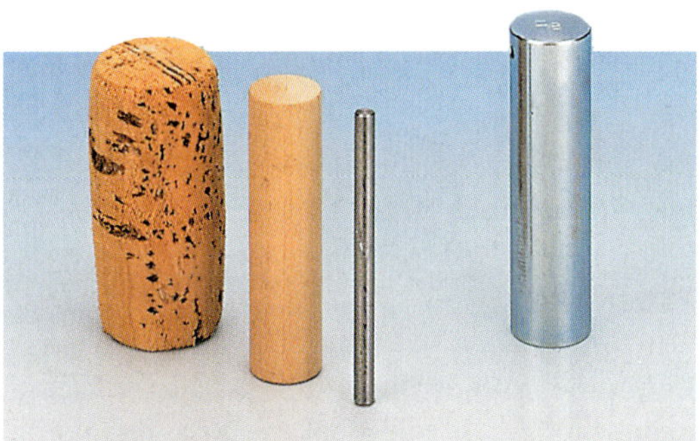

3 Die abgebildeten Körper aus verschiedenen Stoffen haben die gleiche Masse. Ihr Volumen ist jedoch sehr unterschiedlich.

Für die Einheiten der Dichte gilt:

$1\,\frac{g}{cm^3} = 1\,000\,\frac{kg}{m^3}$ $\qquad$ $1\,\frac{kg}{m^3} = 0{,}001\,\frac{g}{cm^3}$

Die Dichte von Gasen wird manchmal auch in der Einheit Gramm je Liter angegeben. Es gilt:

$1\,\frac{g}{l} = 1\,\frac{kg}{m^3} = 0{,}001\,\frac{g}{cm^3}$

Kennt man die Masse und das Volumen eines Körpers, so kann man die Dichte des Stoffs ermitteln, aus dem der Körper besteht.

Die Dichte kann berechnet werden mit der Gleichung:

$\varrho = \frac{m}{V}$ $\qquad$ ***m*** **Masse des Körpers**
V **Volumen des Körpers**

Körper mit gleichem Volumen aus verschiedenen Stoffen haben eine unterschiedliche Masse.

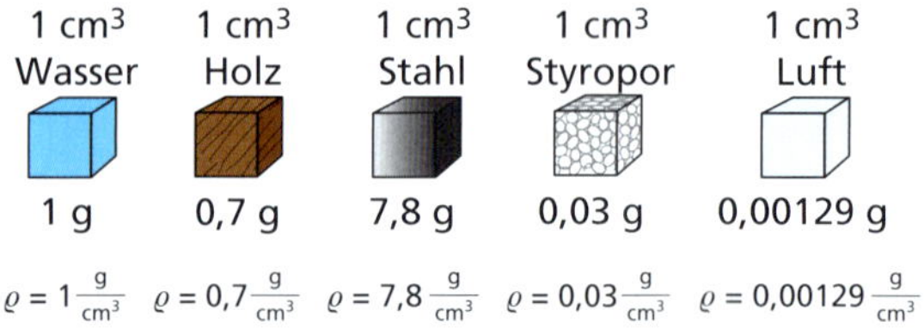

Körper mit gleicher Masse aus unterschiedlichen Stoffen haben ein unterschiedliches Volumen.

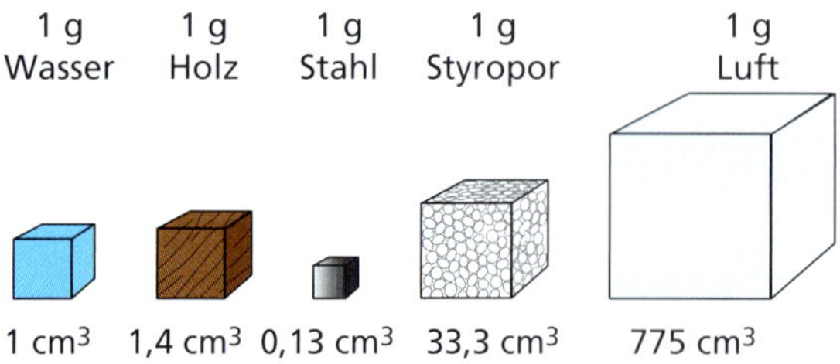

Experiment

Bestimme experimentell die Dichte verschiedener Stoffe, z. B. von Zucker, Essig, Limonade, 20-Cent-Münzen und Holz!
Fertige dazu ein Protokoll an! Orientiere dich am Muster auf S. 21!

Mosaik

Das Aräometer – ein Dichtemesser

Die Dichte von Flüssigkeiten kann man direkt mit einem **Aräometer** messen. Es wird auch als **Senkwaage** bezeichnet. Abb. 1 zeigt verschiedene Bauformen. Das Prinzip der Messung beruht darauf, dass ein fester Körper bekannter Masse in einer Flüssigkeit schwimmt. Wie tief er dabei eintaucht, ist ein Maß für die Dichte der Flüssigkeit.

Im einfachsten Fall besteht ein Aräometer aus einem beidseitig verschlossenen Glasrohr, in das zuvor etwas Bleischrot gefüllt wurde (Abb. 1a). Dadurch wird erreicht, dass es gut in der Flüssigkeit „steht". An einer Skala kann man die Dichte der Flüssigkeit ablesen. Sinkt das Glasrohr tief in die Flüssigkeit ein, so hat sie eine kleine Dichte. Geringere Eintauchtiefe in einer anderen Flüssigkeit bedeutet größere Dichte.

Für genaue Messungen werden Aräometer mit verschiedenen Messbereichen verwendet.
Bei ätzenden Flüssigkeiten, z. B. Säuren, verwendet man eine etwas andere Bauform (Abb. 1b). Die zu untersuchende Flüssigkeit wird zunächst mit einem Gummiball angesaugt. In dieser Flüssigkeit schwimmt dann das Aräometer. Seine Eintauchtiefe ist auch hier ein Maß für die Dichte der Flüssigkeit. Solche Aräometer werden z. B. zur Prüfung der Flüssigkeit in Autobatterien verwendet.

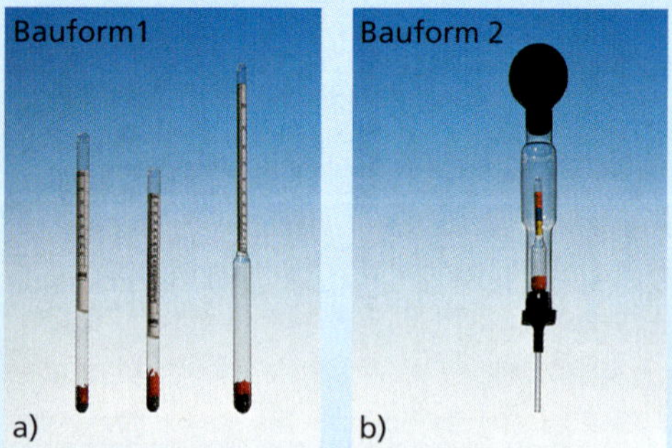

1 Verschiedene Aräometer

Physik in Natur und Technik

Es ist nicht alles Gold, was glänzt

König HIERON VON SYRAKUS auf Sizilien lebte von 306 v. Chr. bis 215 v. Chr. Die Sage berichtet,

dass er sich von einem Goldschmied eine neue Krone anfertigen ließ, die aus reinem Gold sein sollte. Die neue Krone war wunderschön, aber war sie tatsächlich aus reinem Gold? Da König HIERON Zweifel daran hatte, beauftragte er den berühmten Gelehrten ARCHIMEDES, dies herauszufinden, ohne die Krone zu beschädigen. ARCHIMEDES ermittelte, dass die Krone eine Masse von 9 kg und ein Volumen von 500 cm³ hatte.

Kann die Krone aus reinem Gold bestanden haben?

Analyse:

Wenn die Krone aus reinem Gold bestanden haben soll, so muss ihre Dichte genauso groß sein wie die von Gold. Die Dichte kann man aus Masse und Volumen berechnen.

Gesucht: ϱ_{Krone}

Gegeben: $m = 9\,\text{kg} = 9\,000\,\text{g}$

$V = 500\,\text{cm}^3$

$\varrho_{\text{Gold}} = 19{,}3\,\frac{\text{g}}{\text{cm}^3}$

Lösung:

$$\varrho_{\text{Krone}} = \frac{m}{V}$$

$$\varrho_{\text{Krone}} = \frac{9\,000\,\text{g}}{500\,\text{cm}^3}$$

$$\underline{\varrho_{\text{Krone}} = 18\,\frac{\text{g}}{\text{cm}^3}}$$

Ergebnis:

Die Dichte des Materials der Krone ist kleiner als die von Gold. Die Krone kann deshalb nicht vollständig aus Gold bestanden haben. Der Goldschmied war ein Betrüger. Der Legende nach hat ARCHIMEDES noch eine andere Lösung dieses Problems gefunden. Erkunde!

Woraus besteht die Münze?

Eine 5-Cent-Münze sieht so aus, als ob sie aus Kupfer wäre.

Wie könnte man feststellen, ob sie tatsächlich aus Kupfer ist?

Die Vermutung könnte mit einem Experiment überprüft werden. Wenn die Dichte der 5-Cent-Münze mit der Dichte von Kupfer übereinstimmt, kann man davon ausgehen, dass die Vermutung stimmt.

Vorbereitung:

Um die Dichte zu bestimmen, muss man das Volumen und die Masse einer 5-Cent-Münze bestimmen. Da beide ziemlich klein sind, ist es zweckmäßig, eine größere Anzahl von 5-Cent-Münzen zu verwenden. Wir nutzen 10 solcher Münzen. Masse und Volumen für eine Münze erhält man dann durch Division mit 10.

Für das Experiment ist es sinnvoll, zuerst die Masse mit einer Waage und dann das Volumen mit der Überlaufmethode zu bestimmen. Im umgekehrten Fall wären die Münzen bei der Massebestimmung nass und deshalb das Ergebnis verfälscht.

Durchführung:

Die Bestimmung von Masse und Volumen für 10 Münzen ergibt:

$m = 39\,\text{g}$

$V = 5{,}0\,\text{cm}^3$

Auswertung

Die Dichte ergibt sich so:

$$\varrho = \frac{m}{V}$$

Damit erhält man für eine Münze:

$$\varrho = \frac{3{,}9\,\text{g}}{0{,}5\,\text{cm}^3} = 7{,}8\,\frac{\text{g}}{\text{cm}^3}$$

Die Dichte von Kupfer beträgt $8{,}96\,\text{g/cm}^3$. Die 5-Cent-Münze ist also nicht aus Kupfer. Sie besteht vielmehr aus einem kupferummantelten Stahlkern. Stahl hat eine Dichte von $7{,}8\,\text{g/cm}^3$.

gewusst · gekonnt

1. Bestimme das Volumen der Flüssigkeit in jedem Messzylinder (s. Abb.). Gib das Ergebnis jeweils in Millilitern, Litern, Kubikzentimetern und Kubikdezimetern an!

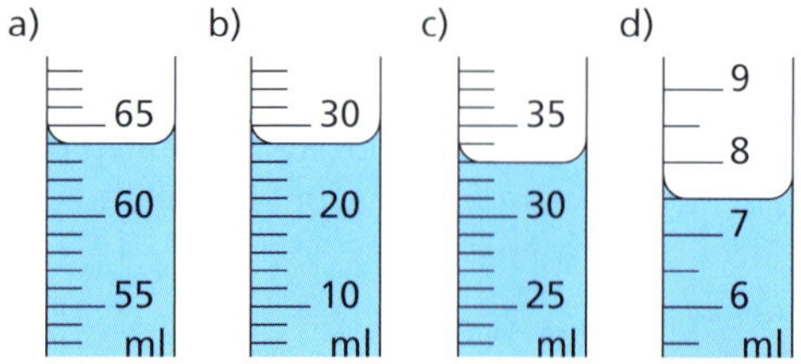

2. Gib an, welches Volumen in Litern, Millilitern und Kubikzentimetern die Flüssigkeit in der jeweiligen Verpackung hat.

3. Es soll bestimmt werden, wie viel Flüssigkeit ein Teelöffel bzw. ein Esslöffel fasst.

a) Beschreibe, wie du möglichst genau das Fassungsvermögen bestimmen kannst!

b) Bestimme das Fassungsvermögen eines Teelöffels und eines Esslöffels!

4. Ein Wasserhahn tropft.

a) Beschreibe, wie man das Volumen eines Wassertropfens bestimmen kann!

b) Bestimme experimentell das Volumen eines Wassertropfens (↗ **M** S. 20)!

*c) In welcher Zeit geht ein Liter Wasser verloren, wenn ein Tropfen je Sekunde austritt?

5. Überlege, wie du mithilfe einer Badewanne annähernd das Volumen deines Körpers bestimmen könntest (↗ **M** S. 20)!
Führe diese Bestimmung durch!

6. 50-Cent-Stücke sind übereinandergestapelt. Das unterste 50-Cent-Stück soll entfernt werden, ohne dass man den Stapel umkippt oder anhebt.
Überlege dir eine Möglichkeit! Probiere sie aus! Begründe dein Vorgehen!

7. a) Erkläre, warum in einem Pkw ein Regenschirm oder ein Fotoapparat nicht ungesichert auf die hintere Ablage gelegt werden sollten (↗ **M** S. 32)!

b) Suche und erläutere weitere Beispiele aus dem Alltag, wo die Trägheit von Körpern genutzt wird oder beachtet werden muss!

8. Auf Verpackungen findest du folgende Angaben:

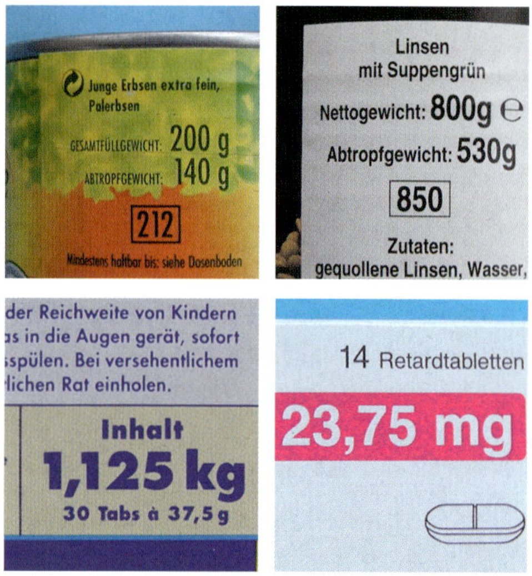

a) Gib die Masse jeweils in g, kg und mg an!

b) Ordne die Körper nach ihrer Masse!

9. Rechne die folgenden Massen in die angegebenen Einheiten um!

a) 250 kg in g und t

b) 28 g in kg und mg

c) 780 mg in g

d) 0,05 t in kg und g

10. Ordne folgende Körper nach der Dichte der Stoffe, aus denen sie bestehen:
Kupfermünze, Aluminiumtopf, Holzlöffel, Heft, Bleiklotz, Benzin im Tank!

11. Katrin kann sich nicht vorstellen, dass auch Luft eine Masse hat. Um sie zu überzeugen, hat sich Frank Folgendes ausgedacht: Er legt zwei Luftballons auf eine Waage (s. Abb.).
Die Waage befindet sich im Gleichgewicht. Dann sticht er in einen hinein. Was wird wohl passieren? Was kann Katrin aus dem Versuchsergebnis schlussfolgern?

12. Thomas hat eine Idee nachzuweisen, dass Luft eine Masse hat. Er braucht nur einen Fußball und eine Waage. Wie geht er wohl vor (↗ **M** S. 20, 74)?

13. Warum verwendet man im Flugzeugbau vorwiegend Aluminium?

14. Welcher der beiden Körper im Bild ist aus Stahl, welcher aus Holz? Begründe!

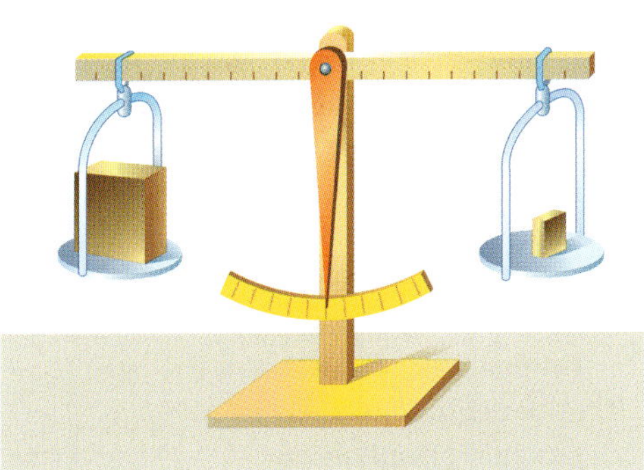

15. Ein Körper aus Holz und ein Körper aus Stahl haben das gleiche Volumen.
Welcher der beiden Körper hat die kleinere Masse? Begründe mit der Dichteformel!

16. Eine Vorschrift zum Benutzen einer Balkenwaage ist durcheinandergeraten. Bringe die Reihenfolge der Sätze in Ordnung!
a) Addiere die Massen der Wägestücke!
b) Schätze die Masse des zu wägenden Körpers!
c) Lege die Wägestücke auf die andere Waagschale!
d) Prüfe die Nulllage der Waage!
e) Lege den Körper auf eine der beiden Waagschalen!
f) Nimm so lange Veränderungen vor, bis die Waage im Gleichgewicht ist!

17. Die Dichte unserer einheimischen Hölzer schwankt zwischen Werten von $0{,}5\,g/cm^3$ bis $0{,}9\,g/cm^3$. Warum sind die Werte so unterschiedlich?

18. Schnitzereien aus tropischen Harthölzern, z. B. Ebenholz ($\varrho = 1{,}2\,g/cm^3$), sind schwerer herzustellen als aus einheimischen Holzarten. Was könnte wohl der Grund sein?

19. In drei gleiche Messzylinder werden je 100 g Wasser, Benzin und Spiritus gefüllt. Warum haben die Flüssigkeitsspiegel eine unterschiedliche Höhe? In welchem Messzylinder steht die Flüssigkeit am höchsten, in welchem am niedrigsten? Begründe!

20. 1 ml Wasser hat eine Masse von 1 g. Wie groß ist dann die Masse von Wasser in einer gefüllten 2-l-Flasche?

21. Wie groß ist die Masse der Flüssigkeit im jeweiligen Messzylinder?

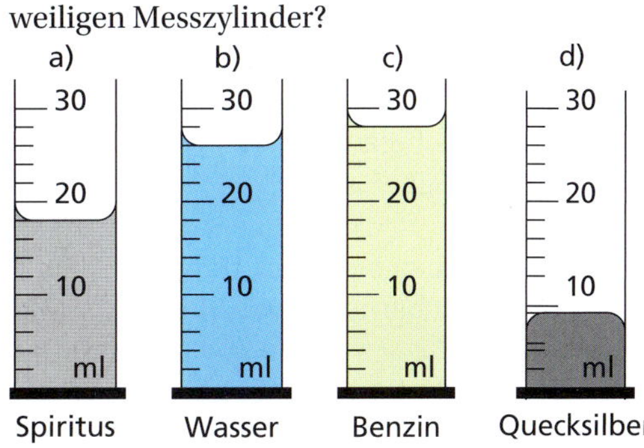

***22.** Luft ist eigentlich leicht: 1 Liter hat nur eine Masse von etwa 1,3 g.
Ermittle die Masse der Luft in einem Klassenraum von 10 m Länge, 7 m Breite und 3,7 m Höhe!

23. Mithilfe eines Messbechers und einer Waage soll die Dichte einer Flüssigkeit bestimmt werden.
a) Beschreibe, wie du dabei vorgehen würdest (↗ **M** S. 17)!
b) Bestimme die Dichte von Salzwasser und von Essig (↗ **M** S. 20)!

24. Kartoffeln enthalten neben Stärke viel Wasser. Deshalb müsste ihre Dichte mit der von Wasser vergleichbar sein.

Stimmt das? Führe einen Versuch durch, um die Dichte einer Kartoffel zu bestimmen!

25. Ein Ziegelstein hat folgende Maße: $a = 25$ cm, $b = 11$ cm, $c = 8$ cm. Er ist 3,5 kg schwer. Wie groß ist die Dichte des Materials, aus dem dieser Ziegelstein besteht?

26. Welche Masse haben Körper aus Eisen, Blei, Wasser, Quecksilber und Aluminium, deren Volumen jeweils 1 dm^3 beträgt?

27. Welches Volumen haben Körper aus Eisen, Blei, Wasser, Quecksilber und Aluminium, deren Masse jeweils 1 kg beträgt?

28. Christine hat einen neuen Armreifen bekommen. Er glänzt wie Silber, könnte aber auch aus einem anderen Stoff bestehen. Wie kann Christine herausfinden, ob der Reifen wirklich aus Silber ist?

***29.** Im Märchen bekommt Hans im Glück einen Goldklumpen geschenkt, der so groß wie sein Kopf ist.
Könnte Hans einen solchen Goldklumpen überhaupt forttragen?

30. Ein Astronaut möchte auf dem Mond Reisbrei kochen. Im Rezept steht: Koche 200 g Milchreis in einem halben Liter Milch weich.
*a) Wie kann er die Zutaten abmessen?
b) Kann er genauso vorgehen, wenn er sich in einem Raumschiff weit weg von allen Himmelskörpern befindet?

31. Die Geschichte von ARCHIMEDES und der Krone ist auf S. 229 beschrieben. Wir wählen eine andere Variante: Die Krone hatte dieselbe Masse wie das ursprüngliche Goldstück. Aber ihr Volumen war größer, weil der arme Goldschmied etwas Luft in das Material eingeschlossen hatte. Er hatte also gar kein Gold veruntreut.
a) Welche wichtige Annahme, die wir bei unseren Experimenten machen, hat ARCHIMEDES außer Acht gelassen?
b) Hätte der Goldschmied Gold veruntreuen können, ohne dass ARCHIMEDES etwas gemerkt hätte?

32. Stoffe können sehr unterschiedliche Dichten haben. Erkunde mithilfe von Nachschlagewerken oder im Internet, welche Stoffe eine besonders kleine und welche eine besonders große Dichte haben!

33. Bereite ein Kurzreferat zu dem Thema „Die Dichte der Stoffe" vor! Erarbeite dir zunächst eine Gliederung! Benutze für deine Vorbereitung das Lehrbuch und die Adresse **www.schuelerlexikon.de** im Internet (↗ **M** S. 124)!

34. Ein Reagenzglas kann man als Dichtemesser nutzen. Fülle dazu Sand in ein Reagenzglas, sodass es in Wasser zu 2/3 eintaucht!
Markiere die Eintauchtiefe!
Untersuche, wie tief es in andere Flüssigkeiten eintaucht! Formuliere einen Zusammenhang zwischen Eintauchtiefe und Dichte der Flüssigkeit!

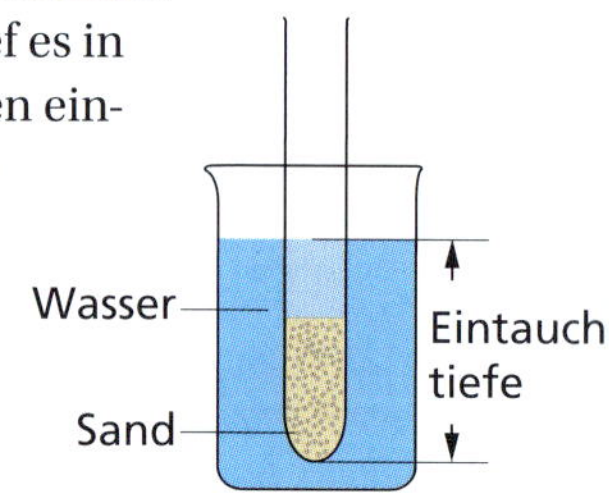

Volumen, Masse und Dichte

Jeder Körper nimmt ein bestimmtes **Volumen** ein und hat eine bestimmte **Masse.**

> Das Volumen V
> eines Körpers gibt an, welchen Raum er einnimmt.
> Es wird meist in Kubikzentimetern (cm^3) oder in Litern (l) gemessen.

> Die Masse m
> eines Körpers gibt an, wie schwer oder träge er ist.
> Sie wird meist in Gramm (g) oder Kilogramm (kg) gemessen.

Das **Volumen** kann durch Berechnung oder Messung mit einem **Messzylinder** bestimmt werden.

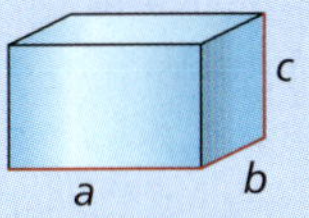

$V = a \cdot b \cdot c$

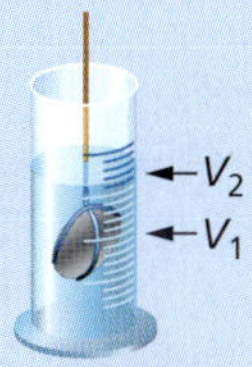

$V = V_2 - V_1$

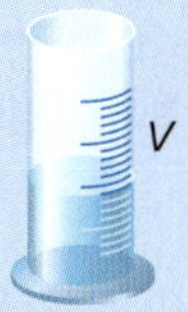

V direkt ablesbar

Die **Masse** kann durch Wägung mit einer **Waage** bestimmt werden.

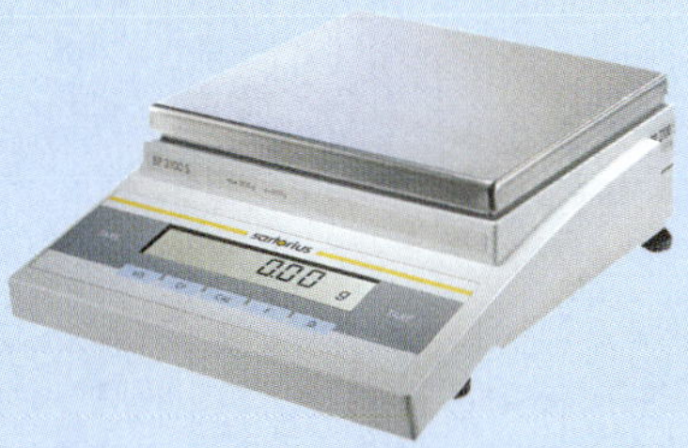

Jeder Körper besteht aus einem oder mehreren Stoffen. Jeder Stoff hat eine bestimmte **Dichte.**

> Die Dichte ϱ gibt an, welche Masse jeder Kubikzentimeter Volumen eines Stoffes hat.

Die Dichte kann aus der Masse m und dem Volumen V berechnet werden mit der Gleichung:

$$\varrho = \frac{m}{V}$$

Für ein und denselben Stoff gilt: $m \sim V$

Die Dichte von Flüssigkeiten kann mit einem **Aräometer** direkt gemessen werden.
Sie kann wie bei anderen Stoffen auch indirekt durch Messen der Masse und des Volumens bestimmt werden.

Die Einheiten der Dichte sind:

$$1\ \frac{g}{cm^3} = 1000\ \frac{kg}{m^3} \qquad 1\ \frac{kg}{m^3} = 0{,}001\ \frac{g}{cm^3}$$

$$1\ \frac{g}{l} = 1\ \frac{kg}{m^3} = 0{,}001\ \frac{g}{cm^3}$$

7.2 Bewegungen

Unterschiedliche Geschwindigkeiten

Bei einer Geschwindigkeitskontrolle argumentiert ein Polizist so: „Sie haben zwar jetzt die zulässige Geschwindigkeit eingehalten. Aber für die 90 km von Ulm nach Stuttgart haben Sie nach Ihrer eigenen Aussage nur eine Stunde gebraucht, sind also mit 90 km/h gefahren. Am Drackensteiner Hang besteht aber eine Geschwindigkeitsbegrenzung auf 80 km/h. Sie sind also zu schnell gefahren."
Darf der Polizist so argumentieren?

Verschiedene Wirkungen

Aus einem Gewehr abgeschossene Gewehrkugeln dringen tief in ein Holzbrett ein. Wirft man sie von Hand gegen ein Holzbrett, dann prallen sie ab. Trifft ein Käfer auf die Windschutzscheibe eines fahrenden Autos, so geht diese nicht kaputt, dagegen kann sie von einem Stein zerstört werden.
Wie kann man dieses Verhalten vorhersagen?

Abstand schafft Sicherheit

Eine der häufigsten Unfallursachen auf Straßen und Autobahnen ist ein zu geringer Sicherheitsabstand zum Vorausfahrenden.
Warum wird diese Gefahr so häufig unterschätzt?

1 Die Personen sind je nach Wahl des Bezugssystems in Ruhe oder in Bewegung.

Bewegung und Ruhe

Bewegung und Ruhe sind Begriffe, die man sowohl in der Umgangssprache als auch in der Fachsprache der Physik verwendet. Was aber für einen Beobachter im Zug bewegt ist, scheint für einen Beobachter auf dem Bahnsteig in Ruhe.

Deshalb muss man Bewegungen immer bezüglich eines Bezugssystems angeben (Abb. 1). Ein Bezugssystem ist ein Bezugskörper und ein damit verbundenes Koordinatensystem.

Ein Körper ist in einem bestimmten Bezugssystem in Bewegung, wenn er seine Lage gegenüber diesem Bezugssystem verändert. Ein Körper ist in dem Bezugssystem in Ruhe, wenn er seine Lage gegenüber diesem Bezugssystem nicht verändert.

Häufig ist das Bezugssystem die Erdoberfläche. Es kann aber auch ein beliebiges anderes Bezugssystem gewählt werden.

Bahnformen und Bewegungsarten

Körper bewegen sich entlang einer Bahn, deren Form sehr unterschiedlich sein kann. Die verschiedenen Bahnformen sind unten dargestellt. Längs einer Bahn kann die Art der Bewegung unterschiedlich sein.

Geradlinige Bewegung	Krummlinige Bewegung	Schwingung

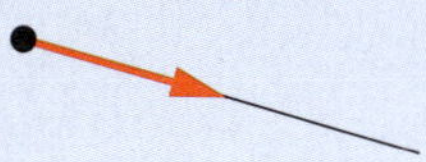	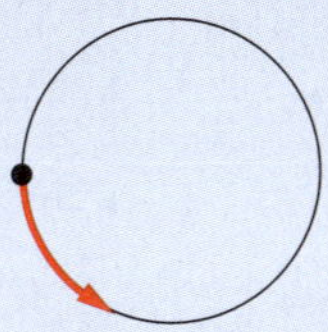	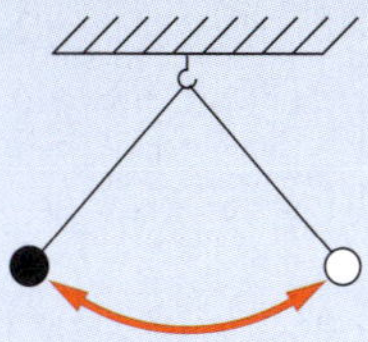
Der abgebildete Zug bewegt sich auf den Schienen immer in der gleichen Richtung. Er führt eine **geradlinige Bewegung** entlang der Schienen aus.	Die Gondeln des Riesenrads bewegen sich auf einer Kreisbahn. Sie führen eine Kreisbewegung aus. Die Kreisbewegung ist eine spezielle **krummlinige Bewegung.**	Das Mädchen bewegt sich ständig zwischen zwei Punkten hin und her. Ihre Bahn ist ein Teil eines Kreises. Es führt eine **Schwingung** aus.

Gleichförmige Bewegungen

Personen, Fahrzeuge oder andere Körper können sich unterschiedlich schnell bewegen.
Paul kann eine 100-m-Strecke in 180 s schwimmen. Matthias braucht für dieselbe Strecke dagegen 220 s (Abb. 1). Paul ist schneller, da er eine bestimmte Strecke in einer kürzeren Zeit zurücklegt.
Ein Pkw legt in einer Minute eine Strecke von 800 m zurück. Ein Radfahrer schafft in derselben Zeit 250 m. Der Pkw ist schneller, da er in einer bestimmten Zeit eine größere Strecke zurücklegt (Abb. 2).
Wie schnell oder wie langsam sich ein Körper bewegt, wird durch die physikalische Größe **Geschwindigkeit** beschrieben.

Die Geschwindigkeit gibt an, welcher Weg in jeder Sekunde bzw. in jeder Stunde zurückgelegt wird.

Formelzeichen: v

Einheiten: **1 Meter je Sekunde** $\left(1\,\frac{\text{m}}{\text{s}}\right)$

1 Kilometer je Stunde $\left(1\,\frac{\text{km}}{\text{h}}\right)$

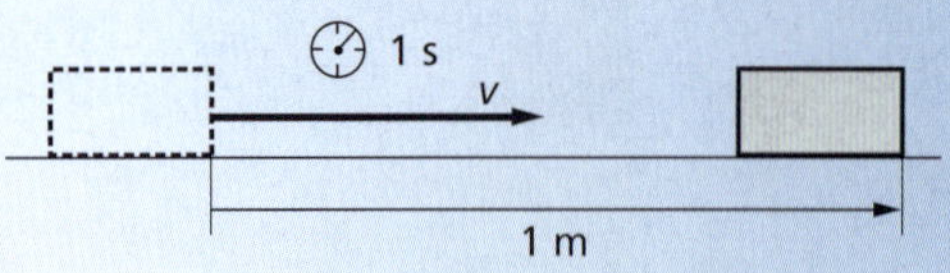

Ein Körper hat eine Geschwindigkeit von 1 m/s, wenn er in einer Sekunde einen Weg von einem Meter zurücklegt. Für die Einheiten gilt:

$$1\,\frac{\text{m}}{\text{s}} = 3{,}6\,\frac{\text{km}}{\text{h}}$$

$$1\,\frac{\text{km}}{\text{h}} = \frac{10\,\text{m}}{36\,\text{s}} \approx 0{,}28\,\frac{\text{m}}{\text{s}}$$

Die Geschwindigkeit besitzt nicht nur einen Betrag, sondern auch eine Richtung. Sie ist eine gerichtete Größe und wird in Zeichnungen mit einem Pfeil dargestellt. Bei Bewegungen längs einer Geraden unterscheidet man die Richtung durch das Vorzeichen der Geschwindigkeit.

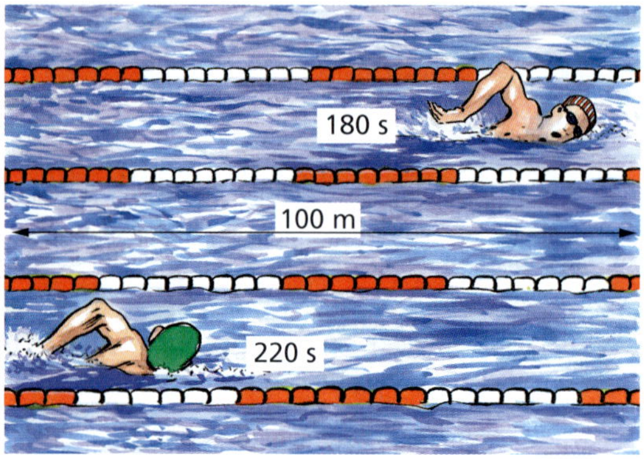

1 Die Schwimmer legen den gleichen Weg in unterschiedlichen Zeiten zurück.

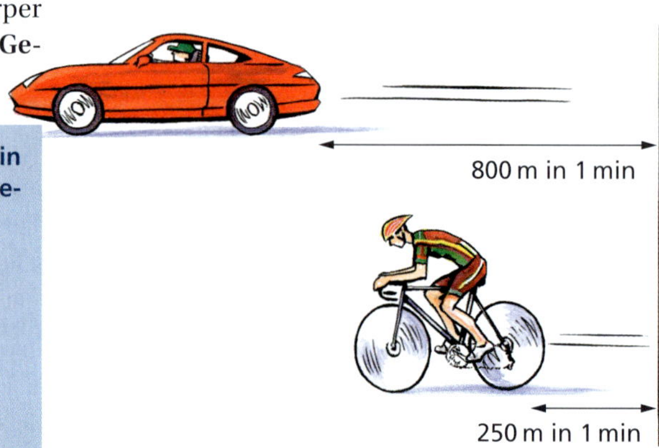

2 Gleiche Zeiten – unterschiedliche Wege

Geschwindigkeiten in Natur und Technik		
Schnecke	$0{,}01\,\frac{\text{m}}{\text{s}}$	$0{,}04\,\frac{\text{km}}{\text{h}}$
Fußgänger	$1{,}4\,\frac{\text{m}}{\text{s}}$	$5\,\frac{\text{km}}{\text{h}}$
Radfahrer	$4{,}2\,\frac{\text{m}}{\text{s}}$	$15\,\frac{\text{km}}{\text{h}}$
Rennpferd	$25\,\frac{\text{m}}{\text{s}}$	$90\,\frac{\text{km}}{\text{h}}$
Auto	$36\,\frac{\text{m}}{\text{s}}$	$130\,\frac{\text{km}}{\text{h}}$
Intercity (IC)	$44\,\frac{\text{m}}{\text{s}}$	$160\,\frac{\text{km}}{\text{h}}$
Flugzeug	$250\,\frac{\text{m}}{\text{s}}$	$900\,\frac{\text{km}}{\text{h}}$
Schall in Luft	$340\,\frac{\text{m}}{\text{s}}$	$1\,224\,\frac{\text{km}}{\text{h}}$
Mond um Erde	$1\,000\,\frac{\text{m}}{\text{s}}$	$3\,600\,\frac{\text{km}}{\text{h}}$
Licht	$300\,\text{Mio.}\,\frac{\text{m}}{\text{s}}$	$1\,080\,\text{Mio.}\,\frac{\text{km}}{\text{h}}$

Messen und Berechnen der Geschwindigkeit von Körpern

Die Geschwindigkeit eines Körpers kann mit einem **Tachometer** (Abb. 1) gemessen werden. Der Tachometer zeigt die augenblickliche Geschwindigkeit an. Auch bei einem Fahrradcomputer wird die Augenblicksgeschwindigkeit angezeigt.
Man kann die Geschwindigkeit eines Körpers ebenfalls ermitteln, wenn man weiß, welcher Weg in einer bestimmten Zeit zurückgelegt wird.

Die Geschwindigkeit eines Körpers kann berechnet werden mit der Gleichung:

$v = \frac{s}{t}$ **s zurückgelegter Weg**
t benötigte Zeit

Bei einer **gleichförmigen** Bewegung ist die Geschwindigkeit immer gleich groß (v = konstant). Die berechnete Geschwindigkeit gilt dann für jeden Ort der Bewegung.
Ist die Bewegung **ungleichförmig** ($v \neq$ konstant), so kann mit der Gleichung nur eine mittlere Geschwindigkeit, auch **Durchschnittsgeschwindigkeit** genannt, berechnet werden. Manchmal kennzeichnet man eine Durchschnittsgeschwindigkeit mit einem Strich über dem Formelzeichen. Es gilt:

$$\overline{v} = \frac{s}{t}$$

Dabei ist s der gesamte zurückgelegte Weg und t die dafür erforderliche Zeit.

Weg-Zeit-Diagramme

Ein Körper bewegt sich gleichförmig, wenn seine Geschwindigkeit immer gleich groß ist.

Für die gleichförmige Bewegung eines Körpers (v = konstant) gilt:
$s \sim t$

Ob eine gleichförmige Bewegung vorliegt, kann man in unterschiedlicher Weise feststellen.

1 Mit dem Tachometer eines Pkw wird die augenblickliche Geschwindigkeit gemessen.

Eine gleichförmige Bewegung liegt vor, wenn
- ein Körper in gleichen Zeiten gleiche Wege zurücklegt,
- der Quotient aus Weg und Zeit immer konstant ist,
- die in einem Weg-Zeit-Diagramm dargestellten Messwertepaare auf einer Geraden liegen, die durch den Ursprung des Koordinatensystems verläuft (Abb. 2).

Für eine Spielzeugeisenbahn wurden folgende Werte gemessen:

Weg s in cm	Zeit t in s
0	0
50	5
100	10
150	15
200	20
250	25

Damit erhält man folgendes s-t-Diagramm:

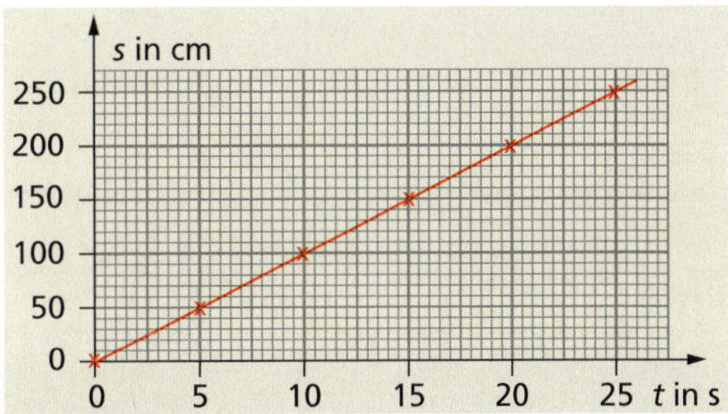

2 Weg-Zeit-Diagramm für eine gleichförmige Bewegung

Die Linie im Diagramm nennt man **Graph.** Bei einer gleichförmigen Bewegung ist der Graph immer eine Gerade.
Der Quotient s/t, die Geschwindigkeit, ist zugleich der Anstieg dieses Graphen im s-t-Diagramm. Damit gilt: Je größer die Geschwindigkeit eines Körpers ist, desto größer ist im s-t-Diagramm der Anstieg des Graphen (Abb. 1); (↗ M S. 100, 239).

> **Je größer die Geschwindigkeit ist, desto steiler verläuft der Graph im *s*-*t*-Diagramm für eine gleichförmige Bewegung.**

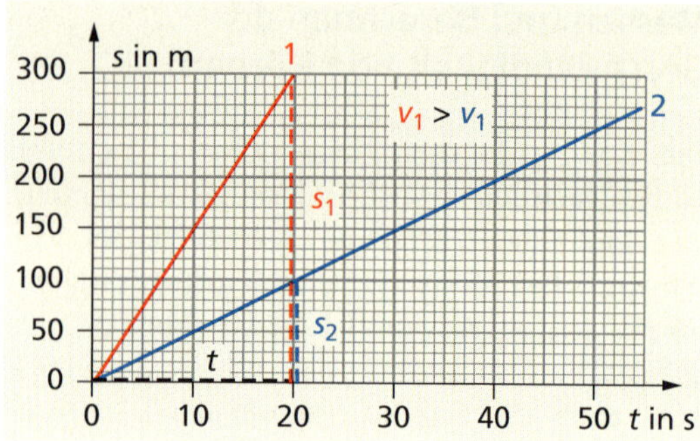

1 Geschwindigkeit und Anstieg des Graphen im Weg-Zeit-Diagramm

Mosaik

So schnell sind Tiere, Menschen, Autos und Raketen

In Natur und Technik treten sehr unterschiedliche Geschwindigkeiten auf, wobei man zwischen Durchschnittsgeschwindigkeiten und Höchstgeschwindigkeiten unterscheiden muss. Die Durchschnittsgeschwindigkeiten liegen meist weit unter den Höchstgeschwindigkeiten. Bei Tieren erreichen Vögel die größten Geschwindigkeiten. Die Tabelle gibt dazu einen Überblick.

Höchstgeschwindigkeiten einiger Tiere

beim Fliegen	
Stubenfliege	8 km/h
Biene	29 km/h
Sperling	45 km/h
Mauersegler	180 km/h
Wanderfalke (Sturzflug)	280 km/h
beim Kriechen oder Laufen	
Weinbergschnecke	0,003 km/h
Klapperschlange	4 km/h
Hase	65 km/h
Rennpferd	69 km/h
Gepard	120 km/h
beim Schwimmen	
Eisbär	10 km/h
Forelle	35 km/h
Hai	36 km/h
Tunfisch	75 km/h
Schwertfisch	90 km/h

Auch der Mensch erreicht sehr unterschiedliche Geschwindigkeiten. Einige Beispiele sind in der Tabelle angegeben.

Geschwindigkeiten des Menschen

normales Gehen	5 km/h
100-m-Freistil	7 km/h
Radwandern	15 km/h
800-m-Lauf	27 km/h
100-m-Lauf	36 km/h
Radrennen	40–60 km/h
Skispringer beim Absprung	100 km/h
frei fallender Fallschirmspringer	180 km/h

Mit technischen Hilfsmitteln können noch wesentlich größere Geschwindigkeiten erzielt werden. Sehr unterschiedliche Geschwindigkeiten findet man in Natur und Technik. Nachfolgend sind dafür einige Beispiele genannt

Geschwindigkeiten in Natur und Technik

Wachstum eines Haars	0,3 mm/Tag
Regentropfen	25 km/h
Orkan Windstärke 12	>120 km/h
Passagierflugzeug	900 km/h
Schall in Luft	1 200 km/h
größte mit einem Raketenauto erreichte Geschwindigkeit (1997)	1 228 km/h
Geschoss eines Gewehrs	2 800 km/h
Rakete in Erdumlaufbahn	28 440 km/h

Arbeiten mit Diagrammen

Mit der in Abb. 1 dargestellten Anordnung kann man die Position eines Körpers in Abhängigkeit von der Zeit auf einem Computermonitor darstellen.
Dabei ergibt sich z. B. folgendes Diagramm:

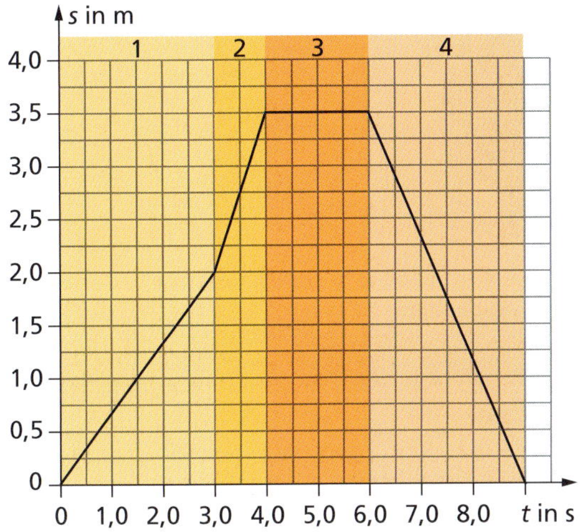

Was kann man einem solchen Diagramm entnehmen?

1. Auf der **Rechtsachse** ist die Zeit in Sekunden aufgetragen. Es wurde in der Zeit von 0 s bis 9 s gemessen.
   Auf der **Hochachse** ist die Entfernung *s* von einer festen Marke in Metern aufgetragen. Sie bewegt sich in einem Bereich von 0 m bis 4 m.
2. Wir teilen die dargestellte Bewegung in vier Abschnitte, die im Diagramm oben farbig markiert sind. Für diese vier Abschnitte kann man dem Diagramm Folgendes entnehmen:

Abschnitt 1: In der Zeit von 0 s bis 3 s bewegt sich der Wagen gleichförmig (konstanter Anstieg) von der 0-Marke bis zu einer Entfernung von 2 m. Das heißt, seine Geschwindigkeit beträgt:

$$v = \frac{2{,}0\,\text{m}}{3{,}0\,\text{s}} \approx 0{,}67\,\frac{\text{m}}{\text{s}}$$

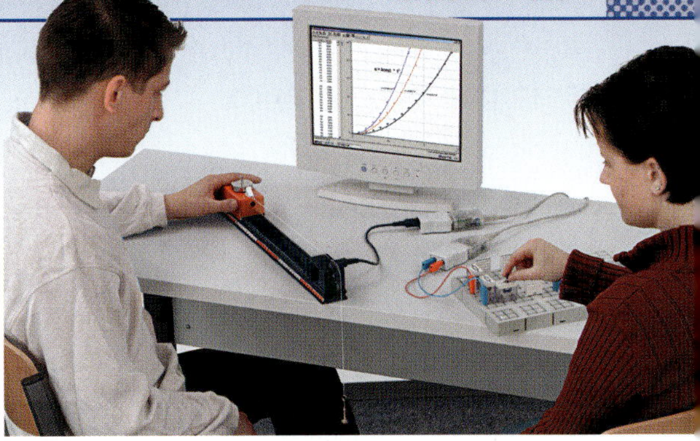

1 Versuchsaufbau zur Erfassung von Ort *s* und Zeit *t*

Abschnitt 2: In der Zeit von 3 s bis 4 s bewegt sich der Wagen gleichförmig mit höherer Geschwindigkeit (größerer, konstanter Anstieg) von der 2-m-Marke bis zu einer Entfernung von 3,5 m. Es wird also ein Weg von 1,5 m in einer Zeit von 1 s zurückgelegt. Seine Geschwindigkeit beträgt $1{,}5\,\frac{\text{m}}{\text{s}}$.

Abschnitt 3: Dort hält der Wagen 2 s lang.

Abschnitt 4: Dann bewegt er sich in weiteren 3 s wieder gleichförmig zurück zur 0-Marke. Seine Geschwindigkeit beträgt:

$$v = \frac{-3{,}5\,\text{m}}{3\,\text{s}} \approx -1{,}2\,\frac{\text{m}}{\text{s}}$$

Das Minuszeichen verdeutlicht, dass die Bewegung in umgekehrter Richtung verläuft.

Dieselbe Bewegung kann man auch in einem Geschwindigkeit-Zeit-Diagramm darstellen (s. u.).

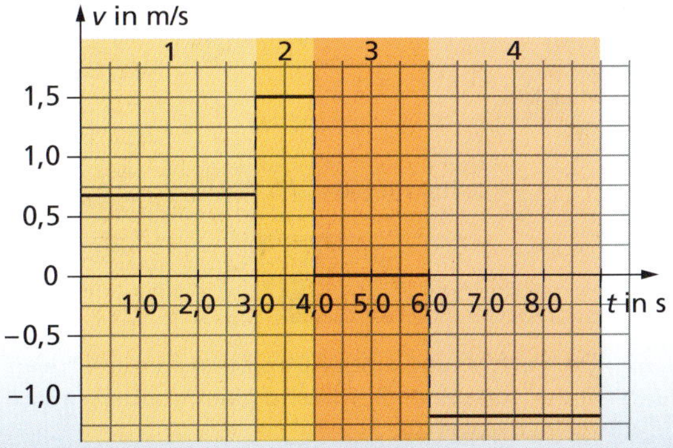

Der Impuls von Körpern

Die Geschwindigkeit eines Körpers drückt schon viel über seinen Bewegungszustand aus, aber noch nicht alles.
Wenn z. B. ein schwerer Lkw und ein leichter Pkw mit gleicher Geschwindigkeit auf ein stehendes Auto auffahren, so ist der Schaden durch den Lkw sicherlich viel größer, weil der Lkw mehr Wucht als der Pkw hat. Ähnlich ist das bei einem Crashtest (Abb. 1). Ein vollbeladener Pkw hat mehr Wucht als ein Pkw ohne Zuladung. Die physikalische Größe, mit der man solche Sachverhalte beschreiben kann, ist der **Impuls** (↗ **M** S. 28).

> **Die physikalische Größe Impuls beschreibt die Wucht, die ein Köper besitzt.**
>
> **Formelzeichen: p**
> **Einheit: $1\,\frac{kg \cdot m}{s}$**

Für die Wucht eines Körpers ist offenbar nicht nur die Geschwindigkeit des Körpers entscheidend, sondern auch seine Masse.
Das kann man an einfachen Beispielen experimentell untersuchen. Dazu versuchen wir, eine leere Dose umzuwerfen (Abb. 2).
Wir verwenden zunächst einen Tischtennisball. Beim Werfen mit geringer Geschwindigkeit passiert nichts. Die Wucht des Tischtennisballs ist zu klein. Erst bei höherer Geschwindigkeit könnte

1 Die Verformung eines Autos beim Aufprall hängt nicht nur von seiner Geschwindigkeit, sondern auch von seiner Masse ab.

2 Die Wucht hängt bei m = konstant von der Geschwindigkeit ab.

das Umwerfen der Dose mit einem solchen Ball gelingen.
Würde man statt eines Tischtennisballs ein etwa gleich schweres, aber viel schnelleres Geschoss nutzen, dann würde die Dose ein paar Meter wegfliegen. Daraus folgt:

> **Der Impuls eines Körpers ist umso größer, je größer die Geschwindigkeit des Körpers ist.**

Hat man verschiedene Bälle zur Auswahl, dann wird man nicht einen leichten Tischtennisball, sondern einen schweren Ball wählen, weil man damit schon bei kleiner Geschwindigkeit eine Dose umwerfen kann. Daraus ist ableitbar:

> **Der Impuls eines Körpers ist umso größer, je größer die Masse des Körpers ist.**

Der Impuls besitzt wie die Geschwindigkeit eine Richtung. Er ist damit eine gerichtete Größe, die wir durch einen Pfeil darstellen. In der Physik wird der Impuls so definiert (↗ **M** S. 28):

> **Der Impuls p eines Körpers ist das Produkt aus der Masse m des Körpers und seiner Geschwindigkeit v:**
>
> $$p = m \cdot v$$

Übertragung von Impuls

Jedem sich bewegenden Körper kann ein Impuls zugeordnet werden, weil jeder Körper eine Masse m und bei Bewegung eine Geschwindigkeit v hat. Das bedeutet: Jedes fahrende Auto, jeder fliegende Ball oder jedes Geschoss hat einen Impuls. Stößt nun ein sich bewegender Körper auf einen anderen Körper, so ändert sich in der Regel der Impuls beider Körper.

Wir wollen dafür einige Beispiele betrachten. Der Einfachheit halber untersuchen wir die Bewegungen von zwei Wagen längs einer geraden Bahn. Damit gibt es nur zwei Richtungen (nach links bzw. nach rechts), die wir durch das Vorzeichen des Impulses unterscheiden können. Den Betrag des Impulses verdeutlichen wir durch die farbige Fläche unter dem Wagen, die Richtung durch die Farbe.

Beispiel 1: Auf einer Fahrbahn befinden sich zwei gleiche Wagen (Abb. 1). Der Wagen 2 steht, der Wagen 1 bewegt sich mit der Geschwindigkeit v auf den Wagen 2 zu. Damit der Impuls gut übertragen werden kann, sind an den Wagen Federn befestigt.
Beobachtung: Nach dem Stoß steht Wagen 1 und Wagen 2 fährt mit der gleichen Geschwindigkeit, die vorher Wagen 1 hatte.
Folgerung: Der gesamte Impuls des ersten Wagens wurde auf den Wagen 2 übertragen.

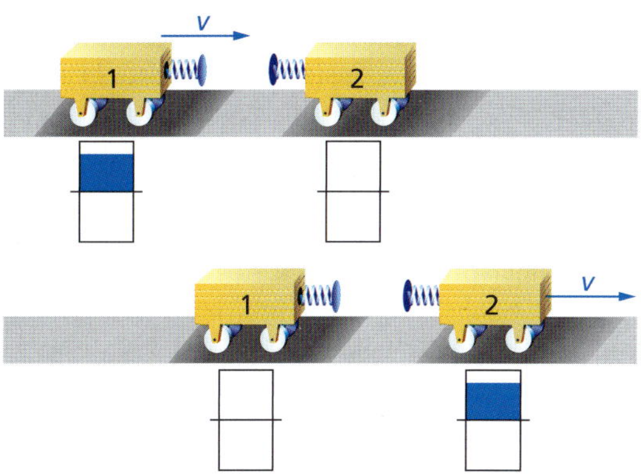

1 Übertragung des Impulses von Wagen 1 auf Wagen 2

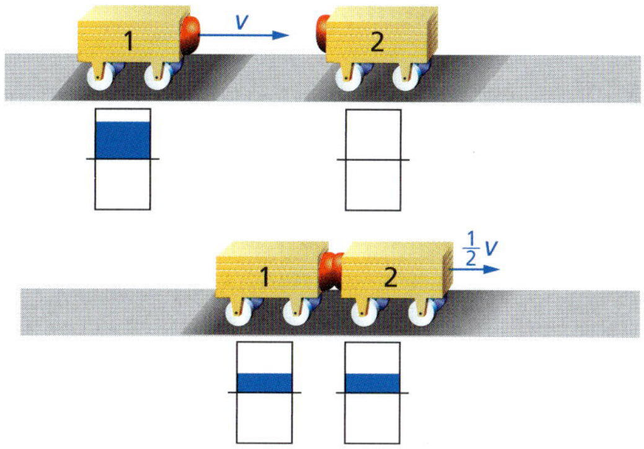

2 Nach dem Stoß haben beide Wagen einen Impuls.

Beispiel 2: Das muss aber nicht immer so sein. Wir ersetzen die Feder durch Knete, sodass die beiden Wagen beim Stoß aneinander klebenbleiben (Abb. 2). Wiederum fährt Wagen 1 gegen den zunächst stehenden Wagen 2.
Beobachtung: Beide Wagen fahren nach dem Stoß mit der halben Geschwindigkeit, die Wagen 1 vor dem Stoß hatte.
Folgerung: Der Impuls von Wagen 1 wird nur teilweise auf Wagen 2 übertragen. Beide Wagen bewegen sich langsamer als Wagen 1 vor dem Stoß, ihre Masse ist aber größer.

Aus diesen und vielen anderen Beispielen (Abb. 3) ergibt sich:

> **Impuls kann von einem Körper auf einen anderen übertragen werden.**

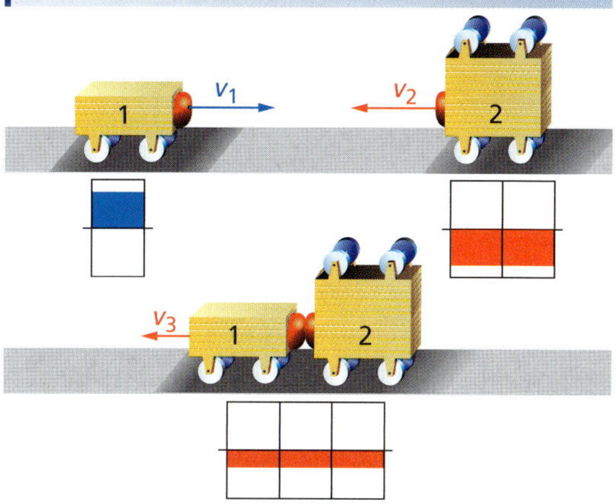

3 Die Impulse vor und nach dem Stoß sind sehr unterschiedlich.

Erhaltung von Impuls

Wir wollen nun untersuchen, wie sich der Impuls beim Zusammenstoß zweier Wagen ändert.
Bei Abb. 1, S. 241, wird der Impuls von Wagen 1 auf Wagen 2 übertragen, ändert aber weder Betrag noch Richtung. Der Gesamtimpuls bleibt gleich. Bei Abb. 2, S. 241, betrug der Impuls vor dem Stoß $m \cdot v$. Nach dem Stoß bewegen sich beide Wagen mit halber Geschwindigkeit. Der Impuls beträgt demzufolge $2m \cdot \frac{1}{2} v = m \cdot v$, hat sich also insgesamt nicht verändert. Das gilt auch für den Fall, der in Abb. 3, S. 241, dargestellt ist.
Für den Impuls kann man ähnlich wie für die Energie einen Erhaltungssatz formulieren:

Impuls kann weder erzeugt noch vernichtet werden.

Das wurde in den Abbildungen auf S. 241 durch farbige Flächen verdeutlicht. Zählt man die blauen Flächen positiv und die roten negativ, ist die Gesamtfläche vor dem Stoß gleich der Gesamtfläche nach dem Stoß.

Aufgabe

Wagen 1 trifft mit der Geschwindigkeit v auf Wagen 2. Er hat die dreifache Masse von Wagen 1.

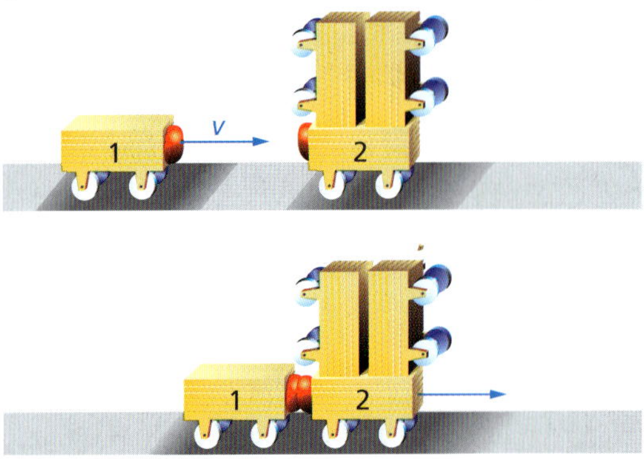

a) Wie groß ist die Geschwindigkeit beider Wagen nach dem Zusammenstoßen?
b) Wie würde der Versuch ausgehen, wenn beide mit gleicher Geschwindigkeit aufeinander zufahren und nach dem Stoß gemeinsam weiterfahren?

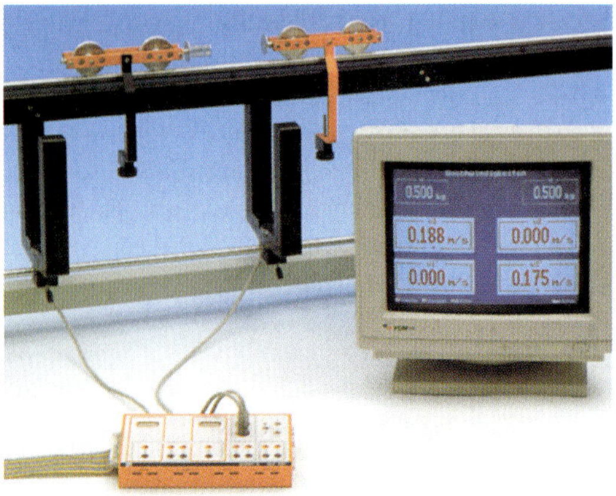

1 Mit einer solchen Anordnung lässt sich der Impuls vor und nach einem Stoß ermitteln.

Die Erde als Impulsspeicher

Fährt ein Auto bei einem Crashtest (s. Abb. 1, S. 240) gegen eine massive Wand, dann verschwindet scheinbar sein Impuls, denn Auto und Wand sind nach dem Crashtest in Ruhe. Das würde dem Impulserhaltungssatz widersprechen. Betrachtet man aber nicht nur das Auto, sondern auch die fest mit der Erde verbundene Wand dann gilt: Der Impuls des Autos wird auf die Wand und damit auf die Erde übertragen. Sie bewegt sich dadurch in Bewegungsrichtung des Autos mit dessen Impuls weiter. Wegen der riesigen Masse der Erde ist aber ihre damit verbundene Geschwindigkeitsänderung unmessbar klein.
Analog ist das beim Anfahren eines Autos. Der Gesamtimpuls des Systems Auto-Erde ist zunächst null. Fährt das Auto in der einen Richtung an, so bekommt die Erde in der entgegengesetzten Richtung einen gleich großen Impuls. Die Summe beider Impulse bleibt aber immer null. Das ist beispielsweise auch der Fall, wenn man einen zunächst ruhenden schweren Gegenstand auf den Erdboden fallen lässt.

**Die Erde ist ein riesiger Impulsspeicher, der Impuls aufnehmen und abgeben kann.
Wegen ihrer großen Masse ändert sich dabei ihre Geschwindigkeit nicht messbar.**

Das Trägheitsgesetz

Unsere Alltagserfahrung zeigt, dass ein sich in Bewegung befindlicher Körper nach einiger Zeit von selbst zur Ruhe kommt. Das gilt für einen auf dem Rasen rollenden Ball ebenso wie für ein Fahrrad oder ein Auto, das auf einer ebenen Strecke ohne Antrieb rollt. Diese Beobachtung hat schon ARISTOTELES im antiken Griechenland formuliert: *„Alles, was sich bewegt, bewegt sich entweder von Natur oder durch eine äußere Kraft oder vermöge seines freien Willens.“* ARISTOTELES vertrat auch die Meinung, dass ein Körper nur dann in Bewegung bleibt, wenn eine Kraft auf ihn wirkt. Hört die Wirkung der Kraft auf, kommt der Körper zur Ruhe. *„Ein in Bewegung befindlicher Körper hält an in seiner Bewegung, wenn die Kraft, die ihn voranstößt, ihre Wirkung beendet.“* Diese Erfahrung entspricht den Alltagserfahrungen mit Bewegungen von Körpern auf der Erde, jedoch ist sie nur scheinbar richtig.

1 ARISTOTELES (384–322 v. Chr.)

Der italienische Naturforscher GALILEO GALILEI (1564–1642) löste sich von der scheinbaren Alltagserfahrung und überlegte sich, welche Bewegung Körper ausführen würden, wenn es keine Reibung gäbe. Er nahm an, dass Körper ohne Einfluss der Reibung in Ruhe oder in gleichförmiger geradliniger Bewegung wären.

2 ISAAC NEWTON (1643–1727) formulierte in seinem dreibändigen Werk „Mathematische Prinzipien der Naturlehre“ eine umfassende Theorie der Mechanik.

NEWTON griff diese Vorstellungen von GALILEI auf und formulierte ein Gesetz, das heute als **Trägheitsgesetz** bezeichnet wird (↗ **M** S. 27). Er formulierte:
„Ohne äußere Einwirkung bleibt ein Körper in Ruhe oder in gleichförmiger geradliniger Bewegung.“
Statt des unscharfen Begriffs „ohne äußere Einwirkung“ kann man heute mit dem Begriff Impuls formulieren:

> **Wenn weder Impuls zugeführt noch abgeführt wird, bleibt ein Körper in Ruhe oder in gleichförmiger geradliniger Bewegung.**

Betrachten wir das Beispiel eines Busses (Abb. 3, 4). Vor dem Anfahren befindet sich der Fahrgast in Ruhe. Der Bus setzt sich in Bewegung. Die Füße sind mit dem Boden in Kontakt und können wegen der Reibung Impuls aufnehmen. Sie bewegen sich mit dem Bus mit. Der Oberkörper bleibt aber in Ruhe. Deshalb kippt der Mensch nach hinten. Ein nicht befestigter Kinderwagen, der wenig reibenden Kontakt zum Boden hat, rollt scheinbar nach hinten. Für einen Beobach-

3 Anfahren eines Busses

4 Bremsen eines Busses

ter am Straßenrand bleibt er in Ruhe und der Bus bewegt sich nach vorn.
Während der Fahrt mit konstanter Geschwindigkeit bleibt der Impuls des Fahrgasts konstant und er merkt nicht viel von der Fahrt, es sei denn der Bus fährt um eine Kurve. Jetzt ändert sich die Richtung des Impulses, d. h., der Fahrgast würde geradeaus weiterfahren, nur durch eine „äußere Einwirkung" macht er die Kurve mit. Er muss sich festhalten oder an die Wand lehnen.
Vor dem Bremsen befindet sich der Fahrgast mit dem Bus in Bewegung. Die Füße haben Kontakt zum Boden und können mit dem Bus abgebremst werden. Der Oberkörper bewegt sich geradlinig weiter. Dadurch kippt der Mensch beim Bremsen nach vorn (Abb. 4, S. 243).
Die analoge Erscheinung tritt auch beim scharfen Bremsen (Abb. 1) oder bei Auffahrunfällen auf. Ein nicht befestigter Körper würde sich in Fahrtrichtung weiterbewegen.

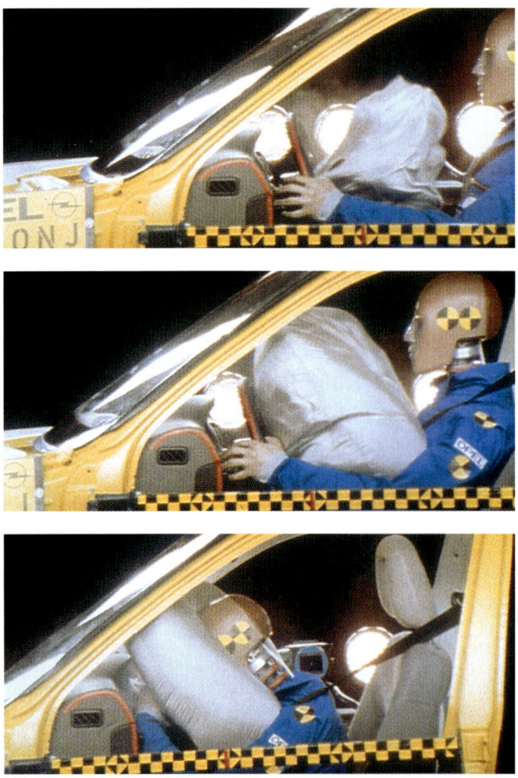

1 Trägheit eines Körpers beim plötzlichen Abbremsen im Auto und Auffangen mit einem Airbag

Analogien zwischen Energie und Impuls

Sowohl für die Energie als auch für den Impuls gilt ein Erhaltungssatz (↗ M S. 32). Das bedeutet:

Energie bzw. Impuls können weder erzeugt noch vernichtet werden.

Betrachten wir als Beispiel ein Auto mit vollem Tank, das auf einer ebenen Straße steht.
Für die Energie gilt: Es ist Energie vorhanden, die im Kraftstoff (Benzin, Diesel) gespeichert ist. Fährt das Auto an, so wird chemische Energie des Kraftstoffs auf das Auto übertragen. Es bewegt sich. Zugleich wird ein erheblicher Teil der Energie mit den Abgasen an die Umgebung abgegeben bzw. durch den heißen Motor an die Umgebung abgestrahlt. Insgesamt gilt:

Bei Vorgängen erfolgen Energieübertragungen. Die Gesamtenergie ändert sich dabei nicht.

Für den Impuls gilt: Wenn das Fahrzeug steht, dann ist sein Impuls null. Beim Anfahren des Fahrzeugs in die eine Richtung erhält die Erde einen gleich großen Impuls in die andere Richtung. Der Gesamtimpuls bleibt aber null. Entsprechendes gilt beim Abbremsen des Autos.

**Bei Vorgängen erfolgen Impulsübertragungen von einem Körper auf einen anderen.
Der Gesamtimpuls ändert sich dabei nicht.**

Aufgabe

Erläutere, welche Energie- und Impulsübertragungen bei den folgenden Vorgängen vor sich gehen:

a) Ein Wasserspringer steht auf einem 10 m hohen Turm und springt herunter.
b) Ein zunächst stehender Radfahrer setzt sich mit seinem Fahrrad in Bewegung.
c) Ein mit 100 km/h fahrendes Auto bremst bis zum Stillstand ab.

Physik in Natur und Technik

Ein etwas anderer Fahrplan

Als Grundlage aller anderen Zugfahrpläne nutzt man einen grafischen Fahrplan (Abb. 1). Bei einem solchen Fahrplan werden in einem Netz von waagerechten Zeitlinien und senkrechten Weglinien die Zugfahrten als Zeit-Weg-Linien (Zuglinien) vereinfacht dargestellt.
Welche Informationen kann man einem solchen grafischen Fahrplan entnehmen?

1 Der ICE ist ein moderner Hochgeschwindigkeitszug.

In einem grafischen Fahrplan ist dargestellt, zu welcher Zeit sich jeder einzelne Zug an welchem Ort befindet. So befindet sich z. B. der IR 623 um 10.10 Uhr am Bahnhof A und 10.40 Uhr am Bahnhof C.
Erkennbar sind auch die Haltepunkte und die Haltezeiten. So steht beispielsweise der P 3618 von 10.00 Uhr bis 10.10 Uhr auf dem Bahnhof C.
Die Schnittpunkte der Zuglinien mit den senkrechten Linien der Bahnhöfe stellen die Durchfahrtszeiten bzw. die Ankunfts- und Abfahrtszeiten dar. So durchfährt z. B. der IC 76 um 10.00 Uhr den Bahnhof D, um 10.20 Uhr den Bahnhof B und um 10.30 Uhr den Bahnhof A. Der Schnittpunkt zweier Zuglinien gibt den Ort und die Zeit für die Begegnung der betreffenden beiden Züge an.
Der grafische Fahrplan ermöglicht auch Aussagen über die Fahrtrichtung und über die Geschwindigkeit der Züge. Der IR 623 fährt von Bahnhof A in Richtung D, die anderen beiden Züge fahren in der entgegengesetzten Richtung.
Im Unterschied zu einem *s*-*t*-Diagramm ist bei einem grafischen Fahrplan die Geschwindigkeit eines Zugs umso größer, je flacher der Graph verläuft. So braucht z. B. der IC 76 von C nach B (15 km) 10 min, was einer Geschwindigkeit von 90 km/h entspricht. Der P 3618 dagegen braucht von C nach B (15 km) 30 min. Daraus ergibt sich eine Geschwindigkeit von 30 km/h.

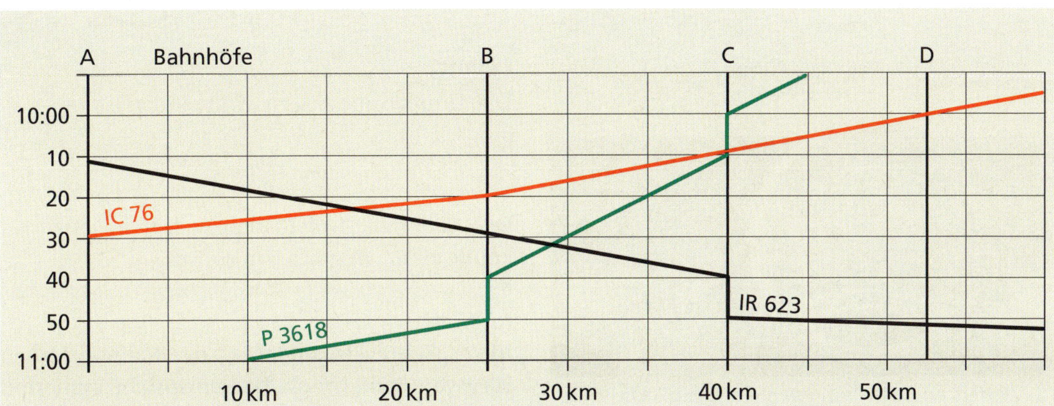

1 Ausschnitt aus einem grafischen Fahrplan: Eingezeichnet sind die Graphen für drei Züge.

Wie genau ist der Tachometer?

Thomas möchte die Genauigkeit der Geschwindigkeitsanzeige seines Fahrradcomputers überprüfen. Dabei geht er so vor: Zwei Freunde messen mit einer Stoppuhr die Zeit, die er mit dem Fahrrad für eine Strecke von 100 m benötigt. Thomas braucht für die Strecke genau 18 s. Sein Tachometer zeigt auf der Messstrecke konstant 23 km/h an.

Zeigt der Tachometer des Fahrradcomputers die tatsächliche Geschwindigkeit?

Wie kann man die Genauigkeit der Anzeige verbessern?

Analyse:

Es wird davon ausgegangen, dass der Radfahrer auf der Messstrecke eine gleichförmige Bewegung ausführt. Dann kann aus den Messwerten für Weg und Zeit die tatsächliche Geschwindigkeit berechnet und mit der Tachometeranzeige verglichen werden.

Gesucht: v_{Messung} in km/h

Gegeben: $s = 100\ \text{m}$

$t = 18\ \text{s}$

$v_{\text{Tacho}} = 23\ \frac{\text{km}}{\text{h}}$

Lösung:

Die Geschwindigkeit v_{Messung} kann wie folgt berechnet werden:

$$v_{\text{Messung}} = \frac{s}{t}$$

$$v_{\text{Messung}} = \frac{100\ \text{m}}{18\ \text{s}} = 5{,}6\ \frac{\text{m}}{\text{s}} \approx 20\ \frac{\text{km}}{\text{h}}$$

$$\underline{v_{\text{Messung}} \neq v_{\text{Tacho}}}$$

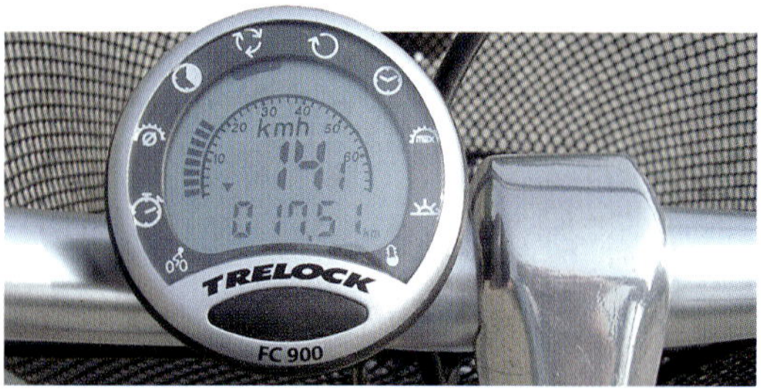

1 Fahrradcomputer können die augenblickliche Geschwindigkeit, aber auch den zurückgelegten Weg und die Fahrtzeit anzeigen.

Ergebnis:

Der Tachometer des Fahrradcomputers geht nicht genau. Er zeigt eine größere Geschwindigkeit an, als das Fahrrad in Wirklichkeit fährt. Die Abweichung beträgt mehr als 10 %.

Der Fahrradcomputer muss neu programmiert werden, damit er die tatsächliche Geschwindigkeit anzeigt. Aber auch dann hat er – wie jedes Messinstrument – noch einen bestimmten Messfehler.

O Schreck – die „Schrecksekunde"

Beim Fahren im Straßenverkehr ist unbedingt zu beachten, dass auch ein Radfahrer eine „Schrecksekunde" hat, bevor er bei Gefahr reagieren kann.

Welchen Weg legt ein Radfahrer in der „Schrecksekunde" zurück, wenn er mit einer Geschwindigkeit von 18 km/h fährt (↗ **M** S. 30)?

Analyse:

Zur Lösung der Aufgabe nehmen wir an, dass sich der Radfahrer eine Sekunde lang mit der konstanten Geschwindigkeit von 18 km/h bewegt.

Erst dann würde er reagieren, also z. B. beginnen, zu bremsen oder auszuweichen.

Gesucht: s

Gegeben: $t = 1\ \text{s}$

$v = 18\ \frac{\text{km}}{\text{h}}$

Lösung:

Die Umrechnung der Geschwindigkeit in $\frac{\text{m}}{\text{s}}$ ergibt:

$$v = \frac{1{,}8\ \text{m}}{3{,}6\ \text{s}} = 5{,}0\ \frac{\text{m}}{\text{s}}$$

Das bedeutet: Der Radfahrer legt in einer Sekunde einen Weg von 5 m zurück.

Ergebnis:

In der „Schrecksekunde" legt der Radfahrer einen Weg von 5 m zurück. Das entspricht immerhin fast der Breite von zwei Fahrspuren einer Straße, ehe er zu bremsen oder auszuweichen beginnt.

Das Raketenprinzip

Um eine Rakete (Abb. 1) oder ein Raumschiff auf eine Umlaufbahn um die Erde zu bringen, muss die Rakete beim Start stark beschleunigt werden und in kurzer Zeit eine hohe Geschwindigkeit erreichen. Um in eine Erdumlaufbahn zu gelangen, muss das Raumschiff mindestens eine Geschwindigkeit von 28 440 km/h erreicht. Auf diese Geschwindigkeit ist das Raumschiff beim Start zu beschleunigen.

Erkläre, wie ein Raumschiff mit einer Rakete in kurzer Zeit auf hohe Geschwindigkeiten beschleunigt werden kann! Nutze dazu den Impulserhaltungssatz (↗ **M** S. 32)!

Raketen sind Körper mit einer großen Masse. Die Startmasse einer Rakete vom Typ Ariane 5 (Abb. 2) beträgt etwa 730 t. Um die Rakete beim Start von null auf hohe Geschwindigkeiten zu beschleunigen, müssen große Kräfte in Wegrichtung wirken. Solche großen Kräfte erzeugt man, indem im Innern der Rakete ein Brennstoff verbrannt wird. In einer Brennkammer dehnen sich die Verbrennungsgase aufgrund der hohen Temperatur schnell aus. Dabei werden die Gase stark beschleunigt und treten dann mit sehr hohen Geschwindigkeiten aus einer Düse entgegengesetzt zur Bewegungsrichtung der Rakete aus (Abb. 1). Beim Start einer Ariane 5 (Abb. 2) werden durch die Raketentriebwerke etwa 6,8 t Verbrennungsgase je Sekunde mit einer Geschwindigkeit von etwa 2 500 m/s ausgestoßen.

1 Start der europäischen Trägerrakete Ariane 5

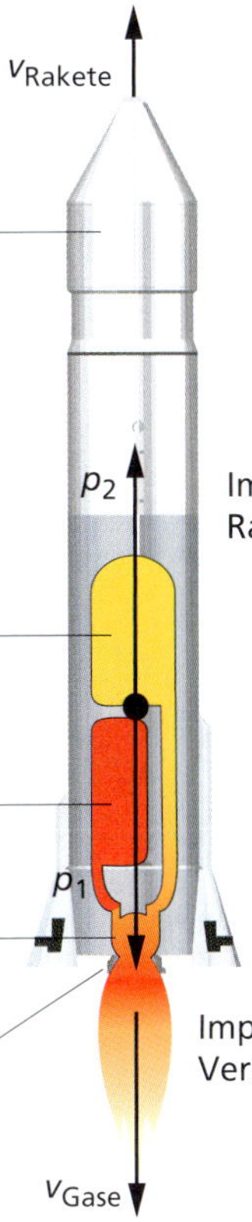

2 Prinzip der Arbeitsweise von Raketentriebwerken

Damit bekommen die Gase einen Impuls nach unten:

$$p_1 = m_{Gase} \cdot v_{Gase}$$

Nach dem Impulserhaltungssatz bekommt die Rakete einen gleich großen Impuls nach oben:

$$p_2 = m_{Rakete} \cdot v_{Rakete}$$

Verbrennungsgase und Rakete bewegen sich in entgegengesetzter Richtung.

gewusst · gekonnt

1. In einem Kaufhaus steht ein Junge auf einer Rolltreppe.

a) Ist dieser Junge in Ruhe oder in Bewegung oder trifft sogar beides zu? Begründe!

b) Ein Mädchen läuft auf einer fahrenden Rolltreppe. Ist es in Ruhe oder in Bewegung? Begründe!

2. Auf Spielplätzen gibt es Laufräder für Kinder. Das Kind auf dem Rad muss kräftig treten, um nicht herunterzufallen.

Ist das Kind in Ruhe oder in Bewegung? Begründe!

3. Welche Abschnitte der folgenden Bewegungen verlaufen gleichförmig?

a) Du fährst mit dem Aufzug vom Erdgeschoss in den 7. Stock eines Gebäudes.

b) Ein Flugzeug startet und fliegt dann ruhig über dem Meer und landet.

4. Auf den Fotos sind Körper in Bewegung abgebildet.
Welche Bahnformen haben die Bewegungen der entsprechenden Körper?

5. Gib an, ob die folgenden Bewegungen gleichförmig verlaufen!
Begründe deine Antworten!

a) Abfahrt mit einem Schlitten vom Berg

b) Transport von Gepäck auf einem Förderband

c) Bewegung eines Weitspringers

d) Abschuss und Bewegung eines Balls

6. Susanne benötigt zum Durchfahren einer Strecke mit dem Fahrrad die doppelte Zeit wie Tina.
Was kannst du über die Geschwindigkeit von Susanne im Vergleich zu der von Tina aussagen?
Begründe deine Antwort!

7. Vater und Sohn gehen vom Bahnhof stets zu Fuß nach Hause. Der Vater benötigt für die Strecke 15 Minuten, der Sohn 20 Minuten. Wer geht mit einer größeren Geschwindigkeit (↗ M S. 30)?
Begründe!

8. Gib die Geschwindigkeiten 0,5 $\frac{m}{s}$; 3 $\frac{m}{s}$; 20 $\frac{m}{s}$ und 100 $\frac{m}{s}$ in $\frac{km}{h}$ an!

9. Gib die Geschwindigkeiten $5\,\frac{\text{km}}{\text{h}}$; $36\,\frac{\text{km}}{\text{h}}$; $130\,\frac{\text{km}}{\text{h}}$ und $1\,000\,\frac{\text{km}}{\text{h}}$ in $\frac{\text{m}}{\text{s}}$ an!

10. Ein Betonteil wird vom Kran mit einer Geschwindigkeit von 2 m/s gehoben.
Wie hoch wird das Betonteil gehoben, wenn der Hebevorgang 10 s dauert (↗ **M** S. 30)?

11. In einem Warenhaus ist die Rolltreppe 12 m lang. Die Fahrt eines Kunden dauert 30 s.
Mit welcher Geschwindigkeit hat sich der Kunde auf der Rolltreppe bewegt?

12. Susanne, Tina und Michael haben verschiedene ferngesteuerte Autos. Sie wollen ermitteln, welches Fahrzeug das schnellste ist.
Dazu führen sie verschiedene Messungen durch.

Auto von	Weg *s* in m	Zeit *t* in s
Susanne	4	2
Tina	10	3
Michael	12	3

Ordne die Autos nach ihrer Geschwindigkeit (↗ **M** S. 30)!

13. Die Magnetschwebebahn Transrapid legt die 31 km lange Strecke vom Flughafen Schanghai (China) bis zum Stadtzentrum in 7 min 40 s zurück. Wie groß ist die Durchschnittsgeschwindigkeit des Zugs (↗ **M** S. 30)?

14. Gute Fußballer können beim Abschuss dem Ball eine Geschwindigkeit von $90\,\frac{\text{km}}{\text{h}}$ verleihen.

Wie viel Zeit hat ein Torwart, um bei einem 11-m-Schuss auf den Abschuss zu reagieren?

15. Die Abbildung unten zeigt einen Ausschnitt aus dem Fahrplan der Deutschen Bahn.
a) Was kann man einem solchen Fahrplan entnehmen?
b) Wie groß ist die Durchschnittsgeschwindigkeit der S-Bahn 7153 zwischen Stuttgart und Herrenberg?
c) Vergleiche die Durchschnittsgeschwindigkeit des RE 19617 mit der des ICE 185 zwischen Stuttgart und Rottweil!
d) Erläutere den Unterschied zwischen Durchschnitts- und Höchstgeschwindigkeit eines Zugs!

740 Stuttgart - Horb - Rottweil - Tuttlingen –< Zollhaus-Blumberg / Singen (Hohentwiel) *Gäubahn*

km	Zug		CIS 157	RE 32627	HzL 83373 2. Mo-Fr 1	RE 19617	RE 32614	RE 4117	HzL 83375 2.	S 7149	RB 19687 Mo-Fr 5	RE 19619	S 7153	RB 19661 Mo-Fr 5	ICE 185 Mo-Do, Sa 8	CIS 159 Fr, So 7	RE 32629	HzL 83379 2. Mo-Fr 1
	von			Neustadt (Schww)	Bräunlingen		Ulm Hbf	Karlsruhe Hbf	Bräunlingen	Plochingen			Plochingen				Neustadt (Schww)	
0	**Stuttgart** Hbf *(247 m)* ✈	80 7	16 04			16 18						17 17			18 04	18 04		
0	Stuttgart Hbf (tief) S	9								16 35			17 35					
26	Böblingen S	790.9				16 38				16 59		17 37	17 59					
42	Herrenberg S	790.1, 764 80 4 ○				16 48				17 13		17 46	18 13					
	Herrenberg					16 49					17 22	17 47		18 17				
46	Gäufelden					16 53					17 27	17 51		18 21				
51	Bondorf (b Herrenberg)					16 57					17 32	17 54		○18 25				
55	Ergenzingen					17 01					17 35	17 58						
57	Eutingen im Gäu *(476 m)*	741 4 ○				17 04					17 38	18 00						
	Eutingen im Gäu					17 07						18 02						
67	**Horb** *(391 m)*	765, 774 4 ○	16 40			17 15						18 09			18 40	18 40		
	Horb		16 42			17 18						13 18 10			18 42	18 42		
81	Sulz (Neckar)					17 28						18 20						
92	Oberndorf (Neckar)					17 36						18 33						
110	**Rottweil** *(557 m)*	742 4 ○	17 07			17 48						13 18 47			19 07	19 07		
	Rottweil		17 09		×17 15	17 50			18 15						19 09	19 09		19 15
111	Rottweil Göllsdorf				×17 17				×18 17									×19 17
113	Rottweil Saline				17 19				×18 19									×19 19
117	Rottweil Neufra				×17 22				×18 22									×19 22
121	Aldingen (b Spaichingen)				17 29				18 29									19 27
123	Spaichingen Mitte				×17 32				×18 32									×19 30
125	Spaichingen *(670 m)*	○			17 33	18 02			18 34									19 32

16. Für ein Fahrzeug wurden folgende Messwerte aufgenommen:

Weg s in km	6	12	18	24	30	36
Zeit t in min	2	4	6	8	10	12

a) Zeichne das Weg-Zeit-Diagramm!
b) Ermittle die Wege für eine und für sieben Minuten (↗ M S. 239)!
c) Ermittle die Zeit für 33 km!
d) Wie bewegt sich dieses Fahrzeug?
e) Berechne die Geschwindigkeit dieses Fahrzeugs (↗ M S. 30)!
f) Was für ein Fahrzeug könnte das sein?

17. Für einen Radfahrer wurde folgendes Weg-Zeit-Diagramm aufgenommen:

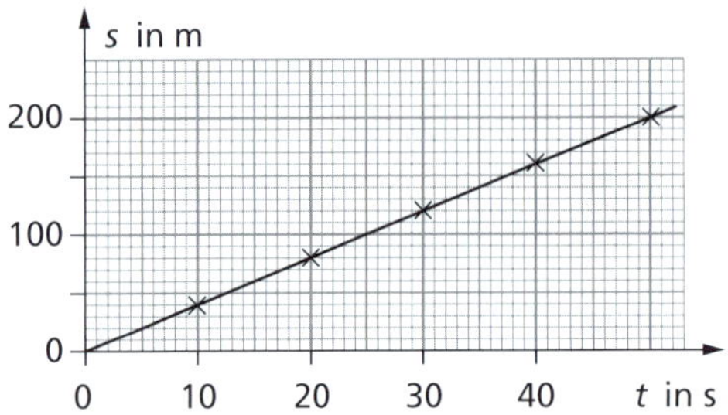

a) Welchen Weg hat er nach 25 s zurückgelegt (↗ M S. 100, 239)?
b) Welche Zeit braucht er für 150 m?
c) Wie groß ist seine Geschwindigkeit?

18. Die Stadtbahnlinie U6 der Stuttgarter Straßenbahn fährt um 7.12 Uhr in Gerlingen ab und kommt um 7.40 Uhr im Stadtzentrum an. Sie fährt dabei 13 km. Berechne die Durchschnittsgeschwindigkeit der Bahn!

***19.** Hubschrauber und Verkehrsflugzeuge fliegen unterschiedlich schnell. Erkunde, welche Höchstgeschwindigkeit Hubschrauber erreichen und wie groß die Reisegeschwindigkeit von Flugzeugen ist!

20. Lässt man einen aufgeblasenen Luftballon los, sodass die Luft ausströmen kann, dann saust er durch die Luft. Woher bekommt er seinen Impuls?

21. Beim Anlegen am Bootsteg springt Peter vom Boot zum Land hinüber. Warum bewegt sich das Boot jetzt vom Steg weg?

22. Wenn man eine Kugel mit einem Gewehr abschießt, dann spürt man einen Rückschlag. Erkläre (↗ M S. 32)!

23. Diskutiere die Frage, ob es günstiger ist, einen schweren oder einen leichten Hammer zu verwenden, wenn man Nägel in Holz schlagen will!

24. Vergleiche den Impuls eines Fußgängers mit $m = 65\,\text{kg}$ und $v = 5\,\text{km/h}$ mit dem eines Geschosses ($m = 12\,\text{g}$, $v = 750\,\text{m/s}$)!

25. Ein Geschoss ($m = 12\,\text{g}$) verlässt den Lauf eines Gewehrs der Masse 5,2 kg mit $750\,\frac{\text{m}}{\text{s}}$. Wie groß ist die Rückstoßgeschwindigkeit?

26. Erkläre die prinzipielle Wirkungsweise eines Strahltriebwerks (↗ M S. 32)!

Bewegungen in Natur und Technik

Ein Körper befindet sich in Bewegung, wenn er seine Lage gegenüber einem Bezugssystem (z. B. der Erdoberfläche) ändert. Bewegungen können in verschiedener Art auf unterschiedlichen Bahnen erfolgen.

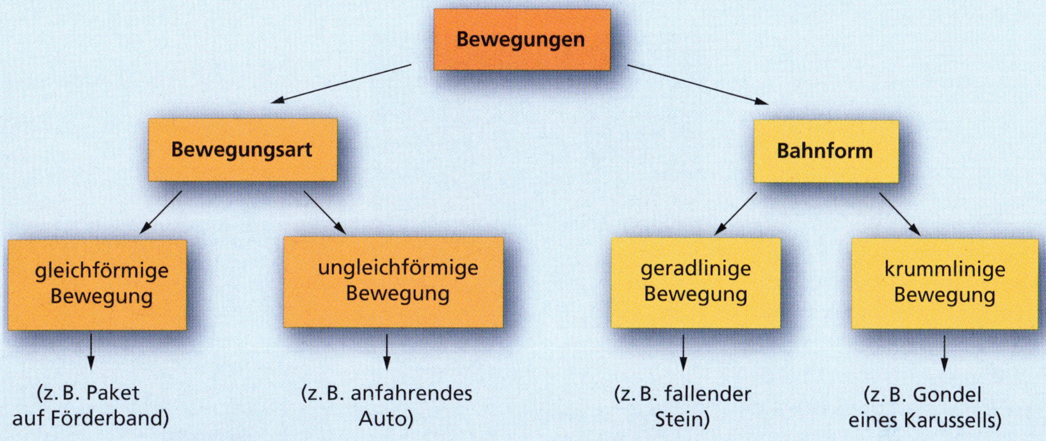

Die **Geschwindigkeit *v*** gibt an, welcher Weg in jeder Sekunde bzw. in jeder Stunde zurückgelegt wird.

Für die gleichförmige Bewegung gilt:

$$\text{Geschwindigkeit} = \frac{\text{zurückgelegter Weg}}{\text{dafür benötigte Zeit}} \qquad v = \frac{s}{t}$$

Weg-Zeit-Diagramm (*s*-*t*-Diagramm)

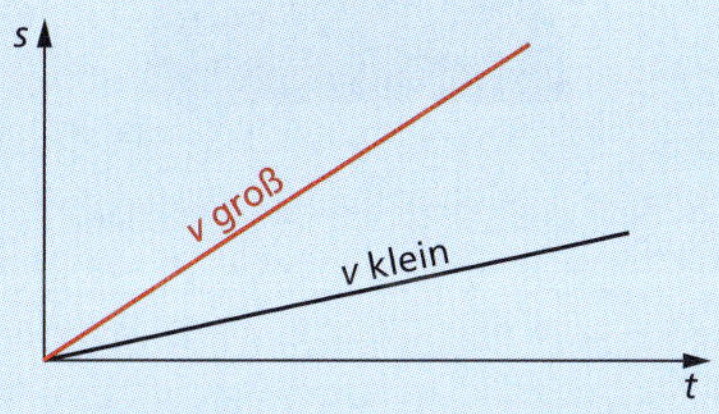

Geschwindigkeit-Zeit-Diagramm (*v*-*t*-Diagramm)

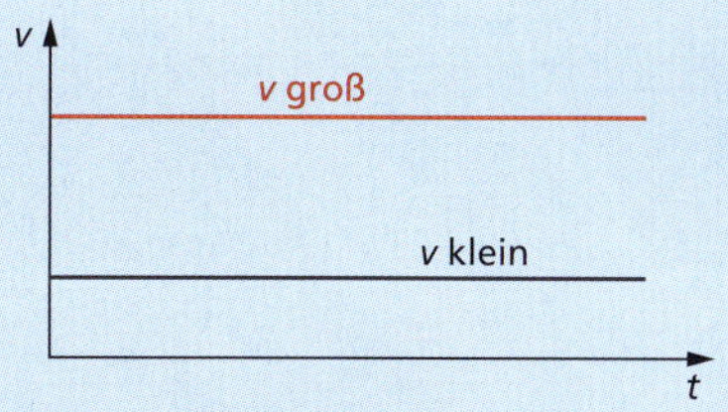

Der **Impuls *p*** beschreibt die Wucht eines bewegten Körpers.
Er ist umso größer,
- je größer die Masse *m* des Körpers ist und
- je größer die Geschwindigkeit *v* des Körpers ist.

$$p = m \cdot v$$

Es gilt der **Impulserhaltungssatz:**
Impuls kann weder erzeugt noch vernichtet werden.

Das **Trägheitsgesetz** lautet:

Wenn weder Impuls zugeführt noch abgeführt wird, bleibt ein Körper in Ruhe oder in gleichförmiger geradliniger Bewegung.

7.3 Kräfte und ihre Wirkungen

Große Sprünge leichtgemacht

Als erste Menschen betraten 1969 die Astronauten NEIL ARMSTRONG und EDWIN ALDRIN den Mond. Sie konnten dort mit ihren schweren Ausrüstungen (84 kg) große Sprünge ausführen. Auf der Erde wäre das nicht möglich gewesen.

Wie ist diese ungewöhnliche sportliche Leistung auf dem Mond zu erklären?

Immer hart am Wind

Damit ein Surfbrett so richtig „in Fahrt kommt", versucht der Surfer, es möglichst wirkungsvoll in den Wind zu stellen. Dabei beachtet er nicht nur die Stärke und Richtung des Winds, sondern auch Strömungen und Wellen.

Welche Kräfte hemmen die Bewegung eines Surfbretts, welche treiben es an?

Ein gekonnter Aufschlag

Um beim Tennis einen harten Aufschlag zu haben, besser noch um ein Ass zu landen, muss der Spieler kräftig und geschickt gegen den Ball schlagen. Dadurch wird dieser beschleunigt, erhält seine Richtung und einen Drall. Sowohl der Ball als auch der Schläger werden verformt.

Um welche Kräfte geht es? Was bewirken sie?

Wirkungen von Kräften auf Körper

Im Alltag sagen wir über Vorgänge, bei denen Körper bewegt oder verformt werden, dass Kräfte wirken. **Naturkräfte,** die bei Erdbeben wirken, können Ortschaften zerstören. Mit **Muskelkräften** heben wir eine Tasche oder bewegen einen Ball. Die **Schubkraft** von Triebwerken setzt ein Flugzeug auf einer Startbahn in Bewegung.

Bei diesen und anderen Vorgängen wirken Körper aufeinander ein, wobei sich ihre Bewegung und damit ihr Impuls oder ihre Form oder beides ändert (Abb. 1–4). So wird z. B. beim Abschuss eines Fußballs nicht nur die Bewegung des Balls geändert, sondern kurzzeitig auch seine Form. Beim Aufprall eines Autos auf einen Baum wird es sowohl abgebremst als auch verformt.

Die Einwirkungen der Körper aufeinander sind wechselseitig. Man sagt auch: Die Kraft ist eine **Wechselwirkungsgröße:** Körper A übt eine Kraft auf Körper B aus; Körper B wirkt auf Körper A mit der gleichen Kraft.

Für das Beispiel mit dem Auto bedeutet das: Bei einem Unfall wirkt auch das Auto auf den Baum ein und verformt ihn.

Körper können Kräfte aufeinander ausüben. Die Kräfte sind an ihren Wirkungen erkennbar: Sie bewirken eine Änderung des Impulses oder der Form von Körpern oder beides.

Körper können mehr oder weniger stark aufeinander einwirken und dadurch kleine oder große Wirkungen hinterlassen.

Wie stark verschiedene Körper aufeinander einwirken, wird durch die physikalische Größe Kraft beschrieben.

Die Kraft gibt an, wie stark ein Körper auf einen anderen einwirkt, also seinen Impuls oder seine Form ändert.

Formelzeichen: *F*

Einheit: 1 Newton (1 N)

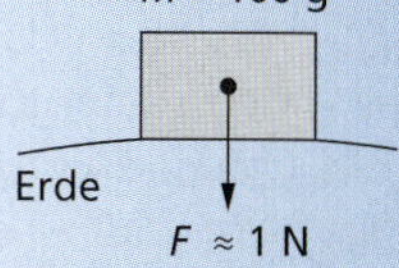

1 N ist etwa die Kraft, mit der die Erde einen Körper anzieht, der eine Masse von 100 g hat.

Die Einheit ein Newton (1 N) wurde nach dem englischen Physiker Isaac Newton (1643–1727) benannt, der wichtige Gesetze der Mechanik, der Elektrizitätslehre und der Optik entdeckt hat.

Isaac Newton war einer der bedeutendsten Physiker der Wissenschaftsgeschichte. Er fand nicht nur den grundlegenden Zusammenhang zwischen der Kraft und der Impulsänderung eines Körpers, sondern entdeckte auch, dass sich Körper aufgrund ihrer Masse gegenseitig anziehen und dass die Gesetze der Mechanik auch im Weltraum wirken.

Vielfache der Einheit 1 N sind ein Kilonewton (1 kN) und ein Meganewton (1 MN):

1 kN = 1 000 N

1 MN = 1 000 kN = 1 000 000 N

1 Ein Radfahrer wirkt auf die Pedale ein und hält das Fahrrad in Bewegung.

2 Die Spieler wirken auf den Ball, bremsen ihn ab und geben ihm eine andere Richtung.

3 Der Sturm wirkt auf das Wasser, setzt es in Bewegung und türmt riesige Wellen auf.

4 Bei einem Crashtest wird das Auto abgebremst und verformt sich.

Messen und Darstellen von Kräften

Zur Messung von Kräften verwendet man **Federkraftmesser** (Abb. 2). Dabei nutzt man die elastische Verformung von Stahlfedern aus. Für solche Stahlfedern gilt: Die Dehnung einer Feder ist proportional der einwirkenden Kraft. Bringt man an eine solchen Feder eine Skala an und eicht die Anordnung, so erhält man einen Federkraftmesser. Die wirkende Kraft wird in Newton (N) angezeigt.

Die Wirkung einer Kraft ist von ihrem **Angriffspunkt,** ihrem **Betrag** und ihrer **Richtung** abhängig. Die Kraft ist eine gerichtete (vektorielle) Größe. Kräfte werden deshalb durch Pfeile dargestellt (Abb. 1). Für genaue Zeichnungen muss man einen Maßstab vereinbaren, z. B. 5 N ≙ 1 cm. Gerichtete Größen werden durch einen Pfeil über dem Formelzeichen gekennzeichnet. Mit dem Kurzzeichen ohne Pfeil ist der Betrag der Kraft gemeint.

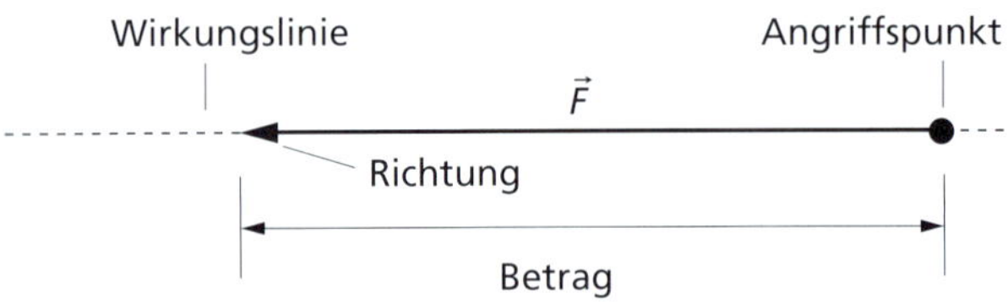

1 Darstellung einer Kraft durch einen Pfeil

Kräfte in Natur und Technik	
Gewichtskräfte	
10-Cent-Stück	0,04 N
Schokoladentafel (100 g)	1 N
1 l Wasser	10 N
Mensch	500 N – 800 N
Pkw	≈ 10 000 N
Zugkräfte	
Pferd	400 N – 750 N
Pkw	≈ 5 000 N
Lokomotive	≈ 200 000 N
Hubkräfte	
Gewichtheben	1 000 N – 2 500 N
Eisenbahndrehkran	bis 2 500 000 N

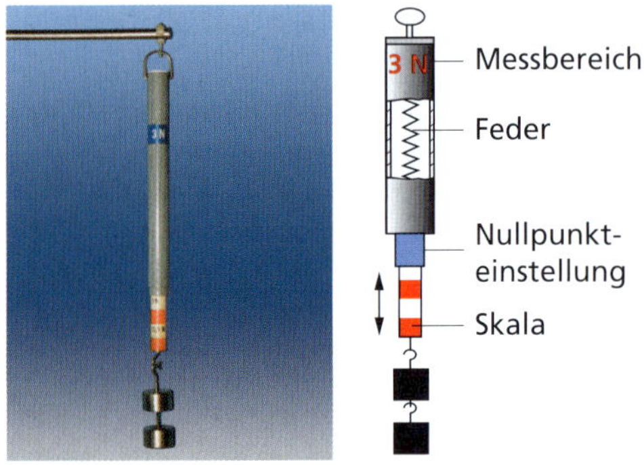

2 Ein Federkraftmesser und sein Aufbau

Vorgehen beim Messen von Kräften

1. Schätze die Kraft und wähle davon ausgehend einen geeigneten Federkraftmesser aus!
2. Stelle den Nullpunkt ein!
2. Lass die Kraft einwirken und lies an der Skala den Betrag der Kraft ab!

Mosaik

Plastische und elastische Verformung

Wenn Kräfte auf Körper einwirken, können die Verformungen **plastisch** oder **elastisch** sein.
Die Verformung eines Körpers ist plastisch, wenn er nicht wieder von allein seine ursprüngliche Form annimmt, wie das beim Schmieden eines Werkstücks, beim Biegen eines Rohrs, beim Bearbeiten von Knetmasse oder beim Pressen eines Karosserieteils der Fall ist.

Wirkt dagegen eine Kraft auf einen Ball, die Saiten einer Gitarre oder den Ast eines Baums, so erfolgt ebenfalls eine Verformung dieser Körper. Sie nehmen aber ihre ursprüngliche Form wieder an, wenn die Kraft nicht mehr wirkt. Die Verformung des Körpers ist elastisch, wenn er von allein wieder seine ursprüngliche Form annimmt. Elastisch verformt werden z. B. die metallischen Zungen bei einer Mundharmonika, die Stimmbänder oder Flugzeugtragflächen.

Zusammensetzung von Kräften

Auf einen Körper können gleichzeitig mehrere Kräfte wirken. Das ist z. B. der Fall, wenn zwei Personen ein Auto anschieben, ein Radfahrer bergauf fährt oder Schüler beim Tauziehen ihre Kräfte messen (Abb. 1).

Wirken zwei Kräfte längs einer Wirkungslinie auf einen Körper in gleicher Richtung, so addieren sich ihre Beträge:

$$F = F_1 + F_2$$

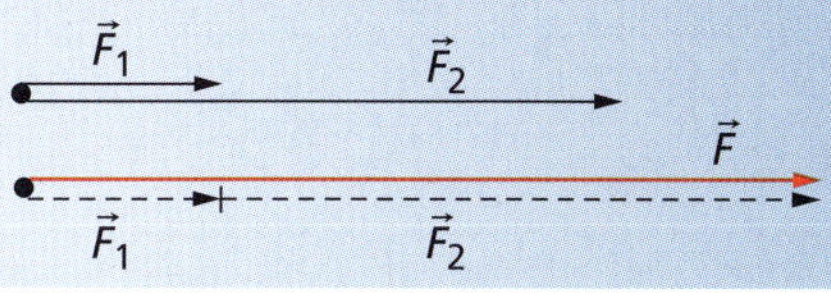

Das gilt nur, wenn die Kräfte längs einer Linie wirken. Bei Kräften, die in entgegengesetzter Richtung wirken, gilt ein anderes Gesetz.

Wirken zwei Kräfte längs einer Wirkungslinie auf einen Körper in entgegengesetzter Richtung, so subtrahieren sich ihre Beträge:

$$F = F_1 - F_2$$

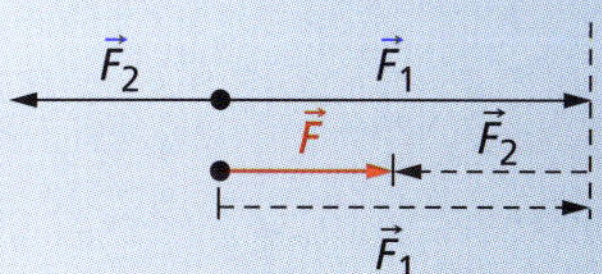

Die Richtung der Gesamtkraft ist gleich der Richtung der größeren der beiden Teilkräfte. Obwohl z. B. die Teilkräfte der beiden Schüler beim Tauziehen groß sind, ist die Gesamtkraft klein, wenn einer der Schüler gewinnt.
Sind beide Schüler gleich stark, so bewegt sich die Markierung des Taus nicht. Die beiden Kräfte gleichen sich aus. Die Gesamtkraft ist null. Man spricht dann von einem **Kräftegleichgewicht.**

Sind zwei entgegengesetzt gerichtete Kräfte längs einer Wirkungslinie auf einen Körper gleich groß, so ist die resultierende Kraft null. Es herrscht Kräftegleichgewicht:

$$F = 0\ \text{N}$$

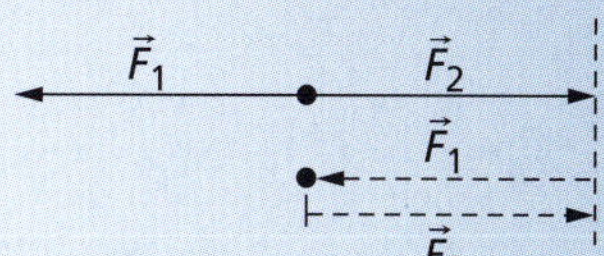

Zwei Kräfte auf einen Körper können auch in beliebigen anderen Richtungen wirken, z. B. auf ein Flugzeug die Antriebskraft in der einen und die Kraft des Windes in einer anderen Richtung. In diesem Fall gilt für die Gesamtkraft:

Wirken zwei Kräfte mit gemeinsamem Angriffspunkt in unterschiedlichen Richtungen auf einen Körper ein, so erhält man die Gesamtkraft durch ein Kräfteparallelogramm.

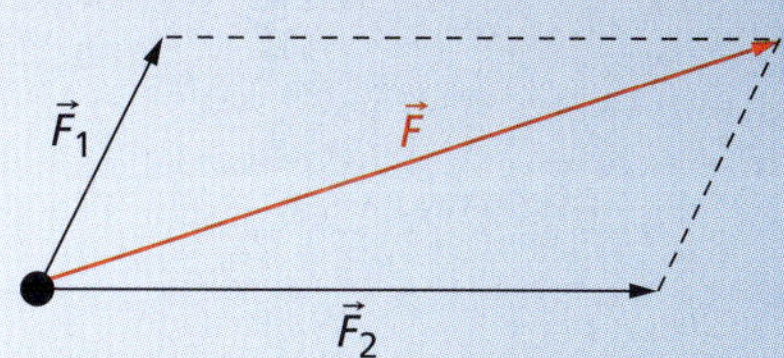

1 Zwei Kräfte wirken in entgegengesetzter Richtung auf das Seil ein.

Messen von Kräften und Dehnungen bei Federn und Gummibändern

Beachte!
Mithilfe von **Tabellenkalkulationsprogrammen** kann man Daten in Tabellen ordnen, in Diagrammen veranschaulichen und auch Berechnungen durchführen. Für die dargestellten Beispiele eignet sich jedes gängige Tabellenkalkulationsprogramm. Hier wurde das Programm **MS Excel** verwendet.

Stahlfedern sind in bestimmten Bereichen elastisch verformbar. Das bedeutet: Sie „gehorchen" dem hookeschen Gesetz. Für Gummibänder gilt dieses Gesetz nicht. Für zwei verschiedene Federn und ein Gummiband wird die Dehnung in Abhängigkeit von der wirkenden Kraft untersucht. Die Messwerte sind in der folgenden Messwertetabelle erfasst:

F in N	0	0,5	1,0	1,5	2,0	2,5
s_1 in cm	0	0,9	1,7	2,4	3,1	4,1
s_2 in cm	0	0,35	0,75	1,15	1,55	1,95
s_3 in cm	0	0	0,25	0,5	0,75	0,8

Der Quotient aus der **Kraft** F und der **Dehnung** s ist die **Federkonstante** D:

$D = \frac{F}{s}$

Bei einer elastischen Feder ist die Federkonstante D immer gleich groß.

Die Formel
$F = D \cdot s$
wird nach ihrem Entdecker ROBERT HOOKE (1635–1703) **hookesches Gesetz** genannt.

Um zu erkennen, ob das hookesche Gesetz gilt, gibt es zwei Möglichkeiten:

a) Es wird der Quotient aus der wirkenden Kraft und der Verlängerung der Feder bzw. des Gummibands gebildet. Ist dieser Quotient konstant, so gilt das hookesche Gesetz.
b) Es wird ein Dehnungsdiagramm gezeichnet. Ist der Graph eine Gerade, so gilt das hookesche Gesetz.

Beide Möglichkeiten kannst du mit einem Computer in einem Tabellenkalkulationsprogramm realisieren.

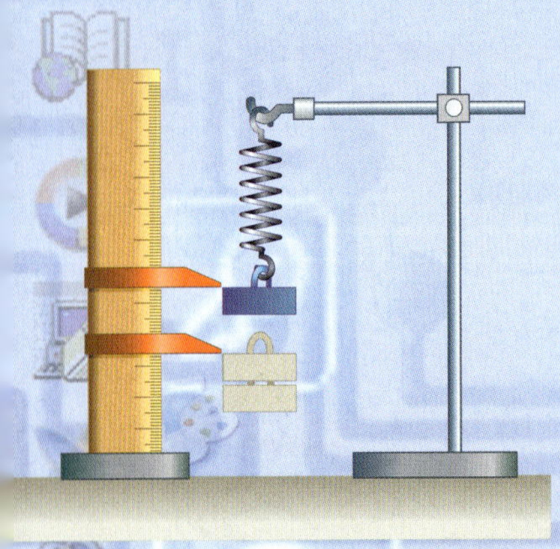

Darstellen der Messwerte und Berechnen der Federkonstanten

Dazu kannst du in folgenden Schritten vorgehen:

1. Öffne das Tabellenkalkulationsprogramm!
2. Trage in die erste Zeile den Kopf der Tabelle ein!
   Der Tabellenkopf kann farbig, die Schrift fett gestaltet werden. Dazu musst du die jeweiligen Zellen markieren und im Menü „Format" die entsprechenden Einstellungen vornehmen.
3. Speichere die Daten, z. B. unter dem Dateinamen „Feder 1"!
4. Gib die Messwerte für die Kraft und die Dehnung ein!
5. Wenn du die Berechnung vornehmen willst, kannst du so vorgehen:
   - Markiere das Feld C3!
   - Klicke im Menü auf das Gleichheitszeichen und gib die Rechenoperation B3/A3 ein! Drücke „Enter"!
   - Wiederhole das für die Felder C4 bis C7!

Du erhältst die Tabelle, die auf S. 257 links dargestellt ist.

Feder 1.xls

	A	B	C
1	Kraft F in N	Dehnung s in cm	Federkonstante D in N/cm
2	0	0	0
3	0,5	0,9	0,56
4	1,0	1,7	0,59
5	1,5	2,4	0,63
6	2,0	3,1	0,65
7	2,5	4,1	0,61
8			

Feder 1,2.xls

	A	B	C	D
1	Kraft F in N	Dehnung Feder 1 in cm	Dehnung Feder 2 in cm	Dehnung Gummi in cm
2	0	0	0	0
3	0,5	0,9	0,35	0
4	1,0	1,7	0,75	0,25
5	1,5	2,4	1,15	0,5
6	2,0	3,1	1,55	0,75
7	2,5	4,1	1,95	0,8
8				

So kann man die Messwerte im Tabellenkalkulationsprogramm darstellen und die Federkonstante berechnen.

Darstellen der Messwerte in einem Dehnungsdiagramm

Die Messwerte können auch in einem Dehnungsdiagramm dargestellt werden, wenn man ein Tabellenkalkulationsprogramm nutzt. Dabei kann man den Graphen für eine oder auch für mehrere Messreihen in einem Diagramm darstellen:

1. Trage die Messwerte so in die Tabelle ein, wie es rechts oben dargestellt ist.
2. Markiere die Messwerte für die Dehnungen der beiden Federn und des Gummibands!
3. Rufe den Diagrammassistenten durch Klicken auf das entsprechende Symbol in der Menüleiste auf! Wähle ein Liniendiagramm mit Datenpunkten aus! Drücke dann auf die Schaltfläche „Weiter"!
4. Gehe zum Bereich Reihe! Setze den Cursor in die Beschriftung der Rubrikenachse (X)! Markiere die Messwerte für die Kraft in der Tabelle! Mit „Weiter" kommst du zum nächsten Schritt.
5. Nun kannst du das Diagramm und die Achsen beschriften und das Diagramm fertigstellen.
6. Die Graphen verlaufen nicht durch den Punkt (0;0). Um das zu ändern, bewege den Mauszeiger in die Nähe der Kraftachse. Wenn das Wort „Rubrikenachse" erscheint, öffnet sich durch Doppelklick ein Menü. Öffne „Skalierung" und entferne bei der Größenachse das Häkchen. Damit erhältst du das unten abgebildete Dehnungsdiagramm.

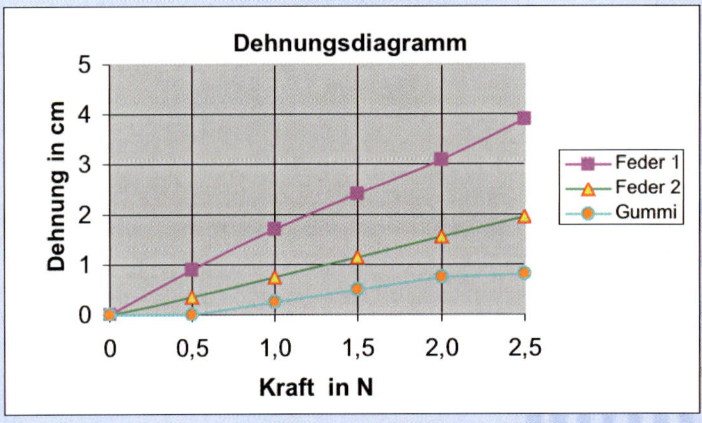

Der Diagramm-Assistent hat das Symbol 

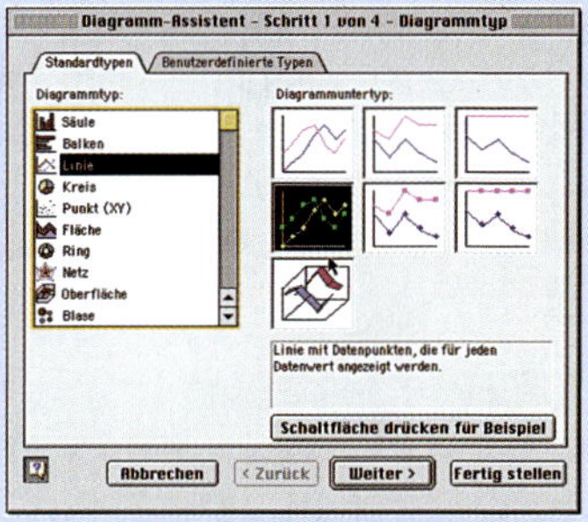

Die Farben der Graphen und der Flächen kannst du beliebig ändern!

Aus dem Diagramm ist erkennbar:
1. Beide Federn genügen näherungsweise dem hookeschen Gesetz.
2. Feder 1 ist weicher als Feder 2, weil sie bei der gleichen Kraft stärker gedehnt wird.
3. Das Gummiband genügt nicht dem hookeschen Gesetz.

Die Gewichtskraft von Körpern

Alle Körper ziehen sich aufgrund ihrer Massen gegenseitig an. Die Erde zieht alle Körper an, die sich auf ihr befinden. Hält man einen Gegenstand, z. B. ein Schulbuch, in der Hand, so spürt man eine Kraft, die nach unten zieht. Legt man das Schulbuch auf einen Tisch, so drückt es mit derselben Kraft auf diese Unterlage. Lässt man es los, fällt es nach unten, also in Richtung Erdmittelpunkt. Hängen wir es an einen Federkraftmesser, so zieht es mit derselben Kraft an der Aufhängung. Die Ursache dafür ist in allen Fällen die Erdanziehungskraft.

In der Physik wird die Kraft, die dadurch auf alle Körper auf der Erdoberfläche und in Erdnähe wirkt, als **Gewichtskraft** bezeichnet.

Die Gewichtskraft F_G gibt an, wie stark ein Körper auf eine Unterlage drückt oder an einer Aufhängung zieht.

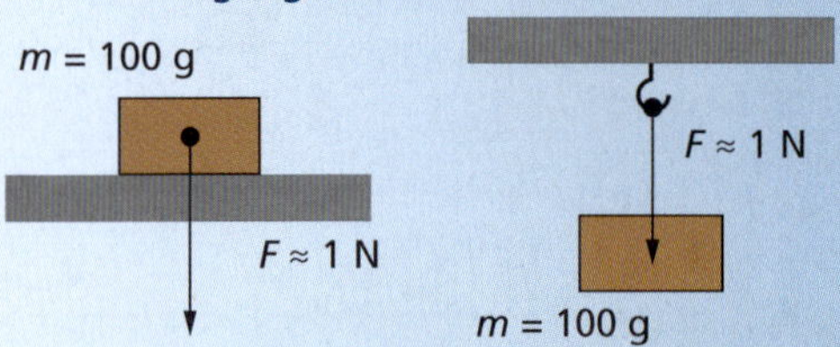

Die Gewichtskraft, die auf einen Körper wirkt, hängt ab

- von seiner Masse und
- von dem Ort, an dem er sich befindet.

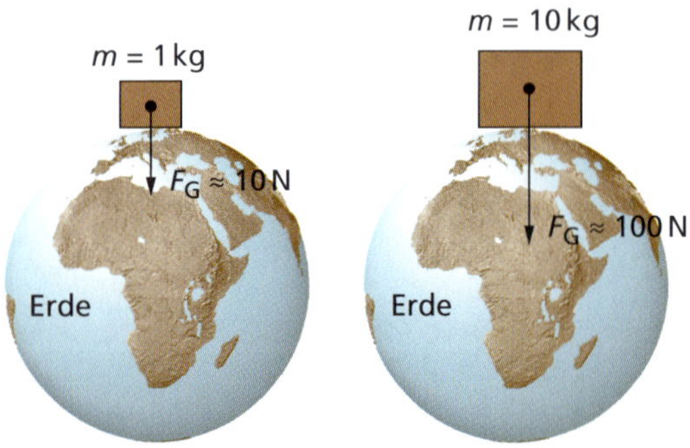

1 Je größer die Masse eines Körpers ist, desto größer ist am gleichen Ort auch seine Gewichtskraft.

Für relativ kleine Höhen, z. B. beim Aufstieg auf einen 3000 m hohen Berg oder beim Flug mit einem Airbus in etwa 10 km Höhe, ist die Gewichtsverminderung so klein, dass man sie vernachlässigen kann.

In einer Entfernung von etwa 1000 km über der Erdoberfläche ist die Gewichtskraft um etwa ein Viertel kleiner als auf ihr, in 10 000 km Höhe beträgt sie noch etwa ein Siebtel der Gewichtskraft auf der Erdoberfläche.

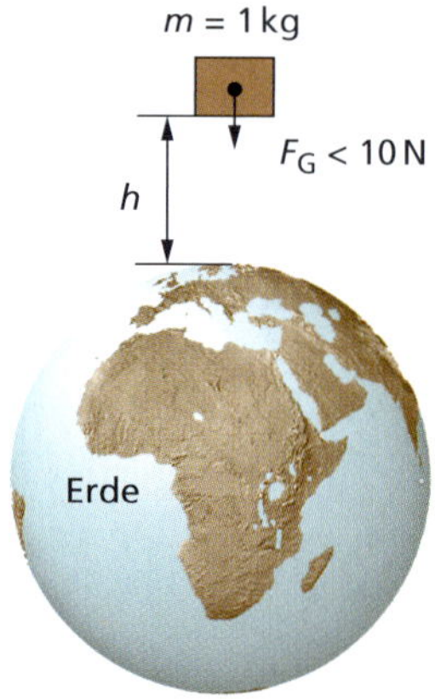

2 Je weiter ein Körper von der Erde entfernt ist, desto kleiner ist seine Gewichtskraft.

Die Gewichtskraft kann berechnet werden mit der Gleichung:

$$F_G = m \cdot g$$

m Masse des Körpers
g Ortsfaktor (Fallbeschleunigung)

Der Ortsfaktor ist eine Konstante, die vom jeweiligen Ort abhängig ist. Ihr durchschnittlicher Wert für die Erdoberfläche beträgt:

$$g = 9{,}81\,\frac{\mathrm{N}}{\mathrm{kg}} \approx 10\,\frac{\mathrm{N}}{\mathrm{kg}}$$

Für den Mars (Abb. 3) beträgt der Wert $3{,}71\,\frac{\mathrm{N}}{\mathrm{kg}}$.

3 Die Gewichtskraft des Mars-Rovers ist auf diesem Planeten nur 0,4-mal so groß wie auf der Erde.

Masse und Gewichtskraft
In der Physik muss man die Masse und die Gewichtskraft eines Körpers voneinander unterscheiden.

Masse m	**Gewichtskraft F_G**
Die Masse ist eine Eigenschaft eines Körpers. Sie ist nur von diesem Körper abhängig. In der Technik spricht man auch vom Gewicht.	Die Gewichtskraft kennzeichnet die Kraft zwischen zwei Körpern. Sie ist von beiden Körpern abhängig.
Die Masse eines Körpers ist überall gleich groß.	Die Gewichtskraft eines Körpers ist abhängig vom Ort, an dem sich der Körper befindet.
Einheit der Masse ist ein Kilogramm (1 kg).	Einheit der Gewichtskraft ist ein Newton (1 N).
Messgerät für die Masse ist die Waage.	Messgerät für die Gewichtskraft ist der Kraftmesser.

Die Schwerelosigkeit

Die Schwere eines Körpers ist nicht nur davon abhängig, wo sich der betreffende Körper befindet. Sie hängt auch davon ab, ob und wie sich der Körper bewegt. Steht z. B. eine Person auf einer ruhenden Unterlage, so wirkt auf die Unterlage, z. B. den Fußboden, ihre „normale" Gewichtskraft. Ursache dafür ist die Anziehungskraft zwischen Person und Erde. Diese Anziehungskraft zwischen Person und Erde wirkt auch, wenn sich die Person beliebig bewegt (Abb. 1). Bei einer Bewegung nach oben oder nach unten verändert sich aber die Kraft, die auf die Unterlage wirkt.

Beim Anfahren nach oben empfindet man eine größere Kraft als die „normale" Gewichtskraft. Beim Anfahren nach unten ist das Gegenteil der Fall: Man fühlt eine kleinere Kraft als die „normale" Gewichtskraft.

Auch in Flugzeugen kann man die Verminderung seiner eigenen Schwere spüren, wenn das Flugzeug in ein „Luftloch" gerät.

Fällt ein Körper frei herunter, so übt er keine Kraft mehr auf eine Unterlage aus. Der Körper ist dann **gewichtslos** oder, wie man auch sagt, **schwerelos.** Das ist ebenfalls bei Körpern der Fall, die sich um die Erde herum bewegen, z. B. bei Astronauten in einer Raumstation.

Astronauten müssen sich auf diese speziellen Bedingungen einrichten. So unterliegen z. B. die Muskeln einer völlig anderen Belastung. Bei längeren Raumflügen sind deshalb Trainingsmaßnahmen erforderlich. Flüssigkeiten lassen sich nicht einfach ausschütten. Sie bilden vielmehr Tropfen, die sich frei im Raum bewegen.

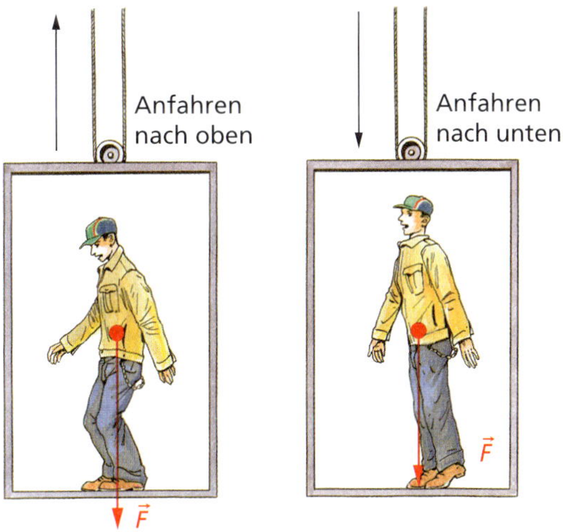

1 Beim Anfahren und Bremsen des Fahrstuhls kann man die unterschiedliche Kraft auf die Unterlage registrieren.

Kraft und Impulsänderung

Wirkt auf einen beweglichen Körper eine Kraft, so ändert sich dessen Geschwindigkeit und damit sein Impuls (Abb. 1).
Betrachten wir als Beispiel zwei Schwimmerinnen beim Absprung. Man kann davon ausgehen, dass die Zeit für den Absprung etwa gleich lang ist. Dann erreicht von zwei gleich schweren Schwimmerinnen diejenige eine größere Geschwindigkeit und damit einen größeren Impuls, die eine größere Kraft aufbringen kann.
Es gilt also:
Je größer die wirkende Kraft ist, desto größer ist die Änderung des Impulses in der betreffenden Zeit.

Wenn du auf ein Fahrrad einen bestimmten Impuls übertragen willst, also z. B. aus dem Stand eine Geschwindigkeit von 20 km/h erreichen willst, brauchst du eine bestimmte Zeit. Aus Erfahrung weißt du:
Je größer die wirkende Kraft ist, desto kleiner ist die Zeit, um eine bestimmte Geschwindigkeit und damit einen bestimmten Impuls zu erreichen.

Diese Zusammenhänge zwischen Kraft, Zeit und Impuls lassen sich allgemein so formulieren:

Die Kraft gibt an, wie viel Impuls pro Zeit auf einen Körper übertragen wird.

1 Durch Muskelkräfte wird ein Impuls auf den Körper übertragen.

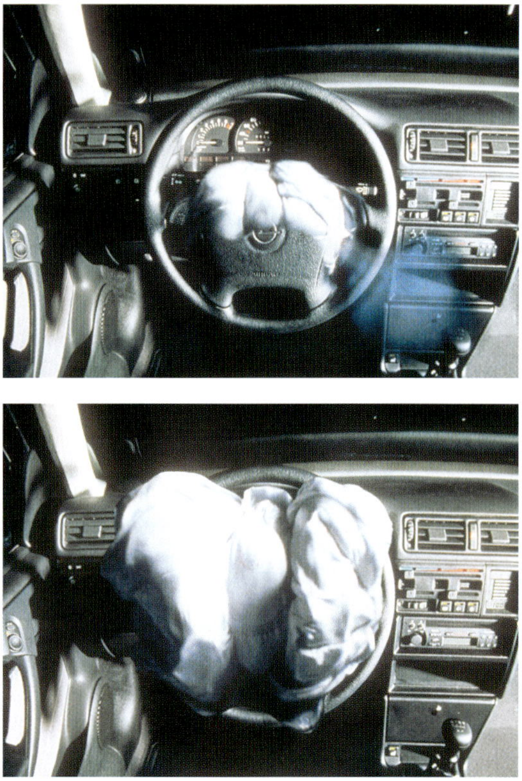

2 Ein Airbag verhindert den direkten Aufprall auf das Lenkrad.

Je schneller Impuls übertragen wird, desto größer ist die einwirkende Kraft. Das ist auch für unsere Wahrnehmung entscheidend: Ob wir bei einem Aufprall Schmerzen empfinden oder gar Verletzungen hervorgerufen werden, hängt nicht davon ab, wie viel Impuls übertragen wird. Wichtig ist vielmehr, in welcher Zeit der Impuls übertragen wird. Bei einem Auffahrunfall ist diese Zeit meist sehr klein, die wirkende Kraft demzufolge groß.
Erheblichen Einfluss hat auch, wie groß die Fläche ist, auf die sich die Kraft verteilen kann. Bei einem angeschnallten Fahrer gilt:

- Sein Impuls wird über den Sicherheitsgurt auf das Auto übertragen. Der Sicherheitsgurt ist breit. Die Kraft wird also auf eine größere Fläche verteilt.
- Auch der Airbag hat die Funktion, die Kraft auf eine größere Fläche zu verteilen (Abb. 2).

Physik in Natur und Technik

Verschiedene Kräfte – verschiedene Wirkungen

Beim Wasserspringen (Abb. 1) biegt sich das Sprungbrett durch die Gewichtskraft des Springers durch. Bei verschiedenen Springern biegt sich das Brett unterschiedlich stark durch. Die Gewichtskräfte haben unterschiedliche Wirkungen auf das Sprungbrett.
Wovon ist die Wirkung der Gewichtskraft auf ein Sprungbrett abhängig?
Wie ändert sich die Verformung des Sprungbretts, wenn es schräg nach oben gestellt wird?

Die Kraft, die auf das Sprungbrett einwirkt, ist die Gewichtskraft des Springers. Wir müssen herausfinden, ob Betrag, Richtung und Angriffspunkt die Wirkung dieser Kraft beeinflussen. Dazu untersuchen wir systematisch die Wirkung von Kräften auf eine biegsame Holzleiste anstelle des Sprungbretts. Wir führen also für den gegebenen Fall ein Experiment am Modell durch.
Damit wenden wir eine für die Physik typische Arbeitsweise an: An einem vereinfachten Beispiel (Modell) werden Zusammenhänge untersucht und die Ergebnisse auf das Original, das elastische Sprungbrett, übertragen.

1 Die Verformung eines elastischen Bretts hängt u. a. von der Gewichtskraft des Jungen ab.

1. Fall:
Wir untersuchen, ob die Wirkung einer Kraft vom Betrag abhängig ist. Angriffspunkt und Richtung der Kraft bleiben konstant.
Die Experimente (Abb. 2a, b) zeigen:

Die Wirkung einer Kraft auf einen Körper ist von ihrem Betrag abhängig.

Je größer die Gewichtskraft eines Springers ist, desto stärker biegt sich das Sprungbrett durch, wenn er an einer bestimmten Stelle auf dem Brett steht und die Richtung der Kraft auf das Brett jeweils gleich ist.

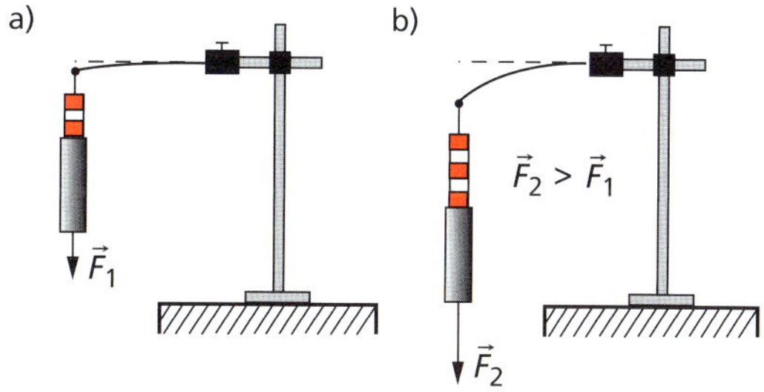

2 Abhängigkeit der Wirkung einer Kraft von ihrem Betrag

2. Fall:
Wir untersuchen die Abhängigkeit der Wirkung einer Kraft vom Angriffspunkt und lassen Betrag und Richtung der Kraft konstant. Die Experimente (Abb. 3a, b) zeigen:

Die Wirkung einer Kraft ist von ihrem Angriffspunkt abhängig.

Je weiter nach vorn ein Springer auf das Sprungbrett geht, desto stärker biegt es sich durch.

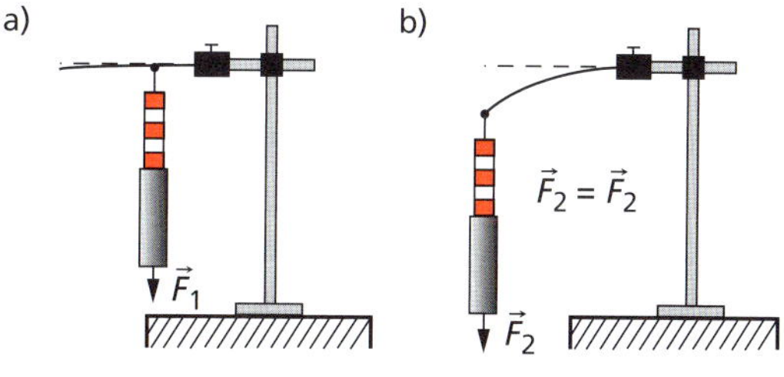

3 Abhängigkeit der Wirkung einer Kraft vom Angriffspunkt

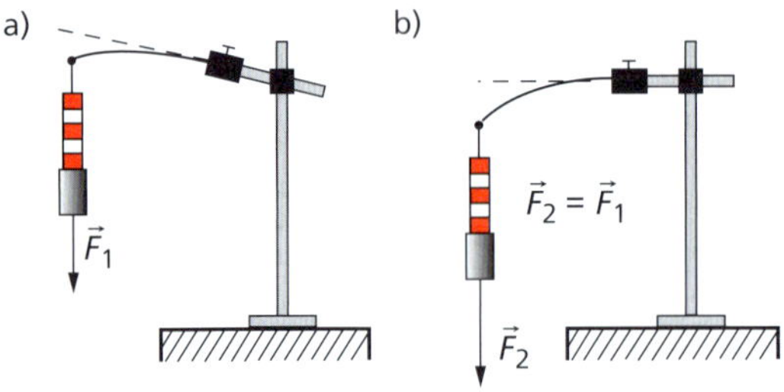

1 Abhängigkeit der Wirkung einer Kraft von ihrer Richtung

3. Fall:
Wir untersuchen die Abhängigkeit der Wirkung einer Kraft von ihrer Richtung und verändern die Richtung der angreifenden Kraft (Abb. 1).
Angriffspunkt und Betrag lassen wir konstant. Die Experimente (Abb. 1a, b) zeigen:

Die Wirkung einer Kraft ist von ihrer Richtung abhängig.

Würde man das Sprungbrett beim Wasserspringen schräg nach oben stellen, so würde es sich bei gleicher Gewichtskraft nicht so stark durchbiegen wie bei horizontaler Lage.

Auf dem Mond ist alles leichter

In den Jahren 1969 bis 1972 landeten amerikanische Astronauten auf dem Mond. Im Rahmen des Apollo-Mondlandeprogramms betrat NEIL ARMSTRONG im Juli 1969 als Erster die Mondoberfläche. Die Ausrüstung eines Astronauten hatte auf der Erde eine Masse von 84 kg und damit auf der Erdoberfläche eine Gewichtskraft von etwa 840 N.
So viel wiegt auf der Erde ein ausgewachsener Mann. Auf dem Mond führten die Astronauten aber mit dieser Ausrüstung ohne Schwierigkeiten große Sprünge aus.
*Wie ist das zu erklären (↗ **M** S. 32)? Welche Gewichtskraft hatte die Ausrüstung eines Astronauten auf dem Mond?*

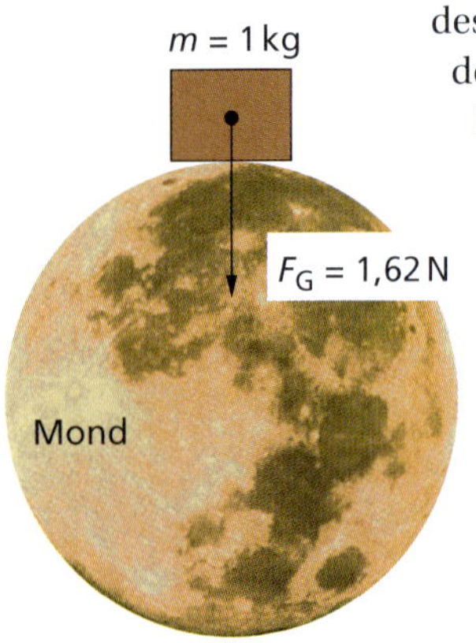

2 Die Gewichtskraft auf dem Mond ist nur etwa 1/6 so groß wie auf der Erde.

Die Masse der Ausrüstung ist auf dem Mond genauso groß wie auf der Erde. Sie beträgt 84 kg und ist nicht vom Ort abhängig.
Die Gewichtskraft eines Körpers ist jedoch vom Ort abhängig. Während der Ortsfaktor auf der Erde $g = 9{,}81\,\text{m/s}^2$ beträgt, ist sein Wert auf dem Mond $1{,}62\,\text{m/s}^2$. Demzufolge ist die Gewichtskraft auf dem Mond nur etwa 1/6 der Gewichtskraft auf der Erde. Die Ausrüstung eines Astronauten hat auf dem Mond nicht mehr eine Gewichtskraft von 840 N wie auf der Erde, sondern nur von 140 N. Auch die Gewichtskraft des Astronauten selbst verringert sich auf dem Mond auf 1/6. Da die Muskelkräfte die gleichen waren wie auf der Erde, konnten die Astronauten auf dem Mond große Sprünge ausführen und ihre schwere Ausrüstung ohne Probleme transportieren.

Kraft und Energie

Die Begriffe Kraft und Energie werden leicht verwechselt. Im 19. Jahrhundert wurden diese Begriffe selbst in der Physik in teils ähnlicher Weise genutzt. Manche dieser historischen Begriffsbildungen verwenden wir noch heute. So erzeugt z. B. ein Kraftwerk keine Kraft, sondern stellt uns Elektroenergie zur Verfügung. Bei einem Kraftfahrzeug wird Energie von einem Energieträger auf einen anderen übertragen. Im Kraftstoff, einem Energieträger, ist Energie gespeichert.
Wie unterscheiden sich Kraft und Energie? Welche Zusammenhänge gibt es zwischen den beiden Größen?

Kraft und Energie unterscheiden sich nicht nur in ihren Einheiten und den Messgeräten für ihre Bestimmung. Es sind verschiedene physikalische Größen. Die physikalische Größe Kraft bewirkt eine Änderung des Impulses oder der Form von

Körpern oder beides. Eine Kraft beeinflusst also den Zustand eines Körpers.
Energie dagegen ist in einem Körper vorhanden, z. B. aufgrund seiner Bewegung, seiner Form oder seiner chemischen Zusammensetzung.

Zwischen den beiden Größen Kraft und Energie gibt es aber auch Zusammenhänge. Wir wollen dazu nachfolgend verschiedene Beispiele betrachten.

(1) Heben eines Körpers
Ein Kran hebt eine Betonplatte an. Du gehst eine Treppe nach oben. Kinder steigen auf ein Klettergerüst (Abb. 1). Dazu ist jeweils eine Kraft erforderlich. Um einen Körper zu heben, muss man mindestens seine Gewichtskraft aufbringen. Zugleich vergrößert sich mit dem Hochheben die Energie des Körpers.

Bei Hochheben eines Körpers ändert sich seine Energie. Die Energieänderung ist umso größer, je größer die Gewichtskraft des Körpers ist und je höher er gehoben wird.

Die Energieänderung kann mit der Formel

$$\Delta E = F_G \cdot h$$

berechnet werden. In dem gehobenen Körper ist dann Energie gespeichert.

(2) Verformen eines Körpers
Äste werden vom Wind gebogen. Stahlfedern kann man dehnen (Abb. 2) oder stauchen. Sportschützen spannen ihren Bogen. Dazu ist ebenfalls jeweils eine Kraft erforderlich, die zur Änderung der Energie des betreffenden Körpers führt. Deshalb kann man analog zum Hochheben eines Körpers formulieren:

1 Ein gehobener Körper besitzt Energie.

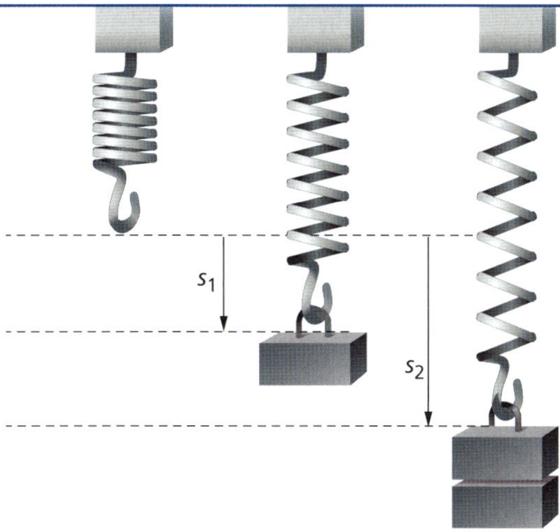

2 In einer verformten Feder ist Energie gespeichert.

Beim Verformen eines Körpers ändert sich dessen Energie. Die Energieänderung ist umso größer, je stärker der Körper verformt wird.

(3) Bewegen eines Körpers
Durch Kräfte können Autos beschleunigt, Bälle bewegt oder Fahrräder auf eine bestimmte Geschwindigkeit gebracht werden. Mit der Geschwindigkeit ändert sich auch die Energie eines Körpers. Sie ist umso größer, je schneller er sich bewegt und je größer seine Masse ist. Die Energieänderung kann mit der Formel

$$\Delta E = \frac{1}{2} m \cdot v^2$$

berechnet werden, wenn der Körper anfangs in Ruhe war.

3 Ein bewegter Körper besitzt Energie.

gewusst · gekonnt

1. Gib jeweils an, welche Körper in den folgenden Situationen aufeinander einwirken und welche Kräfte wirken!

a) Eine Handballspielerin wirft den Ball ab.
b) Ein Baum biegt sich im Wind.
c) Du bremst mit deinem Fahrrad an einer Kreuzung.
d) Du biegst eine Büroklammer aus Metall auf.
e) Ein Turmspringer taucht ins Wasser ein.

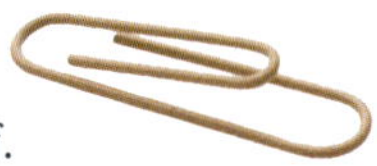

2. Erläutere an Beispielen, wie durch das Wirken von Kräften

a) der Impuls von Körpern,
b) die Form von Körpern,
c) der Impuls und die Form von Körpern

gleichzeitig geändert werden!

3. Von Ronaldo sagen seine Mitschüler, er sei ein Kraftprotz.
Was meinen sie wohl damit? Versuche eine physikalische Interpretation!

4. Der Begriff „Kraft" wird in der Umgangssprache teilweise in anderem Sinn verwendet als in der Physik.

a) Was ist mit folgenden umgangssprachlichen Begriffen gemeint? Präzisiere sie durch Verwendung der physikalischen Fachsprache: Kraftreserve, Kraftwerk, Krafttraining, Kraftstoff, Abwehrkraft.
b) Suche weitere Wörter mit „Kraft" und diskutiere ihre Bedeutung in der Umgangssprache bzw. in der Sprache der Physik!

5. Die Knautschzone eines Pkw dient dem Schutz der Fahrzeuginsassen.

a) Erläutere die Funktion einer solchen Knautschzone! Erfolgt bei einem Unfall eine elastische oder plastische Verformung eines Pkw?
b) Wie würde ein Unfall im dichten Straßenverkehr verlaufen, wenn die Karosserien aller Autos elastisch wären?

6. Ein Federkraftmesser hat noch keine Skala.

a) Wie könnte man sich eine solche Skala herstellen? Als Hilfsmittel stehen dir Wägestücke und ein Lineal zur Verfügung.
b) Stelle selbst eine solche Skala her!

7. An der Skala eines Federkraftmessers kannst du nur noch die Werte 0 N und 8 N erkennen, die übrigen sind nicht mehr lesbar. Wie könntest du die Skala ergänzen, um auf 1 N genau ablesen zu können? Begründe!

8. Für zwei verschiedene Federn wurde der Zusammenhang zwischen Belastung und Dehnung experimentell ermittelt.

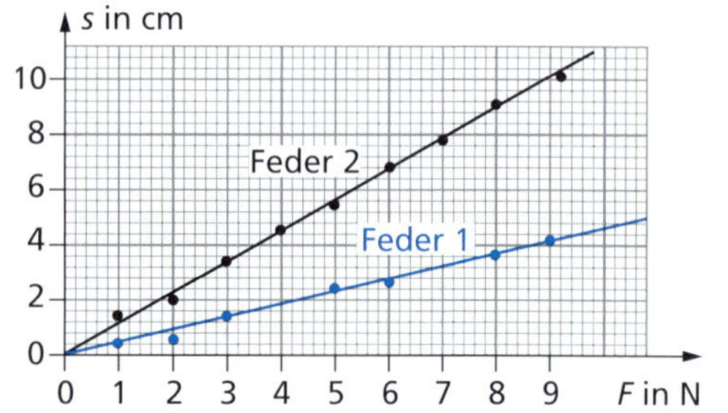

a) Vergleiche des Verhalten beider Federn, indem du Gemeinsamkeiten und Unterschiede darstellst!
b) Könnte man beide Federn nutzen, um einen Federkraftmesser zu bauen? Begründe deine Meinung!
c) Welche der Federkraftmesser hätte bei $s = 4$ cm den größeren Messbereich?

9. Nachfolgend sind einige Kräfte dargestellt. Als Maßstab wurde vereinbart: 0,5 cm entsprechen 1 N. Welche Beträge haben die Kräfte F_1 bis F_5? Welche Beträge hätten sie, wenn gilt: 2 cm ≙ 10 N?

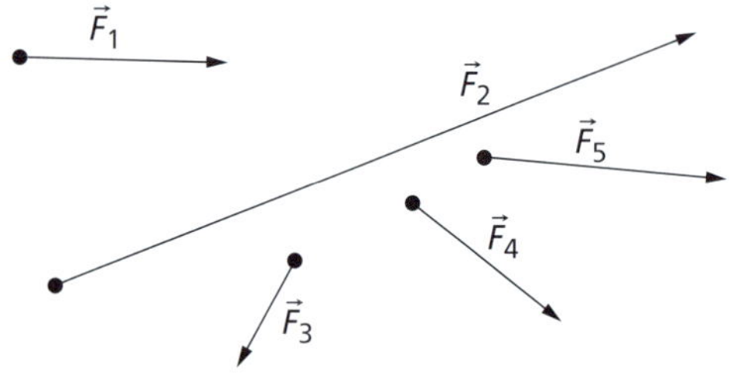

10. Zwei Mannschaften tragen einen Wettkampf im Tauziehen aus. Nach links ziehen drei Schüler mit den Kräften 380 N, 400 N und 360 N. Auf der anderen Seite ziehen zwei Schüler mit 410 N und 400 N. Nun kommt den beiden ein dritter Schüler zu Hilfe.
Mit welcher Kraft muss er mindestens ziehen, damit seine Mannschaft gewinnt?

11. Beatrice wird auf einem Schlitten gezogen. Begründe, welche Zugrichtung am Seil für den Ziehenden am vorteilhaftesten ist!

12. Im Märchen klettern die Bremer Stadtmusikanten aufeinander, um den Räubern auf die Schliche zu kommen. Wie setzt sich die Kraft zusammen, die von Hund, Katze und Hahn auf den Esel ausgeübt wird?

13. Verschiedene Körper haben folgende Masse: 2,5 g; 36 g; 1,5 kg; 7,8 kg; 3,2 t. Gib ihre Gewichtskräfte auf der Erdoberfläche an!

14. Verschiedene Körper haben auf der Erdoberfläche folgende Gewichtskraft: 0,5 N; 5,8 N, 3,1 N; 25 kN; 680 N. Gib ihre Masse an!

15. Die Mondlandeeinheit, mit der Menschen im Jahre 1969 erstmals zum Mond gelangten, hatte eine Masse von 14 700 kg.

a) Wie groß war die Gewichtskraft der Mondlandeeinheit auf der Erde und auf dem Mond?

b) Vergleiche die Gewichtskraft der Mondlandeeinheit mit der eines Pkw auf der Erde!

16. Erkläre, warum ein Sturzhelm bei einem Radunfall schwerere Verletzungen verhindern kann (↗ **M** S. 32)!

17. Wenn man ein rohes Ei aus 1 m Höhe auf den Boden fallen lässt, geht es kaputt. Lässt man es jedoch auf ein weiches Kissen fallen, dann bleibt es ganz. Erkläre diese Erscheinung mit der Impulsänderung!

18. Will man ein Auto mit einem anderen Auto mithilfe eines Abschleppseils anziehen, dann muss man ganz vorsichtig mit gespanntem Seil anfahren, weil sonst das Seil reißen kann.
Erkläre dieses Phänomen (↗ **M** S. 32)!

19. Auf ein Auto wirken unterschiedliche Kräfte, z. B. die Antriebskraft F_A und bewegungshemmende Reibungskräfte F_R entgegen der Bewegungsrichtung.

a) Erläutere an diesem Beispiel den Zusammenhang zwischen der auf einen Körper wirkenden Kraft und seiner Impulsänderung!

b) Wie bewegt sich das Fahrzeug, wenn $F_A = F_R$ und wenn $F_A < F_R$ sind?

20. Du steigst eine Treppe hinauf. Beschreibe diesen Vorgang physikalisch mit den Begriffen Kraft und Energie (↗ **M** S. 17)!

21. Man muss sich ganz schön anstrengen, wenn man einen Expander weit dehnen will.
Welcher Zusammenhang zwischen Kraft und Energie besteht bei einem solchen Expander?

22. Bewegt sich ein Körper der Masse m mit der Geschwindigkeit v, so beträgt seine Energie aufgrund seiner Bewegung $E = \frac{1}{2} m \cdot v^2$.

a) Wie vergrößert sich die Bewegungsenergie eines Pkw, wenn er seine Geschwindigkeit verdoppelt (↗ **M** S. 30)?

b) Was bedeutet eine Verdopplung der Geschwindigkeit für den Impuls des Pkw?

Kräfte und ihre Wirkungen

Kräfte können bewirken

- eine Änderung der Form von Körpern (plastische oder elastische Verformung).
- eine Änderung des Impulses von Körpern (Betrag oder Richtung der Bewegung).

Erkennbar ist eine Kraft an ihren Wirkungen. Sie ist umso größer,
- je stärker ein Körper verformt wird,
- je schneller und stärker sich der Impuls eines Körpers ändert.

Man kann die Kraft, die man ausübt, in den Armen wahrnehmen.
Gemessen wird sie in der Einheit 1 Newton (1 N). Das Messgerät für die Kraft ist der Federkraftmesser.

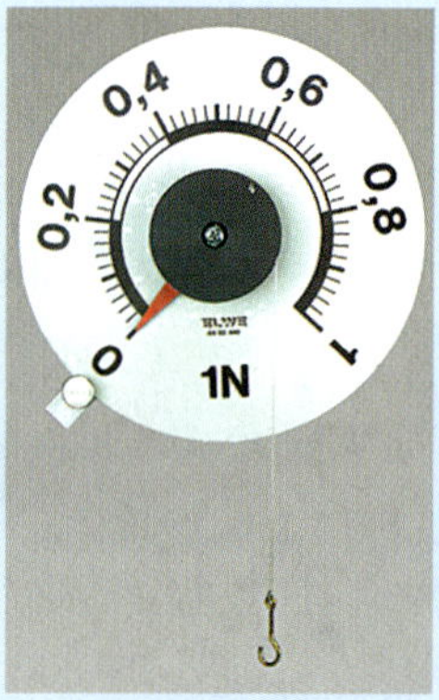

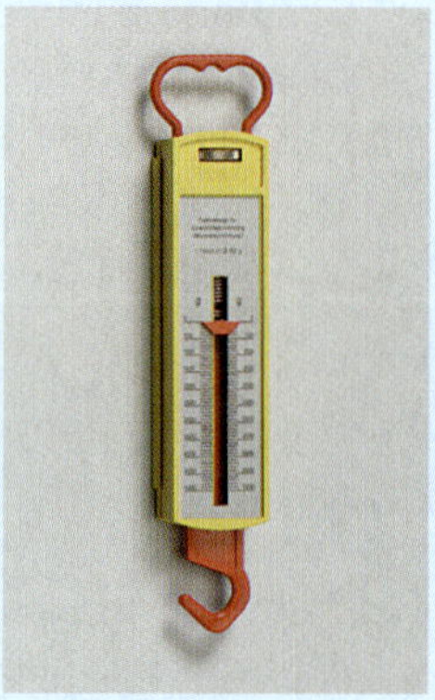

Die Wirkung einer Kraft auf einen Körper ist abhängig
- vom Betrag der Kraft,
- von der Richtung der Kraft,
- vom Angriffspunkt der Kraft.

Die **Darstellung einer Kraft** erfolgt durch einen Pfeil.

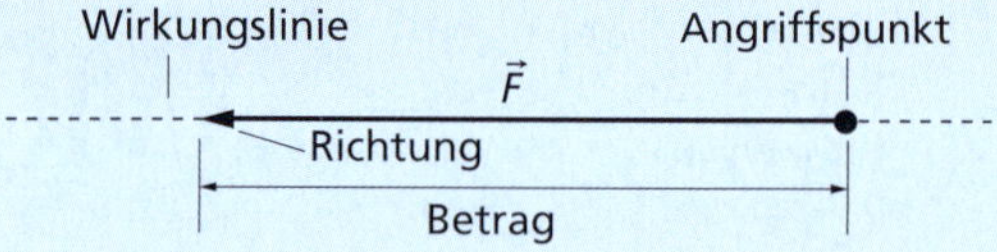

Eine wichtige Art von Kraft ist die **Gewichtskraft F_G**.

Ursache der Gewichtskraft ist die Massenanziehung zwischen dem Körper und der Erde.

Für die Gewichtskraft gilt:

$$F_G = m \cdot g$$

m Masse
g Ortsfaktor

Ein Körper der Masse 1 kg hat auf der Erdoberfläche eine Gewichtskraft von etwa 10 N.

Durch Kräfte können Körper gehoben, verformt oder beschleunigt werden. Dadurch ändert sich die Energie des betreffenden Körpers.

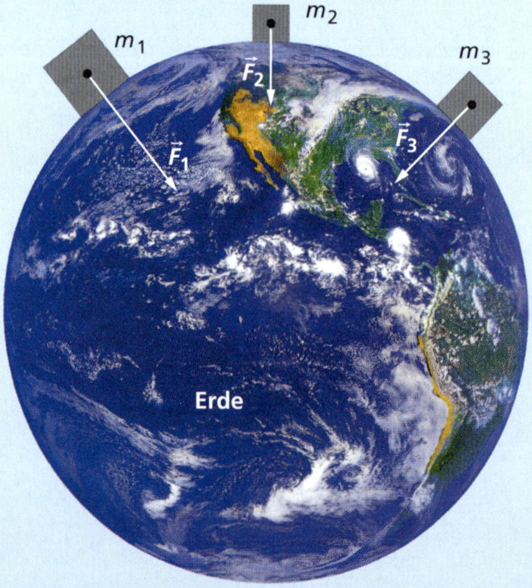

7.4 Kraftumformende Einrichtungen

So steil und doch …
Ein noch so steiler und steiniger Berg schreckt einen echten Mountainbiker nicht. Im Gegenteil! Er fühlt sich herausgefordert. Aber erst aus dem Zusammenspiel seiner Muskelkräfte und den Vorzügen einer Gangschaltung mit mehr als 20 Gängen bezwingt er enorme Steigungen.
Was bewirkt eigentlich eine Gangschaltung?

So schwer und doch …
In jedem Hafen gibt es riesige Krananlagen. Es werden große Lasten bewegt und Frachtschiffe be- und entladen. Allein mit Muskelkräften wäre das nicht möglich.
Was ist das Besondere an einem Kran? Welche physikalischen Gesetze werden genutzt?

Eine kurvenreiche Strecke
Die Strecke, die Fahrzeuge auf Serpentinen in gebirgigen Regionen zurücklegen, ist wesentlich länger als der direkte Weg, der aber sehr viel steiler wäre.
Warum haben sich die Ingenieure trotzdem für diese Streckenführung, also für einen langen Weg, entschieden?

Was sind kraftumformende Einrichtungen?

Die menschliche Muskelkraft reicht in vielen Fällen nicht aus, um Körper zu bewegen oder zu verformen. Deshalb nutzen die Menschen schon seit Jahrtausenden Hilfsmittel, die die menschliche Muskelkraft vergrößern. Zu solchen Hilfsmitteln gehören Hebel, Rollen, Flaschenzüge, geneigte Ebenen sowie hydraulische und pneumatische Anlagen. Auch in der modernen Technik können wir auf diese Hilfsmittel nicht verzichten. Der Physiker bezeichnet sie als **kraftumformende Einrichtungen** oder **Kraftwandler,** weil mit ihrer Hilfe der Betrag oder die Richtung der Kraft oder beides verändert werden kann.

Hebel

Hebel können je nach ihrem Verwendungszweck unterschiedliche Formen und Anordnungen haben (Abb. 1). Alle Hebel besitzen jedoch eine **Drehachse** und zwei **Kraftarme.** Je nach Lage der Kraftarme zur Drehachse unterscheidet man zwischen **einseitigen** und **zweiseitigen Hebeln** (Abb. 2, 3). Beispiele für einen einseitigen Hebel sind Flaschenöffner, Nussknacker, Pinzetten oder Schraubenschlüssel. Beispiele für einen zweiseitigen Hebel sind Zangen, Scheren, Wippen oder Balkenwaagen.

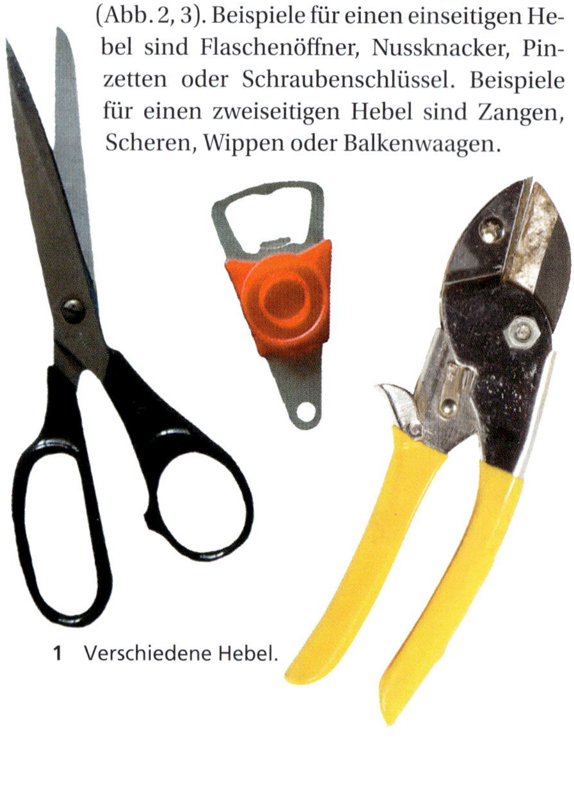

1 Verschiedene Hebel.

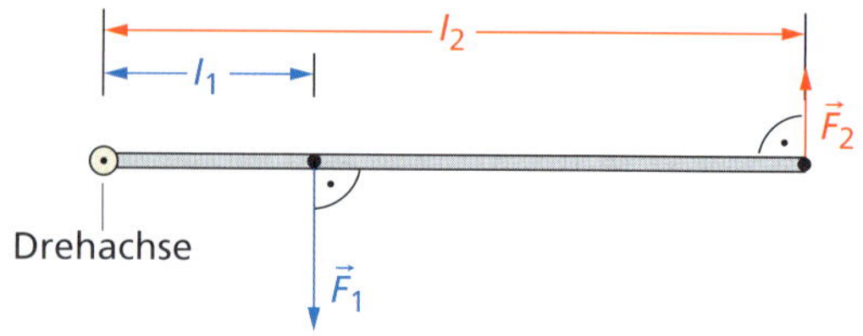

2 Einseitiger Hebel: Die Kräfte greifen, von der Drehachse aus gesehen, auf **einer** Seite an.

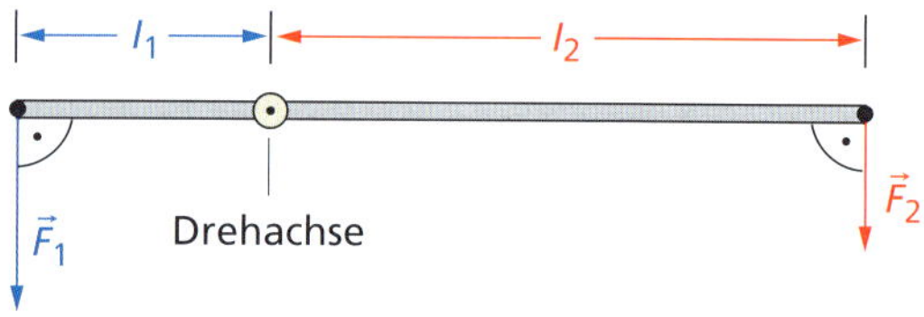

3 Zweiseitiger Hebel: Die Kräfte greifen, von der Drehachse aus gesehen, auf **verschiedenen** Seiten an.

Befindet sich ein einseitiger oder zweiseitiger Hebel im Gleichgewicht, so gilt das **Hebelgesetz.** Es lautet:

Je länger der gewählte Kraftarm ist, desto kleiner ist die aufzuwendende Kraft. Für einen Hebel im Gleichgewicht gilt:

$F_1 \cdot l_1 = F_2 \cdot l_2$ **oder** $\frac{F_1}{F_2} = \frac{l_2}{l_1}$

F_1, F_2 **wirkende Kräfte**
l_1, l_2 **Längen der zugehörigen Kraftarme**

Diesen Zusammenhang kann man z.B. feststellen, wenn man mit einer Brechstange eine schwere Kiste anheben oder mit einem Schraubenschlüssel eine Radmutter lösen will (Abb. 4).

4 Je länger der Kraftarm, desto kleiner die Kraft.

Rollen und Flaschenzüge

Rollen und **Flaschenzüge** ermöglichen es, den Angriffspunkt einer Kraft zu verschieben, ihre Richtung zu ändern oder den Betrag der aufzubringenden Kraft zu verringern. Dazu werden **feste Rollen** und **lose Rollen** verwendet.

1 Mit einer festen Rolle wird nur die Richtung der Kraft verändert.

Bei einer festen Rolle (Abb. 1) ist die Zugkraft genauso groß wie die Gewichtskraft der Last. Zugweg und Lastweg sind ebenfalls gleich groß. Man kann aber die Kraft in eine andere Richtung umlenken. Dabei ist es egal, ob man senkrecht oder schräg am Seil zieht. Deshalb wird eine feste Rolle auch als **Umlenkrolle** bezeichnet.
Bei einer losen Rolle (Abb. 2) verteilt sich die Gewichtskraft der Last auf zwei Seile. Auf jedes Seil wirkt nur die halbe Kraft. Um die Last zu bewegen, ist also nur die halbe Gewichtskraft der Last erforderlich. Die feste Rolle in Abb. 2 dient lediglich zur Umlenkung dieser Kraft. Der Zugweg ist allerdings doppelt so groß wie der Lastweg.
Eine Anordnung von mehreren festen und losen Rollen bezeichnet man als **Flaschenzug.** Bei einem Flaschenzug verteilt sich die Gewichtskraft der Last auf die Anzahl der tragenden Seile. Die aufzubringende Kraft ist damit noch kleiner als bei einer losen Rolle, der Zugweg dafür aber größer. Für lose Rollen und Flaschenzüge gilt:

Je größer die Anzahl der tragenden Seile ist, desto kleiner ist die aufzuwendende Kraft und desto größer ist der Zugweg.

2 Mit einer losen Rolle wird der Betrag der aufzubringenden Kraft verkleinert.

Mosaik

Unser Arm – ein Hebel

Unsere Arme und Beine wirken ebenfalls wie Hebel. Wenn wir den Unterarm waagerecht halten, dann gilt für die Kraftarme etwa:

$$l_1 : l_2 = 1 : 8$$

Das bedeutet: Um in dieser Stellung eine bestimmte Last zu halten, muss durch die Muskeln etwa die achtfache Kraft aufgebracht werden. Für größere Lasten reicht die Muskelkraft nicht aus.

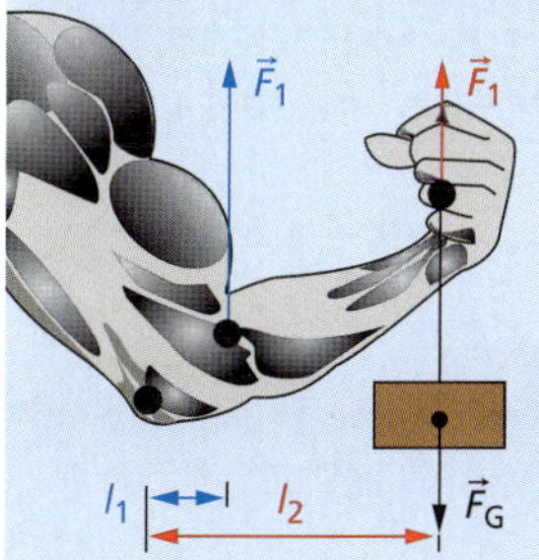

Um solch eine größere Last, z. B. eine schwere Tasche, zu halten, muss der Kraftarm l_2 verkürzt werden. Das geschieht dadurch, dass man den Unterarm in eine fast senkrechte Stellung bringt.
Die Wirkung einer Kraft auf einen drehbaren Körper beschreibt man in der Physik auch mit der Größe **Drehmoment.** Wirkt eine Kraft F senkrecht zum Kraftarm l, dann gilt für das **Drehmoment** M:

$$M = F \cdot l$$

Bei allen Hebeln wirken Drehmomente. Befindet sich z. B. ein zweiseitiger Hebel im Gleichgewicht, dann sind die links und rechts wirkenden Drehmomente gleich groß. Man kann das Hebelgesetz (s. S. 268) auch so formulieren:
Im Gleichgewicht ist das linksdrehende Drehmoment genauso groß wie das rechtsdrehende Drehmoment:

$$M_{links} = M_{rechts}$$

Feste Rolle	Lose Rolle	Flaschenzug
		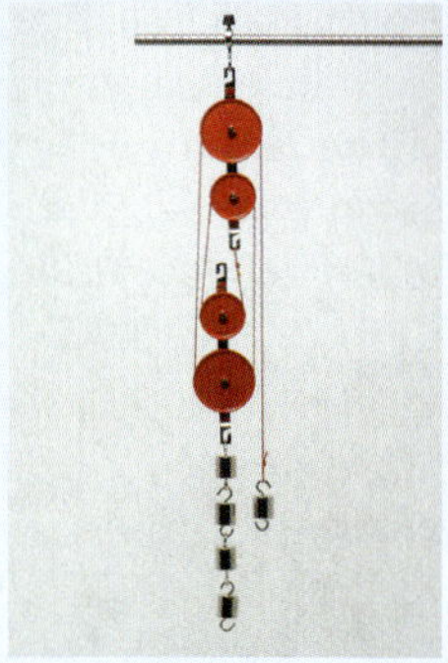
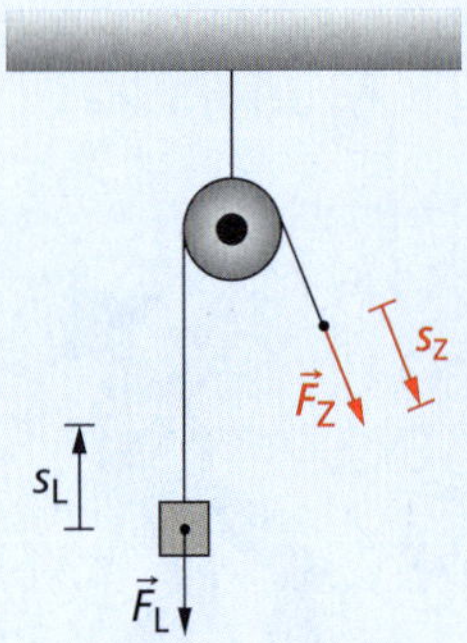	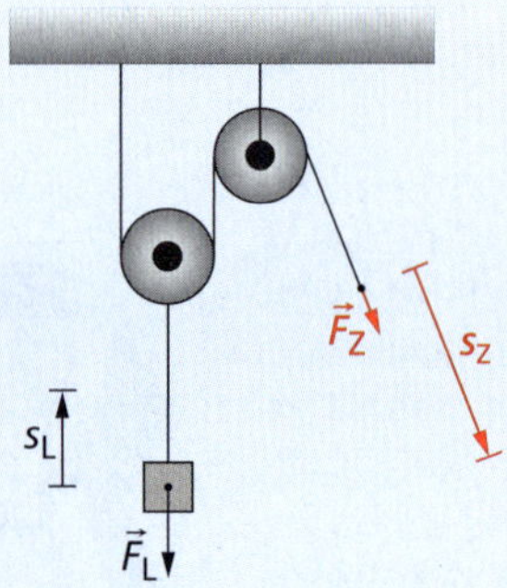	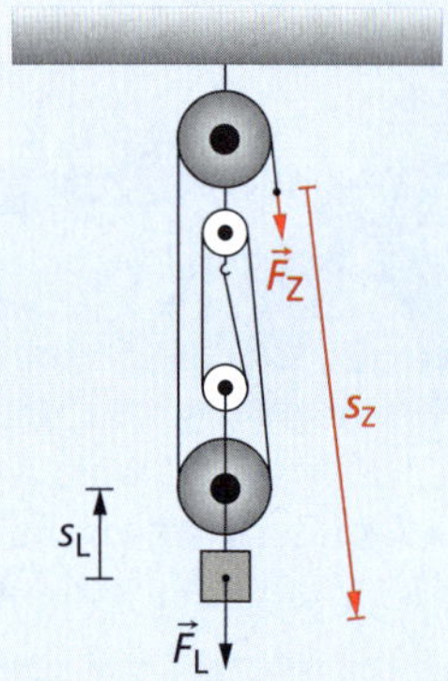
Bei einer festen Rolle ist die Zugkraft F_Z genauso groß wie die Gewichtskraft F_L der Last.	Bei einer losen Rolle verteilt sich die Gewichtskraft der Last auf zwei Seile. Die feste Rolle dient nur zur Umlenkung der Kraft.	Bei einem Flaschenzug verteilt sich die Gewichtskraft der Last auf die Anzahl der tragenden Seile, im gezeichneten Fall auf vier Seile.
Man kann aber die Kraft in eine andere Richtung umlenken (Umlenkrolle).	Auf jedes Seil wirkt nur die halbe Gewichtskraft.	Die Zugkraft F_Z beträgt ein Viertel der Gewichtskraft F_L der Last.
Zugweg s_Z und Lastweg s_L sind gleich groß.	Der Zugweg s_Z ist doppelt so groß wie der Lastweg s_L.	Der Zugweg s_Z ist viermal so groß wie der Lastweg s_L.

Für beliebige Anordnungen von Rollen gilt:

Je größer die Anzahl der tragenden Seile ist, umso kleiner ist die aufzuwendende Kraft und umso größer ist der Zugweg. Beträgt die Anzahl der tragenden Seile n, dann gilt allgemein:

$$F_Z = \frac{F_L}{n} \qquad s_Z = n \cdot s_L$$

Der Zusammenhang zwischen den Kräften gilt exakt nur unter der Bedingung, dass die Masse der Seile und Rollen sowie die Reibung vernachlässigt werden können. Da aber Rollen und Seile eine Masse haben und stets auch Reibung auftritt, ist in der Praxis die tatsächlich erforderliche Zugkraft größer als die mit der oben genannten Gleichung berechnete Kraft.

Geneigte Ebenen

Auch eine geneigte Ebene ist eine kraftumformende Einrichtung, da mit ihrer Hilfe der Betrag der aufzubringenden Kraft verringert werden kann. Beispiele für geneigte Ebenen sind Straßen mit Anstieg oder Gefälle, Treppen, Rollbänder (Abb. oben), schräge Rampen oder entsprechend gestaltete Bauaufzüge. Der Betrag der aufzuwendenden Kraft zum Bewegen eines Körpers hängt von der Neigung der Ebene ab. Es gilt:

Je weniger eine Ebene geneigt ist, desto kleiner ist die erforderliche Zugkraft und desto länger ist der Weg *s*, um eine bestimmte Höhe *h* zu erreichen.

$$\frac{F_Z}{F_G} = \frac{h}{s}$$

F_Z Zugkraft
F_G Gewichtskraft
s zurückgelegter Weg
h Höhe der geneigten Ebene

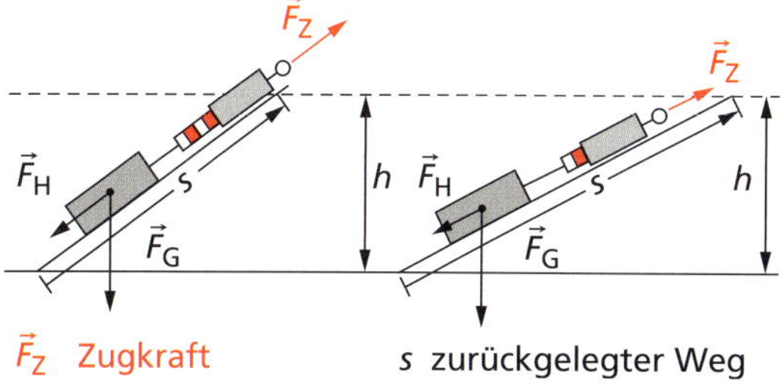

1 Die aufzubringende Kraft an der geneigten Ebene ist umso geringer, je weniger sie geneigt ist.

Die Goldene Regel der Mechanik

Vergleicht man Kräfte und Wege bei Rollen, Hebeln und geneigten Ebenen miteinander, so stellt man fest, dass sich der Weg stets vergrößert, wenn die aufzuwendende Kraft kleiner wird (Abb. 2). Dieser Zusammenhang zwischen Kraft und Weg gilt für alle kraftumformenden Einrichtungen und wird als **Goldene Regel der Mechanik** bezeichnet. Diese Goldene Regel der Mechanik wurde vor ca. 400 Jahren von dem italienischen Physiker GALILEO GALILEI (1564–1642) wie folgt formuliert:

Was man an Kraft spart, muss man an Weg zusetzen.

Die Goldene Regel der Mechanik lässt sich auch in Form einer Proportionalität ausdrücken.

Für alle kraftumformenden Einrichtungen gilt unter der Bedingung, dass die Reibung nicht berücksichtigt wird:

$$F \sim \frac{1}{s}$$

F Kraft
s zurückgelegter Weg

Das bedeutet: Eine Verdopplung der Kraft verringert den Weg auf die Hälfte, eine Verdreifachung der Kraft auf ein Drittel. Es heißt auch: Eine Halbierung der Kraft führt zu einer Verdopplung des Wegs. Will man nur ein Drittel der Kraft aufwenden, dann muss man den dreifachen Weg zurücklegen. Welche Möglichkeit man wählt, hängt von den jeweiligen Bedingungen ab.

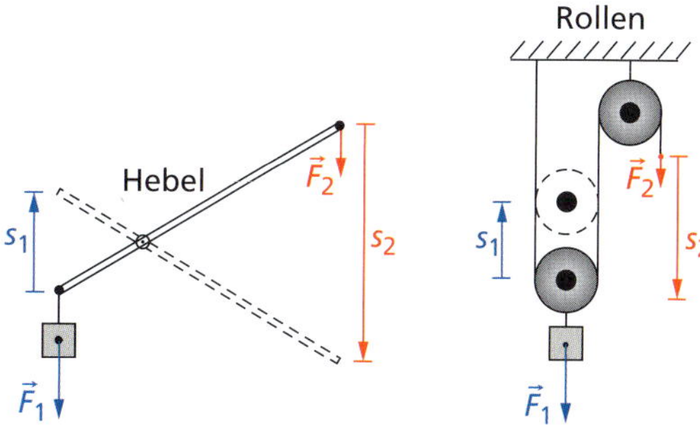

2 Bei Hebeln und Rollen ist die Kraft umso kleiner, je größer der Weg ist.

Thema

Gleichgewicht von Körpern

1 Schiefer Turm von Pisa

Jeder Körper befindet sich zu einem gegebenen Zeitpunkt in einer bestimmte Lage. Er kann, wenn er sich selbst überlassen bleibt, diese Lage ändern oder beibehalten. In der Physik spricht man in diesem Zusammenhang vom Gleichgewicht und unterscheidet zwischen dem stabilen, dem labilen und dem indifferenten Gleichgewicht.

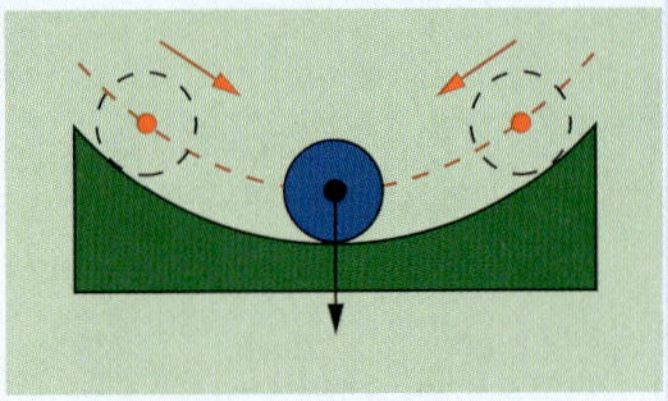

2 Stabiles Gleichgewicht

Stabiles Gleichgewicht eines Körpers ist dadurch gekennzeichnet, dass er wieder in eine stabile Lage gelangt, wenn man ihn geringfügig aus der **Ausgangslage** herausbewegt oder kippt. Bewegt man z. B. eine Kugel aus einer Mulde heraus (Bild 2) oder kippt man einen Schrank etwas an, dann kehren diese Körper wieder in die Ausgangslage zurück, wenn man sie sich selbst überlässt. Aus energetischer Sicht ist das stabile Gleichgewicht eine Lage des Körpers mit **minimaler potenzieller Energie.**

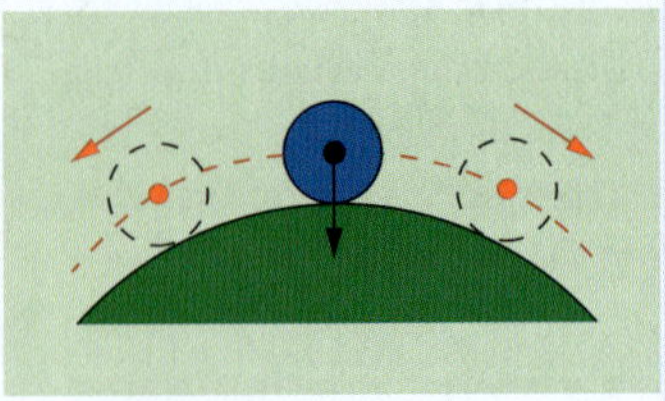

3 Labiles Gleichgewicht

Labiles Gleichgewicht liegt vor, wenn eine geringfügige Lageveränderung des Körpers dazu führt, dass er sich weiter weg von der Ausgangslage bewegt, wenn er sich selbst überlassen bleibt. Lässt man z. B. eine auf einem Berg liegende Kugel (Bild 3) oder einen stehenden Stab los, so bewegen sie sich von der Ausgangslage weg. Die Körper befinden sich in der Ausgangslage in einem labilen Gleichgewicht. Aus energetischer Sicht ist das labile Gleichgewicht eine Lage des Körpers mit **maximaler potenzieller Energie.**

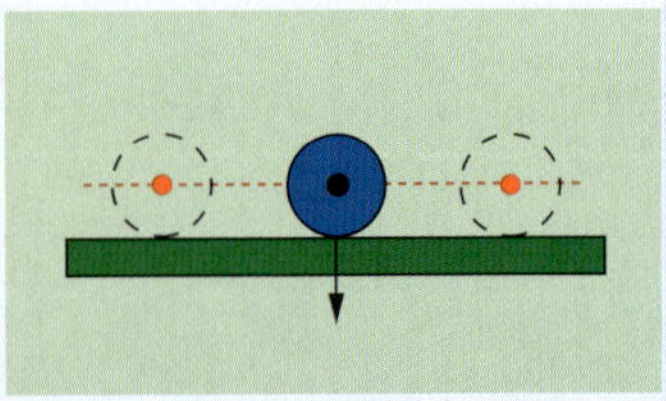

4 Indifferentes Gleichgewicht

Indifferentes Gleichgewicht ist dadurch gekennzeichnet, dass die verschiedenen Lagen des Körpers gleichberechtigt sind und er seine Lage nicht ändert, wenn er sich an verschiedenen Orten befindet und sich selbst überlassen bleibt. So kann man z. B. einen Ball auf einer ebenen Fläche (Bild 4) an verschiedene Stellen legen. Er behält dann jeweils seine Lage bei. Aus energetischer Sicht ist das indifferente Gleichgewicht eine Lage des Körpers mit **unveränderlicher potenzieller Energie.**

... und mehr

Informiere dich auch unter: *Schwerpunkt von Körpern, Standfestigkeit von Körpern, Drehmoment, Flaschenzüge, Rollen, Hebel, geneigte Ebenen, Goldene Regel der Mechanik, Zerlegung von Kräften, ...*

Fertig

Physik in Natur und Technik

Auch Wippen will gelernt sein

Max und Alexander wollen wippen (Abb. 1). Max hat eine Masse von 75 kg, Alexander eine Masse von 35 kg.
Wenn sich beide an das jeweilige Ende der Wippe setzen, funktioniert es nicht so recht. Alexander kommt gar nicht auf den Boden. Bei den meisten Wippen sind aber die Sitze verschiebbar oder es sind mehrere Sitze vorhanden.
Wie müssen sich die beiden auf die Wippe setzen, damit sie problemlos schaukeln können? Die Gesamtlänge der Wippe beträgt 5 m (↗ **M** S. 30).

Analyse:
Die Wippe ist ein zweiseitiger Hebel. An jedem Kraftarm greift die Gewichtskraft einer Person aufgrund ihrer Masse an.
Das Schaukeln funktioniert dann besonders gut, wenn sich dieser Hebel im Gleichgewicht befindet. Dann gilt das Hebelgesetz. Da die Gewichtskräfte der Personen verschieden sind, müssen sich die beiden in unterschiedlichen Entfernungen von der Drehachse auf die Wippe setzen. Da Manfred wegen seiner größeren Masse die größere Gewichtskraft hat, muss der Kraftarm auf seiner Seite kürzer sein.
Die Skizze zeigt den Sachverhalt vereinfacht:

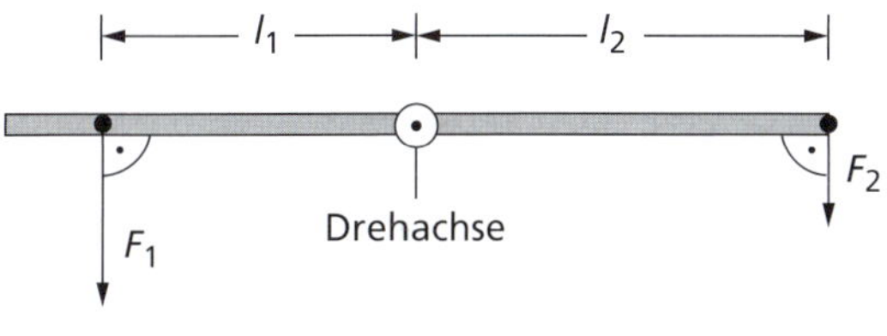

Gesucht: l_1
Gegeben: $l_2 = 2{,}50\ \text{m}$
$m_1 = 75\ \text{kg}$
$m_2 = 35\ \text{kg}$

Lösung:
Aus der Masse der Personen können deren Gewichtskräfte berechnet werden: Sie betragen $F_1 = 750\ \text{N}$ und $F_2 = 350\ \text{N}$.

1 Unterschiedlich schwere Personen auf einer Wippe im Gleichgewicht: Ihre Entfernungen von der Drehachse sind unterschiedlich.

Zur Berechnung von l_1 benutzen wir das Hebelgesetz in der Form:

$$F_1 \cdot l_1 = F_2 \cdot l_2 \qquad | : F_1$$

$$l_1 = F_2 \cdot \frac{l_2}{F_1}$$

$$l_1 = 350\ \text{N} \cdot \frac{2{,}50\ \text{m}}{750\ \text{N}}$$

$$\underline{l_1 = 1{,}17\ \text{m}}$$

Ergebnis:
Damit Manfred und Alexander problemlos wippen können, muss Manfred ungefähr 1,2 m vom Drehpunkt entfernt sitzen, wenn Alexander am Ende der Wippe sitzt.

Die günstigste Entfernung der beiden Personen von der Drehachse kann man auch durch einfaches Probieren finden:
Die Sitzpositionen werden so lange verändert, bis die Wippe näherungsweise im Gleichgewicht ist.
Die leichtere Person sollte dabei am Ende der Wippe sitzen und die schwerere Person ihre Sitzposition ändern, denn aus dem Hebelgesetz folgt: Je größer die Gewichtskraft einer Person ist, desto kleiner ist die Länge des Kraftarms, um den Hebel ins Gleichgewicht zu bringen. Sind die richtigen Sitzpositionen gefunden, braucht man nur kleine Kräfte, um hin- und herzuwippen.
Sind die Kraftarme gleich lang, so müssten auch die beiden Kräfte gleich groß sein, damit der Hebel im Gleichgewicht ist.

Mosaik

Rollen spannen Drähte

Die Fahrdrähte für Straßenbahnen oder Elektrolokomotiven müssen immer straff gespannt sein.
Das erreicht man mithilfe von Rollen und angehängten schweren Körpern.
Für die technische Realisierung solcher Spannvorrichtungen gibt es unterschiedliche Möglichkeiten. Abb. 1 zeigt eine Variante, wie sie bei der Deutschen Bahn genutzt wird.
Die Spannvorrichtung besteht aus einer festen und einer losen Rolle (Abb. 2). Die zum Spannen erforderliche Kraft wird durch die angehängten Körper bewirkt. Der Fahrdraht ist mit der losen Rolle verbunden. Die angehängten Körper haben eine bestimmte Gewichtskraft F_G.

1 Spannvorrichtung für Fahrdrähte an einer Bahnstrecke

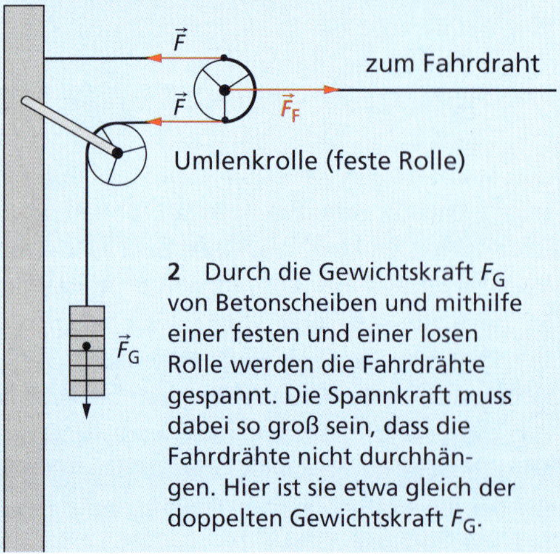

2 Durch die Gewichtskraft F_G von Betonscheiben und mithilfe einer festen und einer losen Rolle werden die Fahrdrähte gespannt. Die Spannkraft muss dabei so groß sein, dass die Fahrdrähte nicht durchhängen. Hier ist sie etwa gleich der doppelten Gewichtskraft F_G.

Diese Gewichtskraft wird durch die feste Rolle umgelenkt und wirkt auf die lose Rolle. Nach den Gesetzen an der losen Rolle wirkt diese Kraft F in beiden Seilstücken und spannt den Fahrdraht mit einer Kraft, die etwa doppelt so groß ist wie die Gewichtskraft der angehängten Körper. Eine andere Variante ist in Abb. 3 dargestellt.

3 Eine Stufenrolle zum Spannen von Fahrdrähten

Wenn man die Spannkraft des Fahrdrahts noch weiter vergrößern will, nutzt man anstelle der festen und losen Rolle eine Stufenrolle (Abb. 3).
Für eine solche Stufenrolle (Wellrad) im Gleichgewicht gilt ebenfalls das Hebelgesetz:

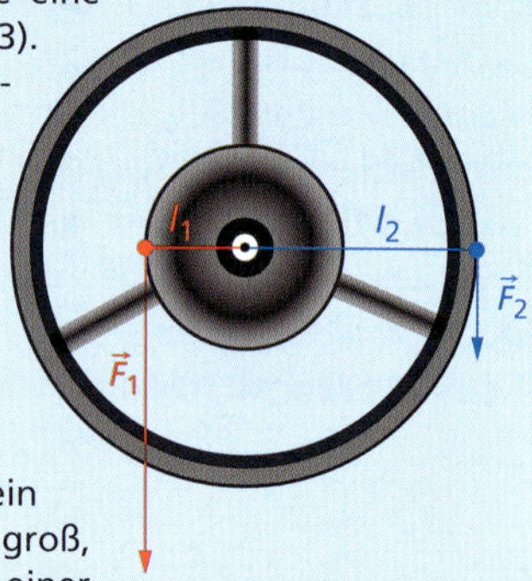

$$F_1 \cdot l_1 = F_2 \cdot l_2$$

Macht man den Kraftarm l_1 sehr klein und den Kraftarm l_2 groß, so kann man mit einer kleinen Kraft F_2 eine große Kraft F_1 hervorrufen.
Auch jede Winde ist vom Prinzip her eine Stufenrolle. Damit gilt auch dort das Hebelgesetz.

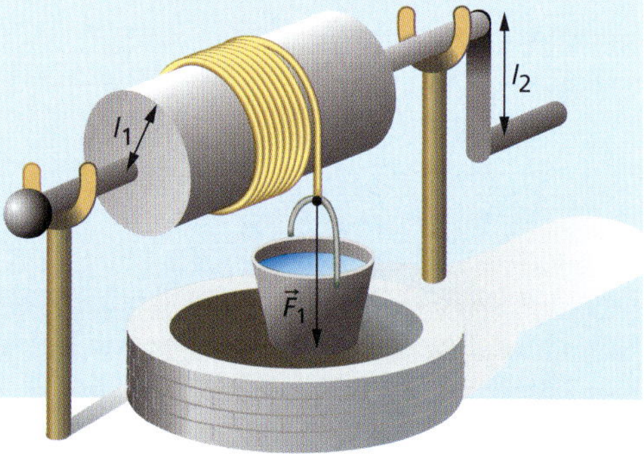

gewusst · gekonnt

1. Welcher der Gegenstände auf den Fotos ist ein einseitiger, welcher ein zweiseitiger Hebel? Wo befinden sich die Drehachsen und wo greifen Kräfte an?

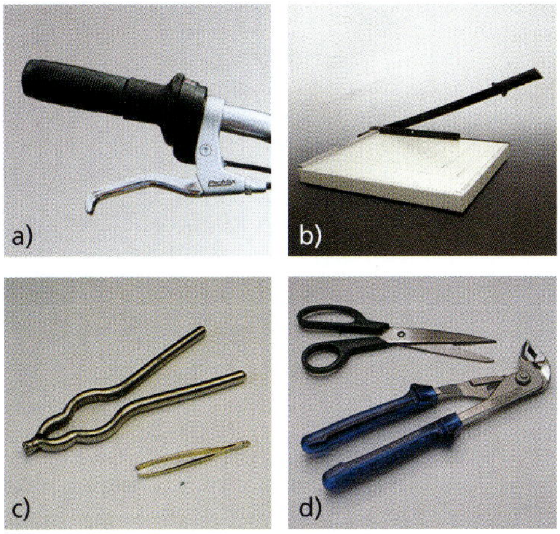

2. Hebel gibt es nicht nur bei Werkzeugen oder technischen Geräten. Wir finden sie auch beim Menschen. Stelle in einer Übersicht zusammen, welche einseitigen und zweiseitigen Hebel es beim Menschen gibt!

3. Beispiele für Hebel findest du in jedem Haushalt. Fertige eine Tabelle an, die solche Hebel enthält! Gib für jeden Hebel an, wozu man ihn nutzt!

4. Welche Hebel gibt es am Fahrrad? Welche Funktion haben die verschiedenen Hebel am Fahrrad?

5. Warum hat eine Blechschere kurze Schneiden, aber lange Griffe? Begründe das physikalisch!

6. Eine schwere Kiste soll angehoben werden. Dazu kann man eine Brechstange nutzen. Ist es günstiger, eine Brechstange als einseitigen oder als zweiseitigen Hebel zu benutzen (siehe Skizzen rechts oben)? Begründe!

a) b)

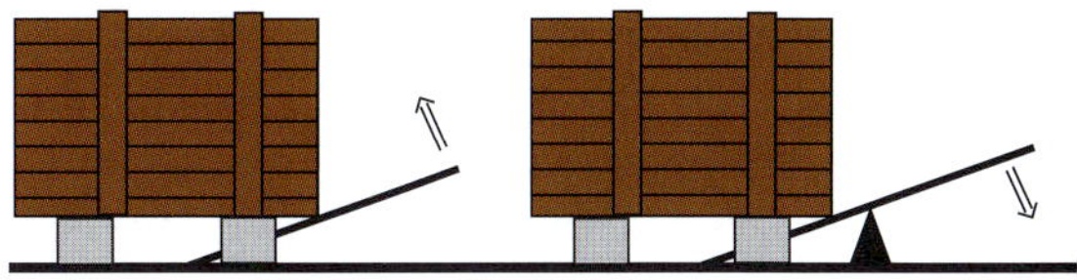

7. Martin ist doppelt so schwer wie Marie. Trotzdem gibt es verschiedene Positionen, wo sie sich auf einer Wippe hinsetzen können, um ins Gleichgewicht zu kommen. Die Wippe ist 4 m lang, die Drehachse befindet sich in der Mitte.
Gib drei verschiedene Möglichkeiten an!

8. Angenommen, Hasen, Pakete, Katzen und Paul würden alle mit ihren Gewichtskräften am Ende der Wippe angreifen.
Finde mindestens eine Lösung, die Paul auf der Wippe im Bild im Gleichgewicht hält!

9. Auch unsere Beine und Arme sind Hebel. Wenn das Verhältnis der Hebelarme beim Arm etwa 1 : 8 beträgt, wie groß ist dann die Kraft, die der Bizeps zum Halten eines Eimers Wasser (ca. 10 kg) aufbringen muss?

10. Um einen Nagel mit einer Zange abkneifen zu können, muss an den Schneiden eine große Kraft wirken. Sage mithilfe der Skizze voraus, wie sich die erforderliche Muskelkraft ändern würde, wenn du dicht an der Drehachse bzw. am Ende der Zange drückst!

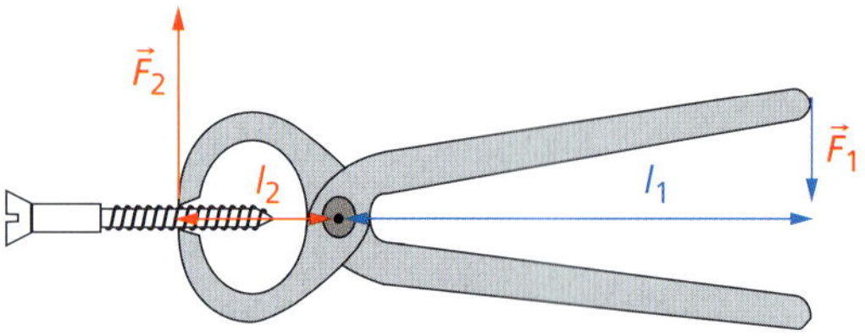

11. Worauf musst du beim Packen und Tragen deiner Schultasche oder deines Rucksacks achten, um deine Wirbelsäule nicht unnötig zu belasten?

12. Tim und Tom heben jeder eine schwere Kiste mit Flaschen. Wer von beiden beachtet besser, dass er seine Wirbelsäule möglichst entlasten sollte? Begründe!

13. Die Radmuttern an einem Pkw werden so festgezogen, dass $F \cdot l = 120\,\text{Nm}$ beträgt. Als sie bei einer Panne wieder gelöst werden müssen, ist das sehr mühsam.

a) Wovon ist es abhängig, welche Muskelkraft für das Lösen der Radmuttern erforderlich ist?

b) Wie könnte man die Radmuttern mit möglichst kleiner Kraft lösen (↗ **M** S. 123)?

14. Bestimmt bist du schon einmal ein Seil hinaufgeklettert. Wie groß war dabei die Kraft, die du aufwenden musstest?

15. Thomas und Patrick überlegen, wie sie beim Seilklettern Kraft sparen könnten. Thomas schlägt Variante 1 (s. oben) vor, Patrick Variante 2. Welche Variante würdest du bevorzugen? Begründe deine Entscheidung!

16. Auf einer Baustelle soll ein Gefäß mit Mörtel (25 kg) ins erste Stockwerk transportiert werden. Die zur Verfügung stehende lose Rolle hat eine Gewichtskraft von 15 N.

a) Welche Kraft muss der Bauarbeiter mindestens aufbringen?

b) Ändert sich diese Kraft, wenn er das Seil zusätzlich noch über eine feste Rolle führt?

c) Wie verändert sich die Kraft, wenn er das Seil nicht senkrecht nach unten, sondern schräg zieht?

17. Eine Kiste mit einer Masse von 100 kg soll angehoben werden.

a) Welche Kraft ist bei den angegebenen drei Varianten jeweils erforderlich? Die Masse der losen Rollen und die Reibung werden vernachlässigt.

b) Gib eine weitere Möglichkeit an, bei der die erforderliche Zugkraft kleiner als 250 N ist!

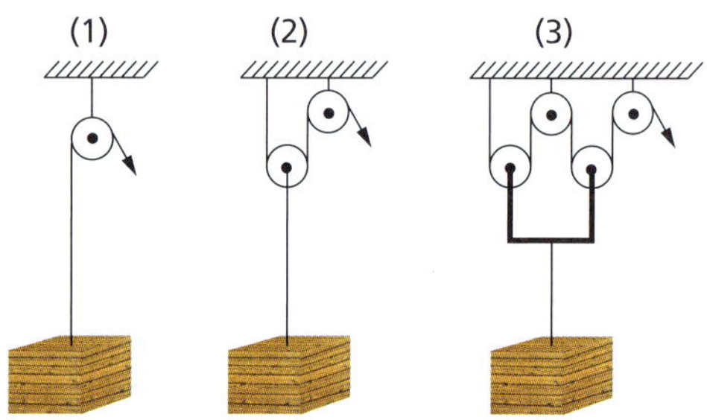

18. Reicht die Muskelkraft eines Arbeiters (800 N) aus, um mit der in der Skizze dargestellten Anordnung eine Betonplatte von 0,4 t zu heben? Die Masse der mit zu hebenden Rollen beträgt 2 kg.

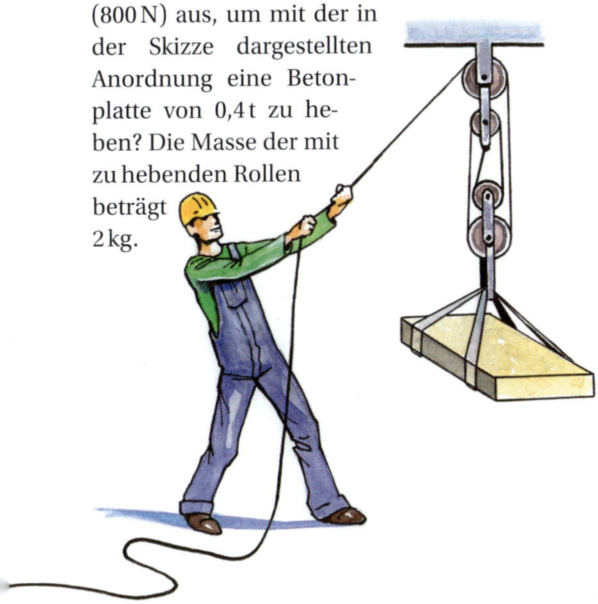

19. Den Schuhverschluss im Bild kann man als Flaschenzug auffassen. Die Ösen entsprechen Rollen. Sind es z. B. 8 Ösen, dann kommen 8 Schnürsenkelstücke zur Wirkung. Um wie viel wird die Zugkraft unserer Hände beim Schnüren der Schuhe verstärkt, wenn man die Reibung vernachlässigen würde?

20. Aus wie vielen Rollen muss ein Flaschenzug bestehen, wenn zum Beladen eines Fahrzeugs mit Maschinenteilen der Masse 92 kg ein Motor zur Verfügung steht, der eine Zugkraft von 230 N aufbringen kann? Die Massen der Rollen und die Reibung sollen vernachlässigt werden (↗ **M** S. 123).

21. Mit einer einfachen Winde soll ein Eimer mit Wasser (m = 11 kg) aus einem Brunnen nach oben gezogen werden. Der Zylinder hat einen Durchmesser von 20 cm, der Kraftarm der Kurbel ist 30 cm lang.

a) Welche Kraft muss an der Kurbel mindestens aufgebracht werden, um den Eimer mit Wasser nach oben zu transportieren?

b) Wie lang muss der Kraftarm der Kurbel mindestens sein, wenn der Kraftaufwand nicht größer als 30 N sein soll?

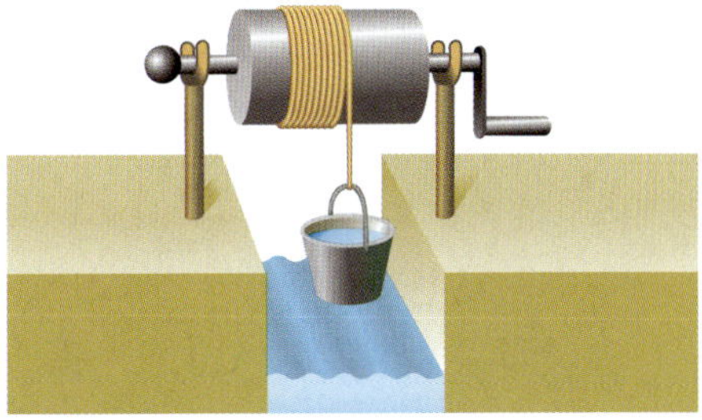

22. Nenne und erläutere Beispiele für geneigte Ebenen! Erläutere an einem der Beispiele die Goldene Regel der Mechanik!

23. Auf einer Bergwanderung wählen alle bis auf eine gut trainierte Person einen allmählich ansteigenden kurvigen Weg. Der Sportler entscheidet sich für eine sehr steile Abkürzung.

a) Wer hat den längeren Weg, wer braucht die größere Kraft (↗ **M** S. 27)?

b) Erläutere an diesem Beispiel die Goldene Regel der Mechanik!

24. Wie lang muss ein Brett mindestens sein, damit ein Junge eine 50 kg schwere Schubkarre über eine 30 cm hohe Stufe schieben kann, wenn seine Muskelkraft in Wegrichtung maximal 300 N beträgt? Welche Auswirkung hätte eine Verdopplung der Brettlänge auf die dann aufzubringende Kraft?

25. Bei einer Radtour treffen Anna und Max auf das nebenstehende Verkehrsschild. Beide sind sich einig, dass sie nun ihre Kräfte schonen können. Was bedeutet es aber genau?

Hebel, Rollen, geneigte Ebenen

Zu den kraftumformenden Einrichtungen gehören **Hebel, Rollen** und **geneigte Ebenen.**

Hebel

zweiseitiger Hebel

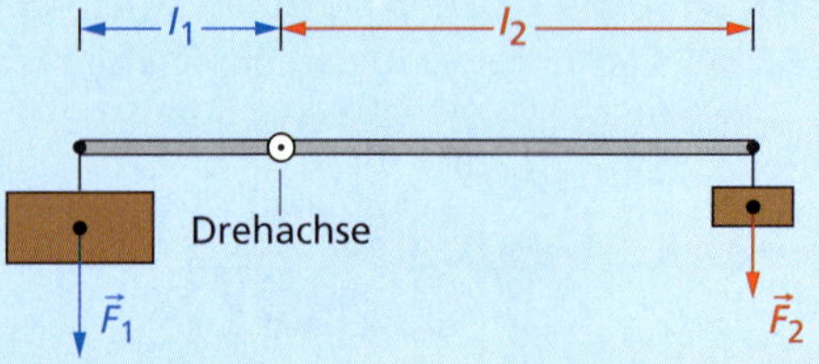

einseitiger Hebel

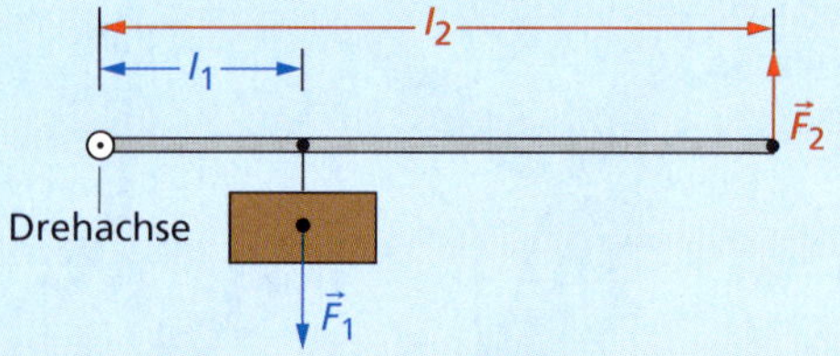

Im Gleichgewicht wirkt am kurzen Kraftarm eine große Kraft und am langen Kraftarm eine kleine Kraft. Für Hebel im Gleichgewicht gilt das **Hebelgesetz.**

$$F_1 : F_2 = l_2 : l_1$$

Rollen

Bei einer festen Rolle wird nur die Richtung der Kraft und ihr Angriffspunkt verändert (Umlenkrolle).

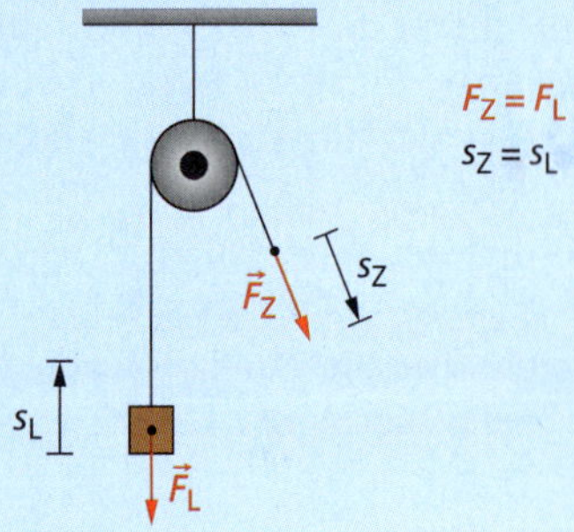

Bei einer losen Rolle ändern sich Richtung, Betrag und Angriffspunkt der Kraft.

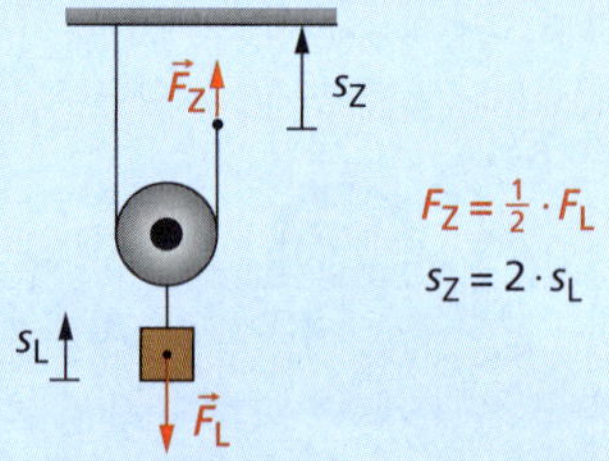

Geneigte Ebenen

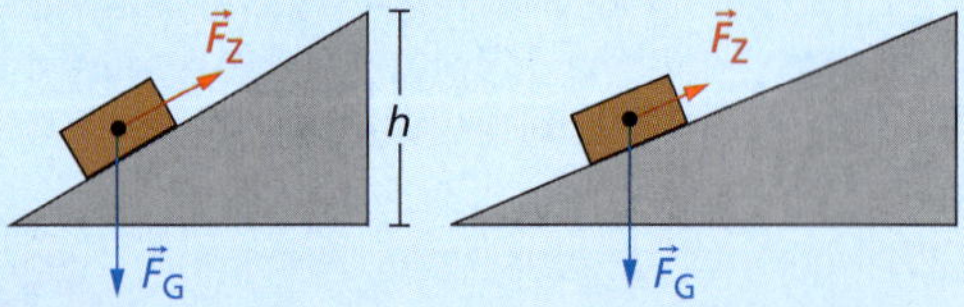

Je kleiner die Neigung der Ebene ist, umso kleiner ist die notwendige Kraft und umso größer ist der Weg. Bei reibungsfreier Bewegung gilt:

$$\frac{F_Z}{F_G} = \frac{h}{s}$$

Für alle kraftumformenden Einrichtungen gilt die **Goldene Regel der Mechanik:**

Was man an Kraft spart, muss man an Weg zusetzen.

7.5 Druck und Kräfte

Hochgefühl

Ballonfahrten erfüllen den alten Menschheitstraum vom Fliegen. Die Ballons werden von unten mit heißen Gasen gefüllt. Heißluftballons eignen sich aber auch, um Lasten zu transportieren.
Wie kommt es, dass ein Ballon aufsteigen kann, obwohl er auch noch Lasten tragen muss? Wie kann seine Höhe reguliert werden?

Anglerglück

Zum Angeln gehört nicht nur Glück, sondern auch Können. Die große Kunst besteht darin, den Fisch auch aus dem Wasser zu bekommen, wenn er schon mal angebissen hat. Für große Fische muss man dazu einen Kescher verwenden.
Warum kann man große Fische zwar mit der Angel zu sich heranziehen, braucht aber einen Kescher, um sie aus dem Wasser zu holen?

Tiefenrausch

Ungeübte Taucher können etwa 40 s lang unter Wasser bleiben. Geübte Perlentaucher erreichen über 2 min und Tiefen bis zu 30 m. Für größere Tiefen werden spezielle Ausrüstungen benötigt. Trotzdem kann es ab einer Tiefe von 50 m vorkommen, dass der menschliche Organismus rauschartig mit leichtsinnigem Verhalten und geringerem Urteilsvermögen reagiert.
Wodurch kommt es zum Tiefenrausch?
Wie kann man ihn vermeiden?

Der Druck

Wenn man in einem Schwimmbad tief taucht, spürt man einen Druck auf den Ohren. Dieser Druck ist unabhängig von der Lage des Kopfs. Das heißt, der Druck im Wasser hat keine Richtung. Eine ähnliche Erscheinung kennst du auch beim Fliegen, bei Bergfahrten oder Aufzugfahrten, wenn man schnell die Höhe ändert.

Die Wahrnehmung, dass Körper im Innern einer Flüssigkeit oder eines Gases zusammengedrückt werden, wird durch die physikalische Größe Druck beschrieben.

Zusammendrücken, also Verformung, lässt auf Kräfte schließen. Noch deutlicher wird das, wenn man ein Gefäß mit Wasser hat, in dem sich kleine Öffnungen befinden (Abb. 1). Lässt man auf den Kolben eine Kraft einwirken, so spritzt das Wasser heraus (Abb. 1). Sind die Löcher verschieden groß, so zeigt sich: Aus kleinen Löchern spritzt das Wasser mit höherer Geschwindigkeit als aus großen Löchern.
Diesen Zusammenhang zwischen Kraft und Fläche kennst du. Übst du eine gleich große Kraft auf deinen Handrücken einmal mit einer Bleistiftspitze und einmal mit deinem Daumen aus, so ist das mit der Bleistiftspitze viel schmerzhafter. Die Bleistiftspitze drückt tiefer in den Handrücken hinein. Eine Nadelspitze würde sogar die Haut durchdringen.

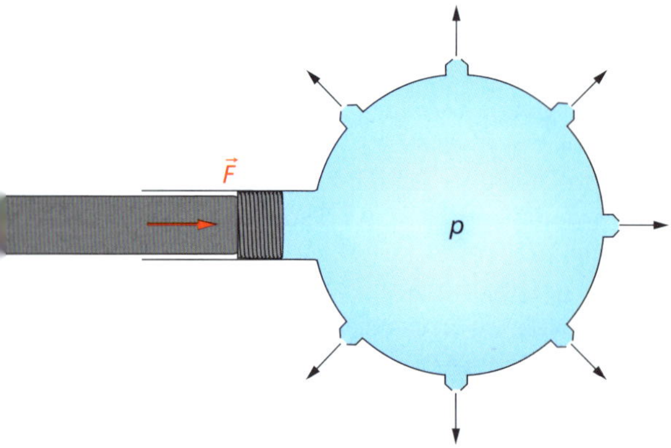

1 Infolge des Drucks im Innern der Kugel tritt das Wasser gleichmäßig in alle Richtungen aus.

2 Ein Skifahrer übt wegen der großen Fläche der Ski nur einen geringen Druck aus.

Wir stellen fest: Der Druck ist umso größer,
- je größer die wirkende Kraft ist,
- je kleiner die Fläche ist, auf die die Kraft wirkt.

Der Druck gibt an, welche Kraft senkrecht auf eine bestimmte Fläche wirkt.

Formelzeichen: p
Einheit: ein Pascal (1 Pa)

Der Druck kann mit folgender Formel berechnet werden:

$$p = \frac{F}{A}$$

F wirkende Kraft
A Fläche, auf die die Kraft wirkt

Der Druck ist besonders groß, wenn die Kraft F groß und die Fläche A klein ist. Er ist besonders klein, wenn die Kraft klein und die Fläche groß ist. Die Kraft F nennt man auch **Druckkraft.**
Die Einheit Pascal ist nach dem französischen Wissenschaftler BLAISE PASCAL (1623-1662) benannt. 1 Pascal ist der Druck, bei der eine Kraft von 1 N senkrecht auf eine Fläche von 1 m² wirkt. Dieser Druck ist sehr klein. Deshalb nutzt man meist **Vielfache dieser Einheit.** Es gilt:

$$1\,\text{Pa} = 1\,\text{N/m}^2 = 0{,}000\,1\,\text{N/cm}^2$$
$$1\,\text{kPa} = 1\,000\,\text{Pa} = 0{,}1\,\text{N/cm}^2$$
$$1\,\text{MPa} = 1\,000\,\text{kPa} = 100\,\text{N/cm}^2$$

Mit der Formel $p = \frac{F}{A}$ können wir auch verstehen, warum in Flüssigkeiten der Druck mit zunehmender Tiefe steigt. Wir betrachten dazu ein Gefäß mit Flüssigkeit (Abb. 1). In einer Tiefe h liegt die Fläche A. Auf diese Fläche A wirkt die Gewichtskraft der darüberliegenden Flüssigkeitssäule. Die Kraft auf die Fläche ergibt den Druck in einer bestimmten Tiefe h. Man nennt ihn Schweredruck.
Mit Vergrößerung der Tiefe vergrößert sich die Gewichtskraft der darüberliegenden Flüssigkeitssäule und damit der **Schweredruck.**

Der Zusammenhang zwischen dem Druck und der Höhe der Wassersäule (Eintauchtiefe) ist in Abb. 2 dargestellt. Als Faustregel kannst du dir merken: Je Meter Tiefe nimmt der Schweredruck im Wasser um 10 kPa zu.
Beispiel: Im Marianengraben im Pazifischen Ozean wurde mit 11 034 m die größte Wassertiefe der Welt gemessen. In dieser Tiefe beträgt der Schweredruck des Wassers ca. 11 000 N/cm^2. Das bedeutet: Auf eine Fläche von 1 cm^2 wirkt dort etwa die Gewichtskraft eines Pkw. Bei Wasser ist auch zu beachten: Salzwasser hat eine etwas größere Dichte als Süßwasser. Deshalb ist der Schweredruck bei gleicher Tiefe in Salzwasser etwas größer als in Süßwasser.
Der Zusammenhang zwischen der Dichte eines Stoffs und dem Schweredruck in ihm gilt allgemein: Je größer die Dichte eines Stoffs ist, desto größer ist in einer bestimmten Tiefe der Schweredruck.

Schweredruck tritt auch in Gefäßen auf, wobei dort eine Besonderheit festzustellen ist. Obwohl sich verschieden viel Wasser in den Gefäßen in Abb. 3 befindet, zeigen die Kraftmesser denselben Wert an. Der Druck auf den Boden hängt nur von der Höhe der Flüssigkeitssäule und deren Dichte ab. Sonderbar (paradox) ist daran, dass eine kleine Flüssigkeitsmenge dieselbe Kraft auf eine Fläche erzeugen kann wie eine große. Die Erscheinung wird deshalb **hydrostatisches Paradoxon** genannt.

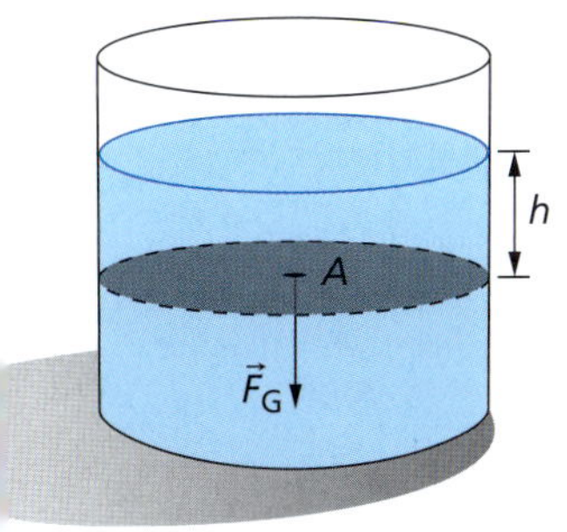

1 Die Gewichtskraft der Flüssigkeitssäule erzeugt den Schweredruck in der Flüssigkeit.

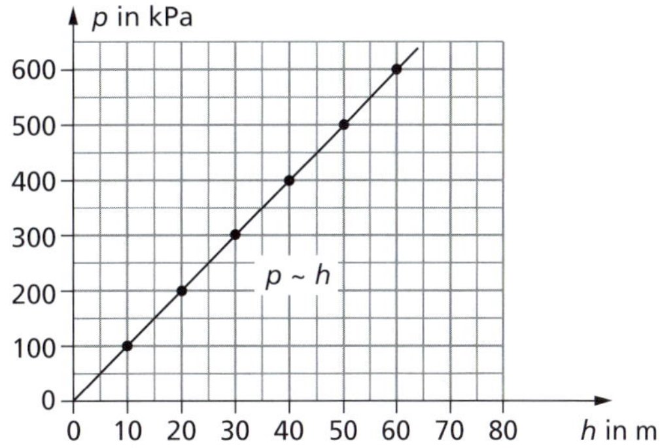

2 In Wasser nimmt der Schweredruck je 10 m Tiefe um 100 kPa zu.

Der Schweredruck in einer Flüssigkeit ist unabhängig von der Gefäßform.

Das zeigt sich auch in **verbundenen Gefäßen.** Die Flüssigkeitsspiegel liegen in verbundenen Gefäßen immer auf gleicher Höhe. Auch hier hängt der Schweredruck nicht von der Form des Gefäßes, sondern nur von der Höhe der Flüssigkeitssäule und der Dichte ab. Beispiele für verbundene Gefäße sind Teekannen, Geruchsverschlüsse an Waschbecken oder Schlauchwaagen (s. S. 290).

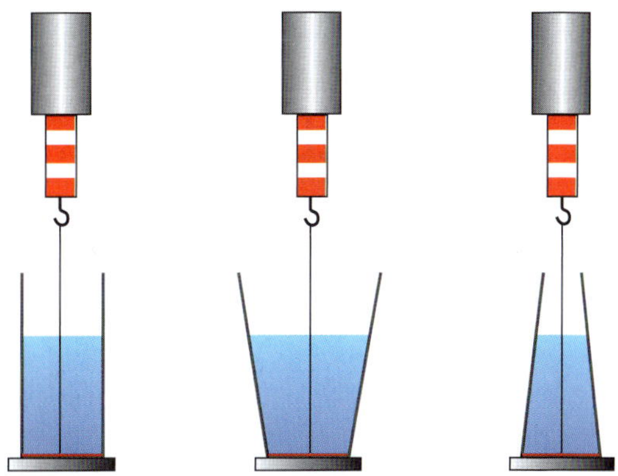

3 Die Druckkraft auf die gleich großen Bodenflächen ist bei gleicher Höhe der Wassersäulen gleich.

Druck und Richtung

Schließt man eine Flüssigkeit in einen Kolben ein und übt auf den Kolben eine Kraft aus, dann kann man die Flüssigkeit praktisch nicht zusammendrücken. Bringt man irgendwo im Gefäß eine Öffnung an, dann wird die Flüssigkeit dort aus dem Gefäß hinausgedrückt. Es wirkt eine Kraft senkrecht zur Gefäßwand. Der Druck selbst besitzt keine Richtung. Er erzeugt aber Kräfte, die senkrecht zu jeder beliebigen Fläche wirken (Abb. 1).
Ist der Druck, den man mit einem Kolben in einem geschlossenen Gefäß erzeugt, sehr viel größer als der Schweredruck in dem Gefäß, dann kann man den Schweredruck in solchen Fällen vernachlässigen. Unter dieser Bedingung gilt für den Druck:

Der Druck einer Flüssigkeit in einem geschlossenen Gefäß ist überall gleich groß.

Diese Tatsache nutzt man z. B. bei Bremsanlagen von Kraftfahrzeugen und hydraulischen Pressen. Da der Druck dann überall gleich groß ist, gilt wegen $p = \frac{F}{A}$ (↗ **M** S. 30, 123):

- Auf eine kleine Fläche wird eine kleine Kraft ausgeübt.
- Auf eine große Fläche wird eine große Kraft ausgeübt.

Somit kann man durch Änderung der Fläche bei gleichem Druck unterschiedlich große Kräfte hervorrufen. Dieser Zusammenhang ist in Abb. 1 dargestellt.

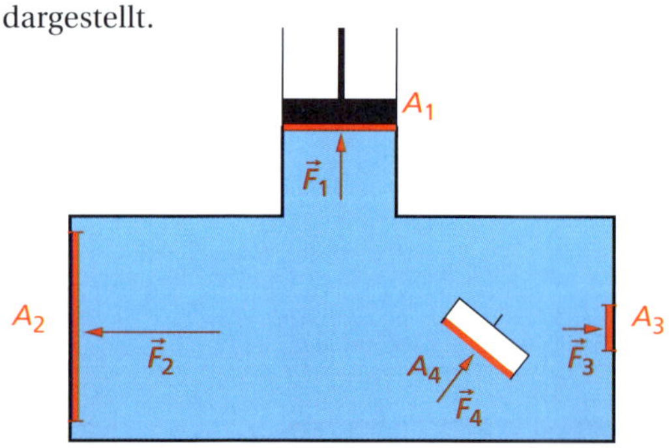

1 Der Druck in einer Flüssigkeit ist überall gleich groß, die Kräfte auf Flächen sind verschieden.

Mosaik

Hydraulische Anlagen

Wagenheber, Hebebühnen, Bremsanlagen von Fahrzeugen oder Pressen (Abb. 2) funktionieren nach demselben Prinzip: Sie vergrößern Kräfte mithilfe von Flüssigkeiten. So gesehen sind sie kraftumformende Einrichtungen (s. S. 268 ff.), bei denen durch Kolbendruck sowohl der Betrag als auch die Richtung von Kräften geändert werden kann.
Eine hydraulische Anlage besteht meist aus zwei unterschiedlich großen Zylindern mit beweglichen Kolben, die miteinander verbunden sind (Abb. 2). Als Flüssigkeit wird Öl verwendet. Der Druck in ihrem Innern beträgt bis zu 200 bar. Sie lassen sich auf recht kleinem Raum unterbringen.

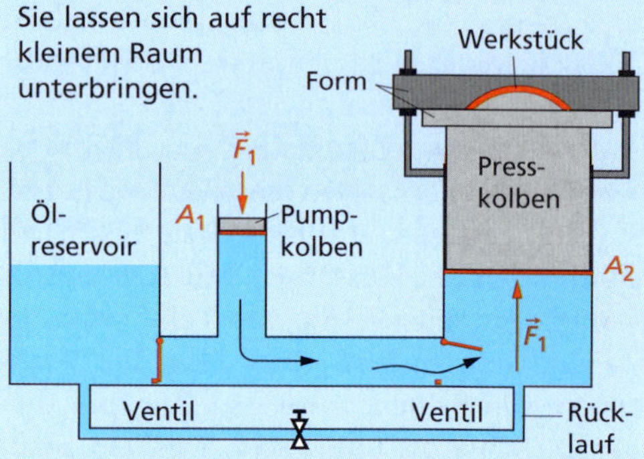

2 In einer hydraulischen Presse erzeugt eine kleine Kraft auf den Pumpenkolben eine große Kraft auf den Presskolben.

Drückt man mit einer kleinen Kraft F_1 auf den Pumpkolben mit kleiner Fläche A_1, so erzeugt man einen Druck p, der überall in der Anlage gleich ist. Dieser Druck p wirkt auch auf den Presskolben. Da die Fläche A_2 dieses zweiten Kolbens groß ist, ist auch die Kraft F_2 auf den Kolben groß. Für jede hydraulische Anlage im Gleichgewicht gilt:

$$\frac{F_1}{A_1} = \frac{F_2}{A_2} \quad \text{oder} \quad \frac{F_1}{F_2} = \frac{A_1}{A_2}$$

F_1, F_2 Kräfte an den Kolben
A_1, A_2 Flächen der Kolben

In hydraulischen Pressen werden nach diesem Prinzip so große Kräfte erzeugt, dass z. B. Karosserieteile im kalten Zustand verformt werden können. Bei Hebebühnen kann ein Pkw durch eine kleine Kraft angehoben werden.

Der Druck in Gasen

Wenn man die Öffnung einer Luftpumpe zuhält, kann die Luft in ihrem Innern zusammengedrückt werden (Abb. 1). Dazu muss man am Kolben eine relativ große Kraft aufwenden. Die Öffnung kann man jedoch leicht mit dem Daumen zuhalten, obwohl auch hier eine Kraft wirkt. Diese ist aber kleiner als am Kolben, weil auch die Fläche, auf die sie wirkt, kleiner ist.

Die Gasteilchen in der Luftpumpe nehmen den gesamten Raum ein, in dem sie sich befinden. Sie sind in ständiger Bewegung und stoßen mit anderen Teilchen und mit den Gefäßwänden zusammen. Wird der Kolben in die Pumpe hineingedrückt, verkleinert sich der Raum für die Gasteilchen. Das Gas gerät „unter Druck". Die Teilchen prasseln jetzt häufiger auf die Wände. Der Druck ist größer (Abb. 2).

1 Durch Hineinschieben des Kolbens vergrößert sich der Druck in der Luftpumpe.

Der Druck eines Gases in einem geschlossenen Gefäß ist überall gleich groß. Er breitet sich allseitig aus.

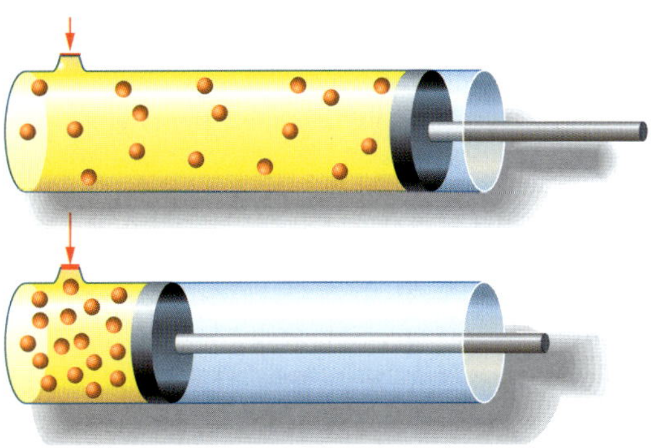

2 Bei Druckerhöhung prasseln die Teilchen heftiger auf die Begrenzungsflächen.

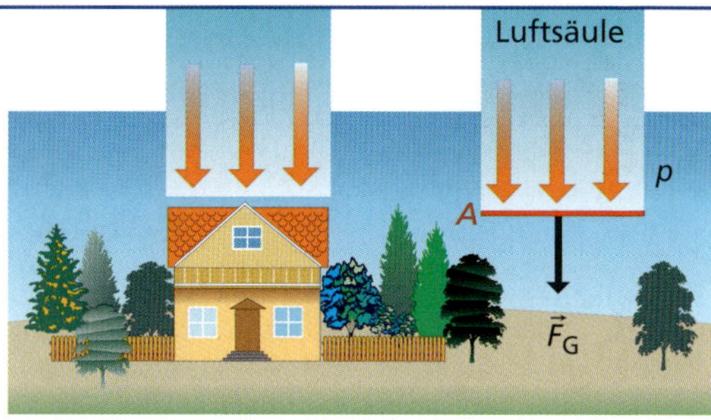

3 Die Gewichtskraft der Luft erzeugt den Luftdruck auf der Erde.

Der Luftdruck

Auch Gase wie die Luft haben eine Gewichtskraft und können dadurch einen Schweredruck verursachen, den man **Luftdruck** nennt (Abb. 3). Er wirkt auf alle Körper der Erde, auch wenn wir ihn nicht immer spüren.

Der Luftdruck bewirkt z. B., dass ein Haken mit Saugnapf an einer glatten Fläche befestigt werden kann oder ein Konservenglas fest verschlossen bleibt. Der Luftdruck ist direkt über der Meeresoberfläche am größten und beträgt dort im Durchschnitt 101,3 kPa. Dieser Druck wird als **Normdruck** bezeichnet. Der Luftdruck nimmt mit zunehmender Höhe ab (Abb. 4).

Der Luftdruck ist der Schweredruck der Luft. Er nimmt mit der Höhe ab.

Der Luftdruck wird auch in den Einheiten ein Millibar (1 mbar) und ein Hektopascal (1 hPa) angegeben: 101,3 kPa = 1013 hPa = 1013 mbar.

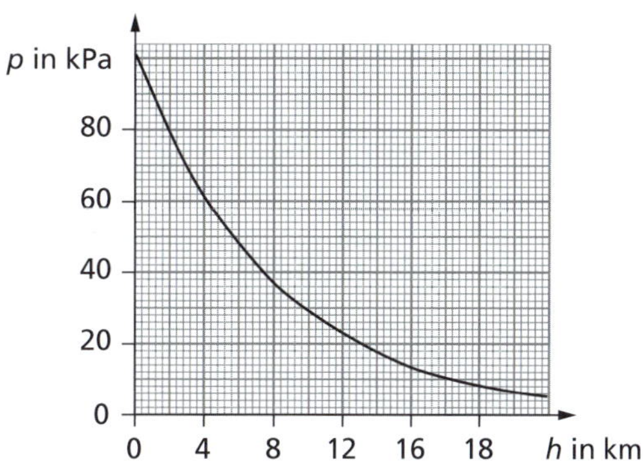

4 Der Luftdruck verringert sich mit zunehmender Höhe über dem Meeresspiegel.

Mosaik

Luftdruck und Wetter

Die Entdeckung des Luftdrucks war eng mit der Suche nach dem luftleeren Raum, dem Vakuum, verbunden.

Seit der Antike herrschte die Auffassung, dass es einen luftleeren Raum nicht geben könne. Wie sollte auch ein „Nichts" existieren. Der griechische Philosoph ARISTOTELES (um 384–322 v. Chr.) vertrat die Auffassung, dass die Natur eine „Abscheu vor dem Leeren" (horror vacui) hätte. Dieser Lehrsatz galt bis ins Mittelalter.

Um 1630 wurde GALILEO GALILEI (1564–1642) von Brunnenbauern auf das Problem aufmerksam gemacht, dass sie mit ihren Pumpen Wasser nur aus einer Tiefe bis ca. 10 m heben konnten. Er beauftragte seinen Schüler EVANGELISTA TORRICELLI (1608 bis 1647), dieses Problem zu untersuchen. TORRICELLI experimentierte anstelle von Wassersäulen mit langen Röhren, in die Quecksilber gefüllt war, das eine wesentlich größere Dichte als Wasser hat. Er entdeckte, dass die Quecksilbersäule in einem quecksilbergefüllten Rohr, das man umdrehte und mit der Öffnung nach unten in Quecksilber brachte, so weit sank, bis sie noch eine Länge von ca. 760 mm hatte (Abb. 1). Der Schweredruck dieser Quecksilbersäule musste sich mit dem Luftdruck ausgleichen. Über der Säule befand sich offenbar ein Vakuum. Der Druck von ca. 760 mm Quecksilbersäule entspricht dem normalen Luftdruck.

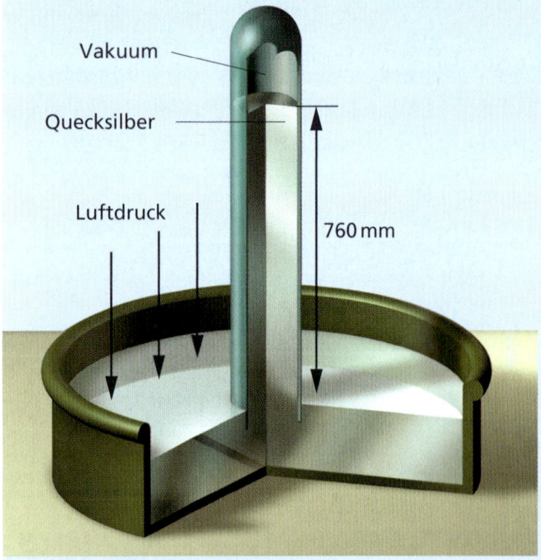

1 Das Experiment von TORRICELLI

Zu Ehren von TORRICELLI wurde die entsprechende Einheit für den Luftdruck 1 Torr genannt:

1 Torr = 1 mm Quecksilbersäule

760 Torr = 760 mm Quecksilbersäule

Der Luftdruck hat bei uns meistens Werte zwischen 970 hPa und 1 030 hPa. Er schwankt um den Normdruck von 1 013 hPa. Gebiete mit niedrigem Luftdruck werden als **Tiefdruckgebiete,** solche mit hohem Luftdruck als **Hochdruckgebiete** bezeichnet. Diese Gebiete unterschiedlichen Luftdrucks kommen durch die unterschiedliche Erwärmung von Festland und Meer und die damit verbundenen Luftströmungen zustande. Dabei spielen sowohl globale als auch regionale Vorgänge eine Rolle.

2 Luftströmungen zwischen Tief- und Hochdruckgebieten

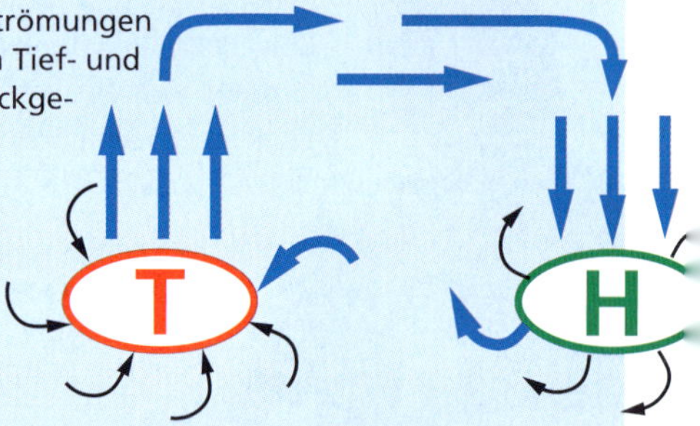

Die Lage von Tiefdruck- und Hochdruckgebieten ändert sich ständig.

Damit entstehen unterschiedliche Wetterlagen und verschiedene Windrichtungen. Luft strömt dabei am Boden immer von Gebieten hohen Luftdrucks in Bereiche niedrigen Luftdrucks, vom Hoch zum Tief.

Die Windgeschwindigkeit hängt von den Druckunterschieden ab und kann bei Sturm mehr als 100 km/h erreichen. Die höchste in Deutschland gemessene Windgeschwindigkeit wurde 1984 auf dem Brocken im Harz mit 263 km/h gemessen.

Im **Tiefdruckgebiet** steigt die Luft, die vom Hochdruckgebiet abgeflossen ist, sich erwärmt und an der Erdoberfläche Feuchtigkeit aufgenommen hat, nach oben (Abb. 2). Es kommt dabei zur Abkühlung der Luft, zu Wolkenbildung und zu Niederschlag. Tiefdruckgebiete sind bei uns meist mit unbeständigem Wetter verbunden.

Im **Hochdruckgebiet** fließt Luft nach unten ab. Das ist verbunden mit Temperaturzunahme und Wolkenauflösung. Hochdruckgebiete sind bei uns meist mit schönem Wetter verbunden.

Auftrieb und Auftriebskraft

Ein Surfbrett, ein Baumstamm, ein Eiswürfel oder ein viele Tonnen schweres Schiff (Abb. 1) schwimmen auf der Wasseroberfläche. Körper aus unterschiedlichen Stoffen tauchen dabei unterschiedlich tief ein. Ebenso liegt ein beladenes Schiff tiefer im Wasser als ein unbeladenes. Aber bei beiden Schiffen ist im Binnengewässer deutlich zu sehen, wie weit sie im Meerwasser eingetaucht waren.

Andere Körper dagegen, wie Steine, Metallschrauben oder ein voll Wasser laufendes Schiff, gehen unter.

Untersucht man genauer, welche Körper schwimmen und welche nicht, dann zeigt sich: Entscheidend dafür, ob ein Körper schwimmt oder nicht schwimmt, ist seine mittlere Dichte im Vergleich zur Dichte des Wassers.

Ein Körper schwimmt auf dem Wasser, wenn seine mittlere Dichte kleiner als die Dichte von Wasser ist.

Er geht unter, wenn seine mittlere Dichte größer als die von Wasser ist.

Damit ein Körper schwimmt, muss der nach unten gerichteten Gewichtskraft eine gleich große Kraft entgegenwirken. Diese Kraft nennt man **Auftriebskraft** F_A, die Erscheinung selbst **Auftrieb.** Eine Auftriebskraft wirkt nicht nur auf schwimmende Körper, sondern auf jeden Körper, der sich in einer Flüssigkeit befindet (Abb. 2).

Sie ist umso größer, je mehr der Körper in die Flüssigkeit eintaucht (Abb. 3).

1 Ein Schiff schwimmt, weil seine mittlere Dichte kleiner als die von Wasser ist.

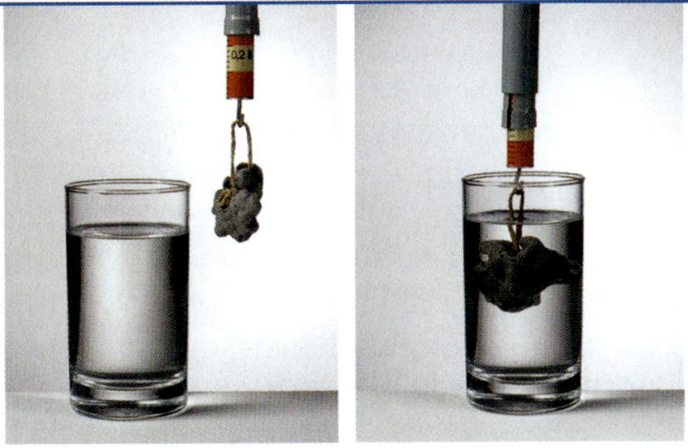

2 Taucht ein Körper in Wasser ein, dann verringert sich seine Gewichtskraft scheinbar durch die nach oben gerichtete Auftriebskraft.

Das Volumen des eingetauchten Teils des Körpers verdrängt ein gleich großes Volumen der Flüssigkeit. Die Gewichtskraft des verdrängten Volumens der Flüssigkeit ist umso größer, je größer das Volumen des eingetauchten Teils des Körpers ist. Damit ergibt sich ein Zusammenhang zwischen der Auftriebskraft, die ein Körper in einer Flüssigkeit erfährt, und der Gewichtskraft der von ihm verdrängten Flüssigkeit. Dieser Zusammenhang wird durch das **archimedische Gesetz** beschrieben (↗ M S. 28).

Die auf einen Körper wirkende Auftriebskraft F_A ist gleich der Gewichtskraft F_G der verdrängten Flüssigkeit.

$$F_A = F_G$$

Dieses Gesetz wurde zuerst von ARCHIMEDES (287–212 v. Chr.) entdeckt. Es gilt auch für Körper, die sich in einem Gas befinden, z. B. für einen Luftballon oder einen Zeppelin in Luft.

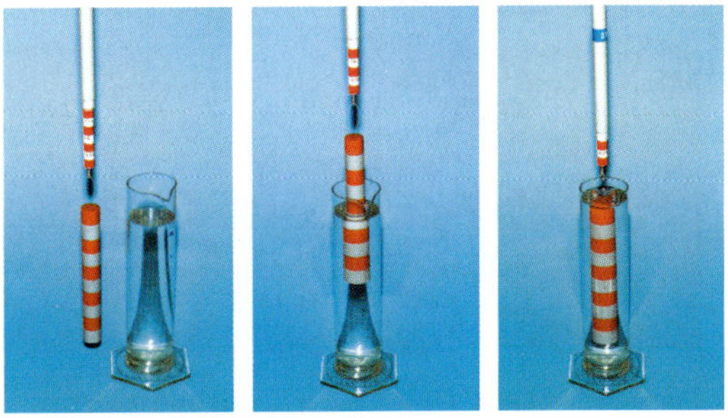

3 Je tiefer ein Körper in Wasser eintaucht, desto größer ist die Auftriebskraft, die er erfährt.

Die Gewichtskraft der verdrängten Flüssigkeit oder des verdrängten Gases ist von der Masse abhängig und die Masse wiederum hängt vom Volumen und von der Dichte des Stoffs ab.
Allgemein gilt für die Auftriebskraft:

Die Auftriebskraft F_A kann berechnet werden mit der Gleichung:

$$F_A = \varrho \cdot V \cdot g$$

- ϱ **Dichte des Stoffs, der verdrängt wird (z. B. Wasser)**
- V **Volumen des Körpers, der sich in der Flüssigkeit befindet**
- g **Ortsfaktor**

Für Wasser beträgt die Dichte $\varrho = 1\,g/cm^3$. Für Luft hat sie einen Wert von $\varrho = 1{,}29\,kg/m^3$.

Sinken, Schweben, Steigen, Schwimmen

Je nachdem, wie groß die Gewichtskraft eines Körpers F_G und die an ihm wirkende Auftriebskraft F_A sind, kann der Körper in einer Flüssigkeit oder einem Gas sinken, schweben, steigen oder schwimmen.
Da das Volumen des eingetauchten Körpers und das der verdrängten Flüssigkeit bzw. des verdrängten Gases immer den gleichen Wert haben, sind die Dichten der Stoffe, aus denen die Körper bestehen, letztlich entscheidend dafür, ob ein Körper sinkt, steigt oder schwebt. Für den Körper ist dabei die **mittlere Dichte** wichtig.
In der nachfolgenden Übersicht sind die Bedingungen für das Sinken, Schweben, Steigen und Schwimmen eines Körpers angegeben.

Sinken	Schweben	Steigen	Schwimmen
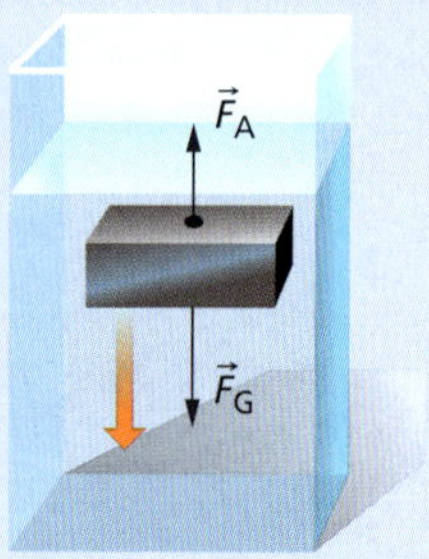	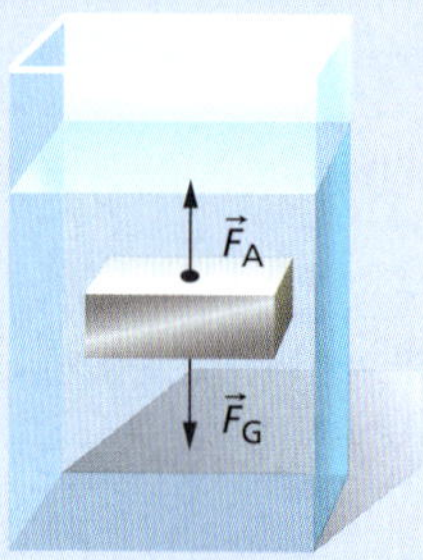	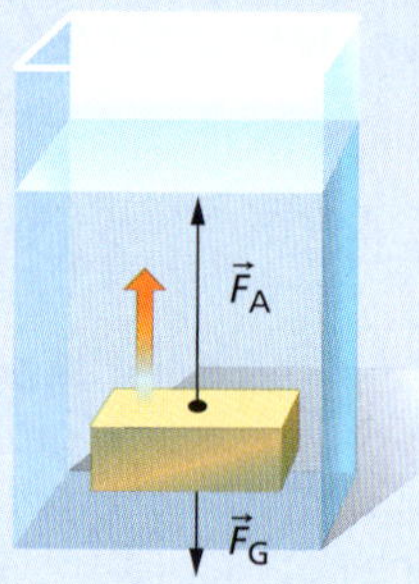	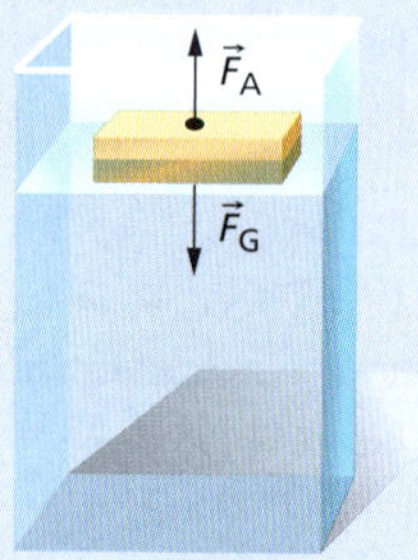
$F_A < F_G$	$F_A = F_G$	$F_A > F_G$	$F_A = F_G$ Ein Teil des Körpers befindet sich außerhalb der Flüssigkeit.
$\varrho_{Fl} < \varrho_{Körper}$	$\varrho_{Fl} = \varrho_{Körper}$	$\varrho_{Fl} > \varrho_{Körper}$	$\varrho_{Fl} > \varrho_{Körper}$

Ein Stein sinkt im Wasser nach unten.	Ein Taucher schwebt im Wasser in einer bestimmten Tiefe.	Ein Fisch steigt aus großer Tiefe nach oben.	Ein Schiff schwimmt auf dem Wasser.

Physik in Natur und Technik

Ein Auto auf der Bühne

In Kfz-Werkstätten werden Autos mithilfe von Hebebühnen hochgehoben (Abb. 1). Das erleichtert die Reparatur an schwer zugänglichen Teilen. Den Aufbau einer solchen Anlage zeigt Abb. 2. Der Pumpkolben einer Hebebühne hat eine Fläche von 40 cm². Die Fläche des Arbeitskolbens an der Bühne beträgt 200 cm².
*Mit welcher Kraft muss die Pumpe auf den Kolben einwirken, um ein Auto mit einer Gewichtskraft von 12 000 N zu heben (↗ **M** S. 30)?*

1 Pkw auf einer Hebebühne

Analyse:
Die Hebebühne ist eine hydraulische Anlage. Sieht man von möglichen Reibungskräften ab, kann man die Kraft auf den Pumpkolben mithilfe des Gesetzes für hydraulische Anlagen ermitteln.

Gesucht: F_1
Gegeben: $F_2 = 12\,000\,\text{N}$
$A_1 = 40\,\text{cm}^2$
$A_2 = 200\,\text{cm}^2$

Lösung: Für hydraulische Anlagen gilt:

$$\frac{A_1}{A_2} = \frac{F_1}{F_2}$$

Weil die Fläche des Pumpkolbens nur ein Fünftel der Fläche des Arbeitskolbens beträgt, muss

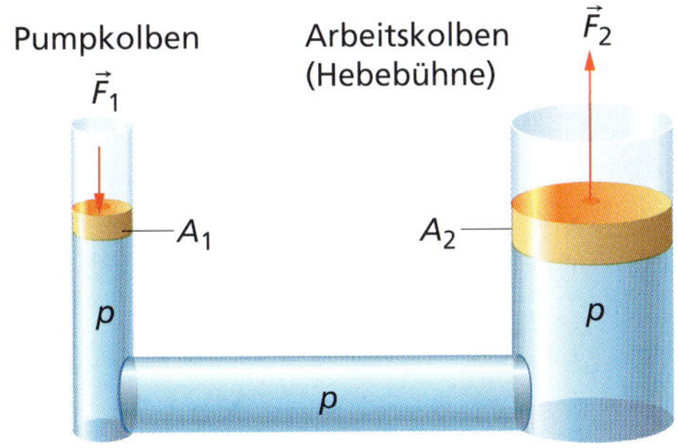

2 Aufbau einer Hebebühne (vereinfacht)

als Kraft auf den Pumpkolben auch nur ein Fünftel der Gewichtskraft des Autos wirken.

$$F_1 = F_2 : 5$$
$$F_1 = 12\,000\,\text{N} : 5$$
$$F_1 = 2\,400\,\text{N}$$

Ergebnis:
Die Pumpe muss mit einer Kraft von 2 400 N auf den Kolben einwirken, um das Auto zu heben.

Mosaik

Die Spraydose

Die Skizze zeigt den Aufbau einer Spraydose.

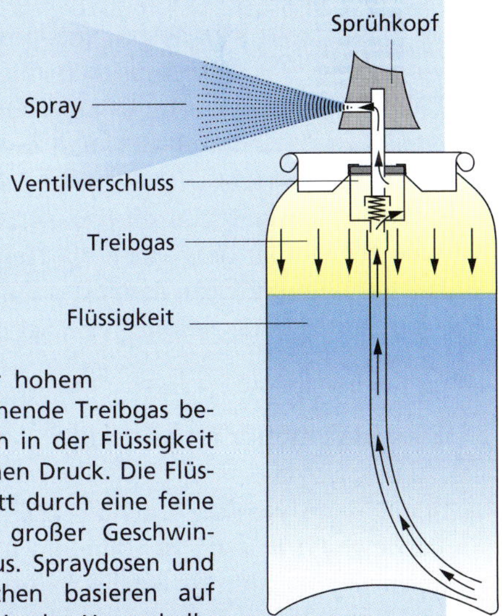

Betätigt man den Sprühkopf, so wird ein Ventil geöffnet. Das unter hohem Druck stehende Treibgas bewirkt auch in der Flüssigkeit einen hohen Druck. Die Flüssigkeit tritt durch eine feine Düse mit großer Geschwindigkeit aus. Spraydosen und Spritzflaschen basieren auf dem Prinzip des Heronsballs, der auf S. 288 beschrieben ist.

Der Heronsball

Pustet man kräftig in das Röhrchen (Abb. 1) und nimmt es anschließend aus dem Mund, dann spritzt das Wasser wie eine Fontäne heraus.
Wie ist diese Erscheinung zu erklären (↗ M S. 32)?

1 Mit einem Heronsball lassen sich Fontänen erzeugen.

Die Luft über dem Wasser im Gefäß befindet sich zunächst unter normalem Druck. Pustet man weitere Luft in das Gefäß, dann erhöht sich der Druck erheblich. Das Volumen, das die Luft ausfüllen kann, bleibt konstant, weil sich das Wasser nicht zusammendrücken lässt. Der Druck in der Luft breitet sich allseitig aus und übt auch Kräfte auf die Wasseroberfläche aus. Dadurch erhöht sich der Druck im Wasser. In dem Moment, in dem man das Röhrchen aus dem Mund nimmt, ist an dieser Stelle kein ausreichender Gegendruck vorhanden. Das Wasser spritzt heraus. Wenn das Röhrchen oben wie eine Düse verengt ist, dann ist die Geschwindigkeit des ausströmenden Wassers besonders groß.
Die Anordnung wird nach HERON VON ALEXANDRIA (etwa 150–100 v. Chr.) als **Heronsball** bezeichnet. Er entdeckte damit das Funktionsprinzip unserer heutigen Spritz- und Sprayflaschen.

Eine Staumauer muss halten

Staumauern werden errichtet, um Wasser von Bächen und Flüssen zu sammeln und zu Seen aufzustauen (Abb. 2). Solche Stauseen an Talsperren werden z. B. genutzt, um Trinkwasser zu gewinnen oder um in Wasserkraftwerken elektrische Energie zu „erzeugen“.

2 Durch die Staumauer wird das Wasser eines Flusses gesammelt.

Wie müssen Staumauern gebaut sein, damit sie auch halten?
Wie groß ist der Schweredruck des Wassers an der Sohle einer Staumauer, wenn diese 50 m unter dem Wasserspiegel des Stausees liegt (↗ M S. 30)?

Staumauern müssen den Kräften entgegenwirken, die durch den Schweredruck des Wassers hervorgerufen werden. Da der Schweredruck mit der Tiefe zunimmt, muss die Staumauer an tiefer gelegenen Stellen immer größeren Kräften standhalten. Sie wird deshalb so gebaut, dass sie von der Krone zur Sohle immer breiter wird (Abb. 3). Der Druck auf die Mauer ist aber nur von der Höhe des Wassers abhängig und nicht davon, wie lang oder breit der Stausee ist.
Der Schweredruck in Wasser nimmt je 10 m Tiefe um etwa 100 kPa zu. Es gilt $p \sim h$. Deshalb herrscht in 50 m Tiefe ein Schweredruck von etwa $5 \cdot 100\,\text{kPa} = 500\,\text{kPa}$. Diesen Wert kann man auch aus dem Diagramm auf S. 281 ablesen.

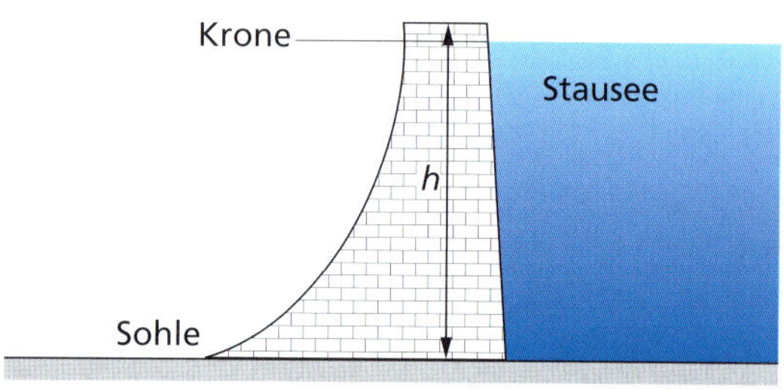

3 Profil der Staumauer an einem Stausee

Messung des Luftdrucks

Messgeräte für den Luftdruck nennt man **Barometer.** Eine häufig verwendete Form ist das Dosenbarometer (Abb. 1).
Beschreibe den Aufbau und erkläre die Wirkungsweise eines Dosenbarometers!

Ein Dosenbarometer besteht aus einer fast luftleeren Metalldose (Druckdose). Die Dose ist über eine Feder mit einem Hebelmechanismus verbunden, der zu einem Zeiger führt. Dadurch wird die Bewegung eines gewellten Deckels (Membran) auf den Zeiger übertragen. Bei Normdruck wird der Zeiger auf den Wert 1013 hPa (760 Torr) gestellt. Verändert sich der Luftdruck, dann wird die Membran mehr oder weniger verbogen. Dadurch verändert sich die Zeigerstellung. Moderne Barometer gibt es in vielen verschiedenen Bauformen. Teilweise arbeiten sie mit Drucksensoren und zeigen den Luftdruck digital an. Das bedeutet: Der Luftdruck wird als Zahlenwert mit Einheit angezeigt. Messgeräte

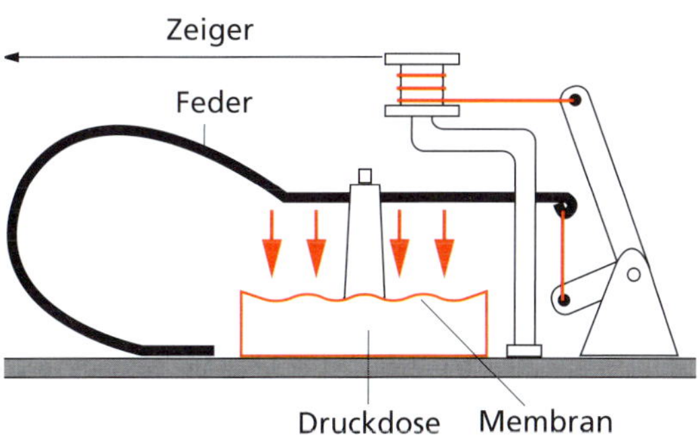

1 Die Verbiegung der Membran ist ein Maß für den Luftdruck.

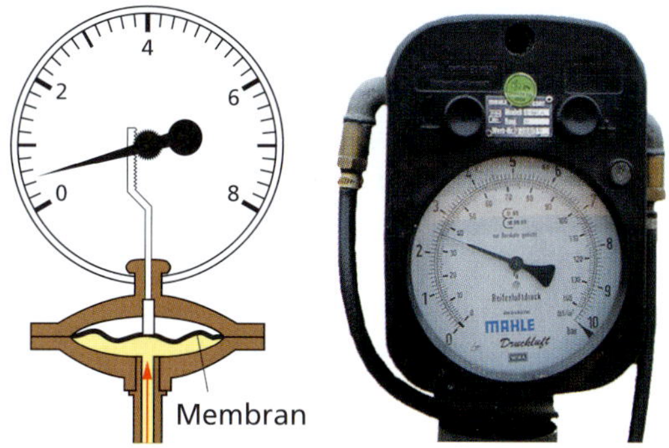

2 Ein Manometer misst den Überdruck in einem Gas. Die Skizze zeigt den Aufbau eines Manometers zur Messung des Drucks in Autoreifen.

für die Messung des Gasdrucks in einer Gasflasche oder für den Luftdruck in einem Auto- oder Fahrradreifen nennt man **Manometer.** Abb. 2 zeigt eine Bauform eines solchen Manometers, ein Membranmanometer.
Es funktioniert folgendermaßen: Der Luftdruck im Reifen verformt über eine Membran eine Feder, die mit einem Zeiger verbunden ist. An einer Skala kann der Druck abgelesen werden. Er wird meist in bar angezeigt. Es gilt: 1 bar = 100 kPa. Bei Autoreifen liegt der empfohlene Druck meist zwischen 2,0 bar und 3,0 bar.

Beschreiben des Aufbaus und Erklären der Wirkungsweise eines technischen Geräts

Beim Beschreiben des Aufbaus eines technischen Geräts und dem Erklären seiner Wirkungsweise mithilfe physikalischer Gesetze sollte man folgendermaßen vorgehen:

1. Gehe vom Verwendungszweck des technischen Geräts aus!
2. Beschreibe die für das Wirken physikalischer Gesetze wesentlichen Teile des Geräts!
3. Lasse dabei technische Details des Geräts unberücksichtigt!
4. Führe die Wirkungsweise des Geräts auf physikalische Gesetze zurück!

gewusst · gekonnt

1. Robert verwechselt die Begriffe Druck und Kraft. Hilf ihm am Beispiel des Aufpumpens eines Fahrradreifens mit einer Luftpumpe!

2. Warum kannst du einen voll aufgedrehten Wasserhahn nicht mit bloßer Hand zuhalten, wohl aber ein kleines Loch in einem Gartenschlauch?

3. Kannst du es schaffen, ein Auto mit einer Gewichtskraft von etwa 10 000 N mit einem hydraulischen Wagenheber anzuheben? Das Verhältnis der Querschnittsflächen von Hub- und Pumpkolben beträgt 1 : 20.

4. In den Arterien, die vom menschlichen Herzen wegführen, herrscht ein Druck von 14 kPa. Mit welcher Kraft wird das Blut in die Arterien gedrückt, wenn diese eine Querschnittsfläche von 3 cm^2 haben?

*5. Wie groß ist die Kraft, die auf die Ausstiegsluke eines Tauchboots in 12 m Tiefe wirkt? Die Luke ist kreisförmig und hat einen Durchmesser von 70 cm (↗ M S. 30).

6. In Waschmaschinen und Geschirrspülern wird der Zufluss des Wassers mit einer Druckdose reguliert (s. Abb.).
Die Druckdose steuert ein Magnetventil, das die Wasserzufuhr ein- bzw. ausschaltet. Erkläre die Wirkungsweise einer solchen Wasserstandsregulierung!

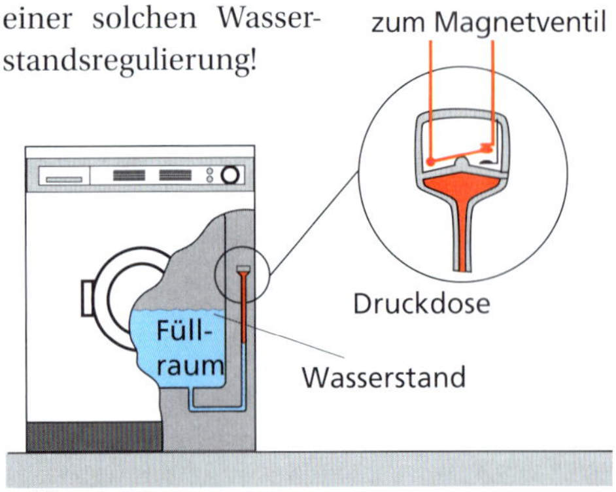

7. 1960 erreichten die Tiefseetaucher PICCARD und WALSH im Stillen Ozean eine Tiefe von ca. 1 000 m. Die Tauchkugel, mit der sie das schafften, bestand aus Stahl von 12 cm Stärke. Die Scheiben der Fenster waren sogar 15 cm dick.
Berechne den Schweredruck für diese Tiefe, und begründe damit, warum diese starken Wände und Fenster notwendig waren!

8. Die Skizze zeigt, wie eine Wasserversorgungsanlage aufgebaut sein könnte. Wie funktioniert ein solche Wasserversorgungsanlage? Warum ist es notwendig, beim Hochhaus eine Zusatzpumpe zu installieren?

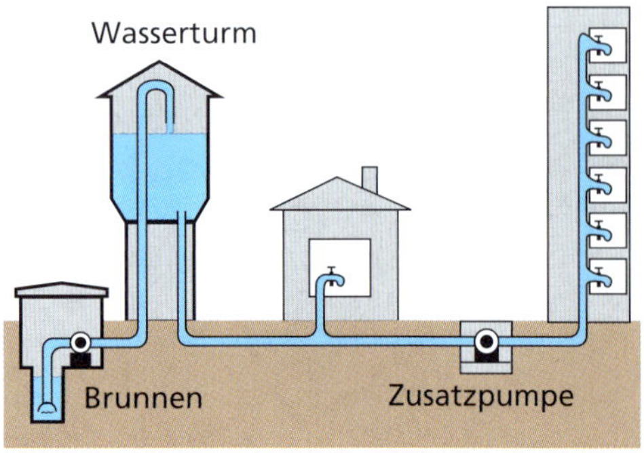

9. Beim Tauchen im Wasser merkt man die Kräfte auf das Trommelfell im Ohr. Wie entstehen diese Kräfte? Wie verändern sich die Kräfte, wenn man tiefer taucht? Begründe!

10. Eine Schlauchwaage sichert, dass eine Mauer „im Lot“ steht. Dazu werden die Höhen an verschiedenen Stellen verglichen. Wie funktioniert eine Schlauchwaage?

11. Bei abgelegenen Haushalten ist noch heute eine Anlage wie in der Abbildung nützlich: Mithilfe einer Pumpe gelangt Wasser aus einem Brunnen in einen Druckbehälter. Von dort kommt es zu einzelnen Wasserhähnen.

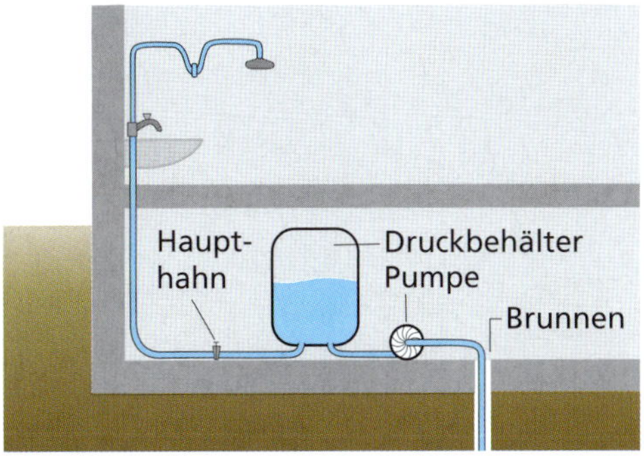

Wie funktioniert diese Anlage? Wozu dient der Druckbehälter?

12. Geruchsverschlüsse an Waschbecken sind verbundene Gefäße. Beschreibe den Aufbau eines solchen Geruchsverschlusses und erkläre seine Wirkungsweise!

***13.** Bei einigen Spielzeugautos nutzt man den Druck der Luft in einem Luftballon als Antriebsmittel (s. Abb.).
Erläutere, wie der Druck der Luft im Ballon das Fahrzeug antreiben kann!

14. Der Luftdruck über der Erdoberfläche schwankt je nach Wetterlage und Region meist zwischen 970 hPa und 1 030 hPa.
Wie ändern sich demzufolge die Kräfte, die auf eine Hand (150 cm^2) wirken? Spürt man diese Kräfte? Begründe!

15. Wie groß ist der Luftdruck jeweils unter normalen Bedingungen auf dem höchsten Berg in Deutschland und in Europa?

16. Was kann man tun, damit sich Konservengläser mit Schraubdeckel leichter öffnen lassen?

17. Von Hand betriebene Saugpumpen findet man noch heute in Gärten. Die Abbildung zeigt den Aufbau einer solchen Pumpe.

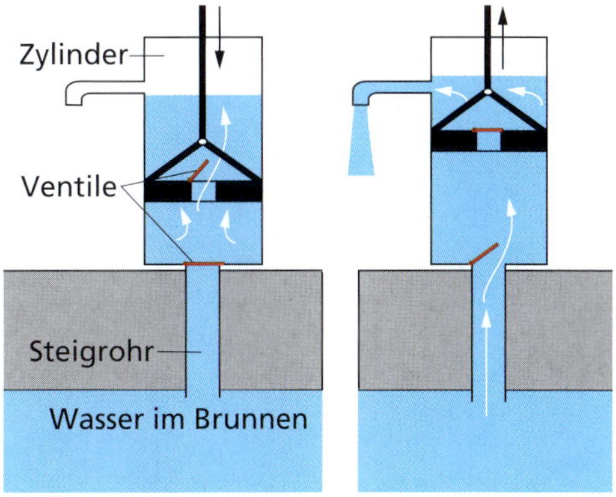

Beschreibe den Aufbau und erkläre die Wirkungsweise (↗ M S. 289)!

18. Unter Wasser kann man sogar schwere Steine anheben. Warum hat man aber große Mühe, sie aus dem Wasser zu heben?

19. Als Stefans Bruder schwimmen lernte, konnte Stefan ihn bequem mit einer Hand waagerecht im Wasser halten. Warum gelang das nicht auch außerhalb des Wassers?

20. Lege ein gekochtes Ei in ein Glas mit Wasser. Streue langsam Salz in das Wasser! Erkläre deine Beobachtung (↗ M S. 32)!

21. Um Schiffe in der Werft zu reparieren, werden sie mitunter mit Schwimmdocks aus dem Wasser gehoben (s. Abb.). Erkläre die Wirkungsweise eines solchen Schwimmdocks (↗ M S. 32)!

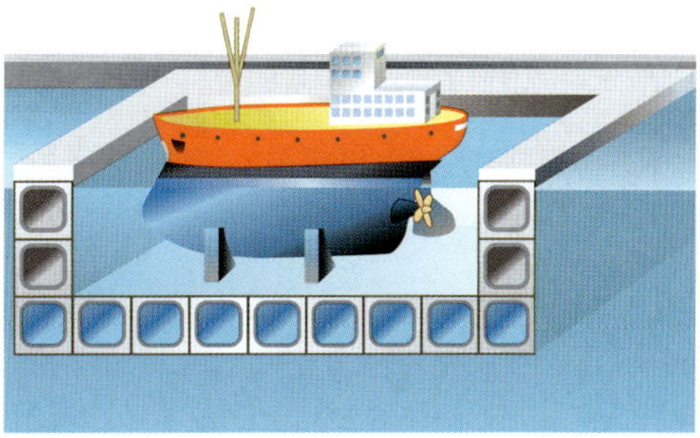

Druck und Kräfte

Der Druck gibt an, mit welcher Kraft F ein Körper senkrecht auf eine Fläche A wirkt.

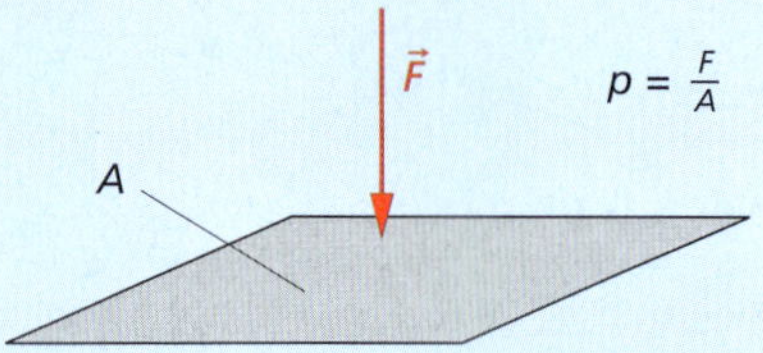

$$p = \frac{F}{A}$$

Wenn eine Kraft von 1 N auf 1 m^2 wirkt, beträgt der Druck 1 Pa (1 Pascal).
Wirkt ein Druck auf eine Fläche, entsteht eine Kraft:

$$F = p \cdot A$$

Wichtige Anwendungen des gleichmäßigen Wirkens des Drucks nach allen Seiten sind **hydraulische** und **pneumatische Anlagen.**

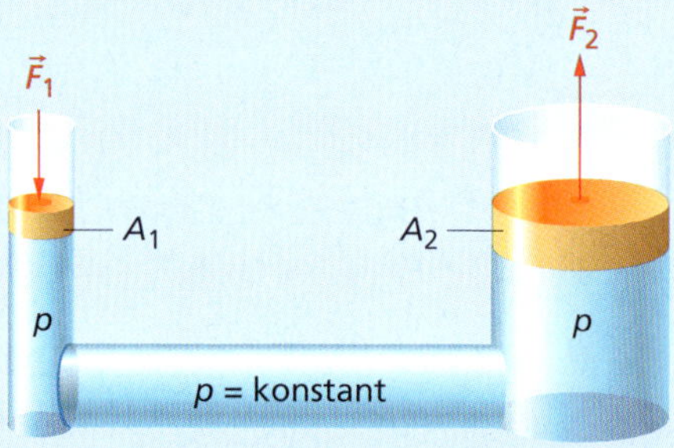

$$\frac{F_1}{A_1} = \frac{F_2}{A_2}$$

In Flüssigkeiten und Gasen wirkt infolge der Gewichtskraft der Flüssigkeit bzw. des Gases ein Druck.

Schweredruck in einer Flüssigkeit	**Luftdruck über der Oberfläche**
Der Schweredruck ist abhängig – von der Eintauchtiefe ($p \sim h$), – von der Dichte der Flüssigkeit. $p = \varrho \cdot g \cdot h$	Der Normdruck in Höhe des Meeresspiegels beträgt 101,3 kPa, 1013 hPa oder 1013 mbar. Je größer die Höhe über der Erdoberfläche ist, desto geringer ist der Luftdruck.

Für den Auftrieb in Flüssigkeiten und Gasen gilt das **archimedische Gesetz:**

Die auf einen Körper wirkende Auftriebskraft ist gleich der Gewichtskraft der verdrängte Flüssigkeit bzw. des verdrängten Gases.

Sinken | Schweben | Steigen | Schwimmen

$F_A < F_G$ | $F_A = F_G$ | $F_A > F_G$ | $F_A = F_G$

Das Fliegen

Ein Menschheitstraum war schon immer, sich wie ein Vogel in die Lüfte zu erheben. Leider verhindert die Erdanziehung die einfache Erfüllung dieses Wunschs. Es gelingt nur, wenn man eine größere Auftriebskraft nach oben erzeugen kann. Dafür gibt es unterschiedliche Möglichkeiten.

Heißluftballons und Luftschiffe

Zum ersten Mal erhob sich am 21. November 1783 ein Heißluftballon in die Luft. Nach seinen Erfindern, den Gebrüdern MONTGOLFIER, wurden solche Ballons als Montgolfiere bezeichnet (Abb. 1). Der Ballon bestand aus einer mit Papier beklebten und bemalten Stoffhülle, einem Korb aus stoffbespannten Weidenruten und einem Feuerrost im Innern. Die Luft im Ballon wurde mit einem Strohfeuer erhitzt. Der erste Flug dauerte 25 Minuten.

1. *Erläutere, unter welchen Bedingungen ein Ballon steigt, schwebt oder sinkt!*

2. *Diskutiere Möglichkeiten, wie man einen in einer bestimmten Höhe schwebenden Heißluftballon zum Steigen bringen kann!*

2 Das Luftschiff LZ 129 „Hindenburg" über dem Bodensee

Das Prinzip, die kleine Dichte heißer Luft zu nutzen, um einen ausreichenden Auftrieb zu erzeugen, wird auch bei modernen Heißluftballons angewendet (Abb. 3). Statt heißer Luft kann man den Ballon auch mit einem Gas füllen, das eine geringere Dichte als Luft hat. Dies ist das Prinzip des Zeppelins, benannt nach seinem Erfinder, dem württembergischen General GRAF FERDINAND VON ZEPPELIN (1838–1917).

3. *Erkunde mithilfe des Internets,*
   a) wann und wo die ersten Zeppeline gebaut wurden,
   b) welche Rolle sie bis 1937 spielten,
   c) welches Ereignis am 6. Mai 1937 stattfand,
   d) wozu heute Zeppeline genutzt werden!

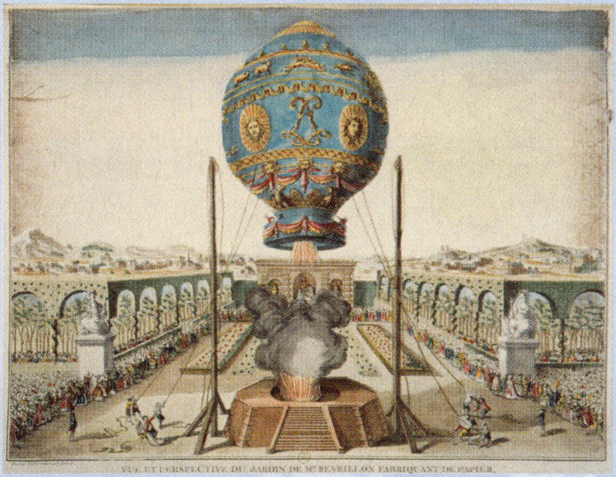

1 Start einer Montgolfiere im 18. Jahrhundert

3 Moderner Heißluftballon

Raketen

Zum Fliegen eines Ballons oder eines Zeppelins ist die Luft eine wichtige Voraussetzung. Raketen können sich aber auch im luftleeren Weltraum bewegen. Nach dem Trägheitsgesetz benötigen sie für eine gleichförmige Bewegung im Weltraum keinen Antrieb.
Damit sie aber die Erdanziehung überwinden können oder schneller bzw. langsamer werden können, muss Impuls auf die Rakete übertragen werden.

4. *Führe das folgende Experiment durch: Eine dünne, glatte Schnur wird straff durch das Zimmer gespannt. Auf ihr kann sich ein Trinkhalm bewegen. An ihm wird mit Klebeband ein aufgeblasener Luftballon befestigt (s. Abb.).*

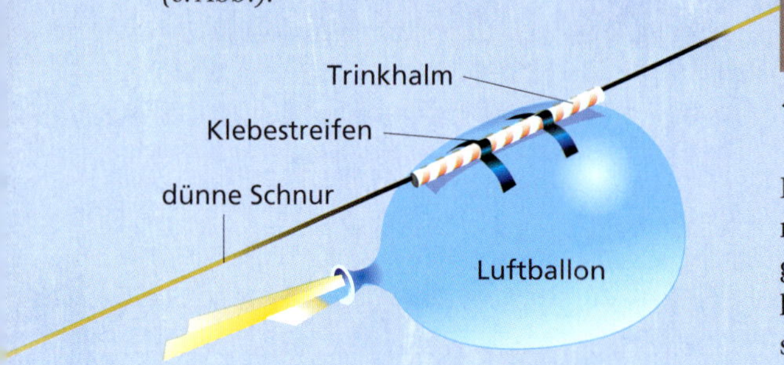

Beobachte und beschreibe, was mit dem aufgeblasenen Luftballon passiert!

Die Erklärung für den beobachteten Effekt lautet: Auf die Luft im Ballon wird beim Austreten infolge des Druckunterschieds ein Impuls übertragen. Nach der Impulserhaltung muss der Luftballon einen gleich großen Impuls in die entgegengesetzte Richtung erhalten. Demzufolge bewegt sich die Luft aus dem Luftballon heraus in der einen Richtung und der Ballon in der entgegengesetzten Richtung.

5. *Suche weitere Beispiele aus Natur, Technik und Alltag, wo dieser „Rückstoßeffekt" eine Rolle spielt! Präsentiere eines dieser Beispiele deinen Mitschülern, wenn möglich, in Verbindung mit einem Experiment!*

1 Trägerrakete mit einem Spaceshuttle beim Start

Bei Raketen wird Treibstoff verbrannt. Dabei dehnen sich in der Brennkammer die Verbrennungsgase so stark aus, dass sie aus einer Düse mit hoher Geschwindigkeit nach hinten hinausgeschleudert werden. Wegen der Impulserhaltung muss der Impuls, den das Gas nach hinten erhält, von der Rakete geliefert werden. Die Rakete erhält einen gleich großen Impuls nach vorn.
Beim Starten der Rakete muss der nach oben übertragene Impuls auf die Rakete pro Zeit größer sein als der Impuls, den die Rakete pro Zeit durch die Gewichtskraft nach unten erhält.

6. *Erkunde, wie viel Treibstoff in jeder Sekunde beim Start eines Spaceshuttle (Abb. 1) verbrannt wird!*

7. *Erkunde, welches die größte bzw. die stärkste Rakete der Welt ist! Nutze dazu z. B. das Internet!*

8. *Überlege, wie eine Rakete im Weltraum gelenkt werden kann! Stelle deine Vorschläge zur Diskussion!*

Basiswissen Schule – Physik

Datei Bearbeiten Ansicht Gehe Lesezeichen Extras Hilfe

http://www.schuelerlexikon.de/

Thema

1 Modernes Flugzeug: Mit ihm werden Teile des Airbus transportiert.

2 Schlagflügel von LEONARDO DA VINCI

3 OTTO LILIENTHAL mit seinem Gleitflugapparat

Flugzeuge

Flugzeuge haben sich im Verlauf des 20. Jahrhunderts zu einem wichtigen Verkehrs- und Transportmittel entwickelt. Trotzdem war und bleibt das Fliegen eines Flugzeugs eine relativ komplizierte Angelegenheit und erfordert insbesondere beim Starten und beim Landen viel Erfahrung. Moderne Elektronik in Verbindung mit den traditionellen Teilen eines Flugzeugs (Antrieb, Tragflächen, Höhenruder, Querruder, Seitenruder) ermöglicht heute ein relativ sicheres Fliegen von Flugzeugen mit mehreren hundert Passagieren.

Historisches

Der Traum vom Fliegen ist uralt. Bereits die griechische Sage berichtet, dass DÄDALUS und sein Sohn IKARUS sich Flügel aus Vogelfedern bauten und damit flogen.
Im 11. Jahrhundert soll ein englischer Mönch einen Flugversuch vom Turm eines Klosters unternommen haben, der jedoch misslang. Im 15. Jahrhundert beschäftigte sich der geniale Maler, Mathematiker und Techniker LEONARDO DA VINCI (1452–1519) eingehend mit dem Fliegen. Er studierte insbesondere den Flug der Vögel und entwarf Zeichnungen von künstlichen Flügeln (Bild 2), aber auch von Drehflüglern und Fallschirmen. Die Ideen von LEONARDO gerieten zunächst in Vergessenheit, der Traum vom Fliegen aber blieb.

Immer wieder unternahmen Menschen Flugversuche, die jedoch alle misslangen. So führte 1811 in Ulm der Schneidermeister ABRECHT LUDWIG BERLINGER einen Flugversuch durch, der aber kläglich scheiterte. Er hatte versucht, mit selbst gebauten Flügeln von einem eigens errichteten Holzgerüst im Gleitflug über die Donau zu schweben. Der Flug endete aber in der Donau. Bekannt geworden ist das als der Flug des „Schneiders von Ulm".

Einen wesentlichen Schritt zur Entwicklung der Luftfahrt vollbrachten die Brüder GUSTAV und OTTO LILIENTHAL. Sie untersuchten insbesondere den Gleitflug mit Tragflügeln und verglichen ihre Erkenntnisse immer wieder mit dem Gleitflug von großen Vögeln.
1891 führte O. LILIENTHAL (1848–1896) erstmals erfolgreich Gleitflüge in Derwitz bei Werder an der Havel aus (Bild 3).

... und mehr

Informiere dich auch unter: *Hubschrauber, Heißluftballon, Luftschiff, U-Boot, Blutdruck, hydraulische Anlagen, Saugpumpe, Otto von Guericke, Blaise Pascal, Evangelista Torricelli, Archimedes, Auftrieb, ...*

Fertig

Flugzeuge und Hubschrauber

Während man sich bei einem leichten Luftballon noch gut vorstellen kann, dass er sich in die Lüfte erhebt, wirkt das bei den heutigen riesigen Großraumflugzeugen wie ein Wunder.
Die Grundidee, Flugzeuge oder Hubschrauber in die Luft zu bringen, ist ähnlich wie bei Raketen. Der Flugkörper (Flugzeug, Hubschrauber) überträgt Impuls auf die Luft nach unten. Wegen der Impulserhaltung erhält dabei der Flugkörper einen gleich großen Impuls nach oben.
Ein Hubschrauber erreicht das, indem er wie ein Ventilator Luft nach unten bläst. Man sieht das besonders gut, wenn ein Hubschrauber gelandet ist und der Rotor läuft. Das Gras bzw. die aussteigenden Menschen werden kräftig angeblasen.

9. Erkunde unter Nutzung des Internets,
a) wann die ersten Hubschrauber gebaut wurden,
b) welche Geschwindigkeiten und Höhen moderne Hubschrauber erreichen!

Der Rotor hat für den Hubschrauber die gleiche Bedeutung wie die Flügel für Vögel oder Insekten. Diese erreichen durch den Flügelschlag, dass die Luft einen Impuls nach unten und damit sie selbst einen gleich großen Impuls nach oben bekommen. Da die Masse der Luft klein ist, müssen Vögel leicht sein oder durch große Flügel möglichst viel Luft nach unten bewegen.

10. Manchmal kann man beobachten, dass Vögel ohne Flügelschlag gleiten und dabei teilweise sogar noch eine größere Höhe erreichen. Wie ist das zu erklären?

In der Frühgeschichte des Flugzeugs wurden Experimente mit beweglichen Flügeln unternommen – beim Flugzeug nennt man sie Tragflächen. Alle diese Versuche scheiterten aber.
Erfolge wurden erst erzielt, als man die Form der Flügel von großen Vögeln nachbaute und diese Tragflächen gegenüber Luft bewegte. Bei einem Flugzeug sind die Tragflächen so geformt, dass die an ihnen vorbeiströmende Luft mit großer Geschwindigkeit nach unten abgelenkt wird.
1903 hob erstmals ein propellerbetriebenes Motorflugzeug der Gebrüder WRIGHT vom Boden ab. Ende der 20er Jahre des vorigen Jahrhunderts begannen die ersten regelmäßigen Passagierflüge. Solche Flüge zwischen Europa und Amerika gibt es seit den 50er Jahren des zwanzigsten Jahrhunderts.
Heute ist eine Reise mit dem Flugzeug für viele eine Selbstverständlichkeit.

11. Informiere dich genauer über die ersten Pioniere der Luftfahrt! Nutze dazu Nachschlagewerke und das Internet, z.B. die Adresse www.schuelerlexikon.de. Fertige im Ergebnis deiner Untersuchungen eine Schautafel oder eine Computer-Präsentation zum Thema „Pioniere der Luftfahrt" an!

1 Eines der ersten Ganzmetallflugzeuge für Passagiere war die ab 1932 gebaute Ju-52.

2 Ein modernes Großraumflugzeug wie die A 380 hat eine maximale Startmasse von etwa 560 Tonnen.

Untersuchungen zum Auftrieb kann man mit einfachen Modellexperimenten durchführen.

12. *Führe folgendes Experiment mit einem Luftballon durch!*

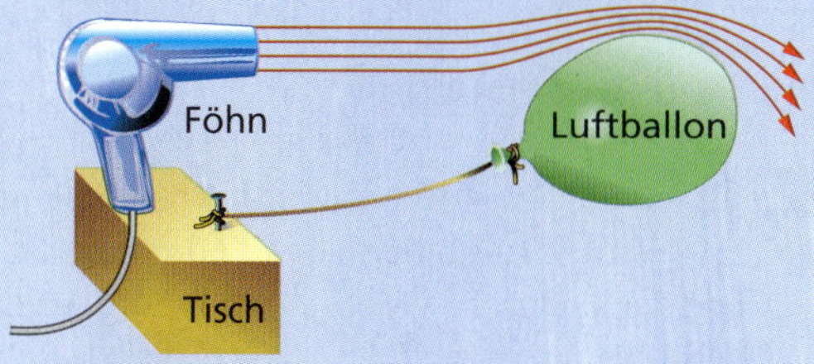

Beobachte und beschreibe!

Der auftretende Effekt ist folgendermaßen zu erklären: Die am Ballon entlangströmende Luft wird nach unten abgelenkt. Das kann man spüren, wenn man die Hand hinten unten an den Ballon hält. Die Luft erfährt also eine Impulsänderung nach unten.
Wegen der Impulserhaltung erfährt der Ballon eine gleich große Impulsänderung nach oben. Es ergibt sich damit ein Auftrieb.
Bei Flugzeugen erreicht man den gleichen Effekt durch eine spezielle Form der Tragflächen und einen zweckmäßig gewählten Anstellwinkel (Abb. 1). Das Flugzeug muss sich so schnell gegenüber der Luft bewegen, dass die durch die Impulsänderung erzeugte Auftriebskraft größer als die Gewichtskraft ist. Das ist erst bei höheren Geschwindigkeiten der Fall. Entscheidend ist dabei immer die Relativgeschwindigkeit zwischen Flugzeug und Luft.

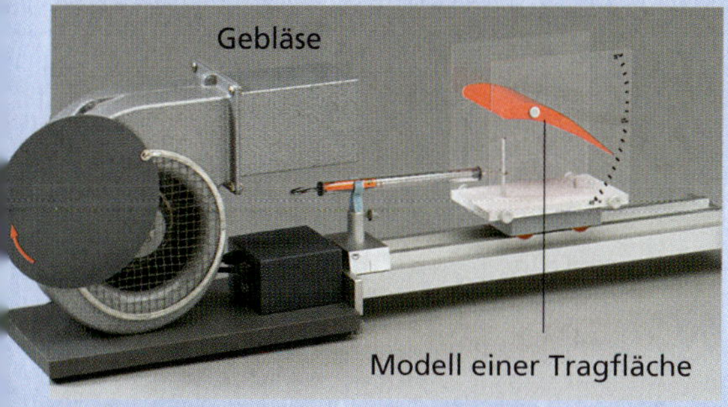

1 Am Modell einer Tragfläche kann man experimentell untersuchen, wie sich der Auftrieb mit dem Anstellwinkel ändert.

13. *Finde heraus, wie groß Start- und Landegeschwindigkeiten moderner Flugzeuge sind!*

14. *Auf ein Flugzeug wirken sehr unterschiedliche Kräfte (s. Abb.).*

Wie würde sich das Flugzeug bewegen,
a) wenn die Auftriebskraft größer als die Gewichtskraft ist,
b) wenn die Antriebskraft kleiner als die Luftwiderstandskraft ist?

15. *Zur Änderung der Flugrichtung haben Flugzeuge so genannte Ruder, z. B. ein Höhenruder, ein Seitenruder oder ein Querruder. Informiere dich, wie durch die Stellung dieser Ruder eine Lenkung möglich ist.*

16. *Informiere dich in Lexika und im Internet, welche Antriebe moderne Flugzeuge nutzen! Was ist der grundlegende Unterschied zwischen Propellerflugzeugen und Düsenflugzeugen?*

17. *Gestaltet einen Wettbewerb mit selbst gebauten Flugzeugmodellen! Entwickelt vorher Kriterien, nach denen ihr die Flugzeugmodelle bewerten wollt!*

2 Das unbemannte solarbetriebene Propellerflugzeug Helios ist ein Einflügler und kann fast 30 km hoch fliegen. Es soll z. B. Satelliten ersetzen.

Ziel erreicht?

Physik als Naturbetrachtung

1. Führe folgenden Versuch durch: Auf ein Glas wird ein Blatt Papier gelegt und auf dieses Papier eine Münze. Halte das Glas gut fest. Ziehe das Papier dann langsam bzw. sehr schnell weg! Beschreibe und erkläre das Ergebnis deines Versuchs (↗ **M** S. 17, 32)!

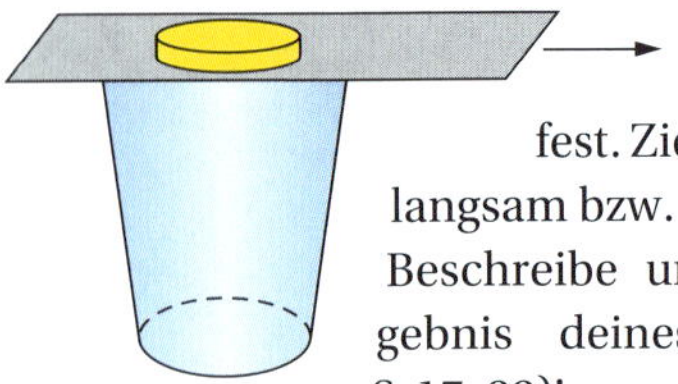

2. Im Alltag hört man häufig Sätze wie diese:
a) Er kann einen Sack tragen, der 1 Zentner schwer ist.
b) Die Tüte Mehl hat ein Gewicht von 1 Kilogramm.
c) Ich hätte gern 1 Pfund Äpfel.
d) Ihr Koffer hat leider mehr als 20 kg Gewicht.
Formuliere diese Aussagen in der Sprache der Physik!

Theorie und Erfahrung

3. Zerbrich einen Zahnstocher, ein Streichholz oder einen dünnen Ast und wiederhole das mit den kleineren Stücken so lange wie möglich. Was stellst du fest? Wie kann man das physikalisch erklären (↗ **M** S. 32)?

4. Schneide Pappe mit einer Schere, indem du die Pappe jeweils unterschiedlich weit in die Schere schiebst! Wann fällt es dir leichter? Was bedeutet das physikalisch?

5. Wenn du beim Baden tauchst, merkst du einen deutlichen Druck auf den Ohren. Nach dem Auftauchen ist dieser Druck weg. Wie ist das physikalisch zu erklären (↗ **M** S. 32)?

6. Deine Schultasche kannst du problemlos anheben und halten. Bei angewinkeltem Arm bekommst du schnell Probleme. Begründe!

7. Führe Stoßversuche mit Münzen auf einem möglichst glatten Untergrund durch! Gehe dabei nach der galileischen Methode vor! Stelle eine Hypothese auf! Überprüfe sie im Experiment und entwickle eine Theorie für Stöße von Münzen (↗ **M** S. 25)!

Physik und Mathematik

8. Bei einem Experiment wurde die Verlängerung einer Schraubenfeder und eines Gummibands durch verschiedene Wägestücke gemessen.

Kraft in N	Verlängerung in cm	
	Feder	Gummiband
0	0	0
0,1	2,1	2,4
0,2	3,9	5,6
0,3	6,0	8,1
0,4	8,0	12,1

a) Um wie viel länger sind die Feder und das Gummiband bei jedem Wägestück von 0,1 N geworden?
b) Stelle die Messwerte in einem Diagramm dar (↗ **M** S. 33, 100)!
c) Warum nutzt man zum Bau von Kraftmessern kein Gummiband, sondern elastische Federn aus Stahl (↗ **M** S. 32)?

***9.** Für die Schallgeschwindigkeit c in einem Gas gilt die Beziehung $c^2 = k \cdot \frac{p}{\varrho}$, wobei p der Druck, ϱ die Dichte des Gases und k eine Konstante sind.
Beantworte folgende Fragen:
a) Warum ist die Schallgeschwindigkeit in Helium bei gleichem Druck größer als in Luft (↗ **M** S. 32)?
b) Wie ändert sich die Schallgeschwindigkeit, wenn man den Druck in einem Gas bei gleicher Dichte verdreifacht?
c) Die Schallgeschwindigkeit in Luft ändert sich mit der Temperatur.
Wieso steht diese physikalische Größe nicht in der Formel?

10. Ein Pkw bewegt sich auf einer Landstraße mit einer Durchschnittsgeschwindigkeit von 60 km/h.
Welche Strecke legt er in 20 Minuten zurück (↗ M S. 30)? Wie lange braucht der Pkw für 35 Kilometer?

11. Ein Körper befindet sich in Ruhe. Während der Zeitspanne t wirkt eine konstante Kraft F auf diesen Körper. Er hat dann, nachdem t verstrichen ist, einen Impuls $p = F \cdot t$.
Beschreibe diesen mathematischen Zusammenhang zwischen Kraft F, Zeitspanne t und Impuls p in Worten nach dem Muster: Je größer die einwirkende Kraft ist, desto ...!
Nenne Beispiele aus deiner Erfahrung, die diese Formel qualitativ bestätigen!

Methoden der Physik

12. Untersuche experimentell, wie sich ein langes Lineal in Abhängigkeit von seiner Belastung durchbiegt (s. Abb.)!
Dazu wird ein langes und biegsames Lineal so angeordnet, wie es die Skizze zeigt. An einem Ende wird es durch 10-Cent-Münzen belastet. Eine 10-Cent-Münze hat eine Gewichtskraft von 0,04 N.

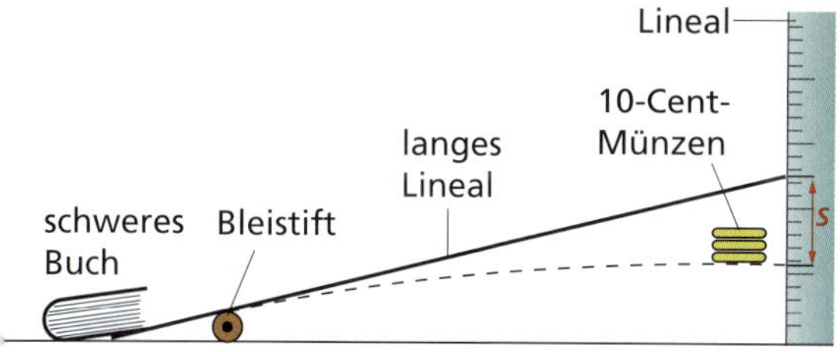

a) Bestimme die Durchbiegung s in Abhängigkeit von der Belastung F!
b) Trage die Messwerte in eine Tabelle ein! Übernimm dazu das Muster ins Heft!

F in N	0,04	0,08	0,12	...
s in cm				

c) Stelle die Messwerte in einem Diagramm dar! Interpretiere es! Gilt $s \sim F$?

Anwendungen im Alltag

13. Lässt man einen Gartenschlauch auf dem Boden liegen und dreht den Wasserhahn auf, dann „macht sich der Schlauch selbstständig“. Erkläre (↗ M S. 32)!

14. Bekanntlich darf man auf der hinteren „Hutablage“ im Auto aus Sicherheitsgründen keine Gegenstände ablegen. Peter behauptet: „Gegenstände, die auf dem Amaturenbrett vorn liegen, können bei einem Unfall nicht durchs Auto fliegen.“ Hat Peter Recht?

Physik als historischer Prozess

15. Bei WILHELM BUSCH findet man folgendes Gedicht:

Hier strotzt die Backe voller Saft;
da hängt die Hand, gefüllt mit Kraft.
Die Kraft, infolge der Erregung,
verwandelt sich in Schwungbewegung.
Bewegung, die in schnellem Blitze
zur Backe eilt, wird hier zur Hitze.
Die Hitze aber, durch Entzündung
der Nerven, brennt als Schmerzempfindung
bis in den tiefsten Seelenkern,
und dies Gefühl hat keiner gern.
Ohrfeige heißt man diese Handlung,
der Forscher nennt es Kraftverwandlung.

Wie würde die physikalische Beschreibung heute heißen? Suche andere Beispiele, wie sich physikalische Begriffe verändert haben.

Wahrnehmung und Messung

16. Aus der Erfahrung weißt du, dass Holz und Öl auf Wasser schwimmen, eine Stahlschraube aber untergeht. Vergleiche die Dichten der vier Stoffe! Was kannst du daraus schlussfolgern?

17. Ein Fußball hat auf dem Mond eine geringere Gewichtskraft als auf der Erde. Paul behauptet: Bei einem Fußballspiel auf dem Mond würde sich ein Kopfball ganz anders anfühlen als auf der Erde. Hat er Recht?

Grundlegende physikalische Größen

18. Die Dichte einer 10-Cent-Münze soll möglichst genau bestimmt werden.
a) Beschreibe ein Verfahren, wie man das machen kann (↗ **M** S. 20, 33)!
b) Führe die Dichtebestimmung durch!
c) Vergleiche dein Ergebnis mit dem Normwert, den du z. B. im Internet findest. Wie könnten eventuelle Unterschiede in den Ergebnissen zustande kommen?

19. Die Abbildung zeigt den Ausfluss von Wasser aus einem Standzylinder bei unterschiedlichen Höhen der Öffnungen.
Erkläre die unterschiedlichen Weiten der Wasserstrahlen (↗ **M** S. 32)!

20. Für zwei auf der Autobahn fahrende Pkws wurde das folgende Diagramm aufgenommen:

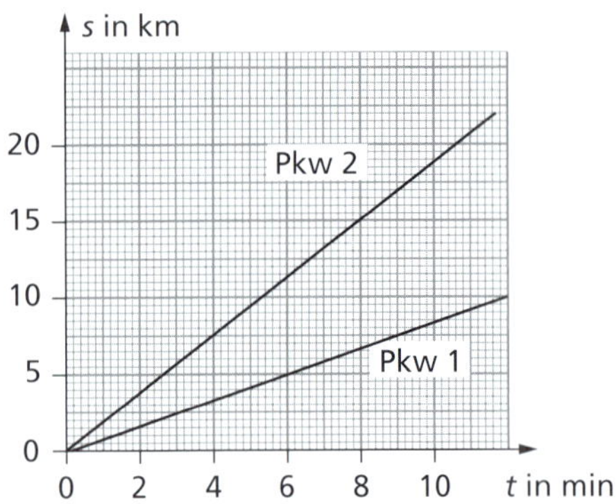

a) Welcher Pkw ist schneller? Begründe!
b) Welchen Weg legt Pkw 2 in 4 min zurück? Wie lange braucht er für 5 km?
c) Wie groß ist die Geschwindigkeit des zweiten Pkw in Kilometern je Stunde?

21. Frau Kraft fährt die 200 km lange Strecke von Stuttgart nach Freiburg. Die ersten 100 km fährt sie mit einer Durchschnittsgeschwindigkeit von 100 km/h. Die zweiten 100 km fährt sie mit einer Durchschnittsgeschwindigkeit von 120 km/h. Begründe: Die Durchschnittsgeschwindigkeit auf der ganzen Strecke beträgt nicht 110 km/h.

Strukturen und Analogien

22. Nach der Art der Bewegung von Körpern kann man zwischen gleichförmigen und ungleichförmigen Bewegungen unterscheiden. Stelle Merkmale zusammen, die eine eindeutige Unterscheidung ermöglichen!

23. Der Luftdruck an der Erdoberfläche und der Druck am Boden eines mit Wasser gefüllten Gefäßes haben analoge Ursachen.
a) Welche sind das?
b) Wie könnte man den Luftdruck bzw. den Wasserdruck auf einen Körper verringern?

24. Bringt man einen heißen und einen kalten Körper in Kontakt, dann erwärmt sich der kalte Körper, während der heiße abkühlt.
Gibt es ein ähnliches Phänomen, wenn man einen schnellen und einen langsamen Körper „in Kontakt" bringt?
Formuliere die Aussagen in der physikalischen Fachsprache! Suche analoge Beispiele!

Anwendungen in Natur und Technik

25. Viele Fische haben eine Schwimmblase, die mit einem Gas gefüllt ist. Wie können sie im Wasser sinken, steigen oder schweben? Vergleiche mit einem U-Boot!

26. Nussknacker können unterschiedlich gebaut sein. Suche verschiedene Bauarten! Erläutere, wie sie funktionieren und welche physikalischen Zusammenhänge dabei genutzt werden!

Register

Bildquellenverzeichnis

Kathrin Bahro, Berlin: 149/4, 267/2; BEWAG Berlin: 9/3; Bifab/Naturpix, B. Mühr und G. Müller, Karlsruhe: 193/2; Bizerba GmbH & Co. KG: 233/01; Carl Braun Camerawerke GmbH, Nürnberg: 118/2; Corel Photos: 7/1, 14/3, 39/2, 39/3, 45/3, 64/2, 67/1, 79/1, 143/02, 148/2, 154/1, 157/01, 160/1a, 171/1, 221/1, 234/1, 248/3d, 249/1, 252/3, 253/1, 253/2, 253/3, 260/1, 272/1, 279/1, 279/3, 280/2, 286/1a–d, 293/3; Cornelsen Experimenta GmbH & Co. KG: 18/01, 18/02, 18/03, 20/2, 23/1, 43/2, 48/1, 52/01, 66/3, 72/01, 77/01, 97/3, 98/1a–b, 109/1, 127/1, 128/1, 176/02c–e, 176/02h, 180/2, 192/2a, 198/01, 212/1, 266/1, 266/2, 297/1; DESY Hamburg: 9/1; Deutsche Bahn AG: 235/1, 248/3c; Deutsches Zentrum für Luft- und Raumfahrt e. V., Köln: 103/2; dpa-Zentralbild: 37/1; Archiv DUDEN PAETEC Schulbuchverlag: 10/1, 11/1, 11/2, 31/1, 38/2, 42/02, 62/2, 82/02, 86/01, 86/1, 102/4, 122/3, 134/1, 152/2, 208/1, 227/2, 243/1, 243/2, 295/2, 295/3, 296/1, 293/2; ESA: 247/1; John Foxx : 147/1; Bärbel Grimm: 300/01; Hamburgische Electricitätswerke (HEW): 165/1; Hemera Photo Objects: 14/4, 36/1, 38/1, 38/3, 42/01, 51/01, 56/1, 65/01, 66/1, 68/1a, 76/1, 119/01, 126/01, 128/2, 129/1, 144/1, 156/01, 156/02, 156/03, 157/02, 160/1d, 170/01, 170/02, 170/03, 176/02b, 181/01, 205/01, 209/01, 216/01, 223/01, 224/01, 225/2, 233/02, 253/01, 263/01, 277/01, 292/01; Helsinki City Tourist Office, Helsinki: 39/1; Hessen Touristik Service GmbH: 288/2; Hoche, Detlef: 139/3; H–TEC Wasserstoff-Energie-System: 167/01; Stefan Karsch: 89/2; Claudia Kilian, Berlin: 73/3; Günter Liesenberg, Berlin: 61/1, 79/1, 80/3, 81/1c, 90/2a, 90/2c, 92/1, 106/1, 107/2, 109/2, 136/01a–b, 137/2, 139/1, 144/2, 146/2, 149/2, 164/1, 164/2, 172/1, 172/3, 196/01, 199/2, 214/01, 216/02, 218/02, 222/1, 248/3a, 248/3b, 268/1, 275/1b; LEYBOLD-DIDACTIC GMBH: 18/1, 97/2, 179/1, 225/1, 228/1a–b, 239/1, 242/1; Lufthansa Bildarchiv: 296/2; Mahler, H., Berlin: 16/1, 17/2a–c, 83/4, 94/4, 94/56, 94/6, 97/1a–b, 102/1, 104/1, 145/1, 148/3, 176/1, 176/02a, 177/02, 210/1, 223/1, 285/2a–b; Mannesmann Dematic AG, Wetter: 213/1; mauritius images: 194/1; Mekruphy GmbH, Pfaffenhofen: 20/1, 25/2; Messe Berlin GmbH und BDLI: 250/01; Lothar Meyer, Potsdam: 15/2, 27/1, 30/1, 40/1, 44/01, 45/1, 55/1a–b, 62/3, 64/1, 66/2, 66/4, 66/5, 71/3, 76/2, 76/3, 76/4, 76/5, 81/2, 84/1, 85/1, 87/2, 90/2b, 90/2d, 94/1a, 101/1b, 101/2b, 103/3a–b, 105/1, 107/1, 112/1, 112/2, 118/1, 126/1,126/2, 131/2, 142/1, 146/1, 164/3, 164/01, 172/2, 176/02f–g, 177/03, 177/04, 181/02, 182/01, 182/1a, 192/2b, 192/3, 192/4, 197/01, 202/3, 203/1, 204/01, 208/2, 210/3, 211/1, 211/3, 214/1, 215/3, 217/01, 222/3, 223/2, 230/01, 230/02a–d, 235/03, 246/1, 248/1, 248/2, 254/1a, 267/3, 268/4, 271/01, 273/1, 274/1, 274/3, 275/1a, 275/1c–d, 283/1, 285/3a–c, 287/1, 289/01, 289/2b, 291/01, 295/1; Meyer-Werft, Papenburg: 285/1; NASA: 12/3, 13/2, 92/2, 160/1b, 222/2, 226/1, 252/1, 258/3, 259/01, 294/1, 297/2; NTL Österreich: 55/2, 143/01, 199/1; ÖAMTC: 234/2, 234/3, 240/1; Adam Opel AG: 194/2, 237/1, 244/1a–c, 260/2a–b; Osram GmbH: 15/1; PhotoDisc, Inc.: 8/1, 8/2, 12/1, 12/2, 42/1, 44/02, 44/03, 44/04, 55/1c–d, 58/1, 62/1, 71/1, 81/1a–b, 90/1a–b, 119/1, 149/1, 160/1c, 161/1, 235/04, 252/2, 263/1, 279/2; Photosphere: 161/2, 169/01; Physikalisch-Technische Bundesanstalt Braunschweig und Berlin: 19/1, 19/2, 42/2, 226/2; PHYWE SYSTEME GMBH & Co KG: 133/1, 188/1, 198/02, 227/3; picture-alliance/dpa: 109/3; picture–alliance, akg-images: 293/1; picture-alliance/ZB: 267/1; Bernd Raum, Neuenhagen: 8/3; rebelpeddler Chocolate Cards: 10/2, 82/01, 122/01, 190/2; Siemens AG München: 9/2, 13/1, 16/2, 50/01, 74/1, 81/1d, 92/3, 99/1, 161/3, 185/1, 185/3, 199/3, 218/01, 235/02, 245/1; Sternwarte Harpoint: 80/2; The Yorck Project: 131/3; Technorama, Winterthur: 40/2, 80/1, 96/3, 102/3, 131/1, 208/3; Tierarchiv Angermayer, Holzkirchen: 185/2, 195/1a–b; Michael Unger, Königs Wusterhausen: 53/1; Universität Bremen, Fachgebiet Mineralogie: 191/2; Patrik Vogt, Landau: 16/3, 174/3, 177/01, 178/1, 178/2, 178/3, 179/2, 182/3, 184/01, 187/1, 206/01, 207/01, 207/02, 209/1, 212/3, 270/01, 270/02, 270/03; Varta Batterie AG: 174/4, 189/3; VEAG Vereinigte Energiewerke AG Berlin: 166/1; VEAG Vereinigte Energiewerke AG Berlin/Photo-König Lobenstein: 150/1; Volkswagen AG: 149/3, 253/4; Carl Zeiß Jena und Oberkochen: 14/2, 121/2, 122/1, 122/2.

Nichts als heiße Luft

Der uralte Traum vom Fliegen wurde 1783 erstmals wahr: Die Brüder Michel Joseph und Étienne Jacques Montgolfier aus Annonay bei Lyon entwickelten einen Heißluftballon, mit dem am 21. November 1783 erstmals ein Mensch zu einem 25-minütigen Flug startete. Mit solchen Montgolfieren wurden in der Folgezeit zahlreiche Flüge unternommen.

Im gleichen Jahr flogen auch die ersten Ballons, die statt heißer Luft das leichte Gas Wasserstoff nutzten.

1804 erreichten die französischen Naturwissenschaftler L. Gay-Lussac und J.-B. Biot mit einem solchen Ballon eine Höhe von etwa 7 000 m.

Ein Graf schreibt Luftfahrtgeschichte

Ballons hatten keinen Antrieb und waren nicht steuerbar. Ab 1850 gab es erste Versuche, Ballons mit Maschinenkraft anzutreiben. Entscheidende Fortschritte wurden um die Wende vom 19. zum 20. Jahrhundert erzielt: Der württembergische General der Kavallerie Graf Ferdinand von Zeppelin (1838–1917) ließ sich 1895 ein „lenkbares Luftschiff mit mehreren hintereinander angeordneten Tragkörpern" patentieren. Am 2. Juli 1900 war es soweit: Das Luftschiff LZ1 (Länge 128 m, Durchmesser 11,7 m, Gasvolumen 11 330 m^3 Wasserstoff) startete in Friedrichshafen am Bodensee zu seinem ersten Flug. Die Ära des Zeppelins endete abrupt 1937 mit der Brandkatastrophe von Lakehurst.

Hightech am Himmel

Moderne Heißluftballons dienen heute Freizeitsportlern und Touristen als Transportmittel. Auch Zeppeline feierten ein Comeback. In Friedrichshafen wurde der Zeppelin NT (Zeppelin neuer Technologie) entwickelt, der seit 2001 im Einsatz ist. Als Füllgas wird das nicht brennbare Helium verwendet. Leistungsfähige Motoren und moderne Steuerungssysteme ermöglichen ein sicheres Fliegen von 12 Fluggästen mit Geschwindigkeiten von bis zu 125 km/h. In Planung sind Luftschiffe zum Transport von schweren Gütern.